2022年度
油气井钻完井液技术研讨会
论文集

《2022年度油气井钻完井液技术研讨会论文集》编委会◎编

中国石化出版社

·北京·

图书在版编目（CIP）数据

2022年度油气井钻完井液技术研讨会论文集/《2022年度油气井钻完井液技术研讨会论文集》编委会编. —北京：中国石化出版社，2023.10
ISBN 978-7-5114-7280-9

Ⅰ.①2… Ⅱ.①2… Ⅲ.①钻井液-学术会议-文集 ②完井液-学术会议-文集 Ⅳ.①TE254-53 ②TE257-53

中国国家版本馆CIP数据核字（2023）第207370号

中国石化出版社出版发行
地址：北京市东城区安定门外大街58号
邮编：100011 电话：(010) 57512446
发行部电话：(010) 57512575
http：//www.sinopec-press.com
E-mail：press@sinopec.com
北京艾普海德印刷有限公司印刷
全国各地新华书店经销
*
787毫米×1092毫米 16开本 35.5印张 785千字
2023年11月第1版 2023年11月第1次印刷
定价：288.00元

编 委 会

前　言

2022年12月在河南濮阳召开了“2022年度油气井钻完井液技术研讨会”，这是我国石油钻井界的一次盛会。本次会议，国内三大石油公司、石油院校的钻完井液技术专家汇聚一堂，围绕近年来钻完井液技术攻关取得的新成果、新进展以及前沿技术进行了交流和分享，将对提升钻完井液技术研究应用水平、扩大技术成果应用规模产生积极的推进作用。

本次会议得到了各与会单位的高度重视，会前踊跃投稿，编委会组织专家认真审稿，共筛选75篇论文入选本论文集。内容涉及钻井液助剂、钻井液技术、防漏堵漏技术、固井与完井技术等，涵盖了深井超深井、致密油气藏、页岩油气藏等钻完井液技术攻关和应用。这些论文理论水平较高，与当前油气勘探开发重点领域钻井实践紧密结合，具有较高的实用价值，代表了目前油气井钻完井液技术的新水平，是我国石油工业钻完井液技术攻关成果的集中展现。

为方便广大钻井技术人员学习参考，中石化石油工程钻完井液技术学术委员会与中石化中原石油工程有限公司钻井工程技术研究院联合组织，聘请专家审查、把关，将本次会议征集的论文精选汇编成集，由中国石化出版社出版发行。

本论文集是广大钻完井液技术工作者智慧的结晶，希望更多的钻井技术人员能够从中获得启迪、激发灵感，在钻完井液新产品、新技术的研究应用方面再接再厉，为加快钻完井液技术发展，保障钻井速度、质量和综合效益继续做出贡献。

最后，对所有提交论文的专家学者表示衷心的感谢！

《2022年度油气井钻完井液技术研讨会论文集》编委会

目　录

钻井液助剂

钻井液技术

防漏堵漏技术

固井与完井技术

其他

钻井液助剂

钻井液用烷基糖苷及其改性产品的研究现状及发展趋势

司西强[1, 2]　王中华[1, 2]

（1. 中石化中原石油工程有限公司钻井工程技术研究院，河南 濮阳 457001；
2. 中石化石油工程钻完井液技术中心，河南 濮阳 457001）

摘　要： 烷基糖苷以其环保、润滑好的优点而被引入钻井液，但存在加量大（>35%）、成本高、抑制性有待提高等缺陷。针对烷基糖苷缺点，秉承其优点，通过分子设计及合成设计，优化分子结构，制备得到环保、高性能、低成本的阳离子烷基糖苷（CAPG）、聚醚胺基烷基糖苷（NAPG）等产品。CAPG润滑系数0.035，相对抑制率达100%；NAPG润滑系数0.048，相对抑制率达100%，其EC_{50}值528800mg/L。并以研发的改性烷基糖苷为基础，形成了改性烷基糖苷类油基钻井液体系，其性能与油基钻井液相当，可用于页岩油气水平井长水平段钻井施工，缓解目前油基钻井液环保压力，扩大水基钻井液适用范围。开展了其他改性烷基糖苷产品研制，并形成了糖苷特色产品系列，围绕糖苷结构形成了专利战略保护布局。除糖苷类产品外，梳理了其他天然材料的改性方法，促进天然材料的充分利用和钻井液技术的进步。

关键词： 钻井液；强抑制；烷基糖苷；阳离子烷基糖苷；聚醚胺基烷基糖苷；衍生物

目前，强水敏性泥岩、含泥岩等易坍塌地层及页岩气水平井的钻进多采用油基钻井液，较好地满足了现场安全快速钻进的技术需求，但也存在环保压力大、配制成本高及漏失损失大等难题[1]。因此，近年来，在石油钻井领域，国内外为实现钻井液的绿色环保、低成本、高性能的目标，开展了具有油基钻井液性能的类油基（近油基）钻井液的研究工作，并取得了较大进展。跟油基钻井液相比，类油基钻井液除了具有与油基钻井液相当的抑制性、润滑性等，还克服了油基钻井液的环保问题。总体来说，绿色环保、低成本、高性能的类油基钻井液是世界钻井液技术的未来发展趋势[2-8]。

20世纪90年代，国外提出了一种烷基糖苷钻井液（Alkyl polyglucoside drilling fluid）[9-10]。最早将烷基糖苷应用于钻井液中的报道出现在1994年2月在美国达拉斯召开的IADC\SPE钻井工程会议上，在墨西哥湾浅海区施工2口井，应用效果较好[11]，引起了与会者的广泛关注。烷基糖苷钻井液具有如下优点：①无毒环保，易生物降解，适

基金项目： 中国博士后科学基金面上资助项目“钻井液用糖苷基季铵盐的合成及其抑制机理研究”（编号：2011M501194）、中国博士后科学基金特别资助项目“钻井液用两性甲基葡萄糖苷的合成及其作用机理”（编号：2012T50641）、中石化集团公司研究项目“页岩油气水平井水基钻井液技术研究”（编号：JP14021）、中石化石油工程公司项目“钻井液用聚醚胺基烷基糖苷研制与应用”（编号：SG1302-03K）联合资助。

作者简介： 司西强（1982—），男，山东日照人，研究员，博士，主要从事精细化工、新型钻井助剂及钻井液新体系的研究及推广。E-mail：sixiqiang@163.com。

用于海洋及环保要求较高的地区钻井；②通过吸附成膜、降低水活度等作用，有效抑制泥页岩水化分散（APG加量不小于35%，理想用量45%~60%）；③固相容量限高，远高于其他水基钻井液；④无钻头泥包、卡钻等问题，表现出良好的润滑性能；⑤储层保护效果较好，所钻井产量为同一平台上所有井产量最高。现场应用情况表明，烷基糖苷钻井液作为一种类油基钻井液为井壁稳定、环保、储层保护要求较高的地区钻井提供了较好的解决方案，但也存在烷基糖苷加量大（加量不小于35%，理想用量为45%~60%）、抑制性能有待提高、易发酵、成本高的问题，限制了其大范围推广应用。针对上述问题，国外主要是复配其他处理剂来减小烷基糖苷的加量，在降低成本的同时满足强抑制性的需求，技术上并无明显突破；国内从钻井液技术进步的根源出发，针对烷基糖苷的缺陷，通过分子设计和合成设计，制备得到了一系列新型的糖苷类处理剂，与烷基糖苷相比，在环保、性能、应用成本等方面均具有显著优势。

本文重点介绍了近年来围绕钻井液用烷基糖苷及衍生物开展的相关研究工作及应用进展，并对该研究方向的未来发展趋势进行了分析，以期对钻井液同行有一定的启发作用，促进钻井液技术的进步。

1 烷基糖苷

烷基糖苷作为一种世界级的表面活性剂，其应用领域非常广阔，主要应用于日化产品、纺织、皮革助剂、造纸助剂等多个行业。20世纪90年代初开始应用于钻井液，表现出较好的井壁防塌性能、润滑性能和环保性能[12-13]。结合本研究组的实际研究进展，对国内外烷基糖苷在钻井液中的应用情况进行了分析总结，并对其发展方向进行了介绍。

1.1 国外

20世纪90年代中期，烷基糖苷钻井液在环保要求较高的墨西哥湾浅海区强水敏性地层首次施工2口井，满足了海洋钻井的环保要求，并表现出了较好的抑制防塌性能和润滑性能。在达到强抑制效果的同时，为降低钻井液成本，将烷基糖苷与氯化钠复配使用，即便如此，烷基糖苷在钻井液中加量仍达到36%。

烷基糖苷钻井液现场施工效果表明：①固相容量限远超过其他水基钻井液；②施工过程中无钻头泥包、卡钻等问题；③无生物毒性，符合海洋钻井环保要求；④储层保护效果较好，所钻井产量为同一平台上所有井产量最高。通过对国外烷基糖苷钻井液的应用情况进行分析总结，我们可以认为，烷基糖苷钻井液作为一种类油基钻井液为井壁稳定、环保、储层保护要求较高的地区钻井提供了较好的解决方案。但由于烷基糖苷抑制机理的局限性，导致其抑制性能有待提高，同时烷基糖苷加量大（加量不小于35%，理想用量为45%~60%），成本高，限制了其大范围推广应用。

针对烷基糖苷钻井液在实际应用过程中出现的不足，近年来国外主要围绕如何提升烷基糖苷钻井液的性能方面开展了大量的室内研究，研究思路主要是如何通过复配无机盐等其他处理剂来减小烷基糖苷在钻井液中的加量，同时满足强抑制性要求，最终目标是降低烷基糖苷钻井液的成本，为其推广应用提供技术优势。如相关资料介绍，25%的烷基糖苷复配7%~10%的NaCl可使钻井液水活度降至0.84~0.86，该活度的钻井液可使活度为0.90~0.92的页岩保持稳定。

综上所述，为提升烷基糖苷钻井液的性能，降低成本，国外以开展复配研究作为了主流方向，没有遵循“钻井液技术进步的关键是处理剂”这一指导思想，导致了烷基糖苷钻井液技术20年来在国外无显著的技术创新和突破，而国内研究人员在对烷基糖苷钻井液充分认识的基础上，在钻井液技术正确发展观的指导下，从新型改性烷基糖苷系列产品的研发为切入点[14]，实现了国内烷基糖苷及其改性产品钻井液的技术水平远远领先于国外的技术现状。

1.2 国内

国内对烷基糖苷钻井液的关注始于1997年，国内研究人员逐渐认识到，烷基糖苷可提升钻井液性能，3%烷基糖苷可增大钻井液屈服值和凝胶强度，提高钻井液携岩能力；15%烷基糖苷可减小钻井液摩擦系数，提高钻井液润滑性能；35%烷基糖苷可形成理想半透膜和降低水活度，阻止与钻井液接触的泥页岩水化膨胀，减少滤液侵入地层，有效维持井眼的稳定。国内起初就认识到：在烷基糖苷加量超过35%时，烷基糖苷钻井液表现出强抑制、高润滑等类油基的特性，而且还具有油基钻井液不具备的环保优势。但在实际的现场应用过程中，由于国内“成本控制”观念的影响，烷基糖苷在钻井液中的加量为2%~30%，均未达到能够充分发挥性能的最低加量35%，因此，尽管烷基糖苷钻井液在致密砂岩等稳定地层中应用效果较好，但对泥岩及含泥岩等强水敏地层的井壁失稳问题不能很好地解决。

国内于1999年在新疆沙113井[15]首次开展了烷基糖苷钻井液的现场实验，该钻井液表现出优良的抑制性、储层保护性能及独特的造壁护壁作用，解决了强水敏地层井壁垮塌问题，井径规则、电测取心一次成功。平均机械钻速为9.41m/h，比邻井提高了47.8%。近年来在胜利、西南等地区应用较多[16-18]。先后在胜利油田郑王庄、草104、胜坨、盐100等区块累计推广应用102口井，效果显著，井径规则，油层保护效果好。其中郑斜41井试油射开沙一段1277.5~1297.4m，油层4层15.1m，求产获日产油13.2t；郑369井中途测试表皮系数为0，日产油21.0t；KD104井试油结果为日产油57t，KD105井试油结果为日产油46t，高出邻井1倍，较好地满足了现场对储层保护要求。烷基糖苷钻井液成功解决了剑门1井深井超长小井眼段的抗温、润滑防卡、膏盐及盐水污染、压差卡钻等复杂问题，同时该钻井液还具有转化、维护处理简便的特点。

2011年，烷基糖苷钻井液在中原油田水平井卫383-FP1、文133-平1井初步应用[19]。现场应用结果表明，烷基糖苷钻井液润滑性能优良，适于钻探致密砂岩地层。但为了控制成本，现场施工过程中烷基糖苷加量仅为15%，未达到理想半透膜效应，导致其抑制作用不能充分发挥，从而未能很好地解决在钻遇泥页岩及含泥岩等地层时的井壁失稳问题。

针对烷基糖苷钻井液应用过程中出现的问题，为达到提升性能、降低成本的目的，国内也从烷基糖苷的合成工艺[20]、烷基糖苷的碳链长度及与其他处理剂（氯化钾、聚胺等）复配的角度开展了相关研究[21]，均未达到理想效果。

2 烷基糖苷改性产品

针对烷基糖苷在钻井液中的研究应用现状及存在的问题，2011年以来，国内中原石油工程公司油田化学研究团队在集团公司高级专家王中华教授的指导下，以“钻井液技术进步的关键在处理剂”为原则，通过分子设计和合成设计，研制了阳离子烷基糖苷（CAPG）[22-32]、聚醚胺基烷基糖苷（NAPG）[33-34]及其他改性烷基糖苷产品，截至目前，改性烷基糖苷研究已形成特色产品系列，并取得了显著的应用效果，为适用于强水敏性泥岩地层及页岩气水平井钻井施工的类油基钻井液的形成打下了坚实的基础。后期将依托中国石化“井筒工作液重点实验室”这一大平台，将研究领域拓展到整个生物质深度改性及性能提升方面的研究攻关。下面重点对钻井液用阳离子烷基糖苷、聚醚胺基烷基糖苷及其他改性烷基糖苷产品的研究及应用情况做一介绍。

2.1 阳离子烷基糖苷

针对烷基糖苷在钻井液中加量大、抑制性不足、抗温性能有待提高、易发酵引起钻井液性能恶化等问题，通过在烷基糖苷分子上引入合适的季铵阳离子基团，合成出了润滑性能与烷基糖苷相当，且相对于烷基糖苷加量显著减少的情况下，抑制、抗温等性能显著提高的阳离子烷基糖苷产品。

阳离子烷基糖苷的生产工艺流程如图1所示。

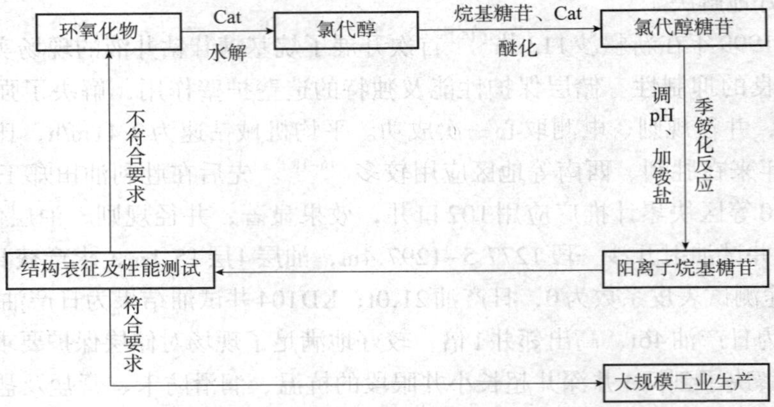

图1 CAPG生产工艺流程

阳离子烷基糖苷在钻井液中推荐加量为5%~20%。当CAPG含量为5%时，润滑系数为0.035，页岩一次回收率为95.55%（120℃、清水回收率为13.75%），相对回收率为99.11%；当CAPG含量为3%时，相对抑制率达100%；产品可使无土基浆和有土基浆的抗温性能由110℃提高到160℃。

通过对烷基糖苷和阳离子烷基糖苷的原料成本对比，我们可以得到，烷基糖苷原料成本6000元/吨，阳离子烷基糖苷原料成本6800元/吨，两者成本相比，阳离子烷基糖苷略高于烷基糖苷。

对不同含量的CAPG及APG水溶液进行岩心回收率评价。岩心一次回收实验条件为：150℃，16h；岩心二次回收实验条件为：150℃，2h。结果如图2所示。

由图2结果可以得到，在0.1%~100%的浓度范围内，同等浓度下，烷基糖苷岩心回收率一直低于阳离子烷基糖苷；5%阳离子烷基糖苷岩心回收率为95.55%，浓度再升高，则岩心回收率趋于平稳，30%烷基糖苷岩心回收率为87.06%，浓度再升高，则岩心回收率趋于平稳；35%阳离子烷基糖苷岩心回收率99.80%，而35%烷基糖苷岩心回收率仅89.04%。

对不同含量下CAPG和APG的极压润滑性能进行了测试，结果如图3所示。

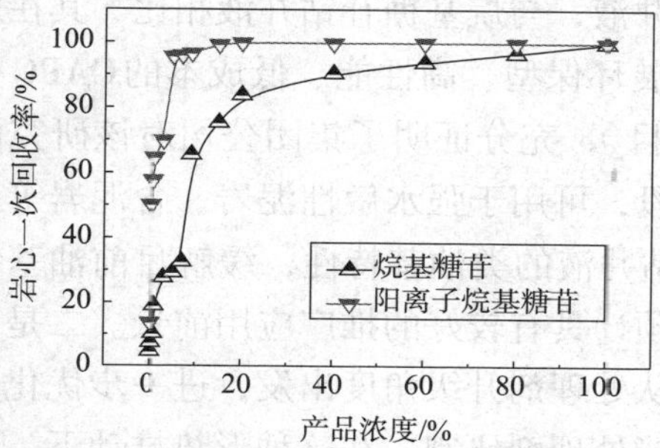

图2 APG与CAPG抑制性能比较

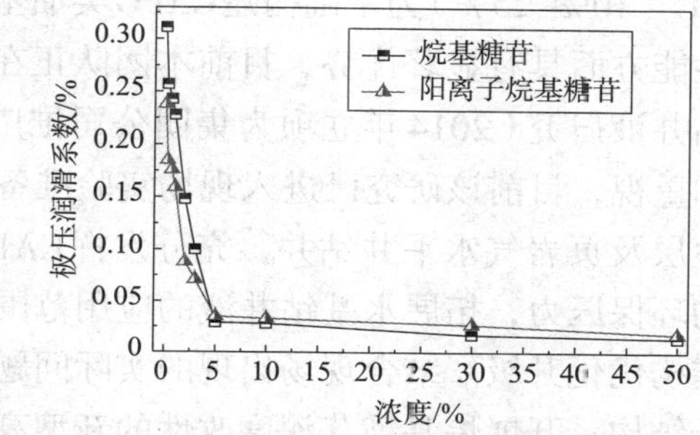

图3 不同含量时CAPG和APG水溶液的润滑系数

由图3可以看出，随着含量的升高，APG和CAPG水溶液的润滑系数都是降低的，在含量较低时，润滑系数降低幅度较大，在含量较高时，润滑系数虽然还在降低，但是降低幅度趋于平缓。对APG和CAPG的润滑性能进行比较，烷基糖苷润滑性能与阳离子烷基糖苷相当。可以看出，APG和CAPG的润滑性能均较好，当含量为5%时，APG和CAPG的润滑系数均已经降低到0.05以下，其应用到水基钻井液配成的高性能水基钻井液的润滑性能可与油基钻井液相媲美，所以，可把CAPG或APG当作润滑剂单独使用或与其他润滑剂复合使用。

自2011年以来，本研究团队通过边研究、边实验、边完善，已形成具有自主知识产权的成熟阳离子烷基糖苷工业生产技术，截至目前生产出产品400余吨，分别在陕北、中原、内蒙古、四川等地区现场应用30余井次[35-36]，取得了较好的应用效果，总结如下：①抑制性能优异、井壁稳定能力突出（靖南72-13H1井等待完井过程中裸眼浸泡44d井壁无坍塌掉块，完井顺利）；②润滑性能优良，有助于提高机械钻速（高桥26-126H井无钻头泥包、定向托压问题）；③无毒环保，易生物降解，EC_{50}值为115986mg/L，远高于30000mg/L的排放标准；④CAPG加量在5%~20%，与烷基糖苷钻井液相比，性能和成本具有明显优势。

阳离子烷基糖苷相关研究创新程度较高，且属于绿色化学领域，该产品除作为油田化学品外，在日用化工、矿物浮选、造纸、纺织、皮革助剂等其他领域也有广阔的应用前景。正是基于上述情况，该研究获得了国家及省部级基金资助4项，包括中国博士后科学基金第50批面上资助（2011M501194）、中国博士后科学基金第5批特别资助（2012T50641）、河南省博士后基金匹配资助2项。前期研究中申请相关国家发明专利11项，发表相关学术论文40余篇，“钻井液用阳离子烷基糖苷的研制”项目获中原油田科技进步一等奖1项，河南省百项职工优秀技术创新成果1项。

前期现场应用情况表明，作为强抑制剂使用时，CAPG产品加入钻井液后较好地满足了泥页岩及含泥岩等易坍塌地层的安全钻进，但也存在其加入部分现场井浆后出现增黏提切的现象，尽管上述现象不能否定CAPG产品的良好性能，相反可以证明该产品的性能优势，但是该产品在应用过程中对井浆性能的影响不可忽视，现场应用过程中为满足泥浆设计要求，往往需要对泥浆性能进行调整，增加了工作量。针对上述问题，研究团队从两个方向开展了相关研究。一是形成为CAPG量身定做的专有体系。以高浓度CAPG（10%~25%）为基础构建CAPG类油基钻井液，与烷基糖苷钻井液相比，其在成本和性能方面具有显著优势，目前本团队正在开展环保型、高性能、低成本的CAPG类油基钻井液研究（2014年立项为集团公司推广项目），充分证明了集团公司对该研究的认可和重视，目前该研究已进入现场实验准备阶段，可用于强水敏性泥岩、含泥岩等易坍塌地层及页岩气水平井钻井，充分发挥CAPG钻井液的类油基特性，缓解目前油基钻井液的环保压力，拓展水基钻井液的应用范围，预计具有较好的推广应用前景。二是处理剂结构优化升级。结合现场出现的实际问题，从处理剂升级角度出发，进一步优化产品分子结构，开展烷基糖苷深度改性的新型高性能处理剂研制，在这种形势推动下，开展了聚醚胺基烷基糖苷的研究。在2.2中介绍了聚醚胺基烷基糖苷的研究情况。

2.2　聚醚胺基烷基糖苷

在前期阳离子烷基糖苷的研究基础上，为进一步完善产品配伍性能，减小加量，降低成本，提升抑制、抗温等性能，扩大适用范围，本团队整合烷基糖苷、聚醚多元醇、胺基抑制剂等多剂优点，以准确的分子设计和合成设计思路为指导，开展了聚醚胺基烷基糖苷新产品的研制。目前国内外对烷基糖苷、聚醚多元醇、胺基抑制剂分别在钻井液中的应用开展了大量研究，但尚未有将三者结合在一起形成一个聚醚胺基烷基糖苷分子整体进行应用的研究，聚醚胺基烷基糖苷产品具有烷基糖苷、聚醚多元醇、胺基抑制剂复配无法达到的效果。总体来说，烷基糖苷、聚醚多元醇、胺基抑制剂三者作为聚醚胺基烷基糖苷分子上的三个不同的结构单元，实现了钻井液稳定性和抑制性两项性能的和谐统一，达到既不会破坏钻井液稳定性能，又能充分发挥强抑制性能的目的。

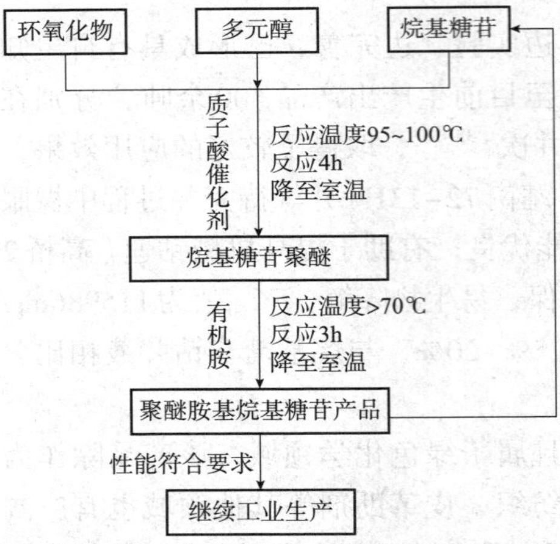

图4　NAPG生产工艺流程

聚醚胺基烷基糖苷的生产工艺流程如图4所示。

2013年以来，通过大量的实验研究，形成了具有自主知识产权的成熟的NAPG产品工业生产技术，共申请国家发明专利10项，发表相关学术论文10余篇，获中原油田科技进步一等奖1项。对NAPG产品性能进行了系统评价，结果表明：①产品与常规水基钻井液配伍性好，具有改善流型、降滤失的特点。②抑制性能优异。0.1%产品对岩屑一次回收率>96%，相对回收率>99%，3%产品对岩屑一次回收率>99%，相对回收率>99%；0.7%产品对钙土相对抑制率>95%；3%产品对钙土相对抑制率接近100%。③抗温性好。产品可使无土基浆和有土基浆的抗温性能由110℃提高到160℃。④润滑性能优良。产品含量超过3%时，润滑系数0.048。⑤无生物毒性，无毒环保，EC_{50}值为528800mg/L，远高于30000mg/L的排放标准。

通过细致周密的市场调研，我们发现目前钻井助剂领域流通的胺基抑制剂（有多种叫法：聚胺、胺基聚醇、聚醚胺等），产品市场供价混乱，在40000~70000万元/吨，且产品质量标准参差不齐，有的产品性能较好，井壁防塌效果较好，有的产品井壁防塌效果较差，且由于分子结构设计的局限性，多数胺基抑制剂普遍存在与现场井浆的配伍性问题，加量超过一定量（如0.3%）后，就会导致钻井液性能恶化。本团队研制的聚醚胺基烷基糖苷产品作为胺基抑制剂的一种，市场售价为29000~40000元/吨，具有优异的抑制性能，兼具润滑、抗高温等性能，且与现场井浆配伍性好，具有改善流型、降滤失的作用。聚醚胺基烷基糖苷与市售其他胺基抑制剂相比，无论从经济效益还是性能方面都表现出较大的优势。本团队优选了市场上两种胺基抑制剂PEA-1和PEA-2，将聚醚胺基烷基糖苷NAPG与之进行了对比，测试性能包括造浆抑制率、页岩回收率、配伍性等。测试对比结果如表1~表3所示。

表1　造浆抑制率实验数据

序号	配方	实验条件	表观黏度/mPa·s	造浆抑制率/%
1	清水	150℃/16h	48.5	—
2	清水+0.5%NAPG	150℃/16h	7.0	85.6
3	清水+0.5%PEA-1	150℃/16h	14.5	70.1
4	清水+0.5%PEA-2	150℃/16h	15.0	69.1

表2　页岩回收率实验数据

序号	配方	备注	一次回收率/%	相对回收率/%
1	清水	150℃/16h	43.0	—
2	清水+0.5%NAPG	150℃/16h	96.8	99.7
3	清水+0.5%PEA-1	150℃/16h	93.2	98.5
4	清水+0.5%PEA-2	150℃/16h	73.2	97.1

注：岩屑：KeS2-2-8井库车组—吉迪克组掉块制成4~10目大小页岩。

表3　NAPG及两种胺基抑制剂在井浆中的配伍性数据

序号	配方	*AV*/mPa·s	*PV*/mPa·s	*YP*/Pa	*G'*/*G''*/（Pa/Pa）	*FL*/mL
1	井浆	22.5	20	2.5	0.25/2.0	3.8

续表

序号	配方	*AV*/mPa·s	*PV*/mPa·s	*YP*/Pa	*G′*/*G″*/（Pa/Pa）	*FL*/mL
2	井浆+0.5%NAPG	22.5	20	2.5	0.5/3.0	3.0
3	井浆+0.5%PEA-1	24.0	22.0	2.0	0/2.5	4.4
4	井浆+0.5%PEA-2	24.0	20.0	4.0	0.5/4.0	4.0

注：井浆：热普14-5X井井深6600m聚磺泥浆。

由表1~表3中数据可以看出，在相同加量的情况下，聚醚胺基烷基糖苷NAPG的抑制性能强于其他胺基抑制剂，且NAPG与现场井浆配伍性良好，对井浆流变性无影响，且略有降滤失能力。其他两种胺基抑制剂PEA-1和PEA-2在井浆中有增黏、增滤失现象。

截至目前，生产出NAPG产品100余吨，分别在新疆、中原、陕北、四川、西藏等地区现场应用12井次，应用效果突出，总结如下：①NAPG产品抑制防塌效果显著。NAPG强抑制剂对现场强水敏性泥岩、泥岩互层等易坍塌地层表现出显著的预防井壁坍塌及井壁坍塌后的现场补救能力，井壁稳定效果突出，为新疆顺南、金跃、哈得、策勒地区及中原东濮老区易坍塌地层的钻井施工提供了良好的技术支撑。②NAPG产品与现场井浆配伍性好。NAPG加入现场井浆中后，在大幅提升现场井浆的防塌抑制效果的同时，与现场井浆具有较好的配伍性能，部分井浆中具有降滤失性能，改善钻井液性能。③NAPG产品无生物毒性，绿色环保。产品EC_{50}值为528800mg/L，无生物毒性。

前期NAPG产品作为强抑制剂已经在现场应用10余口井，总体来说，表现出优异的抑制防塌性能，配伍性好，无毒环保。但现场在使用NAPG产品时，盲目性很大，不能充分发挥该产品的优异性能。在这种形势下，为克服产品使用的盲目性、满足现场急需，2014年以来开展了NAPG类油基钻井液研究，用于强水敏性泥页岩及含泥岩地层，并最终用于页岩气水平井等钻井，对减少强水敏易坍塌地层井壁失稳、缓解油基钻井液环保压力、扩大水基钻井液适用范围、促进钻井液新体系发展都将产生积极促进作用。

本团队以NAPG为主处理剂，配伍优选其他处理剂，得到NAPG类油基钻井液优化配方：25%NAPG+1%土浆+0.2%XC+1%CMS+2%WLP+3%SMP+3%SMC+3%FT+0.5%NaOH。NAPG类油基钻井液在150℃热滚16h后，性能如表4所示。

表4　NAPG类油基钻井液性能

钻井液	*AV*/mPa·s	*PV*/mPa·s	*YP*/Pa	*G′*/*G″*/（Pa/Pa）	*FL*/mL	*HTHP*/mL	pH值
基浆	28	17	11	2.5/2.5	11.2	80	10
NAPG类油基	38.5	29	9.5	2.0/3.0	0	7.0	8

由表4可以看出，NAPG类油基钻井液在150℃老化后，流变性能较好，动塑比0.327，初终切适宜（2.0/3.0），滤失量较小（0、7.0mL）。钻井液抗温达150℃。另外钻井液岩屑一次回收率99.90%，相对回收率99.98%，具有优异的抑制黏土膨胀、水化分散能力。基浆润滑系数为0.158，加入NAPG后降至0.048，润滑系数降低率达69.6%，NAPG加入钻井液表现出较好的润滑性能。EC_{50}值为84164mg/L（排放标准30000mg/L），无生物毒性。NAPG钻井液还具有较好的滤液表面活性（26.6mN/m）、降滤失性能（11.2mL→0，

80mL→7mL）、抗污染性及储层保护性能（91%、96%）。通过上述分析，我们可以看出，NAPG类油基钻井液在抑制、润滑、流变性能、抗温性能、储层保护性能等各方面均不比油基钻井液差，且无生物毒性。也就是说，在绿色环保的前提下，NAPG类油基钻井液的性能已经达到或超过油基钻井液的性能，最终将在页岩气水平井钻井施工中推广应用，彻底解决目前油基钻井液施工过程中造成的成本、环境等瓶颈问题[37-38]，在泥浆不落地技术之外，从钻井液配制的源头上杜绝有害处理剂的使用，从根本上实现泥浆的绿色环保目标。

2.3 其他改性烷基糖苷

2011年以来，本研究团队除成功实现了阳离子烷基糖苷、聚醚胺基烷基糖苷等产品的工业生产和现场应用外，还开展了不同碳链烷基糖苷及改性烷基糖苷的研究，包括甲基糖苷（负载型固体酸催化合成）、乙基糖苷、乙二醇烷基糖苷、甘油基烷基糖苷、两性离子烷基糖苷、阴离子烷基糖苷（烷基糖苷硫酸盐）、多胺基烷基糖苷、聚醚烷基糖苷、聚胺基烷基糖苷、烷基糖苷脂肪酸酯等，这些糖苷类处理剂在抑制性、润滑性、抗温性及降滤失性等方面各有特色。目前已初步形成了烷基糖苷特色产品的系列化工作，并形成了糖苷类产品战略保护布局。后期要做的工作主要有两方面：一是继续补充完善钻井液用糖苷类处理剂的研究，最终使烷基糖苷及其改性产品形成一个完整的技术系列；二是在烷基糖苷类产品之外，以天然生物质材料为原料，进行优化改性，最终目的是既能充分利用天然材料，又能满足钻井液技术需求。在发展趋势中简要介绍对其他生物质材料进行改性的相关研究发展趋势。

3 发展趋势

除了来源于淀粉的烷基糖苷之外，天然材料还包括葡萄糖、淀粉、（环）糊精、壳聚糖等，尽管对某些天然材料改性钻井液处理剂的研究较多，但缺乏新的改性手段，且改性研究分布不均。后期应探索新的改性途径，实现深度改性，研制绿色、低成本的天然材料改性钻井液处理剂[39]。下面对改性天然材料的发展趋势做一简单介绍。

3.1 改性淀粉类

3.1.1 由淀粉制备烷基糖苷

由廉价易得的淀粉作为原料加压液化直接制备烷基糖苷，降低烷基糖苷制备的原料成本，消除改性烷基糖苷所需原料的来源限制。

3.1.2 聚醚胺基淀粉醚

在淀粉上引入聚醚基团和胺基基团，得到聚醚胺基淀粉醚，作为一种兼具抗高温、强抑制性能的降滤失剂。

3.1.3 聚氧乙烯基淀粉

在淀粉上引入合适分子量的聚氧乙烯基团，制备得到聚氧乙烯基淀粉，作为一种兼具强抑制、降滤失性能的润滑剂。

3.2　改性葡萄糖类

3.2.1　双取代聚醚胺基葡萄糖

在葡萄糖结构上1位的半缩醛羟基及6位羟基上引入聚醚胺基团，制备得到双取代聚醚胺基葡萄糖，该产品具有强抑制性和良好润滑性。

3.2.2　葡萄糖酰胺

葡萄糖酸酰胺化生成葡萄糖酰胺，性能类似聚胺，作为一种小分子强抑制剂。

3.2.3　Gemini 胺基葡萄糖

葡萄糖酰胺发生霍夫曼降解生成伯胺基葡萄糖，两分子胺基葡萄糖再由桥接剂链接得到Gemini 胺基葡萄糖，作为一种强抑制剂。

3.3　改性（环）糊精类

3.3.1　醚化改性（环）糊精

环氧丙烷与（环）糊精在碱性条件下反应生成2–羟丙基（环）糊精，或聚乙烯醇与（环）糊精在强酸催化剂下制备得到聚氧乙烯基（环）糊精，醚化改性（环）糊精与醚化淀粉类似，具有较好的润滑及降滤失性能。

3.3.2　胺化改性环糊精

在β–环糊精的伯羟基活性位上引入胺基基团，制备得到具有星型结构的胺基β–环糊精，该产品应用到钻井液中具有较好的抑制性能、润滑性能和降滤失性能。

3.4　改性壳聚糖类

3.4.1　阳离子壳聚糖

采用壳聚糖（特定溶剂溶解）、氯代环氧化物、叔胺盐酸盐为原料制备阳离子壳聚糖，提高壳聚糖在钻井液中的水溶性、抑制性和降滤失性。

3.4.2　聚胺基壳聚糖

采用壳聚糖（特定溶剂溶解）、氯代醇、多元醇、氯代环氧化物、有机胺为原料制备聚醚胺基壳聚糖，提高壳聚糖在钻井液中的水溶性、抗温性和页岩抑制性能。

3.5　其他改性天然材料

木质素、腐殖酸和栲胶等原料来源丰富，价格低廉，且其分子结构具备深度改性的反应基础，以其为原料，通过化学处理（氧化处理、酶化处理、活化处理和交联反应）、分子修饰、扩链反应和接枝共聚等手段制备适用于高温、超高温条件下的超支化水基钻井液处理剂，以及制备油基钻井液处理剂等，可作为今后的研究目标，同时要尽可能地避免与木质素、腐殖酸和栲胶相关的一般改性及与过去近似的重复工作。另外，植物胶作为一种生物质资源，也可以用作制备天然材料改性钻井液处理剂，但对其研究与应用一直很少，应引起重视，重点是改善其耐温和抗盐能力，改性方法包括羟烷基、羧甲基化和接枝共聚，产品可作为钻井液增黏提切剂。

总体来说，天然材料改性处理剂的研究应强化基础研究和新原料开发，探索新的改性手段和途径，充分利用丰富的天然材料资源，围绕绿色环保、抗高温抗盐的目标，通过氧化或高温降解、分子修饰、接枝共聚等方法深度改性，以提高产品的综合性能，降低处理剂生产成本，以满足石油工业发展的需要。

4 结论

（1）烷基糖苷钻井液作为一种类油基钻井液，为环保、井壁稳定、储层保护要求较高的地区钻井提供了较好的解决方案，但烷基糖苷在钻井液中加量大、成本高、抑制防塌性能不足等问题，针对上述问题，国内外开展了不同方向的技术攻关。

（2）国外通过烷基糖苷与无机盐的复配来达到减少烷基糖苷加量且保持抑制防塌性能的目的，无实质性技术进步；国内通过制备高性能改性烷基糖苷来达到提升性能、减小加量、降低成本的目的，形成阳离子烷基糖苷、聚醚胺基烷基糖苷等产品的工业生产技术，并以其为基础形成了环保型、高性能、低成本的改性烷基糖苷类油基钻井液体系，与烷基糖苷类油基钻井液相比，性能大幅提高，综合成本显著降低。

（3）开展了其他改性糖苷处理剂研发，包括两性离子烷基糖苷、阴离子烷基糖苷、多胺基烷基糖苷、聚醚烷基糖苷、聚胺基烷基糖苷、烷基糖苷脂肪酸酯等，形成了改性烷基糖苷特色产品系列，为促进钻井液技术进步提供了充分的技术储备。

（4）对淀粉、葡萄糖、糊精、壳聚糖等其他天然材料进行改性的具体研究内容做了总结梳理，后续深入开展相关研究，既充分利用了价廉易得的生物质材料，又满足了石油工业技术需求。

参考文献

[1] 鄢捷年．钻井液工艺学［M］．东营：中国石油大学出版社，2013：422-424.

[2] Patel A，Stamatakis S，Young S，et al. Advances in Inhibitive Water-Based Drilling Fluids—Can They Replace Oil-Based Muds?［C］//International Symposium on Oilfield Chemistry. Society of Petroleum Engineers，2007.

[3] Everhard I.，Willis S.，Villalobos M.，et al. Reduced Drilling Days and Low Friction Factors Hallmark Eagle Ford Water-Based Fluid Performance.［C］//2014 AADE Fluids Technical Conference and Exhibition，2014.

[4] 王中华．2013—2014 年国内钻井液处理剂研究进展［J］．中外能源，2015，20（2）：29-40.

[5] 王中华．2011—2012 年国内钻井液处理剂进展评述［J］．中外能源，2013，18（4）：28-35.

[6] 王中华．国内钻井液及处理剂发展评述［J］．中外能源，2013，18（10）：34-43.

[7] 王中华．钻井液处理剂现状分析及合成设计探讨［J］．中外能源，2012，17（9）：32-40.

[8] 王中华．关于规范钻井液处理剂及钻井液体系的认识［J］．中外能源，2014，19（11）：38-45.

[9] Simpson J. P.，Walker T. O.，Jiang G. Z.. Environmentally Acceptable Water-Based Mud Can Prevent Shale Hydration and Maintain Borehole Stability［A］. 1995，SPE 27496.

[10] Issam I.，Ann P. H.. The application of methyl glucoside as shale inhibitor in sodium chloride mud［J］. Jurnal Teknologi，2009，50（F）：53-65.

[11] Zhang Y, Cheng Z, Yan J. N. et al. Investigation on formation damage control of the methylglucoside fluids [A]. SPE 39442, 1998.

[12] 吕开河，邱正松，徐加放 . 甲基葡萄糖苷对钻井液性能的影响 [J]. 应用化学，2006，23（6）：632-636.

[13] 付国都，董海军，牛广玉，等 . 双保仿油基改性 MEG 的研究与应用 [J]. 钻井液与完井液，2005，22（B05）：8-10，117-118.

[14] 司西强，王中华，魏军，等 . 阳离子烷基糖苷的绿色合成及性能评价 [J]. 应用化工，2012，41（9）：1526-1530.

[15] 张琰，钱续军 .MEG 钻井液在沙 113 井实验成功 [J]. 钻井液与完井液，2001，18（2）：27-29.

[16] 欧阳伟，杨刚，贺海，等 . MEG 钻井液技术在剑门 1 井超长小井眼段的应用 [J]. 钻井液与完井液，2009，26（6）：21-23.

[17] 黄达全，宋胜利，王伟忠，等 . MEG 钻井液在滨 26X1 井的应用 [J]. 钻井液与完井液，2008，25（3）：36-38.

[18] 雍富华，余丽彬，熊开俊，等 . MEG 钻井液在吐哈油田小井眼侧钻井中的应用 [J]. 钻井液与完井液，2006，23（5）：50-52.

[19] 赵虎，甄剑武，王中华，等 . 烷基糖苷无土相钻井液在卫 383-FP1 井的应用 [J]. 石油化工应用，2012，31（8）：6-9.

[20] 魏风勇，司西强，王中华，等 . 负载型超强酸催化剂催化合成甲基葡萄糖苷的研究 [J]. 应用化工，2015，44（6）：1037-1040.

[21] 王中华 . 高性能钻井液处理剂设计思路 [J]. 中外能源，2013，18（1）：36-46.

[22] Weuthen M, Kahre J, Hensen H, et al. Cationic sugar surfactants [P]. US：5773595，1998-06-30.

[23] Stuart B P, Harold L M, Joseph P P, et al. Alkoxylated alkyl glucoside ether quaternaries useful in personal care [P]. US：5138043，1992-08-11.

[24] Allen D. K. and Tao B. Y.. Carbohydrate-alkyl ester derivatives as biosurfactants [J]. Journal of Surfactants and Detergents，1999，2（3）：383-390.

[25] 魏风勇，司西强，王中华，等 . 催化剂对合成阳离子烷基糖苷的影响 [J]. 工业催化，2014，22（12）：962-965.

[26] Si Xiqiang, Wang Zhonghua, Wei Jun, et al. Study on synthesis of cationic methyl glucoside which was used in drilling fluid. Prepr.Pap.-Am. Chem. Soc., Div. Pet. Chem. 2012，57（1）：102-103.

[27] Si Xiqiang, Wang Zhonghua, Wei Jun, et al. Performance test for cationic methyl polyglucoside which was used in drilling fluid. Prepr.Pap.-Am. Chem. Soc., Div. Pet. Chem. 2012，57（1）：86-87.

[28] Si Xiqiang, Wang Zhonghua, Wei Jun, et al. Influence of Catalyst on the Synthesis of Cationic Alkyl Glucoside. Prepr.Pap.-Am. Chem. Soc., Div. Energy Fuels. 2013，58（2）：336-337.

[29] 司西强，王中华，魏军，等 . 钻井液用阳离子甲基葡萄糖苷 [J]. 钻井液与完井液，2012，29（2）：21-23.

[30] 司西强，王中华 . 阳离子烷基糖苷合成过程中的季铵化反应 [J]. 应用化工，2014，43（6）：1159-1161.

[31] 司西强，王中华，贾启高，等 . 阳离子烷基糖苷的中试生产及现场应用 [J]. 应用化工，2013，42（12）：2295-2297.

[32] 司西强，王中华，魏军，等 . 钻井液用阳离子烷基糖苷的合成研究 [J]. 应用化工，2012，41（1）：56-60.

[33] 王中华. 关于聚胺和"聚胺"钻井液的几点认识[J]. 中外能源，2012，17（11）：1–7.
[34] 司西强，王中华. 钻井液用聚醚胺基烷基糖苷的研究[A]. 中国化学会第29届学术年会摘要集—第09分会：应用化学[C]. 中国化学会，2014.
[35] 司西强，王中华，魏军. 阳离子烷基葡萄糖苷钻井液[J]. 油田化学，2013，30（4）：477–481.
[36] 赵虎，司西强，于秀才，等. 阳离子烷基糖苷钻井液在靖南72-13H1井的应用[J]. 石油化工应用，2013，32（12）：79–83.
[37] 王中华. 国内页岩气开采技术进展[J]. 中外能源，2013，18（2）：23–32.
[38] 王中华.2013年国内页岩气钻采技术综述[J]. 中外能源，2014，19（6）：34–41.
[39] 王中华. 国内天然材料改性钻井液处理剂现状分析[J]. 精细石油化工进展，2013，14（5）：30–35.

钻井液用烷基糖苷衍生物产品系列化的研究进展

司西强[1, 2]　王中华[1, 2]　王忠瑾[1, 2]

（1. 中石化中原石油工程有限公司钻井工程技术研究院，河南 濮阳　457001；
2. 中石化石油工程钻完井液技术中心，河南 濮阳　457001）

摘　要： 烷基糖苷以其绿色环保、抑制防塌及润滑效果好的优点而被引入钻井液中，但存在加量大（最小加量35%，理想加量45%~60%）、成本高、抑制性有待提高等缺陷。针对烷基糖苷应用过程中存在的上述问题，在保持烷基糖苷自身的吸附成膜、降低水活度、高润滑等优良特性的基础上，利用其分子结构上的羟基活性位，通过产品的分子设计及合成设计，优化产品分子结构，引入聚醚、季铵基、胺基等各种化学基团，制备得到具有不同特定功能的钻井液用烷基糖苷衍生物系列产品。制备得到的新型烷基糖苷衍生物产品主要包括阳离子烷基糖苷、聚醚胺基烷基糖苷、烷基糖苷聚醚、两性离子烷基糖苷、甘油基葡萄糖苷、多胺基烷基糖苷、胺基烷基糖苷接枝共聚物等7种新产品。其中阳离子烷基糖苷和聚醚胺基烷基糖苷两种产品已经形成了成熟的工业化生产技术，共生产500余吨，产品及配套钻井液在现场应用86口井，应用效果突出，有效解决了现场高活性泥页岩、含泥岩、泥岩互层等易坍塌地层的井壁失稳、托压卡钻等井下复杂难题，缩短了钻井周期，降低了钻井成本，实现了现场钻井施工的绿色、安全、高效钻进，推动了钻井液技术进步。经测算，阳离子烷基糖苷和聚醚胺基烷基糖苷产品在现场使用过程中，累计创造直接和间接经济效益达8733万元，社会效益和经济效益明显，表现出广阔的推广应用前景。对研制的各种烷基糖苷衍生物产品进行了简要综述，为后期该系列产品的规模化推广应用提供技术参考。

关键词： 钻井液；烷基糖苷衍生物；阳离子烷基糖苷；聚醚胺基烷基糖苷；系列化

随着世界环保要求的日益严格，现有钻井液技术面临的环保压力逐渐增大，应用空间开始呈现逐渐萎缩的趋势。在这种形势下，开展绿色环保且性能能够满足现场复杂地层技术要求的处理剂就成为现场亟需。烷基糖苷及其衍生物就是一类满足绿色环保要求的高性能钻井液处理剂。1994年2月，烷基糖苷钻井液相关研究成果在SPE钻井会议上一经发布，即以其独特的成膜阻水、高润滑、绿色环保、储层保护效果好等优势得到与会者的广泛关注。一年之后，为解决浅海地区页岩地层的井壁垮塌难题，在墨西哥湾浅海区2口井上应用，表现出抑制防塌效果好、固相容量限高、无钻头泥包及卡钻、油井产量高等技术优势[1-2]，可以说，烷基糖苷钻井液为现场井壁稳定、环保、储层保护要求较高地区的钻井施工提供了较好的解决方案，但也存在烷基糖苷在钻井液中加量大（加量不小于35%才能实现成膜阻水、反渗透驱水效果，理想用量为45%~60%）、抑制性能有待提高、高温易发酵、成本高等问题，限制了其大范围推广应用。

作者简介： 司西强（1982—），男，山东日照人，博士，研究员，现任中原石油工程公司钻井院首席专家，主要从事精细化工、新型钻井助剂及页岩油气水基钻井液技术研究及推广工作。E-mail：sixiqiang@163.com。

针对上述问题，自20世纪90年代至今，国外主要是通过将烷基糖苷与氯化钠、氯化钾、氯化钙等无机盐复配使用来达到减小烷基糖苷加量[3-4]、降低成本，同时满足强抑制性的目的，可以说在烷基糖苷钻井液的后续发展上，国外的研究思路一直不开阔，比较保守，导致几十年来并未取得明显的技术进步。自2011年以来，国内中石化中原石油工程公司的王中华技术创新团队从钻井液技术进步的根源——处理剂着手，针对烷基糖苷的缺陷，通过分子设计和合成设计，历经7年的持续攻关，成功研制出了阳离子烷基糖苷（CAPG）、聚醚胺基烷基糖苷（NAPG）、烷基糖苷聚醚、两性离子烷基糖苷、甘油基葡萄糖苷、多胺基烷基糖苷、胺基烷基糖苷接枝共聚物等一系列新型烷基糖苷衍生物处理剂产品，这些新型烷基糖苷衍生物产品不但保持了烷基糖苷自身的绿色环保、高润滑等优点，而且在抑制性能、成本控制等方面也得到显著提升[5-6]。其中，CAPG和NAPG两种产品已经成功实现了工业化生产及现场应用，截至目前已在现场应用86口井，应用效果显著，加量较小（CAPG推荐加量0.5%~5.0%，NAPG推荐加量0.25%~2.0%）的情况下即可表现出突出的抑制防塌及润滑性能，实现了国内钻井用烷基糖苷衍生物处理剂研发水平远远领先于国外的技术现状，整体达到国际领先水平。

本文对近年来自主研发的CAPG、NAPG等一系列新型烷基糖苷衍生物处理剂进行了综述，为后期该系列产品的规模化推广应用提供技术参考。期望本文内容能够对钻井液同行具有一定的启发和指导作用，共同努力以促进钻井液技术的不断进步。

1 阳离子烷基糖苷

1.1 产品简介

制备得到的阳离子烷基糖苷[7-9]结构通式如图1所示。

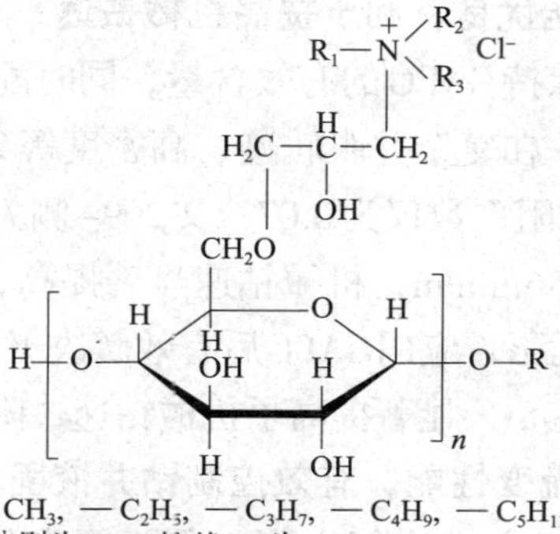

式中：R= — CH_3，— C_2H_5，— C_3H_7，— C_4H_9，— C_5H_{11}，— C_6H_{13}，
R_1、R_2、R_3分别为C_1~C_4烷基，*n*为1，2，3。

图1 阳离子烷基糖苷的分子结构通式

阳离子烷基糖苷[10-12]是中原石油工程近年来重点攻关的一种新型高性能水基钻井液处理剂，目前已实现大规模工业生产及大范围应用推广。CAPG产品抑制性能优异，润滑性能优良，与常规水基钻井液体系配伍性良好，可与阴离子处理剂以任何比例复配，适于在钻进泥页岩及砂泥岩的钻井液体系以及页岩气水平井的水基钻井液体系中进行推广应用，产品性价比较高，可减少井壁失稳、托压、卡钻等井下复杂情况，利于提高机械钻速，显著降低钻井成本，满足现场技术需求。现场使用时，CAPG可直接加入井浆作为强抑制剂单独使用，也可配成阳离子烷基糖苷钻井液体系使用。作为强抑制剂使用时，推荐加量为0.5%~5.0%，作为主剂形成钻井液使用时，CAPG用量为5%~20%，而APG加量>35%才能充分发挥作用，CAPG加量与之相比显著降低，钻井液成本降低，另外，由于井下复杂减少、钻速提高等因素的影响，钻井成本也显著降低，技术优势明显。

1.2 现场应用情况

自2011年以来，CAPG产品已在陕北靖南72-13H1井、内蒙古DPH-90井、四川中江16H井、中原春17侧井等45口井进行了现场应用[13-16]，CAPG与现场井浆配伍性好，转换后的CAPG钻井液体系抑制防塌效果及润滑防塌效果好，保证了现场施工井的安全快速钻进。CAPG产品及转换钻井液的应用效果总结如下：

1.2.1 抑制防塌性能优异，井壁稳定效果显著

其中中江16井应用井段平均井径扩大率仅5.33%；春17侧井侧钻井段井径扩大率仅9.64%；意11井进入玄武岩段后应用CAPG，二开平均井径扩大率仅5.61%；J66P19H井三开水平段平均井径扩大率仅为4.35%，而该井一开和二开采用常规钻井液体系时平均井径扩大率则为10.62%和6.52%；文209-侧7应用井段平均井径扩大率仅为7.4%，而邻井文209-27h平均井径扩大率为20.59%，与邻井相比，该井平均井径扩大率显著降低；靖南72-13H1井水平段共1138m，钻井周期21.87d，等待完井过程中裸眼浸泡44d井壁无坍塌掉块，完井顺利，表现出该钻井液体系强效持久的井壁稳定能力，机械钻速较邻井提高72%；在高桥26-126H井和高桥46-118H1造斜段使用阳离子烷基糖苷抑制剂顺利钻穿泥岩、煤层，井壁稳定，无掉块，起下钻顺畅。

1.2.2 摩阻低，润滑性能优良，利于提高机械钻速

在长水平段钻井施工中保持CAPG的有效含量，同时配合其他润滑剂，保障了长水平段钻井工程的润滑防卡需要。在复杂井眼轨迹、高密度等条件下，CAPG具有较好的润滑性。其中YB360-H01T06井摩阻系数仅为0.07；文209-侧7应用井段平均钻时为7.8min/m，而邻井文209-72h钻时为10.56min/m，机械钻速显著提高，促进了小井眼侧钻井的提速；在高桥26-126H井现场出现托压，应用CAPG后有效解决了造斜段托压和钻头泥包等问题，起下钻和拉井壁平均摩阻为6~8t，显著提高了机械钻速，降低了钻井成本。

1.2.3 显著改善钻井液流变性能，有效控制钻井液固相含量

CAPG钻井液剪切稀释好、携岩能力强，保证了井眼清洁及岩屑床的清除；另外CAPG清除有害固相能力较强，加入CAPG后，钻井液坂含降低明显，说明CAPG可有效抑制黏土、钻屑及有害固相水化分散，保护钻井液性能不受侵害。

1.2.4 有利于储层保护和环境保护

CAPG可有效降低钻井液的水活度，形成理想隔离膜，阻止与钻井液接触的泥页岩水化膨胀、分散，有效地维持井眼的稳定，降低储层的水锁效应，实现对储层的保护；钻井液中膨润土含量低，亚微米固相颗粒含量少，陕北地区使用加重材料为石灰石，有

利于酸化解堵，保护储层。同时CAPG产品无生物毒性，易生物降解，符合世界钻井液绿色化的发展趋势。

1.3 认识

前期现场应用情况表明，CAPG产品作为强抑制剂使用时，加入钻井液后可满足泥页岩及含泥岩等易坍塌地层的安全钻进，但也存在其加入部分现场井浆后出现增黏提切的现象，尽管上述现象不能否定CAPG产品的良好性能，相反可以证明该产品的性能优势，但是该产品在应用过程中对井浆性能的影响不可忽视，现场应用过程中为满足泥浆设计要求，往往需要对泥浆性能进行调整，增加了工作量。针对上述问题，研究团队从两个方向开展了相关研究。一是形成为CAPG量身定做的专有钻井液体系。以高浓度CAPG（10%~25%）为基础构建CAPG类油基钻井液，与烷基糖苷钻井液相比，其在成本和性能方面具有显著优势，目前本团队已在室内研发形成环保型、高性能、低成本的CAPG类油基钻井液技术，可用于现场强水敏性泥岩、含泥岩等易坍塌地层及页岩气水平井钻井，充分发挥CAPG钻井液的类油基特性，缓解目前油基钻井液的环保压力，拓展水基钻井液的应用范围，预计具有较好的推广应用前景。二是开展处理剂结构优化升级。结合现场出现的实际问题，从处理剂升级角度出发，进一步优化产品分子结构，开展对烷基糖苷深度改性的新型高性能处理剂研制，在这种形势推动下，开展了聚醚胺基烷基糖苷的研究。下面对聚醚胺基烷基糖苷产品的研制及应用情况进行简要介绍。

2 聚醚胺基烷基糖苷

2.1 产品简介

在CAPG产品研制及应用的基础上，为进一步完善产品配伍性能，减小加量，降低成本，提升抑制、抗温等性能，扩大适用范围，本团队整合烷基糖苷、聚醚多元醇、胺基抑制剂等多剂优点，以准确的分子设计和合成设计思路为指导，开展了聚醚胺基烷基糖苷（NAPG）新产品的研制[17]。烷基糖苷、聚醚多元醇、胺基抑制剂三者作为NAPG分子上的三个不同的结构单元，实现了钻井液稳定性和抑制性两项性能的和谐统一，达到既不会破坏钻井液稳定性能，又能充分发挥强抑制性能的目的[18-19]。

制备得到的聚醚胺基烷基糖苷的分子结构通式如图2所示。

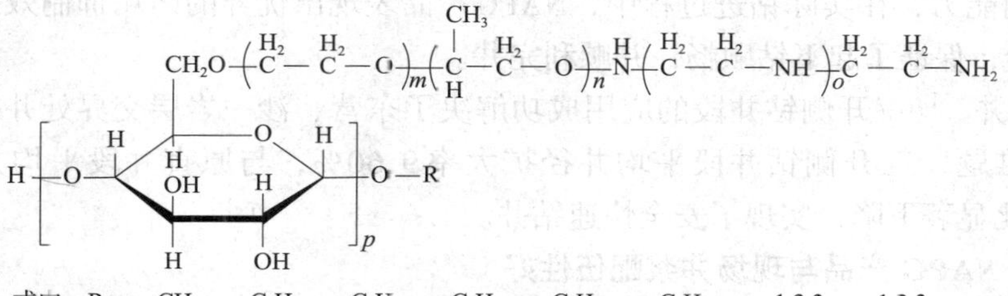

式中：R= —CH_3，—C_2H_5，—C_3H_7，—C_4H_9，—C_5H_{11}，—C_6H_{13}，m=1,2,3，n=1,2,3，o=0,1,2,3,4，p=1,2,3。

图2 聚醚胺基烷基糖苷的分子结构通式

2013年以来，研究团队通过大量的实验研究，形成了成熟的NAPG产品工业生产技术。NAPG产品抑制性能优异，润滑性能优良，与常规水基钻井液体系配伍性良好。现场使用时，可直接加入井浆，作为抑制剂单独使用，也可配成NAPG钻井液体系使用[20]。作为抑制剂使用时，推荐加量为0.25%~2.0%，作为主剂形成NAPG钻井液使用时，推荐加量为2%~20%。

2.2 现场应用情况

2013年至今，NAPG产品作为强抑制剂已在新疆、中原、陕北、四川、西藏等地区现场应用41口井，应用效果突出，总结如下：

2.2.1 NAPG 产品抑制防塌效果突出

NAPG强抑制剂对现场强水敏性泥岩、泥岩互层等易坍塌地层表现出显著的预防井壁坍塌及井壁坍塌后的现场补救能力，井壁稳定效果突出，为新疆顺南、金跃、哈得、策勒地区、中原东濮老区及页岩气施工区域的钻井施工提供了良好的技术支撑。

顺南6井使用NPAG产品后，平均井径扩大率：二叠系4.38%，石炭系、泥盆系、志留系3.92%（邻井顺南1井17.3%），使用NAPG前，掉块较多，井壁失稳严重，起下钻遇阻，使用NAPG后，掉块明显减少，起下钻顺畅。

在金跃区块三叠系、二叠系和志留系垮塌比较严重，对于该问题，现场虽然尝试了很多种防塌类材料，但都一直未找到有效解决办法。金跃4-3井使用NAPG前，掉块较多，井壁失稳严重，起下钻遇阻，使用NAPG后，掉块减少直至消失，起下钻顺畅，NAPG产品在金跃4-3井二开现场应用表现出明显的抑制防塌效果。NAPG产品使用过程中表现出突出的井壁稳定效果，为解决金跃区块的井壁坍塌难题提供了有效的技术方案。

策勒1井为策勒构造带第一口井，强抑制NAPG产品在该井钻井过程中表现出显著的防塌抑制性能，应用井段起下钻顺利，减少了井下复杂情况，为该地区后续井的安全钻进提供技术参考。

针对哈得251井三叠系、二叠系地层泥岩及泥岩互层的井壁垮塌难题，在钻井液中加入NAPG提高防塌抑制能力，在实际钻进过程中，NAPG产品表现出优异的防塌抑制效果，起下钻顺利，钻井液中返出掉块减少，且掉块变小，井壁稳定，防塌效果明显，保证了该井二开顺利中完。

针对白4侧井沙三段地层泥岩和粉砂岩的井壁垮塌难题，在钻井液中加入NAPG提高防塌抑制能力，在实际钻进过程中，NAPG产品表现出优异的防塌抑制效果，井壁剥蚀掉块减少，保证了起下钻顺畅，并顺利完井。

在方3井[21]三开侧钻井段的应用成功解决了东营、沙一岩层交界处井壁坍塌、掉块等诸多难题，三开侧钻井段平均井径扩大率9.60%，与原直井段平均井径扩大率14.15%相比显著下降，实现了安全快速钻井。

2.2.2 NAPG 产品与现场井浆配伍性好

NAPG加入现场井浆中后，在大幅提升现场井浆的防塌抑制效果的同时，与现场井浆具有较好的配伍性能，部分井浆中具有降滤失性能，改善钻井液性能。

顺南6井二开KCl聚合物钻井液加入NAPG后，对钻井液性能无不良影响，略有增黏提切性能，表现出较好的配伍性能；金跃4-3井二开钻井液加入NAPG前后，钻井液常规性能无任何变化；NAPG加入策勒1井二开聚合物钻井液后，对钻井液性能具有一定优化作用，略有增黏提切性能，略降滤失，表现出较好的配伍性能；NAPG对哈得251井钻井液无不良影响，钻井液略有增黏提切，具有明显降滤失作用，中压滤失量由5mL降至3.2mL；白4侧井钻井液中加入NAPG后，不影响流变性能且略有降滤失作用，中压滤失量由4mL降至3.2mL。

2.2.3 NAPG 改善钻井液流型，固相含量有效控制

NAPG钻井液剪切稀释好、携岩能力强，保证了井眼清洁及岩屑床的清除；另外NAPG清除有害固相能力较强，加入NAPG前后，钻井液坂含降低明显，说明NAPG可有效抑制黏土、钻屑及有害固相水化分散，保护钻井液性能不受侵害。

2.2.4 NAPG 产品无生物毒性，绿色环保

NAPG产品EC_{50}值为528800mg/L，无生物毒性。NAPG产品无生物毒性，绿色环保，作为强抑制剂加入钻井液中使用或以其为主剂配制成高性能类油基钻井液使用，均不会对环境造成不利影响，该产品的研制及应用符合绿色钻井液的发展趋势。

NAPG前期现场应用情况表明，所有应用井段均表现出强劲的抑制性能，并具有较好的润滑防卡能力，提速明显，成本显著降低，表现出较好的社会效益和经济效益，应用前景广阔。

2.3 认识

前期NAPG产品作为强抑制剂应用效果突出，表现出优异的抑制防塌性能，配伍性好，无毒环保。但在现场使用NAPG产品时，盲目性很大，不能充分发挥该产品的优异性能。在这种形势下，为克服产品使用的盲目性、满足现场急需，2014年以来开展了NAPG类油基钻井液技术研究，以NAPG为主处理剂，配伍优选其他处理剂，得到了NAPG类油基钻井液优化配方，适用于强水敏性泥页岩、含泥岩地层及页岩气水平井的钻井施工。

为充分展示NAPG类油基钻井液的类油基性能以及比油基钻井液优越的环保性能，从抑制、润滑、降滤失、储层保护及生物毒性等方面对NAPG类油基钻井液和油基钻井液进行了比较，结果如表1所示。

表1 NAPG类油基钻井液与油基钻井液性能对比结果

钻井液	回收率/%	润滑系数	FL_{API}/mL	FL_{HTHP}/mL	静态渗透率恢复值/%	动态渗透率恢复值/%	EC_{50}/(mg/L)
NAPG类油基钻井液	99.90	0.048	0.0	6.0	96.8	91.2	528800
油基钻井液	100	0.045	1.6	5.0	95.6	90.4	—

注：NAPG类油基钻井液组成：1%土+20%NAPG+1.5%改性壳聚糖降滤失剂AMC+0.5%CMS+0.3%改性聚糖增黏提切剂+3%~6%高温稳定剂+3%~7%级配纳微米封堵剂+1%抑制增强剂ZYPA-1+0.2%NaOH；油基钻井液组成：柴油+20%$CaCl_2$+4%粉状乳化剂+1%Span80+3%CaO+2%结构剂+2%降滤失剂JPAS，油水比为8∶2。NAPG类油基钻井液和油基钻井液的老化实验条件均为150℃、16h。

由表1数据可以看出，NAPG类油基钻井液岩心回收率为99.90%，油基钻井液为100%；NAPG类油基钻井液润滑系数为0.048，油基钻井液润滑系数为0.045；NAPG类油基钻井液中压滤失量和高温高压滤失量分别为0mL和6mL，油基钻井液中压滤失量和高温高压滤失量分别为1.6mL和5.0mL；NAPG类油基钻井液动静态渗透率恢复值分别>91%和>96%，油基钻井液分别>90%和>95%。由数据分析可以看出，NAPG类油基钻井液抑制、润滑、降滤失、储层保护性能与油基钻井液相当，部分性能略优于油基钻井液。另外，NAPG类油基钻井液与油基钻井液相比具有的显著优势是环保无毒，EC_{50}值为528800mg/L，远大于排放标准30000mg/L。总体来说，NAPG类油基钻井液性能与油基钻井液相当，并在环保方面具有显著优势。也就是说，在绿色环保的前提下，NAPG类油基钻井液的性能已经达到或超过油基钻井液的性能，适于在强水敏性泥岩、含泥岩及页岩气水平井钻井施工中推广应用，彻底解决目前油基钻井液施工过程中造成的成本、环境等瓶颈问题，在泥浆不落地技术之外，从钻井液配制的源头上杜绝有害处理剂的使用，从根本上实现泥浆可直接排放的绿色环保目标。

3 其他烷基糖苷衍生物

简要介绍了烷基糖苷聚醚、两性离子烷基糖苷、甘油基葡萄糖苷、多胺基烷基糖苷、胺基烷基糖苷接枝共聚物等5种新型烷基糖苷衍生物产品的研制及性能。

3.1 烷基糖苷聚醚

烷基糖苷聚醚[22]的制备步骤如下：①将环氧化物、烷基糖苷、水、催化剂按摩尔比为1∶(0.5~1)∶(4~8)∶(0.01~0.10)比例混合后，在温度50~110℃条件下反应0.5~4.0h得到烷基糖苷聚醚的水溶液；②将上述烷基糖苷聚醚的水溶液用中和剂中和到pH值为6~9，除水即得烷基糖苷聚醚产品。所用催化剂可以为硫酸、硝酸等无机酸，也可以是对甲苯磺酸、氨基磺酸等有机酸，还可以是无机酸与有机酸的复配混合物或固体酸。

制备方法中采用环氧乙烷、环氧丙烷聚合得到聚醚，聚醚与烷基糖苷为原料在以水为溶剂的条件下制备烷基糖苷聚醚，因为反应过程中以水为溶剂，工艺操作简单环保，反应条件温和，操作时间短，应用到钻井液中，起到优良的润滑作用。浓度为5%的烷基糖苷聚醚水溶液，室温下极压润滑系数不大于0.06。烷基糖苷聚醚产品可作为高性能钻井液的高效润滑剂。

制备得到的烷基糖苷聚醚的分子结构通式如图3所示。

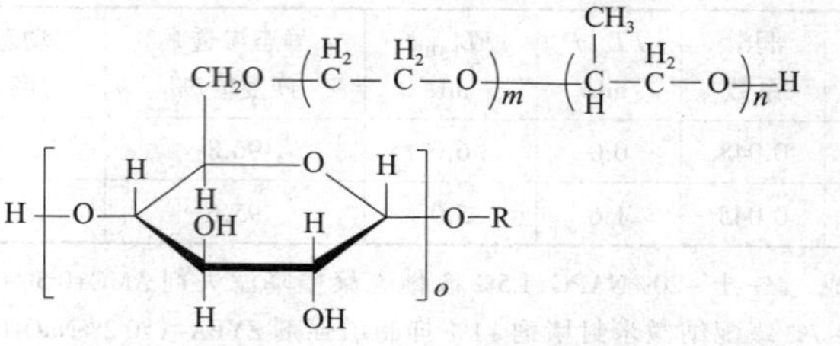

式中：R=—CH_3，—C_2H_5，—C_3H_7，—C_4H_9，—C_5H_{11}，—C_6H_{13}，m=1,2,3…，n=1,2,3…，o=1,2,3。

图3 烷基糖苷聚醚的分子结构通式

3.2 两性离子烷基糖苷

针对钻井液用阳离子烷基糖苷抗温性能、抑制性能仍有较大提升空间的问题，在阳离子烷基糖苷的基础上，进一步提高抗温性、抑制性，提供一种生产工艺简单、操作简便的钻井液用两性离子烷基糖苷[23]的制备方法。具体步骤如下：①将质量分数为50%的阳离子烷基糖苷水溶液用中和剂调节pH值至8~10，得到碱性的阳离子烷基糖苷水溶液；②在碱性的阳离子烷基糖苷水溶液中加入质量分数为30%的甲醛水溶液和亚硫酸氢钠，得到阳离子烷基糖苷、甲醛与亚硫酸氢钠的混合液，其中阳离子烷基糖苷、甲醛与亚硫酸氢钠摩尔比为1：(0.5~2.0)：(0.5~2.0)；③将上述阳离子烷基糖苷、甲醛与亚硫酸氢钠的混合液在温度80~110℃、常压下反应2~8h，得到红褐色两性离子烷基糖苷水溶液；④将两性离子烷基糖苷水溶液减压蒸馏脱水，得到黏稠状两性离子烷基糖苷产品。

制备方法中采用阳离子烷基糖苷、甲醛与亚硫酸氢钠为原料在水溶液中制备两性离子烷基糖苷，工艺操作简单环保，反应条件温和，操作时间短，产品应用到钻井液中，抗温性能优良，页岩抑制性能优异。两性离子烷基糖苷在钻井液中加量为3%时，160℃高温下老化16h，钻井液流变性和降滤失性能较好；页岩岩心在钻井液中160℃高温下滚动16h，页岩一次回收率>98%，相对回收率>99%。两性离子烷基糖苷产品可作为抗高温强抑制剂使用。

制备得到的两性离子烷基糖苷的分子结构通式如图4所示。

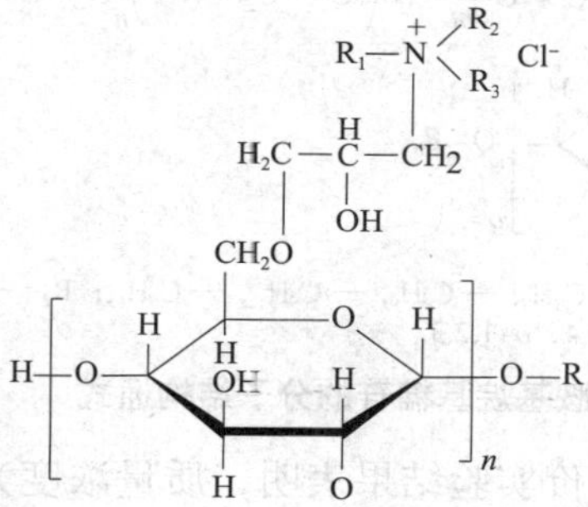

式中：R=—CH_3，—C_2H_5，—C_3H_7，—C_4H_9，—C_5H_{11}，—C_6H_{13}，
R_1、R_2、R_3=—CH_3，—C_2H_5，—C_3H_7，—C_4H_9，n为1,2,3。

图4 两性离子烷基糖苷的分子结构通式

3.3 甘油基葡萄糖苷

甘油基葡萄糖苷[24]的制备具体步骤如下：①将葡萄糖与甘油按摩尔比为1：(4~8)加入反应瓶，负载质子酸的负载型催化剂按葡萄糖质量的20%~50%加入，在温度80~120℃下搅拌反应5~10h，过滤出负载型催化剂，即得未处理的甘油基葡萄糖苷反应液；②将甘油基葡萄糖苷反应液温度降至40~50℃，用中和剂调节pH值至8.0~10.0，趁热过滤，分离出未反应的葡萄糖，得到脱除葡萄糖的滤液；③将脱除葡萄糖的滤液移入单口烧瓶，减压蒸馏除去过量的甘油，得到甘油基葡萄糖苷粗产品。

采用葡萄糖与甘油为原料在负载型催化剂催化的条件下制备甘油基葡萄糖苷，因为反应过程中以负载型催化剂催化，反应时间较短，催化剂可回收再利用，生产成本较低，产品应用到钻井液中，可起到较好的抑制作用及润滑作用。1%的产品水溶液极压润滑系数<0.10，页岩滚动一次回收率>90%，相对回收率>98%。

制备得到的甘油基葡萄糖苷的分子结构通式如图5所示。

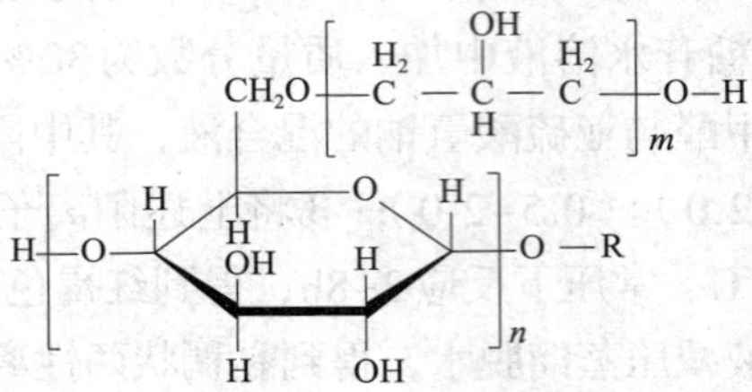

式中：R=—CH_3，—C_2H_5，—C_3H_7，—C_4H_9，—C_5H_{11}，—C_6H_{13}，m=1,2,3…，n=1,2,3。

图5　甘油基葡萄糖苷的分子结构通式

3.4　多胺基烷基糖苷

制备得到的多胺基烷基糖苷[25]结构通式如图6所示。

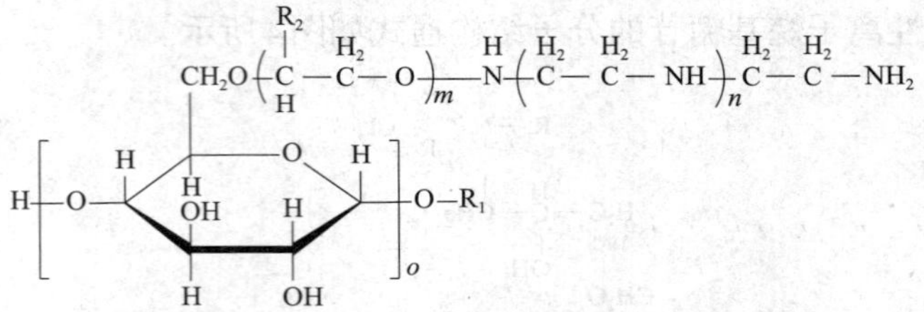

式中：R_1=—CH_3，—C_2H_5，—C_3H_7，—C_4H_9，—C_5H_{11}，—C_6H_{13}；R_2=—CH_3，—C_2H_5，—C_3H_7，m=1,2,3…，n=0,1,2,3,4，o=1,2,3。

图6　多胺基烷基糖苷的分子结构通式

多胺基烷基糖苷产品的性能评价实验结果表明，质量浓度为1%多胺基烷基糖苷水溶液在180℃下滚动16h，页岩一次回收率>95%，相对页岩回收率>98%；在300℃下滚动16h，页岩一次回收率>93%，相对页岩回收率>99%；在多种钻井液中加入3%多胺基烷基糖苷，不会破坏钻井液的性能，还可改善钻井液的流动性，降黏提切，降低滤液侵入地层的量。多胺基烷基糖苷产品可作为解决易坍塌地层井壁失稳难题的强抑制剂。

3.5　胺基烷基糖苷接枝共聚物

制备得到的胺基烷基糖苷接枝共聚物[26]结构通式如图7所示。

胺基烷基糖苷接枝共聚物产品的具体制备方法如下：①将烷基糖苷40~80重量份、桥接剂8~12重量份、氯化剂9~11重量份、催化剂0.8~1.6重量份加入高温高压反应釜，用氮气吹扫釜内空气，并用氮气升高压力至1.0~5.0MPa，开动搅拌，升高温度至40~80℃，反应0.5~3.0h，得到氯代醇烷基糖苷；②在上述氯代醇烷基糖苷中加入水50~90重量份、有机胺10~12重量份，搅拌混合均匀，升高温度至180~240℃，反应

2.0~4.0h，得到亮红色透明状的黏稠液体，即为胺基烷基糖苷水溶液；③在上述胺基烷基糖苷水溶液中加入丙烯酰胺20~36亘量份，加入2-丙烯酰胺-2-甲基丙磺酸10~20重量份，搅拌溶解完全，调节pH值至8~10，加入引发剂0.3~0.9重量份，在温度40~60℃下反应4~6h，生成红褐色透明的凝胶状固体，即得胺基烷基糖苷接枝共聚物粗品；④将上述胺基烷基糖苷接枝共聚物粗品用乙酸30~60重量份洗涤，抽滤，用丙酮40~80重量份洗涤，抽滤，用水500~1000重量份洗涤，抽滤，干燥、粉碎，即得胺基烷基糖苷接枝共聚物。

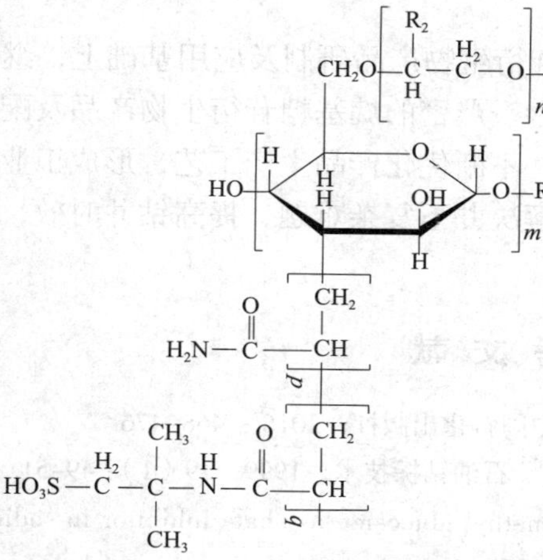

式中：m为1,2,3；n为1,2,3…；o为0,1,2,3,4；p为2~20；q为2~15；R_1=—CH_3，—C_2H_5，—C_3H_7，—C_4H_9，—C_5H_{11}，—C_6H_{13}；R_2=—CH_3，—C_2H_5，—C_3H_7。相对分子质量范围为：2000~20000。

图7　胺基烷基糖苷接枝共聚物的分子结构通式

制备得到的胺基烷基糖苷接枝共聚物是一种优良的钻井液用处理剂，具有较好的抑制性能、润滑性能、降滤失性能及抗饱和盐、抗复合盐污染性能，且无生物毒性。适用于对钻井液的抑制防塌、润滑防卡、封堵阻水、抗盐、抗复合盐污染及环保要求较高地区的钻井施工。

4　结论及展望

（1）在保持烷基糖苷自身的吸附成膜、降低水活度、高润滑等优良特性的基础上，利用其分子结构上的羟基活性位，引入各种化学基团，开展了烷基糖苷衍生物系列处理剂的研发。具体包括阳离子烷基糖苷、聚醚胺基烷基糖苷、烷基糖苷聚醚、两性离子烷基糖苷、甘油基葡萄糖苷、多胺基烷基糖苷、胺基烷基糖苷接枝共聚物等7种新产品。

（2）首次提出钻井液用烷基糖苷衍生物分子设计及合成设计方法，成功研制出CAPG、NAPG产品，并形成成熟的工业化生产技术，属原创性研究，填补了国内外空白。集团公司鉴定结论为：整体达到国际领先水平。CAPG和NAPG产品现场应用86口井，在陕北、中原、新疆、四川、内蒙古等地区小井眼侧钻井、长段水平井、高温深井应用效果显著，满足了现场井壁稳定、润滑防卡等技术要求，钻井成本大幅降低，取得了较好应用效果

（3）自主研发的CAPG、NAPG等高性能烷基糖苷衍生物产品适用于高活性泥页岩、含泥岩、泥岩互层等易坍塌地层的钻井施工，可有效解决现场的井壁失稳等井下复杂问题，缩短钻井周期，降低钻井成本，社会效益和经济效益明显，表现出广阔的推广应用前景。

（4）研发糖苷衍生物的目的并不是为了作为处理剂使用，而是为了充分发挥其性能优势，以其为主剂，形成性能与油基钻井液相当且具有环保优势的类油基钻井液体系，缓解油基钻井液环保压力，扩大水基钻井液适用范围，真正实现环保钻井液的发展目标，真正实现“水替油”的目标。

（5）下步将在现有的钻井液用烷基糖苷衍生物产品研制及应用基础上，继续扩展产品的种类，完善产品的性能，形成一个完善、严密的烷基糖苷衍生物产品及配套钻井液的战略保护网。在室内储备研究的基础上，不断优化产品生产工艺，形成工业化生产技术，产品及配套钻井液在现场推广应用，解决井下复杂难题，提高钻井时效，降低钻井成本。

参考文献

［1］王中华．钻井液及处理剂新论［M］．北京：中国石化出版社，2016：468–476.

［2］刘岭，高锦屏．甲基葡萄糖苷及其钻井液［J］．石油钻探技术，1999，29（1）：49–51.

［3］ISMAIL I，HUANG A P. The application of methyl glucoside as shale inhibitor in sodium chloride mud［J］. Jurnal Teknologi，2009，50（1）：53–65.

［4］ISMAIL I，ISMAIL A S I，MAMAT N S，et al. Improving shale inhibitive performance using methyl glucoside（MEG）in potassium chloride mud［J］. Jurnal Teknologi，2014，68（1）：27–35.

［5］司西强，王中华，赵虎．钻井液用烷基糖苷及其改性产品的研究现状及发展趋势［J］．中外能源，2015，20（11）：31–40.

［6］魏风勇，司西强，王中华，等．烷基糖苷及其衍生物钻井液发展趋势［J］．现代化工，2015，35（5）：48–51.

［7］司西强，王中华，魏军，等．阳离子烷基糖苷的绿色合成及性能评价［J］．应用化工，2012，41（9）：1526–1530.

［8］司西强，王中华，魏军，等．钻井液用阳离子甲基葡萄糖苷［J］．钻井液与完井液，2012，29(2)：21–23.

［9］司西强，王中华，魏军，等．钻井液用阳离子烷基糖苷的合成研究［J］．应用化工，2012，41(1)：56–60.

［10］司西强，王中华，魏军．阳离子烷基葡萄糖苷钻井液［J］．油田化学，2013，30（4）：477–481.

［11］司西强，王中华．阳离子烷基糖苷合成过程中的季铵化反应［J］．应用化工，2014，43（6）：1159–1161.

［12］魏风勇，司西强，王中华，等．催化剂对合成阳离子烷基糖苷的影响［J］．工业催化，2014，22（12）：962–965.

［13］司西强，王中华，贾启高，等．阳离子烷基糖苷的中试生产及现场应用［J］．应用化工，2013，42（12）：2295–2297.

［14］赵虎，司西强，于秀才，等．阳离子烷基糖苷钻井液在靖南 72–13H1 井的应用［J］．石油化工应

用，2013，32（12）：79-83.
[15] 雷祖猛，司西强，赵虎，等. 阳离子烷基糖苷钻井液在中原小井眼侧钻井的应用［J］. 山东化工，2016，45（1）：68-70.
[16] 赵虎，司西强，雷祖猛，等. 阳离子烷基糖苷钻井液在长南水平井的应用［J］. 精细石油化工进展，2015，16（1）：6-9.
[17] 司西强，王中华，魏军，等. 一种钻井液用聚醚胺基烷基糖苷及其制备方法：中国，201310523186.4［P］. 2013-10-29.
[18] 王中华. 关于聚胺和"聚胺"钻井液的几点认识［J］. 中外能源，2012，17（11）：1-7.
[19] 司西强，王中华，王伟亮，等. 聚醚胺基烷基糖苷类油基钻井液研究［J］. 应用化工，2016，45（12）：2308-2312.
[20] 谢俊，司西强，雷祖猛，等. 类油基水基钻井液体系研究与应用［J］. 钻井液与完井液，2017，34（4）：26-31.
[21] 高小芃，司西强，王伟亮，等. 钻井液用聚醚胺基烷基糖苷在方3井的应用研究［J］. 能源化工，2016，37（5）：23-28.
[22] 司西强，王中华，魏军，等. 一种钻井液用烷基糖苷聚醚的制备方法：中国，201310522087.4［P］. 2013-10-29.
[23] 司西强，魏军，王中华，等. 一种钻井液用两性离子烷基糖苷的制备方法：中国，201310523154.4［P］. 2013-10-29.
[24] 司西强，王中华，魏军，等. 一种钻井液用甘油基葡萄糖苷的制备方法：中国，201310524571.0［P］. 2013-10-29.
[25] 司西强，王中华，吕跃滨，等. 一种多胺基烷基糖苷及其制备方法和应用：中国，201510486574.9［P］. 2015-08-10.
[26] 司西强，王中华，樊好福，等. 一种胺基烷基糖苷接枝共聚物及其制备方法和钻井液：中国，201610941215.2［P］. 2016-10-25.

钻井液用聚醚胺基烷基糖苷的合成及性能

司西强[1, 2]　王中华[1, 2]

（1.中石化中原石油工程有限公司钻井工程技术研究院，河南 濮阳　457001；
2.中石化石油工程钻完井液技术中心，河南 濮阳　457001）

摘　要：针对钻井液中聚醚胺易絮凝黏土、配伍性差和烷基糖苷加量大、成本高、高温易发酵的技术难题，通过醚化和胺化两步反应，合成得到了聚醚胺基烷基糖苷产品，并对其进行了提纯。对提纯得到的产品样品进行了红外光谱分析和元素分析，确定了产品分子结构。对产品性能进行了评价测试，结果表明：产品可改善无土相、低固相聚合物、聚磺等常规水基钻井液的流型，降低钻井液滤失量；0.3%产品水溶液的页岩一次回收率为97.85%，页岩二次回收率为97.55%，页岩相对回收率为99.69%；0.3%产品对钙土相对抑制率为95.28%；产品耐温达252℃；产品EC_{50}值为528800mg/L，远大于排放标准30000mg/L。该产品配伍性好，具有超强抑制性和优良耐温性，绿色环保，适用于强水敏性泥岩等易坍塌地层及页岩油气水平井的钻井施工，应用前景广阔。

关键词：钻井液处理剂；聚醚胺基烷基糖苷；泥页岩抑制剂；环保；合成；性能

绿色化已成为世界钻井液发展的必然趋势[1-4]。20世纪90年代，国外形成了烷基糖苷钻井液[5]。但烷基糖苷加量大（>45%），抗温性能较差（<130℃），上述不足限制了其进一步应用推广[6]。通过优化提高烷基糖苷分子结构，研发低成本、高性能的烷基糖苷衍生物产品将会是烷基糖苷钻井液实现突破性发展的关键[7-12]。2013年以来，中石化中原石油工程公司自主研发了聚醚胺基烷基糖苷（NAPG）产品，从本质上解决了烷基糖苷加量大、抑制防塌性能有限及抗温差的问题，现场应用130余口井，效果突出[13-14]。本文拟对NAPG产品的研制及性能进行介绍，以期对钻井液技术人员有一定启发和借鉴作用。

1　实验

1.1　材料与仪器

烷基糖苷、烷基苯磺酸、环氧氯丙烷、乙二醇均为分析纯；有机胺A为实验室自制；钠膨润土、钙膨润土、黄原胶（XC）、高黏度羧甲基纤维素钠（HV-CMC）、低黏度羧甲

基金项目：中国博士后科学基金第50批面上资助项目（2011M501194）；中国博士后科学基金第5批特别资助项目（2012T50641）；中石化重大科技攻关项目（JP16003、JP17047）；中石化石油工程公司重大科技攻关项目（SG1302-03K、SG18-19K、SG18-18J）。

作者简介：司西强（1982—），男，山东日照人，研究员，博士，主要从事精细化工、新型钻井助剂及钻井液新体系的研究及推广。E-mail：sixiqiang@163.com。

基纤维素钠（LV-CMC）、纤维素类封堵剂（WLP）、聚合物增黏剂（80A51）、聚合物降滤失剂（COP-LFL/HFL）、磺化褐煤（SMC）、磺化酚醛树脂（SMP）、原油、氢氧化钠、碳酸钠、氯化钠均为工业品；天然岩屑（马12井2700m处）等。

500mL四口烧瓶；35cm球形冷凝管；ZNCL-T智能磁力恒温搅拌器；DZF-6050真空干燥箱；FTIR-850傅里叶变换红外光谱仪；PerkinElmer 2400型元素分析仪；TGA 1550热重分析仪。

1.2 NAPG的合成

将烷基糖苷APG（0.4mol）和烷基苯磺酸（0.03mol）溶于200mL去离子水中，加入配有冷凝回流装置和搅拌装置的四口烧瓶中，搅拌溶解充分后，加入环氧氯丙烷（0.2mol）和乙二醇（0.4mol），升温至90~95℃，反应0.5~1.0h；在上述反应液中加入自制有机胺A（0.8mol），在150~155℃下继续反应2.0~4.0h，得到黄褐色透明的黏稠液体，即为NAPG粗产品。NAPG粗产品可直接在钻井液中作为泥页岩强抑制剂使用。

1.3 NAPG的提纯

将NAPG粗产品调pH值至7~9，常压蒸馏，浓缩至淡黄色黏稠状液体；再在温度为40~90℃、真空度为0.02~0.09MPa的条件下真空干燥，得到淡黄色膏状固体；将上述淡黄色膏状固体用石油醚萃取2~3次，除去未反应的有机胺；将上述石油醚萃取过的产品用丙酮洗涤2~3次，除去未反应的烷基糖苷；将上述丙酮洗涤过的产品用无水乙醇/乙醚重结晶，再用乙酸乙酯/二氯甲烷重结晶，除去聚醚及聚醚胺等副产物；将上述重结晶后的产品真空干燥，得到白色或淡黄色结晶状固体，即为提纯后的NAPG。NAPG粗产品经过提纯分离得到纯度较高的产品样品，用于产品表征分析及性能测试。

2 结果与讨论

2.1 产品的表征及结构确定

2.1.1 红外光谱分析

为了确定NAPG产品的分子结构，需要对产品进行红外光谱分析。NAPG提纯产品的红外谱图见图1。

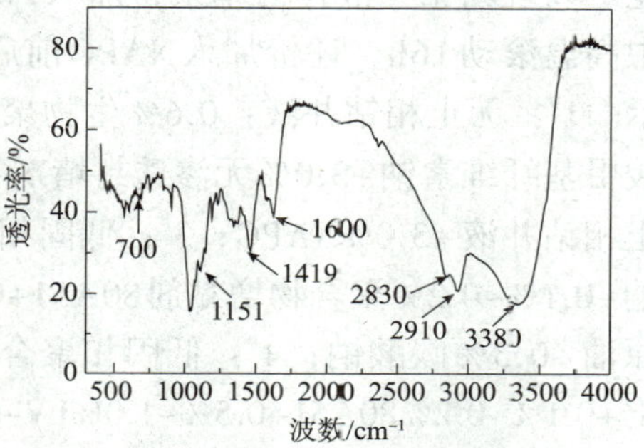

图1 NAPG的红外光谱图

由图1可知，3380cm^{-1}为O—H键的伸缩振动峰，2830~2950cm^{-1}为甲基和亚甲基中C—H键的伸缩振动峰，可确定有糖苷结构；1151cm^{-1}为C—O—C的伸缩振动峰，1050~1100cm^{-1}为羟基中C—O键的伸缩振动峰，可确定含有聚醚结构；1419cm^{-1}为C—N键的吸收峰，1196cm^{-1}为C—N键的弯曲振动峰，3380cm^{-1}为N—H键的吸收峰，可确定含有胺的结构。综合上述分析结果，NAPG产品分子结构中含有羟基、糖苷、醚键、C—N键、胺基等特征结构。

2.1.2 元素分析

使用热重分析仪，得到了NAPG提纯产品的元素定量组成，见表1。

表1 NAPG提纯产品的元素定量组成

元 素	理论含量/%	实测含量/%
C	49.67	49.13
H	9.38	9.44
N	14.48	14.48
O	26.47	26.95

由表1中数据可以看出，实际合成NAPG产品样品的C、H、N、O的元素分析结果与其理论分子结构的计算结果吻合较好，说明实际合成得到的产品分子结构与理论分子设计结构相符，验证了理论分子设计结构的准确性。

2.1.3 产品分子结构

结合NAPG提纯产品的红外光谱和元素分析结果，确定了其分子结构如图2所示。式中：R为甲基、乙基、丙基或丁基；*m*为1~10；*n*为1~10；*o*为0~4。

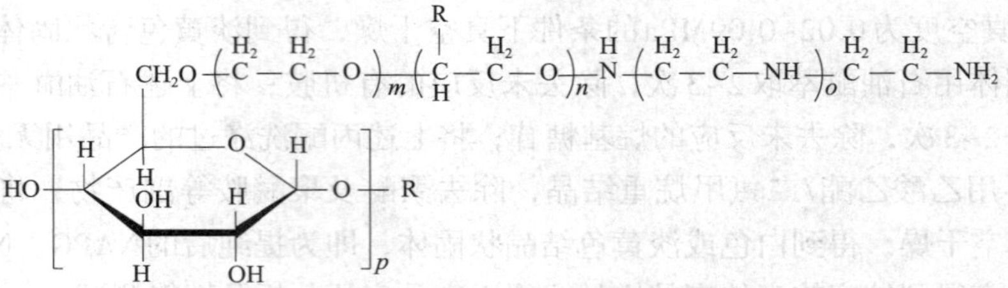

图2 NAPG产品的分子结构

2.2 产品的性能评价

2.2.1 配伍性能

评价了NAPG产品在无土相钻井液、低固相聚合物钻井液、聚磺钻井液中的配伍性能。以现场钻井液作为基浆，加入3.0%的NAPG产品，在加热温度为120℃的滚子炉中高温滚动16h，评价加入NAPG前后的钻井液性能变化。钻井液配方组成如1#~6#所示。1#：无土相钻井液：0.6%生物聚合物+0.4%高黏度羧甲基纤维素钠+0.6%低黏度羧甲基纤维素钠+3.0%无渗透封堵剂+0.4%烧碱+0.2%碳酸钠+24.0%氯化钠；2#：无土相钻井液+3.0%NAPG；3#：低固相聚合物钻井液：0.5%~1.0%低黏度羧甲基纤维素钠+0.1%~0.2%聚合物增黏剂80A51+0.3%~1.0%聚合物降滤失剂COP-LFL/HFL+10.0%原油+0.3%碳酸钠；4#：低固相聚合物钻井液+3.0%NAPG；5#：聚磺钻井液：4.0%土+0.1%~0.2%80A51+0.5%~1.0%LV-CMC+0.3%~1.0%COP-LFL/HFL+6.0%~12.0%NaCl+2.0%~4.0%SMP+2.0%~4.0%SMC+0.2%Na_2CO_3+0.2%NaOH；6#：聚磺钻井液+3.0%NAPG。

NAPG产品与钻井液的配伍性评价结果见表2。

表2　NAPG产品与钻井液的配伍性评价结果

钻井液	*AV*/mPa·s	*PV*/mPa·s	*YP*/Pa	*G'*/*G''*/（Pa/Pa）	*FL*/mL	密度/（g/cm³）	pH值
1#	48.0	22.0	26.0	10.0/13.5	6.0	1.14	8.0
2#	57.5	26.0	31.5	11.0/15.0	4.6	1.15	9.0
3#	93.0	57.0	36.0	15.0/20.0	4.8	1.27	8.0
4#	72.0	58.0	14.0	2.0/6.0	2.2	1.27	9.0
5#	49.5	39.0	10.5	4.5/23.5	2.8	1.43	9.0
6#	42.5	36.0	6.5	1.0/8.0	1.6	1.43	9.0

由表2中数据可知，NAPG产品对无土相钻井液具有提高黏度和切力的作用，对低固相聚合物钻井液和聚磺钻井液具有降低黏度和切力的作用，对钻井液流型具有显著改善作用；NAPG产品在无土相钻井液、低固相聚合物钻井液和聚磺钻井液中，均具有较好的降滤失作用。总体来说，NAPG产品与现场常规水基钻井液的配伍性能良好。

2.2.2　抑制性能

考察了不同含量的NAPG水溶液的页岩回收率。页岩一次回收实验条件为：130℃，16h；页岩二次回收实验条件为：130℃，2h。不同NAPG含量的页岩回收率实验结果见表3。

表3　不同NAPG含量的页岩回收率实验结果

NAPG含量/%	一次回收率/%	二次回收率/%	相对回收率/%
0	32.32	5.44	16.83
0.1	96.80	96.10	99.28
0.3	97.85	97.55	99.69
0.7	98.60	98.30	99.70
1.0	95.55	95.25	99.69
3.0	98.40	98.10	99.70
5.0	97.45	97.15	99.69
7.0	98.35	98.40	99.95
9.0	99.00	98.35	99.34

由表3可以看出，当NAPG含量为0.3%时，页岩一次回收率97.85%，页岩二次回收率97.55%，页岩相对回收率99.69%。在NAPG含量较小时即可较好地抑制页岩的水化膨胀分散。

考察了NAPG含量对钙土相对抑制率的影响。实验条件为：150℃，16h。NAPG含量对钙土的相对抑制率影响结果如图3所示。

由图3可知，当NAPG含量为0.3%时，其对钙膨润土的相对抑制率达95.28%，说明NAPG在0.3%的低加量条件下，即可表现出对

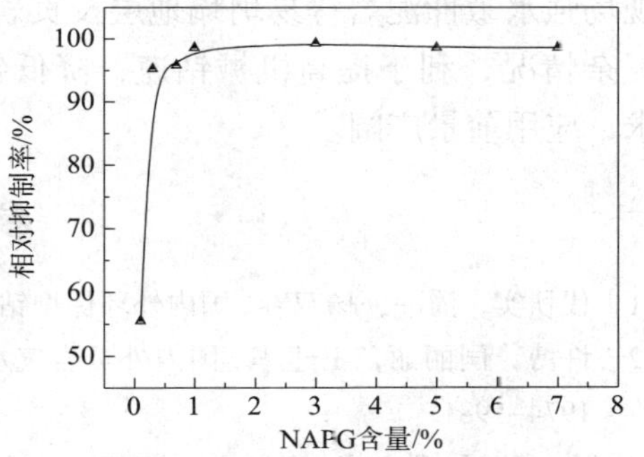

图3　NAPG含量对钙土的相对抑制率影响结果

黏土矿物水化膨胀分散的强效抑制作用。

2.2.3　耐温性能

采用热重法对所合成NAPG产品的热稳定性进行了评价。测试试样采用制备的NAPG提纯产品样品5mg，在氩气氛保护下，以10℃/min的升温速度从室温升温到500℃，记录得到测试样品的热重曲线，见图4。

由图4可以看出，NAPG产品的失重主要分3个阶段。第一阶段室温~252℃的失重是NAPG中少量水分和提纯所用少量有机溶剂受热挥发或分解所致；第二阶段252~350℃为NAPG产品分子中糖苷单元上的羟基脱水及胺基的脱离；第三阶段350~500℃为NAPG产品分子中碳骨架结构的降解。得出结论为，NAPG产品分子本身耐温可达252℃，具有较好的耐温性能。

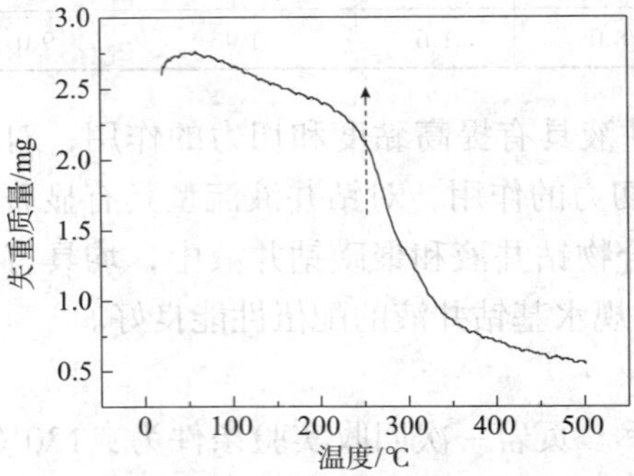

图4　NAPG产品的热重曲线

2.2.4　生物毒性

考察了NAPG产品样品的生物毒性。测试结果显示，所合成NAPG产品样品的EC_{50}值高达5.29×10^5mg/L，远高于排放标准3×10^4mg/L（参照国标：GB/T 15441−1995《水质急性毒性的测定发光细菌法》）。得出结论为，合成得到的NAPG产品无生物毒性，绿色环保。

3　结论

（1）以烷基糖苷、乙二醇、环氧氯丙烷、自制有机胺A等为原料，在烷基苯磺酸催化下，采用醚化和胺化两步反应合成得到NAPG产品。最优反应条件为：烷基糖苷：烷基苯磺酸：乙二醇：环氧氯丙烷：有机胺A的摩尔比为4：0.3：4：2：8；醚化反应条件为：90~95℃，0.5~1.0h；胺化反应条件为：150~155℃，2.0~4.0h。

（2）对NAPG产品进行了提纯，运用红外光谱和元素分析等表征手段确定了产品分子结构；热重分析结果表明，NAPG产品耐温达252℃，具有较好的高温稳定性。

（3）NAPG产品配伍性好，具有超强抑制性和优良耐温性，绿色环保，可有效解决现场强水敏性泥岩等易坍塌地层及页岩油气水平井的钻井施工中出现的井壁失稳等井下复杂情况，利于提高机械钻速，降低钻井成本，实现绿色、安全、高效钻井的技术需求，应用前景广阔。

参考文献

［1］代秋实，潘一，杨双春．国内外环保型钻井液研究进展［J］．油田化学，2015，32（3）：435-439.

［2］许博，闫丽丽，王建华．国内外页岩气水基钻井液技术新进展［J］．应用化工，2016，45（10）：1974-1981.

［3］Khodja M，Canselier J P，Bergaya F，et al. Shale problems and water-based drilling fluid optimisation in the Hassi Messaoud Algerian oil field［J］. Applied Clay Science，2010，49（4）：383-393.

[4] Zhong H Y, Qiu Z S, Huang W A, et al. The Development and Application of a Novel Polyamine Water-based Drilling Fluid [J]. Liquid Fuels Technology, 2014, 32 (4): 497-504.

[5] Issam I., Ann P. H.. The application of methyl glucoside as shale inhibitor in sodium chloride mud [J]. Jurnal Teknologi, 2009, 50 (S): 53-65.

[6] 雷祖猛，司西强．国内烷基糖苷钻井液研究及应用现状［J］．天然气勘探与开发，2016（2）：72-74.

[7] 魏风勇，司西强，王中华，等．烷基糖苷及其衍生物钻井液发展趋势［J］．现代化工．2015（5）：48-51.

[8] 司西强，王中华，魏军，等．钻井液用阳离子烷基糖苷的合成研究［J］．应用化工，2012，41(1)：56-60.

[9] 司西强，王中华，魏军，等．阳离子烷基糖苷的绿色合成及性能评价［J］．应用化工，2012，41（9）：1526-1530.

[10] 司西强，王中华，贾启高，等．阳离子烷基糖苷的中试生产及现场应用［J］．应用化工，2013，42（12）：2295-2297.

[11] 司西强，王中华．阳离子烷基糖苷合成过程中的季铵化反应［J］．应用化工，2014（6）：1159-1161.

[12] 司西强，王中华，赵虎．钻井液用烷基糖苷及其改性产品的研究现状及发展趋势［J］．中外能源，2015，20（11）：31-40.

[13] 高小芃，司西强，王伟亮，等．钻井液用聚醚胺基烷基糖苷在方3井的应用研究［J］．能源化工，2016，37（5）：23-28.

[14] 司西强，王中华，王伟亮．聚醚胺基烷基糖苷类油基钻井液研究［J］．应用化工，2016，45(12)：2308-2312.

钻井液用阳离子烷基糖苷的合成路线确定

司西强[1,2]　王中华[1,2]

（1.中石化中原石油工程有限公司钻井工程技术研究院，河南 濮阳 457001；
2.中石化石油工程钻完井液技术中心，河南 濮阳 457001）

摘　要： 阳离子烷基葡萄糖苷是一类新型阳离子钻井液处理剂。其不但秉承了非离子烷基糖苷的优良性能，而且兼具阳离子表面活性剂的特殊性能，与阴离子表面活性剂配伍性好，越来越受到表面活性剂行业及油田化学行业的高度重视。确定了阳离子烷基葡萄糖苷的合成方法、合成原料，并对合成所用的催化剂进行了优选。结果表明，采用烷基糖苷先与3-氯-1，2-丙二醇苷化，再与三甲胺季铵化，合成出的阳离子烷基葡萄糖苷抑制性能最优，岩屑一次回收率达95.55%，相对回收率达99.11%；合成原料中烷基糖苷优选甲基糖苷，烷基叔胺优选三甲胺；合成催化剂优选对甲苯磺酸，最佳用量为3.0%。合成出的阳离子烷基糖苷抑制性能优异，预计在钻井完井液中应用前景广阔。

关键词： 钻井液处理剂；阳离子；烷基葡萄糖苷；季铵；抑制剂

目前，烷基葡萄糖苷作为钻井液处理剂已有许多成功应用[1-7]，如在大庆、胜利、辽河、新疆油田等。甲基葡萄糖苷钻井液已经形成比较成熟的体系[8-19]，另外乙基葡萄糖苷钻井液[20]和丙基葡萄糖苷钻井液[21]正处于研究阶段。烷基糖苷应用到钻井液中虽然性能优良，但其加量大，成本较高，分子抗温性相对较差，抑制性有待提高，上述缺点限制了其在钻井液中的应用[22-23]。故针对烷基糖苷的缺陷，通过分子设计，我们合成了性能优于烷基糖苷的阳离子烷基糖苷（CAPG），通过引入季铵阳离子基团来提高抑制性、抗温性，减小加量，降低成本。阳离子烷基糖苷兼具烷基糖苷和季铵盐的双重性能，是一类具有广泛用途的化学品[24-28]。目前除中石化中原油田钻井工程技术研究院正在进行钻井液用阳离子烷基糖苷的研究外，国内外还没有其他将阳离子烷基糖苷应用于钻井液中的研究报道，故将阳离子烷基糖苷引入钻井液将是钻井液发展史上的一个突破和进步，对钻井液体系的发展具有重要意义。本文通过对阳离子烷基葡萄糖苷合成方法及原料优选，确定了阳离子烷基葡萄糖苷的合成方法及合成原料；优选出了合成阳离子烷基糖苷的催化剂，并确定了最佳加量。本研究为钻井液用阳离子烷基糖苷的后续研究工作打下了良好的基础。

基金项目： 中原石油勘探局科技攻关项目“钻井液用阳离子烷基糖苷的研究”（项目编号：2011231）；中国博士后科学基金“钻井液用糖苷基季铵盐的合成及其抑制机理研究”（基金编号：2011M501194）资助。

作者简介： 司西强（1982—），男，山东日照人，研究员，博士，主要从事精细化工、新型钻井助剂及钻井液新体系的研究及推广。E-mail：sixiqiang@163.com。

1 实验

1.1 实验药品及仪器

环氧氯丙烷（分析纯）、无水葡萄糖（分析纯）、烷基葡萄糖苷（分析纯）、烷基叔胺（分析纯）、对甲苯磺酸（分析纯）、浓硫酸（分析纯）、浓磷酸（分析纯）、氨基磺酸（分析纯）、十二烷基苯磺酸（分析纯）、30%氢氧化钠溶液、浓盐酸（分析纯）、去离子水、膨润土、岩屑等。

主要仪器为：500mL四口烧瓶（北京玻璃仪器厂），35cm球形冷凝管（北京玻璃仪器厂），ZNCL-T智能磁力恒温搅拌器（河南爱博特科技有限公司），DZF-6050真空干燥箱（上海创博环球生物科技有限公司），XGRL-4A高温滚子加热炉（青岛海通达专用仪器厂），LHG-2老化罐（青岛海通达专用仪器厂），GJS-B12K变频高速搅拌机（青岛海通达专用仪器厂），BL200S精密电子天平（上海勤酬实业有限公司）等。

1.2 合成方法

阳离子甲基葡萄糖苷的合成方法[29-36]目前主要有三种：

方法1：一步法直接合成。直接把原料混合在一起在一定条件下进行反应。

方法2：先苷化，再季铵化合成阳离子烷基葡萄糖苷。

方法3：先合成阳离子醚化剂3-氯-2-羟丙基三烷基季铵盐，阳离子醚化剂再和烷基葡萄糖苷反应制得阳离子烷基葡萄糖苷。

按方法1合成的反应方程式如图1所示。

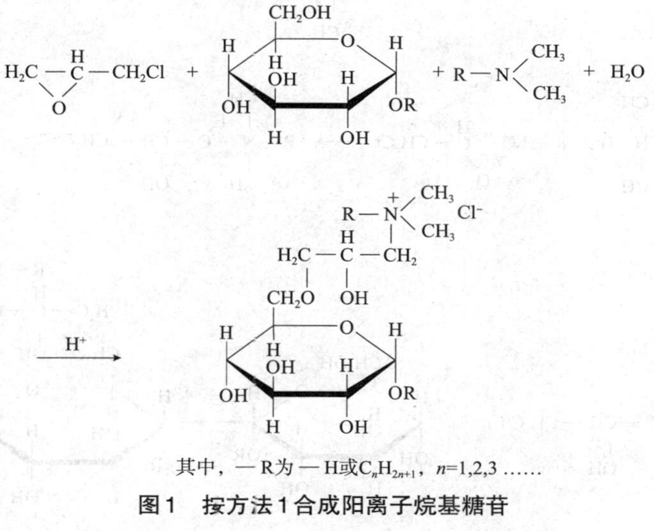

其中，—R为—H或C_nH_{2n+1}，n=1,2,3 ……

图1　按方法1合成阳离子烷基糖苷

按方法2合成的反应方程式如图2所示。

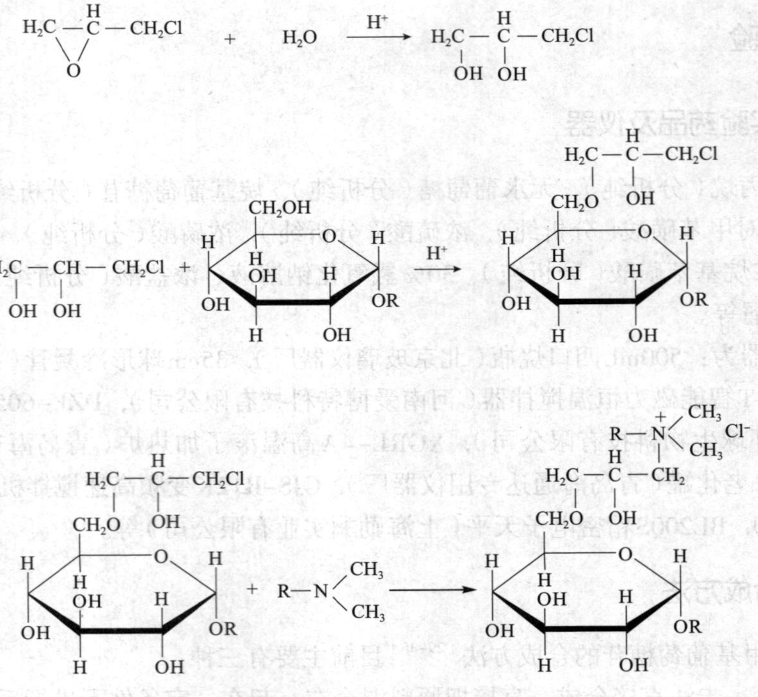

其中，—R为—H或C_nH_{2n+1}，n=1,2,3 ……

图2　按方法2合成阳离子烷基糖苷

按方法3合成的反应方程式如图3所示。

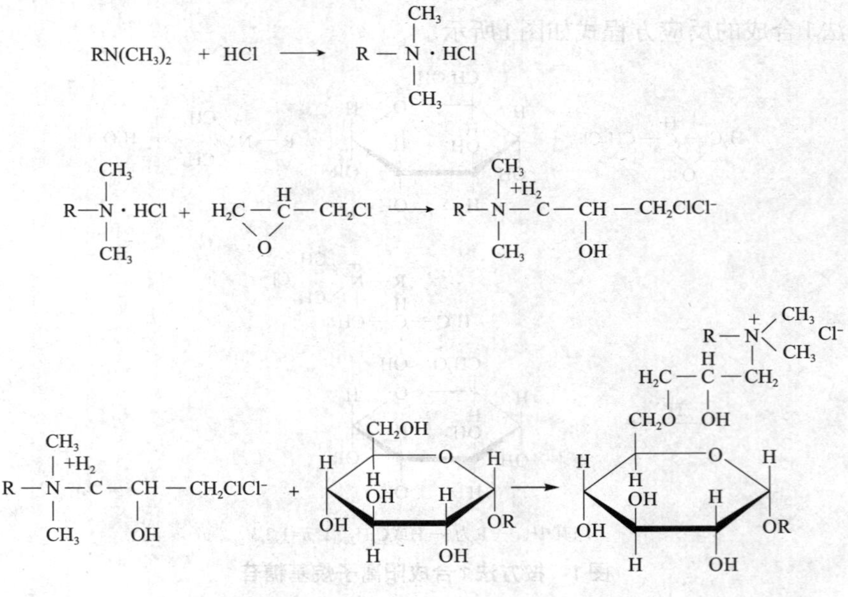

其中，—R为—H或C_nH_{2n+1}，n=1,2,3 ……

图3　按方法1合成阳离子烷基糖苷

1.3 抑制性评价方法

量取350mL清水于高搅杯中，将称取好的样品加入清水中高速搅拌5min后，倒入老化罐中备用；取2.0~5.0mm岩屑于103℃下干燥4h，降至室温；称取20g岩屑（G_0）放入老化罐待测试液中于150℃下滚动16h，降温后取出，用孔径0.42mm筛回收岩屑，于103℃下干燥4h，降至室温称量回收岩屑质量（G_1）；然后将已称过重的回收岩屑放入清水中于150℃下滚动2h，降温后取出，用孔径0.42mm筛回收岩屑，于103℃下干燥4h，冷却至室温称量回收岩屑质量（G_2）。分别计算一次页岩回收率R_1、二次页岩回收率R_2和相对页岩回收率R。

岩屑回收率计算方法如下：

一次页岩回收率：　$R_1=G_1/G_0\times 100\%$

二次页岩回收率：　$R_2=G_2/G_0\times 100\%$

相对页岩回收率：　$R=R_2/R_1\times 100\%$

2　合成方法确定

按照1.2中的三种方法分别合成了阳离子烷基糖苷产品，对其抑制性进行了测试，三种合成方法合成产品的岩屑回收实验结果如表1所示。

表1　不同合成方法合成产品岩屑回收实验

样品名称	浓度/%	R_1（一次回收率）/%	R_2（二次回收率）/%	R（相对回收率）/%
清水	—	2.29	1.00	43.67
CAPG–方法1	5	40.70	39.05	95.95
CAPG–方法2	5	95.55	94.70	99.11
CAPG–方法3	5	77.45	75.85	97.93

由表1中数据得出，方法2产品抑制性最优，一次回收率达95.55%，相对回收率达99.11%，方法1和方法3合成产品的岩屑一次回收率仅为40.70%和77.45%，方法1和方法3合成产品的抑制性能远远低于方法2产品的抑制性能。这是因为：方法1未考虑反应过程中的酸碱性环境，合成产品收率不高，副产物较多，质量较差；方法3产品收率不高，且反应过程中引入浓盐酸，用到有机溶剂，对环境造成一定的污染；而方法2反应条件较温和，直接采用水做溶剂，避免了有机溶剂对环境的污染，合成产品收率较高，质量较好。所以从产品性能、经济效益和社会效益综合分析，方法2产品收率较高，抑制性较好，且不会对环境造成不良影响。故优选方法2合成阳离子烷基糖苷。

按照方法2合成阳离子烷基糖苷的详细步骤如下所示：

（1）环氧氯丙烷水解。将环氧氯丙烷、去离子水和催化剂以摩尔比1∶16∶0.01加入装有回流冷凝管、温度计和搅拌装置的四口烧瓶中，搅拌升温至95~100℃，保持回流4~5h，停止反应，得到的是无色透明的3–氯–1，2–丙二醇水溶液。

（2）氯代醇甲基葡萄糖苷的合成。将（1）中的3–氯–1，2–丙二醇水溶液加入装有回流冷凝管、温度计、滴液漏斗和搅拌装置的四口烧瓶中，搅拌升温至90~95℃时，滴加50%的甲基葡萄糖苷水溶液（3–氯–1，2–丙二醇与甲基葡萄糖苷的摩尔比为1：1.5），滴加时间约0.5h，滴加完毕后反应3~5h，得到淡黄色液体，即为氯代醇甲基葡萄糖苷的水溶液。冷却后用30%的NaOH溶液调pH至6~8。

（3）阳离子甲基葡萄糖苷的合成。将氯代醇甲基葡萄糖苷水溶液与烷基叔胺加入装有回流冷凝管、温度计和搅拌装置的四口烧瓶中，氯代醇甲基葡萄糖苷与烷基叔胺的摩尔比为1：1，搅拌下加热回流，反应温度为50~80℃，回流时间4~6h，待反应液变为均一透明的淡黄色黏稠液体，结束反应，即得到阳离子甲基葡萄糖苷的水溶液。

3　合成原料优选

合成出的阳离子烷基糖苷性能主要取决于烷基糖苷和烷基叔胺的结构。故本文主要考察烷基糖苷和烷基叔胺的烷基碳链长度对产品性能的影响，优选出最佳的烷基糖苷和烷基叔胺来合成阳离子烷基糖苷产品。

3.1　烷基糖苷的选择

烷基糖苷中烷基碳链的长度对合成的阳离子烷基糖苷的抑制性有较大影响。烷基碳链较长会降低产品的水溶性，导致在钻井液中配伍性较差，所以选择合适碳链长度的烷基糖苷来制备阳离子烷基糖苷。用葡萄糖及具有不同碳链长度的糖苷合成了一系列阳离子烷基糖苷，其产品抑制性能如表2所示。

表2　葡萄糖及不同烷基糖苷合成产品岩屑回收实验

样品名称	浓度/%	R_1（一次回收率）/%	R_2（二次回收率）/%	R（相对回收率）/%
CAPG–葡萄糖	5	57.05	56.45	98.95
CAPG–甲基糖苷	5	95.55	94.70	99.11
CAPG–乙基糖苷	5	63.10	62.45	98.97
CAPG–乙二醇糖苷	5	80.95	79.40	98.09
CAPG–丙基糖苷	5	94.90	94.65	99.74
CAPG–丁基糖苷	5	94.05	93.55	99.47

由表2中数据可以看出，用葡萄糖、乙基糖苷和乙二醇糖苷合成产品的抑制性能相对较差，甲基糖苷合成产品的岩屑一次回收率最高，达95.55%，另外丙基糖苷和丁基糖苷合成产品的岩屑一次回收率也较高，达到94.90%和94.05%，考虑到甲基糖苷较易得到，而丙基糖苷和丁基糖苷需要自己合成，故优选甲基葡萄糖苷作为合成阳离子烷基糖苷的原料。

3.2　烷基叔胺的选择

烷基叔胺的结构也对合成产品的性能有较大的影响，烷基碳链越短，合成产品在岩石上的吸附性越强，水溶性越好，抑制性能越好。分别对三甲胺、三乙胺和三丁胺合成产品的抑制性能进行了考察，结果见表3。

表3　不同叔胺合成产品岩屑回收实验

样品名称	浓度/%	R_1（一次回收率）/%	R_2（二次回收率）/%	R（相对回收率）/%
清水	—	2.29	1.00	43.67
CAPG–三甲胺	5	95.55	94.70	99.11
CAPG–三乙胺	5	55.06	52.45	95.26
CAPG–三丁胺	5	58.90	58.15	98.73

由表3中数据可以看出，用三甲胺合成产品的抑制性最优，三乙胺和三丁胺合成产品的抑制性较差，这是因为三甲胺碳链长度较短，吸附性能较好，拉紧了岩石晶层，使岩石不易水化分散。故优选三甲胺作为合成阳离子烷基糖苷的原料。

4　催化剂选择

不同催化剂合成产品的性能不同。分别对浓硫酸、浓磷酸、对甲苯磺酸、氨基磺酸、十二烷基苯磺酸等作为催化剂合成出的产品进行岩屑回收实验，优选出催化剂后，对其用量进行了考察，实验结果见表4和图4。

表4　不同催化剂合成产品岩屑回收实验

样品名称	浓度/%	R_1（一次回收率）/%	R_2（二次回收率）/%	R（相对回收率）/%
CAPG–浓硫酸	5	87.65	85.35	97.37
CAPG–浓磷酸	5	89.00	86.75	97.47
CAPG–对甲苯磺酸	5	95.55	94.70	99.11
CAPG–氨基磺酸	5	85.80	80.85	94.23

由表4中数据可以看出，以浓硫酸、浓磷酸和氨基磺酸作为催化剂合成产品岩屑一次回收率分别为87.65%、89.00%和85.80%，都低于对甲苯磺酸作为催化剂合成产品的抑制性能。对甲苯磺酸催化合成的产品抑制性能最优，故优选对甲苯磺酸作为合成阳离子烷基糖苷的催化剂。

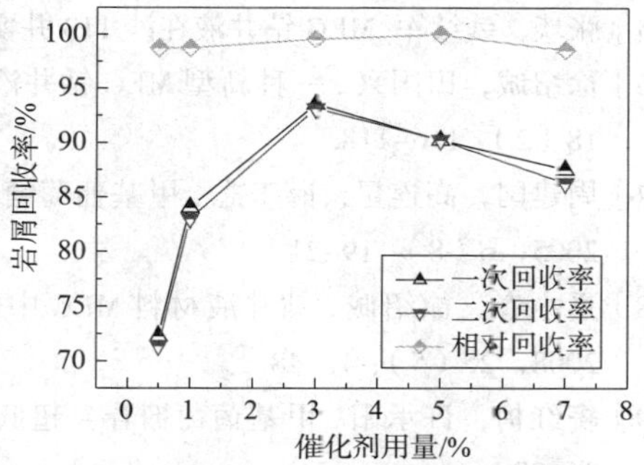

图4　催化剂用量对合成产品的抑制性能影响

图4所示为对甲苯磺酸的用量对合成产品抑制性能的影响，由图可以得出，随着对甲苯磺酸用量的增加，合成产品的抑制性能先升高后降低，当对甲苯磺用量为烷基糖苷质量的3.0%时，合成产品抑制性能最优，岩屑一次回收率和二次回收率均达到94%以上，相对回收率接近100%。故确定对甲苯磺酸的最佳用量为3.0%。

5　结论

（1）在烷基葡萄糖苷分子上引入季铵盐的结构，合成了阳离子烷基葡萄糖苷，克服了烷基葡萄糖苷在钻井液中加量大、抗温性较差、抑制性有待提高等缺陷，在钻井完井液中应用前景广阔。

（2）确定了阳离子烷基糖苷的合成方法。将环氧氯丙烷、去离子水和对甲苯磺酸以摩尔比1∶16∶0.01在95~100℃下保持回流4~5h，得到3-氯-1，2-丙二醇水溶液；3-氯-1，2-丙二醇与烷基糖苷以摩尔比1∶1.5在80~90℃下反应3~5h，得到氯代醇烷基糖苷；冷却后调pH至6~8，将氯代醇烷基糖苷与烷基叔胺以摩尔比1∶1在50~80℃下回流4~6h，即得到阳离子烷基糖苷的水溶液。

（3）优选出了合成阳离子烷基糖苷的原料为甲基葡萄糖苷和三甲胺；催化剂为对甲苯磺酸，其最佳加量为3%。

（4）合成出的阳离子烷基糖苷具有优异的页岩抑制性能，岩屑一次回收率达95.55%，相对回收率达99.11%，可作为页岩抑制剂用于水平井钻井及其他易坍塌地层的钻井中。

参考文献

［1］欧阳伟，杨刚，贺海，等．MEG钻井液技术在剑门1井超长小井眼段的应用［J］．钻井液与完井液，2009，26（6）：21–23.

［2］黄达全，宋胜利，王伟忠，等．MEG钻井液在滨26X1井的应用［J］．钻井液与完井液，2008，25（3）：36–38.

［3］雍富华，余丽彬，熊开俊，等．MEG钻井液在吐哈油田小井眼侧钻井中的应用［J］．钻井液与完井液，2006，23（5）：50–52.

［4］付国都，董海军，牛广玉，等．双保仿油基改性MEG的研究与应用［J］．钻井液与完井液，2005，22（B05）：8–10，117–118.

［5］张琰，钱续军．MEG钻井液在沙113井实验成功［J］．钻井液与完井液，2001，18（2）：27–29.

［6］徐绍诚，田国兴．一种新型MEG钻井液体系的研究与应用［J］．中国海上油气（工程），2006，18（2）：116–118.

［7］周建国，高连星，薛玉志．甲基葡萄糖苷的合成及在钻井液中的应用［J］．精细石油化工进展，2005，6（8）：19–21.

［8］夏小春，徐绍诚．钻井液材料MEG中葡萄糖含量的测定——HPLC法［J］．钻井液与完井液，2008，25（5）：47–48.

［9］窦红梅，许承阳．甲基葡萄糖苷－超低渗透钻井液性能评价［J］．钻井液与完井液，2006（6）：36–38.

［10］赵素丽，王治法，常连玉．烷基糖苷钻井液的室内研究［J］．钻井液与完井液，2005，22（2）：4–6.

［11］张琰，陈铸．MEG钻井液保护油气层特性的实验研究［J］．钻井液与完井液，1998，15（5）：15–18.

［12］吴彬，张岩，向兴金，等．甲基葡萄糖苷钻井液体系的室内研究［J］．石油钻采工艺，2006，28（3）：28–30.

［13］蔡利山，赵素丽．硅酸盐－烷基葡萄糖苷钻井液的研究与评价［J］．钻井液与完井液，2004，21（2）：23–26.

[14] 杨振杰. 环保钻井液技术现状及发展趋势 [J]. 钻井液与完井液，2004，21（2）：39–42.
[15] 卢宏业，赵素丽. 烷基糖苷钻井液体系室内研究 [J]. 石油钻探技术，2003，31（3）：31–33.
[16] 高长虹. 烷基葡萄糖苷作为降滤失助剂的研究 [J]. 石油钻探技术，2000，28（1）：31–32.
[17] 高锦屏，王书琪. 甲基葡萄糖苷钻井液研究 [J]. 石油大学学报（自然科学版），2000，24（5）：7–10.
[18] 刘岭，高锦屏. 甲基葡萄糖苷及其钻井液 [J]. 石油钻探技术，1999，27（1）：49–51.
[19] 司西强，雷祖猛，赵虎，等. 烷基糖苷的合成及其钻井液研究进展 [J]. 精细与专用化学品，2011，19（5）：42–47.
[20] 赵素丽，肖超，宋明全. 泥页岩抑制剂乙基葡糖苷的研制 [J]. 油田化学，2004，21（3）：202–204.
[21] 蒋娟，朱杰，涂志勇，等. 丙基葡萄糖苷钻井液研究 [J]. 中国石油大学胜利学院学报，2009，23（4）：14–16.
[22] 吕开河，邱正松，徐加放. 甲基葡萄糖苷对钻井液性能的影响 [J]. 应用化学，2006，23（6）：632–636.
[23] 吕开河，邱正松，孙明波. 甲基葡萄糖苷的防塌机理研究 [J]. 天然气工业，2007，27（2）：70–72.
[24] Weuthen M，Kahre J，Hensen H，et al. Cationic sugar surfactants [P]. US：5773595，1998–06–30.
[25] Stuart B P，Harold L M，Joseph P P，et al. Alkoxylated alkyl glucoside ether quaternaries useful in personal care [P]. US：5138043，1992–08–11.
[26] Mizushima Y，Yamamuro A，Yokota Y，Oya N. Cyanoalkylated glycoside and production thereof [P]. JP：03287596，1991–12–18.
[27] Weuthen M D，Kahre J D. Kationische zuckertenside [P]. DE：4413686 A1，1994–04–20.
[28] 司西强，王中华，魏军，等. 阳离子烷基糖苷的合成及应用 [J]. 精细石油化工进展，2011，12（11）：14–18.
[29] 范金石，田亚琴. 阳离子型氨基葡萄糖表面活性剂的合成及其性能研究 [J]. 化学与生物工程，2010，27（7）：27–30.
[30] 牛华，娄平均，丁徽，等. 新型烷基糖苷季铵盐的制备及性能 [J]. 应用化工，2010，39（11）：1628–1631.
[31] 王金涛，王万绪，王丰收，等. 糖苷基季铵盐与十二烷基硫酸钠复配性能的研究 [J]. 化学研究与应用，2009，21（3）：344–348.
[32] 蒋春瑛，张培成. 含糖苷基季铵盐表面活性剂的合成及其性能 [J]. 精细石油化工，1999（2）：6–8.
[33] 陈祚领，王高雄. 含糖苷基的新型表面活性剂的合成研究 [J]. 化工科技，2008，16（2）：49–51.
[34] 杨英宜，梁桂林，阎雁，等. 月桂基糖苷羟丙基月桂基二甲基氯化铵的合成 [J]. 广东化工，2007，34（3）：11–13.
[35] 刘海峰，李鹏飞，王臻，等. 一种新型糖基表面活性剂的合成及其性质 [J]. 江南大学学报（自然科学版），2003，2（3）：300–302.
[36] 刘振东，梁鹏龙，陈小斌，等. 糖基季铵盐表面活性剂的合成与表征 [J]. 精细化工，2007，24（9）：870–875.

阳离子烷基糖苷合成过程中的季铵化反应

司西强[1, 2]　王中华[1, 2]

（1. 中石化中原石油工程有限公司钻井工程技术研究院，河南 濮阳 457001；
2. 中石化石油工程钻完井液技术中心，河南 濮阳 457001）

摘　要：针对泥页岩等易坍塌地层的井壁失稳问题，开展了强抑制剂阳离子烷基糖苷的研制。以烷基糖苷与环氧氯丙烷的水解产物3-氯-1，2-丙二醇反应生成3-氯-2-羟丙基糖苷。考察了3-氯-2-羟丙基糖苷与三甲胺发生季铵化反应的反应条件。结果表明，在pH值为9的条件下，将3-氯-2-羟丙基糖苷与三甲胺按摩尔比1：1混合均匀，三甲胺的加料方式为直加，在56℃下搅拌反应5h，得到的钻井液用阳离子烷基糖苷产品抑制性能最优，岩心一次回收率>96%，相对回收率大于98%。

关键词：钻井液；抑制剂；阳离子烷基糖苷；合成；三甲胺；季铵化反应

自2010年以来，中石化中原油田钻井院司西强负责的博士后团队在钻井液专家王中华教授[1-3]的指导下，结合烷基糖苷钻井液抑制性不足和现场急需强抑制钻井液等实际情况[4-6]，开展了钻井液用阳离子烷基糖苷（CAPG）新型强抑制剂的研制，经过近4年的潜心攻关[7-17]，形成了具有自主知识产权的产品制备及生产技术，成功实现了产品的工业化生产，并在陕北、内蒙古、中原、四川等区块的12口水平井及侧钻井上进行了成功应用，在解决泥页岩等易坍塌地层的井壁失稳问题时效果显著，得到现场施工人员的高度评价，为后续全面推广应用打下了良好的基础。本文对阳离子烷基糖苷合成过程中的季铵化反应条件进行了优化，以期对从事相关研究的科研同行有一定借鉴作用。

1　实验

1.1　实验材料及仪器

环氧氯丙烷（分析纯）；烷基葡萄糖苷（分析纯）；33.3%三甲胺水溶液；烷基苯磺酸（分析纯）；3-氯-2-羟丙基糖苷（自制）；30%氢氧化钠水溶液；去离子水；天然岩屑（马12井2765m处）等。

500mL四口烧瓶；ZNCL-T智能磁力恒温搅拌器；GJS-B12K变频高速搅拌机；XGRL-4A高温滚子加热炉；LHG-2老化罐；BL200S精密电子天平；DZF-6050真空干燥箱。

基金项目：中国博士后科学基金特别资助（2012T50641）、中国博士后科学基金面上资助（2011M501194）、中石化石油工程公司科技攻关项目（SG1302-03K）、中石化先导项目（SG12035）、中原石油勘探局科技攻关项目（2011231、2013110）。

作者简介：司西强（1982—），男，山东日照人，研究员，博士，主要从事精细化工、新型钻井助剂及钻井液新体系的研究及推广。E-mail：sixiqiang@163.com。

1.2 3-氯-2-羟丙基糖苷制备方法

在0.4mol环氧氯丙烷中加入3.6mol去离子水，加入4.66g烷基苯磺酸，搅拌均匀，在80℃下加热水解，得到3-氯-1，2-丙二醇的水溶液；在上述3-氯-1，2-丙二醇的水溶液中加入0.4mol烷基糖苷，在95~105℃下搅拌反应2~4h，即得3-氯-2-羟丙基糖苷的水溶液，作为文中制备阳离子烷基糖苷的中间体备用。

1.3 岩屑回收率评价

岩屑回收率评价方法参照文献《阳离子烷基糖苷的绿色合成及性能评价》[18]。

2 结果与讨论

在阳离子烷基糖苷的合成过程中，3-氯-2-羟丙基糖苷的季铵化反应条件对产品的性能影响较大，本文对反应pH值、苷胺摩尔比、反应温度、反应时间及三甲胺加料方式等条件进行了考察优化。

2.1 反应pH值

用碱液调节3-氯-2-羟丙基糖苷水溶液的pH值分别为1、5、7、9、13，将3-氯-2-羟丙基糖苷水溶液与三甲胺水溶液混合均匀，其中3-氯-2-羟丙基糖苷与三甲胺的摩尔比为1∶1，在56℃下搅拌反应5h，得到一系列阳离子烷基糖苷产品。下文中除要优化的参数外，其余均按上述反应条件。对浓度为5%的产品水溶液进行岩屑高温滚动回收率评价实验，滚动温度120℃，包括测试一次和二次回收率。测试结果见图1。

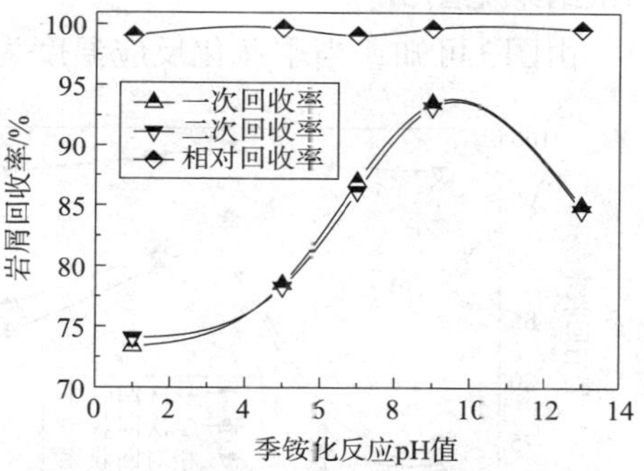

图1 不同季铵化反应pH值对合成产品岩屑回收率影响

由图1可以得出，当季铵化反应的pH值为9时，得到的产品抑制性能最优，一次回收率达93.50%，相对回收率达99.66%，这是因为，季铵化反应需要在碱性环境下进行，如果pH值偏酸性，则会消耗一部分三甲胺用来中和酸性催化剂，如果pH值太高，碱性太强，则反应生成的产品色泽较差，且性能也不能达到最优，故优选季铵化反应时的pH值为9。

2.2 苷胺摩尔比

3-氯-2-羟丙基糖苷与三甲胺的摩尔比影响合成过程的反应程度，从而影响合成产品的性能。固定反应条件，改变3-氯-2-羟丙基糖苷与三甲胺的摩尔比分别为1∶0.2、1∶0.4、1∶0.6、1∶0.8、1∶1，配制反应液，在56℃下搅拌反应5h，得到一系列阳离子烷基糖苷产品。对浓度为5%的产品水溶液进行岩屑高温滚动回收率评价实验，滚动

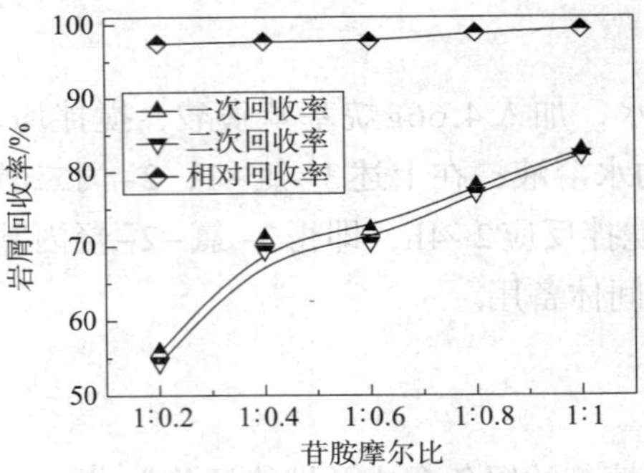

图2　苷胺摩尔比对合成产品岩屑回收率影响

温度120℃，包括测试一次和二次回收率。测试结果见图2。

由图2可以看出，随着三甲胺加量的增加，产品的抑制性显著提高，当苷胺摩尔比达到1：1时，产品性能最优，一次回收率达82.75%，相对回收率达99.34%，故优选苷胺摩尔比为1：1进行反应。

2.3　反应温度

本合成过程采用三甲胺作为原料，由于三甲胺易挥发，工业上一般都是制成33.3%的水溶液，以便于运输。所以季铵化反应温度不宜太高，也不宜太低。温度太高，三甲胺易从反应液中析出，导致反应不完全；温度太低，反应进行较慢。固定反应条件，改变反应温度分别为32℃、45℃、56℃、64℃、81℃，搅拌反应5h，得到一系列阳离子烷基糖苷产品。对浓度为5%的产品水溶液进行岩屑高温滚动回收率评价实验，滚动温度120℃，包括测试一次和二次回收率。测试结果见图3。

由图3可知，当季铵化反应温度为56℃时，产品的抑制性能最优，故优选季铵化反应温度为56℃。出现图3所示结果，是因为季铵化温度太低时，季铵化反应不完全，导致阳离子烷基糖苷的转化率较低，产品性能较差；季铵化反应温度太高，三甲胺挥发程度较大，减少了阳离子烷基糖苷的生成，转化率降低，从而导致产品的性能下降。

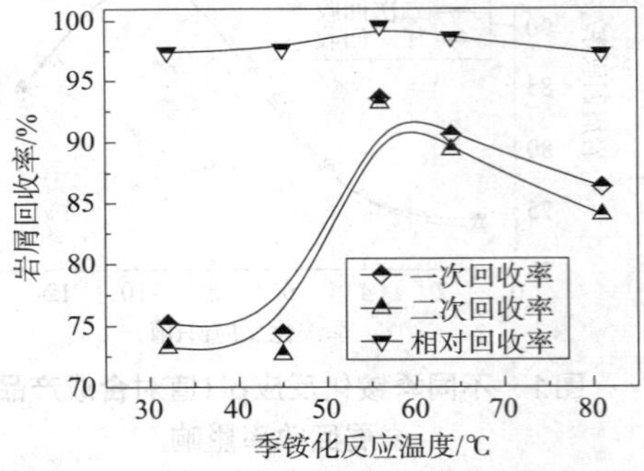

图3　季铵化反应温度对合成产品岩屑回收率影响

2.4　反应时间

反应时间太短，三甲胺反应不完全，合成产品氨味较大；反应时间太长，产品抑制性能并没有明显的提高。固定其他反应条件，改变反应时间分别为1h、3h、5h、7h、9h，合成了一系列阳离子烷基糖苷产品。对浓度为5%的产品水溶液进行岩屑高温滚动回收率评价实验，滚动温度120℃，包括测试一次和二次回收率。测试结果见图4。

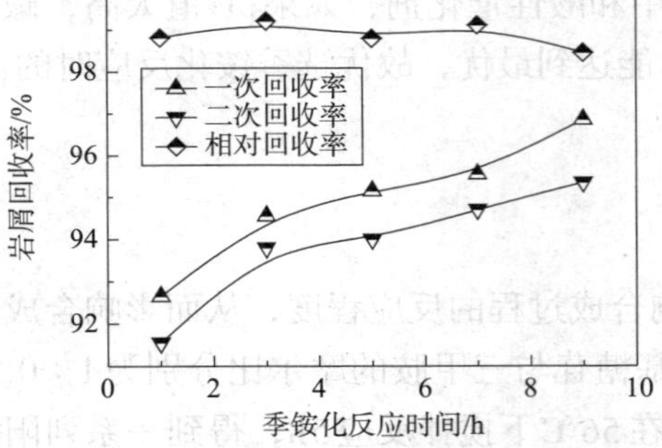

图4　季铵化反应时间对合成产品岩屑回收率影响

如图4所示，随着季铵化反应时间的延长，合成产品的抑制性能相应提高，但是从工业化生产的角度考虑，反应时间太长，会大大增加成本，故综合考虑，选择季铵化反应时间为5h。出现图4所示结果，是因为季铵化反应时间越长，季铵化反应程度越大，生成阳离子烷基糖苷的转化率越高，得到的产品性能越好。

2.5 三甲胺加料方式

考察三甲胺加料方式对反应的影响。固定其他反应条件，通过改变三甲胺加料方式，合成了一系列阳离子烷基糖苷产品。对浓度为5%的产品水溶液进行岩屑高温滚动回收率评价实验，滚动温度120℃，包括测试一次回收率R_1和二次回收率R_2。测试结果见表1。

表1 三甲胺加料方式对合成产品岩屑回收率影响

不同加料方式合成产品	R_1（一次回收率）/%	R_2（二次回收率）/%	R（相对回收率）/%
直加	96.75	95.70	98.92
20min滴加	97.50	96.85	99.33
40min滴加	97.95	97.25	99.28
60min滴加	97.60	97.20	99.59

由表1中数据可以得出，三甲胺的加料方式对反应影响不大，不同三甲胺加料方式下合成的产品性能非常接近，为了操作简便，三甲胺加料采取直接加入的方式。在加入三甲胺时，用自制滴液漏斗直接将三甲胺通入反应液底部，一方面可以使反应充分进行，另一方面可以避免三甲胺挥发，减少难闻的气味。

3 结论

（1）得到了阳离子烷基糖苷合成过程中的季铵化反应的优化条件，在pH值为9的条件下，将3-氯-2-羟丙基糖苷与三甲胺按摩尔比1∶1混合均匀，在56℃下搅拌反应5h，三甲胺的加料方式为直加，得到的钻井液用阳离子烷基糖苷产品抑制性能最优，岩心一次回收率>96%，相对回收率大于98%。

（2）季铵化反应条件优化后得到的产品抑制性能优异，可有效解决泥页岩等易坍塌地层的井壁失稳问题，具有较好的推广应用前景。

参考文献

[1] 王中华.国内钻井液及处理剂发展评述［J］. 中外能源，2013，18（10）：34-43.

[2] 王中华.钻井液处理剂现状分析及合成设计探讨［J］. 中外能源，2012，17（9）：32-40.

[3] 王中华.2011—2012年国内钻井液处理剂进展评述［J］. 中外能源，2013，18（4）：28-35.

[4] Zhang Y，Cheng Z，Yan J. N. et al. Investigation on formation damage control of the methyl glucoside fluids［A］. SPE 39442，1998.

[5] Simpson J. P.，Walker T. O.，Jiang G. Z.. Environmentally Acceptable Water-Based Mud Can Prevent Shale Hydration and Maintain Borehole Stability［A］. 1995，SPE 27496.

[6] Issam I.，Ann P. H.. The application of methyl glucoside as shale inhibitor in sodium chloride mud［J］. Jurnal Teknologi，2009，50（F）：53-65.

[7] 司西强，王中华，魏军，等. 阳离子烷基葡萄糖苷钻井液 [J]. 油田化学，2013，30（4）：477-481.

[8] 司西强，王中华，贾启高，等. 阳离子烷基糖苷的中试生产及现场应用 [J]. 应用化工，2013，42（12）：2295-2297.

[9] 司西强，王中华，魏军，等. 钻井液用阳离子烷基糖苷的合成研究 [J]. 应用化工，2012，41（1）：56-60.

[10] 司西强，王中华，魏军，等. 钻井液用阳离子甲基葡萄糖苷 [J]. 钻井液与完井液，2012，29（2）：21-23.

[11] 司西强，王中华，魏军，等. 页岩抑制剂阳离子烷基糖苷的合成——环氧氯丙烷水解条件 [J]. 精细石油化工进展，2012，13（10）：1-4.

[12] 司西强，王中华，魏军，等. 页岩抑制剂阳离子烷基糖苷的合成——醚化反应条件研究 [J]. 山东化工，2013，42（11）：1-4.

[13] Xiqiang Si，Zhonghua Wang，Jun Wei，et al. Performance test for cationic methyl polyglucoside which was used in drilling fluid [C]. Prepr.Pap.-Am. Chem. Soc.，Div. Pet. Chem.，2012，57（1）：86-87.

[14] Xiqiang Si，Zhonghua Wang，Jun Wei，et al. Study on synthesis of cationic methyl glucoside which was used in drilling fluid [C]. Prepr.Pap.-Am. Chem. Soc.，Div. Pet. Chem.，2012，57（1）：102-103.

[15] Xiqiang Si，Zhonghua Wang，Jun Wei，et al. Influence of Catalyst on the Synthesis of Cationic Alkyl Glucoside [C]. Prepr.Pap.-Am. Chem. Soc.，Div. Energy Fuels，2013，58（2）：336-337.

[16] 司西强，王中华，魏军，等. 阳离子烷基糖苷的合成及应用 [J]. 精细石油化工进展，2011，12（11）：27-31.

[17] 司西强，雷祖猛，赵虎，等. 烷基糖苷的合成及其钻井液研究进展 [J]. 精细与专用化学品，2011，19（5）：42-47.

[18] 司西强，王中华，魏军，等. 阳离子烷基糖苷的绿色合成及性能评价 [J]. 应用化工，2012，41（9）：1526-1530.

阳离子烷基糖苷的中试生产及现场应用

司西强[1, 2]　王中华[1, 2]

（1.中石化中原石油工程有限公司钻井工程技术研究院，河南 濮阳 457001；
2.中石化石油工程钻完井液技术中心，河南 濮阳 457001）

摘　要： 阳离子烷基糖苷（CAPG）是中原油田近年来重点攻关的一类新型高性能水基钻井液处理剂，目前已进入工业化生产及应用推广阶段。在保持了烷基糖苷（APG）优良润滑性能的基础上，CAPG具有更优异的抑制页岩水化膨胀和抗高温能力，且配伍性较好，能与其他处理剂产生协同作用，适于在钻进泥页岩及砂泥岩的钻井液体系以及页岩气水平井的水基钻井液体系中进行推广应用。对CAPG生产工艺、成本及现场应用等情况进行了介绍。得到了成熟的CAPG生产工艺，产品性价比较高。现场应用结果表明，CAPG应用井段平均井径扩大率较小，中江16H井仅5.33%，春17侧井仅9.64%，意11井仅5.61%，靖南72-13H1井未测井径，通井5次，起下钻顺利，井壁稳定效果突出。CAPG产品井壁稳定效果明显，有效解决了水平段泥页岩及砂泥岩地层的井壁失稳问题，具有较好的社会效益和经济效益，应用前景广阔。

关键词： 钻井液；阳离子；烷基糖苷；页岩；抑制剂；井壁稳定；应用

20世纪90年代初至今，经过20年的发展，烷基糖苷钻井液已经形成较成熟的体系[1-2]。但近年来由于地层越来越复杂，深井超深井越来越多，非常规油气藏也逐渐被开发，故对钻井液要求越来越高。烷基糖苷虽润滑性能较好，适合钻探致密砂岩地层，但其不能解决长水平段泥页岩及砂泥岩的井壁失稳问题，抑制性能有待提高，限制了其继续推广应用[3-4]。针对该问题，通过分子设计，合成性能更优的改性烷基糖苷已成为一种必然趋势。阳离子烷基糖苷兼具烷基糖苷和季铵盐的双重性能，抑制性能优异[5-7]，具有较好的润滑性、抗温性和配伍性，且加量小、成本低，可直接作为页岩抑制剂使用或作为主剂形成阳离子烷基糖苷钻井液使用，替代现有的烷基糖苷。该产品已现场应用四口井，有效解决了泥页岩及砂泥岩的水化分散，表现出较好的推广应用前景。目前除中原油田开展了阳离子烷基糖苷[8-10]的研发及在钻井液中的应用外，国内外尚无其他研究机构开展相关研究。本研究创新性和前瞻性较好，对钻井液处理剂的升级换代及钻井液新体系的发展具有积极的促进作用。

前期已经对阳离子烷基糖苷进行了系统的室内研究与性能评价，研究成果在2012年

基金项目： 本研究得到中国博士后科学基金“钻井液用糖苷基季铵盐的合成及其抑制机理研究”（2011M501194）、中国博士后科学基金“钻井液用两性甲基葡萄糖苷的合成及其作用机理”（2012T50641）、中石化先导项目“水平井烷基糖苷无土相钻井液技术”（SG12035）、中原石油勘探局科技攻关项目“钻井液用阳离子烷基糖苷的研究”（2011231）联合资助。

作者简介： 司西强（1982—），男，山东日照人，研究员，博士，主要从事精细化工、新型钻井助剂及钻井液新体系的研究及推广。E-mail：sixiqiang@163.com。

度全国钻井液完井液技术交流研讨会上进行了交流[11]，交流论文题目为《阳离子烷基糖苷的合成及其钻井液性能》，经过半年多的后续攻关研究，目前已经进行了产品的中试生产，并进行了现场应用。本文对阳离子烷基糖苷中试生产工艺、成本及现场应用等情况进行了介绍，以期对钻井液领域同行有一定的启发和借鉴作用。

1　CAPG 中试生产及成本

1.1　材料与设备

实验材料：环氧氯丙烷（工业级）、葡萄糖（工业级）、甲醇（工业级）、甲基葡萄糖苷（工业级）、烷基叔胺（工业级）、烷基苯磺酸（99%，工业级）、烧碱（工业级）。

实验设备：50 L中试反应釜（莱州市兴远化工机械厂），2m^{3}中试反应釜（莱州市兴远化工机械厂），岛津IRPrestige-21傅里叶变换红外光谱仪（岛津有限公司）。

1.2　CAPG 中试生产工艺

综合考虑阳离子烷基糖苷产品的中试生产成本、可操作性及环保要求，优选安全、环保、简单、成本较低的工艺路线。按照该工艺路线批量生产制备阳离子烷基糖苷。阳离子烷基糖苷的中试工艺路线流程图如图1所示。

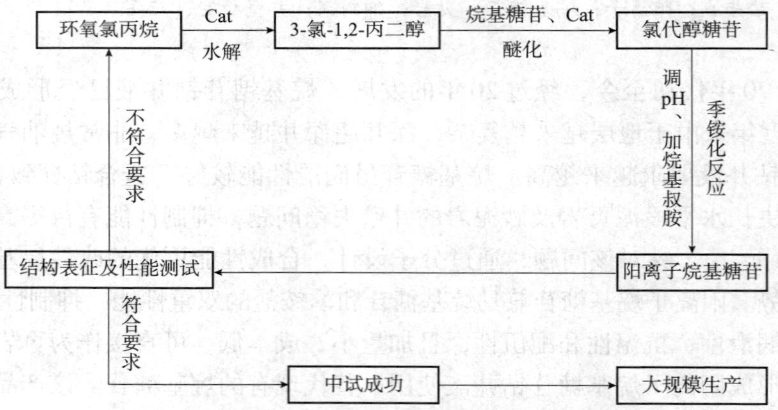

图1　阳离子烷基糖苷的中试工艺路线流程图

如图1所示，在5m^{3}的反应釜中按一定配比加入环氧氯丙烷、烷基糖苷和催化剂，搅拌升温，在回流状态下反应一定时间，再冷却至40~50℃，用中和剂中和反应液pH值至6~9，缓慢加入碱溶液，搅拌一定时间，加入铵盐，升温反应一定时间，即得到阳离子烷基糖苷产品，该产品为红褐色液体。出厂的产品如图2所示。

对生产出的阳离子烷基糖苷产品进行提纯处理后，对其进行红外表征，产品的红外谱图如图3所示。

对图3所示的CAPG中试产品红外谱图进行分析可知，3100~3600cm^{-1}为O—H键的伸缩振动峰，2830~2950cm^{-1}为甲基和亚甲基中C—H键的伸缩振动峰，1480cm^{-1}为亚甲基的对称变角振动峰，1350cm^{-1}为甲基的对称变角振动峰，1151cm^{-1}为C—O—C键的伸缩振动峰，可确定有糖苷结构，1050~1100cm^{-1}为羟基中C—O键的伸缩振动峰，1419cm^{-1}为C—N键的吸收峰，1196cm^{-1}为C—N键的弯曲振动峰，可确定含有季铵盐的结构。综合上述结果，生产出的阳离子烷基糖苷产品含有糖苷键和季铵盐的结构，其结构与室内合成的阳离子烷基糖苷产品吻合，确定了阳离子烷基糖苷中试产品的有效成分与室内合成样品一致。

图2　生产出的CAPG产品成品

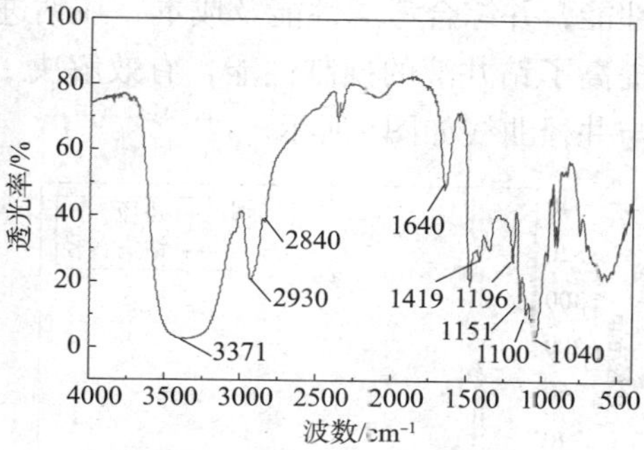

图3　CAPG中试生产产品红外谱图

1.3　CAPG产品成本分析

与烷基糖苷相比，阳离子烷基糖苷加量较小时即能充分发挥作用，当其加量仅为烷基糖苷的1/4~1/3时，保持烷基糖苷润滑性能基础上，页岩一次回收率提高50%以上；与烷基糖苷相比，阳离子烷基糖苷综合应用成本降低40%~50%。

综合分析，作为烷基糖苷的升级换代产品，阳离子烷基糖苷产品在性能上和综合成本上都优越于目前广泛应用的烷基糖苷，所以阳离子烷基糖苷作为烷基糖苷的升级换代产品，具有较好的推广应用前景，表现出较好的社会效益和经济效益。

2　CAPG现场应用

截至目前，已经成功进行了3批次的阳离子烷基糖苷生产，共得到合格产品48t，在中江16H井、春17侧井、意11井及靖南72-13H1井进行了现场应用。

2.1　中江16H井

中江16H井是部署在四川盆地川西坳陷中江构造南翼的一口评价井。针对中江16H井地层稳定性差、易造浆、产层压力系数高等问题，现场引入阳离子烷基糖苷等新型处理剂，成功地解决了井壁坍塌掉块、长裸眼水平井钻具摩阻大、易造浆地层高密度钻井液流变性控制困难等难题。该井最大井斜89.94°，水平位移1313.83m。起下钻顺利，钻具平均摩阻16t以内，在钻井液密度最高1.99g/cm^{3}情况下，定向钻进正常；易坍塌井段平均井径扩大率7.03%，同比降低33.9%，较好地解决了井壁坍塌掉块问题。二开电测井径情况如图4所示。

由图4所示的井深与井径曲线图可以看出，在井深1000~1750m的范围内，井径扩大率均较小，在1650~1740m井段为遂宁组和沙溪庙组交界面，也是该区块易掉块井段，可以看出，在易坍塌井段钻井液中应用CAPG较好地解决了井壁失稳问题。

2.2 春17侧井

春17侧井是一口侧钻井。该井采用低固相聚合物钻井液，为提高钻井液抑制性能和润滑性能，并综合考虑性能及成本，在钻进过程中加入2%的CAPG。由于CAPG的加入，大大提高了钻井液的抑制性能，有效解决了长水平段泥页岩的井壁失稳问题。侧钻井段井深与井径曲线如图5所示。

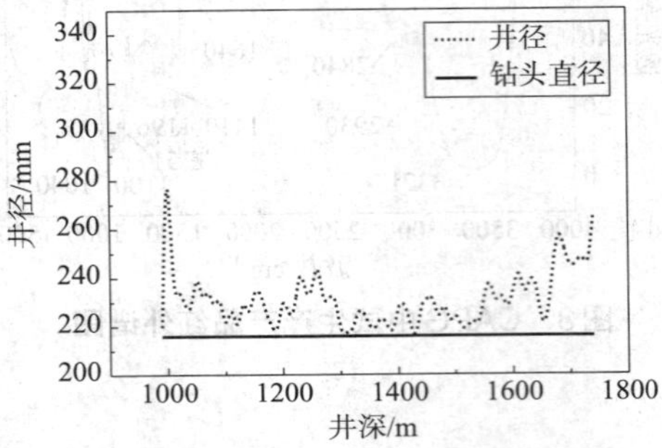

图4　中江16H井二开井径曲线图

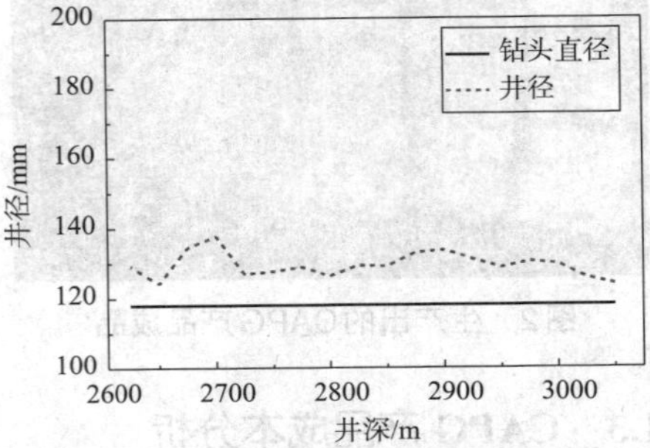

图5　春17侧井侧钻井段井径曲线图

由图5可以看出，春17侧井侧钻井段井径扩大率较小，井径规则，2625~3050m井段平均井径扩大率仅为9.64%，而邻井春9-侧28井2450~3300m井段平均井径扩大率为14.39%，这说明强抑制剂CAPG的加入较好地预防并改善了春17侧井的井壁失稳问题，CAPG能够有效解决泥页岩及砂泥岩易坍塌地层的井壁失稳问题。

2.3 意11井

意11井是位于内蒙古的一口二开直井预探井，构造位置为查干凹陷虎勒洼陷东部斜坡。为了配合查干凹陷钻井提速技术的开展，本井二开采用硅酸盐低固相钻井液体系钻进，进入玄武岩段后应用CAPG，二开平均井径扩大率5.61%，较好地解决了玄武岩段及泥岩井壁坍塌问题，井壁稳定效果明显。意11井二开井深与井径关系如图6所示。

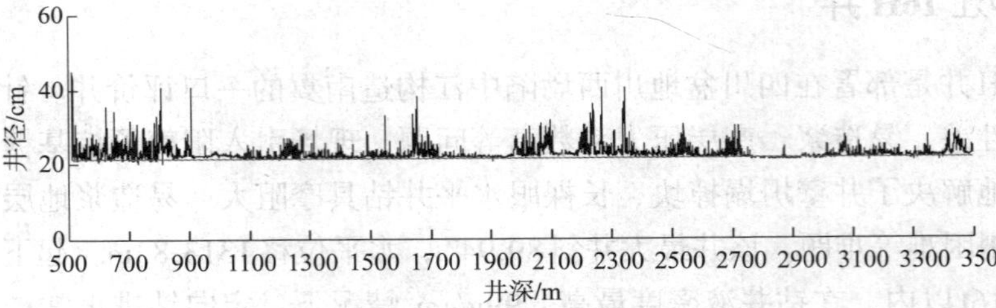

图6　意11井二开井径曲线图

由图6可以看出，在850m后进入玄武岩段应用CAPG后，井壁稳定效果非常明显，在900~1500m的范围内，井径扩大率一直保持在较低水平，这说明CAPG的加入进一步提高了硅酸盐钻井液体系的抑制性能，对该井玄武岩易坍塌井段的井壁失稳起到了较好的预防和改善作用。

2.4 靖南 72–13H1 井

靖南72–13H1井组邻井下古生界原始地层压力在24.20~31.51MPa，平均压力系数0.82，地层平均温度108℃，储集层为气藏，岩性以白云岩为主，兼有泥岩。四开为水平井段，设计井深3772~5272m，采用Φ152.4mm钻头，设计为无土相钻井液，密度为1.15~1.30g/cm^3。

三开钻井液性能较好，处理固相后，坂含由24mg/L降至14mg/L。加入APG和CAPG，提高了钻井液的润滑和抑制性，既满足了四开水平段钻井施工要求，又控制了成本。钻井液性能稳定，摩阻7~8t，正常钻进钻时3~4min/m，目前已完钻，进尺902m。

综上所述，CAPG产品在钻井液中抑制性能优异，在中江16H井、春17侧井、意11井和靖南72–13H1井的现场实验结果表明，该产品加入钻井液中能有效解决泥页岩及砂泥岩地层的井壁失稳问题，且与钻井液配伍性较好，表现出较好的推广应用前景。

3 结论及展望

3.1 结论

（1）在室内研究的基础上，开展了阳离子烷基糖苷的中试生产，形成了成熟的生产工艺，目前已生产出产品48t，对其进行了分析及性能测试，产品性能稳定，质量合格。

（2）进行了阳离子烷基糖苷现场应用，井壁稳定效果明显，有效解决了泥页岩及砂泥岩易坍塌地层的井壁失稳问题，经济效益较好，应用前景广阔。

3.2 展望

以淀粉、葡萄糖、脂肪醇或非离子烷基糖苷为基础原料，可研制出一系列的烷基糖苷衍生物产品，该类产品既保留着烷基糖苷的优点，并随着引入基团的不同而表现出一些新功能。CAPG作为中原油田自主研发的第一个改性烷基糖苷处理剂，表现出优异的性能和较好的应用前景。在此基础上，继续开展相关研究，研发不同类别的改性烷基糖苷，如两性离子烷基糖苷TAPG、聚醚胺基烷基糖苷PAAPG等，形成系列特色产品，扩大在行业内的影响力，促进成果的现场转化，创造较好的社会效益和经济效益。

参考文献

[1] 王军. 烷基多苷及衍生物［M］. 北京：化学工业出版社，2001：53–54.

[2] Zhang Y，Cheng Z，Yan J. N. et al. Investigation on formation damage control of the methyl glucoside fluids［A］. SPE 39442，1998.

[3] Simpson J. P.，Walker T. O.，Jiang G. Z.. Environmentally Acceptable Water–Based Mud Can Prevent Shale Hydration and Maintain Borehole Stability［A］. 1995，SPE 27496.

[4] Issam I., Ann P. H.. The application of methyl glucoside as shale inhibitor in sodium chloride mud [J]. Jurnal Teknologi, 2009, 50 (F): 53–65.

[5] 司西强，王中华，魏军，等. 钻井液用阳离子烷基糖苷的合成研究 [J]. 应用化工，2012，41(1)：56–60.

[6] 司西强，王中华，魏军，等. 阳离子烷基糖苷的绿色合成及性能评价 [J]. 应用化工，2012，41 (9)：1526–1530.

[7] Xiqiang Si, Zhonghua Wang, Jun Wei, et al. Study on synthesis of cationic methyl glucoside which was used in drilling fluid [A]. Prepr.Pap.–Am. Chem. Soc., Div. Pet. Chem., 2012, 57 (1): 102–103.

[8] 司西强，王中华，魏军，等. 钻井液用阳离子烷基糖苷 [J]. 钻井液与完井液，2012，29 (2)：21–23.

[9] Xiqiang Si, Zhonghua Wang, Jun Wei, et al. Performance test for cationic methyl polyglucoside which was used in drilling fluid [A]. Prepr.Pap.–Am. Chem. Soc., Div. Pet. Chem., 2012, 57 (1): 86–87.

[10] 王中华 .2011~2012 年国内钻井液处理剂进展评述 [J]. 中外能源，2013，18 (4)：28–35.

[11] 司西强，王中华，魏军，等. 阳离子烷基糖苷的合成及其钻井液性能 [A]. 2012 年全国钻井液完井液学组工作会议暨技术交流研讨会论文集，2012：318–329.

阳离子烷基糖苷的绿色合成及产业化前景

司西强[1, 2]　王中华[1, 2]

（1.中石化中原石油工程有限公司钻井工程技术研究院，河南 濮阳 457001；
2.中石化石油工程钻完井液技术中心，河南 濮阳 457001）

摘　要： 阳离子烷基糖苷作为一种新型精细化学品，在很多领域得到了广泛的应用，具有较好的发展前景。综述了阳离子烷基糖苷的国内外研究现状；研究了阳离子烷基糖苷的合成方法，确定了先醚化、再季铵化的绿色合成路线，n（环氧氯丙烷）：n（蒸馏水）：n（烷基糖苷）：n（烷基叔胺）为1：16：1.5：0.8，醚化条件为：95~100℃，2~4h，季铵化条件为：50~80℃，4~6h。系统研究了阳离子烷基糖苷的抑制性能，对于6%的阳离子烷基糖苷钻井液，岩屑一次回收率达96.35%，相对回收率达92.73%，相对抑制率达91.40%。结合国内现状，阳离子烷基糖苷的产业化不但遵循现代化学的绿色环保、可持续发展的新思维，而且可以促进国内化工工业的进步，具有较好的经济效益和社会效益。

关键词： 阳离子；烷基糖苷；钻井液；抑制性；绿色；产业化

阳离子烷基糖苷[1-3]（CAPG）作为一种新型阳离子表面活性剂，以其优异的性能，得到广泛关注。20世纪末开始，国外研究者发现其可广泛应用于洗涤护理剂、皮革助剂、造纸助剂、农药、水处理剂、涂料和黏合剂等诸多领域。近年来，国内开始开展相关研究，取得了一定进展。其中，自2010年7月以来，中石化中原石油勘探局钻井院（钻井液技术公司）对阳离子烷基糖苷的制备与钻井液体系开展了攻关，取得了突破性的进展，目前正在进行产品的中试放大生产，所合成的产品应用于钻井液中各方面性能优异，其中抑制性能尤其显著，在加量很小的情况下，就能完全抑制泥页岩和黏土的水化分散，是解决当前油田非常规水平井钻井过程中井壁失稳的有效措施。分子中功能基团数目及结构的变化都会导致性能改变，因此需要根据不同应用领域的性能要求合理选用原料和设计分子结构。基于研发一种性能优异的阳离子烷基糖苷钻井液处理剂的目的，本文采用绿色环保的方法合成了阳离子烷基糖苷，并对其产业化前景进行了展望，以期对国内阳离子烷基糖苷产品的推广应用具有一定的指导作用。

国外关于阳离子烷基糖苷的合成研究信息主要出现在专利文件中。美国专利[4]（US 5773595）利用长链烷基糖苷与阳离子醚化剂直接在碱性条件下发生催化醚化反应，合成阳离子烷基糖苷。该方法反应时间较长，转化率较低。美国专利[5]（US 5138043）报道

基金项目： 本研究得到中石化先导项目“水平井烷基糖苷无土相钻井液技术”（SG12035）、中国博士后科学基金“钻井液用糖苷基季铵盐的合成及其抑制机理研究”（2011M501194）、中原石油勘探局科技攻关项目“钻井液用阳离子烷基糖苷的研究”（2011231）联合资助。

作者简介： 司西强（1982—），男，山东日照人，研究员，博士，主要从事精细化工、新型钻井助剂及钻井液新体系的研究及推广。E-mail：sixiqiang@163.com。

了在三氟化硼的催化作用下，利用烷基糖苷和3-氯-1，2-丙二醇反应得到氯代醇糖苷，氯代醇糖苷再与叔胺在有机溶剂中反应超过30h，得到产品。该方法除反应时间较长外，产品后处理难度较大，成本较高。日本专利[6]（JP 03287596）采用烷基多糖苷与丙烯腈反应，再催化加氢，再进行季铵化反应得到阳离子烷基多糖苷产品。该方法反应条件较难实现，反应过程不易控制。德国专利[7]（DE 4413686 A1）采用有机溶剂存在的条件下，烷基多糖苷与3-氯-2-羟丙基三甲基氯化铵反应得到产品。该方法反应过程中引入有机溶剂，污染环境。

国内目前关于阳离子烷基糖苷的研究较少。中国专利[8]（CN 1074389A）利用葡萄糖与氯代醇反应生成氯代醇糖苷，氯代醇糖苷与高级叔胺反应来制备阳离子烷基糖苷。该方法中所用原料为葡萄糖而非烷基糖苷，产品性能有待提高。安徽工业大学[9]对阳离子烷基糖苷的合成工艺进行了初步研究，该方法合成工艺路线较烦琐，且原料转化率不高。河南道纯化工技术有限公司[10]合成了烷基糖苷季铵盐，且已经开展了中试生产，该方法用到有机溶剂，影响环境。沈阳化工学院[11]在以水为溶剂的条件下，采用葡萄糖做，采取先苷化、再季铵化的方法合成了阳离子烷基糖苷。上述研究普遍存在着反应时间较长，反应条件不易实现，有机溶剂影响环境，产品性能有待提高等问题。

通过市场调研情况来看，目前已生产并投放市场的阳离子烷基糖苷产品较多[12-14]，但是产品的生产规模较小，远远不能满足需求，产品性能也还有待提高。国内外表面活性剂的发展趋势是以天然可再生资源作为原料来生产高附加值产品，所以，采用淀粉等天然可再生资源为原料来制备阳离子烷基糖苷符合表面活性剂的发展趋势[15-17]。所以，通过绿色环保的方法合成阳离子烷基糖苷产品并对其应用领域进行研究，具有非常重要的意义。

结合中原油田非常规油气开发的实际情况，钻井工程技术研究院自2010年7月开展了钻井液用阳离子烷基糖苷的研发工作，经过两年多的努力，已经积累了丰富的经验，取得了突破性的进展，在国内外学术期刊级会议上发表论文11篇，申请国家专利3项，获得博士后科学基金资助及配套资助各1项，在阳离子烷基糖苷合成及钻井液应用领域形成了较大的影响力。目前本研究组正在开展阳离子烷基糖苷产品的中试放大生产，计划生产20t，拟用于井壁失稳严重的水平段泥页岩地层的钻井施工，将会对减少或杜绝油田钻井过程中的井壁失稳起到积极的作用。

1 实验

1.1 原料与仪器

原料：环氧氯丙烷（分析纯）、无水葡萄糖（分析纯）、烷基葡萄糖苷（分析纯）、烷基叔胺（分析纯）、烷基苯磺酸（分析纯）、30%氢氧化钠溶液，去离子水、膨润土、天然岩屑等。

仪器：500mL四口烧瓶（北京玻璃仪器厂），35cm球形冷凝管（北京玻璃仪器厂），ZNCL-T智能磁力恒温搅拌器（河南爱博特科技有限公司），DZF-6050真空干燥箱（上海创博环球生物科技有限公司），XGRL-4A高温滚子加热炉（青岛海通达专用仪器厂），LHG-2老化罐（青岛海通达专用仪器厂），GJS-B12K变频高速搅拌机（青岛海通达专用仪器厂），BL200S精密电子天平（上海勤酬实业有限公司）等。

1.2 实验方法

目前阳离子甲基葡萄糖苷的合成方法[18]主要有三种：（1）一步法；（2）先醚化、再季铵化；（3）先季铵化、再醚化。

按方法（1）合成的反应方程式如图1所示：

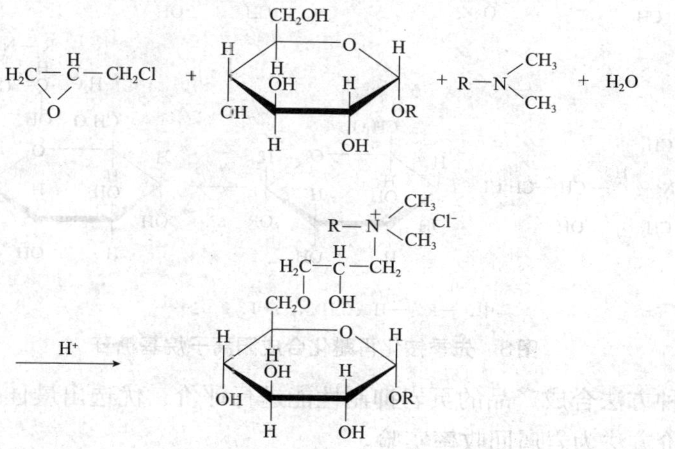

其中，—R为—H或C_nH_{2n+1}，n=1，2，3……

图1　一步法合成阳离子烷基糖苷

按方法（2）合成的反应方程式如图2所示：

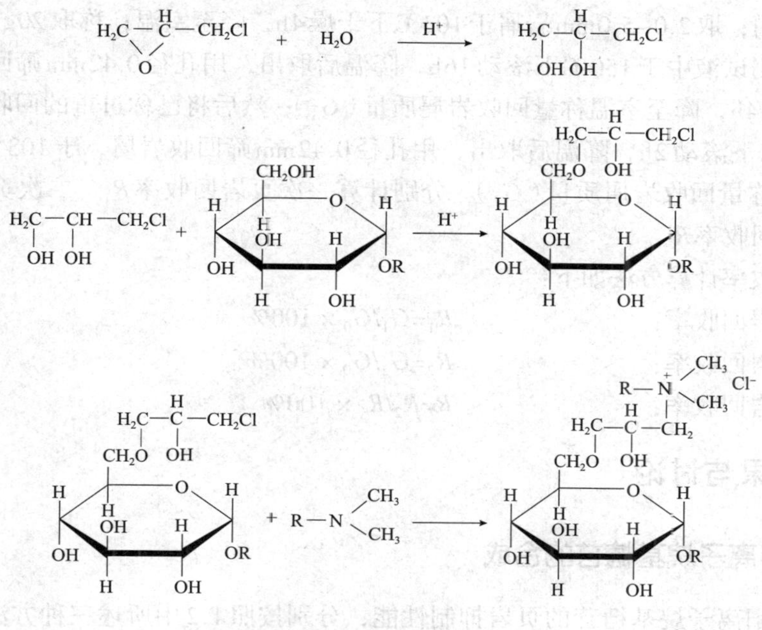

其中，—R为—H或C_nH_{2n+1}，n=1，2，3……

图2　先醚化再季铵化合成阳离子烷基糖苷

按方法（3）合成的反应方程式如图3所示：

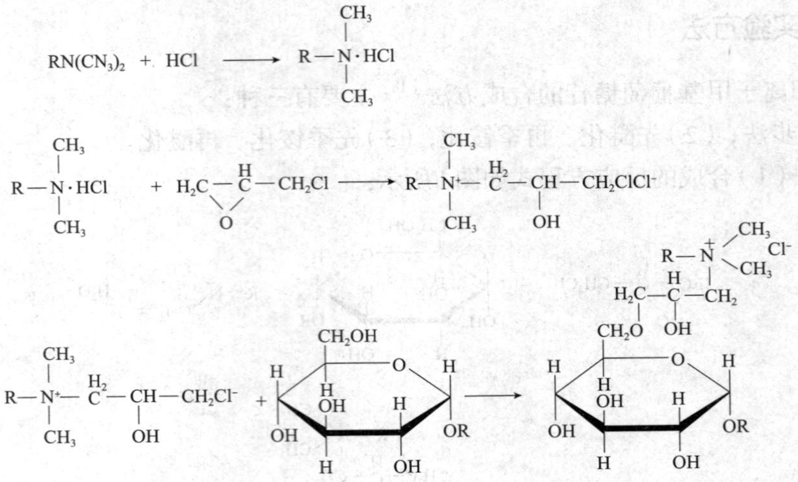

其中，—R为—H或C_nH_{2n+1}，n=1，2，3……

图3　先季铵化再醚化合成阳离子烷基糖苷

对上述三种方法合成产品的页岩抑制性能进行评价，优选出最佳合成方法。页岩抑制性能所用评价方法为岩屑回收率实验。

1.3　性能测试

量取350mL清水于高搅杯中，将称取好的样品加入清水中高速搅拌5min后，倒入老化罐中备用；取2.0~5.0mm岩屑于103℃下干燥4h，降至室温；称取20g岩屑（G_0）放入老化罐待测试液中于150℃下滚动16h，降温后取出，用孔径0.42mm筛回收岩屑，于103℃下干燥4h，降至室温称量回收岩屑质量（G_1）；然后将已称过重的回收岩屑放入清水中于150℃下滚动2h，降温后取出，用孔径0.42mm筛回收岩屑，于103℃下干燥4h，冷却至室温称量回收岩屑质量（G_2）。分别计算一次页岩回收率R_1、二次页岩回收率R_2和相对页岩回收率R。

岩屑回收率计算方法如下：

一次页岩回收率：　　　$R_1=G_1/G_0\times 100\%$

二次页岩回收率：　　　$R_2=G_2/G_0\times 100\%$

相对页岩回收率：　　　$R=R_2/R_1\times 100\%$

2　结果与讨论

2.1　阳离子烷基糖苷的合成

为考察阳离子烷基糖苷的页岩抑制性能，分别按照1.2中所述三种方法合成了阳离子烷基糖苷产品。按方法（1）合成的产品标记为CAPG-1，按方法（2）合成的产品标记为CAPG-2，按方法（3）合成的产品标记为CAPG-3。对不同合成方法得到的产品进行了岩屑回收率测试，样品水溶液浓度为5%，实验条件为120℃、16h。实验结果如图4所示。

由图4可看出，方法（2）合成产品抑制性能最优，方法（1）和方法（3）合成产品的抑制性能远远低于方法（2）产品的抑制性能。这是因为方法（1）没有优化控制反应条件，产品收率较低；方法（3）用到浓盐酸和有机溶剂，污染环境；方法（2）反应条件较易控制，收率较高。所以，从产品性能、环境保护、经济效益和社会效益等方面综合分析，优选方法（2）合成阳离子烷基糖苷。

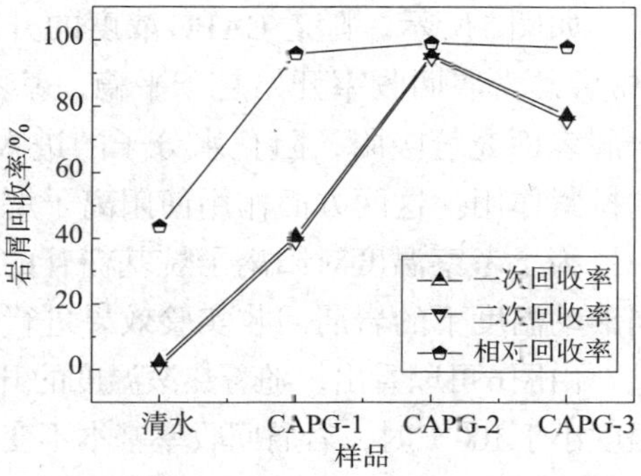

图4　合成方法对合成产品岩屑回收率的影响

按照方法（2）合成的阳离子烷基糖苷具有优异的性能，用于钻井施工中不需要进行后处理，可直接使用，如要应用于其他领域，可根据需要进行提纯。本研究组对阳离子烷基糖苷进行了提纯研究，经过浓缩、脱除杂质、重结晶等后续处理，可得到纯度较高的阳离子烷基糖苷结晶状固体。总之，可根据应用领域的不同，对阳离子烷基糖苷产品进行处理，以满足不同需求。

2.2　阳离子烷基糖苷的应用

近年来，随着阳离子烷基糖苷的重要性被人们所认识，针对阳离子烷基糖苷的研究逐渐增多，其应用领域也不断被拓展[19-28]，目前已广泛应用于洗涤护理剂、纺织印染助剂、皮革助剂、造纸助剂、农药、水处理剂、涂料、模板剂及相转移催化剂等领域。另外，本研究组将其引入钻井液体系，也已取得突破性进展。相信随着研究的不断深入，其应用领域将会更加广阔。主要对阳离子烷基糖苷在钻井液中的性能进行了介绍。

据性能分析，阳离子烷基糖苷不但具有烷基糖苷的优良性能和阳离子抑制剂的优异抑制能力，而且还具有和阴离子表面活性剂以任何比例复配不产生沉淀的优异性能。阳离子烷基糖苷与阴离子表面活性剂的复配性能是其他阳离子表面活性剂所不具备的。据文献调研，目前除中原油田钻井院正在开展钻井液用阳离子烷基糖苷的研究外[29-34]，国内外还没有其他研究机构开展相关研究。所以，对阳离子烷基糖苷产品及钻井液配方进行科研攻关是一次挑战和进步，对国内外钻井液处理剂的升级及钻井液体系的优化具有重要意义[35]。

抑制性能是钻井液用阳离子烷基糖苷研究的核心，对合成产品的抑制性能进行了评价。评价方法主要有岩屑回收、膨润土柱子浸泡及相对抑制率实验。

2.2.1　水溶液抑制性

1.岩屑回收实验

对不同浓度CAPG水溶液进行岩屑（马12井，2765m，4~10目）回收实验，实验条件为：120℃下热滚16h，测一次回收率；120℃下热滚2h，测二次回收率；根据一次回收率和二次回收率结果计算相对回收率。结果见图5。

如图5所示，随着CAPG浓度的升高，岩屑回收率也逐渐升高，当CAPG浓度超过5%后，岩屑回收率开始趋于平稳，基本不变，这说明5%的CAPG水溶液一方面能够在岩屑表面充分吸附，阻止水分子的进入；另一方面CAPG进入页岩晶层，对页岩晶层起到拉紧作用。这两方面作用使阳离子烷基糖苷起到较好的抑制岩屑水化分散的作用。

为了考察温度对阳离子烷基糖苷的页岩抑制性能，对浓度为5%的CAPG水溶液在不同滚动温度下的岩屑回收实验效果进行了考察，结果见图6。

由图6可以看出，随着热滚温度的升高，岩屑回收率先是基本不变后逐渐降低。在热滚温度小于100℃时，岩屑回收率基本不变；当热滚温度大于100℃时，岩屑回收率逐渐降低，当热滚温度为180℃时，仍能保持60%以上的一次回收率和95%以上的相对回收率。

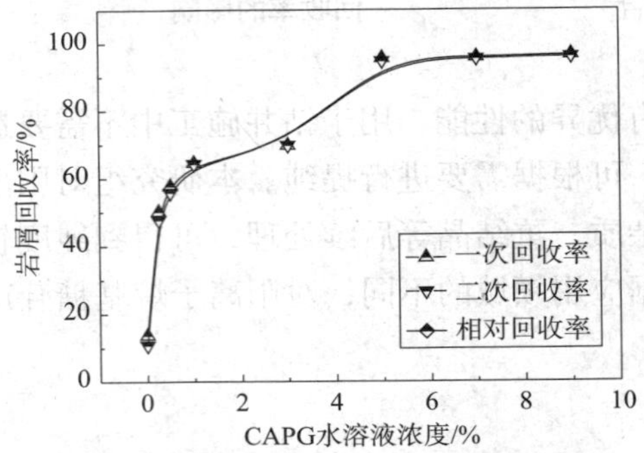

图5　CAPG水溶液浓度对岩屑回收率影响

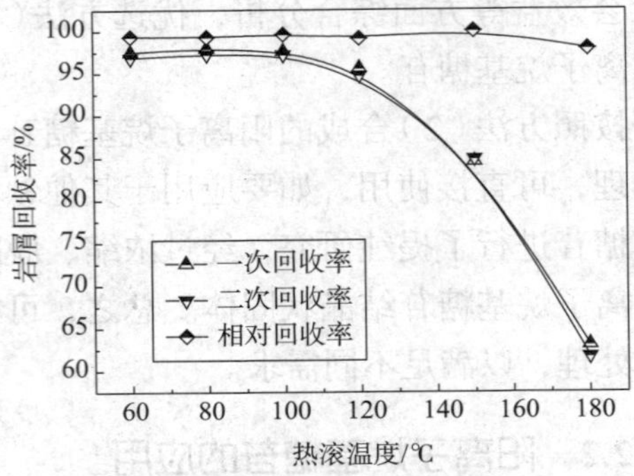

图6　滚动温度对岩屑回收率影响

为进一步评价阳离子烷基糖苷的抑制性，将其与其他相似处理剂作比较。考察浓度为5%的甲基糖苷MEG、阳离子葡萄糖CG及阳离子烷基糖苷CAPG的岩屑回收实验效果，实验条件为150℃、16h。测试结果见表1。回收岩屑照片如图7所示。

表1　MEG、CG及CAPG水溶液的岩屑回收实验

样品名称	浓度/%	R_1（一次回收率）/%	R_2（二次回收率）/%	R（相对回收率）/%
清水	—	2.29	1.00	43.67
MEG	5	29.75	16.25	54.62
CG	5	53.80	52.15	96.93
CAPG	5	95.55	94.70	99.11

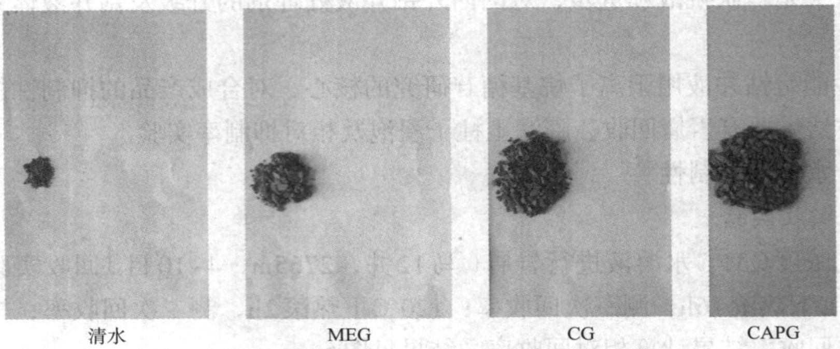

图7　岩屑回收照片

由表1及图7可以看出，跟清水相比，MEG的岩屑回收率有所提高，但效果不理想，这说明在低浓度条件下，MEG抑制岩屑水化分散的能力较弱；而CG和CAPG的抑制性能比MEG提高较大，这是因为在CG和CAPG的分子结构上引入了可明显提高抑制性的季铵盐结构，在页岩晶层间及孔道内吸附，阻止水分子的进入以及对页岩晶层间起到拉紧作用，可有效解决现场长水平段泥岩地层出现的井壁掉块问题。

2.膨润土柱子浸泡实验

为了考察阳离子烷基糖苷抑制膨润土水化分散的能力，考察了膨润土柱子在清水、6%甲基糖苷和6%阳离子烷基糖苷中的分散实验，实验结果如图8和图9所示。

清水　　MEG　　CAPG

图8　清水、MEG和CAPG浸泡膨润土柱子室温放置1h

清水　　MEG　　CAPG

图9　清水、MEG和CAPG浸泡膨润土柱子室温放置24h

由图8和图9可以直观地看出，CAPG对黏土具有非常好的抑制水化分散的功能。相比之下，甲基糖苷抑制黏土水化分散的能力较差，基本不起作用。在24h后，CAPG水溶液浸泡的膨润土柱子基本没什么损坏，而清水和甲基糖苷浸泡的柱子已经失去原来的形状，基本完全分散。

3.相对抑制率实验

为了进一步考察阳离子烷基糖苷抑制膨润土水化分散的能力，对3%甲基糖苷和3%阳离子烷基糖苷的相对抑制率进行了考察，空白样为：350mL蒸馏水+1.75g无水碳酸钠，实验条件为：150℃、16h，测试结果见表2。

表2 MEG及CAPG相对抑制率评价

样品名称	Φ600	Φ300	Φ200	Φ100	相对抑制率/%
空白	50	28	18	11	—
MEG	96	76	56	38	—
CAPG	3	1	0.5	0	100

由表2中数据可以得出，甲基糖苷完全没有抑制膨润土水化分散的能力，反而促进膨润土的分散增黏作用，而阳离子烷基糖苷对膨润土的水化分散具有优异的抑制作用，相对抑制率达100%。

2.2.2 钻井液抑制性

1.岩屑回收实验

CAPG钻井液：自来水375mL+6%CAPG+0.6%LV-CMC+0.6%XC+0.4%HV-CMC+3%无渗透WLP+0.4%NaOH+0.2%Na_2CO_3+24%工业盐

实验条件为120℃、16h，清水与CAPG钻井液的页岩回收率如表3所示。

表3 清水及CAPG钻井液的页岩回收率

配　方	一次回收率R_1/%	二次回收率R_2/%	相对回收率R/%
清水	21.30	8.70	40.85
CAPG钻井液	96.35	89.35	92.73

由表3可知，120℃老化后，清水钻屑一次回收率仅21.3%，相对回收率仅为40.85%；而CAPG钻井液具有较高的回收率，一次回收率达96.35%，相对回收率达92.73%。这说明CAPG钻井液具有较好的页岩吸附能力和页岩包被能力，能够有效地阻止页岩的水化分散。

2.相对抑制率实验

对优选出的钻井液体系的相对抑制率进行了测试。测试结果如表4所示。

空白土浆：自来水375mL+2%膨润土+0.6%LV-CMC+0.6%XC+0.4%HV-CMC+3%无渗透WLP+0.4%NaOH+0.2%Na_2CO_3+24%工业盐。

CAPG土浆：自来水375mL+2%膨润土+6%CAPG+0.6%LV-CMC+0.6%XC+0.4%HV-CMC+3%无渗透WLP+0.4%NaOH+0.2%Na_2CO_3+24%工业盐。

表4 CAPG钻井液相对抑制率性能评价

样品名称	加量/%	Φ600	Φ300	Φ200	Φ100	相对抑制率/%
空白	3	117	88	78	70	—
CAPG	3	54	37	25	6	91.4

由表4数据可知，钻井液中CAPG对膨润土具有较好的抑制水化分散作用，当浓度为6%时，其相对抑制率为91.4%，表现出较好的抑制黏土水化分散的作用。

总之，随着研究的深入，阳离子烷基糖苷的应用领域越来越广阔，但是目前市场上阳离子烷基糖苷产品本身的供应量不足限制了其在成熟领域的继续推广和未成熟领域的开拓。所以，目前当务之急是能够将阳离子烷基糖苷的生产规模扩大，使其能够实现产业化发展，以化解产品的市场需求量持续上升和产品生产规模不能满足要求的矛盾。

3.结论及产业化前景

（1）研究了阳离子烷基糖苷的合成方法，确定了先醚化、再季铵化的绿色合成路线，n（环氧氯丙烷）：n（蒸馏水）：n（烷基糖苷）：n（烷基叔胺）为1：16：1.5：0.8，醚化条件为：95~100℃，2~4h，季铵化条件为：50~80℃，4~6h。

（2）研究了阳离子烷基糖苷的抑制性能，对于6%的阳离子烷基糖苷钻井液，岩屑一次回收率达96.35%，相对回收率达92.73%，相对抑制率达91.4%。

（3）阳离子烷基糖苷应用领域广阔，应用到钻井液中表现出优异的抑制性能，随着研究的深入，其应用领域将会继续拓展。

针对阳离子烷基糖苷供不应求的矛盾，首先要做的就是扩大阳离子烷基糖苷的生产规模。只有产品货源充足，才能促进其在不同应用领域的作用得到充分发挥，并不断开拓新的应用领域。就目前国内情况来说，开展阳离子烷基糖苷研究的企业和研究机构都没能将之实现工业化生产，原因在于采用的合成工艺都存在一些问题，如反应条件苛刻、有机溶剂污染环境、产品性能较差等。而中原油田钻井院自主研发的钻井液用阳离子烷基糖苷产品，采用绿色合成工艺，反应时间短，反应条件温和，操作简便。该产品用于钻井液中，不需后处理，直接使用。如要用到其他要求较高的领域，可使用提纯后的产品。

总之，结合国内阳离子烷基糖苷产品的供需现状，采用廉价易得的淀粉等生物质原料来合成阳离子烷基糖苷产品，并实现其产业化发展意义重大。阳离子烷基糖苷的产业化发展不但遵循现代化学的绿色环保、可持续发展的新思维，而且可以促进国内化工工业的进步，具有较好的社会效益和经济效益。

参考文献

[1] 王军，李妮妮，杨许召．糖苷季铵盐表面活性剂的研究进展［J］．日用化学工业，2010，40（6）：456-460.

[2] 孟建文，谭业邦，王成威．含糖聚合物的合成［J］．高分子通报，2002，5：66-72.

[3] 范金石，田亚琴．阳离子型氨基葡萄糖表面活性剂的合成及其性能研究［J］．化学与生物工程，2010，27（7）：27-30.

[4] Weuthen M，Kahre J，Hensen H，et al. Cationic sugar surfactants［P］. US：5773595，1998-06-30.

[5] Stuart B P，Harold L M，Joseph P P，et al. Alkoxylated alkyl glucoside ether quaternaries useful in personal care［P］. US：5138043，1992-08-11.

[6] Mizushima Y，Yamamuro A，Yokota Y，Oya N. Cyanoalkylated glycoside and production thereof［P］. JP：03287596，1991-12-18.

[7] Weuthen M D，Kahre J D. Kationische zuckertenside［P］. DE：4413686 A1，1994-04-20.

[8] 天津纺织工学院．含糖苷基的新型表面活性剂的制备［P］．中国专利：1074389 A，1993-07-21.

[9] 刘祥．含葡萄糖基的阳离子表面活性剂的合成［J］．上海化工，2007，32（4）：18-22.

[10] 牛华，娄平均，丁徽，等．新型烷基糖苷季铵盐的制备及性能［J］．应用化工，2010，39（11）：

1628–1631.

[11] 蒋春瑛，张培成．含糖苷基季铵盐表面活性剂的合成及其性能［J］．精细石油化工，1999（2）：6–8.

[12] 杨英宜，梁桂林，阎雁，等．月桂基糖苷羟丙基月桂基二甲基氯化铵的合成［J］．广东化工，2007，34（3）：11–13.

[13] 刘海峰，李鹏飞，王臻，等．一种新型糖基表面活性剂的合成及其性质［J］．江南大学学报（自然科学版）2003，2（3）：300–302.

[14] 刘振东，梁鹏龙，陈小斌，等．糖基季铵盐表面活性剂的合成与表征［J］．精细化工，2007，24（9）：870–875.

[15] 王中华．钻井液用改性淀粉制备与应用［J］．精细石油化工进展，2009（9）：12–16.

[16] 王中华．水溶性改性天然产物钻井液处理剂的研究与应用［J］．油田化学，1998，15（4）：378–381.

[17] 王中华．油田用淀粉接枝共聚物研究与应用进展［J］．断块油气田，2010（2）：239–245.

[18] 周玉成，徐军．葡萄糖苷衍生物的制备与应用［J］．精细化工，2001，18（3）：131–134.

[19] 王金涛，王丰收，王万绪，等．糖苷基季铵盐表面活性剂的合成及性能研究［J］．精细化工，2009，26（3）：28–32.

[20] 牛华，娄平均，丁徽，等．烷基糖苷季铵盐的合成与表征［J］．精细化工，2010，27（11）：1055–1059.

[21] 陈祚领，王高雄．含糖苷基的新型表面活性剂的合成研究［J］．化工科技，2008，16（2）：49–51.

[22] 王金涛，王万绪，王丰收，等．糖苷基季铵盐与十二烷基硫酸钠复配性能的研究［J］．化学研究与应用，2009，21（3）：344–348.

[23] 王金涛，王万绪，王丰收，等．糖苷基季铵盐与 α – 烯基磺酸钠复配体系的表面活性［J］．日用化学工业，2009，39（3）：162–165.

[24] 陈永杰，耿秀娟，关瑾，等．烷基糖苷季铵盐表面活性剂的性能研究［J］．沈阳化工学院学报，2003，17（2）：81–84.

[25] 杨能章．葡萄糖苷衍生物及其在化妆品中的应用［J］．日用化学工业，1988，4：30–32.

[26] 吴萍，俞志明．新型黏土改性剂——烷基多糖苷季铵盐［J］．中国环境科学，2006，26（6）：680–684.

[27] 吴萍，俞志明，宋秀贤．烷基多糖苷季铵盐改性黏土治理赤潮研究［J］．环境科学，2006，27（11）：2164–2169.

[28] 魏倩倩，童群义．季铵型阳离子淀粉絮凝剂的制备及其应用［J］．化工进展，2008，27（2）：303–307.

[29] 司西强，王中华，魏军，等．钻井液用阳离子烷基糖苷的合成研究［J］．应用化工，2012，41（1）：56–60.

[30] 司西强，王中华，魏军，等．钻井液用阳离子甲基葡萄糖苷［J］．钻井液与完井液，2012，29（2）：21–23.

[31] Xiqiang Si，Zhonghua Wang，Jun Wei，et al. STUDY ON SYNTHESIS OF CATIONIC METHYL GLUCOSIDE WHICH WAS USED IN DRILLING FLUID［A］. Prepr.Pap.–Am. Chem. Soc.，Div. Pet. Chem. 2012，57（1）：102–103.

[32] Xiqiang Si，Zhonghua Wang，Jun Wei，et al. PERFORMANCE TEST FOR CATIONIC METHYL POLYGLUCOSIDE WHICH WAS USED IN DRILLING FLUID［A］. Prepr.Pap.–Am. Chem. Soc.，Div.

Pet. Chem. 2012，57（1）：86–87.

[33] 司西强，王中华，魏军，等.阳离子烷基糖苷的合成及应用[J]. 精细石油化工进展，2011，12（11）：27–31.

[34] 司西强，雷祖猛，赵虎，等.烷基糖苷的合成及其钻井液研究进展[J]. 精细与专用化学品，2011，19（5）：42–47.

[35] 王中华.页岩气水平井钻井液技术的难点及选用原则[J]. 中外能源，2012，17（4）：43–47.

钻井液用阳离子烷基糖苷的高温稳定性研究

司西强[1, 2]　王中华[1, 2]

（1. 中石化中原石油工程有限公司钻井工程技术研究院，河南 濮阳　457001；
2. 中石化石油工程钻完井液技术中心，河南 濮阳　457001）

摘　要： 阳离子烷基糖苷（CAPG）是一种具有突出抑制性能的泥页岩井壁稳定剂。为充分认识CAPG产品的高温稳定性能，对其进行热重分析，并考察了在高温老化条件下其对无土基浆和有土基浆流变性能的影响。实验结果表明：CAPG产品本身抗温达248℃，产品分子高温稳定性突出；CAPG可使无土基浆的抗温能力由100℃提高到150℃；CAPG可使有土基浆的抗温能力由120℃提高到180℃；CAPG的存在可大幅提升钻井液的抗高温老化性能，使钻井液在高温条件下仍能保持较好的流变性能。分析认为，CAPG的抗温能力是通过羟基、醚键及季铵基团的吸附、交联及护胶等作用来实现的。本研究为CAPG产品现场应用提供了技术参考。

关键词： 钻井液；阳离子烷基糖苷；泥页岩；强抑制剂；高温稳定性；机理

烷基糖苷（APG）作为一种世界级表面活性剂，其应用领域非常广阔，如日化产品、造纸、纺织、皮革助剂等行业[1]，最早将其用于钻井液的报道出现在1994年在美国达拉斯召开的SPE钻井会议上，以其良好的应用效果引起与会人员广泛关注[2–5]。烷基糖苷在钻井液中可抗温达130℃，为进一步提升其抗温性能，中国石化司西强通过在烷基糖苷结构单元上引入季铵阳离子基团，研发出阳离子烷基糖苷（CAPG）产品[6–13]，性能评价结果表明，CAPG产品抑制性能和润滑性能优异，抗温性能较APG显著提升，使烷基糖苷类产品在高温易坍塌地层的应用成为可能，拓展了烷基糖苷类产品的地层应用范围。本文对CAPG产品的高温稳定性能进行了评价，结果显示其具有突出的抗高温性能，适用于高温钻井作业，实现安全高效钻进。

1　实验

1.1　实验材料

烷基糖苷（实验室自制）、阳离子烷基糖苷（实验室自制）、膨润土、高黏度羧甲基纤维素（HV–CMC）、氢氧化钠等。

基金项目： 中石化集团公司重大科技攻关项目“硅胺基烷基糖苷的研制与应用”（JPE19011）、中石化集团公司重大科技攻关项目“改性生物质钻井液处理剂的研制与应用”（JP17047）、中国博士后科学基金特别资助“钻井液用两性甲基葡萄糖苷的合成及其作用机理”（2012T50604）、中国博士后科学基金面上资助“钻井液用糖苷基季铵盐的合成及其抑制机理研究”（2011M501194）联合资助。

作者简介： 司西强（1982—），男，山东日照人，研究员，博士，主要从事精细化工、新型钻井助剂及钻井液新体系的研究及推广。E–mail：sixiqiang@163.com。

1.2　实验仪器

高温滚子加热炉、高温老化罐、高速搅拌机、六速旋转黏度计、精密电子天平、热重分析仪等。

2　产品抗温性评价

主要通过热重分析仪评价了CAPG产品分子的耐温性能；将CAPG产品加入无土基浆和有土基浆中，通过测试热滚前后无土浆和有土浆的流变性能来评价CAPG的抗温性能。

2.1　热重分析

通过热重分析来评价CAPG产品分子的热稳定性。分析仪器为NETZSCH STA 449C型热重分析仪。测试试样均采用制备的固体样品，每个试样重约5mg，以10℃/min的升温速度从室温升温到500℃，氩气保护。CAPG产品样品的热重曲线如图1所示。

由图1可以看出，阳离子烷基糖苷产品样品的失重主要分成三个阶段。第一阶段室温~248℃的失重是阳离子烷基糖苷中少量水分和提纯所用少量有机溶剂受热挥发或分解所致；第二阶段248~301℃为阳离子烷基糖苷结构中糖苷结构上的羟基脱水及季铵基团上的甲基和氯的脱离；第三阶段301~500℃为阳离子烷基糖苷产品中碳骨架结构的降解。各阶段的热失重数据见表1。

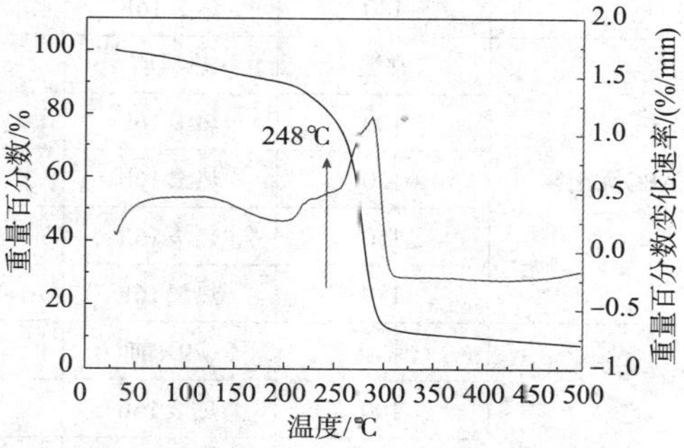

图1　阳离子烷基糖苷产品的热重曲线图

表1　阳离子烷基糖苷产品在不同温度阶段的热失重数据

温度范围/℃	失重后残留量/%	失重/%
室温~248	78.86	21.14
248~301	13.37	65.49
301~500	7.47	5.90

由图1和表1可以得出，在室温~500℃之间，随着温度升高，热失重主要发生在248~301℃之间，在此温度范围内，阳离子烷基糖苷产品样品大部分分解，在峰值为291℃时，达到最大失重速度，总失重率为92.53%，实验结束后，坩埚内残留少量黑色碳化物，这说明分子结构中的羟基均以水的形式被脱掉，只剩下了碳。从上述分析可以得到阳离子烷基糖苷产品本身抗温可达248℃，具有较好的抗温性能。

2.2　抗温性能

抗温性能的评价方法是将CAPG产品加入无土基浆和有土基浆中，通过测试热滚前后无土浆和有土浆的流变性能来评价CAPG的抗温性能，并与APG的抗温性能进行了对比。

2.2.1 CAPG无土浆抗温性能

将CAPG和APG分别加入无土基浆中，分别测试CAPG无土浆、APG无土浆在100℃、120℃、150℃、180℃高温下滚动16h后的流变性能。实验结果如表2所示。

测试样品组成如下：

无土基浆：400mL水+0.8%HV-CMC。

APG无土浆：360mL水+0.8%HV-CMC+10%APG+0.7%NaOH。

CAPG无土浆：360mL水+10%CAPG+0.8%HV-CMC+0.7%NaOH。

表2 CAPG、APG对无土基浆抗温性能影响

名称	温度/℃	老化情况	*AV*/mPa·s	*PV*/mPa·s	*YP*/Pa	pH值
无土基浆	常温	热滚前	24	15	9	8
	100	热滚16h	19	14	5	7
	120	热滚16h	3.5	4	—	5
	150	热滚16h	0.75	1	—	5
	180	热滚16h	1	1	—	5
APG无土浆	常温	热滚前	22	15	7	12
	100	热滚16h	18	15	3	12
	120	热滚16h	16	13	3	8
	150	热滚16h	1.5	1	0.5	7
	180	热滚16h	1.5	1	0.5	7
CAPG无土浆	常温	热滚前	20	14	6	14
	100	热滚16h	19.5	15	4.5	11
	120	热滚16h	14.5	13	1.5	11
	150	热滚16h	6.5	6	0.5	11
	180	热滚16h	2.5	2	0.5	10

由表2中实验结果可以看出，无土基浆抗温性能较差，在热滚温度超过100℃后就基本失去黏度和切力，这说明HV-CMC在没有其他处理剂保护的情况下，只能抗100℃；APG无土浆样品在热滚温度超过120℃时，其黏度和切力也基本失去，这说明APG对HV-CMC聚合物具有一定的保护作用，可使HV-CMC聚合物的抗温耐受性提高到120℃；CAPG无土浆样品在热滚温度超过150℃后，仍能保持一定的黏度和切力，当热滚温度高达180℃时，其黏度和切力均失去，这说明CAPG对聚合物HV-CMC的保护作用强于APG，CAPG比APG更易吸附到聚合物上，阻止聚合物分解失效，可认为CAPG的存在可使无土浆的抗温能力提高到150℃。

2.2.2 CAPG有土浆抗温性能

配制6%的膨润土浆A，用于配制有土基浆。将CAPG和APG分别加入有土基浆中，分别测试CAPG有土浆、APG有土浆在100℃、120℃、150℃、180℃高温下滚动16h后的流变性能。实验结果如表3所示。

测试样品组成如下：

有土基浆：200mLA+200mL水+0.8%HV-CMC。

APG有土浆：200mLA+160mL水+10%APG+0.8%HV-CMC+0.7%NaOH。

CAPG有土浆：200mLA+160mL水+10%CAPG+0.8%HV-CMC+0.7%NaOH。

表3 CAPG、APG对有土基浆抗温性能影响

名称	温度/℃	老化情况	*AV*/mPa·s	*PV*/mPa·s	*YP*/Pa	pH值
膨润土基浆	常温	热滚前	50.5	22	28.5	9
	100	热滚16h	37.5	17	20.5	8
	120	热滚16h	38.5	28	10.5	7
	150	热滚16h	6	4	2	7
	180	热滚16h	16	14.5	1.5	7
APG膨润土浆	常温	热滚前	47	24	23	12
	100	热滚16h	75	30	45	10
	120	热滚16h	71	36	35	9
	150	热滚16h	47	21	26	7
	180	热滚16h	20	20	0	7
CAPG膨润土浆	常温	热滚前	51.5	18	33.5	12
	100	热滚16h	34	22	12	12
	120	热滚16h	34.5	18	16.5	11
	150	热滚16h	23	15	8	11
	180	热滚16h	15.5	13	2.5	8

由表3中数据可以看出，在膨润土存在的条件下，有土基浆可抗温120℃，这说明HV-CMC在膨润土存在而没有处理剂保护的情况下，可抗温达120℃；APG有土浆在热滚温度为150℃时，仍具有较好的黏度和切力，这说明APG存在可使有土浆抗温能力提高到150℃；CAPG有土浆在热滚温度超过180℃后，仍能保持一定黏度和切力，这说明CAPG的存在可使有土浆抗温能力提高到180℃。

2.3 抗温机理分析

阳离子烷基糖苷分子结构是由烷基糖苷通过醚氧键桥接季铵基团得到的。其中烷基糖苷本身就有提高钻井液中聚合物抗温能力的作用，主要是通过吸附、交联和护胶等作用，提高钻井液中聚合物的抗温耐受性；阳离子烷基糖苷中醚氧键的作用实际上是一种氢键吸附，增强了聚合物之间的结构强度，提高温度耐受能力；季铵基团是一种强吸附基团，可牢牢吸附到聚合物或黏土表面，形成吸附膜，阻止水化，起到护胶作用。总之，阳离子烷基糖苷的抗温能力是通过多羟基、醚键及季铵基团的综合作用来实现的。

3 结论

（1）热重分析结果表明，阳离子烷基糖苷产品分子耐温达248℃，表现出突出的高温稳定性能。

（2）阳离子烷基糖苷产品可显著提升钻井液抗高温性能，使钻井液在高温条件下仍能保持较好的流变性能。其可使无土基浆的抗温能力由100℃提高到150℃；可使有土基浆的抗温能力由120℃提高到180℃。

（3）阳离子烷基糖苷产品的抗温能力是通过羟基、醚键及季铵基团的吸附、交联及护胶等作用来实现的。

参 考 文 献

[1] 王军．烷基多苷及衍生物［M］．北京：化学工业出版社，2001：53–54.

[2] Zhang Y，Cheng Z，Yan J. N，et al. Investigation on formation damage control of the methyl glucoside fluids［A］. SPE 39442，1998.

[3] Simpson J. P.，Walker T. O.，Jiang G. Z.. Environmentally Acceptable Water–Based Mud Can Prevent Shale Hydration and Maintain Borehole Stability［A］. 1995，SPE 27496.

[4] Issam I.，Ann P. H.. The application of methyl glucoside as shale inhibitor in sodium chloride mud［J］. Jurnal Teknologi，2009，50（F）：53–65.

[5] 黄达全，宋胜利，王伟忠，等．MEG钻井液在滨26X1井的应用［J］．钻井液与完井液，2008，25（3）：36–38.

[6] 司西强，王中华，魏军，等．钻井液用阳离子烷基糖苷的合成研究［J］．应用化工，2012，41(1)：56–60.

[7] 司西强，王中华，魏军，等．钻井液用阳离子甲基葡萄糖苷［J］．钻井液与完井液，2012，29(2)：21–23.

[8] 司西强，王中华，魏军，等．阳离子烷基糖苷的绿色合成及性能［J］．应用化工，2012，41（9）：1526–1530.

[9] 司西强，王中华，魏军，等．阳离子烷基糖苷页岩抑制剂的合成—环氧氯丙烷水解条件［J］．精细石油化工进展，2012，13（10）：1–4.

[10] Xiqiang Si，Zhonghua Wang，Jun Wei，et al. Study on synthesis of cationic methyl glucoside which was used in drilling fluid［C］. Prepr.Pap.–Am. Chem. Soc.，Div. Pet. Chem. 2012.

[11] Xiqiang Si，Zhonghua Wang，Jun Wei，et al. Performance test for cationic methyl polyglucoside which was used in drilling fluid［C］. Prepr.Pap.–Am. Chem. Soc.，Div. Pet. Chem. 2012.

[12] Xiqiang Si，Zhonghua Wang，Jun Wei，et al. Influence of Catalyst on the Synthesis of Cationic Alkyl Glucoside［C］. Prepr.Pap.–Am. Chem. Soc.，Div. Energy Fuels. 2013.

[13] 司西强，王中华，魏军，等．阳离子烷基糖苷的合成及应用［J］．精细石油化工进展，2011，12（11）：27–31.

钻井液用阳离子烷基糖苷的抑制性能评价

司西强[1,2] 王中华[1,2] 王忠瑾[1,2] 赵 虎[1,2] 钟 灵[1,2] 赵 莹[1,2]

（1.中石化中原石油工程有限公司钻井工程技术研究院，河南 濮阳 457001；
2.中石化石油工程钻完井液技术中心，河南 濮阳 457001）

摘 要：针对烷基糖苷在钻井液中加量大、抑制性有待提高的问题，研制出阳离子烷基糖苷（CAPG）产品，其是一种具有突出抑制性能的泥页岩井壁稳定剂。对阳离子烷基糖苷产品的抑制性能进行了评价。具体包括岩屑回收率、相对抑制率、页岩膨胀高度等。评价结果表明，120℃高温滚动16h，5.0%CAPG的岩屑一次回收率达95.55%，岩屑相对回收率达99.11%；150℃高温滚动16h，3.0%CAPG对钙土基浆的相对抑制率达100%；25.0%CAPG的页岩膨胀高度降低率为39.14%。CAPG产品抑制防塌性能优异，可有效解决强水敏性泥页岩等易坍塌地层的井壁失稳问题，实现安全高效钻井，应用前景广阔。

关键词：泥页岩；强抑制剂；阳离子；烷基糖苷；井壁失稳

烷基糖苷（APG）是一类应用领域非常广阔的表面活性剂，其广泛应用于日化产品、造纸、纺织、皮革助剂等行业[1]，20世纪90年代初开始应用于钻井液[2-6]。烷基糖苷应用于钻井液中虽然综合性能优良，特别是润滑性能优异，但其加量大（≥30%），抑制性能有待提高。上述不足限制了其在钻井液中的进一步应用推广。在这种形势下，中国石化司西强针对烷基糖苷用于钻井液的缺陷，通过分子设计，引入季铵阳离子基团合成出了性能优于烷基糖苷的阳离子烷基糖苷（CAPG）产品[7-15]，实现了减小加量、降低成本、提升抑制性的技术目标，有效解决了强水敏性泥页岩等易坍塌地层的井壁失稳问题，利于提高钻井施工的机械钻速、缩短钻井周期、降低钻井成本，具有较好的社会效益和经济效益，应用前景广阔。本文主要对阳离子烷基糖苷的抑制性能进行评价，充分证明了其具有优异的抑制性能，为其在现场推广应用提供了较好的技术参考。

1 实验

1.1 实验材料及仪器

实验材料：烷基糖苷（实验室自制）、氯代环氧化物（分析纯）、烷基叔胺（分析纯）、十二烷基苯磺酸（分析纯）、30%氢氧化钠水溶液，去离子水、天然岩屑、膨润土等。

基金项目：中石化集团公司重大科技攻关项目“硅胺基烷基糖苷的研制与应用”（JPE19011）、中石化集团公司重大科技攻关项目“改性生物质钻井液处理剂的研制与应用”（JP17047）、中国博士后科学基金特别资助“钻井液用两性甲基葡萄糖苷的合成及其作用机理”（2012T50604）、中国博士后科学基金面上资助“钻井液用糖苷基季铵盐的合成及其抑制机理研究”（2011M501194）联合资助。

作者简介：司西强（1982—），男，山东日照人，研究员，博士，主要从事精细化工、新型钻井助剂及钻井液新体系的研究及推广。E-mail：sixiqiang@163.com。

实验仪器：四口烧瓶，冷凝管，恒温水浴锅，高温滚子加热炉，高温老化罐，高速搅拌机，电子天平、页岩膨胀仪等。

1.2 合成方法

将27质量份（下同）氯代环氧化物与30份去离子水混合，加入1.8份十二烷基苯磺酸，搅拌均匀，在50~70℃下反应2.0h，得到氯代醇的水溶液；再加入38.8份烷基糖苷，在60~70℃下反应3.0h，得到氯代醇烷基糖苷；再加入24份烷基叔胺发生季铵化反应，在40~55℃下反应1.5h，得到阳离子烷基糖苷产品。

2 产品抑制性评价

主要对阳离子烷基糖苷产品的岩屑回收率、对钙土基浆的相对抑制率、页岩膨胀高度等进行了评价。

2.1 岩屑回收率

对不同含量的阳离子烷基糖苷水溶液进行岩屑回收率评价，并与烷基糖苷进行对比。所用岩屑为马12井2765m处4~10目岩屑。岩屑一次回收实验条件为：120℃、16h，岩心二次回收实验条件为：120℃、2h。实验结果如图1所示。

由图1中结果可以看出，当阳离子烷基糖苷含量超过5%，岩屑一次回收率>96%，二次回收率>95%，相对回收率>99%。在阳离子烷基糖苷含量较小的情况下即可对岩屑水化分散起到较强抑制作用，故阳离子烷基糖苷含量超过5%即可起到优异的抑制防塌效果。

不同含量的阳离子烷基糖苷和烷基糖苷水溶液的岩屑回收率实验结果如图2所示。

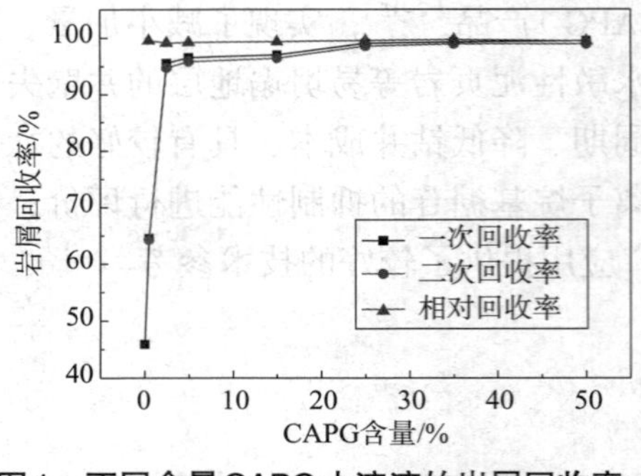

图1 不同含量CAPG水溶液的岩屑回收率

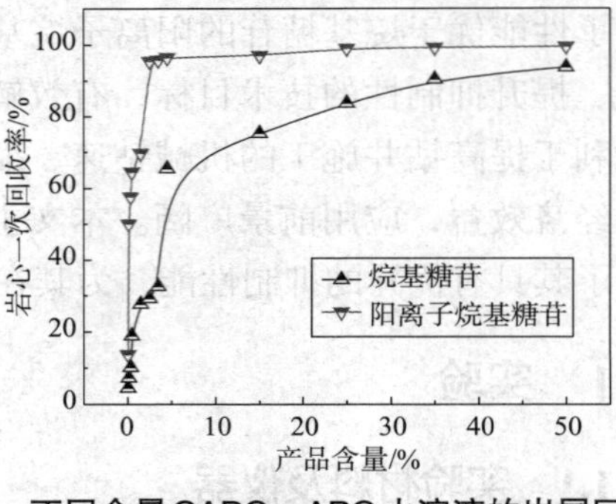

图2 不同含量CAPG、APG水溶液的岩屑回收率

由图2中结果可知，在0.1%~50%的浓度范围内，相同含量下，烷基糖苷岩屑回收率一直低于阳离子烷基糖苷；2.5%阳离子烷基糖苷岩屑回收率为95.55%，含量再升高，则岩屑回收率趋于平稳；而35%烷基糖苷岩屑回收率为90.42%，含量再升高，则岩屑回收率趋于平稳；35%阳离子烷基糖苷岩屑回收率99.26%，而35%烷基糖苷岩屑回收率仅90.42%。综上所述，在同等含量下，由于烷基糖苷主要通过吸附成膜发挥抑制作用，在高含量下，抑制效果仍不理想，而阳离子烷基糖苷主要通过吸附成膜、拉紧晶层、物理封堵等发挥抑制作用，同等加量下，阳离子烷基糖苷抑制性能明显优于烷基糖苷。

2.2 相对抑制率

为了进一步考察阳离子烷基糖苷抑制黏土水化分散的能力，对3%烷基糖苷和3%阳离子烷基糖苷的相对抑制率进行了考察，空白样为：350mL蒸馏水+1.75g无水碳酸钠，实验条件为：150℃、16h，测试结果见表1。

表1 APG及CAPG相对抑制率评价

样品名称	Φ600	Φ300	Φ200	Φ100	相对抑制率/%
空白	50	28	18	11	—
APG	96	76	56	38	—
CAPG	3	1	0.5	0	100

由表1中数据可以得出，烷基糖苷完全没有抑制膨润土水化分散的能力，反而促进膨润土的分散增黏作用，而阳离子烷基糖苷对膨润土的水化分散具有优异的抑制作用，相对抑制率达100%。

2.3 页岩膨胀高度

对不同含量CAPG水溶液的页岩膨胀高度进行了测试评价，岩心柱采用10g膨润土在14MPa下压制5min制成。实验结果见图3。

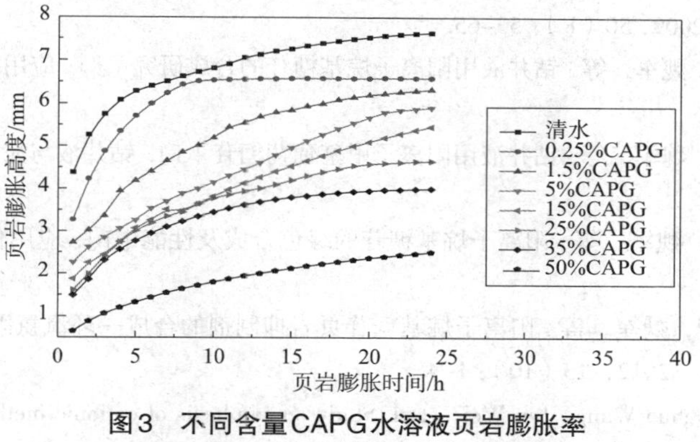

图3 不同含量CAPG水溶液页岩膨胀率

由图3中结果可以看出，清水的页岩膨胀高度最高，浸泡1h后，膨胀高度达到4.38mm，浸泡24h后，膨胀高度高达7.64mm，说明在没有CAPG抑制剂加入的情况下，黏土膨胀作用明显；随着CAPG含量的升高，页岩膨胀高度逐渐降低。在CAPG含量为0.25%时，浸泡1h，岩心柱膨胀高度3.27mm，浸泡24h后，膨胀高度6.59mm，跟清水相比，膨胀高度降低率为13.74%；在CAPG含量为25%时，浸泡1h，岩心柱膨胀高度1.61mm，浸泡24h后，膨胀高度4.65mm，跟清水相比，膨胀高度降低率为39.14%；在CAPG含量为50%时，浸泡1h，岩心柱膨胀高度0.65mm，浸泡24h后，膨胀高度2.50mm，跟清水相比，膨胀高度降低率为67.28%。可以看出，在CAPG含量较小的情况下，即可起到良好的抑制页岩膨胀的作用，在CAPG浓度超过25%时，表现出优异的抑制页岩膨胀效果。

3 结论

（1）通过分子设计，在烷基糖苷分子结构上引入季铵阳离子基团合成出了性能优于烷基糖苷的阳离子烷基糖苷（CAPG）产品，实现了减小加量、提升抑制性的技术目标。

（2）阳离子烷基糖苷产品抑制性能优异，对岩屑水化膨胀分散、钙土基浆水化分散造浆、页岩膨胀等均有显著抑制作用，可有效解决强水敏性泥页岩等易坍塌地层的井壁失稳问题，实现安全高效钻井。

参 考 文 献

［1］王军．烷基多苷及衍生物［M］．北京：化学工业出版社，2001：53–54.

［2］欧阳伟，杨刚，贺海，等．MEG 钻井液技术在剑门 1 井超长小井眼段的应用［J］．钻井液与完井液，2009，26（6）：21–23.

［3］黄达全，宋胜利，王伟忠，等．MEG 钻井液在滨 26X1 井的应用［J］．钻井液与完井液，2008，25（3）：36–38.

［4］Zhang Y，Cheng Z，Yan J. N. et al. Investigation on formation damage control of the methyl glucoside fluids［A］. SPE 39442，1998.

［5］Simpson J. P.，Walker T. O.，Jiang G. Z.. Environmentally Acceptable Water–Based Mud Can Prevent Shale Hydration and Maintain Borehole Stability［A］. 1995，SPE 27496.

［6］Issam I.，Ann P. H.. The application of methyl glucoside as shale inhibitor in sodium chloride mud［J］. Jurnal Teknologi，2009，50（F）：53–65.

［7］司西强，王中华，魏军，等．钻井液用阳离子烷基糖苷的合成研究［J］．应用化工，2012，41（1）：56–60.

［8］司西强，王中华，魏军，等．钻井液用阳离子甲基葡萄糖苷［J］．钻井液与完井液，2012，29（2）：21–23.

［9］司西强，王中华，魏军，等．阳离子烷基糖苷的绿色合成及性能［J］．应用化工，2012，41（9）：1526–1530.

［10］司西强，王中华，魏军，等．阳离子烷基糖苷页岩抑制剂的合成—环氧氯丙烷水解条件［J］．精细石油化工进展，2012，13（10）：1–4.

［11］Xiqiang Si，Zhonghua Wang，Jun Wei，et al. Study on synthesis of cationic methyl glucoside which was used in drilling fluid［C］. Prepr.Pap.–Am. Chem. Soc.，Div. Pet. Chem. 2012.

［12］Xiqiang Si，Zhonghua Wang，Jun Wei，et al. Performance test for cationic methyl polyglucoside which was used in drilling fluid［C］. Prepr.Pap.–Am. Chem. Soc.，Div. Pet. Chem. 2012.

［13］Xiqiang Si，Zhonghua Wang，Jun Wei，et al. Influence of Catalyst on the Synthesis of Cationic Alkyl Glucoside［C］. Prepr.Pap.–Am. Chem. Soc.，Div. Energy Fuels. 2013.

［14］司西强，王中华，魏军，等．阳离子烷基糖苷的合成及应用［J］．精细石油化工进展，2011，12（11）：27–31.

［15］司西强，雷祖猛，赵虎，等．烷基糖苷的合成及其钻井液研究进展［J］．精细与专用化学品，2011，19（5）：42–47.

改性壳聚糖抗高温抗盐降滤失剂的研制

司西强[1,2]　王中华[1,2]

（1.中石化中原石油工程有限公司钻井工程技术研究院，河南 濮阳 457001；
2.中石化石油工程钻完井液技术中心，河南 濮阳 457001）

摘　要：壳聚糖为自然界唯一碱性多糖，绿色环保，其分子结构上含有多个羟基及胺基活性位，可根据性能需要进行化学改性。以壳聚糖为基础原料，在分子设计及合成设计思路的指导下，通过羧化、胺化及磺化反应，制备得到改性壳聚糖（AMC）产品，具有较好的抗高温抗盐降滤失性能及抑制防塌性能，且对环境无影响。实验结果表明：150℃高温老化16h，1.5%改性壳聚糖产品对淡水浆、盐水浆、饱和盐水浆、复合盐水浆的滤失量降低率均>85%；产品对钙土浆相对抑制率达96.15%，页岩膨胀高度降低率达67.75%；产品EC_{50}值为524600mg/L。改性壳聚糖产品表现出优异的抗高温抗盐降滤失效果及抑制防塌效果，绿色环保，适用于高温地层、盐膏层等复杂地层，实现现场钻井施工的绿色、安全、高效钻进，应用前景广阔。

关键词：改性壳聚糖；抗高温；抗盐；降滤失剂；抑制防塌、绿色环保

随着世界环保要求的日益严格和油气勘探开发中的高温深井超深井、长段水平井及盐膏层等复杂地层越来越多，对钻井液处理剂的环保、抗高温及其他应用性能要求越来越高[1-5]。生物质材料成为研发绿色高性能钻井液处理剂的首选原料来源[6-8]。壳聚糖类产品[9-16]来源广泛、储量丰富、无毒、耐温性好，广泛应用于生物医药、化妆品、水处理、纺织等领域[17-20]，可作为研发绿色高性能钻井液处理剂的优选原料。本文开展钻井液用改性壳聚糖产品研发，在保持壳聚糖优良性能的基础上，进一步提升产品抗高温、抗盐降滤失、强抑制等特性，满足高温地层、盐膏层的绿色、安全、高效钻进。

1　实验材料及仪器

1.1　实验材料

壳聚糖，工业品；异丙醇，分析纯；氯乙酸，分析纯；氢氧化钠，分析纯；阳离子醚化剂，分析纯；丙烯酰胺，分析纯；2-丙烯酰胺基-2甲基丙磺酸，分析纯；亚硫酸氢钠，分析纯；过硫酸铵，分析纯；钠膨润土，工业品；钙膨润土，工业品；碳酸钠，

基金项目：中国博士后科学基金第5批特别资助项目（2012T50641）；中国博士后科学基金第50批面上资助项目（2011M501194）；中石化重大科技攻关项目（JP16003、JP17047、JPE19011）；中石化石油工程公司重大科技攻关项目（SG1302-03K、SG18-19K、SG18-18J）；中石化中原石油工程公司重大科技攻关项目（2019201）。

作者简介：司西强（1982—），男，山东日照人，研究员，博士，现任中石化中原石油工程公司钻井院首席专家，主要从事精细化工、新型钻井助剂及页岩油气水基钻井液技术研究及推广工作。E-mail：sixiqiang@163.com。

分析纯；氯化钠，分析纯；氯化钙，分析纯；氯化镁，分析纯。

1.2 实验仪器

ZNCL-TS恒温磁力搅拌器，河南爱博特科技公司；ZNN-D6六速旋转黏度计，青岛海通达专用仪器厂；XGRL-4A高温滚子加热炉，青岛海通达专用仪器厂；LHG-2老化罐，青岛海通达专用仪器厂；GJS-B12K变频高速搅拌机，青岛海通达专用仪器厂；DZF-6050真空干燥箱，上海创博环球生物科技有限公司；BL200S精密电子天平，上海勤酬实业有限公司；NP-02智能型页岩膨胀测试仪，无锡市石油仪器设备有限公司。

1.3 基浆配制方法

淡水基浆配制方法：在1L水中加入3g碳酸钠和60g钠膨润土，搅拌20min后，室温放置24h后制得；盐水基浆配制方法：在淡水基浆中加入4%氯化钠，高速搅拌20min，于室温下养护24h后制得；饱和盐水基浆配制方法：在淡水基浆中加入36%氯化钠，高速搅拌20min，于室温下养护24h后制得；复合盐水基浆配制方法：在1L水中加入45g氯化钠、13g氯化镁和5g氯化钙，充分溶解后，加入150g钙膨润土和9g碳酸钠，高速搅拌20min，于室温下养护24h后制得。

2 产品分子设计及合成设计

2.1 产品分子设计

为能够准确、快速地获得具有特定性能的产品，须对拟合成产品分子结构进行设计。提出如下分子设计思路：

（1）原料主要选用壳聚糖、氯乙酸、氢氧化钠、阳离子醚化剂、丙烯酰胺、2-丙烯酰胺基-2-甲基丙磺酸等，保证了设计得到的产品绿色环保、无毒，完井作业后钻井液无环保压力。

（2）在产品分子设计结构中引入羧基可增强产品的水溶性；引入季铵基可保证产品的抑制性；接枝胺基单体可提升产品抑制性，接枝磺化单体可保证产品的抗温抗盐性能；壳聚糖单元的环状结构可通过空间位阻效应来提高产品的抗温及配伍性能；分子主体骨架结构主要含有C—C、C—N等稳定化学键，可满足抗高温性能要求，另外支链上含有大量C—O键，可充分发挥生物降解性。

（3）原料壳聚糖由甲壳素制得，储量及来源丰富，可再生；有机酸、阳离子季铵基化合物、胺基单体、磺化单体等属常见工业原料，廉价易得。用所选原料制备得到的改性壳聚糖产品性能优、绿色环保、成本低。

依据分子设计思路，改性壳聚糖产品理论分子结构通式如图1所示。

如图1中改性壳聚糖产品的理论分子结构通式所示，分子中含有壳聚糖、羧甲基、季铵基、含乙烯基酰胺、乙烯基磺酸等结构单元，可确保改性壳聚糖产品具有较好的抗高温、抗盐降滤失和抑制防塌性能。

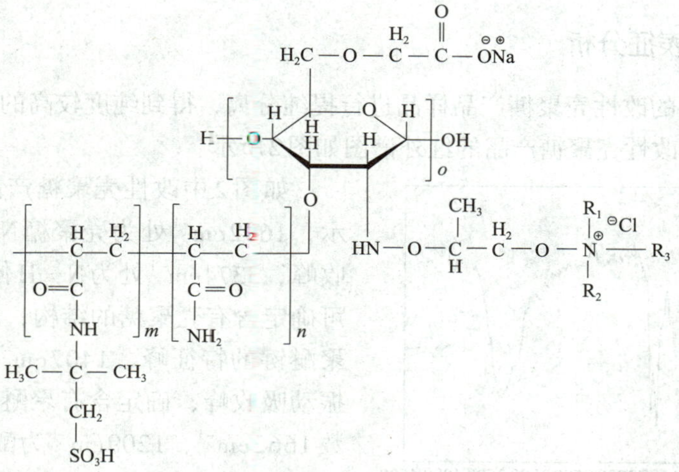

m=5~20；n=5~20；o=1200~1300；R_1=H、CH_3、C_2H_5；R_2=H、CH_3、C_2H_5；R_3=H、CH_3、C_2H_5。

图1　改性壳聚糖产品的理论分子结构通式

2.2　产品合成设计

按照原料廉价易得，反应条件温和、工艺简单、原料及产品绿色环保的原则，对改性壳聚糖理论分子结构拆分为壳聚糖、氯代羧酸、季铵基、含乙烯基酰胺、乙烯基磺酸等基本合成单元。

产品的合成步骤设计为三步：羧化、季铵化、接枝聚合。具体包括：①壳聚糖与氯代羧酸反应，生成羧化壳聚糖；②羧化壳聚糖发生季铵化反应，生成羧化阳离子壳聚糖；③羧化阳离子壳聚糖发生接枝聚合反应，生成抗高温、抗盐降滤失、抑制性能好的改性壳聚糖产品。

3　产品合成研究及性能评价

3.1　产品合成方法

在改性壳聚糖产品分子设计及合成设计思路指导下，经大量室内合成实验，确定了产品合成方法。具体合成步骤如下：①将12.0g壳聚糖加入150.0g水中，在600r/min的搅拌速度下搅拌均匀，加入20.0g氢氧化钠，在64℃下碱化糊化0.5h；②在上述反应液中加入48.0g氯乙酸，在77℃下反应1h，得到羧甲基壳聚糖；③加入24.8g阳离子醚化剂，在107℃下搅拌反应3h，得到羧甲基阳离子壳聚糖；④将上述反应液温度降至40~60℃，加入6.2g氢氧化钠、25.6g 2-丙烯酰胺基-2-甲基丙磺酸、54.8g丙烯酰胺、40.0g水，搅拌0.5h，使反应液混合均匀，微调反应液pH值至8~9；⑤加入1.2g引发剂A，在40~60℃下反应1h，得到淡黄色黏稠状液体，经造粒、干燥、粉碎，即得改性壳聚糖产品。

3.2 产品表征分析

对合成得到的改性壳聚糖产品样品进行提纯分离，得到纯度较高的产品，用于产品红外表征分析。改性壳聚糖产品的红外谱图如图2所示。

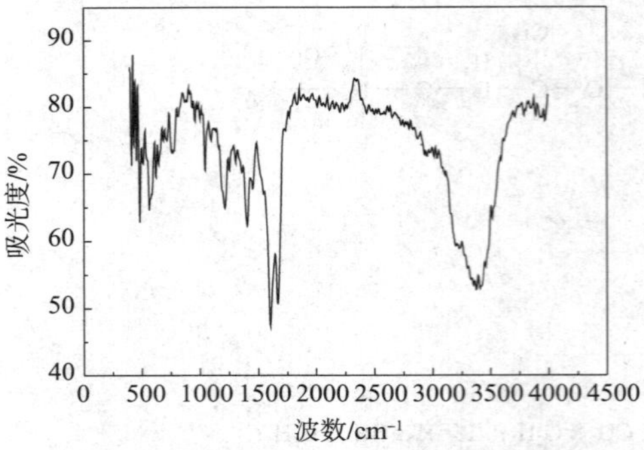

图2 改性壳聚糖产品的红外谱图

如图2中改性壳聚糖产品的红外谱图所示，1602cm^{-1}处为壳聚糖N—H弯曲振动吸收峰，3374cm^{-1}处为N—H伸缩振动吸收峰，可确定含有壳聚糖的结构；波数1101cm^{-1}为聚醚键的特征峰，1407cm^{-1}处为C—N伸缩振动吸收峰，确定含有聚醚和季铵基团；波数1662cm^{-1}、1209cm^{-1}为酰胺基的特征峰；波数1047cm^{-1}为磺酸基的特征峰，说明酰胺基、磺酸基已被引入壳聚糖分子结构中。综合上述结果，改性壳聚糖产品分子结构中含有壳聚糖、聚醚基、季铵基、酰胺基、磺酸基等特征结构，确定了合成产品的实际结构与理论设计结构相符。

3.3 产品性能评价

3.3.1 抗盐降滤失性能

通过考察改性壳聚糖产品对淡水基浆、盐水基浆、饱和盐水基浆、复合盐水基浆的中压滤失量的影响，来评价改性壳聚糖产品的抗盐降滤失效果。改性壳聚糖产品在各种基浆中的加量为1.5%，老化条件为150℃热滚16h。性能评价结果如表1所示。

表1 不同加量改性壳聚糖产品对淡水基浆降滤失性能影响

样品组成	AV/mPa·s	PV/mPa·s	YP/Pa	FL_{API}/mL	FL_{API}降低率/%
淡水基浆	2.5	2.0	0.5	44.0	—
淡水基浆+1.5%AMC	36.0	29.0	7.0	6.0	86.36
盐水基浆	6.5	3.0	3.5	118.0	—
盐水基浆+1.5%AMC	14.0	10.0	4.0	14.0	88.14
饱和盐水基浆	11.0	5.0	6.0	142.0	—
饱和盐水基浆+1.5%AMC	7.5	7.0	0.5	20.0	85.92
复合盐水基浆	4.5	4.0	0.5	116.0	—
复合盐水基浆+1.5%AMC	5.0	5.0	0	16.0	86.21

由表1中实验结果可以看出，当改性壳聚糖产品加量为1.5%时，150℃热滚16h，可使淡水基浆的API滤失量由基浆的44.0mL降至6.0mL，滤失量降低率达86.36%，可使盐水基浆的API滤失量由基浆的118.0mL降至14.0mL，滤失量降低率达88.14%，可使饱和盐水基浆的API滤失量由基浆的142.0mL降至20.0mL，滤失量降低率达85.92%，可使

复合盐水基浆的API滤失量由基浆的116.0mL降至16.0mL，滤失量降低率达86.21%。总体来说，改性壳聚糖产品对淡水浆、盐水浆、饱和盐水浆、复合盐水浆的滤失量降低率均>85%，表现出突出的抗盐降滤失效果。

3.3.2　抑制性能

将不同含量的改性壳聚糖产品加入钙土基浆中，考察产品对钙土基浆的相对抑制率。老化条件150℃、16h。产品相对抑制率实验结果如图3所示。

由图3可以看出，随着改性壳聚糖产品加量的增加，其对钙土基浆的相对抑制率呈升高趋势。加量为1.0%时，其对钙土基浆的相对抑制率达95.19%；加量为1.5%时，其对钙土基浆的相对抑制率达96.15%。综合分析认为，当改性壳聚糖产品加量≥1.0%时，表现出突出的抑制黏土矿物水化膨胀分散的能力，可起到较好的抑制防塌效果。

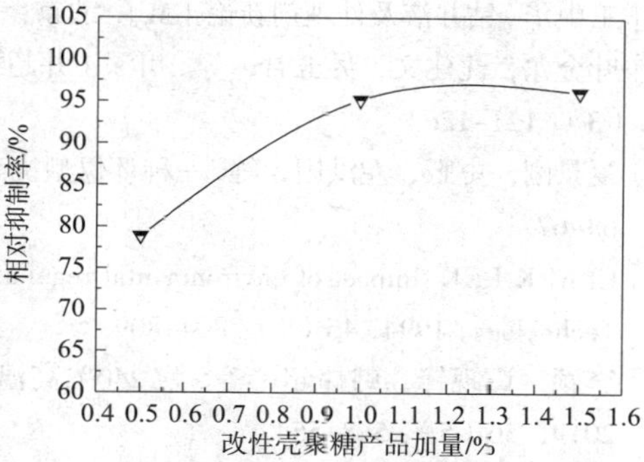

图3　改性壳聚糖产品加量对钙土基浆相对抑制率的影响

同时，室温下考察了1.5%改性壳聚糖产品对页岩的线性膨胀实验结果，实验条件为室温。产品对页岩的线性膨胀实验结果见表2。

表2　改性壳聚糖产品的页岩线性膨胀实验测试结果

名　称	线性膨胀量/mm	相对膨胀降低率/%
蒸馏水	15.32	0
1.5%AMC水溶液	4.94	67.75

由表2中实验结果可以看出，当改性壳聚糖产品的加量为1.5%时，室温下24h页岩线性膨胀高度为4.94mm，相对膨胀降低率达67.75%，表现出优异的抑制页岩膨胀性能。

3.3.3　生物毒性

用发光细菌法对改性壳聚糖产品样品进行了生物毒性测试。结果表明，产品样品的EC_{50}值为524600mg/L，远大于排放标准30000mg/L，产品无生物毒性，可适用于海洋及其他环保要求较高地区的钻井施工。

4　结论

（1）提出了改性壳聚糖产品的分子设计及合成设计思路，并以此为基础，通过羧化、胺化及磺化反应，制备得到改性壳聚糖产品，抗高温、抗盐降滤失性能及抑制防塌性能优异，无毒环保。

（2）改性壳聚糖产品对淡水浆、盐水浆、饱和盐水浆、复合盐水浆的滤失量降低率均>85%，表现出突出的抗盐降滤失效果。

（3）改性壳聚糖产品对钙土浆相对抑制率达96.15%，页岩膨胀高度降低率达67.75%，表现出突出的抑制防塌效果。

（4）改性壳聚糖产品EC_{50}值为524600mg/L，无生物毒性，绿色环保，可满足海洋及其他环境敏感地区钻井施工。

（5）改性壳聚糖产品适用于高温地层、盐膏层等复杂地层，实现现场钻井施工的绿色、安全、高效钻进，应用前景广阔。

参考文献

[1] 王中华．钻井液及处理剂新论［M］. 北京：中国石化出版社，2016：26–29.

[2] 叶金龙，沈建文，吴玉君，等．川深1井超深井钻井提速关键技术［J］. 石油钻探技术，2019，47（3）：121–126.

[3] 夏景刚，史野，左洪国，等．一种环保型抗高温钻井液技术［J］. 钻井液与完井液，2020，37(1)：63–67.

[4] CLARK R. K. Impact of environmental regulations on drilling fluid technology［J］. Journal of Petroleum Technology，1994，46（9）：804–809.

[5] 李颖，谭现锋，韩炜超，等．耐240℃高温水基成膜钻井液的室内研究［J］. 钻井液与完井液，2019，36（5）：548–554.

[6] 杨小华．生物质改性钻井液处理剂研究进展［J］. 中外能源，2009，14（8）：41–46.

[7] 王中华．国内天然材料改性钻井液处理剂现状分析［J］. 精细石油化工进展，2013，14（5）：30–35.

[8] 王中华．高性能钻井液处理剂设计思路［J］. 中外能源，2013，18（1）：36–46.

[9] 蒋挺大．壳聚糖［M］. 北京：化学工业出版社，2001：3–7.

[10] 范国枝．水溶性壳聚糖的制备［J］. 应用化工，2004，33（5）：29–30.

[11] 陈诗琪，张贤明．天然高分子壳聚糖的特性及其应用［J］. 应用化工，2016，45（1）：152–155.

[12] 张凯，郝晓东，黄渝鸿，等．甲壳素及壳聚糖的应用［J］. 应用化工，2004，33（3）：6–8.

[13] 王珊，杨小玲．壳聚糖－β－环糊精杂化水凝胶的制备［J］. 应用化工，2012，41（10）：1716–1718.

[14] 汪玉庭，刘玉红，张淑琴．甲壳素、壳聚糖的化学改性及其衍生物应用研究进展［J］. 功能高分子学报，2002，15（1）：107–113.

[15] MARGUERITE R. Chitin and chitosan：Properties and applications［J］. Progress in Polymer Science，2006，5（4）：61–90.

[16] DUTTA P. K.，DUTTA J.，TRIPATHI V. S.. Chitin and chitosan：Chemistry，properties and applications［J］. Journal of Scientific & Industrial Research，2004，63（1）：20–31.

[17] 邢桂荣，王敬湘．壳聚糖在医药领域的研究进展［J］. 中国药业，2003，12（8）：74–74.

[18] 邵志会，王爱勤．甲壳素壳聚糖及其衍生物吸湿保湿性研究进展［J］. 日用化学工业，2001，31（5）：43–45.

[19] 张金生，田中禾，李丽华，等．壳聚糖及其衍生物在水处理中的应用［J］. 化工新型材料，2019，47（2）：57–61.

[20] 郝文波，阎克路，陈永邦，等．壳聚糖与丁烷四羧酸对棉织物的抗菌 / 防皱复合整理［J］. 纺织学报，2016，37（6）：95–100.

水基钻井液用绿色润滑剂研究进展及发展趋势

司西强[1,2]　王中华[1,2]　王忠瑾[1,2]　钟　灵[1,2]　赵　莹[1,2]　杨建军[1,2]

（1.中石化中原石油工程有限公司钻井工程技术研究院，河南 濮阳 457001；
2.中石化石油工程钻完井液技术中心，河南 濮阳 457001）

摘　要：综述了近年来国内水基钻井液用绿色润滑剂的研究进展，主要包括醇醚类、酯类、酰胺类、乳液类、纳米材料类等多类润滑剂，还包括DFL润滑剂、蓖麻油硼酸酯润滑剂、砜醛树脂润滑剂等其他新型润滑剂。并在现有水基钻井液用绿色润滑剂研究及应用的基础上，对其发展趋势，特别是高温高密度水基钻井液用润滑剂的发展趋势进行了展望。

关键词：水基钻井液；绿色；润滑剂；高温高密度；综述；展望

在油气钻探过程中，随着深井、超深井、大斜度井、定向井及水平井等复杂井的增多，对井下摩阻控制提出了更高要求[1]。例如，大量加重材料的存在导致高密度钻井液的润滑性能较差，高摩阻已成为新形势下制约水基钻井液发展的核心难题之一[2]。而混油会对环境造成严重污染，随着世界环保要求的日益严格，混油措施已被严格禁止。在这种形势下，在钻井液中添加绿色高性能润滑剂来降摩阻、提钻速、降成本，是实现绿色、安全、高效钻进的最有效手段之一[3]。近年来，钻井液用绿色高效润滑剂得到快速发展[4-5]。本文对钻井液用绿色润滑剂的研究进展进行简要综述，并对其发展趋势进行展望，以期对钻井液研究人员具有一定启发作用。

1　水基钻井液用绿色润滑剂研究进展

1.1　醇醚类润滑剂

醇醚类润滑剂由天然生物质与环氧化合物缩合得到，外观为白色至棕褐色的黏稠液体，密度小于$1.00g/cm^3$，与水的混溶性差，可在水面上迅速分散并形成一层分散膜，并具有明显的浊点效应，使用温度对其性能影响较大。当在低于醇醚类润滑剂的浊点温度使用时，润滑效果较差，反之，其润滑效果较好。

许明标等[6]研制了一种主要成分为天然物质的烷氧基化产物的新型多元醇醚，评价了其在各种钻井液中的润滑性能。加量2.0%的该醇醚润滑剂对淡水、盐水、海水钻

基金项目：中国博士后科学基金第50批面上资助项目（2011M501194）；中国博士后科学基金第5批特别资助项目（2012T50641）；中石化重大科技攻关项目（JP16003、JP17047）；中石化石油工程公司重大科技攻关项目（SG1302-03K、SG18-19K、SG18-18J）。

作者简介：司西强（1982—），男，山东日照人，研究员，博士，主要从事精细化工、新型钻井助剂及钻井液新体系的研究及推广。E-mail：sixiqiang@163.com。

井液流变性的影响很小，可使三种钻井液的润滑系数降低率分别为97%、71%、71%。在海水钻井液中加量为0.5%~3.0%时，在80~120℃高温滚动后，润滑系数降低率为53.5%~96.8%；加量为2.0%时，在140℃高温滚动后，润滑系数降低率仍达68.6%；pH值为7.0~11.0时，在120℃高温下滚动后，润滑系数降低率为74.3%~83.3%。该多元醇醚润滑剂无生物毒性，推荐使用温度≤120℃，pH值<11。

吕开河等[7]研发了一种由环氧乙烷和环氧丙烷共聚得到的聚醚多元醇润滑剂SYT-2，外观为白色至淡黄色黏稠液体，密度0.95g/m^3 ± 0.10g/cm^3，闪点大于70℃，有效物含量约80%。该产品能有效吸附在钻具、套管表面和井壁岩石上，形成稳定且强度高的润滑膜，改善泥饼质量，大幅降低钻具与井壁之间的摩阻，避免压差卡钻。评价结果表明：SYT-2产品抗温达120℃；加量为0.5%~1.0%时，可使6%淡水浆的润滑系数降低率达83.3%~86.5%，极压膜强度由30.2MPa升至153~203MPa；加量为1.0%~3.0%时，可使4%盐水浆的润滑系数降低率达72.9%~82.5%；加量为1.0%~5.0%时，可使35%盐水浆的润滑系数降低率达18.2%~68.4%。该产品无荧光，EC_{50}值>1.0 × 10^{5}mg/L，无生物毒性，易生物降解。在轮南3-6H井加入1.0%~3.0%的该润滑剂，泥饼黏附系数从0.13降至0.05，极压润滑系数从0.35降至0.11，起下钻阻力从120kN降至70kN，实现了较低的扭矩和起下钻阻力。

肖稳发等[8]研发了绿色环保的聚合多元醇润滑剂Silicon-1。该产品的制备方法如下：①将起始剂多元醇抽入聚合反应器中，升温至100~120℃，抽真空脱除轻组成及水分；②按多元醇总量的0.5%~3.0%加入催化剂，加热至130~150℃，抽真空并通入高纯氮气保护，同时计量泵入氧乙烯化试剂，控制加料速度，温度不超过150℃，压力小于0.35MPa，加料完毕后，保温降压至0.2MPa，认为剩余原料反应完全；③再计量泵入氧丙烯化试剂，待氧丙烯化试剂加完后，保温30min；④在反应完全的物料中，按聚合多元醇物料量的3.0%~15.0%加入有机硅改性剂，通氮气，升温到70℃加入一定量催化剂，控制反应温度不超过100℃；⑤当反应混合液澄清透明后，继续在90~100℃保温一定时间，降温出料，即为改性聚合多元醇水基润滑剂Silicon-1产品。Silicon-1产品外观呈淡黄色液体，含水0.2%，密度1.0547g/cm^3，1%水溶液pH值为8.6，浊点为48.5℃。1.0%~3.0%的Silicon-1产品可使6%膨润土浆的润滑系数降低率达71.51%~83.8%，润滑性能优良，不起泡，无荧光，环境可接受性好。

1.2 酯类润滑剂

单酯、双酯、多元醇酯等合成酯可作为润滑剂基础油使用，其分子内含有羰基，在较高温度和水相条件下易水解成有机酸和醇，导致其在高温地层的应用受到限制。

陈馥等[9]以长链脂肪酸与多羟基醇为原料制得一种合成酯润滑剂HCZ。制备方法如下：将油酸与混合脂肪醇按一定比例混匀，70℃熔化完全，在酯化催化剂存在下，升温至185℃，常压反应7.0h，得到产品。其加量为0.3%时，泥饼黏附系数降低率>50%；该产品在180℃高温下仍具有较好润滑性能。该产品对发光杆菌的抑制发光率<18%，为低毒产品，不会对环境和生物造成不利影响。该产品在四川磨溪008-8-XX井进行了现

场应用，钻井液为高密度聚磺钻井液体系，现场井浆中HCZ产品加量<1.5%时，泥饼黏附系数降低率为47.6%，较好地满足了现场绿色、安全、高效钻进的技术要求。

孙金声等[10]制备得到了一种高分子量的聚酯润滑剂GXRH，是一种含高分子脂肪酸和脂化剂的聚酯化合物。以合成脂肪酸釜残为原料，在脂化剂作用下，在115~130℃下反应1.0~3.0h合成得到。该产品在密度为2.04g/cm^{3}的高密度钻井液中，润滑系数降低率达79.0%，扭矩降低率为40.2%，降摩阻性能优良。该产品合成工艺简单，成本低，产品无荧光，无毒性，可降解达到环保要求。

刘娜娜等[11]通过二乙二醇与地沟油发生酯交换反应生成直链酯，直链酯再与单质硫反应生成网状酯，再与石墨复配得到一种代号为RH-B的润滑剂。具体制备方法如下：①将二乙二醇、精制地沟油和乙醇胺搅拌均匀，130℃反应2h，生成淡黄色液体；②加入6%的硫黄，150℃反应5h，生成深黄色黏稠状液体；③复配加入总量为20%的石墨粉和油溶性树脂，80℃温度下搅拌均匀，即得RH-B润滑剂。1%的该产品可使淡水钻井液的润滑系数降低率>86%；2%的该产品可使海水钻井液的润滑系数降低率大于63%；该产品对钻井液流变性和滤失量基本无影响；无毒、无污染，荧光级别低。

祁亚男等[12]以废弃植物油脂与小分子醇进行酯化或者酯交换反应，生成长链的脂肪酸酯，并经过表面活性剂和抗高温处理，制得一种新型植物油钻井液润滑剂。在常温下，6%膨润土浆中加入1%该润滑剂后，极压润滑系数降低率达88.0%，黏附系数降低率达86.0%；该润滑剂抗温达140℃，抗盐达10%，EC_{50}值>50000mg/L，与聚合物、聚磺钻井液配伍性好。在胜利油田桩23区块使用该润滑剂后，避免了混入原油，井深3900m的实验井平均建井周期从33.55d缩短为29.11d，缩短了10%以上；在胜利油田莱87区块井深为3100m的实验井，平均建井周期缩短了22.10%，钻井液成本降低了9.8%。

1.3 酰胺类润滑剂

植物油虽然自身润滑性能好，但易皂化氧化，影响钻井液性能，不能直接作为润滑剂使用。通过对植物油进行酰胺化反应，得到植物油酰胺类润滑剂，具有较好的润滑性能和环保性能。

逯贵广等[13]针对目前钻井液常用植物油润滑剂润滑长效性差以及抗温性能有待提高的问题，以油酸和聚醚胺作为原料，经酰胺化反应，制得钻井液润滑剂NH-HPL。具体制备方法如下：在反应釜中加入一定量油酸，用氮气置换釜内空气，在氮气保护下升温至120℃，缓慢加入适量聚醚胺，加完后升温至140~200℃，反应2.0~5.0h，即得NH-HPL润滑剂。常温下，在5%膨润土浆中加入1.0%的NH-HPL，润滑系数降低率达92.2%；抗温达160℃；EC_{50}值为9.57×10^4mg/L，无生物毒性；对钻井液流变性和滤失性无明显影响。

孔凡波等[14]对植物油进行胺解，使合成产物中含有酰胺基团，然后用低碳酸与其反应，从而合成得到改性植物油酰胺。具体制备方法如下：将植物油和多胺按照一定比例混合均匀，在100~110℃温度下反应1.0h；然后缓慢加入定量低碳酸，继续加热反应一定时间，待反应完全后，停止反应，便得到具有一定黏度、棕色蜡状的植物油酰胺产品；通过对植物油酰胺进行乳化，得到乳液型润滑剂。该润滑剂在钻井液中加量为0.5%时，润滑系数降低率达87.9%；并且该润滑剂抗温抗盐能力强，配伍性好。

1.4 乳液类润滑剂

乳液类润滑剂在钻井液、金属轧制和切削等领域应用较多。乳液类润滑剂是将基础油经过充分乳化，形成的一种性质稳定、成分均一的乳状液，主要成分包括基础油、水、乳化剂。按照内、外相的不同可分为油包水乳液和水包油乳液；按照乳液液滴的粒径可分为粗乳液、细小乳液以及微乳液。其中，粗乳液是一种不稳定分散体系，细小乳液和微乳液分别是动力学和热力学稳定的乳化体系。

张文等[15]以棉籽油、多乙烯多胺、低碳酸为原料合成得到植物油酰胺，以植物油酰胺为主要原料，油酸钠作乳化剂，添加一定量的硅膏、煤油和高黏度羧甲基纤维素钠CMC-HV，制备得到水包油（O/W）型乳液润滑剂。该产品用量在0.5%时，钻井液润滑系数降低率超过80%，且不影响钻井液的流变性和密度。经170℃高温老化，在15%盐水钻井液中，钻井液润滑系数<0.10，表明该润滑剂具有良好的耐温抗盐性能。

夏晔等[16]制备得到了一种微乳型润滑剂，由矿物油或精炼地沟油、表面活性剂、无机盐、正丁醇和水组成。制备方法是：首先将水倒入反应釜中，在2000~3000r/min的搅拌速度下将表面活性剂缓慢加入反应釜中，待混合均匀后，缓慢加入无机盐，完全溶解后，加入正丁醇和精炼地沟油，静置5~10h，反应制得微乳型润滑剂。该产品能有效降低钻井液摩阻系数和泥饼黏附系数，黏附系数降低率达52.3%；配伍性好，绿色环保。

1.5 纳米材料润滑剂

近年来，纳米材料在钻井液中开始得到初步应用，如纳米封堵剂、纳米润滑剂等。钻井液用纳米材料已成为钻井液处理剂研发的热点之一。

王伟吉等[17]针对目前钻井液用常规润滑剂存在的极压膜强度低、抗温性差、毒性大等突出问题，采用硅烷偶联剂KH570对纳米SiO_2进行超声表面改性，然后将其与表面活性剂S_1、菜籽油、稳定剂复配混匀，制备得到纳米润滑剂SD-NR。1%的SD-NR产品极压膜强度高，可使钻井液润滑系数降低率>85%，抗温>180℃，不影响钻井液流变性，降滤失和抑制效果较好，荧光级别低。

罗春芝、王越之等[18-19]针对油基润滑剂环保性差和常规的水基润滑剂持效性差、起泡严重、不抗温等问题，室内研制出一种低荧光抗高温水包油型纳米乳液润滑剂NMR。NMR是一种含有纳米级高分子材料和S、P活性元素的润滑剂，密度为0.94g/cm^3，表观黏度为15.5mPa·s，放置40d不分层。2%产品可使膨润土浆的极压润滑系数降低率达80%以上；产品可使现场聚合物井浆的极压润滑系数降低60%，且润滑持久性好；抗温达180℃；不影响钻井液流变性，略有降滤失作用，不起泡，与现场常用的正电胶钻井液、聚合物钻井液、磺化钻井液的配伍性好。

球形碳材料表面光滑，耐高温性能好，尺寸小且强度高，在钻井液体系中不易被清除或拍打破碎，可作为润滑剂用于钻井液中。杨芳等[20]制备得到了两种纳米碳球润滑剂。一种是以间苯二酚–甲醛聚合而成的纳米碳球，粒径在500nm左右，抗温400℃；另一种是以葡萄糖为原料制成的纳米碳球，粒径在700~900nm范围内分布，抗温250℃。这两种纳米碳球均能满足高温地层的润滑要求。间苯二酚–甲醛聚合成的纳米碳球加量为0.4%时，180℃高温下滚动16h，钻井液润滑系数降低率达22.8%，滤饼黏附系数降低率达20.1%，但经高温老化后，钻井液的黏切增大，对钻井液流变性产生影响。基于葡萄糖的纳米碳球对钻井液具有很好的剪切稀释作用，高温老化前后，钻井液的黏切下降，当加量为0.5%时，180℃高温下滚动16h，钻井液润滑系数降低率达25.2%，但此时其滤饼黏附系数跟钻井液基浆相比，却反而升高了6.9%。总体来说，合成的两种纳米碳球润滑剂可作为固体润滑剂用于钻井液中，降低钻井液润滑系数。

1.6 其他润滑剂

1.6.1 DFL 润滑剂

美国倚科能源有限公司研发了一种代号为DFL的新型钻井液润滑剂[21]。该产品可大幅提高钻井效率，在钻探井深和钻井成本等方面带来革命性变化。3%DFL产品可使钻井扭矩和阻力降低75%，滑动机械钻速增加100%。该产品通过改变钻井液的界面涡流来降低摩阻，且不影响钻井液流变性。该产品用量仅为其他润滑剂的1/2~2/3，成本优势明显。该产品已在世界范围内500余口井应用，摩擦阻力降低率高达80%，减少了钻机动力能耗及钻头磨损，利于提高钻井速度，配伍性好，无毒环保。

1.6.2 蓖麻油硼酸酯润滑剂

蓖麻油是一种天然生物质材料，储量丰富，价格低廉。通过对蓖麻油进行化学改性可制备得到高效环保的改性蓖麻油润滑剂。吴超等[22]制备得到了一种蓖麻油硼酸酯水基润滑剂。将适量蓖麻油加热搅拌到一定温度，滴加25%的NaOH溶液皂化一定时间，向上述反应物中加入适量有机醇胺，继续反应至完全皂化，降温，加入适量硼酸，继续反应一定时间，得到淡黄色透明黏稠的蓖麻油硼酸酯产品。该产品分子结构中含有硼和蓖麻油长碳链，其中，硼元素充分发挥极压性，蓖麻油长碳链在金属表面强吸附，从而发挥出优良润滑性能。

1.6.3 砜醛树脂润滑剂

蒋德强、田赛男等[23-24]根据目前钻井液用润滑剂存在的不足，采用芪酚、甲醛、硫酸等常见原材料，制备得到一种新型的二苯酚砜甲醛树脂润滑剂，简称砜醛树脂润滑剂。该产品是一种新型水溶性高分子材料，其分子结构中含有硫酰基(砜)，使分子结构具有较好的柔韧性，润湿性、附着性、抗腐蚀性能优良，比水溶性酚醛树脂性能更优。0.1%砜醛树脂可使钻井液润滑系数由基浆的0.489降至0.205，润滑系数降低率>58%；高温条件可促进该产品润滑性能的充分发挥，故该润滑剂可用于高温地层；砜醛树脂可使盐水钻井液润滑系数降低率达50%，可用于高矿化度地层。

2 水基钻井液用绿色润滑剂发展趋势

目前，水基钻井液用绿色润滑剂主要集中在醇醚类、酯类、酰胺类、乳液类、纳米材料类等多个研究方向，对现场的高摩阻问题提供了很好的解决办法，但对高温高密度钻井液的润滑性能控制问题一直未能有效解决。另外，绿色润滑剂的成本问题也是制约其在现场大规模推广应用的瓶颈。据前期本研究团队室内研究表明，自主研发的一种烷基糖苷衍生物产品——聚醚胺基烷基糖苷NAPG具有较好的润滑效果[25]，当其在钻井液中的加量提高至20%以上时，可使高温高密度水基钻井液的润滑系数降至0.062，润滑系数降低率达81.76%。如果对该产品的生产工艺进行调整优化，制备得到低成本的烷基糖苷衍生物产品，减小其作为高温高密度钻井液润滑剂使用时的加量，同时保证高润滑性能，将会是目前高温高密度水基钻井液润滑剂研究的一个突破口。

除此之外，2017年以来，中石化中原石油工程公司针对目前高温高密度水基钻井液对润滑剂的抗高温、高密度下润滑效果好、绿色环保等技术要求，开展了磺化胺基烷基糖苷润滑剂的研制。具体研究思路如下：①为更好地实现润滑剂的润滑、环保性能，选用长链烷基糖苷为原料；②为解决烷基糖苷吸附能力弱的问题，引入胺基，提高分子吸附量，胺基同时具有抑菌杀菌作用，基团位阻大，可提高分子抗温性；③为进一步提升烷基糖苷润滑和配伍性能，引入长链磺酸基，分子由非离子型转变为阴离子型，提高分子配伍性，同时具有较好的抗盐和润滑性能。目前，磺化胺基烷基糖苷润滑剂产品的研制已经取得了较大进展，正在进一步开展深入研究。

总体来说，未来水基钻井液用绿色润滑剂的研究方向聚焦在如何解决高温高密度钻井液的高摩阻控制上，而且必须保证产品的低成本、绿色环保性能，实现高温高压地层的绿色、安全、高效钻进，提高机械钻速，降低钻井综合成本。

参考文献

[1] 陈勇，蒋祖军，练章华，等．水平井钻井摩阻影响因素分析及减摩技术［J］．石油机械，2013，41（9）：29–32.

[2] 王中华．页岩气水平井钻井液技术的难点及选用原则［J］．中外能源，2012，17（4）：43–47.

[3] 魏昱，王骁男，安玉秀，等．钻井液润滑剂研究进展［J］．油田化学，2017，34（4）：727–733.

[4] 宣扬，钱晓琳，林永学，等．水基钻井液润滑剂研究进展及发展趋势［J］．油田化学，2017，34（4）：721–726.

[5] 金军斌．钻井液用润滑剂研究进展［J］．应用化工，2017，46（4）：770–774.

[6] 许明标，胥洪彪，王昌军，等．新型钻井液用多元醇醚润滑剂的研究［J］．油田化学，2002，19（4）：301–303.

[7] 吕开河．钻井液用聚醚多元醇润滑剂SYT–2［J］．油田化学，2004，21（2）：97–99.

[8] 肖稳发，向兴金，王昌军，等．含醇醚水基钻井液体系的研究与应用［J］．石油与天然气化工，2000，29（4）：198–199.

[9] 陈馥，张浩书，张启根，等．钻井液用低生物毒性合成酯润滑剂的研究与应用［J］．油田化学，2018，35（1）：8–11.

[10] 孙金声，潘小镛，刘进京．新型钻井液用润滑剂GXRH的研制［J］．钻井液与完井液，2002，19（6）：13–14.

[11] 刘娜娜，王菲，张宇，等．钻井液润滑剂RH–B的制备与性能评价［J］．西安石油大学学报（自

然科学版），2014，29（1）：89–93.
[12] 祁亚男，吕振华，严波，等.新型植物油钻井液润滑剂的研究与应用[J].钻井液与完井液，2015，32（3）：39–41.
[13] 逯贵广.环保型钻井用高效润滑剂NH–HPL的制备与性能评价[J].西安石油大学学报（自然科学版），2017，32（5）：85–89.
[14] 孔凡波.含植物油酰胺钻井液润滑剂的制备及性能评价[D].南充：西南石油大学，2014：14–16.
[15] 张文，杜昱熹，孔凡波.一种乳液型钻井液润滑剂的制备及性能评价[J].石油与天然气化工，2016，45（4）：73–76.
[16] 中石化石油工程技术服务有限公司.一种钻井液用微乳型润滑剂及其制备方法[P].中国，发明专利，2015107171937.2017.
[17] 王伟吉，邱正松，钟汉毅，等.钻井液用新型纳米润滑剂SD–NR的制备及特性[J].断块油气田，2016，23（1）：113–116.
[18] 罗春芝，王越之.NMR低荧光抗高温润滑剂的室内研究[J].石油天然气学报，2010，32（3）：113–116.
[19] 王越之，罗春芝，刘霞，等.新型纳米乳液润滑剂NMR的研制[J].天然气工业，2008，28（12）：48–50.
[20] 杨芳.纳米碳球耐高温钻井液润滑剂的研究[D].长春：吉林大学，2013：61–63.
[21] 佚名.新型钻井液润滑剂将革新石油开采业[J].中国石油和化工标准与质量，2014（7）：1–1.
[22] 吴超，贾晓鸣，张好强.蓖麻油硼酸酯水基润滑剂的制备及性能[J].河北联合大学学报（自然科学版），2007，29（4）：53–55.
[23] 蒋德强，田赛男，吴新民.新型钻井液润滑剂砜醛树脂的室内评价[J].兰州理工大学学报，2013，39（5）：58–60.
[24] 田赛男.砜醛树脂在石油开采中的应用研究[D].兰州：兰州理工大学.2013：56–57.
[25] 司西强，王中华，王伟亮.聚醚胺基烷基糖苷类油基钻井液研究[J].应用化工，2016，45(12)：2308–2312.

钻井液用磺化胺基烷基糖苷高效润滑剂的研制及性能

司西强[1,2]　王中华[1,2]　赵　虎[1,2]　张旭明[1,2]　韩海超[1,2]　谢　俊[1,2]

（1.中石化中原石油工程有限公司钻井工程技术研究院，河南 濮阳　457001；
2.中石化石油工程钻完井液技术中心，河南 濮阳　457001）

摘　要：烷基糖苷在钻井液中成膜润滑效果好，但加量大，吸附能力差，抗温性不足。在烷基糖苷润滑性能优势基础上，通过分子理论设计，引入磺酸基、胺基、长链烷基等功能基团，制备得到高润滑、低加量、强吸附、抗高温的磺化胺基烷基糖苷（LAPG）产品。性能评价结果表明，产品抗温达200℃；加量为1.0%时可使5.0%膨润土浆的润滑系数由0.405降至0.073，润滑系数降低率达81.98%；对钻井液表观黏度基本无影响，具有显著降滤失作用；无生物毒性，绿色环保。LAPG产品可有效解决高温深井超深井、长水平段水平井、大位移井的高摩阻控制难题，避免托压卡钻等井下复杂情况，满足现场绿色、安全、高效钻进，具有较好推广应用前景。

关键词：磺化胺基烷基糖苷；高温；高密度；润滑剂；摩阻控制；环保

近年来，高温深井超深井、长水平段水平井等高难度井越来越多，对钻井液润滑防卡要求越来越高[1-5]。在钻井液中混入原油等矿物油环保问题突出，因此，研发绿色高性能润滑剂已成为主要发展趋势[6-8]。在钻井液中加入植物油脂、动物油脂类润滑剂[9-10]不能很好地满足目前高温深井超深井、长水平段水平井的高摩阻控制要求。

以烷基糖苷[11-16]为母体，研发高润滑、低加量、强吸附、抗高温的磺化胺基烷基糖苷（LAPG）产品，可有效解决高温深井超深井、长水平段水平井的高摩阻控制难题。本文对磺化胺基烷基糖苷产品进行了合成研究及性能评价，以期对国内外钻井液同行有一定借鉴作用。

1　实验材料及仪器

1.1　实验材料

烷基糖苷，工业品；磺化试剂，工业品；环氧桥接剂，分析纯；多元醇，分析纯；三烷基醇胺，分析纯；长链烷基苯磺酸，分析纯；钠膨润土，工业品。

基金项目：中国博士后科学基金第5批特别资助项目（2012T50641）；中国博士后科学基金第50批面上资助项目（2011M501194）；中石化重大科技攻关项目（JP16003、JP17047、JPE19011）；中石化石油工程公司重大科技攻关项目（SG1302-03K、SG18-19K、SG18-18J）；中石化中原石油工程公司重大科技攻关项目（2019201）。

作者简介：司西强（1982—），男，山东日照人，研究员，博士，现任中原石油工程公司钻井院首席专家，主要从事精细化工、新型钻井助剂及页岩油气水基钻井液技术研究及推广工作。E-mail：sixiqiang@163.com。

1.2 实验仪器

ZNCL-TS恒温磁力搅拌器，河南爱博特科技公司；ZNN-D6六速旋转黏度计，XGRL-4A高温滚子加热炉，LHG-2老化罐，GJS-B12K变频高速搅拌机，EP-2A极压润滑仪，青岛海通达专用仪器厂；DZF-6050真空干燥箱，上海创博环球生物科技有限公司；BL200S精密电子天平，上海勤酬实业有限公司；FTIR-850傅里叶变换红外光谱仪，江苏天瑞仪器股份有限公司。

1.3 基浆配制方法

5.0%膨润土浆的配制方法：在1L水中加入2.5g无水碳酸钠和50g钠膨润土，搅拌20min后，室温养护24h后制得。

2 产品分子设计及合成研究

2.1 产品理论分子设计

磺化胺基烷基糖苷产品的理论分子设计思路如下：

（1）以环保、润滑性好的烷基糖苷为母体单元，引入胺基提高产品分子的吸附能力，同时，胺基具有抑菌杀菌作用，且增大位阻效应，延缓降解，提高产品分子的抗高温能力。

（2）引入磺酸基，产品分子由非离子型转变为阴离子型，可提高分子配伍性和抗钙能力；引入长链烷基提高产品分子的成膜润滑能力。

（3）磺胺基烷基糖苷产品分子具有抗高温润滑性好、低加量、强吸附、配伍性好、绿色环保等优点。

依据上述分子设计思路，磺化胺基烷基糖苷产品应具有以下理论分子结构，如图1所示。

对图1中磺化胺基烷基糖苷的理论分子设计结构进行合理拆分，可以得到产品合成所需原料，主要包括烷基糖苷、环氧桥接剂、多元醇、磺化试剂、三烷基醇胺等，所用催化剂为长链烷基苯磺酸。

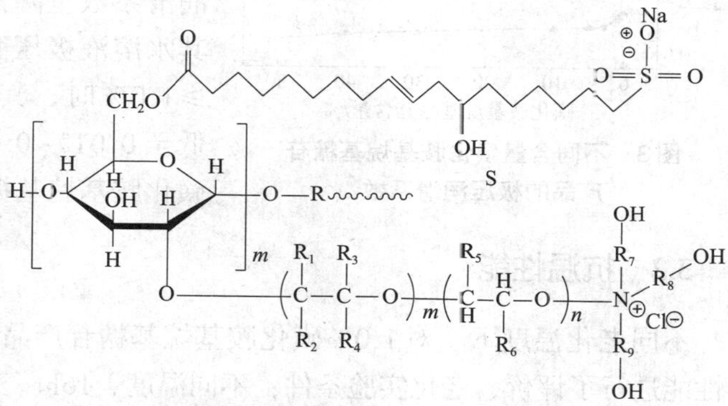

图1 磺化胺基烷基糖苷产品理论分子设计结构

2.2 产品合成研究

磺化胺基烷基糖苷产品的合成方法如下：

将0.4mol烷基糖苷APG、0.06mol长链烷基苯磺酸、0.04mol环氧桥接剂、0.06mol

多元醇、0.08mol磺化试剂加入配有冷凝回流装置和搅拌装置的四口烧瓶中，在1000r/min搅拌速度下混合均匀，升温至90~105℃，反应1.0~2.0h；在上述反应液中加入0.6~1.0mol三烷基醇胺，搅拌混合均匀，在70~90℃下反应3.0~5.0h，降至室温，得到红褐色黏稠状液体，即为磺化胺基烷基糖苷产品。

磺化胺基烷基糖苷产品的红外光谱图如图2所示。

由图2可知，2830~2950cm^{-1}为甲基和亚甲基中C—H键的伸缩振动峰，1500cm^{-1}为C—O—C的伸缩振动峰，可确定有糖苷结构；1419cm^{-1}为C—N键的吸收峰，3380cm^{-1}为N—H键的吸收峰，可确定含有胺的结构；1068cm^{-1}为磺酸基的特征吸收峰，可确定含有磺酸基团。综合上述分析结果，磺化胺基烷基糖苷产品分子结构中含有糖苷、醚键、C—N键、胺基、磺酸基等特征结构，验证了产品分子设计思路的准确性。

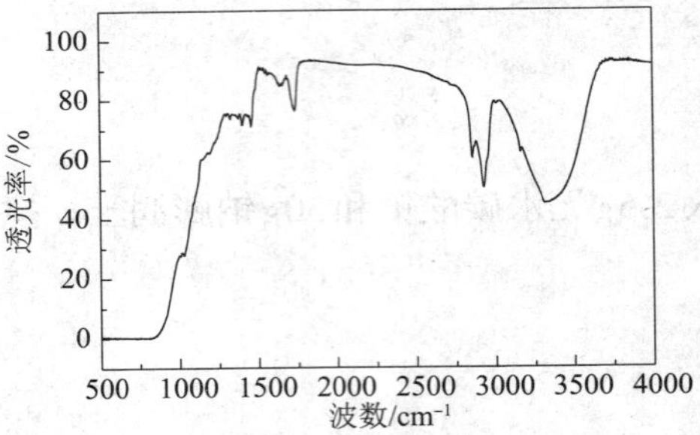

图2 磺化胺基烷基糖苷产品红外光谱图

3 产品性能评价

3.1 润滑性能

对不同含量磺化胺基烷基糖苷产品水溶液的润滑性能进行了评价，实验结果如图3所示。

由图3中实验结果可以看出，随着磺化胺基烷基糖苷产品含量的增加，其水溶液的极压润滑系数呈降低趋势。当产品含量为0.2%时，其水溶液极压润滑系数为0.0582，当产品含量≥1.0%时，其水溶液极压润滑系数趋于平稳，低至0.017~0.036。综合上述分析结果，认为磺化胺基烷基糖苷产品具有优异的润滑性能。

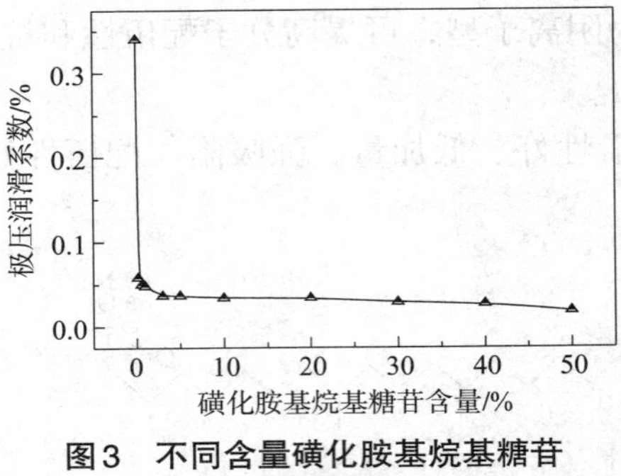

图3 不同含量磺化胺基烷基糖苷产品的极压润滑系数

3.2 抗温性能

不同老化温度下，对1.0%磺化胺基烷基糖苷产品在5.0%膨润土浆（基浆）中的润滑性能进行了评价，老化实验条件：不同温度、16h。实验结果如表1所示。

表1 不同老化温度下磺化胺基烷基糖苷产品对5.0%膨润土浆润滑性能的影响

配方组成	老化条件	润滑系数	润滑系数降低率/%
基浆	160℃、16h	0.397	—
基浆+1.0%LAPG	160℃、16h	0.059	85.14
基浆	180℃、16h	0.405	—

续表

配方组成	老化条件	润滑系数	润滑系数降低率/%
基浆+1.0%LAPG	180℃、16h	0.065	83.95
基浆	200℃、16h	0.405	—
基浆+1.0%LAPG	200℃、16h	0.073	81.98

由表1中实验结果可以看出，随着老化温度的升高，磺化胺基烷基糖苷产品在5.0%膨润土浆中的润滑系数呈逐渐升高趋势，但润滑系数降低率在200℃高温老化后仍高达81.98%。综合分析认为，磺化胺基烷基糖苷产品抗温达200℃，适用于高温地层的润滑防卡。

3.3 配伍性能

考察了不同含量磺化胺基烷基糖苷产品对5.0%膨润土浆（基浆）流变性能及滤失性能的影响。老化实验条件：160℃、16h。实验结果如表2所示。

表2 不同含量磺化胺基烷基糖苷产品对膨润土浆流变及滤失性能影响结果

配方组成	AV/mPa·s	ΔAV/mPa·s	FL_{API}/mL	ΔFL_{API}/mL	pH值
基浆	4.0	—	39.0	—	8.0
基浆+0.5%LAPG	4.0	0	33.0	6.0	8.0
基浆+1.0%LAPG	5.0	1.0	32.0	7.0	8.0
基浆+2.0%LAPG	5.0	1.0	32.0	7.0	8.0

由表2中实验结果可以看出，磺化胺基烷基糖苷产品对5.0%膨润土浆的流变性能影响不大，随着加量增大，膨润土浆的表观黏度基本不变；产品对5.0%膨润土浆具有显著的降滤失作用。具体来说，加入1.0%LAPG产品后，基浆的表观黏度由4.0mPa·s升高至5.0mPa·s，表观黏度变化值仅为1.0mPa·s，中压滤失量由39.0mL降至32.0mL，中压滤失量降低值达7.0mL。综合分析认为，磺化胺基烷基糖苷产品对膨润土浆流变性基本无影响，滤失量显著降低，表现出突出的配伍性能。

3.4 生物毒性

采用发光细菌法评价了磺化胺基烷基糖苷产品的生物毒性。实验结果显示，所合成LAPG产品样品的EC_{50}值为489700mg/L，远高于排放标准30000mg/L（参照国标：GB/T 15441—1995《水质急性毒性的测定发光细菌法》）。得出结论为，合成得到的磺化胺基烷基糖苷产品无生物毒性，绿色环保。

4 结论

（1）在烷基糖苷环保及润滑性能优势基础上，通过分子理论设计，引入磺酸基、胺基、长链烷基等功能基团，制备得到高润滑、低加量、强吸附、抗高温的磺化胺基烷基糖苷产品。

（2）研究得到了磺化胺基烷基糖苷产品制备方法。将反应原料按一定配比，在一定反应温度和时间下发生胺化和磺化反应，制备得到磺化胺基烷基糖苷产品；表征结果验证了产品理论分子设计思路的准确性。

（3）得到了磺化胺基烷基糖苷产品性能评价结果。0.2%产品水溶液极压润滑系数为0.0582；产品抗温达200℃；加量为1.0%时可使5.0%膨润土浆的润滑系数降低率达81.98%；对钻井液表观黏度基本无影响，具有显著降滤失作用；无生物毒性，绿色环保。

（4）磺化胺基烷基糖苷产品可有效解决高温深井超深井、长水平段水平井、大位移井的高摩阻控制难题，避免托压卡钻等井下复杂情况，满足现场绿色、安全、高效钻进，应用前景广阔。

参考文献

[1] 王中华 . 钻井液及处理剂新论 [M]. 北京：中国石化出版社，2017：77-81.

[2] 王中华 . 国内钻井液及处理剂发展评述 [J]. 中外能源，2013，18（10）：34-43.

[3] 宋明全，王悦坚，江山红 . 塔河油田深井超深井钻井液技术难点与对策 [J]. 石油钻探技术，2005，33（5）：80-82.

[4] 韩来聚，牛洪波 . 对长水平段水平井钻井技术的几点认识 [J]. 石油钻探技术，2014，42（2）：7-11.

[5] 谢彬强，邱正松，黄维安，等 . 大位移井钻井液关键技术问题 [J]. 钻井液与完井液，2012，29（2）：76-82.

[6] 宣扬，钱晓琳，林永学，等 . 水基钻井液润滑剂研究进展及发展趋势 [J]. 油田化学，2017，34（4）：721-726.

[7] 屈沅治，黄宏军，汪波，等 . 新型水基钻井液用极压抗磨润滑剂的研制 [J]. 钻井液与完井液，2018，35（1）：34-37.

[8] 樊好福，司西强，王中华 . 水基钻井液用绿色润滑剂研究进展及发展趋势 [J]. 应用化工，2019，48（5）：1192-1196.

[9] 王中华 . 中国天然材料改性钻井液处理剂现状与开发方向 [J]. 中外能源，2018，23（8）：28-35.

[10] 苗留洁 . 利用废弃动植物油脂合成钻井液用润滑剂的研究与应用 [J]. 石化技术，2018，25（5）：208.

[11] 赵虎，司西强，王康，等 . 烷基糖苷及衍生物在钻井液中的润滑性研究 [J]. 能源化工，2017，38（5）：66-70.

[12] 司西强，王中华，王伟亮 . 聚醚胺基烷基糖苷类油基钻井液研究 [J]. 应用化工，2016，45（12）：2308-2312.

[13] 司西强，王中华，赵虎 . 钻井液用烷基糖苷及其改性产品的研究现状及发展趋势 [J]. 中外能源，2015，20（11）：31-40.

[14] 魏风勇，司西强，王中华，等 . 烷基糖苷及其衍生物钻井液发展趋势 [J]. 现代化工，2015，35（5）：48-51.

[15] 司西强，王中华，魏军，等 . 阳离子烷基葡萄糖苷钻井液 [J]. 油田化学，2013，30（4）：477-481.

[16] 司西强，王中华，魏军，等 . 钻井液用阳离子甲基葡萄糖苷 [J]. 钻井液与完井液，2012，29（2）：21-23.

基于环糊精分子修饰的超分子聚胺研制及应用

赵　莹[1,2]　司西强[1,2]　王中华[1,2]

（1. 中石化中原石油工程有限公司钻井工程技术研究院，河南 濮阳　457001；
2. 中石化石油工程钻完井液技术中心，河南 濮阳　457001）

摘　要： 针对聚胺类抑制剂全絮凝作用明显、选择性絮凝效果差、清除钻井液中劣质固相的效果有待提高的技术难题，采用先醚化活化、再胺化的方法，研制出了具有抗高温、强抑制、选择性絮凝、配伍性好、绿色环保、性价比高的泥页岩强抑制剂超分子聚胺SMPA。性能评价结果表明，超分子聚胺产品抑制效果突出，1%产品对钙土相对抑制率达99.42%；产品在钻井液中抗温达220℃；配伍性能好，0.3%产品对6%膨润土浆的表观黏度变化值2.5mPa·s，API滤失量不增加；选择性絮凝效果突出，可选择性清除劣质固相，维持钻井液性能稳定；产品EC_{50}值为559200mg/L，无毒环保。截至目前，已在四川、中原、新疆等地区6口井应用，抑制防塌效果突出，配伍性好，且可选择性清除劣质固相，有效解决了强水敏性软泥岩、含泥岩等易坍塌地层的井壁失稳问题，实现现场施工的绿色、安全、高效钻进，应用前景广阔。

关键词： 超分子；聚胺；抗高温；强抑制；选择性絮凝；配伍性

井壁稳定问题是钻井工程中经常遇到的一个十分复杂的技术难题，防塌抑制剂是改善钻井液性能，提高井壁稳定技术的核心[1]，近年来研制开发的新型泥页岩抑制剂越来越多。同时，随着世界环保要求的日益严格，生物质材料成为研发绿色高性能钻井液处理剂的首选原料来源。在这种情况下，研发绿色环保、强抑制且配伍性好的泥页岩强抑制剂意义重大。

现有聚胺类抑制剂抑制性强，但全絮凝作用明显，选择性絮凝效果差，清除钻井液中劣质固相的效果有待提高。针对该问题，本文采用环糊精、起始剂、醚化剂、桥接剂、胺基化试剂等为主要原料，合成出了一种配伍性好，绿色环保，兼具强抑制及选择性絮凝效果，性价比高的泥页岩抑制剂超分子聚胺SMPA。超分子聚胺综合了环糊精分子的耐温性好、活性位多、环保及成本低等优势和聚胺分子的强抑制优点，且克服了聚胺分子的全絮凝缺陷，产品可有效解决强水敏性泥页岩等易坍塌地层的井壁失稳、地层造浆等井下复杂难题[3]，利于提高机械钻速，缩短钻井周期，降低钻井成本，同时满足绿色环保要求，实现现场钻井施工的绿色、安全、高效钻进，具有广阔的推广应用前景。

1　实验

1.1　试剂及仪器

主要试剂：环糊精（分析纯）、起始剂（分析纯）、醚化剂（分析纯）、桥接剂（分析纯）、胺基化试剂（分析纯）、催化剂（分析纯）。

作者简介： 赵莹（1989—），女，河南郑州人，硕士，工程师，毕业于西南石油大学应用化学专业，现从事油田化学助剂研发和钻井液体系研究工作。E-mail：zhaoy3999.oszy@sinopc.com。

主要仪器：ZNCL-T型智能磁力搅拌器；ZNN-D6型六速旋转黏度计（青岛海通达专用仪器厂）；电子天平：精度 ±0.01g；XGRL-4A型高温滚子加热炉（青岛海通达专用仪器厂）；GJSS-B12K型变频高速搅拌机。

1.2 合成方法

向500mL的反应容器内加入一定量起始剂，再加入一定量的蒸馏水，搅拌10min；然后向反应容器内加入一定量环糊精、醚化剂和桥接剂，加完继续搅拌10min，升温到一定温度；恒温反应一定时间，降至室温；再加入胺基化试剂，靠自身放热反应一定时间，最终得到一种红棕色黏稠状液体，即为超分子聚胺SMPA产品。

2 结果与讨论

2.1 结构表征

超分子聚胺SMPA产品提纯后，采用傅里叶变换红外光谱仪测试超分子聚胺的红外光谱，采用核磁共振分析仪测试其^{1}H谱和^{13}C谱。

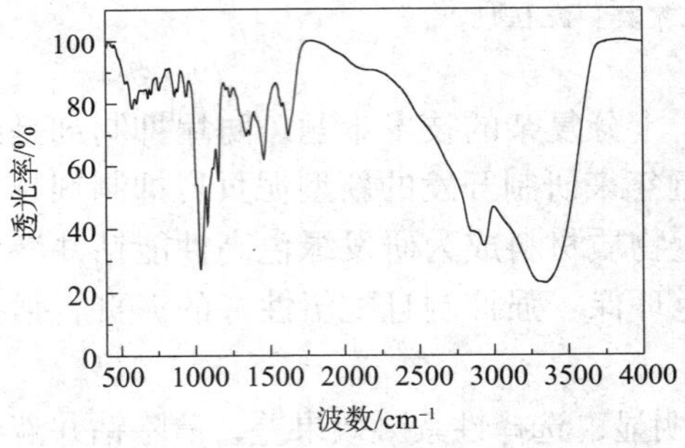

图1 超分子聚胺的红外光谱图

如图1所示，3357.25cm^{-1}处显示—OH和伯胺—NH的伸缩振动，2930.49cm^{-1}处为—CH_2的反对称伸缩震动吸收峰，1458.60cm^{-1}处为—CH_2的变形振动和—CH_3的反对称变形振动，而1154.28cm^{-1}处为环糊精及聚合物内腔的C—O伸缩振动及C—O—C的伸缩振动吸收峰，707.31cm^{-1}处显示—CH_2的面内摇摆振动。可确定超分子聚胺SMPA分子结构中含有羟基、醚键、C—N键、胺基、环糊精的空腔结构等特征结构[4]。

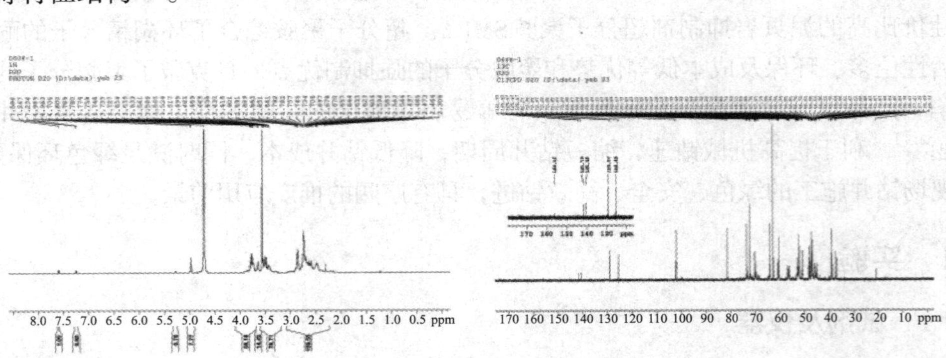

图2 超分子聚胺产品的^{1}H、^{13}C核磁共振谱图

结合图1中红外光谱和图2中^{1}H和^{13}C核磁共振谱图结果综合分析，可确定超分子聚胺SMPA的结构，如图3所示。

2.2 抑制性评价

2.2.1 岩屑回收率

对不同含量的超分子聚胺SMPA水溶液进行岩屑回收率评价，所用岩屑为文92平6岩心4~10目（筛孔径为1.74~5.45mm）的岩心。实验条件为：第一次滚动清水介质120℃/16h，取出105℃烘4h，称重；第二次滚动清水介质中120℃，2h；岩心回收采用40目筛（筛孔径为0.425mm）。结果如表1所示。

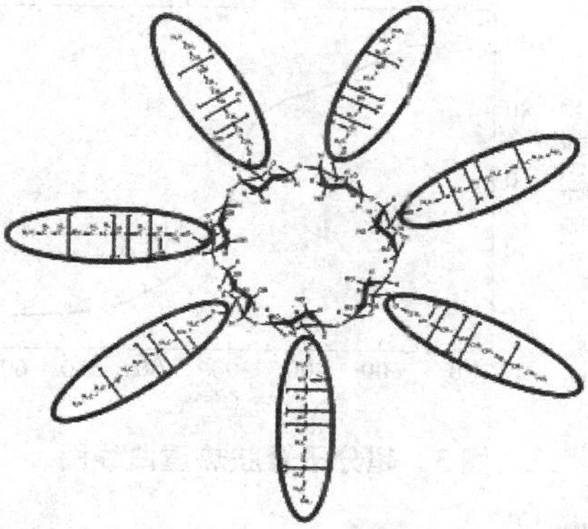

图3 超分子聚胺SMPA分子结构

表1 岩心滚动回收实验结果

超分子聚胺加量/%	一次滚动回收质量/g	一次回收率/%	二次滚动回收质量/g	二次回收率/%
0	6.39	63.9	6.32	63.2
0.3	9.45	94.5	9.43	94.3
0.5	9.64	96.4	9.64	96.4
1.0	9.67	96.7	9.65	96.5
2.0	9.17	91.7	9.14	91.4
3.0	9.63	96.3	9.62	96.2

由表1可以看出，不同含量的超分子聚胺SMPA水溶液中岩屑一次回收率和二次回收率同趋势。当SMPA含量为0.3%，岩屑一次回收率94.50%，二次回收率94.30%。在含量较小的情况下即可对岩屑的水化分散起到较强的抑制作用[5]。

2.2.2 相对抑制率

将不同含量超分子聚胺SMPA加入钙土基浆中，考察相对抑制率。老化实验条件为：220℃，16h。相对抑制率评价结果如图4所示。钙土基浆配制方法如下：取400mL蒸馏水，加入3.5%的碳酸钠，溶解后加入10%的钙膨润土，以11000r/min高速搅拌20min，于220℃下滚动16h，降温取出，高速搅拌5min，用六速旋转黏度计测定钻井液的100r/min读数[6]。

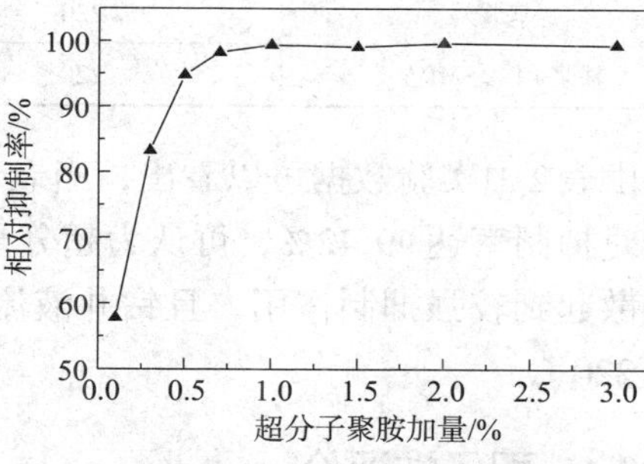

图4 超分子聚胺含量对相对抑制率影响

由图4可以看出，当超分子聚胺SMPA含量为1%时，其对相对抑制率达到99.42%，可较好地抑制黏土水化分散。

2.3 抗温性评价

2.3.1 超分子聚胺热稳定性

采用热重分析仪考察超分子聚胺SMPA的热稳定性。

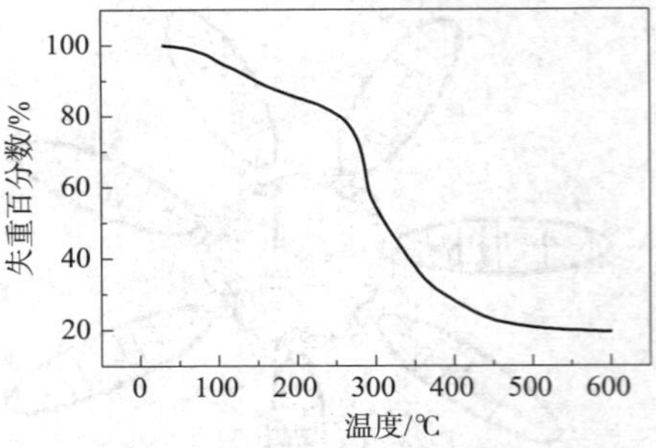

图5 超分子聚胺热重曲线图

图5是超分子聚胺SMPA的热重曲线。从图中可以看出，该物质的失重主要分3个阶段。第一阶段室温~276.5℃的失重是超分子聚胺中少量水分和提纯所用少量有机溶剂受热挥发或分解所致；第二阶段276.5~410℃为超分子聚胺结构中的羟基脱水及胺基的脱离；第三阶段410~600℃为超分子聚胺产品中碳骨架结构的降解[7]。由图5可以得出，超分子聚胺SMPA产品分子本身抗温可达276.5℃，具有较好的抗温性能。

2.3.2 加入钻井液中抗温性

通过考察不同老化温度下超分子聚胺SMPA对钙土基浆的相对抑制率，来评价超分子聚胺SMPA的抗高温性能。固定SMPA加量为1%不变，改变老化温度，老化实验条件为：对应温度下热滚16h[8]。不同老化温度下超分子聚胺对钙土的相对抑制率评价结果如表2所示。

表2 不同老化温度下超分子聚胺的相对抑制率评价结果

钻井液	老化温度/℃	Φ_{100}	相对抑制率/%
基浆	120	246	—
基浆+1%SMPA	120	10	95.93
基浆	150	240	—
基浆+1% SMPA	150	7.5	96.88
基浆	180	184	—
基浆+1% SMPA	180	3	98.37
基浆	200	137	—
基浆+1% SMPA	200	2.5	98.18
基浆	220	173	—
基浆+1% SMPA	220	1	99.42

由表2中实验数据可以看出，当老化温度为220℃时，超分子聚胺SMPA对钙土基浆的相对抑制率达99.42%，可认为超分子聚胺SMPA在220℃时仍然对黏土矿物的水化膨胀分散起到较强抑制作用，且钻井液流变性能稳定，超分子聚胺SMPA在钻井液中抗温可达220℃。

2.4 配伍性评价

2.4.1 超分子聚胺与6%膨润土浆的配伍性能

为了考察超分子聚胺SMPA与钻井液的配伍性能，考察了不同加量的SMPA对6%预水化膨润土浆的流变性能及失水的影响[9]。老化实验条件为：120℃，16h。超分子聚胺对膨润土浆的配伍性评价结果如表3所示。

表3 超分子聚胺对膨润土浆流变及失水的影响

SMPA加量/%	AV/mPa·s	PV/mPa·s	YP/Pa	FL/mL	pH值
0	7.5	7	0.5	23	10.5
0.1	4.5	4	0.5	22	10
0.3	5	5	0	20	10
0.5	5	5	0	24	10
0.7	5	4	1	27.5	10
1.0	4.5	4	0.5	38	10
1.5	4.5	4	0.5	68	10
2.0	4	3	1	90	10

综合表3中实验结果，0.3%产品对6%膨润土浆的表观黏度变化值为2.5mPa·s，API滤失量不增加。超分子聚胺SMPA对预水化膨润土浆的流变性能及失水性能影响较小，可在发挥强抑制效果的同时表现出较好的配伍性能。

2.4.2 超分子聚胺与不同体系钻井液的配伍性能

采取室内配浆或取现场井浆等不同方式配制得到不同体系钻井液，加入SMPA后进行配伍性实验，结果如表4所示。

表4 超分子聚胺与不同体系钻井液配伍性能

钻井液配方	AV/mPa·s	PV/mPa·s	YP/Pa	YP/PV/[Pa/(mPa·s)]	G′/G″/(Pa/Pa)	FL_{API}/mL	FL_{HTHP}/mL	pH值
无土相钻井液	25.0	15.0	10.0	0.67	4.5/6.0	5.2	30.0	9.0
无土相钻井液+1%SMPA	26.0	15.0	11.0	0.73	4.5/6.5	5.2	31.0	9.0
饱和盐水钻井液	34.5	24.0	10.5	0.44	2.5/8.5	1.0	12.0	7.0
饱和盐水钻井液+1%SMPA	33.0	23.0	10.0	0.43	3.0/9.0	0.0	11.0	7.0
低固相聚合物钻井液	20.5	16.0	4.5	0.28	0.5/1.5	6.6	31.0	9.0
低固相聚合物钻井液+1%SMPA	28.0	19.0	9.0	0.47	2.0/4.0	6.6	32.0	9.0
聚磺钻井液	27.5	19.0	8.5	0.45	1.5/9.0	3.8	23.0	9.0
聚磺钻井液+1%SMPA	25.0	18.0	7.0	0.39	1.0/5.0	3.2	24.0	9.0
微泡钻井液	40.0	26.0	14.0	0.54	3/9	4.6	17.5	10.0
微泡钻井液+1%SMPA	34.5	25.0	9.5	0.38	2/4.5	4.0	17.0	10.0
近油基钻井液	39.0	31.0	9.0	0.29	2.5/8.0	1.8	5.0	9.0
近油基钻井液+1.0%SMPA	37.5	29	7.5	0.26	2.0/6.5	1.6	5.6 86	9.0

超分子聚胺产品，与无土相钻井液、饱和盐水钻井液、低固相聚合物钻井液、聚磺钻井液、微泡钻井液、近油基钻井液等均配伍性良好，利于保持钻井液性能稳定。

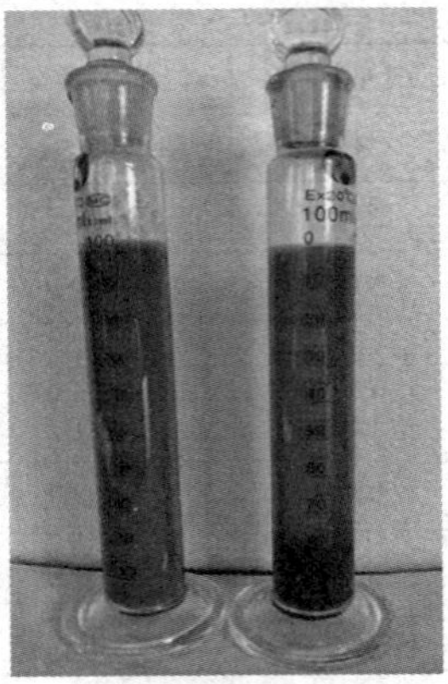

图6　超分子聚胺产品择性絮凝效果图

2.5　选择性絮凝性能评价

为观察超分子聚胺SMPA对钻井液中劣质固相的选择性絮凝清除效果，取水化完全的膨润土浆于100mL具塞量筒中，加入钻屑摇匀后，再加入SMPA，然后按照30次/min（一正一负为一次）的频率摇动1min，静置[10]，观察静置一天后钻屑的絮凝效果。

图6中，左侧量筒为空白对比样（膨润土浆+钻屑），右侧量筒中在空白样的基础上加入了1%的超分子聚胺，图示为样品浆摇晃并放置后的效果图。由图可以看出，空白样品中的钻屑均匀悬浮于膨润土浆中；而加入超分子聚胺SMPA的膨润土浆中，钻屑明显发生了絮凝并沉降于量筒底部，导致加样浆可观察到明显的分层现象。超分子聚胺SMPA将膨润土浆中的钻屑絮凝成团并使其发生沉降，从而达到选择性絮凝清除劣质固相的效果。

2.6　生物毒性评价

采用发光细菌法测试了超分子聚胺SMPA的生物毒性。测试结果显示，超分子聚胺SMPA样品EC_{50}值高达559200mg/L，远高于排放标准30000mg/L（参照国标：GB/T 15441—1995《水质急性毒性的测定发光细菌法》）。得出结论为，超分子聚胺SMPA产品无生物毒性，绿色环保。

2.7　机理研究

首先用钙土压制膨润土柱，然后把膨润土柱加入浓度10%的超分子聚胺SMPA溶液中，装入老化罐，在150℃高温下热滚16h，对热滚后的膨润土柱干燥后进行SEM表征分析，观察其表面的微观形貌，结果如图7所示。

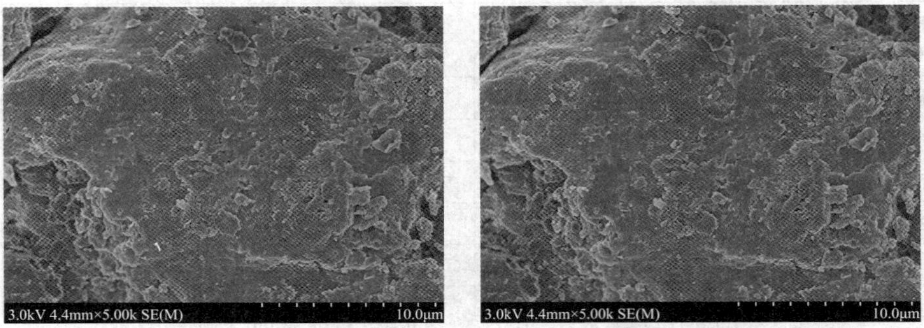

（a）水化钙膨润土形貌　　（b）经10%SMPA处理的形貌

图7　微观形貌

未经超分子聚胺处理的膨润土柱表面凹凸不平，孔隙较多，经超分子聚胺处理后的膨润土柱表面的孔结构完全消失，且表面平滑。这是由于超分子聚胺中的多胺基基团具有强吸附性能，易被黏土颗粒优先吸附，对黏土晶层具有固定作用，促使其晶层间脱水，破坏水化结构，减小膨胀力，充分发挥超分子聚胺对黏土的优异的抑制作用。

结合图8得出超分子聚胺SMPA的抑制及选择性絮凝机理：超分子聚胺中含有大量的多活性点胺基，可通过吸附拉紧黏土晶层，抑制黏土矿物水化，实现强抑制效果；其胺基刚性链可进一步提升抗温性能；通过分子间位阻效应，提升配伍性能[11]；超分子聚胺由于引入了环糊精母体单元，其独特的空腔结构可形成分子间超分子效应，并通过氢键形成三维网状结构，选择性絮凝清除劣质固相，防止地层造浆。

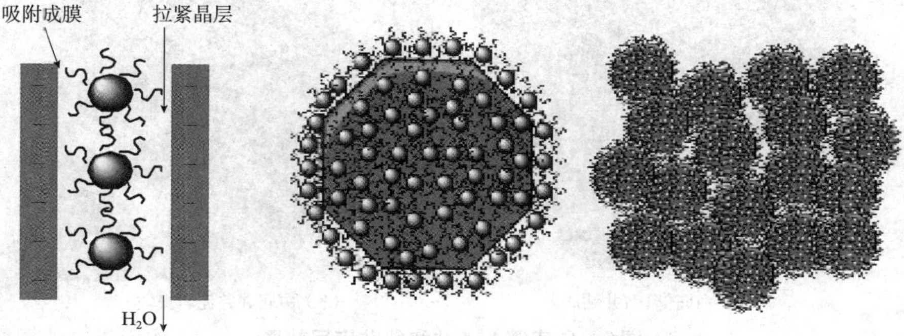

图8　超分子聚胺抑制及选择性絮凝机理

3　产品现场应用

3.1　产品现场应用概况

超分子聚胺SMPA已在中原、西南、新疆的文23储9-10、白庙储1-1井、焦页12-Z2HF、焦页12-Z3HF、TKC3-2X井等6口井进行了现场应用，其抑制防塌效果突出，可选择性清除劣质固相，配伍性好，抗高温，无毒环保。应用井段平均井径扩大率小于10%，可有效解决强水敏性软泥岩、含泥岩等易坍塌地层的井壁失稳问题，满足了现场井壁稳定技术要求，实现了绿色、安全、高效钻进，经济效益和社会效益显著。

3.2　产品现场应用效果

超分子聚胺SMPA产品的现场应用效果如下：

3.2.1　抑制防塌效果显著

超分子聚胺SMPA对现场强水敏性泥页岩、含泥岩、泥岩互层等易坍塌地层表现出显著的井壁稳定效果，抑制防塌效果显著。

在文23储9-10井的应用中，三开在现场微泡钻井液体系中加入1%超分子聚胺抑制剂，钻井液的抑制防塌性能得到了显著提高，井壁稳定效果得到加强，保障了井壁稳定无掉块，最终井径扩大率为7.09%，井眼规则，井身质量好，测井、下套管和固井一次完成。有效避免了井眼缩径、井壁掉块、钻头泥包、起下钻遇阻等复杂问题的发生。

在白庙储1-1井的应用中，钻进过程中，超分子聚胺对现场强含泥岩地层表现出表现出较好的抑制水化效果，保证了三开钻遇的易坍塌地层的井壁稳定。钻进过程中无掉块产生，返出钻屑完整、干燥，最终起下钻顺畅，电测一次成功，平均井径扩大率7.45%。而白庙邻井在同层位钻进过程中，出现井壁严重掉块等井下复杂情况，形成了大肚子井眼，对后续测井、下套管和固井等完井作业造成了不良影响。部分邻井的井径扩大率在10%以上如图9所示。

（a）白庙储1-1井钻屑

（b）白庙邻井泥岩掉块

图9　白庙储1-1井和邻井应用效果

3.2.2　选择性絮凝清除劣质固相

焦页12-Z3HF井，在二开钾基聚磺钻井液中加入超分子聚胺SMPA产品。SMPA产品对钻井液的黏度、切力、失水影响较小，钻井液保持了较好的流变性能和井壁稳定能力。SMPA发挥选择性絮凝能力，将钻井液中的劣质固相絮凝成团，使固含降低。循环2周后通过固控设备清除絮凝的劣质固相后，钻井液黏度、切力恢复正常（表5）。

表5　焦页12-Z3HF井二开钾基聚磺钻井液加入SMPA前后钻井液性能

钻井液	密度/（g/cm³）	*FV*/s	*AV*/mPa·s	*PV*/mPa·s	*YP*/Pa	*Gel*/［Pa/（10s/10min）］	*FL*/mL	pH值	固含/%
加入前	1.65	68	51.5	39	12.5	4.0/9.0	4.0	9.5	28.3
加入后	1.65	69	54	41	13	5.0/10.0	4.2	9.5	25.6
循环2周后	1.65	68	52	39	13	4.0/9.5	4.0	9.5	26.2

由振动筛返砂图也可以看出SMPA对钻井液中有害固相的及时清除，较好地保持了钻井液清洁，如图10所示。

图10　焦页12-Z3HF井返砂情况

3.2.3　与现场钻井液配伍性好

其中白庙1-1井，三开在微泡钻井液基础上加入SMPA产品后，施工过程中，现场钻井液性能稳定，黏度、动切力、静切力稳定，滤失量始终保持在3.0mL以下且滤失量未增加，良好的钻井液性能保证了钻井、完井施工安全（表6）。

表6 白庙储1-1井三开钻井液性能

井深/m	密度（g/cm³）	*FV*/s	*PV*/mPa·s	*YP*/Pa	*Gel*/Pa	*FL*/mL	pH值
2788	1.07	46	25.0	5.0	1.5/2.5	5.8	10.0
2880	1.05	52	30.0	8.0	2.0/3.0	5.2	10.0
2939	1.05	55	35.0	11.0	2.5/5.0	3.8	9.5
3102	1.05	60	38.0	12.0	2.5/5.0	3.8	10.0

超分子聚胺SMPA作为新研发的泥页岩强抑制剂，已在各个工区进行了探索应用，包括中原储气库和侧钻水平井、西南大位移页岩油气水平井、新疆石炭系碎屑岩水平井等。现场应用情况表明，超分子聚胺SMPA对各个工区的泥页岩易坍塌地层具有较好的抑制防塌效果，适应性强，应用范围广，利于提高机械钻速，缩短钻井周期，降低钻井成本，实现现场钻井施工的绿色、安全、高效钻进，在后续页岩汩气井的开发中，推广应用前景广阔。

4 结论

（1）创新提出了基于环糊精分子修饰的超分子聚胺产品设计思路，采用先醚化活化、再胺化的方法，研制出了泥页岩强抑制剂超分子聚胺SMPA。

（2）超分子聚胺SMPA性能评价结果表明：产品抑制效果突出，1%产品相对抑制率达99.42%；产品抗温达220℃；配伍性能好，0.3%产品对6%膨润土浆的表观黏度变化值2.5mPa·s，API滤失量不增加；选择性絮凝效果突出，可选择性清除劣质固相，维持钻井液性能稳定；产品EC_{50}值为559200mg/L，无毒、环保。

（3）超分子聚胺通过吸附拉紧晶层实现强抑制效果，通过分子间超分子效应实现选择性絮凝清除劣质固相。

（4）超分子聚胺SMPA现场应用效果突出，其抑制性强，配伍性好，并可选择性絮凝清除劣质固相。应用井段平均井径扩大率小于10%，可有效解决强水敏性软泥岩、含泥岩等易坍塌地层的井壁失稳问题，推广应用前景广阔。

参考文献

[1] 储政．国内聚胺类页岩抑制剂研究进展［J］．能源化工，2012，33（2）：1–5.

[2] SON A J，BALLARD T M，LOFTIN R E．Temperature–Stable Polymeric Fluid–Loss Reducer Tolerant to High Electrolyte Contamination［J］．Spe Drilling Engineering，1987，2（3）：209–217.

[3] 鲁娇，方向晨，王安杰，等．国外聚胺类钻井液用页岩抑制剂开发［J］．现代化工，2012，32(4)：1–5.

[4] 储政．强抑制性聚胺类页岩抑制剂 NH–1 的性能研究［J］．西安石油大学学报（自然科学版）2012，27（4）：91–119.

[5] 钟汉毅，邱正松，黄维安，等．新型聚胺页岩水化抑制剂的研制及应用［J］．西安石油大学学报：（自然科学版），2013，28（2）：72–77.

[6] 雷祖猛，司西强，王忠瑾，等．钻井液用抑制剂相对抑制率评价方法应用现状及建议［J］．山东化

工，2018，47（11）：101–102.
[7] KAI W，JIANG G，FAN L，et al. Magnesium aluminum silicate nanoparticles as a high-performance rheological modifier in water-based drilling fluids [J]. Applied Clay Science，2018，161：427–435.
[8] 田野，郭明红，李海彪，等 . 一种聚季铵盐防塌抑制剂的制备及性能研究 [J]. 石油化工应用，2013，32（8）：121–124.
[9] 郭文宇，彭波，李真伟，等 . 钻井液用聚胺页岩抑制剂 RZPA 的性能与应用 [J]. 精细石油化工，2014，31（4）：1–5.
[10] 张春光，侯万国 . 钻井液用絮凝剂评价方法研究 [J]. 钻井液与完井液，1990，7（2）：12–18.
[11] 邱正松，钟汉毅，黄维安 . 新型聚胺页岩抑制剂特性及作用机理 [J]. 石油学报，2011，32（4）：678–682.

两性离子降滤失剂的研制及应用

蔡　静

（中石化西南石油工程有限公司钻井工程研究院，四川 德阳　618000）

摘　要：随着川渝工区天然气气藏勘探开发向超深层海相地层钻进，井深超8000m，井底温度200℃，高温高密度条件下钻井液存在处理剂易降解、高温稳定性差、酸性气体污染等问题。针对上述问题，本文通过采用自由基水溶液聚合法，研发出抗高温两性离子降滤失剂，抗温达到200℃。该降滤失剂在仁探1井、福1井海相深层进行了成功应用，解决了川渝工区酸性气钻井液高温降滤失效果差、高温稳定性差及抗污染能力不足等超深井钻井液技术瓶颈问题。

关键词：超深井；抗高温；降滤失剂；仁探1井

1　引言

随着川渝工区天然气气藏勘探开发向超深层海相地层钻进，井深超8000m，井底温度达190℃，在高温高压下钻井液主要存在以下难点：①常用聚合物降滤失剂高温易降解失效；②钻井液在190℃以上高温稳定性差，高密度条件下流变性维护与滤失性难以控制，易发生高温增稠、滤失量增大等现象；③长裸眼段井壁稳定难以控制；④海相地层易受到酸性气体污染，性能难以调控。针对上述难题，本文研制出了适用于高温高密度钻井液中使用的聚合物降滤失剂。

2　两性离子降滤失剂合成

2.1　分子结构设计

2.1.1　聚合物分子主链

在高温高压环境下，分子的活性增加，容易发生分子链断裂、降解等情况，这会使得聚合物在钻井液中的降滤失性能降低甚至消失，所以对于抗高温抗盐钙聚合物钻井液降滤失剂的主链应具有化学性质稳定、不易断裂、降解的分子结构[1-3]。其中碳碳键（—C—C—）的平均键能为347.3 kJ/mol[1-3]，可以满足大部分钻井液抗高温要求，并且碳碳键在高温、强碱等环境下具有很强的化学稳定性，常被设计为抗高温钻井液聚合物降滤失剂的主链，所以本文选择含有不饱和碳碳键的单体，通过多元共聚形成性能优良的碳碳键。

作者简介：蔡静（1985—），女，2010年4月毕业于长春工业大学、高分子化学与物理硕士、就职于中石化西南石油工程有限公司钻井液工程研究院、工程师。E-mail：260147571@qq.com。

2.1.2 聚合物分子侧链

对于抗高温抗盐钙的钻井液降滤失剂除了主链具有一定的热稳定性外，侧链也应该具有抗高温、抗盐钙性能，主要有以下要求：

（1）功能基团侧链与主链的连接键应为C—C、C—N、C—S等键。因为这些化学键键能较高，不易受高温或盐钙等作用而断裂，从而使聚合物钻井液降滤失剂具有较好的抗高温、抗盐钙能力[4-6]。

（2）引入一定量的刚性大分子或环状结构。刚性侧链与环状结构的引入可提高分子链刚性，进而增加分子运动阻力，使共聚物的分子结构刚性增强、构象转变难度增大，从而使聚合物具有抗高温、抗盐钙的能力。

（3）引入一定数量的阳离子基团。阳离子基团的引入可以使聚合物与黏土颗粒通过静电作用将黏土颗粒吸附而且这种吸附力强，可以提高聚合物与黏土颗粒间的作用力。

（4）引入一定量的水化基团。水化基团不仅提高了聚合物在钻井液中的溶解速度，而且还使得黏土颗粒表面形成一层厚厚的水化膜，使黏土颗粒更加水化分散，提高钻井液的造浆性能[7-8]。

基于此本文通过分子设计选出五种单体，合成一种五元两性离子聚合物作钻井液降滤失剂。

2.2 合成工艺

2.2.1 主要药剂及仪器

丙烯酰胺（AM）、对苯乙烯磺酸钠（SSS）、丙烯酸（AA）、2-甲基-2-丙烯酰胺基丙磺酸（AMPS）、阳离子单体（DMDAAC）、去离子水、片碱（工业级）、无水乙醇（工业级）。

主要仪器：四口烧瓶（蜀牛）；超级恒温水浴锅（金坛仪器）；氮气（1瓶工业级）；智能恒温干燥箱（上海景迈仪器）；电动搅拌器（金坛仪器）；三角烧瓶（蜀牛）；电子天平（d=0.01，常熟天量仪器）；ZNN-D6型六速旋转黏度计、SD-6型中压滤失仪，青岛海通达专用仪器有限公司；5轴高温滚子加热炉，青岛同春石油仪器有限公司；高温高压滤失仪，青岛得顺电子机械有限公司。

2.2.2 合成工艺

采用水聚合方法，以对苯乙烯磺酸钠（SSS）、丙烯酸（AA）、2-丙烯酰胺-2-甲基丙磺酸（AMPS）、丙烯酰胺（AM）及二甲基二烯丙基氯化铵（DMDAAC）五种单体为原料，氧化还原体系用过硫酸铵-亚硫酸氢钠为引发剂不同投料比进行合成，得到两性离子降滤失剂XNPFL-1。

2.3 结构表征及生物毒性实验

2.3.1 降滤失剂 1HNMR 核磁谱图分析

采用德国Bruker公司400MHzDRX-400核磁共振仪测定分散剂的核磁氢谱，待测降滤失剂样品经真空干燥后，加入D_2O中充分溶解，将样品配制成0.4mL质量浓度为10%的溶液，加入内径为4mm的样品管中进行1HNMR测试，见图1。

根据图1所得降滤失剂的核磁谱图结果解析如下：1.40ppm、1.55ppm和1.67ppm处的特征峰归属AMPS单元，AM单元及DMDAAC单元的—CH_2的H质子，2.14ppm处特征峰归属AM单元及AA单元的与—C═O相连的—CH_2—及—CH—的H质子，3.15ppm、3.5ppm附近的多峰分别来自DMDAAC单元里五元环中与—N^+连接的—CH_2—及—CH—的H质子。7.6ppm处的特征吸收峰对应苯乙烯磺酸钠结构单元上苯环间位上的H质子，该峰是识别聚合物中苯乙烯磺酸钠结构单元的重要标志。2.2ppm处特征峰归属苯乙烯磺酸钠结构单元上与苯环相连的—CH—的H质子，4.70ppm对应溶剂D_2O的吸收峰。

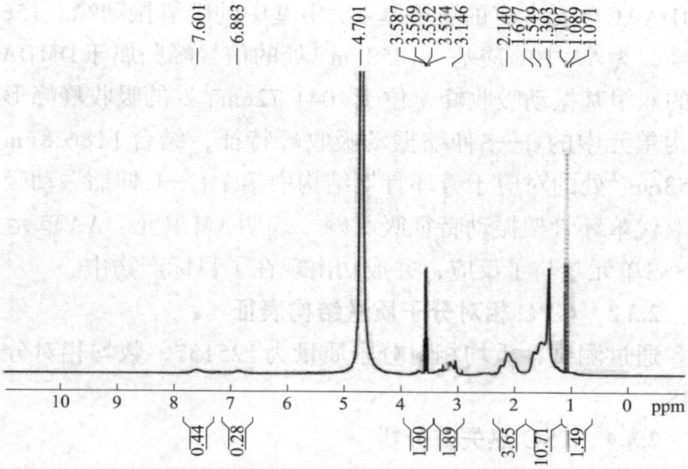

图1　所得降滤失剂样品的1HNMR谱

2.3.2　降滤失剂红外光谱分析

采用德国Brucher公司EQUINX55型红外光谱仪，用溴化钾压片法测定红外光谱，见图2、表1。

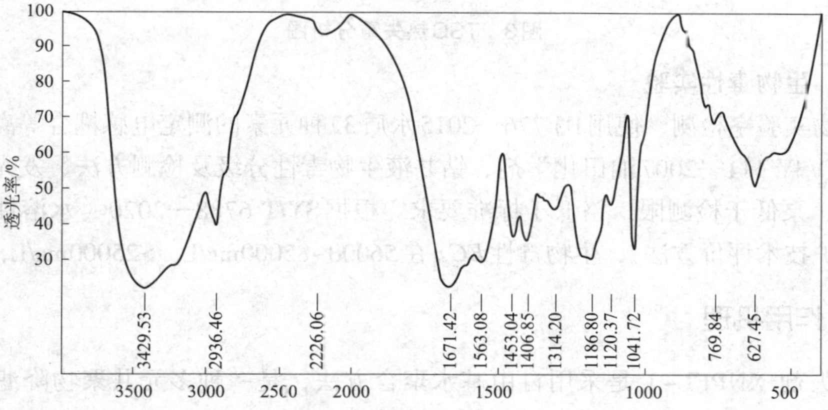

图2　所得降滤失剂的红外光谱FT-IR图

表1　不同官能团对应的红外特征吸收峰

官能团	—NH_2	C—H	—$CONH_2$	—COO—	—CH_3—N^+
波数/cm^{-1}	3430	2930	1671	1563	1453

从图2中可以知道，在3430cm^{-1}和1671cm^{-1}处有两个较大的特征吸收峰，分别对应于AM中的N—H和C═O的伸缩振动吸收峰，位于2933cm^{-1}的信号来自AM单元和

DMDAAC单元含有的亚甲基-次甲基中的碳氢振动峰。1563cm^{-1}处出现的羧基的特征吸收峰，为AA中的羧基。1453cm^{-1}处的信号峰归属于DMDAAC单元的五元环中与—N^+连接的双甲基振动吸收峰，位于1041.72cm^{-1}处的吸收峰峰形较窄且强度较大，符合AMPS结构单元中的C—S伸缩振动吸收峰特征，结合1186.8cm^{-1}处磺酸基伸缩振动吸收峰，1453cm^{-1}处的对应于芳环骨架结构中两个C—C伸缩振动吸收峰，结合770cm^{-1}处出现了单取代苯环骨架振动特征吸收峰。表明AM单元、AA单元、AMPS单元、DMDAAC单元和SSS单元参与了反应，并成功出现在了目标产物中。

2.3.3 GPC相对分子质量结构表征

通过测试，重均相对分子质量为125157，数均相对分子质量为87570，多分散性为1.48。

2.3.4 TSC热失重分析

根据热分解数据分析，降滤失剂的热分解温度为388℃，见图3。

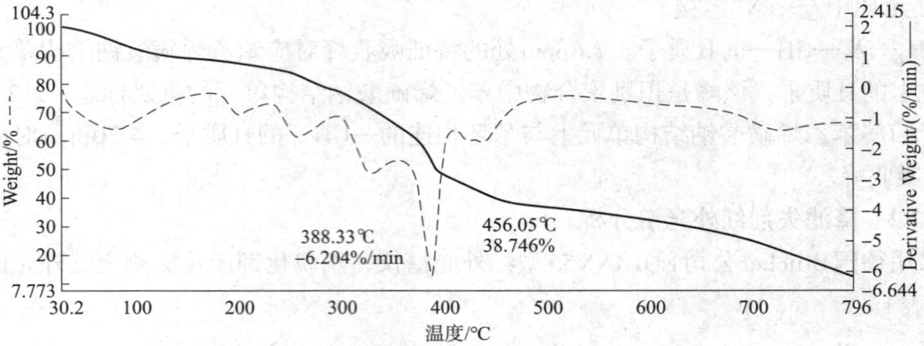

图3 TSC热失重分析图

2.3.5 生物毒性实验

经生物实验室检测，使用HJ 776—2015水质32种元素的测定电感耦合等离子体发射光谱法及Q/SY 111—2007油田化学剂、钻井液生物毒性分级及检测方法、发光细菌法测试镉、铅、汞低于检测限，铬低于标准要求。根据SY/T 6788—2020《水溶性油田化学剂环境保护技术评价方法》，生物毒性EC_{50}在56000~85000mg/L，>25000mg/L，无毒。

2.4 作用机理

降滤失剂 XNPFL-1 是采用自由基水聚合方法，是一种多元共聚物降滤失剂，以C—C 键为分子主链，其键能高，平均键能大于 347.3kJ/mol，具有良好的高温稳定性和抗污染能力，侧链选择丙烯酰胺（AM）、N-乙烯基吡咯烷酮（NVP）非离子单体，有酰胺基、内酰胺基等非离子强吸附基团，具有较高键能、高温稳定性良好的C—S、C—N等结构，易于吸附在膨润土亚微细颗粒上成膜，以提高侧链上的官能团在高温高矿化度环境中的稳定性，从而获得稳定的胶体，因其反聚电解质效应具有较强的抗盐污染性能。阳离子单体DMDAAC的引入大幅提高了产品的吸附能力，进一步增强了降滤失剂XNPFL-1的抗温抗盐能力。

3 两性离子降滤失剂性能评价

3.1 抗温性能对比

实验对比两性离子降滤失剂XNPFL-1在4%基浆中不同温度下的降滤失效果，实验结果见表2。

表2 降滤失效果对比

项 目	FL_{API}/mL			
	120℃老化后	160℃老化后	180℃老化后	200℃老化后
4%基浆	46	30	24	28
1#+3%XNPFL-1	10.4	9	8.8	11
中压失水降低率/%	77.3	70	63.3	60.7

由表2可知，两性离子降滤失剂XNPFL-1在200℃下失水降低率≥60%，说明该助剂可抗200℃高温。

3.2 与同类聚合物降滤失剂在基浆性能对比

3.2.1 与同类聚合物降滤失剂在淡水基浆性能对比

实验对比两性离子降滤失剂XNPFL-1与目前降失水效果较好的同类聚合物降滤失剂DSP-2在淡水土浆中的降滤失效果，老化温度190℃。实验结果见表3。

表3 加入不同剂量的降滤失剂XNPFL-1的钻井液性能表

项 目	FL_{API}/mL	*Gel*/（Pa/Pa）	*AV*/mPa·s	*PV*/mPa·s	*YP*/Pa	实验条件
4%淡水基浆	19.5	1.5/3.5	8	5	3	老化前
	54.2	0/0.25	4.5	4	0.5	老化后
1#+1%XNPFL-1	13.5	0/1	6.5	7	0.5	老化前
	16.5	0/0	3.25	2.5	0.75	老化后
1#+1%DSP-2	12.0	3.5/7.5	36	20	16	老化前
	16.8	0.25/0.5	15.5	13.5	2	老化后

由表3可知，淡水中，两性离子降滤失剂与磺酸盐共聚物DSP-2中压失水量基本相当。

3.2.2 与同类聚合物降滤失剂在盐水基浆中的性能对比

4%土浆中加入5%KCl记为盐水基浆，然后分别在盐水基浆中添加不同剂量的降滤失剂XNPFL-1及同类聚合物降滤失剂，测试其190℃热滚16h前后的钻井液性能变化，实验结果见表4。

表4 加入不同剂量的降滤失剂XNPFL-1的钻井液性能表

项 目	FL_{API}/mL	*Gel*/（Pa/Pa）	*PV*/mPa·s	*YP*/Pa	实验条件
盐水浆	149	1/2	3	3	老化前
	全失	0/0	0	1.5	老化后

续表

项 目	FL_{API}/mL	Gel/（Pa/Pa）	PV/mPa·s	YP/Pa	实验条件
盐水浆+1%XNPFL-1	19	0/0	1	0.5	老化前
	46	0.5/1	3	0.5	老化后
盐水浆+1%LV- PAC	11.6	1/2	8	4.5	老化前
	94	0.5/1.5	1	2.5	老化后
盐水浆+1%DSP-2	6.4	1/2	5.5	0.5	老化前
	48	1/2	4	1.5	老化后

由表4可知，在加入了相同剂量的盐水基浆后，热滚后的降滤失剂XNPFL-1的降滤失作用较LV- PAC好，与磺酸盐共聚物DSP-2相比，黏度效应更低，更适合使用高密度钻井液中。

3.3 与同类聚合物降滤失剂在聚磺钻井液体系性能对比

考察高温条件下对比同类聚合物降滤失剂在聚磺钻井液体系的实验，以考察相同剂量下的降滤失剂XNPFL-1、DSP-2（山东得顺源）以及聚阴离子纤维素PAC-LV，在190℃高温、老化16h情况下的流变性能及滤失情况。

基础配方：3%土浆+0.3%聚丙烯酰胺钾盐K-PAM+0.6%聚胺抑制剂+5%天然高分子复配物JNJS220+3%磺化酚醛树脂3型SMP-3+3%磺化沥青FT-3+3%超细碳酸钙（加重至2.0g/cm^3），见表5。

表5 与同类共聚物降滤失剂在聚磺钻井液体系性能对比

配 方	FL_{API}/mL	FL_{HTHP}/mL	Gel/（Pa/Pa）	PV/mPa·s	YP/Pa	实验条件
基浆	8.6	—	5.5/9.0	25	7.5	老化前
	—	20.0	1/2	24	4.5	老化后
基础配方+1%LV-PAC	2.4	—	2.5/3.0	48	4.5	老化前
	—	19.0	0.5/1.0	16	2.5	老化后
基础配方+1%DSP-2	4.6	—	5.5/14	44	13	老化前
	—	10.8	2.0/5.0	41	14	老化后
基础配方+1%降滤失剂XNPFL-1	2.4	—	4.5/10.5	43	14.5	老化前
	5.2	10	3/3.5	33	13	老化后

由表5数据可知，在分别加入聚阴离子纤维素PAC-LV、磺酸盐共聚物DSP-2、降滤失剂XNPFL-1后高温老化后，体系API失水和高温高压失水均有所降低，流变性能略升高，动塑比合理，加入降滤失剂XNPFL-1后体系各项性能指标均优于其他两种材料，因此降滤失剂XNPFL-1更适配于现有聚磺体系，更能改善聚磺体系的性能指标。

3.4 与同类聚合物降滤失剂在KCl聚磺体系性能对比

考察高温条件下与同类聚合物降滤失剂在KCl聚磺体系的流变性及失水性能。实验在基浆中分别加入两性离子降滤失剂XNPFL-1、LV-PAC、DSP-2，在老化温度190℃、老化16h情况后测试钻井液体系的流变性能及失水性能。

基浆：3%土浆+0.3%聚丙烯酰胺钾盐K-PAM+0.6%聚胺抑制剂+5%天然高分子复配物JNJS220+3%改性树脂+3%磺化沥青FT-3+3%超细碳酸钙+7%KCl（加重至2.0g/cm³），见表6。

表6 不同材料的钻井液性能对比表

配 方	FL_{API}/mL	FL_{HTHP}/mL	Gel/（Pa/Pa）	PV/mPa·s	YP/Pa	实验条件
基浆	5.8	—	2/8	34	17.5	老化前
	4.4	20	2/2.5	33	8.5	190℃老化
基浆+1%LV-PAC	2.8	—	3/10	59	25	老化前
	3.4	14	1/2.5	29	5.5	190℃老化
基浆+1%DSP-2	3.6	—	5/11	48	28.5	老化前
	3.2	15.6	2.5/3	46	21.5	190℃老化
基浆+1%XNPFL-1	6.6	—	5/12	30	22.5	老化前
	2.8	9.2	1.5/2.5	30	12.5	190℃老化

表6表明，相同剂量下，加入了降滤失剂XNPFL-1老化后的中压失水、高温高压失水最低，黏度影响更小，说明降滤失剂XNPFL-1适用于高密度2.0g/cm³、190℃高温不饱和盐水的钻井液体系，性能略高于同类型抗高温抗盐聚合物降滤失剂。

4 现场应用情况

4.1 仁探1井

4.1.1 基本情况

仁探1井是中国石化勘探分公司在四川盆地川北低缓构造带通南巴背斜南段仁和场高点一口预探超深直井，主探下寒武统龙王庙组，兼探中-上寒武统洗象池群，设计完钻井深7595m，实钻井深8445m，井身结构见表7。该井五开Φ165.1mm井眼段长1493m，完钻实测井底温度191℃，解决了超深小井眼钻井液抗高温、防塌、润滑、抑制、抗污染、油层保护等问题。

表7 仁探1井井身结构表

开 次	钻头尺寸×井深/mm×m	套管尺寸×井深/mm×m	水泥返深
一开	Φ609.6×1601	Φ476.25×1599.09	返地面
二开	Φ444.5×3259	（Φ346.1+339.7）×3227，05	返地面
三开	Φ311.2×4766	（Φ282.6+273.1）×4766	返地面
四开	Φ241.3×6952	Φ206.4×6952	—
五开	Φ165.1×8445	—	—

4.1.2 仁探1井五开钻井液技术难点

五开钻遇洄潭组、洗象池群、陡坡寺组、龙王庙组、沧浪铺组，岩性主要是白云岩夹砂岩。主要高温钻井液技术难点：

（1）井底温度高、钻井液性能控制困难。预测井底温度187℃，实测达191℃，钻井液处理剂在高温条件下易降解，体系性能难以控制。

（2）同一裸眼段钻穿多个压力系统，钻井液易受盐水层污染。设计湄潭组—筇竹寺地层压力系数1.30~1.66，而目的层灯影组压力系数为1.10，上部含水层，目的层易漏，安全密度窗口窄。为了防漏，降低钻井液密度，钻井液易受盐水污染。

（3）地层高含酸性气体，钻井液易受污染。气测显示CO_2含量达3.76%，实测钻井液中CO_3^{2-}达11536mg/L，HCO_3^-达30790mg/L，酸性气污染严重。

4.1.3　钻井液处理措施

1.五开钻井液配方

针对以上技术难点，五开使用了超高温防塌钻井液体系，最主要配方如下：

上部井浆+0.2%~0.3%聚丙烯酸钾+2%~3%抗高温聚合物降滤失剂+2%~3%抗高温抗盐降滤失剂+3%~4%磺化酚醛树脂−2+3%~4%磺化褐煤树脂+2%~3%双保型纳米乳液+2%~3%多软化点封堵防塌剂+2%~3%聚合醇防塌剂+0.5%~1%非渗透处理剂+2%~3%无荧光液体润滑剂+3%~5%KCl。

2.存在的问题

五开于6952m开钻，钻进至7398m，各项钻井液性能较为稳定，见表8。但开始调整高温高压失水测试温度至170℃，高温高压失水快速提高至38mL。随着继续钻进，钻进至在7431m处，地层为龙王庙组，钻井液密度1.92g/cm³，测定井浆高温高压失水达到150mL，其间增加了抗高温处理剂用量，均无效果。

表8　6952~7398m钻井液各项性能

井深/m	ρ/（g/cm³）	FV/s	PV/mPa·s	YP/Pa	初切/Pa	终切/Pa	FL/mL	FL_{HTHP}/mL/℃	MBT/（g/L）	Cl^-/（mg/L）
6952	1.91	53	26	11.5	7.5	12	2	12/165	15	20010
7021	1.92	51	28	9	6	10	2.4	11/165	13	20330
7101	1.92	52	25	7	6	8	2.2	11.6/165	13	20630
7202	1.92	52	27	6	5	8	2	11/165	13	20392
7305	1.92	54	31	9	5	8.5	2	12/165	14	19840
7398	1.92	53	34	12	8	12	2	38/170	15	17364
7405	1.92	50	30	13	8.5	11.5	1.8	46/170	15	17884
7423	1.92	51	28	13.5	8	13	2	78/170	15	20200
7431	1.92	52	26	13	8	13.5	2	150/170	15	19176

3.两性离子降滤失剂室内调整实验

1）两性离子降滤失剂单剂加量对钻井液性能的影响

分别按照以下配方升温至50℃时加入不同质量比的两性离子降滤失剂XNPFL−1，测试170℃高温下热滚16h前后的钻井液性能。具体结果见表9。

仁探1井井浆配方：上开次井浆+3%~5%磺化酚醛树脂Ⅱ型+3%~5%褐煤树

脂+1%~2%磺化单宁+1%氢氧化钾+0.1%磺酸盐共聚物Ⅰ型。

配方1：仁探1井井浆+1%XNPFL-1；

配方2：仁探1井井浆+2% XNPFL-1；

配方3：仁探1井井浆+3% XNPFL-1。

表9 两性离子降滤失剂钻井液性能调整

序号	FL_{API}/mL	FL_{HTHP}/mL	Gel/（Pa/Pa）	Φ_{600}/Φ_{300}	Φ_{200}/Φ_{100}	Φ_6/Φ_3	PV/mPa·s	YP/Pa	实验条件
井浆	1.2	—	7/11	104/56	48/34	17/14	48	4	老化前
	2.2	150	10/14.5	95/67	60/49	40/35	28	19.5	老化后
配方1	1	—	8/11.5	101/65	53/36	18/12	36	14.5	老化前
	1	112	13/18	101/70	59/45	34/31	31	19.5	老化后
配方2	1.2	—	8/12	116/74	58/40	21/17	42	16	老化前
	1.8	29.8	17.5/25	115/82	70/57	40/30	33	24.5	老化后
配方3	1.1	—	4.5/12.5	183/104	77/47	11/10	79	12.5	老化前
	0.6	21	6/12.5	130/81	59/39	14/13	49	17.5	老化后

根据实验结果分析，随着XNPFL-1加量增加，降滤失效果越好，尤其是老化后的高温高压滤失量从150mL降至21mL，降低率高达86%，说明降滤失剂XNPFL-1由于拥有足够大的分子链，在180℃高温下老化了16h后结构并未全部拆散，高温稳定性强，降滤失效果显著，较优加量为2%。

2）降滤失剂XNPFL-1与其他处理剂复合使用对钻井液性能的影响

分别按照以下配方在井浆中加入不同质量比的XNPFL-1、天然沥青，测试170℃高温下热滚16h前后的钻井液性能。具体结果见表10。

井浆：取样井深7437，滤液分析HCO_3^-28984mg/L、CO_3^{2-}3421mg/L。

配方1：井浆+2%褐煤树脂+2%磺化酚醛树脂Ⅱ型；

配方2：井浆+2% XNPFL-1+2%天然沥青粉；

配方3：井浆+4%天然沥青粉。

表10 两性离子与其他处理剂钻井液性能调整（井浆）

配方	FL_{API}/mL	FL_{HTHP}/mL	Gel/（Pa/Pa）	PV/mPa·s	YP/Pa	实验条件
井浆	1.2	—	7/11	48	4	老化前
	2.2	150	10/14.5	28	19.5	老化后
配方1	2.6	—	2/9	75	8	老化前
	—	84	5.5/10	30	10	老化后
配方2	1.1	—	4.5/12.5	40	11	老化前
	1.6	10	3.5/7	30	5	老化后
配方3	1.6	—	3/10	63	7	老化前
	1.8	56	7/12	62	8	老化后

由表10实验可以得出，配方1井浆中加入磺化材料后，性能无明显改善；配方2两性离子降滤失剂与天然沥青复合使用时降滤失效果显著，其他各项性能均有改善；配方3单独使用天然沥青时，钻井液高温高压失水有一定降低。

综上，使用配方2处理井浆，井浆中补充2% XNPFL-1、2%天然沥青粉。

4.1.4　入井效果分析

1.处理后至完钻钻井液性能

根据室内实验，全井使用高密度胶液处理钻井液，处理后至完钻，总体钻井液性能稳定，高温高压滤失量均稳定在11~12mL，其他性能均较为优异，性能见表11。

表11　处理后至完钻钻井液性能表

井深/m	ρ/g/cm^3	FV/s	PV/mPa·s	YP/Pa	初切/Pa	终切/Pa	FL/ml	FL_{HTHP}/mL/℃	MBT/（g/L）	Cl$^-$（mg/L）
7462	1.92	50	26	14	8	11.5	2	11/170	15	19146
7508	1.85	48	23	10	5	9	2.2	12/170	15	18785
7600	1.81	46	16	6	3	6	2	12/170	15	15580
7857	1.85	44	19	6	3	6	1.8	12./180	20	27460
7962	1.85	43	20	6	4	7	2.2	12/180	20	32953
8072	1.84	45	21	7	5	7	2.2	12/180	20	32753
8109	1.78	46	22	9	6.5	10	2.2	12/190	20	31552
8309	1.76	44	22	7	5	7	4	12/190	18	28836
8414	1.76	45	18	12	6	9.5	3	12/190	18	31816
8445	1.76	45	19	12	7	10	3.4	12/190	18	30450

2.盐水侵处理效果

井深7600m降密度1.78g/cm^{3}出盐水，Cl$^-$由30136mg/L上升至68241mg/L。针对地层出水，主要处理思路为：①一排，如果起下钻后出现大量盐水，排出盐水和混浆；②二压，适当提高密度压稳盐水层；③三调，调整钻井液抗盐水污染能力，适当提高钻井液pH值，同时添加充足的抗盐护胶剂，如两性离子降滤失剂，提高钻井液抗盐水污染能力；④四封，使用变形沥青、刚性材料等复配，对水层进行封堵。

处理效果：通过使用两性离子降滤失剂、磺化酚醛树脂等提高钻井液高温护胶性，及时将盐水及污染钻井液排放，降低处理污染的难度共出水21.7m^3，循环排混浆45.8m^3，钻井液性能总体稳定。

3.应用效果

五开处理钻井液后共计长起下钻40趟、取心10回次，共计取心66.5m，整个施工过程顺利。钻井液经受住高温、盐水污染的考验，钻井液高温稳定性好，防塌能力好，钻遇泥页岩、破碎地层，井眼稳定。

创造了四川盆地使用Φ165.1mm钻头钻进进尺最长，取心进尺最深，钻进尺最深纪录；创造了四川盆地最深直井纪录。

4.2　福1井

4.2.1　基本情况

福1井是中国石化勘探分公司在四川盆地川南低陡构造带榕右向斜万宝潜伏构造一口预探超深直井，目的层震旦系上统灯影组四段，设计完钻井深7230m，实钻井深7244.66m，井身结构见表12。完钻实测井底温度209℃，解决了超深小井眼钻井液抗高温、防塌、润滑、抑制、抗污染、油层保护等问题。

表12　福1井井身结构表

开　次	钻头尺寸 × 井深/mm × m	套管尺寸 × 井深/mm × m	水泥返深
导管	Φ660.4 × 301	Φ476.25 × 300	返地面
一开	Φ444.5 × 2902	（Φ346.1+339.7）× 2900	返地面
二开	Φ311.2 × 3942	（Φ282.6+273.1）× 3940	返地面
三开	Φ241.3 × 7002	（Φ206.4+193.7）× 7000	返地面
四开	Φ165.1 × 7230	Φ139.7 × 7227	6800

4.2.2　福1井四开钻井液技术难点

井温较高，在高温下钻井液性能控制困难。预测井底最高温度达209℃，钻井液在高温下易发生增稠或减稠现象，导致钻井液性能失控，故应优选抗高温材料，优化抗高温配方，确保钻井液老化72h后良好的抗高温性能。

4.2.3　钻井液处理措施

四开配方：3%~4%膨润土+0.2%~0.3%聚丙烯酸钾+2%~3%抗高温聚合物降滤失剂+3%~4%磺化酚醛树脂-2+3%~4%磺化褐煤树脂+2%~3%双保型纳米乳液+2%~3%多软化点封堵防塌剂+2%~3%聚合醇防塌剂+0.5%~1%非渗透处理剂+2%~3%无荧光液体润滑剂+0.5%~1.5%超高温聚合物降滤失剂。

4.2.4　井浆室内调整实验

分别按照以下配方升温至55℃时加入不同质量比的两性离子降滤失剂XNPFL-1及XNPFL-1（粉剂），测试200℃高温下热滚16h、48h前后的钻井液性能。具体结果详见表13。

福1井井浆配方1：上开次井浆+1.5%XNPFL-1+1%XNPFL-1（粉剂）+2%天然沥青。

福1井井浆配方2：上开次井浆+1.5%XNPFL-1+1%DSP-1+2%天然沥青。

表13　井浆室内钻井液性能调整

配　方	实验条件	*PV*/mPa·s	*YP*/Pa	初切/Pa	终切/Pa	*APIFL*/*K*（mL/mm）	*HTHP FL*/*K*（mL/mm）	pH值	条　件
配方1	老化前	44	2.5	2.5/6.5	6.5	2.2	—	13	
	老化后	52	5.5	2.5/6.0	6.0	—	16/10	8	16h
	老化后	95	1	3.0/7.5	7.5	6.6	—	8	48h

续表

配　方	实验条件	*PV*/ mPa·s	*YP*/ Pa	初切/Pa	终切/Pa	*APIFL*/*K*（mL/mm）	*HTHP FL*/*K*（mL/mm）	pH值	条　件
配方2	老化前	32	2	0.5/3	3	2.0	—	13	
	老化后	58	9.5	4.0/7.0	7.0	11.6	—	9	16h

根据实验数据可知，两性离子降滤失剂XNPFL-1可抗200℃高温，可以很好地保持200℃高温钻井液体系的稳定性。

4.2.5　应用效果

四开实测井底温度209℃，共计取心5回次，共计取心30.76m，岩心收获率达88.65%。整个施工过程顺利。钻井液经受住高温、盐水污染的考验，钻井液高温稳定性、防塌能力好，泥页岩、破碎地层井眼稳定。

5　结论与建议

（1）以丙烯酰胺等为合成原料，通过采用自由基水溶液聚合法，研制出抗高温两性离子降滤失剂，抗温达180℃。

（2）抗高温两性离子降滤失剂在淡水基浆及5%KCl盐水基浆180℃热滚16h后的中压失水降低率≥80%，优于同类聚合物降滤失剂，与现有钻井液体系配伍性高。

（3）抗高温两性离子降滤失剂在仁探1井、福1井海相深层进行了成功应用，现场最高使用温度209℃，高温高压滤失量降低率高达86%，解决了钻井液高温降滤失效果差、高温稳定性差及抗污染能力不足等超深井钻井液技术瓶颈问题，创四川盆地最深直井纪录。

（4）抗高温两性离子降滤失剂降滤失效果好，黏度效应低，与高相对分子质量高黏度效应的常规抗高温聚合物降滤失剂相比，更具有推广应用前景。

参 考 文 献

[1] 刘静. 环境型钻井液研究[D]. 大庆东北石油大学，2015.

[2] 田惠，王野，赵雷，刘德庆，等. 无土相高密度不饱和盐水钻井液用降滤失剂的研究[J]. 钻井液与完井液，2018，35（06）：22-26.

[3] 王中华. 钻井液降滤失剂PAMS_（601）的合成与性能[J]. 石油与天然气化工，1999（02）：126-127.

[4] 吴鑫磊，闫丽丽，王立辉，等. 环保型钻井液用降滤失剂研究进展[J]. 钻井液与完井液，2018，35（03）：8-16.

[5] 张金辉，李浩然，杨双春，等. 新型耐高温降滤失剂的研究和应用现状[J]. 应用化工，2020，49（10）：2625-2629.

[6] 苏俊霖，蒲晓林，任茂，等. 高温无机/有机复合纳米降滤失剂NFL-1研究[J]. 钻采工艺，2012，35（03）：75-77+12.

[7] 韩长武，王晓辉，艾贝贝，等. 新型有机－无机复合型钻井液降滤失剂的制备及性能[J]. 合成化学，2018，26（12）：883-887.

耐温阳离子聚合物包被剂NH-CAP的研制与现场应用

逯贵广　王　康　黄　冬　曾志强　魏开轩

（中石化南京化工研究院有限公司，江苏 南京　210048）

摘　要：针对目前水基钻井液常用包被剂溶解速度慢、吸附能力弱和耐温性差的问题，通过在聚合过程中引入耐温阳离子单体制得耐温阳离子聚合包被剂NH-CAP。采用红外、核磁、热重等手段对其结构进行表征；研究了NH-CAP的包被抑制性能、耐温性能和溶解性能，考察了其对钻井液流变性的影响，并在江苏地区进行了现场应用。结果表明，NH-CAP具有优异的耐温性能和包被抑制性能，1%水溶液经120℃热滚16h后黏度保留率100%，0.3%加量下经120℃热滚16h后岩心滚动回收率94.22%（清水22.06%），0.5%的加量可将岩屑表面Zeta电位提高至1.27mV；完全溶解时间24min；对现场井浆的流变性和滤失性能影响小，配伍性良好。NH-CAP在江苏地区的现场应用效果显著，能有效防止三垛组和阜宁组地层的造浆缩径，有利于井眼稳定，减少划眼等复杂时效，有效提高机械钻速、缩短钻井施工周期。

关键词：水基钻井液；包被剂；耐温

随着钻井技术的提高，大斜度井、大位移井、水平井以及定向斜井等复杂结构井越来越多，钻井施工难度的越来越大，这使得钻完井过程中的井壁失稳问题更为突出，对水基钻井液性能提出更高的要求[1-10]。

包被剂作为水基钻井液中一个常用处理剂，可以在钻屑和泥页岩表面形成保护膜，抑制钻屑和泥页岩的水化分散，防止井壁垮塌。目前用的包被剂有KPAM、FA367和PAC141，这些包被剂存在相对分子质量大、溶剂性差、吸附能力弱以及抑制性差等缺点[11-14]。

黏土表面带有大量的负电荷，在水溶液中形成的扩散双电层厚，电负性强，黏土颗粒表面Zeta电位低，极易水化，因此增大黏土颗粒表面的Zeta电位，可以降低其水化分散性。阳离子聚合物带有较多正电荷，一方面可与黏土表面发生很强的静电引力，增强其在黏土表面的附性能，另一方面可以中和黏土表面的负电荷，压缩扩散双电层，增大黏土颗粒的Zeta电位，因此能够很好地抑制黏土水化分散；阳离子聚合物具有较长的分子链，可以将岩屑包裹，形成一层保护膜，阻止岩屑与水分子的接触，不仅能稳定膨胀性泥页岩地层，也能稳定硬脆性泥页岩地层[15-18]。本文通过在聚合过程中引入耐温阳离子单体制得耐温阳离子聚合包被剂NH-CAP。采用红外、核磁、热重等手段对其结构

作者简介：逯贵广(1982—)，男，山东泰安人，硕士，副研究员，现任中石化南京化工研究院有限公司副主任师，主要从事油田化学品和精细化学品的研发工作。E-mail：lugg.nhgs@sinopec.com。

进行分析；研究了NH–CAP的包被抑制性能、耐温性能和溶解性能，考察了其对钻井液流变性以的影响，并在江苏地区进行了现场应用。

1 实验

1.1 材料与仪器

丙烯酰胺、阳离子单体、过硫酸铵、亚硫酸钠、无水乙醇、无水碳酸钠（AR，国药）；岩心、岩屑、KPAM、FA–367、Ultra CAP、钠膨润土（华东石油工程公司提供）。

IKA搅拌器，德国IKA；GJS–B12K型高速变频搅拌机/GW300型高温滚子加热炉，青岛同春石油仪器有限公司；WT–AUTO–900智能黏度计，北京探矿工程研究所；SD–6中压滤失仪，青岛得顺电子机械有限公司；JS94H型微电泳仪（Zeta电位仪），上海中晨数字技术设备有限公司；STA449C型同步热分析仪，德国耐驰仪器制造有限公司；Nicolet iS5傅里叶红外光谱仪，美国赛默飞；DRX500核磁共振仪，德国布鲁克公司。

1.2 实验方法

1.2.1 NH-CAP 的制备

利用水溶液自由基聚合工艺，采用丙烯酰胺和耐温阳离子单体为原料，以过硫酸铵［（NH4）$_2S_2O_8$］和亚硫酸氢钠（$NaHSO_3$）为引发剂，通过控制单体的比例以及引发剂用量，制备出耐温阳离子聚合物包被剂NH–CAP。

1.2.2 分析表征

将NH–CAP胶液用乙醇醇析3次，然后将醇析后固体干燥、粉碎，用于红外表征、氢核磁表征以及热重分析；滚动回收实验中回收的岩心用于扫描电镜分析。

采用溴化钾压片法进行红外光谱表征，扫描范围400~4000cm^{-1}；以氘代水为溶剂进行氢核磁表征；热重测试范围为室温~600℃，气氛为氮气，升温速率为5K/min；将滚动回收实验中回收的岩心，烘干后表面喷金处理，进行扫描电镜分析。

1.2.3 性能评价

1.溶解时间

称取0.6g产品于烧杯中，加入300mL去离子水，25℃搅拌，观察并记录样品全部溶解时的时间。

2.黏度保留率

配制1%浓度的样品溶液，置于滚子加热炉中，在120℃热滚16h，冷却至室温，用六速旋转黏度计测试溶液Φ_{600}读数，计算表观黏度AV_1，并与热滚前表观黏度AV对比，黏度保留率计算公式见式（1）。

$$X=\frac{AV_1}{AV}\times 100\% \tag{1}$$

3.岩心滚动回收率

称取50.00g（4~8目）岩心置于老化罐中，加入350mL包被剂溶液，盖紧；将老化罐放入滚子加热炉120℃热滚16h；冷却至室温后将罐内液体和岩心全部倾倒出，过40目筛网，湿式筛洗1min，将筛余岩心置于105℃±3℃鼓风恒温干燥箱中干燥4h，取出冷却后称量岩心质量为m_1；将一次滚动得到的岩心按照上述步骤进行二次滚动回收实验，称量岩心质量为m_2；一次岩心滚动回收率R_1和二次岩心动回收率R_2计算公式见式（2）。

$$R_1(R_2)=\frac{m_1(m_2)}{50}\times 100\% \tag{2}$$

4. Zeta电位

配制不同浓度的NH-CAP溶液，向其中加入4%的岩屑粉，搅拌均匀后，室温老化24h，取上层清液，通过JS94H型微电泳仪（Zeta电位仪）测试岩屑颗粒的Zeta电位。

5. 配伍性

将NH-CAP加入井浆，按照国家标准GB/T 16783.1—2006《石油天然气工业钻井液现场测试第1部分：水基钻井液》测定钻井液的表观黏度、API滤失量，考察NH-CAP与其他钻井液处理剂的配伍性。

2 结果与讨论

2.1 NH-CAP结构表征

2.1.1 红外光谱分析

采用Nicolet iS5傅里叶红外光谱仪对NH-CAP的结构进行表征，如图1所示。

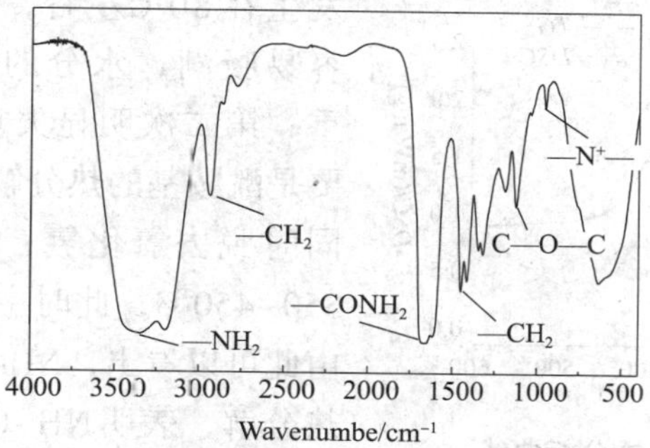

图1 NH-CAP红外光谱图

由图1可知，在3450cm^{-1}左右出现的峰为—NH_2伸缩性振动吸收峰；在2938.47cm^{-1}处出现的峰为—CH_2反对称伸缩吸收峰；1662.84cm^{-1}处出现的峰为—$CONH_2$特征峰；1456.63cm^{-1}处出现的峰为—CH_2—N^+—（CH_3）$_3$亚甲基的弯曲振动峰；1128.50cm^{-1}处左右出现的峰为—$COOCH_2$—中C—O—C不对称伸缩振动峰，951cm^{-1}处为季铵盐的特征吸收峰。从红外光谱中可以看出，两种单体的特征吸收峰都出现了，是目标产物。

2.1.2 氢核磁光谱分析

采用DRX500核磁共振仪对NH-CAP的结构进行表征，如图2所示。

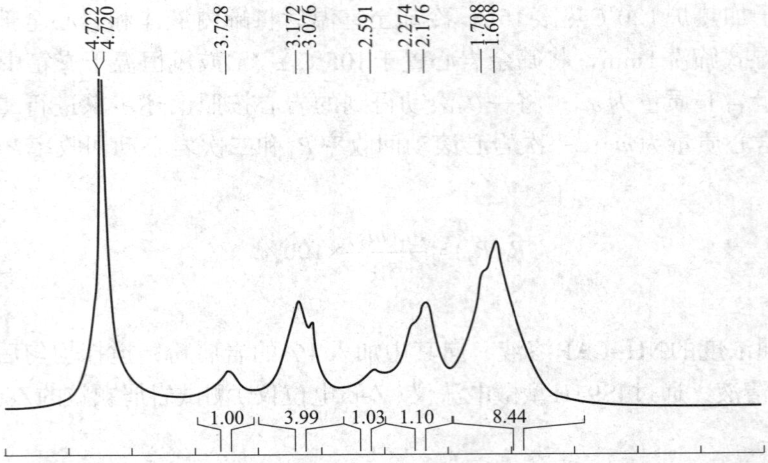

图2　NH-CAP氢核磁光谱图

由图2可知，在1.608ppm和1.708ppm是亚甲基—CH_2的质子峰，2.176ppm和2.274ppm是与酰胺基相连的次甲基—CH的质子峰，3.076ppm和3.172ppm是与—N^+相连的甲基—CH_3质子峰，4.722ppm和4.720ppm是—N^+相连的亚甲基—CH_2质子峰，由此可见，两种单体中的质子峰均在聚合物谱图中出现，证实了聚合物中各单体单元的存在。

2.1.3　热重分析

采用热重实验，评价NH-CAP自身热稳定性结果如图3所示。

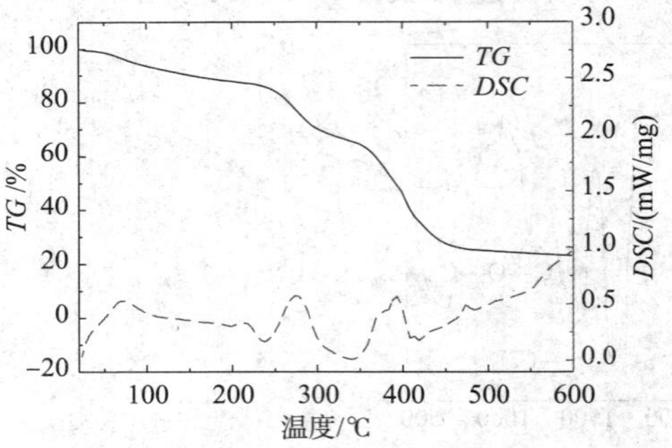

图3　NH-CAP的热重分析曲线

由图3可知：NH-CAP第一次明显失重发生在80℃左右，主要是由于粉状的产物容易吸潮，水分的挥发导致第一次明显失重；第二次明显失重发生在274℃左右，主要是酰胺基的热分解及季铵基上甲基的脱去，同时脱去氯化氢；第三次明显失重发生在350~450℃，此时主链发生断裂，开始分解。由此可以看出，NH-CAP在274℃才开始发生热分解，表明NH-CAP物质本身具有良好的耐温性能。

2.2　NH-CAP 性能评价

2.2.1　溶解性

通过测定NH-CAP的溶解时间，评价了NH-CAP的溶解速度，NH-CAP完全溶解时间为24min，表明其具有快速的溶解速度，可以加快钻井施工进度。

2.2.2　耐温性

通过黏度保留率实验评价NH-CAP水溶液的耐温性，并与Ultra Cap进行对比，结果见表1。

表1 包被剂溶液黏度保留率

样 品	测试条件	黏度保留率/%
Ultra Cap	120℃×16h	28.33
NH-CAP	120℃×16h	100
	140℃×16h	72.6
	160℃×16h	46.8

由表1可知，NH-CAP水溶液经120℃热滚16h后黏度保留率100%，经140℃热滚16h后，黏度保留率仍高达72.6%；Ultra Cap经120℃热滚16h后黏度保留率为28.33%，表明NH-CAP水溶液具有良好的抗温性，其性能优于Ultra Cap。

2.2.3 包被抑制性

1.岩心滚动回收率

采用江苏油区三垛组岩心，通过岩心滚动回收率实验，评价了NH-CAP抑制岩心水化分散的性能，并与常用包被剂进行对比，包被剂加量为0.3%，结果见表2。

表2 不同包被剂溶液中岩心滚动回收率

样 品	岩心滚动回收率/%	
	一次回收率/%	二次回收率/%
清水	22.06	0.96
NH-CAP	94.22	83.72
KPAM	39.50	9.56
FA-367	28.40	9.60
Ultra Cap	94.94	87.52

由表2中可知，在0.3%NH-CAP溶液中，一次岩心滚动回收率和二次岩心滚动回收率高达94.2%和83.72%，一次岩心滚动回收率与Ultra Cap相当，二次岩心滚动回收率略弱于Ultra Cap，但明显优于常用包被剂。较高的一次滚动回收率和二次滚动回收率，表明NH-CAP具有良好的包被抑制性；一次回收率与二次回收率相差不大表明，NH-CAP抗冲刷能力强，具有长效持久性的包被抑制作用。

2.岩屑表明形貌

采用Hitachi S-4800型场发射扫描电子显微镜（日本Hitachi公司）观察经NH-CAP浸泡过后岩屑的表面形貌，结果如图4所示。

由图4可以看出，NH-CAP溶液与岩屑作用后，NH-CAP可以吸附并覆盖在岩屑表面，在岩屑表面形成一层保护膜，NH-CAP分子结构中的疏水链可有效阻止水分子的进入，防止岩屑的水化分散，起到良好的包被抑制作用。

图4 经NH-CAP浸泡后岩屑的表面形貌

3. 对钻屑Zeta电位的影响

采用JS94H型微电泳仪（Zeta电位仪）测定了清水和NH-CAP溶液中钻屑的Zeta电位，结果见表3。

表3　NH-CAP对岩屑Zeta电位的影响

样　品	Zeta电位/mV			
	1次	2次	3次	平均值
4%岩屑	-49.25	-48.95	-49.35	-49.11
4%岩屑+0.3%NH-CAP	-13.45	-14.21	-13.92	-13.86
4%岩屑+0.5%NH-CAP	1.23	1.28	1.31	1.27
4%岩屑+1%NH-CAP	9.08	9.64	8.98	9.23

由表3可知，与清水相比，NH-CAP溶液中的岩屑Zeta电位发生明显变化，随着NH-CAP量的增加，Zeta电位逐渐升高，当NH-CAP加量达到0.5%后，岩屑颗粒的电性发生反转，从负电性转变至正电性。表明NH-CAP与岩屑能够产生强烈的静电吸附作用，中和岩屑表面的负电荷，降低岩屑的电负性，压缩扩散双电层，有效预防岩屑的水化分散。

2.2.4　配伍性

中石化华东石油工程公司常用的钻井液体系为聚合物钻井液体系，通过测定加入NH-CAP后钻井液体系的流变性，评价了NH-CAP与聚合物钻井液体系的配伍性，结果如表4所示。

表4　NH-CAP与钻井液体系的配伍性

序　号	*AV*/mPa·s	*PV*/mPa·s	*YP*/Pa	YP/*PV*	静切力		FL_{API}/mL
					10s	10min	
1#	14.5	10	4.5	0.43	0.5	8.5	6.0
2#	33.5	24	9	0.38	0.5	3	5.4

注：1#：5%土粉+0.2%NH_4-HPAN+0.6%LV-PAC+2%QS-2+1.5%白沥青+1.5%GL-1+2% JS-LUB+0.3%NH-1（密度1.06g/cm^3）。2#：1#基浆+0.3%NH-CAP。

由表4可知，在聚合物钻井液体系中加入NH-CAP后，体系的黏度由14.5mPa·s增大到33.5mPa·s，提高钻井液体系的携岩性；体系的失水由6.0mL降低到5.4mL，降低体系的失水，表明NH-CAP与聚合物钻井液体系具有良好的配伍性，钻井液对体系流变性无不良影响。

2.3　现场应用

NH-CAP在江苏地区多口井进行了现场应用实验。其中陈3-133井完钻井深2343m，最大井斜35°，上部三垛组泥岩易水膨胀、分散，下部阜宁组泥页岩易吸水掉块垮塌，在钻进中极易出现由于泥岩水化膨胀导致的泥岩强度下降、近井筒地层垮塌压力上升的现象，常出现起下钻挂卡遇阻、测井遇阻卡、大段划眼等复杂情况。现场应用结果表明：钻井液性能稳定，抑制能力强，能够有效抑制三垛组地层造浆、缩径，振动筛返出岩屑较邻井返出岩屑成型性明显更好，没有发生因为缩径导致的起下钻扩划眼等复杂，该井全井短起下及后期起下钻通井作业都顺利进行，电测一次成功，全井机械转速达到17.35m/h，相对于邻井全井机械钻速13.72m/h有明显提高，钻井周期比设计降低31%，取得很好的应用效果。

3　结论

（1）制备出耐温阳离子聚合物包被剂NH-CAP，并通过红外、氢核磁光谱、热重分析对其结构进行表征。

（2）0.5%NH-CAP在清水中的完全溶解时间24min。

（3）NH-CAP具有优异的耐温性能：1%水溶液经120℃热滚16h黏度保留率100%。

（4）NH-CAP具有优异的包被抑制性：0.3%加量下经120℃热滚16h后岩心滚动回收率94.22%（清水22.06%），0.5%的加量可将岩屑表面Zeta电位提高至1.27mV。

（5）NH-CAP通过多点吸附作用吸附包被在钻屑表面，形成一层“保护膜”，阻止水分子与岩屑的接触，抑制岩屑的水化分散。

（6）在江苏地区进行多口井的应用实验，应用结果表明：NH-CAP抑制性强，能有效防止三垛组和阜宁组地层的造浆缩径，以NH-CAP为核心包被剂的钻井液体系具有良好的防塌性，有效提高机械钻速、缩短钻井周期。

参考文献

[1] 鄢捷年．钻井液工艺学［M］．东营：中国石油大学出版社，2012.
[2] 杨小华．国内近5年钻井液处理剂研究与应用进展［J］．油田化学，2009（2）：210-217.
[3] 王中华．页岩气水平井钻井液技术的难点及选用原则［J］．中外能源，2012，17（4）：43-47.
[4] Morton K，Bomar B，Schiller M，et al. Selection and Evaluation Criteria for High-Performance Drilling Fluids［J］. SPE96342，2005.
[5] Al-Ansari A，Yadav K，et al. Diverse Application of Unique High-performance Water Based Mud Technology in the MiddleEast［J］. SPE97314，2005.
[6] Kay A. Galindo，Weibin Zha，Hui Zhou，et al. High Temperature，High Performance Water-Based Drilling Fluid for Extreme High Temperature Wells［J］. SPE-173773，2015.
[7] 徐跟峰．高性能水基钻井液技术特点及应用进展［J］．西部探矿工程，2019，8：85-86.
[8] 赵凌云．高性能水基钻井液技术进展研究［J］．西部探矿工程，2020，10：53-54.
[9] 孙晨．高性能水基钻井液技术发展分析［J］．化工管理，2021，18：107-108.
[10] 全磊，周书胜，韩银府，等．国内页岩气水基钻井液研究与进展［J］．辽宁化工，2021，150(5)：741-743.
[11] 蒋官澄，谢水祥，陈勉，等．环保耐温抗盐型包被剂coater-10的研制与应用［J］．石油钻采工艺，2011，33（5）：14-18.
[12] 李怀科，罗健生．李自立．等．深水用低相对分子质量包被剂PF-UCAP的合成及性能评价［J］．石油化工应用，2013，32（9）：91-93.

[13] 蒋官澄，史亚伟，贺垠博，等 . 抗高温包被剂 PAAND 的研制与性能评价 [J]. 油田化学，2018，35（2）：197–202.

[14] 孙敏 . 抗温抗盐型包被絮凝剂 DQB–150 的研制与应用 [J]. 西部探矿工程，2019，9：74–77.

[15] M–I 钻井液公司 .MCAT 阳离子聚合物水基泥浆体系 [J]. 钻井液与完井液，1993，10（3）：51–55.

[16] 刘雨晴，孙金声，王书琪，等 . 新型防塌阳离子聚合物泥浆的研究与应用 [J]. 油田化学，1998，15（3）：201–206.

[17] 于培志，钱晓琳，王西江，等 . 正电性钻井液在塔河油田的应用 [J]. 钻井液与完井液，2009，26（2）：88–89.

[18] 毛伟汉 . 阳离子聚合物钻井液体系研制及现场实验 [J]. 油气田地面工程，2014，33（6）：23–25.

聚阴离子纤维素的改性及其应用

魏开轩　王　康　封心领　徐冬梅

（中石化南京化工研究院有限公司，江苏 南京　210048）

摘　要：聚阴离子纤维素是水基钻井液常用的降滤失剂，但因其溶解较慢现场使用不便。为此本文采用亲水改性的方法，制备了速溶聚阴离子纤维素，极大地提升了其在水中的溶解速度，改善了聚阴离子纤维素配浆时间长的问题。实验证明，亲水改性后的产品在水中完全溶解的时间相比于改性前减少80%以上，并且土浆综合性能测试表明，速溶聚阴离子纤维素的流变性能与降滤失性能优异，满足现场应用需求。在彭州3-4D井的应用中，速溶聚阴离子纤维素的加入有效降低滤失量1.2mL，并且在柯坪南1井的突发性井漏中，速溶聚阴离子纤维素凭借其配浆快、控制滤失性能突出的优势，及时解决了现场突发性情况，具有普通聚阴离子纤维素难以比拟的优势。

关键词：聚阴离子纤维素；降滤失剂；亲水改性；速溶

纤维素作为天然的高分子材料，凭借绿色环保、价格低廉、加工方便的优势，广泛地应用于化工生产领域[1]，其化学结构是由很多的D-吡喃葡萄糖苷彼此以β-（1，4）糖苷键连接而成的线形高分子[2]，葡萄糖分子结构中存在三个暴露的羟基[3]，因此成为纤维素深度加工的化学机理依据。

聚阴离子纤维素（PAC）作为一种水溶性的阴离子型纤维素醚[4]，由天然纤维如棉花等经过精制、碱化、醚化工艺制备而来[5]，通常利用其钠盐在水溶液中具有增稠、分散、成膜、黏结和保护胶体等特性[6]，广泛地应用于涂料[7]、钻井[8]、建筑[9]等领域，作为增稠剂、黏结剂、保水剂、分散剂等。

聚阴离子纤维素常作为降滤失剂[10]应用于石油钻井领域，起到改善泥饼质量、控制滤失量、调节钻井液的流变性能的作用。由于纤维素分子间大量氢键的存在，阻碍了聚阴离子纤维素在水中分散，并且在溶解时外层颗粒先溶解后会形成阻水胶体，包裹内部颗粒，隔绝内层颗粒与水的接触，使得溶解过程变得十分困难并造成额外的人力、物力浪费，增加钻井成本。为了克服这一问题，本工作在合成聚阴离子纤维素的过程中加入适量亲水改性剂，在不破坏聚阴离子纤维素流变性能与降滤失性能的同时提升其在水中的分散溶解速度，解决了聚阴离子纤维素在水中难分散、溶解慢的问题，具有缩短钻井周期、降低钻井成本的应用价值。

作者简介：魏开轩（1992—），男，甘肃兰州人，硕士，助理研究员，现任中石化南京化工研究院研发助理师，主要从事油田化学品研发工作。E-mail：weikx82.nhgs@sinopec.com。

1　实验

1.1　实验试剂与仪器

精制棉，山东金秋棉业有限公司；异丙醇、氢氧化钠、冰醋酸、氯化钠、氯化钾、氯乙酸，国药试剂有限公司；聚阴离子纤维素，市售同型号产品；膨润土，博友泥浆技术有限公司；改性剂，自制。

GW300高温滚子加热炉、GJS-B12K变频高速搅拌机，青岛同春石油仪器有限公司；ZNS钻井液滤失量测定仪，青岛得顺电子机械有限公司；WT-AUTO-900智能黏度计，北京探矿工程研究所；DHG-9146A电热恒温鼓风干燥箱，上海精宏实验设备有限公司。

1.2　实验步骤

采用高浴比淤浆法制备聚阴离子纤维素：①以异丙醇为分散碱化体系在20℃制得精制棉浆；②升温至50℃加入氯乙酸反应1h；③升温至75℃继续反应1h后加入冰醋酸调节体系pH至6~8；④加入亲水改性剂，室温下反应2h后洗涤、干燥、粉碎制得速溶PAC。

1.3　性能评价

采用红外光谱分析了改性前后聚阴离子纤维素官能团变化情况，扫描区间400~4000cm^{-1}；采用接触角测试对比了改性前后聚阴离子纤维素的亲水性能；采用清水溶解起黏实验测试了改性前后聚阴离子纤维素的溶解起黏时间；采用土浆综合性对比研究了改性后聚阴离子纤维素的增黏效果及降滤失性能。

2　结果与讨论

2.1　红外光谱测试

改性前后PAC的FTIR谱图见图1。由图可见，改性前后的产品吸收峰的位置相同，说明改性过程没有改变聚阴离子纤维素的基本结构。改性后3450cm^{-1}左右的羟基—OH振动吸收峰强度更大，这是因为改性后产品亲水能力有所提升，更容易吸收空气中的水分引起的；1600~1300cm^{-1}之间的吸收峰为羧基—COONa中的羰基C═O的吸收峰，由于改性剂中也含有羰基，因此改性产品在1600cm^{-1}处的吸收峰更强；1100cm^{-1}左右的峰为—COC的吸收峰，这是纤维素主链结构中的基团，几乎没有发生变化。

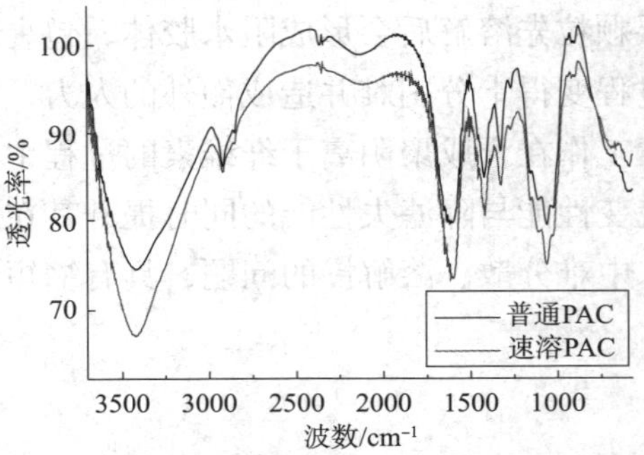

图1　改性前后聚阴离子纤维素红外光谱图

2.2　亲水性能测试

采用接触角测量仪JC-2000D评价了普通PAC和速溶PAC与水的接触角，测试结果见图2。

(a)普通PAC　　(b)速溶FAC

图2　两种PAC接触角测试

表1　PAC接触角测试

样　品	接触角
普通PAC	53.39°
速溶PAC	43.51°

通过表1可知，普通PAC与水的接触角为53.39°，速溶PAC与水的接触角为43.51°，说明经过速溶改性后的聚阴离子纤维素表面相比，改性前具有更好的亲水性能。

2.3　溶解性能测试

2.3.1　清水分散性能测试

向300mL去离子水中边搅拌（350r/min）边快速加入3.0g速溶（普通）PAC，加样完毕后启动计时器，对比改性前后PAC水中分散性能，结果如图3所示。

从图3可以看出，亲水改性后的PAC在加入去离子水中2min后即可完全分散，8min时溶液已经澄清，不存在明显颗粒；普通PAC在溶解16min后依然没有完全分散，体系内明显存在外湿内干的难溶物，这表明普通PAC的亲水性较差，当外层颗粒溶解后会包覆在表面形成一层阻碍水分子渗透的膜，极大地增加了分散溶解所需时间。

2.3.2　溶解起黏时间测试

参照GB/T 5005—2010配制盐水，将质量分数1.27%的速溶（普通）PAC快速加入配制好的盐水中，并通过旋转黏度计读取Φ_{600}值，每隔5min记录数据，绘制Φ_{600}随时间变化的曲线即为PAC溶解起黏时间曲线，结果见图4。

由溶解起黏时间曲线可以看出，普通PAC溶解缓慢，表观黏度达到峰值的时间在150min左右，而亲水改性后的PAC溶解速度大幅提升，在30min内表观黏度达到峰值，这是因为亲水改性加快了PAC溶胀分散过程，随后黏度略有下降然后趋于稳定，这是由剪切破坏溶胀后体系网状结构引起的。

图3　普通PAC与速溶PAC清水分散性能对比

2.4　土浆综合性能测试

在4%钠膨润土基浆中分别加入1%速溶PAC和普通PAC。考察了温度对改性前后PAC土浆的表观黏度、塑性黏度以及滤失量影响。评价结果如图5~图7所示。

通过土浆综合性能对比实验可以看出，改性前后PAC土浆的表观黏度、塑性黏度以及滤失量随温度的变化趋势是相似的，说明亲水改性没有破坏PAC在土浆中的基础性能。从实验数据可以看出，当温度达到150℃时改性前后的产品表观黏度与塑性黏度下降明显，滤失量接近20mL，这是因为纤维素主链醚键断裂，导致纤维素分子链长度骤

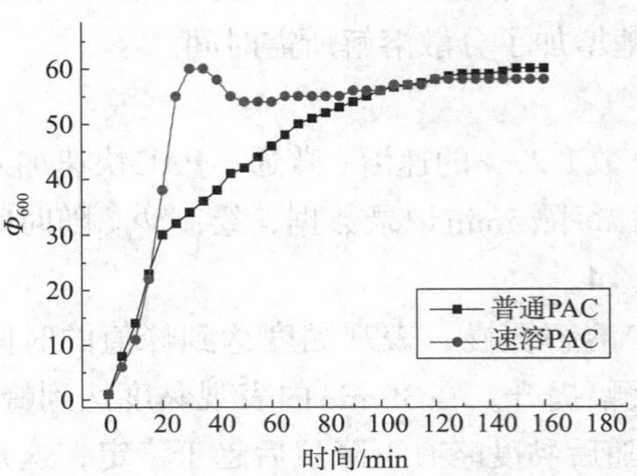

图4　改性前后PAC完全起黏时间对比

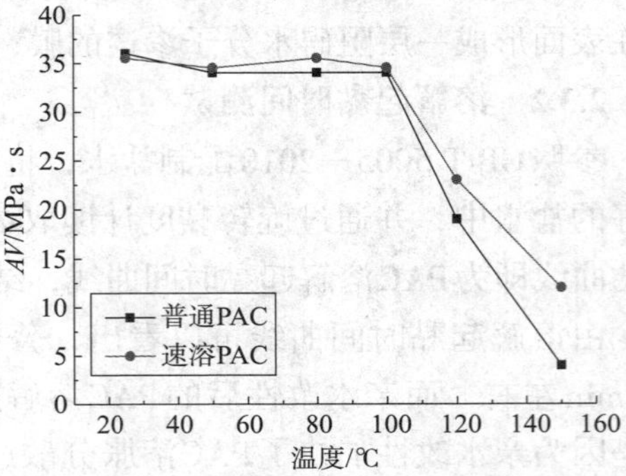

图5　改性前后含PAC土浆表观黏度对比

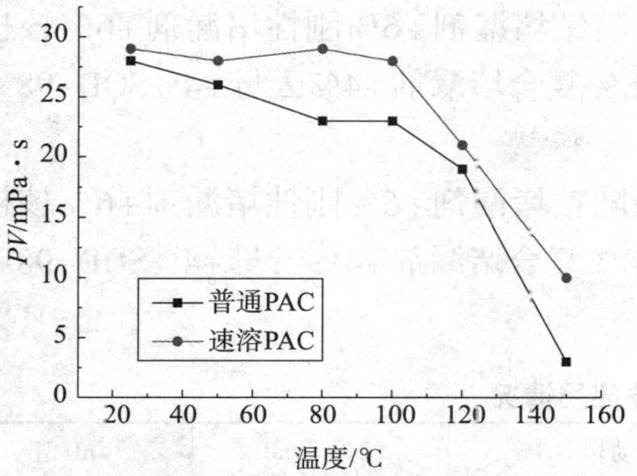

图6 改性前后含PAC土浆塑性黏度对比

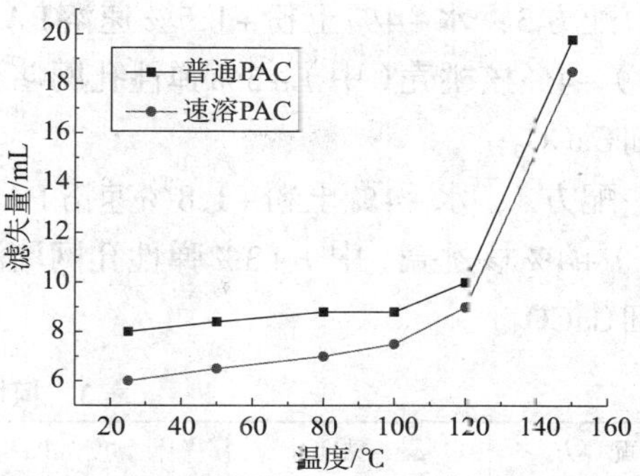

图7 改性前后含PAC土浆滤失量对比

减，不能维持原有的流变及降滤失性能；同时，通过曲线也可以看出在25~150℃范围内，改性后PAC的表观黏度与塑性黏度略高于普通PAC，这是因为改性后PAC的溶解性更好，在土浆中的溶解更加充分，其有效浓度高于普通PAC，这也是改性后PAC滤失量更低的原因。

2.5 现场实验应用

2.5.1 彭州3-4D井应用情况

为了研究速溶PAC的现场应用效果，选取四川省彭州市丽春镇长廊村8组的彭州3-4D井进行实验，该井设计垂深939m，斜深7330m，应用井深4740m，现场应用数据见表2。

表2 彭州3-4D井4740米应用情况

时间	滤失量/mL	密度/(g/cm³)	初切/Pa	终切/Pa/	表观黏度/mPa·s	塑性黏度/mPa·s	漏斗黏度/s	动切力/Pa
应用前	3.2	1.87	2.5	17	45.5	37	60	8.5
应用后	2.0	1.87	4.5	22	58	44	77	14

现场数据表明，在4740m深处加入速溶PAC后钻井液的表观黏度、塑性黏度、漏斗黏度均有上升，动切增加5.5Pa，说明速溶PAC增黏提切效果明显。同时，在加量0.4%的情况下，钻井液滤失量下降1.2mL，证明速溶PAC降滤失效果显著。

2.5.2 柯坪南1井应用情况

柯坪南1井位于新疆柯坪南区块，设计井深5600m。该井钻进至4067m时发生漏失，测漏速达18m³/h。为了尽快解除漏液情况，现场共配制4种堵漏液进行性能评价，评价结果如表3所示，各配方堵漏液组成如下：

配方1：井浆+6%随钻堵漏剂+6%刚性堵漏剂+6%核桃壳（细）+4%核桃壳（中）+3%弹性孔网堵漏剂+8%复合堵漏剂+4%云母+4%SQD-98+4%超细$CaCO_3$；

配方2：水+4%土粉+6%随钻堵漏剂+6%刚性堵漏剂+6%核桃壳（细）+4%核桃壳（中）+3%弹性孔网堵漏剂+8%复合堵漏剂+4%云母+4%SQD-98+4%超细$CaCO_3$；

配方3：水+4%土粉+1.5%速溶PAC+6%随钻堵漏剂+6%刚性堵漏剂+6%核桃壳（细）+4%核桃壳（中）+3%弹性孔网堵漏剂+8%复合堵漏剂+4%云母+4%SQD-98+4%超细$CaCO_3$；

配方4：水+4%土粉+1.8%速溶PAC+6%随钻堵漏剂+6%刚性堵漏剂+6%核桃壳（细）+4%核桃壳（中）+3%弹性孔网堵漏剂+8%复合堵漏剂+4%云母+4%SQD-98+4%超细$CaCO_3$。

表3 柯坪南1井应用情况

配 方	漏斗黏度/s	塑性黏度/mPa·s	动切力/Pa	滤失量/mL	pH值
1#	153	39	19	3.8	9
2#	56	17	5	16.0	8
3#	83	25	8	5.0	8
4#	149	37	17	3.0	8

室内性能评价表明，1#堵漏液漏斗黏度较大，滤失量较小，在性能方面满足堵漏需求，但其消耗井浆较多，相比于清水土粉配制的堵漏液经济性较差。3#相比于2#额外添加了1.5%的速溶PAC，堵漏液黏度明显提升，滤失量由16.0mL下降至5.0mL，说明速溶PAC增黏降滤失性能优秀。4#样进一步将速溶PAC的含量提升至1.8%，此时堵漏液漏斗黏度提升至149s，滤失量下降至3.0mL，并且4#堵漏液为清水土粉配制，造价较低，适合作为堵漏液。另外，在突发情况中往往需要快速配浆以解决问题，而速溶PAC溶解性能优势正好可以满足这一需求，具有普通PAC不具备的应用价值。

3 结论

（1）在高浴比淤浆法制备PAC的过程中加入亲水改性剂制得速溶PAC，提升了PAC的亲水性；实验证明速溶PAC溶解速度快，清水溶解起黏时间小于30min，相比于普通PAC溶解起黏时间缩短80%以上，解决了普通PAC溶解难、配浆慢的问题。并且速溶PAC在土浆中增黏降滤失效果明显，在25~150℃范围内性能优于普通PAC。

（2）在彭州3-4D井4740m的应用中，速溶PAC的加入有效地提升了钻井液的黏度与动切力，降低钻井液的滤失量达1.2mL。在柯坪南1井的紧急堵漏应用中，速溶PAC满足了堵漏液高黏低滤失的堵漏需求，并且通过快速配浆有效地解决了现场漏液情况，减少经济损失，体现了速溶PAC在钻井过程中极高的应用价值。

参 考 文 献

[1] 芦长椿.纤维素资源的开发及利用新进展[J].纺织导报，2021，(3)：38-42.

[2] 邵自强，杨晓娜.聚阴离子纤维素AGU上C_2、C_3和C_6羧甲基分布与性能研究[J].北京理工大学学报，2006，26(10)：929-932.

[3] 洪康进，王倩.纤维素改性及其应用研究进展[J].食品工业科技，2020，41(10)：332-338.

[4] 张桂锋，杨楠，杜刚，等.以尿素为活化剂制备聚阴离子纤维素的工艺及其性能研究[J].化学工程师，2020，(5)：85-87.

[5] 王飞俊，邵自强，王文俊，等．反应介质对聚阴离子纤维素结构与性能的影响［J］．材料工程，2010，(1)：50–52.
[6] 朱刚卉．高性能聚阴离子纤维素处理剂的研制［J］．上海化工，2005，30(6)：14–17.
[7] 唐沁雯，黄子轩，徐晓曼．纤维素纳米晶体/石墨烯复合溶液对双组分水性聚氨酯涂料性能的影响［J］．家具，2019，0(1)：71–74.
[8] 贾瑞林，卢润才，纪春茂．海水配浆性能研究［J］．钻井液与完井液，1999，16(4)：18–20.
[9] GUL TEMOOR. 两类水性纤维素对泡沫混凝土的性能实验研究［D］．天津：天津大学，2019.
[10] 王伟吉．抗温环保纳米纤维素降滤失剂的研制及特性［J］．钻井液与完井液，2020，37(4)：421–426.

钻井液用抗高温长效增黏剂的制备及评价

孙振峰[1, 2]　杨　超[1, 2]　李　杰[1, 2]　张敬辉[1, 2]　王　晨[1, 2]　赵凯强[1, 2]

［1. 中石化（大连）石油化工研究院有限公司，大连　116041；
2. 辽宁省油田化学工程技术研究中心，大连　116041］

摘　要： 基于分子结构设计，以自主研发两性离子单体P、丙烯酰胺基单体、N-乙烯基吡咯烷酮（NVP）为主要聚合单体，采用自由基共聚法制备了钻井液用抗高温长效增黏剂DV-1。利用FTIR、^{1}H-NMR、TG-DTA等方法对增黏剂进行了表征测试，并对产物的增黏性能、抗温抗盐性能及长效抗温性能等进行了评价。表征结果显示，合成产物为目标聚合物增黏剂DV-1，其热降解温度高达330℃，热稳定性良好。1%（质量分数）的DV-1水溶液表观黏度可达42.8mPa·s，与进口HE300增黏性能相当。高温老化后，溶液表观黏度及保持率显著优于常规增黏剂；含30%（质量分数）$CaCl_2$的增黏剂溶液经180℃/16h老化后，黏度保持率大于90%，增黏剂抗钙性能较好。经180℃条件下老化72h和120h后，溶液黏度保持率仍然能够达到50.5%和38.3%，长效性能优异。

关键词： 两性离子单体；增黏剂；抗高温；抗盐；长效抗温性能

随着我国油气勘探开发进程的加速，深井、超深井等复杂井段的占比逐年增加。深部储层以高温高盐为主，常规的钻井液处理剂及体系已满足不了现场的实际需求[1]。无（低）固相钻井液因固相含量低，能够有效降低对储层的损害程度，是深部潜山油气藏开发的一项重要技术[2-4]，增黏剂作为此项技术的核心助剂之一，有助于提高和改善体系的携岩能力及流变性能[5]。目前，国内常用的增黏剂主要有改性生物质类，如羟乙基纤维素、黄原胶等[6-8]，此类助剂增黏性能强，且环保性良好，但抗温能力一般不高于140℃；另外一种为人工合成聚合物类增黏剂，通过不同单体的共聚，形成具有一定空间结构的高分子聚合物，从而起到增黏提切的作用[9-11]。该类增黏剂虽然抗温能力有一定的提升，但抗盐性能不足，尤其遇低浓度钙离子便完全失效。国外针对抗高温增黏剂方面的研究起步较早，工业化制备技术相对成熟，代表性产品为HE系列增黏剂，并以该聚合物为主剂，形成了一系列抗高温卤素基钻井液，如无机盐、有机盐等钻井液体系，具有良好的剪切稀释流变性及抗高温稳定性，并在实际应用中取得一定效果。尽管我国在抗高温增黏剂方面已经开展了广泛的研究[12-14]，并取得了一定的成果，但至今无法真正有效解决无固相钻井液体系所面临的关键技术问题。

抗高温增黏剂的研发关键在于分子设计，通过在强抗温主链上引入不同作用的侧链结构，增加分子链结构的刚性，同时，为保证聚合物的水化性能，还需要单体具有酰胺基、磺酸基等基团。为使聚合物具有更好的抗盐能力，需要引入对阳离子不敏感基团或者增加支链的支化程度或结构强度。

作者简介： 孙振峰（1990—），男，辽宁大连人，博士，工程师，现任中石化（大连）石油化工研究院有限公司副主任师，主要从事油田化学助剂研发，乙烯裂解炉抑焦剂研发及推广工作。E-mail：sunzhenfeng.fshy@sinopec.com。

基于以上分析，本工作以自主研发的两性离子单体P、烷基丙烯酰胺单体、NVP为聚合单体，加入偶氮二异丁脒盐酸盐（AIBA）为引发剂，采用自由基共聚法合成了抗高温增黏剂DV-1，并利用FTIR、^{1}H-NMR、TG-DTA等手段对增黏剂进行了表征测试，并与已有代表性产品进行了抗温抗盐性能等方面的对比。

1 实验

1.1 试剂与仪器

烷基丙烯酰胺、NVP：均为工业级，上海麦克林生化科技有限公司；单体P：工业级，自主研发生产；AIBA、NaOH、NaCl、$CaCl_2$，Na_2SO_3、无水乙醇均为分析纯，上海阿拉丁生化科技股份有限公司；去离子水：实验室自制；HE300、Driscal D：工业级，钻井特殊化学品公司；DSP-Ⅱ：工业级，山东得顺源石油科技有限公司。

采用美国赛默飞世尔科技公司NICOLET6700型傅里叶变换红外光谱仪对增黏剂进行红外表征；采用瑞士布鲁克公司AVANCE Ⅲ 500型核磁共振波谱仪对样品进行^{1}H-NMR表征；采用德国耐驰仪器公司STA 449F3型同步热分析仪对样品进行热重分析；采用青岛恒泰达ZNN-D6型六速旋转黏度计进行溶液表观黏度测定。

1.2 增黏剂DV-1的制备

首先，依次精确称取一定质量的去离子水、单体P、NVP及烷基丙烯酰胺单体置于烧瓶中，充分溶解后，用5mol/L的NaOH溶液将体系pH值调至7~8。开启搅拌，使溶液混合均匀，并向烧瓶中通入N_2。然后将水浴温度调至反应温度，当温度达到设定值时，停止通入N_2。利用恒压漏斗向烧瓶内滴加一定浓度的引发剂溶液。聚合反应开始后，体系黏度逐渐增大，最终得到胶状产物，置于烘箱干燥并粉碎，即得到固体粉状增黏剂DV-1。产物的分子结构式如图1所示，其中R为C_1~C_3的烷基：

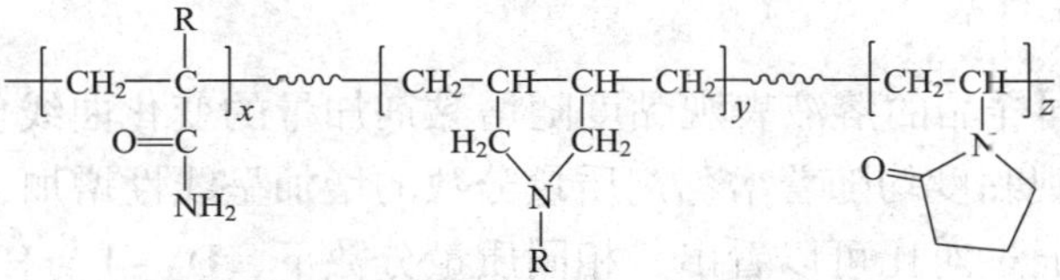

图1 增黏剂DV-1分子结构式

2 结果与讨论

2.1 结构表征

2.1.1 FTIR表征

图2为DV-1的FTIR谱图。图中，1043cm^{-1}为S═O伸缩振动峰，1185cm^{-1}为酰胺基C═O键伸缩振动峰，622cm^{-1}为C—S伸缩振动峰；1642cm^{-1}为NVP五元环中的C═O伸缩振动峰，1545cm^{-1}为C—N伸缩振动峰。2924cm^{-1}和2855cm^{-1}为—CH_3伸缩振动峰，1460cm^{-1}为—CH_2伸缩振动峰。

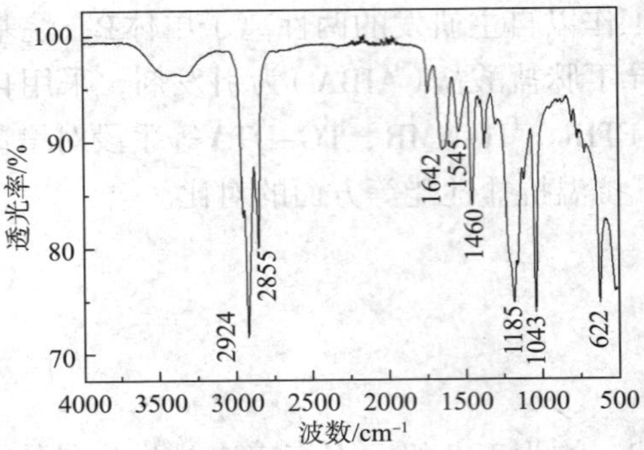

图2 DV-1的FTIR谱图

2.1.2 ^{1}H-NMR 表征

图3为增黏剂DV-1的^{1}H-NMR谱（以D_2O为溶剂）。图中，1.35ppm为—C—H_3中氢的化学位移，2.86ppm为—C—H_2—中氢的化学位移，4.6ppm为—N—H—中氢的化学位移，5.65ppm为═C—H—中氢的化学位移。分析结果表明，所合成的聚合物即为目标产物。

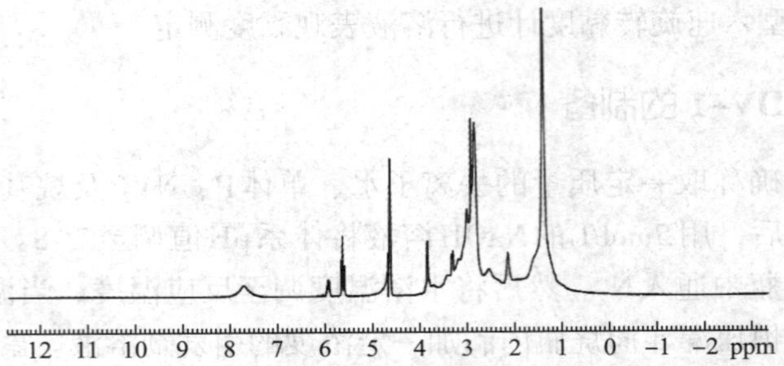

图3 DV-1的^{1}H NMR谱图

2.2 增黏性能

图4对比了不同样品的溶液表观黏度随增黏剂加量的变化曲线。从图中可以看出，四组样品溶液的表观黏度均随着增黏剂质量分数的增加呈线性增加，且DV-1与HE300的增加幅度更大。通过对比可以看出，相同质量分数下，DV-1与HE300的增黏效果相当，要明显优于Driscal D和DSP-Ⅱ。

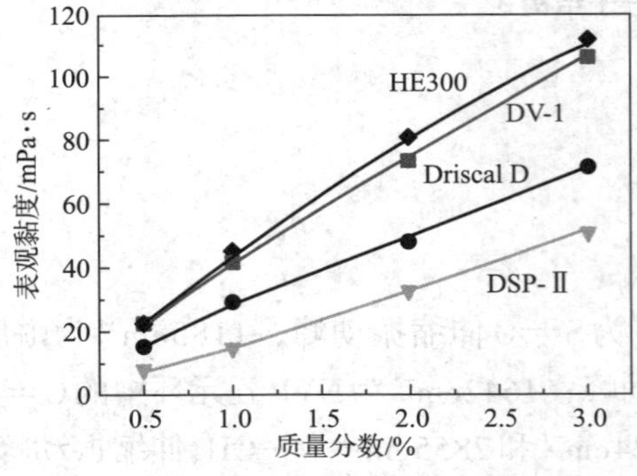

图4 溶液表观黏度曲线

2.3 抗温性能

2.3.1 热重分析

图5为DV-1的TG-DTA曲线，其热分解过程可以分为四个阶段：第一阶段发生在30~250℃，样品失重率约为18%；第二阶段发生在190~330℃，样品失重率约为32%；第三阶段发生在330~400℃，样品失重率约为

15%；第四阶段发生在400℃以上，样品失重率约为5%。

分析认为，由于DV-1中含有一定量的强亲水性基团，产品易吸潮，因此聚合物中含有的水挥发会导致样品失重。另外，在聚合物分子结构中，部分支链中的小分子基团发生的热分解，也是导致样品失重的原因。当温度高于330℃后，聚合物开始发生分子结构的变化，大量亲水基团发生热分解，聚合物主链开始断裂，所以样品迅速失重。当温度高于400℃以上时，可能主要是聚合物中刚性基团的逐步降解。通过热重分析可知，聚合物有较强的耐热性。

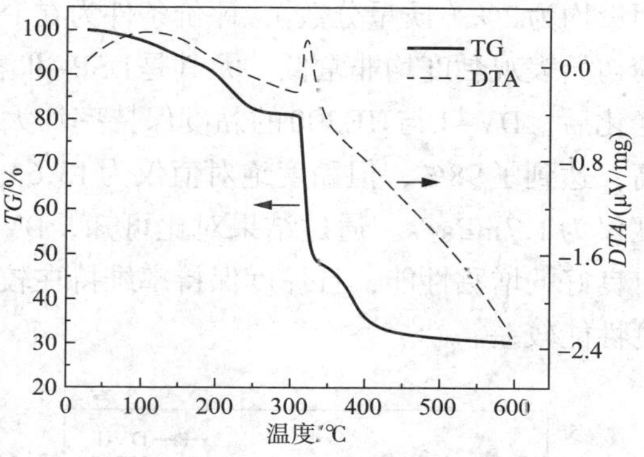

图5　DV-1热重分析曲线

2.3.2　抗老化性能

为对比不同样品的抗高温性能，选取了150℃和180℃两个温度点进行评价，增黏剂加量均为1%（质量分数），结果如图6和图7所示。从图中可以看出，150℃下老化16h，各组样品的保持率都高于60%，其中DV-1及HE300均高于70%，且黏度绝对值远高于Driscal D和DSP-Ⅱ。当老化温度提高至180℃时，各样品溶液黏度保持率均有不同程度降低。其中，DV-1的黏度保持率为52%，略高于HE300的48.5%。Driscal D和DSP-Ⅱ溶液的黏度保持率虽然均高于48%，但黏度绝对值较低，仅为20.6mPa·s和16.1mPa·s。

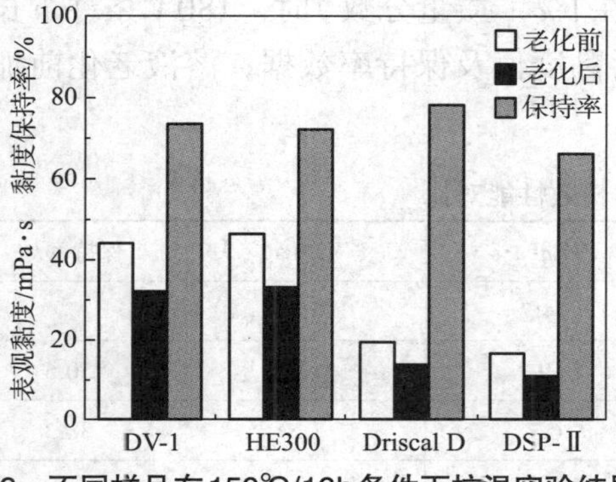

图6　不同样品在150℃/16h条件下抗温实验结果

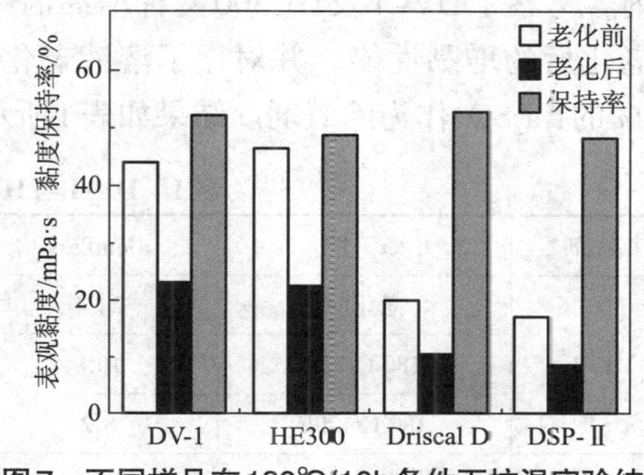

图7　不同样品在180℃/16h条件下抗温实验结果

2.4　抗盐性能

由图8可知，随着NaCl浓度的增大，起初两种增黏剂的表观黏度急剧下降，HE300的下降幅度略大于DV-1，当NaCl浓度达到约5%后，两者溶液的表观黏度趋于平稳。虽然HE300溶液的起始表观黏度大，但随着NaCl的加入，其溶液表观黏度始终低于DV-1，说明DV-1的抗NaCl性能要优于HE300。

图9为几种处理剂高温下抗钙性能的对比。其中，溶液中$CaCl_2$浓度为30%，处理剂

用量均为2%（质量分数），评价条件为在180℃下老化16h。从图中可以看出，各组溶液的初始表观黏度均非常低，尤其是DSP-Ⅱ溶液的表观黏度仅为8mPa·s。经过180℃/16h老化后，DV-1与HE300的黏度保持率均大于90%。尽管Driscal D溶液的黏度保持率最高，达到了98%，但黏度绝对值仅为13.6mPa·s。DSP-Ⅱ老化后失去增黏效果，溶液黏度仅为1.7mPa·s。通过结果对比可知，DV-1与HE300在180℃高温老化后，溶液仍具有良好的增黏性能，且黏度保持率维持在较高的水平。相比而言，国产DSP-Ⅱ的高温抗钙性能较差。

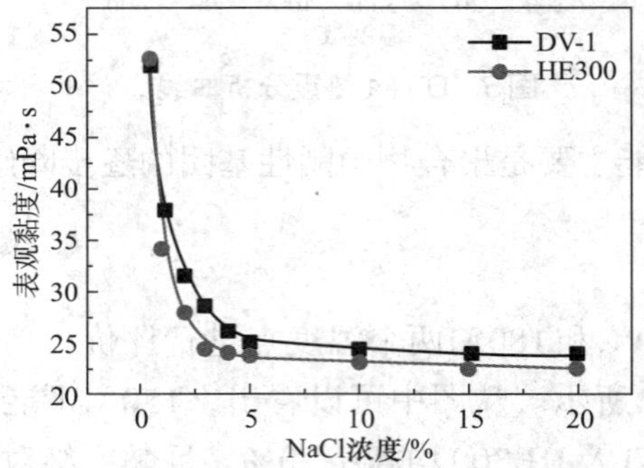

图8 NaCl浓度对增黏剂性能的影响

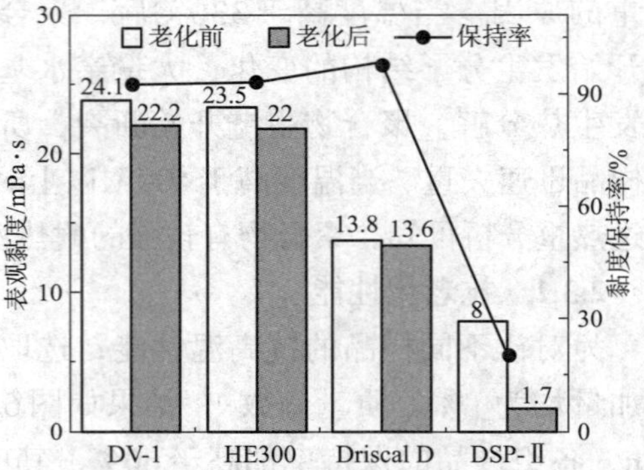

图9 不同样品抗温抗钙性能对比

2.5 长效抗温性能

随着井深的增加，处理剂的长效性能是决定钻井液长周期循环的重要因素，本部分内容考察了DV-1及HE300两种增黏剂用量在1%（质量分数）时，180℃条件下长时间老化后的增黏性能，并对比了溶液老化前后黏度值及保持率数据，溶液老化前加入0.5%的Na_2SO_3作为除氧剂。结果如表1所示。

表1 DV-1与HE300长效性能对比

增黏剂	条 件	*AV*/mPa·s	*PV*/mPa·s	*YP*/Pa	保持率/%
DV-1	老化前	21.4	14.7	6.8	
	180℃/72h	10.8	9	1.8	50.5
	180℃/120h	8.2	6.7	1.5	38.3
HE300	老化前	20.4	12.9	7.7	
	180℃/72h	9.8	5.4	4.5	48
	180℃/120h	9	6.2	2.8	44

通过数据可以看出，经过72h老化后，DV-1溶液黏度保持率在50%以上，略高于HE300。当老化时间延长至120h，HE300溶液的黏度保持率为44%，要高于DV-1的38.3%。总体来看，DV-1与HE300均具有良好的长效抗温性能。

3 结论

（1）利用自主研发两性离子单体P、烷基丙烯酰胺、NVP等单体，通过自由基聚合法制备了增黏剂DV–1，通过红外、^{1}H–NMR等表征测试手段，证实共聚物为目标产物。

（2）DV–1具有良好的增黏抗温性能，通过TG、热滚等对DV–1的抗温性能评价结果显示，DV–1的热解温度高达330℃，180℃/16h老化后溶液的黏度保持率可达52%。

（3）在NaCl和$CaCl_2$溶液中增黏性能评价结果表明，DV–1在NaCl溶液中的增黏性能良好，并且在30%$CaCl_2$溶液中的抗温能力良好，溶液黏度保持率大于90%。

（4）DV–1具有良好的长效性能，在180℃下经72h和120h老化后，溶液具有良好黏度保持率，有利于钻井液体系的长周期循环。

参考文献

［1］王中华．国内钻井液及处理剂发展评述［J］．中外能源，2013，18（10）：34–43.

［2］鄢捷年．钻井液工艺学［M］．东营：石油大学出版社，2001.

［3］王平全，周世良．钻井液处理剂及其作用原理［M］．北京：石油工业出版社，2003.

［4］李建军，王中义．抗高温无固相钻井液技术［J］．钻井液与完井液，2017，34（03）：11–15.

［5］陈曦，郭丽梅，薛锦华．无固相钻井液用增黏剂的合成［J］．精细石油化工，2016，33(01)：6–11.

［6］张黎明．我国纤维素油田化学品的应用与发展前景［J］．纤维素科学与技术，1996，4（2）：1–12.

［7］杨小华．生物质改性钻井液处理剂研究进展［J］．中外能源，2009，14（8）：41–47.

［8］杨新亭，张良．黄原胶的性能及其应用［J］．河南农业大学学报，1999，33（增刊）：137–140.

［9］谢彬强，邱正松，黄维安，等．高性能水基钻井液增黏剂研发思路探讨［J］．钻井液与完井液，2012，29（4）：75–80.

［10］刘建军，刘晓栋，马学勤，等．抗高温耐盐增黏剂及其无固相钻井液体系研究［J］．钻井液与完井液，2016，33（02）：5–11.

［11］蒲亮春，邓明毅，谢刚，等．钻井液增黏剂CX–215及固相组成的降滤失研究［J］．钻井液与完井液，2014，31（04）：40–43+98.

［12］张现斌，李欣，陈安亮，等．钻井液用抗高温聚合物增黏剂的制备与性能评价［J］．油田化学，2020，37（01）：1–6+16.

［13］谢彬强，邱正松．基于新型增黏剂的低密度无固相抗高温钻井液体系［J］．钻井液与完井液，2015，32（01）：1–6+97.

［14］闫丽丽，孙金声，王建华，等．新型抗高温抗盐钻井液增黏剂PADA的制备与性能［J］．石油学报（石油加工），2013，29（03）：464–469.

钻井液用超支化聚合物乳液的研究与应用

苏雪霞[1,2] 王中华[1,2] 孙 举[1,2] 徐生婧[1,2] 王 旭[1,2] 郑志军[1,2] 郭 鹏[1,2]

（1.中石化中原石油工程有限公司钻井工程技术研究院，河南 濮阳 457001；
2.中石化石油工程钻完井液技术中心，河南 濮阳 457001）

摘 要：为解决钻井液在超高温、超高密度等苛刻条件下钻井液性能控制难题，采用可逆加成-断裂链转移聚合方法（RAFT聚合法）合成了一种钻井液用超支化聚合物反相乳液EHBPS-L，采用凝胶渗透色谱测定了产物的相对分子质量及相对分子质量分布、分析计算出支化因数，评价了高温高盐情况下聚合物降滤失性能及配伍性。评价结果表明，EHBPS-L高温稳定性好，相对分子质量分布均匀，高温稳定性好，高温高盐条件下在显著降低钻井液滤失量的同时，可很好地控制流变性，抗温220℃、抗NaCl可达36%。该产品在西北工区顺北16X、塔深5井等70余口井现场应用，应用结果表明，由EHBPS-L等处理剂形成的高温钻井液热稳定性好，确保顺北16X井加深井段的顺利钻进，完钻井深7471.47m，取得了良好的应用效果，满足了安全高效钻井需求。

关键词：超支化聚合物乳液；RAFT聚合；降滤失剂

随着油气田勘探开发的不断深入，深井、超深井不断增多，对水基钻井液性能提出了更高的要求，目前普遍使用的直链线性聚合物类处理剂难以完全满足超高温、超高密度等苛刻条件下钻井液性能控制难题，尤其在钻遇盐膏层或碳酸盐层，钻井液流变性和滤失量难以兼顾，国内外学者开展了大量的研究工作，也在现场应用中取得了一定的效果，但由于价格昂贵且相对分子质量高，现场钻井液增稠，给现场施工带来很多困难[1-2]，为解决高温钻井液流变性同时也为突破处理剂研究的瓶颈，以丙烯酸、2-丙烯酰胺基-2-甲基丙磺酸、丙烯酰胺为单体，采用可逆-加成断裂链转移聚合方式研制超支化聚合物EHBPS-L，并进行了室内性能评价和现场实验应用[3-7]。

1 EHBPS-L的合成

1.1 合成原料

2-丙烯酰胺基-2-甲基丙磺（AMPS）、丙烯酸（AA）、丙烯酰胺（AM）、支化剂、氢氧化钾（KOH）、乳化剂SP-80、TW-80 、OP-15均为工业品，链转移剂（室内合成），白油3#工业级，引发剂（分析纯）。

作者简介：苏雪霞（1980—），女，山东鄄城人，本科，高级工程师，现任中原石油工程公司钻井工程技术研究院钻井液工艺专家，主要从事钻井液技术研究工作。E-mail：suxuexia2003@163.com。

1.2 合成步骤

（1）将SP-80加入白油中，搅拌使其全部溶解，得到油相。将KOH溶于水，配成KOH水溶液，冷却至室温，搅拌下先后缓慢加入丙烯酸、2-丙烯酰胺基-2-甲基丙磺酸，等其溶解后加入配方量80%丙烯酰胺和占丙烯酰胺0.2%的RAFT链转移剂，搅拌使其完全溶解。加入TW-80、OP-15搅拌至溶解均匀得水相。

（2）将水相加入油相，用均质机搅拌20min，得到乳化反应混合液；将乳化反应混合液置于35℃恒温水浴中，通氮气10min，加入引发剂，搅拌下继续通氮气10min，后逐渐升温，通氮气完毕后继续保温反应1~2h内加入剩余的丙烯酰胺和占丙烯酰胺质量0.02%的支化剂，在35℃下保温聚合3h，得到超支化聚合物乳液；其固相含量不小于35.0%，在水溶液中加入1%乳液，其表观黏度≤23mPa·s，pH值为7~8。

2 EHBPS-L 的表征

2.1 相对分子质量及其分布

为测定EHBPS-L的相对分子质量、相对分子质量分布，用岛津LC-20AT高效液相色谱仪、岛津RID-10A示差折光检测器、美国怀雅特公司十八角度激光光散射仪（DAWN HELEOS Ⅱ）进行了实验。水溶性SEC（GFC）色谱柱（OHpak SB-806 HQ、OHpak SB-804 HQ），溶剂为0.1mol/L的$NaNO_3$水溶液，流速0.5mL/min，样品注射量50μL，测试温度为40℃。测试结果表明，EHBPS-L的数均相对分子质量为20.8万，分布系数1.112。相同组分的线性聚合物数均相对分子质量17.9万，分布系数1.770。从相对分子质量及分布的测试结果可知，EHBPS-L相对分子质量多分散性较小，表明合成的水溶性超支化聚合物相对分子质量比较均一。

2.2 支化因子

合成单体及基团比例相同的线性聚合物，通过合成条件及合成工艺改变控制绝对相对分子质量相同，通过凝胶渗透色谱测定相对分子质量，超支化聚合物特性黏数与线性聚合物特性黏数比值即为超支化聚合物支化因子。从特性黏数的一结果可知，EHBPS-L的支化因子为0.55，支化因子越小，说明支化度越高，当支化因子为1时，表明该产物属线性结构。

3 EHBPS-L 性能评价

3.1 降滤失性能

表1是超支化聚合物乳液加量对不同类型基浆性能影响评价结果。从表1可以看出，超支化聚合物乳液在复合盐水浆中具有较好的降滤失、提切能力，同时具有较强的抗盐

和抗钙、镁离子污染能力，当超支化聚合物乳液加量为2%时（相当于有效用量0.7%），EHBPS–L表观黏度增加9.5%、滤失量降低率达91.2%，说明超支化聚合物乳液产品在盐钙的存在下具有较好的降滤失效果，黏度增加幅度较小。

表1 EHBPS-L在不同基浆中的性能评价结果

超支化聚合物	基浆	聚合物加量/%	*AV*/mPa·s	*PV*/mPa·s	*YP*/Pa	*FL*/mL	pH值
EHBPS–L	饱和盐水	0	5.5	4.0	1.5	180	7.0
		5	56.5	39.0	17.5	6.8	7.0
		6	76.5	55.0	21.5	1.0	7.0
	复合盐水	0	5.5	4.0	1.5	118.0	7.0
		2	15.0	11.0	4.0	10.4	7.0
		2.5	24.5	17.0	7.5	1.6	7.0

3.2 抗温性能

表2是不同老化温度下，超支化聚合物乳液在钻井液中的性能评价结果。从表2可以看出，EHBPS–L加量为2%时（相当于有效含量0.7%），在复合盐水浆中经150℃/16h老化后，滤失量控制在12.4mL；加量5.0%时（相当于有效用量1.75%），在饱和盐水钻井液中经200℃/16h老化后滤失量控制在15mL以内。EHBPS–L黏度效应低，抗温抗盐及降滤失效果突出，适合应用于高温高密度钻井液。

表2 老化温度对钻井液性能影响

超支化聚合物	基浆	加量/%	实验条件	*AV*/mPa·s	*PV*/mPa·s	*YP*/Pa	*FL*/mL	pH值
EHBPS–L	饱和盐水浆	5.0	200℃/16h	7.0	5.0	2.0	14.8	7.0
		6.0		8.5	6.0	2.5	7.2	7.0
		6.0	220℃/16h	8.0	5.0	3.0	13.2	7.0
	复合盐水浆	2.0	150℃/16h	5.5	5.0	0.5	12.4	7.0
		2.5		9.0	8.0	1.0	6.0	7.0
		2.5	165℃/16h	10.5	6.0	4.5	10.0	7.0

3.3 钻井液配方实验

3.3.1 聚磺钾盐钻井液的热稳定性

采用超支化聚合物乳液与现场常用的处理剂设计密度2.0g/cm^{3}聚磺钾盐钻井液体系，并进行了常温、200℃高温滚动不同时间，然后测定性能，结果见表3。由表3可知，聚合物加量为2.0%时，钻井液黏度较低，连续老化48h，浆体均匀、流变性较好、API滤失量控制在4mL以内，静止112h浆未出现沉降。说明EHBPS–L与现场常用SMP、SMC具有良好的配伍性，应用于高密度钻井液中可提高悬浮稳定性和高温稳定性。

表3　高密度聚磺钾盐钻井液体系高温稳定性能

实验条件	AV/mPa·s	PV/mPa·s	YP/Pa	Gel/（Pa/Pa）	FL/mL	pH值
常温	49.0	38.0	11.0	4.0/8.0	3.6	9.0
200℃/16h	41.5	34.0	7.5	2.0/4.0	4.8	8.5
200℃/32h	43.0	34.0	9.0	4.0/8.0	3.2	9.0
200℃/48h	40.0	32.0	8.0	3.0/6.0	3.6	8.5
200℃/64h	33.0	29.5	3.5	2.5/4.0	9.0	8.5
200℃/80h	39.0	26.0	13.0	4.5/6.0	15.0	9.0
200℃/96h	33.0	28.0	5.0	1.5/4.0	14.4	8.5
200℃/112h	26.5	23.0	3.5	1.5/4.0	17.2	8.5

注：钻井液组成4%浆+2%超支化聚合物乳液+8%SMP+8%SMC+0.3gNaOH+5%KCl+420g重晶石。

3.3.2　盐水钻井液的热稳定性

采用超支化聚合物乳液产品EHBPS-L与现场常用的处理剂设计密度1.5g/cm^{3}盐水钻井液体系，并进行了常温、180℃高温滚动老化，然后静置8d后测定性能，结果见表4。由表4可知，聚合物加量为2.0%时（相当于有效用量0.68%）高温静置8d后，钻井液上下均匀，底部略有密度差，黏度保持率为33.3%，API滤失量16.0mL，优于现场抗高温处理剂，与目前抗高温粉剂相比，黏度效应更低，降滤失量和提切效应更明显。

表4　钻井液性能

编　号	实验条件	AV/mPa·s	PV/mPa·s	YP/Pa	Gel/（Pa/Pa）	API/mL	n值	K/Pa·s^n
1	常温	31.5	17.0	14.5	7.5/		0.453	30.51
	180℃/16h	19.0	12.0	7.0	4.0/7.5	8.4	0.547	17.44
	180℃静止8d	10.5	7.0	3.5	2.5/3.5	16.0	0.584	13.6
2	常温	78.0	48.0	30.0	7.5/		0.531	18.56
	180℃静止8d	15.0	13.0	2.0	0.5/2.0	17.0	0.819	3.061

注：配方1为5%基浆+2%超支化聚合物乳液+6%SMC+0.5%NaOH+5%NaCl+311g重晶石；配方2为5%基浆+2%现场抗温处理剂+6%SMC+6%SMP+0.5%NaOH+5%NaCl+311g重晶石。

4　现场应用

研制的钻井液用超支化聚合物乳液EHBPS-L在顺北16X井、塔深5井、元坝15井等280余口井进行了现场应用。顺北16X井位于新疆巴音郭楞蒙古自治州且末县境内，原井眼钻至设计完钻井深6777m，按照地质要求加深钻进至井深7471.47m，使用麦克巴ENVIROTHERM NT高性能水基钻井液施工，加深至井深7086m发生卡钻，经两次泡盐酸、一次泡土酸、钻具倒扣、大头公锥打捞，均未成功，回填侧钻。应用超支化聚合物乳液EBPS-L、抗高温树脂HTASP为主剂的超高温钻井液技术，在井底温度209℃，有效保持钻井液性能稳定，180℃温度下高温高压滤失量为5~9mL，钻进无托压现象，起下钻井眼通畅、无阻卡现象。表5为顺北16X井分段钻井液性能。

表5　顺北16X井分段钻井液性能

井深/m	ρ/（g/cm³）	FV/s	AV/mPa·s	PV/mPa·s	YP/Pa	Gel/（Pa/Pa）	HTHP/（180℃）/mL	FL/mL
6364	1.44	74	45	45	0	0/1	60.0	1.8
6454	1.60	50	32	29	3	2/4	42.0	1.4
6709	1.65	58	41	38	3	2.5/5	26.0	0.6
6873	1.70	57	45	36	9	3.5/7.5	15.0	0.6
6930	1.71	62	55.5	51	4.5	2.5/6	12.0	0.4
7133	1.68	56	43.5	39	4.5	2/5	9.0	0.3
7224	1.66	58	48	39	9	3.5/8.5	9.0	0.3
7299	1.50	47	26	22	4	2/6	9.0	1.0
7370	1.48	45	26	22	4	2/6	8.0	1.0
7501	1.47	44	25	24	1	1.5/2.5	5.0	1.0

针对CO_2对钻井液的污染问题，一方面，提高pH使碳酸氢根转化为碳酸根，采用钙离子除碳酸根，施工过程中通过每天监测钙离子含量，不断在井浆中补充烧碱和氯化钙水溶液，维持pH值不低于11和钙离子含量在150~300mg/L；另一方面，使用超支化乳液聚合物EHBPS-L提高钻井液的抗钙能力，保持钻井液性能稳定。

针对地层出盐水，采取的主要措施为排放低密度盐水混浆和对混浆维护处理；井浆黏切降低采取补充坂土浆和超支化乳液聚合物方式来提高黏切，同时加大维护处理胶液浓度和加量，调整钻井液性能稳定。表6为维护前后钻井液性能。

表6　维护前后钻井液性能

井深/m	Cl^-/（mg/L）	ρ/（g/cm³）	FV/s	AV/mPa·s	PV/mPa·s	YP/Pa	Gel/（Pa/Pa）	FL/mL
7348	44791	1.43	40	30	30	0	0/1	1.4
维护后	48630	1.49	52	32.5	31	1.5	1/2.5	1.0
7460	55360	1.17	30	5	4	1	0/0	2.0
维护后	49981	1.49	47	26	25	1	0.5/1.5	1.0
7465	51296	1.28	68	57	42	15	2/5	1.6
维护后	48630	1.48	46	25	22	3	1/2	0.8

5　结论

（1）以丙烯酰胺、2-丙烯酰胺基-2-甲基丙磺酸等为原料，采用可逆加成断裂链转移聚合方式合成的钻井液用超支化聚合物乳液EHBPS-L，具有很好的耐温和抗盐能力，抗温可达220℃，抗NaCl可达饱和，黏度效应低，降滤失效果显著，能明显增强钻井液的高温稳定性。

（2）在2.0g/cm³聚磺钾盐钻井液体系中连续老化48h，钻井液流变性较好、API滤失量控制在4mL以内，静止112h浆未出现沉降，表现出良好的高温稳定性能，有利于提高钻井液长期高温稳定性能。

（3）顺北16X井的应用表明，EHBPS-L的钻井液在超高温条件下具有良好的抗钙、抗盐、抗酸根污染能力，可以满足深井超高温钻井需求。

参考文献

［1］王中华．国内外钻井液技术进展及对钻井液的有关认识［J］．中外能源，2011，16（1）：48-60.

［2］王中华．高性能钻井液处理剂设计思路［J］．中外能源，2013，18（1）：36-46.

［3］王中华．钻井液用两性离子P（AM-AMPS-DAC）共聚物反相乳液的制备与性能评价［J］．中外能源，2014，19（4）：28-34.

［4］王中华．钻井液用超支化反相乳液聚合物的合成及其性能［J］．钻井液与完井液，2014，31（3）：14-18.

［5］闫彦玲，杨建军，等．超支化聚合物的活性聚合制备方法及其应用研究进展［J］．现代化工，2016，36（7）42-46.

［6］张鹏，滘毅，郑朝晖，等．可逆加成-断裂链转移（RAFT）聚合在星形聚合物合成中的应用［J］．高分子通报，2009，（4）：49-56.

［7］郭含培，王文俊，李伯耿，等．半连续RAFT反相乳液共聚合制备星型阳离子聚丙烯酰胺［J］．高校化学工程学报，2013，27（5）：854-860.

绿色化学在油田助剂研发中的应用

陈彦焕[1, 2]　孙　举[1, 2]　王中华[1, 2]

（1. 中石化中原石油工程有限公司钻井工程技术研究院，河南 濮阳　457001；
2. 中石化石油工程钻完井液技术中心，河南 濮阳　457001）

摘　要： 油田助剂是油气资源勘探开发不可或缺的技术要素之一，其发展进步有助于提高生产效率和保护环境。绿色化学倡导以先进技术节约能源和资源，发展环境友好、生物无害和安全绿色的化学品开发与应用，有助于协调经济、资源、环境三者间的矛盾。绿色化学在油田助剂研发中具有广阔的应用空间与发展前景。本文结合绿色化学技术内涵、发展历史与中原石油工程公司钻井院在油田助剂绿色化所开展的工作，阐述了绿色化学在油田助剂研发中的应用现状，并提出了进一步的发展建议。

关键词： 油田助剂；绿色化学；勘探开发技术

0　引言

油田助剂是指应用于石油工业勘探、开发、开采及运输等各领域的精细化工产品。油田助剂的发展进步有利于提高勘探开发的效率和环境保护的实现。随着我国油气资源的勘探开发向深层、海上等发展，以及对环境保护意识增强与管理力度加大，对环保的要求越来越高。绿色化学是20世纪90年代新兴的一门多学科交叉领域，理念是用现代化学的原理和方法来减少或消除对人类和环境有害的原料、催化剂、溶剂、试剂、产物、副产物的使用和产生，使所开发的化学品和过程更友好，又被誉为环境无害化学（environmentally benign chemistry）、环境友好化学（environmentally friendly chemistry）、清洁化学（clean chemistry）[1-3]。

绿色化学改变传统的化学思维方式，尽可能合理利用资源和能源，降低生产成本，从源头上杜绝污染或彻底消除污染，有助于确保化工企业能够正常运转与生产，同时减轻对环境的污染与破坏，是发展生态经济和工业的关键，实现可持续发展战略的重要组成部分[4]。绿色化学是对传统化学的创新和发展，是更高层次的化学，通过工程技术来实现化学废弃物零排放，以“资源—产品—再生资源”取代传统的化学生产模式“资源—废物—排放”，是21世纪化学发展的主要方向之一[5]。随着油气资源勘探开发技术的进步以及环保政策的收紧，降本与环保已成为油田助剂发展的方向，研究经济技术上可行、原料可循环使用、环境无害、生物无害的化学过程的设计和应用至关重要[6, 7]。为便于系统了解绿色化学的内涵，为油田助剂的开发与应用提出有价值的建议，本文介绍了绿色化学技术与中原石油工程公司在油田助剂绿色化发展开展的工作，并对后续发展提出了建议。

作者简介： 陈彦焕（1989—），男，河南安阳人，博士，助理研究员，现任中原石油工程公司钻井院副主任师，主要从事钻井液体系、处理剂研究及推广工作。E-mail：chenyanhuan@iccas.ac.cn。

1　绿色化学发展历史

绿色化学发端于美国，20世纪美国环保局（EPA）提出了通过减少产生与回收利用废物实现资源更有效利用的“废物最小化”和“污染预防”概念，随后在官方文件中正式命名“绿色化学”（Green Chemistry），突出化学对环境的友好[8]。绿色化学概念的提出，受到了广泛关注。各国相继成立了绿色化学实验室、创办期刊、设立奖项，如美国“绿色化学研究所”与“总统绿色化学挑战奖”，英国皇家化学会（RSC）创办了国际化学期刊Green Chemistry与绿色化工水晶奖、英国绿色化学奖、英国化学工程师学会环境奖，日本绿色与可持续化学网络（GSCN）与“绿色和可持续发展化学奖”，大幅推进了绿色化学的发展。

我国在1994年审议通过《中国21世纪议程》政府白皮书，并于1995年组织了《绿色化学与技术—推进化工生产可持续发展的途径》的院士咨询活动，对国内外绿色化学的现状与发展趋势进行了大量调研、讨论和反复验证，结合国内情况，提出了发展绿色化学与技术、消灭和减少环境污染源的七条建议，并“建议国家科技部组织调研，将绿色化学与技术研究工作列入‘九五’基础研究规划”，研究和推广“绿色化学与技术”。中国科技大学等单位与国际绿色化学组织联合发起，在合肥举办了第一届国际绿色化学高级研讨会，《化学进展》杂志出版了“绿色化学与技术”专辑[9]。2006年7月正式成立了中国化学学会绿色化学专业委员会，加强关于绿色化学的研究和开发。随后相继举办了主题为“化学构筑美好生活”的中法绿色化学学术交流会议、“绿色化学国际论坛”、“环境与可再生能源与绿色化工”国际会议等活动，推动了绿色化学与再生能源和环境保护的发展融合。尤其是在2021年10月24日，中共中央、国务院印发《关于完整准确全面贯彻新发展理念做好碳达峰碳中和工作的意见》，承诺2030年前二氧化碳排放达峰，2060年前实现碳中和，国家政府已将“绿色”作为克服发展障碍、促进发展动力、增强发展优势的“五大”理念之一。

2　绿色化学技术内涵

传统的化学、化工过程评价模式注重经济效益，通常采用目标产物选泽性、收率、反应速率等指标衡量优劣性，没有考虑原料的充分有效利用和排放废物对不境的影响。绿色化学技术研究是从化学反应的设计、进行、产物使用及废弃过程中使污染减少到最小的新兴科学，主要研究方向有绿色替代原材料、绿色化学反应途径、绿色试剂的使用、绿色替代溶剂技术等。

绿色化学与技术结合化学理论与方法、化工、生物、信息等技术应用于所有的化学品和化学过程，更加充分地利用资源与能源，达到资源可重复使用的循环经济以促进可持续发展。新模式下的绿色化学可以促进污染的防止和工业生态的平衡，美国在1995年建立总统绿色化学挑战奖（Presidential Green Chemistry Challenge Award），鼓励和支持那些具有基础性和创新性变迁、并对工业界有实用价值的化学工艺新方法，以通过减少资源的消耗来实现对污染的防止。中原石油工程公司在油田助剂绿色化研发与应用方面开

图1　绿色化学结构图

展了大量工作，并取得了系列进展。本工作结合油田助剂与总统绿色化学挑战奖，从“绿色合成路径、绿色反应条件和绿色化学品设计”三个方面展开介绍，见图1。

2.1　绿色合成路径

绿色合成路径包括使用绿色原料、使用新的试剂或催化剂和利用自然界的工艺过程、原子经济过程等。其中原料的绿色化可通过清洁原料、可再生原料、低能耗原料、再循环原料、替代原料等实现[10]，基于天然材料、工业废料及农林加工副产品等形成的油田助剂已经初具规模[11-13]。

中原石油工程公司司西强等[14, 15]通过分子设计及合成设计，优化分子结构，制备得到环保、高性能、低成本的阳离子烷基糖苷（CAPG）[16, 17]、聚醚胺基烷基糖苷（NAPG）[18]、磺化胺基烷基糖苷高效润滑剂[19]、改性壳聚糖抗高温抗盐降滤失剂[20]等糖苷系列特色产品。以研发的改性烷基糖苷为基础，形成了改性烷基糖苷类油基钻井液体系[21-23]、近油基钻井液、ZY-APD高性能水基钻井液等系列烷基糖苷衍生物钻井液[24, 25]，基本上实现了国内在页岩油气高性能水基钻井液代替油基钻井液的突破（图2）。

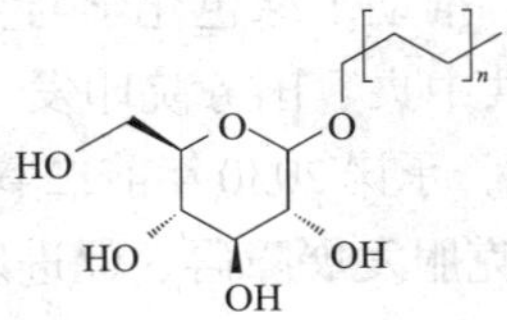

(a)分子结构式

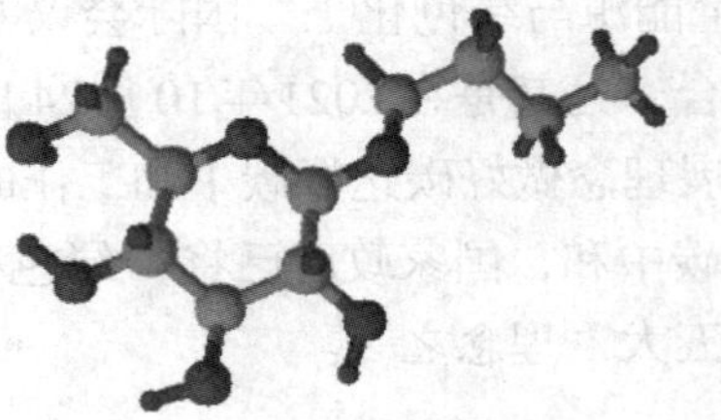

(b)立体结构

图2　烷基糖苷分子结构式与立体结构

中原石油工程公司李晓岚等[26-28]以废苯乙烯泡沫为原料开发出了封堵护壁剂FPS，具有较好的降滤失和护壁成膜作用，与钻井液的配伍性好，封堵能力强，能够有效提高井壁的稳定性，抗温可达200℃，且不易起泡，在4%的淡水基浆中加入2.0%的胶乳封堵剂FPS后，钻井液泥饼的质量得到很大改善，淡水钻井液的API滤失量由40mL降低到11.0mL。

2.2　绿色反应条件

绿色反应条件包括低毒溶剂取代有毒溶剂、无溶剂反应条件或固态反应、新的过程方法、消除高耗能/高耗材的分离纯化步、提高能量效率等。传统的化学化工主要采用的是粗放型的化学化工方式，而绿色化学化工突破了传统方式的局限，在进行化学化工生产的时候所使用的各种能源资源都尽可能地选用无污染的能源资源，并在使用能源资源的过程中对生产材料给予最大限度的利用，使生产材料的价值得到有效发挥，实现了保护环境与节约能源的双赢。

中原石油工程公司单海霞[29]等利用生物酶定向催化，将木质素大分子解聚成富含芳香基、酚羟基和醇羟基等活性基团的小分子，然后利用分子重排、化学聚合等反应，一方面提高主链刚性，利用空间体积和空间位阻效应，增强抗温性能；另一方面利用空间体型结构的吸附点，提高在黏土上的吸附性、吸附厚度及抑制性，形成低渗透性致密泥饼，使生物质合成树脂降滤失剂的性能满足抗高温、抗盐和降滤失性能需求。经生物降解和化学反应得到生物质合成树脂降滤失剂LDR-501（图3）。性能测试结果表明：LDR-501的BOD_5/COD_{Cr}为0.26，可生物降解；EC_{50}为440000mg/L，无毒；浊点盐度为160g/L，用其处理的基浆在180℃老化16h后的高温高压滤失量为18.6mL。在此基础上形成了生物质水基钻井液[30]、生物质合成基钻井液[31]。

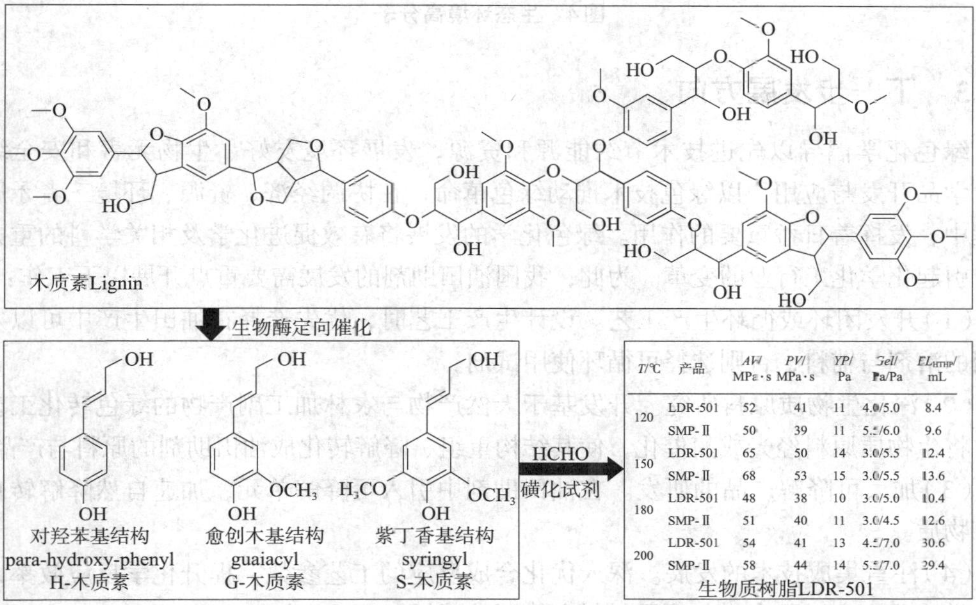

T/℃	产品	AV/MPa·s	PV/MPa·s	YP/Pa	Gel/Pa/Pa	FL_{HTHP}/mL
120	LDR-501	52	41	11	4.0/5.0	8.4
	SMP-Ⅱ	50	39	11	5.5/6.0	9.6
150	LDR-501	65	50	14	3.0/5.5	12.4
	SMP-Ⅱ	68	53	15	3.0/5.5	13.6
180	LDR-501	48	38	10	3.0/5.0	10.4
	SMP-Ⅱ	51	40	11	3.0/4.5	12.6
200	LDR-501	54	41	13	4.5/7.0	30.6
	SMP-Ⅱ	58	44	14	5.5/7.0	29.4

图3 木质素酶催化机理图与生物质树脂（LDR-501）性能

2.3 绿色化学品设计

绿色化学品设计包括用低毒物取代现有产品、更安全的产品、可循环或可降解的产品、对大气安全的产品等。在进行化学产品设计的时候，要对生产资源进行充分利用，不仅要重视产品的生产效率，还要保证产品的质量并尽可能地降低其毒性。

生态环境高分子（图4）是指全生命周期内低环境负荷甚至没有环境负荷的一类环保高分子[31]。以聚乳酸、二氧化碳基塑料为代表的生物降解高分子也已经从基础研究步入工业化，使我国成为世界上唯一可生产所有生物降解高分子品种的国家。在钻探领域中，合成基钻井液相较于污染性强、废弃物处理难度大的传统油基钻井液，是由人工合成或改性有机物连续液相，如酯类、醚类、聚 α－烯烃类、线性石蜡、线性 α－烯烃和异构烯烃等，具有环保绿色优势，逐渐受到重视[32]。

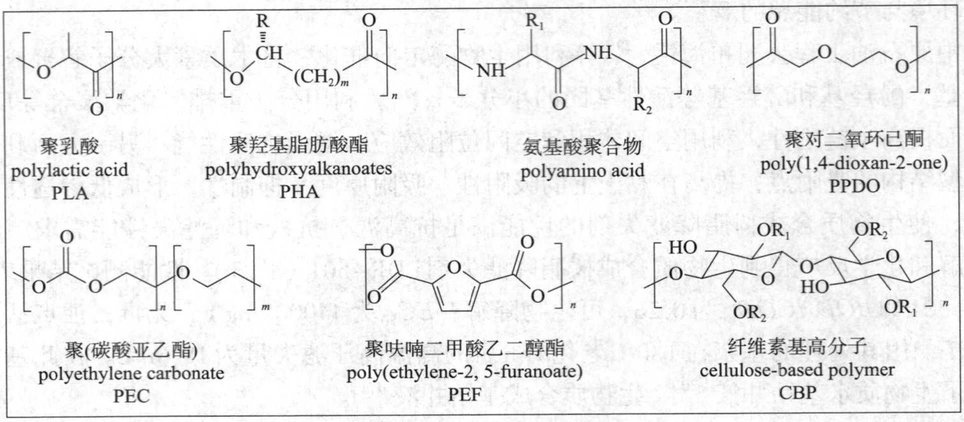

图4 生态环境高分子

3 下一步发展方向

绿色化学倡导以先进技术节约能源和资源，发展环境友好、生物无害和安全绿色的化学品开发与应用，以绿色技术推动绿色革命，在协调经济、资源、环境三者矛盾的过程中，发挥着日益重要的作用。绿色化学的发展将有效促进化学及相关学科的重大发展，引起化学化工行业的变革。为此，我国油田助剂的发展需要重点开展以下工作：

（1）开发闭环或循环生产工艺。设计生产工艺时，优先选择在油田生产中可以发挥作用的溶剂与辅料，否则选择可循环使用试剂。

（2）深化生物质原料研究。开发基于天然产物与农林加工副产物的绿色转化工艺研究，将生物质原料经光或酶催化，使其结构重组、降解转化成油田助剂的原料与产品。

（3）加大可降解产品的研发。在油田助剂中引入可降解单元，加速自然降解转化成无害物质。

（4）注重集成技术的发展。深入优化合成反应的工艺参数，提升化学反应效率，减少化学工业生产过程中对各项原材料和能源的消耗。

参 考 文 献

[1] 闵恩泽，魏昊．绿色化学与化工[J]．北京：化学工业出版社，2000.

[2] TUCKER J L. Green chemistry，a pharmaceutical perspective [J]. Organic process research & development，2006，10（2）：315-9.

[3] NAVEENKUMAR R，BASKAR G. Process optimization，green chemistry balance and technoeconomic analysis of biodiesel production from castor oil using heterogeneous nanocatalyst [J]. Bioresource Technology，2021，320：124347.

[4] 徐汉生．绿色化学导论[M]．绿色化学导论，2002.

[5] 郭鑫．绿色化工的进展及前景[J]．科技与企业，2013，（11）：118.

[6] 王中华 . 国内钻井液处理剂研发现状与发展趋势[J]. 石油钻探技术, 2016, 44(03): 1-8.
[7] 王中华 . 国内钻井液技术进展评述[J]. 石油钻探技术, 2019, 47(03): 95-102.
[8] TROST B M. The atom economy—a search for synthetic efficiency[J]. Science, 1991, 254(5037): 1471-7.
[9] 钱易, 唐孝炎 . 环境保护与可持续发展[J]. 环境保护与可持续发展, 2010.
[10] 路小彬, 唐仪 . 绿色化工产品发展现状与展望[J]. 山东化工, 2022, 51(02): 53-5.
[11] 王中华 . 国内工业废料及农林副产品改性钻井液处理剂回顾与展望[J]. 中外能源, 2016, 21(09): 28-36.
[12] 王中华 . 2013—2014 年国内钻井液处理剂研究进展[J]. 中外能源, 2015, 20(02): 29-40.
[13] 王中华 . 中国天然材料改性钻井液处理剂现状与开发方向[J]. 中外能源, 2018, 23(08): 28-35.
[14] 雷祖猛, 司西强, 赵虎 . 烷基糖苷及其衍生物在钻井液中的应用研究进展[J]. 能源化工, 2018, 39(01): 46-50.
[15] 司西强, 王中华, 魏军, 等 . 阳离子烷基糖苷的合成及应用[J]. 精细石油化工进展, 2011, 12(11): 27-31.
[16] 司西强, 王中华 . 钻井液用磺化胺基烷基糖苷高效润滑剂的研制及性能[J]. 应用化工, 2022, 51(08): 2323-6.
[17] 司西强, 王中华 . 改性壳聚糖抗高温抗盐降滤失剂的研制[J]. 应用化工, 2022, 51(06): 1702-4+8.
[18] 谢俊, 司西强, 雷祖猛, 等 . 类油基水基钻井液体系研究与应用[J]. 钻井液与完井液, 2017, 34(04): 26-31.
[19] 司西强, 王中华, 王伟亮 . 聚醚胺基烷基糖苷类油基钻井液研究[J]. 应用化工, 2016, 45(12): 2308-12.
[20] 司西强, 王中华, 吴柏志 . 中国页岩油气水平井水基钻井液技术现状及发展趋势[J]. 精细石油化工进展, 2022, 23(01): 42-50.
[21] 司西强, 王中华 . 绿色高性能水基钻井液研究进展及发展趋势[J]. 应用化工, 2019, 48(08): 1980-4.
[22] 李晓岚, 苏雪霞, 郑志军, 等 . 微裂缝封堵护壁材料 FPS 的制备及性能研究[J]. 钻井液与完井液, 2015, 32(04): 25-7+105-6.
[23] 苏雪霞, 李晓岚, 孙举, 等 . 微裂缝封堵护壁材料 FPS 的合成及其性能[J]. 精细石油化工, 2015, 32(05): 29-33.
[24] 张丽君, 李晓岚, 史沛谦, 等 . 无皂乳液聚合法合成钻井液用封堵护壁剂及其性能评价[J]. 精细石油化工进展, 2019, 20(06): 7-11.
[25] 周启成, 单海霞, 位华, 等 . 环保型生物质合成树脂降滤失剂[J]. 钻井液与完井液, 2020, 37(05): 593-6.
[26] 周启成, 梁应红, 单海霞, 等 . 抗高温高密度生物质钻井液体系研究及应用[J]. 石油钻探技术, 2020, 1-12.
[27] 张弌, 单海霞, 李彬, 等 . 生物质合成基钻井液性能评价[J]. 油田化学, 2019, 36(04): 594-9.
[28] 王中华 . 国内油基钻井液研究与应用综述[J]. 中外能源, 2022, 27(08): 29-36.

钻井液技术

中国页岩油气水平井水基钻井液技术现状及发展趋势

司西强[1, 2]　王中华[1, 2]

（1.中石化中原石油工程有限公司钻井工程技术研究院，河南 濮阳　457001；
2.中石化石油工程钻完井液技术中心，河南 濮阳　457001）

摘　要：综述了国内近年来在页岩油气水平井高性能水基钻井液领域的技术现状，主要包括聚合醇钻井液、胺基高性能水基钻井液、硅酸盐钻井液、铝胺基钻井液、疏水抑制水基钻井液、基于纳米材料的钻井液、CAPG高性能水基钻井液、氯化钙-烷基糖苷钻井液、ZY-APD高性能水基钻井液、近油基钻井液等。并在现有的页岩油气水平井高性能水基钻井液研究及应用的基础上，对其在页岩油气水平井中应用规模较小的原因进行了剖析，对其下步研究方向及发展趋势进行了展望。

关键词：页岩油气；水平井；高性能；水基钻井液；烷基糖苷衍生物；近油基钻井液

世界上最早开展页岩气勘探开发的国家是美国，最早可追溯至200年前。经过两个世纪的发展，目前美国已形成了成熟的页岩气开发技术[1]。国内页岩气勘探开发的起步较晚，最早一口井威201井于2010年建成投产，近年来在技术进步和商业开采方面发展迅猛[2]。国内页岩气储层埋深一般超过3500m，而美国储层埋深较浅，一般为1500~2000m，跟国外相比，我国页岩气资源地质条件更复杂，对钻井液等相关开发技术的要求也更高[3]。近年来，除页岩气商业开发外，国内也掀起了页岩油勘探开发的热潮，虽取得了较大进展，但在配套高效钻井液技术方面还有很长的路要走。

针对国内页岩油气储层来说，要达到商业开采价值，设计的页岩油气水平井的水平段一般长达1000~2500m，页岩微裂缝和层理发育严重，泥质含量高，施工过程中对钻井液的井壁稳定性等方面要求极高[4]。据统计，90%以上的井壁失稳发生在泥页岩等易坍塌地层[5]。常规水基钻井液不能很好地解决这些地层的井壁失稳问题；强抑制水基钻井液虽然抑制防塌效果较好，但跟油基钻井液相比仍有较大差距；传统的解决办法仍然是采用油基钻井液，但油基钻井液存在配制成本高、环保压力大等技术难题[6]。近年来，随着世界环保要求的日益严苛和钻井液低成本压力，国内在页岩油气高性能水基钻井液方面开展了大量的研究及应用工作，取得了较大进展和突破[7]。全面推广页岩油气高性能水基钻井液技术成为实现国内页岩油气水平井绿色、安全、高效钻进的技术亟

基金项目：中国博士后科学基金第5批特别资助项目（2012T50641）；中国博士后科学基金第50批面上资助项目（2011M501194）；中石化重大科技攻关项目（JP15003、JP17047、JPE19011）；中石化石油工程公司重大科技攻关项目（SG1302-03K、SG18-19K、SG18-18J）；中石化中原石油工程公司重大科技攻关项目（2019201）。

作者简介：司西强（1982—），男，山东日照人，博士，研究员，现任中原石油工程公司钻井院首席专家，主要从事精细化工、新型钻井助剂及页岩油气水基钻井液技术研究及推广工作。E-mail：sixiqiang@163.com。

需，势在必行。为进一步提高对页岩油气高性能水基钻井液替代油基钻井液的重要性的认识，满足页岩油气大规模高效开发的技术亟需，本文对国内近年来形成的页岩油气高性能水基钻井液技术进行简要介绍，主要包括胺基高性能水基钻井液体系、ZY-APD高性能水基钻井液体系、近油基钻井液体系等，并在此基础上对其发展趋势进行展望，以期对钻井液研究人员及现场技术人员具有一定启发作用，促进国内页岩油气水平井高性能水基钻井液技术更好的发展。

1　页岩油气水平井水基钻井液研究现状

从钻井液组成的角度来看，国内页岩油气水平井高性能水基钻井液主要采用聚合醇、有机盐、胺基抑制剂、硅酸盐、铝盐、疏水抑制剂、纳米材料、烷基糖苷衍生物等的一种或几种作为主处理剂，配伍其他具有流型调节、降滤失、封堵、润滑等不同功能的处理剂，构建并形成符合现场技术要求的各类页岩油气高性能水基钻井液体系，并在现场实战中取得了较好的应用效果。

1.1　聚合醇钻井液

刘平德等[8]阐述了聚合醇钻井液的抑制机理。主要包括浊点行为、协同作用、渗透作用等三个方面。结合室内实验分析了影响聚合醇钻井液抑制作用的因素。当温度达到聚合醇的浊点温度之后，聚合醇从钻井液中析出，封堵页岩微孔裂缝。当在聚合醇钻井液中加入适量的无机盐后，无机盐与聚合醇发挥协同作用，提高了聚合醇的页岩抑制性能，达到稳定页岩的目的。

肖金裕等[9]针对页岩气开发中面临的页岩极易水化膨胀、缩径、破碎坍塌等问题，优选出了有机盐-聚合醇钻井液配方。钻井液配方组成为：2%~3%膨润土+0.1%~0.2%KPAM+1%~2%LS-2+2%~3%酚醛树脂JD-6+3%~4%阳离子乳化沥青SEB+8%~10%有机盐Weigh2+3%~4%聚合醇MSJ+3%~4%水基润滑剂FK-10。性能评价结果表明，与现场常用的聚合物和聚磺钻井液相比，该有机盐-聚合醇钻井液具有较强的抑制性、封堵性能和较低的渗透性及活度，能阻止滤液进入页岩地层，防止页岩吸水膨胀垮塌，充分体现了体系的低活度防塌性能。在四川长宁构造的宁206井现场应用，摩阻在3t以内，返出岩屑形状规则。完井电测井径扩大率仅为1.19%，没有出现页岩吸水膨胀、缩径现象，起下钻顺利。研究及应用结果[10]表明，聚合醇能够大幅提升钻井液的抑制性和润滑性，但单独使用时抑制性还不能保证井壁稳定，将其与有机盐复配，充分发挥两者的优势和协同作用，不但避免了无机盐的大量使用对环境造成的负面影响，而且保证了复杂泥页岩地层的安全顺利钻进。

陕北鄂尔多斯盆地延长组的油页岩、致密含油砂岩由于其硬脆性、片理结构，在钻井过程中易发生坍塌掉块、裂缝井漏等复杂情况，已成为延长油田钻井，特别是水平井钻井的一大难题。针对上述情况，张文哲等[11]研发出了强封堵型纳米聚合醇水基钻井液，钻井液配方组成为：4%钠膨润土+0.2%纯碱+0.4%K-PAM+2%COP-FL聚合物降滤失剂+1.5%防塌润滑剂FT342+1.0%液体极压润滑剂JM-1+5%无水聚合醇WJH-1+3%

纳米乳液RL-2。该钻井液在陕北杏平36井、罗平16井等2口井进行了现场应用，封堵防塌效果好，机械钻速较邻井提高30%，施工周期缩短35%，优快钻井效果显著。

王平全等[12]运用X射线衍射、微观扫描电镜实验，结合岩石三轴抗压实验，研究了清水及不同钻井液浸泡对鄂尔多斯盆地延长组页岩坍塌压力增量的影响，测试了不同钻井液浸泡前后的岩石强度，分析了地层坍塌压力变化情况。研究结果表明：延长组页岩地层层理、裂隙发育，水相将沿裂缝或微裂缝侵入地层。一方面，降低弱结构面间的摩擦力，进而削弱页岩的力学强度，导致井壁垮塌；另一方面，侵入的液相将产生水力劈裂作用，导致地层破碎，诱发井壁失稳。王波等[13]针对延长陆相页岩气地层的复杂地质特点，以聚合醇、甲酸钾、纳米刚性封堵剂、纳米乳液等为主体，研发了FSW-2页岩气水基钻井液，钻井液配方组成为：4%膨润土+0.2%提切剂BOP+2.0%提切剂TQ-1+33%甲酸盐+2.0%降滤失剂+0.1%降黏剂+9.0%聚合醇+2.0%润滑剂ORH-1。钻井液动切力为10Pa、静切力为4.5Pa/10Pa、润滑系数为0.07，封堵率达82.6%。该钻井液在YYP3井、YYP4井、YYP5井、YYP6井等4口页岩气水平井进行了现场应用，结果表明，该钻井液能够满足悬浮和携岩带砂要求，API滤失量为2.0~2.8mL，井径扩大率仅为6.34%，具有良好的抑制防塌和稳定井壁作用。

1.2 胺基高性能水基钻井液

胺基高性能水基钻井液近年来得到国内钻井液研究人员的广泛关注[14]。该钻井液以胺基抑制剂为主处理剂，通过嵌入及拉紧晶层发挥强抑制作用，已被广泛应用于各种特殊工艺井。虽然其抑制性能跟油基钻井液相比尚有差距，但成本低于油基钻井液，且无毒环保，具有较好的应用前景。

游云武、梁文利[15-16]等针对焦石坝地区龙马溪组为大段硬脆性泥页岩、地层层理微裂缝发育、井壁易坍塌掉块、大斜度井段摩阻高、定向托压严重等技术难题，研发了聚胺钙钾基钻井液。钻井液配方组成为：清水+VIS-B+0.4%PAC-LV+2%FLOCAT+2%CMJ+2%JLX-B+2%CPI+重晶石。该钻井液具有强抑制、低剪切速率黏度高、封堵性强、润滑性好、失水低、配方组成简单等特性。该钻井液在焦页103-2HF井应用，应用井段井径扩大率3.9%，钻井液对砂床侵入深度小于5cm，具有较好的井壁稳定性能和防漏性能。

赵素娟等[17-18]针对龙马溪五峰组页岩纳微米孔隙裂缝和层理发育等特性，通过核心处理剂端胺基聚醚抑制页岩表面水化、植物油酰胺极压减摩剂有效降摩减阻、纳米封堵封固等措施，构建了JHGWY-1高性能水基钻井液，页岩滚动回收率大于98%，极压润滑系数0.16，钻井液封堵泥饼承压超过10MPa，可满足龙马溪五峰组页岩微裂缝发育、脆弱胶结面的封堵封固及水平段润滑减阻要求。该钻井液首次在涪陵工区的焦页18-10HF井三开井段应用，在设计垂厚10m、实钻8~10m的五峰组中顺利穿行，起下钻畅通，钻完井顺利。该钻井液在现场应用过程中表现出良好的流变性、低滤失量和稳定页岩井壁能力，完井作业顺利，满足了焦页18-10HF三开钻完井工程需要。

姚如刚等[19]针对页岩地层对钻井液性能的要求，以无氯、无重金属离子、无黑色材料等环保指标为基本原则，优选了胺基聚醇和乳液大分子作为环保抑制剂和包被剂，配合甲酸钾进一步提高钻井液抑制性，并通过高效封堵剂提高体系对页岩地层纳微米孔缝的封堵能力，构建了无毒环保型高性能水基钻井液体系。钻井液配方组成为：1.5%膨润土+0.10%~0.12%KOH+0.3%~0.5%K_2CO_3+0.5%~1.0%PAC-LV+0.1%~0.4%XCD+1.0%~2.0%Green-Starch+1.0%~3.0%H-Stable+2.0%~4.0%HPAG+0.5%~1.5%GWAMAC+3.0%~5.0%甲酸钾+重晶石。性能评价结果表明，该钻井液在密度1.22~2.18g/cm^3范围内具有优良流变性及滤失造壁性，静置24h后上下密度差为0.03~0.06g/cm^3，沉降指数低于0.508，悬浮稳定性好，触变性高，泥饼黏滞系数0.0262，润滑性能好，并兼具较强的抑制性和抗岩屑污染性能，能够满足不同压力系统页岩地层钻井的需要。

邱正松等[20]根据泥页岩水化特点和多元协同抑制思路，构建了聚胺高性能水基钻井液。介绍了该体系的关键处理剂聚胺页岩抑制剂、包被抑制剂、铝盐封堵防塌剂和清洁润滑剂。钻井液配方组成为：4%膨润土浆+0.3%SDB+1%PAC-L+0.3%XC+3%HA-1+3%SDJA+3%SD-505。通过屈曲硬度实验和黏结实验对比评价了聚胺高性能水基钻井液与几种典型防塌钻井液的性能。结果表明，聚胺页岩抑制剂能够在较低浓度下最大限度地降低黏土水化层间距，有效抑制黏土水化膨胀。聚胺页岩抑制剂与铝盐封堵防塌剂复配后能显著阻缓孔隙压力传递。聚胺高性能水基钻井液抑制性和清洁润滑性突出，与油基钻井液接近。该钻井液在胜利油田田305断块的田310井现场应用，使用井段钻井液流变性稳定，未出现井下复杂情况。振动筛返出岩屑外形完整，棱角分明。与该区块同类型井相比，钻进期间井壁没有掉块，井径较规则，井径扩大率小于6%，有效解决了胜利油田田305断块泥页岩井壁失稳问题，井壁稳定效果显著。

林永学等[21]分析了威远区块页岩储层矿物组分、储层物性和页岩地层井眼失稳机理，认为该区块页岩气水平井钻进时，钻井液应具有较强的抑制性、封堵能力和一定的润滑性。以聚胺SMJA-1为主处理剂，配伍封堵、润滑等处理剂，构建得到SM-ShaleMud钻井液。钻井液配方组成为：1.5%膨润土+3.0%~4.0%$CaCO_3$+2.0%~4.0%SMSS-2+2.0%~4.0%SMLS-1+2.0%~4.0%SMNP-1+2.0%~3.0%SMJH-1+2.0%~3.0%SMLUB-E+0.5%~1.0%SMJA-1+5.0%~7.0%KCl+重晶石。性能评价结果表明，该钻井液抗温140℃，抑制和封堵能力强，能有效抑制黏土水化和裂缝的扩展。该钻井液在威远区块威页23平台3口井进行了应用，结果表明，该钻井液综合性能优良，井壁裸眼浸泡67d后仍保持稳定，表现出较好的井壁稳定效果。

1.3 硅酸盐钻井液

硅酸盐在钻井液中的应用始于20世纪20—30年代，由于其切力大、流变性难以控制而限制了其大规模推广应用。但硅酸盐与其他钻井液防塌剂相比具有较多优势。其结构组成近似于砂岩；无毒、环境友好；不含荧光、在任何条件下都不会分解出低分子量烃类、不干扰荧光录井和气测录井；自身含有粒度分布广且与地层矿物亲和力强的粒子，在很宽的温度范围内均可起沉积封堵作用；抑制防塌性能优良。研究表明[22-24]，硅酸盐形成凝胶与沉淀堵塞微裂缝与页岩孔隙，可大大降低泥页岩渗透率，在泥页岩表面形成一个"隔膜"或"封固壳"，有效阻缓滤液侵入和压力传递，并具有很强的抑制黏土矿物水化膨胀与分散的能力，防止水敏性地层的水化失稳。

陈蓓等[25]在研究硬脆性泥页岩井壁失稳机理的基础上，有针对性地研制了一套适于硬脆性泥页岩地层的水基硅酸盐钻井液体系。钻井液配方组成为：1.0%膨润土+0.2% Na_2CO_3+0.3%NaOH+0.3%PLUS+0.05%XC+0.5%MV-CMC+1.5%DFD-140+1.0%JLX+5.0%硅酸钠+5.0%NaCl+重晶石。该钻井液具有流变性好、抗污染和抗温能力强、膜效率高、抑制性和封堵微裂缝能力强等优点，可满足硬脆性泥页岩地层钻井的需要。

游云武等[26]在对硅酸盐钻井液体系及页岩稳定分析的基础上，研发了一套硅酸钾钻井液体系。钻井液组成为：硅酸钾+PAC-LV+JHVIS+SaleHIB+SaleMAX+SaleFLO+SaleSeal+MicroSeal+UHIB+JHX-RH+JHlUB+KOH+重晶石。该钻井液除了具有良好的抑制防塌性能外，还具有较低的滤失量（高温高压滤失量<6mL），且流变性易于控制，润滑性好，可满足页岩气水平井钻井的要求。艾中华等[27]针对苏丹南部油田强水化分散的泥页岩地层，研制出了一种新型KCl/硅酸钠钻井液，钻井液配方组成为：2%膨润土+0.15%NaOH+0.15% Na_2CO_3+0.4%PAC-SL+0.1%K-PAM+5%KCl+60%硅酸钠。该钻井液克服了传统的硅酸盐钻井液流变性控制困难、滤失量偏高等缺点，其抑制防塌性能明显优于原来在该区块使用的KCl/聚合物钻井液。现场应用表明，该钻井液具有流变性易调、滤失量可控、配制维护简便等特点，返出钻屑棱角分明，使井下复杂情况大大减少，取得了较好的井壁稳定效果。

1.4 铝胺基钻井液

李钟等[28]研发了一种铝胺基钻井液体系。该钻井液配方组成：5%钠膨润土+0.3%PAM+0.5%有机胺SD-5+1.5%铝基聚合物DLP-1+3%超细碳酸钙+3%SDJ-2+3%GL-1+2%KFT+2%SMP-2+1.0%DSP-2+15%原油+0.3%固体乳化剂SN-1+2%固体防塌润滑剂RH-2+1%MSO+重晶石。性能评价结果表明，该钻井液具有强抑制、强封堵、低滤失、优良的润滑性、流变性、抗温能力和油气层保护效果。在夏945HF井三开进行了现场应用，钻井液流变性能稳定，动塑比0.5，API滤失量小于2.4mL，HTHP滤失量小于8.0mL，泥饼黏附系数小于0.1，配合合理的密度与工程技术措施，较好地解决了该井大段泥岩、高压油泥岩和油页岩的井壁失稳问题，保证了该井钻井顺利施工和完井。

王树永[29]评价了胺基聚醇AP-1和铝聚合物DLP-1的防塌能力，并优选出了铝胺高性能水基钻井液配方。钻井液配方组成为：4%膨润土+1%PAM+1%SF-1+3%SMP-II+2%KFT+3%沥青粉FF-2+2%聚合醇SYP-1+2% AP-1+1%DLP-1+7%原油+烧碱+重晶石。该钻井液在营72-平2井和辛176-斜12井进行了现场应用。营72-平2井三开后因严重井塌无法施工，被迫填井侧钻，侧钻至井深2920m时，井塌现象已非常严重，转换为铝胺高性能水基钻井液后顺利完钻。辛176-斜12井三开后钻遇大段泥页岩，地层微裂缝发育，同时泥岩中蒙皂石含量高、水敏性强，钻进中发生较严重的井壁垮塌掉块，转换为铝胺高性能水基钻井液后顺利完钻。以上2口井的现场实验应用证明，铝胺高性能水基钻井液对解决因水化不均匀或微裂缝发育导致的井壁不稳定具有良好的效果。

马超等[30]从聚胺盐与聚铝盐的抑制防塌机理出发，将两者复配，以发挥两者的协同效应提升钻井液的抑制防塌性能，通过优选其他配伍处理剂及加量，研发出了具有强抑制性的聚铝胺盐防塌钻井液配方。钻井液组成为：2.0%膨润土+2.0%封堵剂聚铝盐PAC–1+3.0%抑制剂聚胺盐HPA+1.0%降滤失剂SMP–1+1.5%降滤失剂APC–026+2.0%抑制剂磺化沥青+pH值调节剂NaOH。性能评价结果表明：该钻井液耐150℃高温；对强水敏泥岩一次回收率为75%，膨胀率为17.4%；钻井液抗15%NaCl和1%$CaCl_2$污染。14口井的现场应用表明，该钻井液抑制性和封堵能力强，可有效解决泥页岩地层井壁坍塌和缩径造成的掉块、起下钻遇阻等问题。

1.5 疏水抑制水基钻井液

明显森等[31]为了保证长宁龙马溪硬脆性水敏地层的井壁稳定，研发了以疏水抑制剂CQ–SIA和高效液体润滑剂CQ–LSA为主要处理剂的页岩气水基钻井液体系。性能评价结果表明：该钻井液抑制性能优异，岩屑回收率达97.6%；100℃恒温静置48h，未出现重晶石沉降现象，流变性能稳定；抗钻屑污染达30%。景岷嘉、刘伟等[32–33]根据长宁区块龙马溪页岩的特点及钻井工程需要，研发了一套具有强抑制性、强封堵性和高润滑性能的疏水抑制水基钻井液体系。钻井液配方组成为：1.0%~3.0%膨润土浆+0.5%~0.8%聚合物降滤失剂+3.0%~5.0%磺化降滤失剂+0.2%NaOH+1.0%~3.0%防塌封堵剂+1.0%~2.0%聚合醇+0.4%~1.0%疏水抑制剂CQ–SIA+20%~30%复合盐+0.8%~1.6%纳米封堵剂+0.8%~1.0%表面活性剂+3.0%~5.0%润滑剂CQ–LSA+重晶石。该钻井液在长宁H25–8井应用，结果表明，该钻井液钻进过程中水平段井壁稳定，井眼清洁，起下钻摩阻小，电测成功率100%，下套管和固井作业顺利，可满足长宁页岩气水平井的钻井需要。据报道，2015年6月，在长宁H13–3井使用川庆钻探公司自主研发的阳离子硅氟聚酯高性能水基钻井液[34]，创造了长宁龙马溪页岩水平段长1500m、水基钻井液浸泡385h井壁稳定无垮塌、单日进尺301.4m等纪录，进一步验证了疏水抑制水基钻井液的井壁稳定能力。

蒋官澄等[35]基于井下岩石表面双疏理论，研发出可在岩石、滤饼和钻具等表面形成纳–微米乳突物理结构并降低表面自由能，具有“防塌、保护储集层、润滑、提速”功能的聚合物超双疏剂并对其进行性能评价。以该超双疏剂为核心，结合钻遇的地层概况，配套其他处理剂形成了超双疏强自洁高效能水基钻井液体系，并与现场用高性能水基钻井液和典型油基钻井液的性能进行对比。结果表明：流变性好，高温高压滤失量与油基钻井液相当；抑制性和润滑性接近油基钻井液水平；无毒环保。该钻井液在阳102H36–3井现场应用，解决了钻井过程中井壁失稳、储层损害和阻卡卡钻严重、钻速慢、成本高等技术难题，同区块井下复杂情况减少82.9%，钻速提高32.8%，钻井液综合成本降低39.3%，日产量提高1.5倍以上。

1.6 基于纳米材料的钻井液

常德武等[36]根据泥页岩地层特性以及页岩气钻井工艺技术特点，优选了一种基于纳米材料的水基钻井液体系。该钻井液采用纳米二氧化硅泥页岩微小孔隙，采用磺化沥青Soltex作为页岩防塌剂。钻井液配方组成为：5%钠膨润土+1.8%Soltex+0.6%Drispac+0.15%Flowzan+0.8%DFD+2.4%SPNH+3%纳米SiO_2分散液+2%纳米碳酸钙+1.2%KHm。对该钻井液的热稳定性、高温高压滤失性能、高温高压流变性、膨胀性、滚动回收率、润滑性、泥饼摩阻系数以及表面张力等参数进行了测试。结果表明：该钻井液对泥页岩具有较强抑制性，抑制效果由于强抑制的聚合醇钻井液，可有效防止泥页岩水化膨胀分散，保证井壁稳定；具有优良的润滑性能，润滑系数为0.21，泥饼摩阻系数为0.0497，在120℃下滤失量较低。纳米二氧化硅、纳米碳酸钙近似球型结构，与磺化沥青Soltex发挥协同作用，使钻井液具有低表面张力，可降低对储层的水锁伤害，适于泥页岩地层的安全钻进。

1.7　烷基糖苷衍生物高性能水基钻井液

司西强等[37]针对四川页岩气井龙马溪地层极易发生坍塌掉块、油基钻井液配制成本高及钻屑后处理压力大等技术瓶颈难题，以阳离子烷基糖苷（CAPG）、纳微米封堵剂等为主处理剂，通过钻井液体系构建及配方优化，形成了CAPG高性能水基钻井液优化配方。钻井液配方组成为：30%CAPG+1%~2%膨润土浆+0.05%~0.2%增黏剂+0.2%提切剂+4%~6%降滤失剂+3%~5%封堵剂+0.1%~0.3%pH值调节剂+重晶石。性能评价结果表明：该钻井液具有较好流变性；高温高压滤失量仅为4.0mL；钻井液可有效抑制黏土的水化膨胀分散，不破坏页岩的结构，保持地层的原始性和完整性，表现出优异的井壁稳定性能；当密度达2.32g/cm^3时，钻井液极压润滑系数和滑块摩阻系数仍小于0.1，表现出较好的润滑性能；钻井液连续老化30d后，流变性能保持稳定，静置72h未发生沉降现象；钻井液具有较好的抗污染性能；钻井液无生物毒性。该钻井液适用于强水敏性软泥岩、泥页岩等易坍塌地层的安全钻进。

为解决常规水基钻井液开发泥页岩地层时无法实现的井壁稳定和润滑防卡等技术难题，中原研发团队[38]对加有高浓度氯化钙的烷基糖苷钻井液进行了研究，形成了氯化钙-烷基糖苷钻井液体系。该钻井液配方组成为：25%烷基糖苷APG+0.6%增黏剂+4%封堵降滤失剂+2%纳-微米封堵剂+20%~40%$CaCl_2$+0.5%JS+适量NaOH。性能评价结果表明：该钻井液在高浓度氯化钙和高浓度烷基糖苷的共同作用下，具有较低水活度，可与泥页岩地层达到渗透平衡；钻屑一次和二次回收率均超过90%，远高于常规水基钻井液；岩心在该钻井液中浸泡后状态完好，抗压强度降低较少；润滑性能优良；130℃持续老化72h性能稳定，抗温稳定性好；抗钻屑、水侵和原油污染能力分别达15%、10%和10%。该钻井液适用于焦石坝等页岩气水平井的钻井施工。

赵虎等[39]针对川南页岩气水平井开发过程中普遍存在井壁失稳、完井作业摩阻大等问题，从提高井壁稳定和润滑防卡能力入手，开展了以阳离子烷基糖苷CAPG和聚醚胺基烷基糖苷NAPG等烷基糖苷衍生物为主处理剂的ZY-APD高性能水基钻井液。钻井液配方组成为：4%~7%烷基糖苷衍生物APD+1%~2%膨润土+0.1%~0.3%流型调节剂XC+7%~8%级配纳微米封堵剂+0.5%~1.0%降滤失剂+5%~6%KCl+2%~3%极压润滑剂+0.1%~0.2%pH值调节剂+重晶石。该钻井液在川南黄金坝和长宁区块的YS108H8-5井、YS108H8-3井和长宁H26-4井等3口井现场应用，其中YS108H8-5井为中国石化第一口用水基钻井液施工的页岩气水平井。应用结果表明：该钻井液对川南龙马溪组页岩井壁稳定周期较长，整个钻进过程井壁稳定无坍塌；钻井液润滑防卡效果好，钻井液摩阻仅为30~40t；钻井液长期稳定性良好，便于维护与回收利用，回收利用率大于80%。该钻井液施工井的机械钻速较使用高性能水基钻井液的6口邻井和相邻区块井提高了14.6%~18.8%，适用于中低水敏的泥页岩地层的钻井施工。

1.8 近油基钻井液

随着环保要求的日益严苛和钻井液技术的不断进步，“水替油”成为钻井液技术发展的必然趋势[40]。近油基钻井液体系是近年来中石化中原石油工程公司原创研发的一种完全可以达到水替油效果的高性能水基钻井液体系，代表了目前国内外高性能水基钻井液的主流发展方向。近油基钻井液与现有高性能水基钻井液的本质区别在于：高性能水基钻井液是依靠强抑制剂来实现抑制防塌，地层水化作用无法避免，坍塌周期较短；而近油基钻井液与油基钻井液一样，无水化过程，不存在黏土矿物的水化运移，地层坍塌周期可无限延长，或者可认为不存在坍塌周期的概念。既然不存在水化作用，那么压力传递就成为影响近油基钻井液和油基钻井液井壁稳定效果的主要因素。因此，要想避免井壁失稳，近油基钻井液还必须做好封堵措施[41-42]，避免或减弱压力传递作用，从去水化、强封堵等多个角度共同作用来确保井壁稳定。总体来说，要想实现近油基钻井液的技术目标，需要使钻井液满足吸附成膜阻水、反渗透驱水这两个基本条件，同时具备强封堵效果。

司西强等[43-46]针对国内强水敏性泥岩、高活性页岩地层存在的易水化坍塌、层理裂缝发育、破碎带失稳、摩阻大等技术难题，同时为了避免目前油基钻井液存在的配制成本高、钻屑后处理压力大等问题，开展了作用机理与油基相近、性能与油基相当，且绿色环保的近油基钻井液研究。以水活度为0.746的近油基基液为基础，配伍增黏提切剂、降滤失剂、封堵剂等处理剂，通过钻井液体系构建及配方优化，得到了近油基钻井液优化配方：近油基基液（水活度0.746）+1.0%~3.0%膨润土+1.5%~2.0%降滤失剂ZY-JLS+0.1%~0.3%流型调节剂ZYPG-1+3.0%~7.0%成膜封堵剂ZYPCT-1+1.0%~3.0%纳米封堵剂ZYFD-1+0.5%~2.0%抑制增强剂ZYCOYZ-1+0.1%~0.3%pH调节剂+重晶石。性能评价结果表明：钻井液密度在1.17~2.50g/cm^{3}范围内可调。密度为1.17g/cm^{3}时，钻井液水活度为0.651。钻井液抗温达150℃；岩屑回收率>99%；极压润滑系数0.035，泥饼黏附系数0.0524；钻井液滤液表面张力29.425mN/m；钻井液中压滤失量0mL，高温高压滤失量4.5mL；钻井液EC_{50}值128400mg/L；钻井液抗盐达饱和，抗钙10%，抗土30%，抗钻屑25%，抗水30%，抗原油20%；钻井液表现出较好的储层保护性能。该近油基钻井液作用机理与油基钻井液相近，通过嵌入及拉紧晶层、吸附成膜阻水、低水活度反渗透驱水等发挥抑制防塌性能。该钻井液抑制防塌性能优异、固相清洁及容纳能力强、润滑防卡效果好、不黏卡钻具、环保优势显著，适用于高活性泥页岩、含泥岩等易坍塌地层及页岩油气水平井的钻井施工，实现现场绿色、安全、高效钻进。近油基钻井液体系在陕北云页平6井、东北松辽盆地松页油2HF井现场应用，效果突出。其中，松页油2HF井是我国第一口用水基钻井液打成的页岩油水平井，打破了松辽盆地北部页岩油层被称为“钻井禁区”“不可战胜”的神话，为我国下步页岩油大规模开发积累了宝贵的第一手资料，意义重大。在松页油2HF井施工中，100%纯泥岩裸眼浸泡165d仍然保持强效持久的井壁稳定（邻井坍塌周期不超过21d），完井作业以200~300m/h的高速度下套管一次成功。从技术、成本及环保等角度来说，近油基钻井液体系均表现出明显的优势，有利于促进国内外高性能水基钻井液技术进步，具有较好的经济效益和社会效益，应用前景广阔，近油基钻井液体系适用于强水敏性软泥岩地层、高活性页岩地层的绿色、安全、高效钻进。

2 页岩油气水平井水基钻井液发展趋势

总体来说，我国页岩油气资源的勘探开发已全面铺开[47]。我国页岩气资源主要分布在南方古生界、华北地区下古生界、塔里木盆地寒武—奥陶系等海相页岩地层以及准格尔盆地的中下侏罗统、吐哈盆地的中下侏罗统、鄂尔多斯盆地的上三叠统等陆相页岩地层，目前已实现商业开发的主要有涪陵、长宁、威远、延长等四大页岩气产区，其中2017年涪陵页岩气田已实现$100\times10^8m^3$产能。我国页岩油资源主要分布在松辽盆地、鄂尔多斯盆地、准格尔盆地等区域，国内页岩油资源尚未实现商业化开发。截至目前，国内页岩油气勘探开发所用的钻井液基本为油基钻井液，水基钻井液占比很少，原因主要有三个：①受传统认识的局限，仍普遍认为油基钻井液是目前页岩油气水平型钻井施工的首选体系，尽管随着世界环保要求的日益严格，油基钻井液在环保方面的劣势越来越明显；②目前能够用于页岩油气水平井安全钻进的水基钻井液可选择性较小，前期形成的聚合醇钻井液、胺基钻井液等高性能水基钻井液性能跟油基钻井液相比仍有较大差距，不能满足目前页岩油气水平井安全钻井的技术亟需；③近年来原创研发的机理与油基钻井液相近、性能与油基钻井液相当，且绿色环保的近油基钻井液体系，尽管从性能、成本、环保等方面表现出了较油基钻井液更显著优势，但是由于认识的局限性，还不能完全被接受，导致其推广应用步伐较慢。

针对上述技术现状及存在问题，笔者认为下步页岩油气水基钻井液应从以下几个方向开展技术攻关：

（1）充分发挥聚合醇、胺基抑制剂、硅酸盐、烷基糖苷及其衍生物、Al^{3+}、$CaCl_2$等的优良性能，将其复配到一起，构建并优化得到具有多元协同防塌效果的高性能水基钻井液体系，实现良好的井壁稳定效果。

（2）开展ZY-APD高性能水基钻井液的适用性研究，强化其抑制、润滑、封堵等性能，形成适用于不同长宁、昭通等不同页岩气区块的ZY-APD高性能水基钻井液系列技术，满足中低水敏泥页岩地层的安全钻进。

（3）在现有近油基钻井液体系的研究基础上，继续深入开展其作用机理研究，比如说近油基基液水活度与成膜效果、抑制防塌性能的内在联系，近油基基液与其他配伍处理剂的协同作用，得到近油基钻井液作用机理，改变并统一思想认识，让“水基钻井液替代油基钻井液完全可以实现”的观念深入人心。

（4）针对国内各页岩油气区块地层的不同地质特点，优化调整钻井液配方组成及施工技术方案，开展近油基钻井液体系的适用性研究，形成满足不同页岩地层复杂地质特征的近油基钻井液系列技术；同时从成本角度考虑，研究形成近油基钻井液的回收利用技术，继续降低近油基钻井液的综合使用成本，使其跟油基钻井液相比，在性能、成本及环保方面具有绝对优势；在涪陵及威荣区块页岩气水平井和松辽盆地页岩油水平井开展近油基钻井液技术推广应用，满足目前页岩油气水平井钻井施工中对钻井液性能、成本、环保等方面的严苛要求，实现绿色、安全、高效钻进。

（5）在目前“近油基钻井液体系”研究及实践基础上，从抑制防塌、润滑防卡、成膜封堵、固壁胶结等角度继续强化钻井液性能，探索开展“超油基钻井液体系”的前瞻研究。

参考文献

[1] 戴金星，秦胜飞，胡国艺，等. 新中国天然气勘探开发70年来的重大进展［J］. 石油勘探与开发，2019，46（6）：1037-1046.

[2] 杨野. 适用于长页岩井段的强抑制水基钻井液研究［D］. 成都：西南石油大学，2017：3-4.

[3] 许博，闫丽丽，王建华，等. 国内外页岩气水基钻井液技术新进展［J］. 应用化工，2016，45（10）：1974-1981.

[4] 王中华. 页岩气水平井钻井液技术的难点及选用原则［J］. 中外能源，2012，17（4）：43-47.

[5] 徐加放，邱正松，王瑞和，等. 泥页岩水化应力经验公式的推导与计算［J］. 石油钻探技术，2003，31（2）：33-35.

[6] 王俊祥. 页岩气水基钻井液技术研究［D］. 武汉：长江大学，2015：7-28.

[7] 赵虎，司西强，王爱芳. 国内页岩气水基钻井液研究与应用进展［J］. 天然气勘探与开发，2018，41（1）：90-95.

[8] 刘平德，牛亚斌，王贵江，等. 水基聚乙二醇钻井液页岩稳定性研究［J］. 天然气工业，2001，21（6）：57-59.

[9] 肖金裕，杨兰平，李茂森，等. 有机盐聚合醇钻井液在页岩气井中的应用［J］. 钻井液与完井液，2011，28（6）：21-23.

[10] 刘彦妹，左凤江，高丽娟，等. 聚合醇与有机盐的协同效应［J］. 钻井液与完井液，2010，27（2）：32-33.

[11] 张文哲，李伟，王波，等. 延长油田水平井高性能水基钻井液技术研究与应用［J］. 非常规油气，2019，6（5）：85-90.

[12] 王平全，邓嘉丁，白杨，等. 钻井液浸泡对延长组页岩坍塌压力的影响［J］. 特种油气藏，2018，25（2）：159-163.

[13] 王波，李伟，张文哲，等. 延长区块陆相页岩水基钻井液性能优化评价［J］. 钻井液与完井液，2018，35（3）：74-78.

[14] 徐跟峰. 高性能水基钻井液技术特点及应用进展［J］. 西部探矿工程，2019，31（8）：85-86.

[15] 游云武，梁文利，宋金初，等. 焦石坝页岩气高性能水基钻井液的研究及应用［J］. 钻采工艺，

2016，39（5）：80–82.
[16] 梁文利 . 四川盆地涪陵地区页岩气高性能水基钻井液研发及效果评价 [J]. 天然气勘探与开发，2019，42（1）：120–129.
[17] 赵素娟，游云武，刘浩冰，等 . 涪陵焦页 18–10HF 井水平段高性能水基钻井液技术 [J]. 钻井液与完井液，2019，36（5）：564–569.
[18] 刘浩冰，赵素娟，陈长元，等 . 页岩水平段水基钻井液技术 [J]. 辽宁化工，2020，49（1）：116–118.
[19] 姚如钢 . 无毒环保型高性能水基钻井液室内研究 [J]. 钻井液与完井液，2017，34（3）：16–20.
[20] 钟汉毅，邱正松，黄维安，等 . 聚胺高性能水基钻井液特性评价及应用 [J]. 科学技术与工程，2013，13（10）：2803–2807.
[21] 林永学，甄剑武 . 威远区块深层页岩气水平井水基钻井液技术 [J]. 石油钻探技术，2019，47（2）：21–27.
[22] 徐加放，邱正松，吕开河，等 . 硅酸盐钻井液防塌机理与应用技术 [J]. 石油勘探与开发，2007，34（5）：622–627.
[23] 秦永和 . 硅酸盐钻井液防塌机理研究与应用 [J]. 中国石油大学学报（自然科学版），2007，31（3）：67–71.
[24] 何恕，郑涛，敬增秀，等 . 水基硅酸盐钻井液的页岩井眼稳定性研究 [J]. 钻井液与完井液，2000，17（3）：28–30.
[25] 陈蓓，鄢捷年，王建华 . 适用于硬脆性泥页岩地层的水基钻井液技术研究 [J]. 西部探矿工程，2009，21（7）：50–52.
[26] 游云武，许明标，由福昌 . 硅酸钾钻井液在页岩气水平井中的可行性研究 [J]. 探矿工程（岩土钻掘工程），2016，43（7）：116–120.
[27] 艾中华，郭健康，唐德钊 . 新型 KCl/ 硅酸钠钻井液在强水化分散泥页岩中的应用 [J]. 石油钻探技术，2009，37（5）：77–80.
[28] 李钟，王佩平，罗石琼，等 . 夏 945HF 井三开铝胺基钻井液技术研究应用 [J]. 中外能源，2017，22（10）：41–46.
[29] 王树永 . 铝胺高性能水基钻井液的研究与应用 [J]. 钻井液与完井液，2008，25（4）：23–25.
[30] 马超，赵林，宋元森 . 聚铝胺盐防塌钻井液研究与应用 [J]. 石油钻探技术，2014，42（1）：55–60.
[31] 明显森，贺海，王星媛 . 四川长宁区块页岩气水平井水基钻井液技术的研究与应用 [J]. 石油与天然气化工，2017，46（5）：69–73.
[32] 景岷嘉，陶怀志，袁志平 . 疏水抑制水基钻井液体系研究及其在页岩气井的应用 [J]. 钻井液与完井液，2017，34（1）：28–32.
[33] 刘伟，贺海，黄松，宾承刚 . 疏水抑制水基钻井液在长宁 H25–8 井的应用 [J]. 钻采工艺，2017，40（3）：84–86.
[34] 谷学涛 . 页岩气水平段超高密度专打水基钻井液获突破 [N]. 中国石油报，2015–06–25（1）.
[35] 蒋官澄，倪晓骁，李武泉，等 . 超双疏强自洁高效能水基钻井液 [J]. 石油勘探与开发，2020，47（2）：1–9.
[36] 常德武，蔡记华，岳也，等 . 一种适合页岩气水平井的水基钻井液 [J]. 钻井液与完井液，2015，32（2）：47–51.
[37] 司西强，王中华，王伟亮 . 龙马溪页岩气钻井用高性能水基钻井液的研究 [J]. 能源化工，

2016，37（5）：41–46.

［38］赵虎，司西强，甄剑武，等．氯化钙 – 烷基糖苷钻井液页岩气水平井适应性研究［J］．钻井液与完井液，2015，32（6）：22–25.

［39］赵虎，孙举，司西强，等．ZY–APD 高性能水基钻井液研究及在川南地区的应用［J］．天然气勘探与开发，2019，42（3）：139–145.

［40］闫丽丽，李丛俊，张志磊，等．基于页岩气“水替油”的高性能水基钻井液技术［J］．钻井液与完井液，2015，32（5）：1–6.

［41］侯杰．硬脆性泥页岩微米 – 纳米级裂缝封堵评价新方法［J］．石油钻探技术，2017，45（3）：32–37.

［42］刘凡，蒋官澄，王凯，等．新型纳米材料在页岩气水基钻井液中的应用研究［J］．钻井液与完井液，2018，35（1）：27–33.

［43］司西强，王中华，王伟亮．聚醚胺基烷基糖苷类油基钻井液研究［J］．应用化工，2016，45（12）：2308–2312.

［44］谢俊，司西强，雷祖猛，等．类油基水基钻井液体系研究与应用［J］．钻井液与完井液，2017，34（4）：26–31.

［45］司西强，王中华，雷祖猛，等．近油基钻井液技术及实践［A］．2019 年度全国钻井液完井液学组工作会议暨技术交流研讨会论文集［C］．北京：中国石化出版社，2019.

［46］司西强，王中华．钻井液用烷基糖苷及其改性产品合成、性能及应用［M］．北京：中国石化出版社，2019：301–312.

［47］王中华．页岩气水平井钻井液技术的难点及选用原则［J］．中外能源，2012，17（4）：43–47.

绿色高性能水基钻井液研究进展及发展趋势

司西强[1,2]　王中华[1,2]

（1.中石化中原石油工程有限公司钻井工程技术研究院，河南 濮阳 457001；
2.中石化石油工程钻完井液技术中心，河南 濮阳 457001）

摘　要： 综述了近年来形成的几类绿色高性能水基钻井液体系的研究进展，主要包括醇基钻井液体系、糖基钻井液体系和胺基钻井液体系等。其中，醇基钻井液包括聚合醇钻井液和聚醚多元醇钻井液，糖基钻井液包括烷基糖苷钻井液和聚糖钻井液，胺基钻井液包括Ultra Drill高性能水基钻井液、聚胺高性能钻井液、HPWBM钻井液、铝胺高性能水基钻井液。并在现有的绿色高性能水基钻井液研究及应用的基础上，对其发展趋势进行了展望。

关键词： 绿色；高性能；水基钻井液；综述；研究进展；展望

近年来，随着世界环保要求的日益严格，钻井液的环保问题也就越来越凸显出来。早期钻井液体系中常含有原油、柴油等各种矿物油以及大量的非环保化学剂，不可避免地会对环境造成一定影响。为防止钻井液对地层、土壤和生态环境造成不良影响，同时考虑到复杂地层对钻井液性能的要求，需要使用无毒无害的绿色高性能水基钻井液来满足现场钻井施工的绿色、安全、高效钻进。前期国内外研究人员在绿色高性能水基钻井液方面开展了大量研究，钻井液的绿色化已成为世界范围内钻井液发展的必然趋势[1]。为进一步提高对绿色高性能水基钻井液重要性的认识，满足对绿色高性能水基钻井液进行深入研究的技术亟需，本文对近年来形成的常见绿色高性能水基钻井液体系进行简要介绍，主要包括醇基钻井液、糖基钻井液、胺基钻井液等，并在此基础上对其发展趋势进行展望，以期对钻井液研究人员具有一定启发作用。

1　绿色高性能水基钻井液研究进展

1.1　醇基钻井液体系

醇基钻井液是20世纪90年代出现的一类新型钻井液，经过近30年的发展，虽然其作用机理尚存争议，但其表现出的优良性能得到了研究人员一致认可。该类钻井液抑制及润滑性能优良、配伍性好、无荧光、无毒环保及利于储层保护。最具代表性的是聚合

基金项目： 中国博士后科学基金第50批面上资助项目（2011M501194）；中国博士后科学基金第5批特别资助项目（2012T50641）；中石化重大科技攻关项目（JP16003、JP17047）；中石化石油工程公司重大科技攻关项目（SG1302-03K、SG18-19K、SG18-18J）。

作者简介： 司西强（1982—），男，山东日照人，研究员，博士，主要从事精细化工、新型钻井助剂及钻井液新体系的研究及推广。E-mail：sixiqiang@163.com。

醇钻井液和聚醚多元醇钻井液。

1.1.1 聚合醇钻井液

聚合醇多为聚二醇，也可以是丙三醇或聚甘油，以其为主剂配成的钻井液统称为聚合醇钻井液。聚合醇分子含有多个羟基，易溶于水，但其溶解度会随着温度升高到某一点后而降低，此时水溶液呈浑浊状，这一转折温度称为浊点；可以利用聚合醇的浊点效应来降低钻井液的高温高压滤失量，以满足对封堵性能要求较高的地层。

王洪宝等[2]在聚合物钻井液中加入3%聚合醇JCP-1得到了聚合醇钻井液。聚合醇的加入对钻井液性能影响很小，聚合醇加入前后，100℃下页岩回收率由58%升至86%，80℃下的泥饼黏附系数由0.100降至0.038，黏附系数降低率达63%。在现场42口井的水平段使用JCP-1聚合醇钻井液，均未出现钻井事故。其中，永12平4井钻具与井壁之间摩阻由280kN降至90~110kN；无垮塌掉块现象，井径扩大率仅6.68%；地层渗透率恢复值由71.2%升至87.0%，该井投产后产量是邻井直井的9倍。

于培志等[3]研制了一种聚合醇钻井液体系，钻井液流变性及滤失量变化很小，抗温达到120℃，摩阻系数降低率达50%。刘平德等[4]研制了一种新型聚合醇钻井液。当聚合醇加量为3.0%时，得到的聚合醇钻井液具有较好的热稳定性、抑制性，流变性能优良，能够满足现场钻井施工要求。褚奇等[5]将丙三醇、乙二醇和聚乙二醇200等聚合醇产品溶于水，形成钻井液液相，配合其他处理剂构建得到一种新型聚合醇钻井液，比传统强抑制钻井液更有利于抑制地层黏土矿物的水化膨胀分散。

张景红等[6]介绍了Aqua-drill醇基钻井液体系在雪古1井的应用情况。该体系主处理剂为具有优良页岩抑制性能和润滑性能的聚乙二醇类化合物Aqua-col。该钻井液体系在雪古1井应用过程中性能稳定，流变性及携岩带砂效果好，无沉砂黏卡等现象，井壁稳定，井眼规则畅通，起下钻顺利。

1.1.2 聚醚多元醇钻井液

聚醚多元醇钻井液是除聚合醇钻井液之外的一类新型醇基钻井液体系，主要用于地质条件较复杂地区和环境敏感地区。目前聚醚多元醇种类较多，由于分子结构不同，导致效果各异，使用过程中主要存在抑制性不足、起泡、配伍性差等问题。因此，对聚醚多元醇分子结构的优化控制成为聚醚多元醇钻井液体系发展的技术关键。

邱正松等[7]以研发的改性聚醚多元醇构建得到了一种聚醚多元醇钻井液。其抑制防塌机理包括吸水、渗透、竞争吸附、成膜等作用。吕开河等[8]以多功能聚醚多元醇SYP-1为主剂，配伍优选了聚合物包被剂、防塌剂和降滤失剂等关键处理剂，形成了一种新型聚醚多元醇钻井液。应用该体系在LN3-6H井和HD4-23H井钻进过程中，井壁稳定，井径规则，起下钻畅通，下套管等完井作业顺利。

1.2 糖基钻井液体系

1.2.1 烷基糖苷钻井液

1. 甲基糖苷钻井液

1997年以来，国内相关研究及应用发现，甲基糖苷钻井液具有良好的抑制、润滑、环保及储层保护性能[9]，当钻井液中甲基糖苷含量接近40%时，可显著降低钻井液水活度，形成理想半透膜，阻止钻井液滤液侵入地层导致的泥页岩水化膨胀，有效维持井眼稳定。

1999年，甲基糖苷钻井液在国内新疆沙113井首次现场应用[10]，应用情况表明，该体系通过成膜护壁作用表现出优良的抑制防塌效果，井径规则、电测取心一次成功。平均机械钻速为9.41m/h，比邻井提高47.8%。

2011年，甲基糖苷钻井液在中原油田卫383-FP1井[11]等非常规水平井上成功应用。为了控制成本，钻井液中甲基糖苷的加量仅为15%，对泥页岩地层的井壁失稳问题不能很好地解决，但润滑性能优良，适于钻探致密砂岩地层。

综上所述，甲基糖苷钻井液现场实验效果良好，但也普遍存在着加量大、成本高、抑制及抗温性能有待提高等问题，限制了其进一步推广应用。今后应在甲基糖苷产品本身的分子结构优化上开展研究，合成出高性能的甲基糖苷衍生物，并形成以其为主剂的钻井液体系。

2.阳离子烷基糖苷钻井液

司西强等[12-16]针对烷基糖苷钻井液在现场应用中出现的问题，首次将阳离子烷基糖苷（CAPG）引入钻井液，研发得到CAPG钻井液，其配方组成为：6%CAPG+0.6%降滤失剂LV-CMC+0.6%流型调节剂XC+0.4%增黏剂HV-CMC+3%封堵剂WLP+0.4%NaOH+0.2%Na_2CO_3+24%NaCl+0.4%抗氧化剂$NaHSO_3$。钻井液性能如下：抗温达160℃；岩屑一次回收率和相对回收率均接近100%；相对抑制率大于91%；极压润滑系数0.097；滤液表面张力19.52mN/m；中压滤失量4.0mL；抗盐达饱和，抗$CaCl_2$达5%，抗膨润土10%，抗钻屑10%，抗水侵20%，抗原油10%；岩心的动静态渗透率恢复值均大于92%。CAPG钻井液的各方面性能均优于烷基糖苷钻井液，在陕北、中原、内蒙古等地区现场应用80余口井，为现场井壁失稳、托压卡钻等井下复杂情况提供了较好的解决措施，应用前景广阔。

3.NAPG类油基钻井液（近油基钻井液）

司西强等[17-19]以自主研发的聚醚胺基烷基糖苷NAPG作为基液，优选增黏剂、降滤失剂、封堵剂等配伍处理剂，构建并优化形成了绿色、低成本、高性能的NAPG类油基钻井液体系。该钻井液性能如下：钻井液抗温达150℃，流变性好，动塑比0.327，初终切适宜，中压滤失量0mL，高温高压滤失量6.0mL；页岩一次回收率和相对回收率均接近100%；润滑系数降低率达69.62%；滤液表面张力26.60mN/m；钻井液抗污染性能好；岩心动静态渗透率恢复值均大于91%；钻井液EC_{50}值为528800mg/L，无生物毒性。NAPG类油基钻井液性能与油基钻井液相当，且类油基钻井液在环保方面具有显著优势，适用于强水敏性泥岩、含泥岩等易坍塌地层及页岩气水平井钻井施工，可缓解目前油基钻井液环保压力，扩大水基钻井液适用范围，应用前景广阔。

1.2.2 聚糖钻井液

天然聚合糖具有来源丰富、价格低廉、绿色环保等诸多优点，得到科研人员广泛关注。自20世纪70年代以来，国内外开发的聚糖类油田化学品已多达上百种，在实际应用中取得了较好效益。目前聚糖钻井液主要有淀粉钻井液和植物胶（杂多糖甙）钻井液。

1.淀粉钻井液

淀粉钻井液是一种具有膨胀性流体特征的聚糖钻井液体系[20]。主要有以下性能特点：①淀粉在高速搅拌时会形成网架结构，导致钻井液黏度随动切力的增大而升高，静置时又恢复原状；②淀粉分子上的羟基与黏土表面的氢氧根离子可以形成氢键而互相吸附，保持黏土稳定的分散状态，发挥出较好的降滤失作用；③淀粉分子可胶结岩石颗粒，同时在井壁表面形成一层薄而坚韧的吸附膜，阻碍水分子进入地层内部，起到较好的护壁防塌作用；④淀粉具有优异的抗盐性，可作为饱和盐水钻井液中的降滤失剂。

2.植物胶钻井液

植物胶主要来源于树木枝干分泌的黏稠液体或植物果实的提取物，其主要成分为半乳甘露聚糖形成的天然杂多糖苷，干燥后的外观为透明或半透明的无定形物质。植物胶在工业领域应用广泛，但鲜见在钻井液中应用的报道。20世纪90年代以来，国内外将多种植物胶用于钻井液中[21]，表现出较好的应用效果。其中江苏油田成功将杂多糖应用于油田钻探施工并取得良好的经济效益和环保效益[22]。

王越之等[23]以新研制的抗温抗盐增黏剂FTVS为基础，开发了一种多糖钻井液体系。该体系抗温达150℃，流变性独特，触变性强，配伍性好，抗盐可达30%，可生物降解。张洁等[24-25]对天然聚糖SJ分别进行了磺化、磷酸酯化、阳离子化改性，得到系列改性聚糖产品，以其为主剂配制得到改性聚糖钻井液，该体系抗温达120℃，流变性好，滤失量低，携岩带砂效果好，起下钻顺畅。

1.3 胺基钻井液体系

1.3.1 Ultra Drill 高性能水基钻井液

Patel等研制了Ultra Drill高性能水基钻井液[26]，目前该钻井液在国外应用广泛，其中包括一些极端气候环境。该钻井液主要以Ultra Hib（碱性抑制剂）和Ultra Cap（阳离子丙烯酰胺）为抑制剂，LV-PAC（聚阴离子纤维素）为降滤失剂，XC（黄原胶）为增黏提切剂，Ultra Free（表面活性剂）为防泥包和润滑剂。碱性抑制剂聚醚二胺分子链上的极性吸附基团可在黏土颗粒上发生强吸附，形成吸附膜，阻止黏土矿物的水化分散。目前Ultra Drill高性能水基钻井液在大港、冀东及湛江等油田进行了现场应用，该钻井液能够稳定井壁，提高钻井速度，提高采收率。

1.3.2 聚胺高性能钻井液

聚胺高性能钻井液是性能最接近油基钻井液的水基钻井液，在深水钻井领域具有广阔的应用前景。邱正松、赵欣等[27-28]研制了一种聚胺强抑制剂SD-A，构建得到了适用于深水钻井的聚胺高性能钻井液体系。该钻井液体系抗温达150℃，且低温流变性优良，2℃和25℃的表观黏度比和动切力比分别为1.36和1.14；抑制性能优异，其抑制页岩水化分散效果与油基钻井液相当；在模拟1500m水深的海底低温高压（1.7℃，17.41MPa）条件下，具备120h抑制水合物生成的能力；抗钙、抗劣土污染能力强；无生物毒性，能满足深水钻井环保要求。

1.3.3 HPWBM钻井液（高性能水基钻井液）

HPWBM钻井液[29]是一种覆膜聚合物高性能水基钻井液体系，其主要由黏土抑制剂AP-1、可变形封堵防塌剂DS及表面活性剂S-80等组成，具有较好的稳定性、封堵性和润滑性。该体系的黏土抑制剂采用4.5%KCl与胺基化合物复配使用时效果最佳；该体系抗污染能力强，采用42.795g/L膨润土污染的钻井液坂土含量只有14.265g/L。该钻井液在Marlin Leste油田应用时，平均钻速为12m/h，比使用常规钻井液时快7m/h，钻井效率明显提高。

1.3.4 铝胺高性能水基钻井液

铝胺高性能水基钻井液[30]的特殊之处在于添加了胺基聚醇（AP-1）及铝聚合物（DLP-1），受到国内外钻井液技术人员的广泛关注。在实际钻井过程中，页岩不稳定会造成井壁失稳，严重时会导致井眼报废，而加入铝聚合物后会生成氢氧化铝沉淀，其可与地层矿物质结合而起到固结井壁的作用，在井壁上形成的物性薄膜能够起到较好的封堵作用。现场应用情况表明，铝胺基钻井液流变性能稳定，动塑比为0.5，中压滤失量为2.4mL，岩心污染后渗透率恢复值大于90%。该钻井液在夏103-1HF井及辛176-斜12井成功应用，表现出较好的井壁稳定及井眼清洁能力。

张浩[31]对有机胺、铝基聚合物、物理封堵剂、降滤失剂、润滑剂和流型调节剂等进行了优选和复配，确定了铝胺基钻井液的配方。该钻井液强抑制，强封堵，润滑、流变及抗温性能优良，其所污染岩心的渗透率恢复值>90%。在夏103-1HF井的现场应用表明：该钻井液流变性能稳定，动塑比在0.5左右，中压滤失量控制在2.4mL以内，高温高压滤失量控制在8mL以内，泥饼黏附系数<0.1，三开井眼井径规则，平均井径扩大率仅为2.0%。该钻井液适用于非常规大斜度井和水平井。

2 绿色高性能水基钻井液发展趋势

近年来，尽管绿色高性能水基钻井液的研究及应用取得了较大进展，取得了较大的经济效益和社会效益，但仍存在以下问题：①环保评价方法与指标不统一，特别是缺少方便现场简单、快速、安全、准确的环保性能评价方法；②目前现有的多数高性能水基钻井液虽性能优良，但成本较高，一定程度上限制了其推广规模；③钻井液所用处理剂在环保性能和钻井液稳定性之间的矛盾没有得到很好解决；④针对近年来页岩油气大开发，由于钻遇裂缝层理发育地层、破碎带地层时的井壁稳定难度较大，对钻井液的绿色环保、使用成本及防塌润滑性能等方面要求越来越高，用绿色高性能水基钻井液替代油基钻井液成为钻井液技术发展的必然趋势，但现有的绿色高性能水基钻井液还远远达不到现场绿色、安全、经济、高效钻进的技术亟需。

因此，未来的绿色高性能水基钻井液应该从以下几个方面实现突破：①深入开展钻井液处理剂分子结构与性能的内在关系，为新型绿色环保处理剂的研发提供理论支撑；②充分利用高性能、来源广、储量丰富、廉价的环保天然材料，采用绿色工艺，对其进行深度化学改性，制备绿色新型钻井液处理剂，满足现场复杂地层绿色、安全、经济、高效钻进的技术亟需；③在新型钻井液处理剂及钻井液新型体系的推广应用过程中，应根据不同地层的技术需求，综合考虑钻井液性能、成本、环保之间的关系，综合评价钻井液应用效果，以获得最佳的综合效益；④大力完善和推广醇基钻井液、糖基钻井液、胺基钻井液等已经具有一定研究和应用基础的绿色高性能水基钻井液体系，特别是开展作用机理与油基相近、性能与油基相当，且具有油基钻井液所不具备的环保优势的近油基钻井液体系[32]的研发及推广，将会是绿色高性能水基钻井液实现突破性发展的关键。

参考文献

[1] 王中华．钻井液及处理剂新论［M］．北京：中国石化出版社，2017：77–81.

[2] 王洪宝，王庆，孟红霞，等．聚合醇钻井液在水平井钻井中的应用［J］．油田化学，2003，20(3)：200–201.

[3] 于培志．聚合醇钻井液体系的研究与应用［J］．石油钻采工艺，2001，23（5）：30–32.

[4] 刘平德，牛亚斌，张梅．一种新型聚合醇钻井液体系的研制［J］．天然气工业，2005，25（1）：100–102.

[5] 褚奇，薛玉志，李涛，等．新型聚合醇钻井液抑制性能研究［J］．科学技术与工程，2015，15（3）：208–211.

[6] 张景红，赵健，李波，等．AQUA–DRILL 醇基钻井液体系在雪古 1 井的应用［J］．石油钻探技术，2001，29（6）：30–31.

[7] 邱正松，黄维安，徐加放，等．一种新型多元醇钻井液的研制及应用［J］．钻采工艺，2006，29（6）：5–7.

[8] 吕开河，邱正松，徐加放．聚醚多元醇钻井液研制及应用［J］．石油学报，2006，27（1）：101–105.

[9] 雷祖猛，司西强．国内烷基糖苷钻井液研究及应用现状［J］．天然气勘探与开发，2016，39（2）：72–74.

[10] 张琰，艾双，钱续军，等．MEG 钻井液在沙 113 井实验成功［J］．钻井液与完井液，2001，18（2）：27–29.

[11] 赵虎，甄剑武，王中华，等．烷基糖苷无土相钻井液在卫 383–FP1 井的应用［J］．石油化工应用，2012，31（8）：6–9.

[12] 司西强，王中华，魏军，等．阳离子烷基葡萄糖苷钻井液［J］．油田化学，2013，30（4）：477–481.

[13] 司西强，王中华，魏军，等．钻井液用阳离子烷基糖苷的合成研究［J］．应用化工，2012，41（1）：56–60.

[14] 司西强，王中华．阳离子烷基糖苷合成过程中的季铵化反应［J］．应用化工，2014，43（6）：1159–1161.

[15] 司西强，王中华，贾启高，等．阳离子烷基糖苷的中试生产及现场应用［J］．应用化工，2013，42（12）：2295–2297.

[16] 司西强，王中华，魏军，等．阳离子烷基糖苷的绿色合成及性能评价［J］．应用化工，2012，41（9）：1526–1530.

[17] 司西强，王中华，王伟亮．聚醚胺基烷基糖苷类油基钻井液研究［J］．应用化工，2016，45(12)：2308–2312.

[18] 中石化石油工程技术服务有限公司．一种聚醚胺基烷基糖苷类油基钻井液及其制备方法［P］．中

国，发明专利，2015104235570.2017.
[19] 谢俊，司西强，雷祖猛，等 . 类油基水基钻井液体系研究与应用 [J]. 钻井液与完井液，2017，34（4）: 26–31.
[20] 杨枝，王治法，杨小华，等 . 国内外钻井液用抗高温改性淀粉的研究进展 [J]. 中外能源，2012，17（12）: 42–47.
[21] 李凤霞，王郑库，田云英 . 植物胶钻井液完井液体系研究 [J]. 科学技术与工程，2012，12(35）: 9672–9674.
[22] 许春田，吴富生，张洁，等 . 新型环保型杂多糖甙钻井液在江苏油田的应用 [J]. 钻井液与完井液，2006，23（1）: 19–23.
[23] 王越之，王宇，罗春芝，等 . 新型多糖钻井液体系的室内研究 [J]. 石油天然气学报，2006，28（2）: 82–85.
[24] 张洁，张强，陈刚，等 . 强抑制性改性杂聚糖在钻井液中的作用效能与机理研究 [J]. 化工技术与开发，2013，42（10）: 1–5.
[25] 张强 . 聚合糖钻井液应用工艺优化及其机理探究 [D]. 西安: 西安石油大学，2014 : 72–73.
[26] 黄浩清 . 安全环保的新型水基钻井液 ULTRADRILL [J]. 钻井液与完井液，2004，21（6）: 4–7.
[27] 钟汉毅，邱正松，黄维安，等 . 聚胺水基钻井液特性实验评价 [J]. 油田化学，2010，27（2）: 119–123.
[28] 赵欣 . 深水聚胺高性能钻井液实验研究 [J]. 石油钻探技术，2013，41（3）: 35–39.
[29] 王建华，鄢捷年，丁彤伟 . 高性能水基钻井液研究进展 [J]. 钻井液与完井液，2007，24（1）: 71–75.
[30] 王树永 . 铝胺高性能水基钻井液的研究与应用 [J]. 钻井液与完井液，2008，25（4）: 23–25.
[31] 张浩 . 铝胺基钻井液在夏 103–1HF 井的应用 [J]. 石油钻探技术，2013，41（2）: 59–64.
[32] 要旭祥，李慧 . 近油基钻井液打破开采禁区 [EB/OL].（2018 年 09 月 25 日）[2018 年 12 月 01 日]. http : //www.ccin.com.cn/ccin/news/2018/09/25/386861.shtml.

烷基糖苷及其衍生物钻井液发展趋势

司西强[1, 2]　王中华[1, 2]

（1.中石化中原石油工程有限公司钻井工程技术研究院，河南 濮阳　457001；
2.中石化石油工程钻完井液技术中心，河南 濮阳　457001）

摘　要：烷基糖苷应用到钻井液中具有抑制性、润滑性良好，易生物降解、无毒环保等优点，但APG加量须>35%，才能充分发挥性能，导致APG钻井液成本较高。综述了国内外对解决烷基糖苷（APG）钻井液高成本问题的相关研究进展。国外开展了通过烷基糖苷与无机盐的复配来减少APG加量的研究，成为国外APG钻井液发展的主流方向；国内开展了通过烷基糖苷的改性来达到减小加量、降低成本的目的，主要得到了阳离子烷基糖苷（CAPG）、聚醚胺基烷基糖苷（NAPG）等改性产品，并形成了相应的钻井液体系。最后提出了烷基糖苷及衍生物钻井液的未来发展趋势。

关键词：钻井液；强抑制；烷基糖苷；阳离子烷基糖苷；聚醚胺基烷基糖苷；衍生物

目前在石油钻井领域，钻遇强水敏性泥页岩及含泥岩等易坍塌地层时，普通水基钻井液不能有效抑制泥页岩水化，传统解决办法是采用油基钻井液，但存在成本高、环境污染等问题，限制了其应用推广，故寻求一种具有油基钻井液性能的高性能水基钻井液成为现场急需[1-5]。1994年，国外首次提出了一种类油基的新型水基钻井液体系——烷基糖苷（APG）钻井液。最早将烷基糖苷应用于钻井液的报道出现在1994年2月在美国达拉斯召开的IADC\SPE钻井工程会议上，研究成果引起了与会者的广泛关注。烷基糖苷钻井液具有如下优点：①吸附成膜，有效抑制泥页岩水化（APG加量不小于35%，理想用量45%~60%）；②良好的润滑性能；③易生物降解，无毒环保；④储层保护效果较好。但也存在加量大（加量不小于35%，理想用量为45%~60%）、成本高的问题，限制了其大范围推广应用。针对上述问题，本文综述了国内外对解决烷基糖苷钻井液高成本问题的相关研究进展，并提出了烷基糖苷及衍生物钻井液的未来发展趋势，以期对钻井液同行有一定的启发作用，促进钻井液技术的进步。

1　烷基糖苷钻井液

1.1　国外

1995年，为解决墨西哥湾浅海地区强水敏性页岩井壁失稳问题，满足海洋钻井环保要求，国外采用烷基糖苷钻井液施工2口井，为达到强抑制效果，同时降低钻井液成本，

作者简介：司西强（1982—），男，山东日照人，研究员，博士，主要从事精细化工、新型钻井助剂及钻井液新体系的研究及推广。E-mail：sixiqiang@163.com。

将烷基糖苷与氯化钠复配使用，即便如此，烷基糖苷在钻井液中加量仍达到36%。现场施工效果表明：①烷基糖苷钻井液固相容量限远超过其他水基钻井液；②施工过程中无钻头泥包、卡钻等问题；③无生物毒性，符合海洋钻井环保要求；④储层保护效果好，所钻井为平台上所有井产量最高。

通过对国外烷基糖苷钻井液的应用情况进行分析总结，我们可以认为，烷基糖苷钻井液作为一种类油基钻井液为井壁稳定、环保、储层保护要求较高的地区钻井提供了较好的解决方案。但烷基糖苷加量大（加量不小于35%，理想用量为45%~60%），成本高，限制了其大范围推广应用。近年来，国外出现了一些烷基糖苷钻井液的室内研究，其主要是如何通过复配其他处理剂来减小烷基糖苷在钻井液中的加量[6]，同时满足强抑制性要求，最终目标是降低烷基糖苷钻井液的成本，为其推广应用提供技术优势。

1.2 国内

烷基糖苷钻井液以其良好的抑制性、润滑性、环保及储层保护性能引起国内广泛关注，1997年以来开展了相关研究及现场应用。

研究表明，将一定量的烷基糖苷加入水基钻井液中，会改变该水基钻井液的性能。例如，加入3%以上的烷基糖苷可以增大钻井液的屈服值和凝胶强度，从而提高钻井液的携岩能力；加入15%以上的烷基糖苷则会减小钻井液的摩擦系数，提高钻井液的润滑性；加入35%以上的烷基糖苷不仅可以有效地降低钻井液的水活度，而且可以形成理想的半透膜，阻止与钻井液接触的泥页岩水化膨胀，有效地维持井眼的稳定。形成的烷基糖苷钻井液的性能与油基钻井液相似，是一种类油基钻井液。

1999年，烷基糖苷钻井液在新疆准噶尔盆地沙南油田沙113井[7]首次现场应用。现场实验结果表明，该钻井液具有优良的抑制性、储层保护性能及独特的造壁护壁作用，解决了强水敏地层井壁垮塌问题，井径规则、电测取心一次成功。平均机械钻速为9.41m/h，比邻井提高47.8%。

近年来，在胜利、西南等地区应用较多[8-13]。其中胜利油田已经进行了多口井的烷基糖苷钻井液现场应用，郑斜41井试油射开沙一段1277.5~1297.4m，油层4层15.1m，求产获日产油13.2t；郑364井中途测试表皮系数为-2；郑369井中途测试表皮系数为0，日产油21.0t；KD104井试油结果为日产油57t，KD105井试油结果为日产油46t，高出邻井1倍。较好地满足了现场对储层保护要求。

2011年，烷基糖苷钻井液在中原油田水平井卫383-FP1、文133-平1井初步应用。现场应用结果表明，烷基糖苷钻井液润滑性能优良，适于钻探致密砂岩地层。但为了控制成本，现场施工过程中烷基糖苷加量仅为15%（加量不小于35%，理想用量45%~60%），其抑制作用不能充分发挥，导致钻遇泥页岩及含泥岩等地层时未能很好地解决井壁失稳问题。

2 烷基糖苷衍生物钻井液

针对烷基糖苷在钻井液中加量应>35%，而国内为控制钻井液成本，加量仅为

10%~15%，不能充分发挥烷基糖苷性能。为此，中国石化中原油田油田化学研究团队在王中华教授的指导下，通过分子设计和合成设计，研制了阳离子烷基糖苷CAPG[14-22]、聚醚胺基烷基糖苷NAPG等改性烷基糖苷产品，以期达到在钻井液中加量降低、成本降低、性能提高的目的，并企望最终形成阳离子烷基糖苷类油基钻井液、聚醚胺基烷基糖苷高性能水基钻井液，以满足强水敏性泥页岩及含泥岩等易坍塌地层及页岩气水平井钻井的需要。下面对阳离子烷基糖苷及聚醚胺基烷基糖苷及其钻井液的研究进展情况做一简要介绍。

2.1 阳离子烷基糖苷及其钻井液

在烷基糖苷分子上引入合适的季铵阳离子基团，合成了跟烷基糖苷相比，性能更优、加量显著降低的阳离子烷基糖苷产品。通过对烷基糖苷和阳离子烷基糖苷的原料成本对比，我们可以得到，烷基糖苷原料成本6000元/吨，阳离子烷基糖苷原料成本6800元/吨，两者成本相比，阳离子烷基糖苷略高于烷基糖苷。

烷基糖苷和阳离子烷基糖苷抑制性能比较见图1。

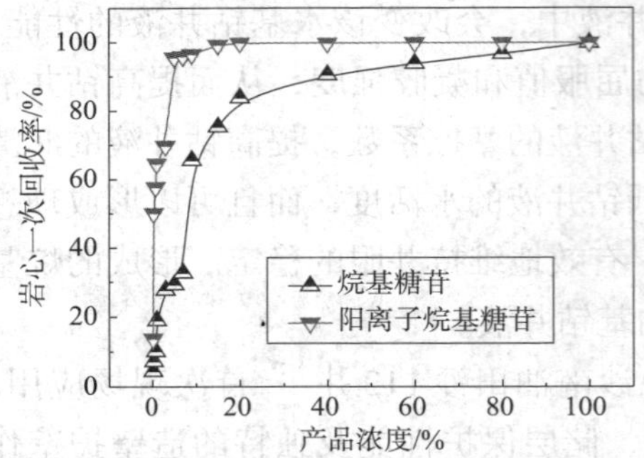

图1 APG与CAPG抑制性能比较

由图1结果可以得到，在0.1%~100%的浓度范围内，同等浓度下，烷基糖苷岩心回收率一直低于阳离子烷基糖苷；5%阳离子烷基糖苷岩心回收率为95.55%，浓度再升高，则岩心回收率趋于平稳，30%烷基糖苷岩心回收率为87.06%，浓度再升高，则岩心回收率趋于平稳；35%阳离子烷基糖苷岩心回收率为99.80%，而35%烷基糖苷岩心回收率仅89.04%。

自2011年以来，通过边研究、边实验、边完善，已形成具有自主知识产权的成熟阳离子烷基糖苷生产技术，截至目前生产出产品205t，分别在陕北和大牛地长段水平井、中原小井眼侧钻井现场实验15井次，取得了初步应用成果。具体施工井包括：靖南72-13H1井、高桥26-126H井、高桥46-118H1、中江16H井、春17侧井、DPH-90井、DPS-50井等。现场应用效果表现为：①抑制性能优异、井壁稳定能力突出（靖南72-13H1井裸眼浸泡44d完井顺利）；②润滑性能优良，有助于提高机械钻速（高桥26- 126H井无钻头泥包、定向托压问题）；③易生物降解，无毒环保。

阳离子烷基糖苷前期研究创新程度较高，且属于绿色化学领域，阳离子烷基糖苷除作为油田化学品外，在日用化工、矿物浮选、造纸、纺织、皮革助剂等其他领域也有广阔前景。

正是基于上述情况，该研究获得了“中国博士后科学基金第50批面上二等资助”（2011M501194）、“中国博士后科学基金第5批特别资助”（2012T50641）、河南省博士后基金匹配资助2项。

前期研究中，申请相关国家发明专利10项，发表相关学术论文20余篇，“钻井液用阳离子烷基糖苷的研制”项目获中原油田科技进步一等奖1项，河南省百项职工优秀技术创新成果1项。

前期现场实验表明，作为抑制剂使用时，产品加入钻井液能较好地满足泥页岩及含泥岩等易坍塌地层的安全钻进。由于时间限制，目前尚未形成成熟的阳离子烷基糖苷钻井液。

若以阳离子烷基糖苷为基础构建一种类油基钻井液，其成本远低于以烷基糖苷为基础的类油基钻井液体系。下步须形成成熟的高性能、低成本、环保型阳离子烷基糖苷钻井液，用于泥页岩及含泥岩地层、页岩气水平井，充分发挥阳离子烷基糖苷钻井液类油基的特性，有望解决目前使用油基钻井液带来的环境问题，将会产生较好的社会效益和经济效益。

除本项目组开展阳离子烷基糖苷在钻井液中的相关研究及现场应用，国内外同行没有开展相关研究的报道。阳离子烷基糖苷及低成本、高性能、无毒环保的阳离子烷基糖苷类油基钻井液可在中国石化区域内强水敏性泥页岩及含泥岩等易坍塌地层、页岩气水平井进行推广应用，有效解决井壁失稳等井下复杂问题，缓解目前油基钻井液成本高、污染环境的问题，降低钻井成本，缩短钻井周期，解决现场难题。阳离子烷基糖苷及阳离子烷基糖苷类油基钻井液为现场急需，目前已被中国石化科技部定为推广项目进行推广，具有较强的市场需求趋势。

2.2　聚醚胺基烷基糖苷及其钻井液

目前，国内外对烷基糖苷、聚醚胺分别在钻井液中的应用开展了大量研究，但尚未有将两者结合在一起形成一个聚醚胺基烷基糖苷分子整体进行应用的研究，聚醚胺基烷基糖苷产品预计具有聚醚胺和烷基糖苷复配无法达到的效果，一方面分子中聚醚胺结构的超强吸附及拉紧作用可充分保证强抑制性，另一方面分子中烷基糖苷结构的位阻效应可充分保证钻井液的分散稳定性，同时通过吸附作用发挥一定的抑制性能。总体来说，聚醚胺和烷基糖苷两者作为一个聚醚胺基烷基糖苷分子上的两个不同的结构单元，实现了钻井液稳定性和抑制性两种性能的和谐统一，达到既不会破坏钻井液稳定性能，又能满足强抑制性能的目的。

本研究组通过分子设计，合成了聚醚胺基烷基糖苷产品。对产品性能进行了测试，结果表明：①产品与常规水基钻井液配伍性好。②0.1%产品水溶液对岩屑一次回收率>96%，相对回收率>99%；0.7%产品对钙土相对抑制率>95%。③产品可使无土基浆和有土基浆的抗温性能由110℃提高到160℃。④产品含量超过7%时，润滑系数<0.1。⑤3%产品水溶液静态或动态污染岩心后，静态渗透率恢复值大于96%，动态渗透率恢复值大于91%。总体来说，聚醚胺基烷基糖苷产品具有超强抑制性，配伍性和其他性能优良，适用于长水平段泥页岩等易坍塌地层及页岩气水平井的钻井施工，应用前景较广。该产品目前已形成成熟的生产工艺，生产出20t产品，已经发至新疆塔中地区顺南6井及策勒1井进行现场实验，实验结果正在采集中。

通过室内研究，已形成强抑制、润滑好、无毒环保的高性能聚醚胺基烷基糖苷钻井液优化配方：3%NAPG+1%土+0.2%HV-CMC+0.3%XC+0.8%LV-CMC+3%CMS+2%膏状沥青+3%无渗透+24%工业盐。该配方性能如下：①抑制性：岩屑一次回收率97.05%，相对回收率99.64%；②抗温性：抗温>160℃；③润滑性：极压润滑系数0.041；④滤液表面活性：滤液表面张力31.2mN/m；⑤降滤失性：API滤失量1.8mL，HTHP滤失量14mL；⑥抗污染性：抗盐饱和、抗钙10%、抗土、抗钻屑20%、抗水40%、抗原油20%；⑦储层保护：静态渗透率恢复值大于92%，动态渗透率恢复值大于90%。通过分析，可以看到该钻井液配方具备高性能水基钻井液性能，可在强水敏性泥页岩及含泥岩等易坍塌地层适用，并有望在页岩气水平井应用，缓解目前油基钻井液造成的成本、环境问题。

3 结论及展望

3.1 结论

（1）针对APG在钻井液中加量大、成本高的问题，国内外形成了不同的解决办法，对比之下，国内研究进展远远领先于国外。

（2）国外开展了通过烷基糖苷与无机盐的复配来减少APG加量的研究，成为国外APG钻井液发展的主流方向，无实质性技术进步。

（3）国内开展了通过烷基糖苷的改性来达到减小加量、降低成本的目的，主要得到了阳离子烷基糖苷CAPG、聚醚胺基烷基糖苷NAPG等改性产品，并形成了相应的钻井液体系，可有效解决泥页岩及含泥岩等易坍塌地层的井壁失稳问题，并有望用于页岩气钻井，缓解油基钻井液造成的成本、环境问题。

3.2 展望

以阳离子烷基糖苷为主剂，配合其他处理剂，形成具有油基钻井液性能的强抑制、低成本、无毒性的阳离子烷基糖苷类油基钻井液；以聚醚胺基烷基糖苷为主剂，配合其他处理剂，形成强抑制、润滑好、无毒性的聚醚胺基烷基糖苷高性能水基钻井液；阳离子烷基糖苷类油基钻井液和聚醚胺基烷基糖苷高性能水基钻井液都将会成为解决油基钻井液使用过程中出现的成本高、污染环境问题的优先措施，推广后将会是国内钻井液技术的一个较大发展。

参考文献

[1] Patel A, Stamatakis S, Young S, et al. Advances in Inhibitive Water-Based Drilling Fluids—Can They Replace Oil-Based Muds? [C]// International Symposium on Oilfield Chemistry. Society of Petroleum Engineers, 2007.

[2] 王中华. 国内钻井液及处理剂发展评述[J]. 中外能源，2013，18（10）：34-43.

[3] 王中华. 钻井液处理剂现状分析及合成设计探讨[J]. 中外能源，2012，17（9）：32-40.

[4] 王中华. 2011—2012年国内钻井液处理剂进展评述[J]. 中外能源，2013，18（4）：28-35.

[5] Simpson J. P., Walker T. O., Jiang G. Z.. Environmentally Acceptable Water-Based Mud Can Prevent Shale Hydration and Maintain Borehole Stability [A]. 1995, SPE 27496.

[6] Issam I., Ann P. H.. The application of methyl glucoside as shale inhibitor in sodium chloride mud [J]. Jurnal Teknologi, 2009, 50 (F): 53-65.

[7] 张琰，钱续军 .MEG 钻井液在沙 113 井实验成功 [J]. 钻井液与完井液，2001，18 (2): 27-29.

[8] Zhang Y, Cheng Z, Yan J. N. et al. Investigation on formation damage control of the methylglucoside fluids [A]. SPE 39442, 1998.

[9] 吕开河，邱正松，徐加放 . 甲基葡萄糖苷对钻井液性能的影响 [J]. 应用化学，2006，23 (6): 632-636.

[10] 欧阳伟，杨刚，贺海，等 . MEG 钻井液技术在剑门 1 井超长小井眼段的应用 [J]. 钻井液与完井液，2009，26 (6): 21-23.

[11] 黄达全，宋胜利，王伟忠，等 . MEG 钻井液在滨 26X1 井的应用 [J]. 钻井液与完井液，2008，25 (3): 36-38.

[12] 雍富华，余丽彬，熊开俊，等 . MEG 钻井液在吐哈油田小井眼侧钻井中的应用 [J]. 钻井液与完井液，2006，23 (5): 50-52.

[13] 付国都，董海军，牛广玉，等 . 双保仿油基改性 MEG 的研究与应用 [J]. 钻井液与完井液，2005，22 (B05): 8-10，117-118.

[14] Weuthen M, Kahre J, Hensen H, et al. Cationic sugar surfactants [P]. US : 5773595, 1998-06-30.

[15] Stuart B P, Harold L M, Joseph P P, et al. Alkoxylated alkyl glucoside ether quaternaries useful in personal care [P]. US : 5138043, 1992-08-11.

[16] Allen D. K. and Tao B. Y.. Carbohydrate-alkyl ester derivatives as biosurfactants [J]. Journal of Surfactants and Detergents, 1999, 2 (3): 383-390.

[17] 王中华 . 关于聚胺和“聚胺”钻井液的几点认识 [J]. 中外能源，2012，17 (11): 1-7.

[18] 司西强，王中华，魏军，等 . 钻井液用阳离子烷基糖苷的合成研究 [J]. 应用化工，2012，41 (1): 56-60.

[19] 司西强，王中华，魏军，等 . 钻井液用阳离子甲基葡萄糖苷 [J]. 钻井液与完井液，2012，29 (2): 21-23.

[20] Si Xiqiang, Wang Zhonghua, Wei Jun, et al. Study on synthesis of cationic methyl glucoside which was used in drilling fluid [J]. Prepr.Pap.-Am. Chem. Soc., Div. Pet. Chem. 2012, 57 (1): 102-103.

[21] Si Xiqiang, Wang Zhonghua, Wei Jun, et al. Performance test for cationic methyl polyglucoside which was used in drilling fluid [J]. Prepr.Pap.-Am. Chem. Soc., Div. Pet. Chem. 2012, 57 (1): 86-87.

[22] Si Xiqiang, Wang Zhonghua, Wei Jun, et al. Influence of Catalyst on the Synthesis of Cationic Alkyl Glucoside [J]. Prepr.Pap.-Am. Chem. Soc., Div. Energy Fuels. 2013, 58 (2): 336-337.

阳离子烷基葡萄糖苷钻井液

司西强[1, 2]　王中华[1, 2]　王忠瑾[1, 2]　赵　虎[1, 2]　钟　灵[1, 2]　赵　莹[1, 2]

（1. 中石化中原石油工程有限公司钻井工程技术研究院，河南 濮阳　457001；
2. 中石化石油工程钻完井液技术中心，河南 濮阳　457001）

摘　要：针对烷基糖苷钻井液在现场应用中出现的问题，中原油田钻井液技术公司首次将阳离子烷基糖苷（CAPG）引入钻井液。CAPG钻井液的优化配方为：375mL自来水+6% CAPG+0.6%降滤失剂LV-CMC+0.6%流型调节剂黄原胶+0.4%增黏剂HV-CMC+3%封堵剂WLP+0.4% NaOH+0.2% Na_2CO_3+24% NaCl+0.4% 抗氧化剂$NaHSO_3$。CAPG钻井液的相关性能测试结果表明，该钻井液体系在抑制性、抗温性、润滑性、滤液表面活性、抗污染性、降滤失性及储层保护等方面性能优良。岩屑一次回收率99.15%，相对回收率99.45%，相对抑制率91.4%，抗温达160℃，极压润滑系数0.097，滤液表面张力19.52mN/m，滤失量4.0mL，抗NaCl 36%（质量分数，后同），抗$CaCl_2$ 5%，抗膨润土10%，抗钻屑10%，抗水侵20%，抗原油10%，岩心的静态渗透率恢复值大于93%，动态渗透率恢复值大于92%。其各方面性能均优于烷基糖苷钻井液，在油气勘探开发中的应用前景良好。

关键词：阳离子；烷基糖苷；钻井液；中原油田

20世纪90年代初，烷基糖苷（APG）开始应用于钻井液中，经过十几年的发展，已取得一定进展[1-3]。目前应用于钻井液中的烷基糖苷主要是甲基糖苷（MEG），在大庆、胜利、辽河、新疆等油田得到了广泛应用，在中原油田的非常规油气钻井过程中也初步应用。结果表明，钻井液表现出良好的润滑性、流变性及稳定井壁的性能，但仍存在钻遇长段软泥岩地层出现泥岩分散、不同程度的井壁失稳现象。针对这些现象，通过对处理剂分子结构进行优化设计，把季铵阳离子基团桥接到烷基糖苷分子上，得到的阳离子烷基糖苷（CAPG）性能远远优于APG，达到提高抑制性、抗温性，减小加量，降低成本的目的。CAPG兼具烷基糖苷和季铵盐的双重性能，是当今钻井液处理剂研发的一个方向[4-5]。中原油田石油工程公司首次将CAPG引入钻井液[6-11]，在中江16H井、春17侧钻井及意11井进行了现场实验，抑制性能优异，有效解决了长水平段泥页岩的井壁失稳问题，在石油勘探开发领域具有广阔的应用前景，对国内外钻井液处理剂的升级及钻井液新体系的发展将会产生积极的促进作用。

基金项目：中国石化先导项目“水平井烷基糖苷无土相钻井液技术”（项目编号SG12035），中国博士后科学基金特别资助“钻井液用两性甲基葡萄糖苷的合成及其作用机理”（项目编号2012T50641），中国博士后科学基金面上资助“钻井液用糖苷基季铵盐的合成及其抑制机理研究”（项目编号2011M501194），中原石油勘探局科技攻关项目“钻井液用阳离子烷基糖苷的研究”（项目编号2011231）。

作者简介：司西强（1982—），男，山东日照人，研究员，博士，主要从事精细化工、新型钻井助剂及钻井液新体系的研究及推广。E-mail：sixiqiang@163.com。

1　实验

1.1　实验材料及仪器

阳离子烷基葡萄糖苷CAPG，自制；低黏度羧甲基纤维素钠LV-CMC，高黏度羧甲基纤维素钠HV-CMC，黄原胶XC，纤维素类封堵剂WLP，抗氧化剂$NaHSO_3$，纯碱，烧碱，氯化钠，工业级；甲基葡萄糖苷MEG，自制；钙膨润土，马12井2765m处岩屑；桥66-16井天然岩心，直径25mm，长2.55 cm；自来水，矿化度20~30mg/L；中原油田原油，相对密度0.85；中原油田自产煤油，相对密度0.80。

六速旋转黏度计，XGRL-4A高温滚子加热炉，LHG-2老化罐，GJS-B12K变频高速搅拌机，青岛海通达专用仪器厂；DZF-6050真空干燥箱，上海创博环球生物科技有限公司；BL200S精密电子天平，上海勤酬实业有限公司；BZY-3B型表面张力仪，上海金鹏分析仪器有限公司；Fann EP 21200型极压润滑仪，美国Fann公司。

1.2　实验方法

1.2.1　岩屑回收实验

将一定质量（m_0）的岩屑加入待测溶液中，在老化罐中120℃下滚动16h，降温后取出，用40目筛回收岩屑，于103℃下干燥4~5h，称量岩屑质量（m_1）；将回收岩屑加入自来水中，在老化罐中120℃下滚动2h，降温回收岩屑，干燥后称量（m_2）。分别计算一次页岩回收率R_1、二次页岩回收率R_2和相对页岩回收率R。

1.2.2　相对抑制率实验

准确量取350mL蒸馏水2份，放入高速搅拌杯中，其中一份加入1.75g无水碳酸钠，另一份加入1.5%试样和1.75g无水碳酸钠，使其全部溶解。称取35g钙膨润土，加入高搅拌杯中高速搅拌10min，装入高温陈化罐中，于150℃ ± 3℃下高温滚动16h。取出降至室温，用高速搅拌机搅拌5min，测量钻井液的流变参数（Φ100的读数）。按（Φ–Φ_1）/Φ × 100%计算相对抑制率B，式中：Φ、Φ_1分别为空白样、加入试样后旋转黏度计转速为100r/min时的稳定读数。

1.2.3　渗透率测试

打开工作站，检查仪器情况是否正常，开始升温；温度升至90℃后，装入岩心，用煤油进行渗透，记录初始压力、最高压力、稳定压力，围压要比流动压力大2MPa；用测试样进行反向动态或静态污染，用量筒接收液体并记录所用时间及体积；再用煤油进行正向渗透，记录初始压力、最高压力、稳定压力；污染前后的稳定压力比值即为渗透率恢复值。

2　结果与讨论

2.1　阳离子烷基糖苷钻井液配方

通过室内一系列的处理剂优选实验，选用大分子增黏剂HV-CMC、流型调节剂

XC、降滤失剂LV-CMC、封堵剂WLP、pH值调节剂NaOH及Na_2CO_3、加重剂NaCl、抗氧化剂$NaHSO_3$与CAPG配制钻井液，最终确定CAPG钻井液的优化配方为：375mL自来水+6% CAPG+0.6% LV-CMC+0.6% XC+0.4% HV-CMC+3% WLP+0.4% NaOH+0.2% Na_2CO_3+24% NaCl+0.4% $NaHSO_3$。

2.2 钻井液性能

2.2.1 抑制性

1.页岩回收率

在120℃下热滚16h后，自来水的R_1、R_2、R分别为21.30%、8.70%、40.85%；CAPG钻井液的R_1、R_2、R分别为99.15%、98.60%、99.45%。说明CAPG钻井液具有较好的页岩吸附能力和页岩包被能力，而且持续性较好，能有效阻止页岩的水化分散。

2.相对抑制率

优选钻井液体系的相对抑制率如表1所示。由表1数据可知，CAPG钻井液对膨润土具有较好的抑制水化分散作用，当CAPG加量为6%时，相对抑制率为91.4%。

表1 钻井液相对抑制率性能评价

样 品	Φ600	Φ300	Φ200	Φ100	相对抑制率/%
基浆	117	88	78	70	—
CAPG钻井液	54	37	25	6	91.4

注：基浆：375mL 自来水 +2% 膨润土 +0.6% LV-CMC+0.6% XC+0.4% HV-CMC+3% WLP+0.4% NaOH+0.2% Na_2CO_3+24% NaCl。

2.2.2 抗温性

通过高温滚动前后的钻井液性能变化来评价CAPG钻井液的抗温性。不同老化温度对钻井液流变性及滤失性的影响见表2。由表2可见，随着热滚温度的升高，CAPG钻井液的黏度和切力均有一定程度的下降，在160℃下高温滚动48h后，钻井液仍保持较好的流变性。

表2 老化温度对CAPG钻井液性能的影响

温度/℃	老化时间/h	AV/mPa·s	PV/mPa·s	YP/Pa	G'/G"/（Pa/Pa）	FL（API）/mL	pH值
110	16	65.5	29	36.5	9.0/12.0	5.6	9.0
	32	77.5	40	37.5	10.5/13.5	4.4	9.0
	48	65.5	37	28.5	8.5/12.0	2.4	8.0
130	16	58.0	30	28.0	9.0/12.0	4.4	9.0
	32	60.0	31	29.0	9.0/12.0	4.4	9.0
	48	55.0	25	30.0	8.5/12.5	4.4	9.0
150	16	50.0	25	25.0	8.0/10.0	3.6	9.0
	32	42.5	21	21.5	6.0/6.5	3.2	9.0
	48	41.5	19	22.5	3.5/4.0	5.0	8.5

续表

温度/℃	老化时间/h	AV/mPa·s	PV/mPa·s	YP/Pa	G′/G″/（Pa/Pa）	FL（API）/mL	pH值
160	16	51.5	28	23.5	3.5/4.5	6.8	9.0
	32	49.0	27	22.0	3.0/3.5	4.0	9.0
	48	40.0	26	14.0	2.0/2.5	7.2	9.0

注：AV—表观黏度；PV—塑性黏度；YP—动切力；G′/G″—静切力；FL—中压滤失量；后同。

2.2.3 润滑性

CAPG钻井液的润滑性能如表3所示。由表3可见，加入CAPG后，钻井液润滑系数大大降低，由基浆的0.176降为0.097，跟基浆相比，CAPG钻井液润滑系数降低率达44.89%，表现出较好的润滑性能。CAPG钻井液良好的润滑性能可使井下卡钻等复杂情况大为减少，为钻井的安全、快速钻进提供保证。

表3 CAPG钻井液润滑性能

试 样	仪器示数	润滑系数	润滑系数降低率/%
自来水	30	0.265	—
空白基浆	20	0.176	—
CAPG钻井液	11	0.097	44.89

注：空白基浆：375mL 自来水 +0.6% LV–CMC+0.6% XC+0.4% HV–CMC+3% WLP+0.4% NaOH+0.2% Na_2CO_3+24% NaCl+0.4% $NaHSO_3$。

2.2.4 滤液表面张力

20℃时，空白基浆（基浆配方同表3）、6% MEG（基浆+6% MEG）钻井液及6% CAPG钻井液的滤液表面张力分别为52.18mN/m、34.17mN/m、19.52mN/m。CAPG钻井液滤液的表面张力仅为19.52mN/m，表面活性较好。这是由于除了葡萄糖结构的亲水作用，季铵结构的引入使阳离子烷基糖苷碳氢链间的疏水作用得到加强，从而提高滤液表面活性。把CAPG应用到钻井液中后，将会对提高钻井液滤液返排效率和减轻深层低渗透储层水锁损害起到积极的作用。

2.2.5 抗污染性能

1.抗无机盐

分别加有24% NaCl、36% NaCl及5%$CaCl_2$钻井液体系于130℃下热滚16h后，其各项性能见表4。由表4可见，NaCl的侵入对钻井液流变性的影响较小，$CaCl_2$的侵入使钻井液黏度和切力有所降低，滤失量减小，但仍能使钻井液保持较好的流变性。总体来说，CAPG钻井液具有较好的抗NaCl和$CaCl_2$污染的能力。

表4 CAPG钻井液抗盐抗钙性能

污染条件	AV/mPa·s	PV/mPa·s	YP/Pa	G′/G″/（Pa/Pa）	FL（API）/mL	pH值
0	56.5	29	27.5	8.0/11.5	4.4	9
24% NaCl	54.0	32	22.0	8.0/11.0	4.0	9

续表

污染条件	AV/mPa·s	PV/mPa·s	YP/Pa	G'/G"/（Pa/Pa）	FL（API）/mL	pH值
36% NaCl	51.0	33	18.0	8.0/11.0	3.8	9
5% $CaCl_2$	37.0	18	19.0	7.0/10.5	2.6	9

2.抗膨润土

在CAPG钻井液中，分别加入5%、10%的膨润土，于130℃下热滚老化16h，其热滚后的各项性能如表5所示。由表5可见，CAPG钻井液中加入5%或10%的膨润土除了切力稍有上升外，没有对体系性能造成明显的影响。可以认为膨润土的侵入对CAPG钻井液体系无不良影响，相反还会起到改善钻井液体系性能的作用。

表5 CAPG钻井液抗膨润土水化实验

膨润土/%	AV/mPa·s	PV/mPa·s	YP/Pa	G'/G"/（Pa/Pa）	FL（API）/mL	pH值
0	56.5	29	27.5	8.0/11.5	4.4	9
5	53.0	22	31.0	8.5/11.5	3.8	8
10	58.5	28	30.5	9.5/12.0	4.0	8

3.抗钻屑污染

在CAPG钻井液中，分别加入5%、10%过100目筛的钻屑粉（马12井2765m），于130℃下热滚老化16h，其热滚后的各项性能见表6。由表6可见，钻屑粉的加入使钻井液的表观黏度和塑性黏度都有所提高，但增幅较小；切力增加，滤失量降低。说明钻屑粉的侵入增加了体系的固含量，使体系的性能产生一定的变化，但变化幅度不大，CAPG钻井液抗钻屑污染的能力较好。

表6 CAPG钻井液抗钻屑污染实验

钻屑粉/%	AV/mPa·s	PV/mPa·s	YP/Pa	G'/G"/（Pa/Pa）	FL（API）/mL	pH值
0	56.5	29	27.5	8.0/11.5	4.4	9
5	57.0	28	29.0	8.5/11.5	3.4	8
10	64.5	33	31.5	10.0/12.5	2.4	8

4.抗水侵

在CAPG钻井液中加入质量分数为10%和20%的自来水，于130℃下热滚老化16h，其热滚后的各项性能见表7。由表7可见，水的侵入只是对钻井液起到稀释作用，从而导致黏度、切力降低及滤失量增加，但水侵不会对CAPG钻井液造成严重的影响，当水侵发生时，只需要在钻井液中补加处理剂的胶液即可恢复原性能。

表7 CAPG钻井液抗水侵实验

水加量/%	AV/mPa·s	PV/mPa·s	YP/Pa	G'/G"/（Pa/Pa）	FL（API）/mL	pH值
0	56.5	29	27.5	8.0/11.5	4.4	9
10	40.0	20	20.0	6.5/9.0	4.4	9
20	36.0	18	18.0	5.5/8.0	6.0	9

5.抗原油

在CAPG钻井液中加入质量分数为10%的原油，于130℃下热滚老化16h，其热滚后的各项性能见表8。由表8可见，CAPG钻井液中加入原油后，体系的表观黏度、塑性黏度升高，静切力稍有上升，动切力稍有下降，滤失量降低。说明原油的侵入可以改善钻井液的性能，CAPG钻井液作为一种仿油基钻井液与原油的配伍性较好。

表8 CAPG钻井液抗原油污染性能

污染条件	*AV*/mPa·s	*PV*/mPa·s	*YP*/Pa	*G'*/*G"*/（Pa/Pa）	*FL*（API）/mL	pH值
0	56.5	29	27.5	8.0/11.5	4.4	9
原油	59.0	33	26.0	9.0/11.5	2.6	9

2.2.6 降滤失性

在基浆（396mL自来水+0.4%HV-CMC+0.6%LV-CMC+0.4%XC+2%WLP+0.2% Na_2CO_3+24%NaCl）中加入1%、3%、6%、11%CAPG。将基浆与不同CAPG加量的钻井液于130℃下热滚老化16h，测得的滤失量分别为12.6mL、8.0mL、6.4mL、4.0mL、3.6mL。随着CAPG加量的增加，CAPG钻井液的滤失量逐渐降低，当CAPG质量分数为6%时，滤失量降至4.0mL，降滤失性较好。

2.2.7 储层保护性能

对CAPG加量为6%的钻井液进行岩心的动态及静态渗透率恢复值测定实验，结果见表9和表10。由表9和表10可见，被CAPG钻井液静态或动态污染后，岩心的静态渗透率恢复值大于93%，动态渗透率恢复值大于92%，储层保护性较好。

表9 CAPG钻井液的静态渗透率恢复值（90℃）

岩 心	围压/MPa	稳定压力/MPa		渗透率恢复值/%
		污染前	污染后	
桥66-16-05	6.0	0.116	0.124	93.55
桥66-16-06	6.0	0.121	0.130	93.08

表10 CAPG钻井液的动态渗透率恢复值（90℃）

岩 心	围压/MPa	稳定压力/MPa		渗透率恢复值/%
		污染前	污染后	
桥66-16-03	6.0	0.202	0.208	97.12
桥66-16-04	6.0	0.231	0.251	92.03

3 结论

CAPG钻井液岩屑一次回收率99.15%，相对回收率99.45%，相对抑制率91.4%，可抗160℃高温；与基浆相比，钻井液润滑系数降低率达44.89%；钻井液滤液的表面张力为19.52mN/m，表面活性较好；对NaCl、$CaCl_2$、水、膨润土、钻屑、原油等都有较好的抗污染能力；CAPG在钻井液中可起到较好的降滤失效果；钻井液储层保护性能较好，静态渗透率恢复值>93%，动态渗透率恢复值>92%。CAPG钻井液不但保持了APG钻井液的优良性能，而且抑制性能大大提高，能有效解决长水平段泥页岩的井壁失稳问题。

参考文献

[1] Zhang Yan, Cheng Zhu, Yan Jienian, et al. Investigation on formation damage control of the methylglucoside fluids [Z]. SPE 39442, 1998：241–249.

[2] 吕开河，邱正松，徐加放. 甲基葡萄糖苷对钻井液性能的影响 [J]. 应用化学，2006，23（6）：632–636.

[3] 欧阳伟，杨刚，贺海，等. MEG钻井液技术在剑门1井超长小井眼段的应用 [J]. 钻井液与完井液，2009，26（6）：21–23.

[4] 王中华. 油田用淀粉接枝共聚物研究与应用进展 [J]. 断块油气田，2010，17（2）：239–245.

[5] 王中华. 页岩气水平井钻井液技术的难点及选用原则 [J]. 中外能源，2012，17（4）：43–47.

[6] 司西强，王中华，魏军，等. 钻井液用阳离子烷基糖苷的合成研究 [J]. 应用化工，2012，41(1)：56–60.

[7] 司西强，王中华，魏军，等. 钻井液用阳离子甲基葡萄糖苷 [J]. 钻井液与完井液，2012，29(2)：21–23.

[8] Si Xiqiang, Wang Zhonghua, Wei Jun, et al. Study on synthesis of cationic methyl glucoside which was used in drilling fluid [A]. ACS Division of Petroleum Chemistry, The 243rd ACS National Meeting [C]. Clifornia：Curran Associates, Inc, 2012, 57（1）：102–103.

[9] Si Xiqiang, Wang Zhonghua, Wei Jun, et al. Performance test for cationic methyl polyglucoside which was used in drilling fluid [A]. ACS Division of Petroleum Chemistry, The 243rd ACS National Meeting [C]. Clifornia：Curran Associates, Inc, 2012, 57（1）：86–87.

[10] 司西强，王中华，魏军，等. 阳离子烷基糖苷的合成及应用 [J]. 精细石油化工进展，2011，12（11）：27–31.

[11] 司西强，王中华，魏军，等. 阳离子烷基糖苷的绿色合成及性能评价 [J]. 应用化工，2012，41（9）：1526–1530.

氯化钙－烷基糖苷钻井液室内研究

赵　虎[1,2]　司西强[1,2]　王忠瑾[1,2]

（1.中石化中原石油工程有限公司钻井工程技术研究院，河南　濮阳　457001；
2.中石化石油工程钻完井液技术中心，河南　濮阳　457001）

摘　要：简述氯化钙钻井液技术现状，指出其优势和难点，引入烷基糖苷（APG）有利于解决钻井液流变性和滤失量控制。对$CaCl_2$-APG水溶液的水活度和人造岩心浸泡稳定性进行研究，确立了$CaCl_2$和APG水活度复配优势及有利于井壁稳定的$CaCl_2$浓度。对钻井液进行室内研究，形成抗温130℃，抑制性和润滑性良好的高浓度$CaCl_2$钻井液。

关键词：氯化钙；烷基糖苷；钻井液；水活度

氯化钙较甲酸盐、氯化钾等无机抑制材料成本低，可达到较好的抑制效果，溶液具有较低的活度，适合应用于强水敏和强应力泥页岩等易水化膨胀地层。但存在钻井液流变性和滤失量难以控制，且容易产生气泡等难点。APG可提高聚合物的抗温抗污染能力，有助于解决以上问题。本文着重探讨了$CaCl_2$-APG水溶液的水活度和人造岩心浸泡稳定性，确立了$CaCl_2$和APG水活度复配优势及有利于井壁稳定的$CaCl_2$浓度。确定了钻井液体系的基本组成，并对增黏剂、封堵降滤失剂和消泡剂进行优选，构建体系配方，测试不同密度的钻井液性能，并进行抑制、润滑性和抗温性评价。

1　氯化钙与烷基糖苷钻井液技术概述

1.1　氯化钙钻井液

根据杜南（Donnan）平衡理论，当泥岩暴露于高矿化度的水基钻井液时，泥岩会发生失水（或脱水）而部分抵消水基钻井液中向泥岩中渗透的水量，从而降低由于滤液的侵入所带来的泥岩失稳的风险。钻遇泥岩时，泥岩井壁自身实际上表现出类似于半透膜的作用。与常规钻井液相比，氯化钙钻井液的矿化度要明显大于岩心中水的矿化度，水分子更易于从岩心扩散到钻井液中。氯化钙钻井液具有较低的活度、较强的井壁稳定性，并具有较低的成本，近年来在国内外迅速发展起来。在应对强水敏型地层方面，国

基金项目：中石化先导项目“水平井烷基糖苷无土相钻井液技术”（SG12035）、中国博士后科学基金特别资助“钻井液用两性甲基葡萄糖苷的合成及其作用机理”（2012T50641）、中国博士后科学基金面上资助“钻井液用糖苷基季铵盐的合成及其抑制机理研究”（2011M501194）、中原石油工程有限公司科技攻关项目“钻井液用阳离子烷基糖苷的研究”（2011231）和“页岩气水平井水基钻井液技术研究”（2013106）联合资助。

作者简介：赵虎（1978—），男，山东邹平人，本科，高级工程师，现任中原石油工程公司钻井院主任师，主要从事页岩气水基钻井液和环保钻井液的研究和推广工作。E-mail：zhaohuzjy@126.com。

外已经使用第二代氯化钙／聚合物体系，显示出优异的包被和抑制性，成功地解决了墨西哥海湾深水区高活性泥页岩的泥包钻头和低密度固相升高问题。钻井液流动性好，清洁而抑制性强。国内在这方面也开展了一些工作，并在现场应用中取得了很好的效果，但体系中钙离子含量还比较低，仍然需要进一步研究[1]。

然而，随着钙离子浓度的升高，钻井液的活度降低，但许多处理剂功效降低，钻井液的流变性和滤失量难以控制[2]，且容易产生气泡[3]，因此有必要开展抗钙处理剂或方法研究，以达到低活度、高抑制的钻井液体系。

1.2　APG 钻井液

APG与水有良好的互溶性，其水溶液几乎不受无机盐的影响，因分子链的长短差异抗温150~180℃。钻井液中可增大钻井液的屈服值和凝胶强度，提高钻井液的携岩能力；可降低钻井液的摩擦系数，提高钻井液的润滑性；可有效降低钻井液的水活度，阻止与钻井液接触的页岩水化和膨胀，降低储层的水锁效应[4-6]，近两年中原油田对烷基糖苷APG钻井液进行了研究，并在非常规致密砂岩储层钻井中得到应用[7]。实际应用表明，该钻井液在润滑、清砂、降阻方面完全可以满足长段水平井钻井的需要，但在应对泥岩或强水敏性页岩地层井壁稳定方面仍然存在问题，需要进一步提高钻井液的抑制性和封堵能力。

1.3　$CaCl_2$–APG 钻井液研究思路

$CaCl_2$–APG钻井液以$CaCl_2$为主，充分发挥$CaCl_2$低成本、有效降低水活度的优势，提高钻井液的井壁稳定能力；以APG为辅，发挥APG可提高聚合物抗钙能力的作用、协同降低水活度和润滑防卡功效。APG的抗钙作用机理为：通过吸附、交联和护胶等作用，提高钻井液中聚合物的抗温和抗污染能力；实际上是一种氢键吸附，增强聚合物之间的结构强度，提高温度耐受能力和抗污染能力，可牢牢吸附到聚合物或黏土表面，形成吸附膜，阻止水化，起到护胶作用，但不影响钻井液中钙以游离形式存在，可协同提高钻井液的抑制能力。因此，将$CaCl_2$和APG结合，开展钻井液体系研究，以解决水基钻井液在泥页岩地层中的问题，有助于提高钻井速度，减少起下钻等非生产时间，更好地保护油气层和环境。

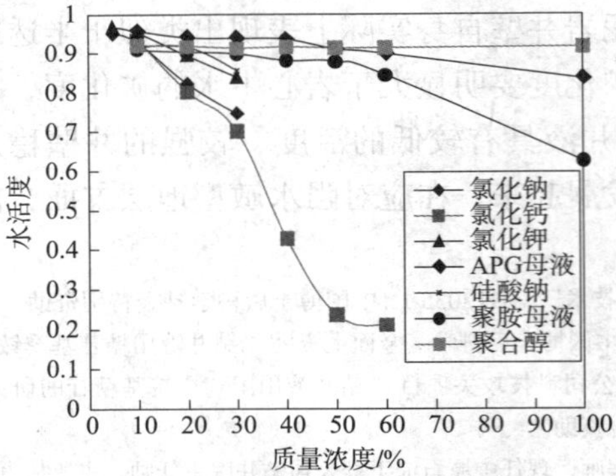

图1　处理剂水溶液的水活度测试

2　$CaCl_2$-APG 水溶液研究

2.1　$CaCl_2$–APG 水活度研究

对常用无机盐、APG、聚合醇和聚胺水溶液，20℃下测定水活度如图1所示。

由图1可以看出，同浓度条件下$CaCl_2$的水活度最低，水相中$CaCl_2$的质量分数达到22%~31%时，水活度为0.7~0.8，大约产生34.5~69.0MPa的渗透压，可以满足水敏性地层和水基钻井液滤液间的渗透平衡；当$CaCl_2$的质量分数达到35%时，甚至可以使水敏性地层发生去水化作用。因此，利用$CaCl_2$降低钻井液的水活度，是经济可行的。对$CaCl_2$与APG复配测试水活度，以检验APG对$CaCl_2$的影响，结果如表1所示。

表1　复配水活度测试表 %

$CaCl_2$浓度 \ APG浓度	0	5	10	20
0	—	0.966	0.955	0.941
1		0.961	0.941	0.954
5	0.953	0.965	0.945	0.951
10	0.934	0.931	0.916	0.917
20	0.801	0.798	0.775	0.762
30	0.701	0.701	0.692	0.665

注：① APG 浓度为母液质量百分比浓度；②所有测试温度：20℃；③饱和氯化钠校正水活度为0.756。

由表1可以看出，随$CaCl_2$浓度的升高，水活度迅速降低，低浓度的APG对$CaCl_2$溶液水活度影响较小，高浓度APG可促进$CaCl_2$溶液水活度的降低，佐证了APG不会影响游离钙的存在，滴定分析有无APG的$CaCl_2$水溶液Ca^{2+}含量结果一致。$CaCl_2$和APG复配从水活度角度考虑是有一定优势的。

2.2　人造岩心 $CaCl_2$ 水溶液浸泡实验

为了进一步研究$CaCl_2$对膨润土的抑制分散能力，10MPa/5min条件下压制人造膨润土岩心，放入不同浓度的$CaCl_2$水溶液中，进行10d浸泡实验，取出后如图2所示。

图2　氯化钙水溶液的岩心浸泡实验

由图2可以看出，随着氯化钙浓度的升高，岩心的完好程度逐渐增加，20%$CaCl_2$水溶液浸泡后岩心轻微开裂，40% $CaCl_2$水溶液浸泡后基本无膨胀开裂，与杜南渗透平衡理论相符，无机盐适当去水化作用，可以增强岩心的强度，但过度的去水化并不一定利用井壁稳定，60% $CaCl_2$浸泡的岩心反而有所开裂。资料显示，在最近的包括南美洲GoM 和安第斯山脉地区的应用研究亦出现此情况[8]。因此，选用20%~40%$CaCl_2$浓度具有较低的水活度，适当去水化，可以增强岩心的强度，有利于井壁稳定。

3 $CaCl_2$-APG 钻井液室内研究

初步研究表明，$CaCl_2$–APG钻井液体系的基本组成部分确立为：增黏剂、封堵降滤失剂、烷基糖苷和氯化钙。分别对增黏剂、封堵降滤失剂和消泡剂进行优选，构建体系配方，测试不同密度的钻井液，并进行抑制、润滑性和抗温性评价。

3.1 增黏剂的优选

对同等加量（1%）各类增黏剂，在25%$CaCl_2$条件下，在有无25%APG复合的条件下，130℃滚动16h测定表观黏度如表2所示。

表2 表观黏度测试表 mPa·s

分 类	SW	HV–CMC	80A51	KPAM	PAC141
水溶液	7	4.5	4.5	5.5	4.5
25%APG	45.5	7	7	8.5	7

由表2数据可以看出，在高浓度25%$CaCl_2$条件下，普通增黏剂均失效，但在APG的保护下，SW仍具有较好的增黏效果。

因该钻井液易产生一定的泡沫，同时进行发泡率测试如表3所示。滚动后10000r/min，高速搅拌5min，量筒量体积B，原钻井液体积为A。

$$发泡率（\%）=（B-A）/A\times 100$$

表3 增黏剂发泡率测试 %

分 类	SW	HV–CMC	80A51	KPAM	PAC141
水溶液	0	0	5	0	0
25%APG	45	80	80	77.5	72.5

由表3数据可以看出，在有$CaCl_2$–APG共同作用下，钻井液均有不同程度的起泡，但SW聚合物的发泡率较低，为45%。

因此，选用SW为增黏剂，并考察APG对SW的影响：在25%$CaCl_2$条件下，1%SW聚合物在不同APG加量的条件下，130℃滚动16h测定表观黏度如表4所示。

表4 表观黏度测试表

APG浓度/%	5	10	15	20	25	30	35
AV/mPa·s	29	35	37.5	41.5	45.5	47	48

由表4数据可以看出，在高浓度$CaCl_2$的条件下，随APG浓度的升高，SW聚合物的提黏效果明显提高，但浓度超过25%后，再提升APG浓度，表观黏度升高不明显。

3.2 封堵降滤失剂的优选

通过粒度分析，评价25%$CaCl_2$条件下，130℃滚动16h后对常用封堵剂和降滤失剂进行激光粒度测试，结果表明，封者剂A、封堵剂B和降滤失剂C拥有适合钻井液封堵的有效粒径较多，结合钻井液性能实验，确认以上三种处理剂在该体系的封堵效果。为了进一步确认，设计三因素三水平正交实验。

因素一：封堵剂A（0%，1%，2%）。

因素二：封堵剂B（0%，1%，2%）。

因素三：降滤失剂C（0%，1%，2%）。

重点考察10min切力和*HTHP*130℃实验结果，测试结果与分析如表5和表6所示。

表5 正交实验与实验结果

实验号	封堵剂A/%	封堵剂B/%	降滤失剂/%	实验结果	
				10min/Pa	*HTHP*/mL
1	0	0	0	4	30
2	0	1	1	4.5	18
3	0	2	2	12	12
4	1	0	2	5	11
5	1	1	0	3	16
6	1	2	1	5	16
7	2	0	1	4	12
8	2	1	2	4	9
9	2	2	0	3	14

表6 正交实验结果分析

*T*值	10min/Pa			*HTHP*/mL		
	封堵剂A	封堵剂B	降滤失剂C	封堵剂A	封堵剂B	降滤失剂C
T_1	20.5	13	10	60	53	60
T_2	14	11.5	14.5	43	43	46
*T*3	11	21	21	35	42	32
t_1	6.8	4.3	3.3	20	17.7	20
t_2	4.7	3.8	4.8	14.3	14.3	15.3
t_3	3.7	7	7	11.7	14	10.7
极差*R*	3.1	3.2	3.7	8.3	3.7	9.3
分析较优水平	A 0%	B 2%	C 2%	A 2%	B 2%	C 2%
主次因素	C>B>A			C>A>B		

由表5和表6数据可以看出，降滤失剂C在切力和*HTHP*控制上均为最主要因素，2%加量为最优因素，考虑到实际需要切力，可控制在1%~2%；切力控制封堵剂B为次要因素，封堵剂A降低钻井液的切力；*HTHP*控制封堵剂A为次要因素，封堵剂A和封堵剂B

均可降低*HTHP*。因此，综合考虑实际需要切力，降滤失剂C控制在1%~2%，封堵剂B控制在2%，封堵剂A控制在0~1%为较优因素。

1.5%降滤失剂C+2%封堵剂B+0%~1%封堵剂A（视需具体需要）。

3.3 消泡剂的优选

3.3.1 表明张力研究

资料表明，氯化钙钻井液溶液产生气泡，首先考察氯化钙的表面张力，测试如表7所示，对1%消泡剂在水溶液和25%氯化钙条件下进行表面张力测试如表8所示。

表7 $CaCl_2$水溶液表面张力测试

$CaCl_2$浓度/%	0	10	20	30	40	50	60
表面张力/（mN/m）	73.974	66.534	79.140	82.091	84.707	87.923	89.556

表8 消泡剂表面张力测试

1%消泡剂	DEFA	SBY	有机硅	PEG400	JS	硅氟
淡水表面张力/（mN/m）	30.724	26.377	26.406	49.718	23.733	26.091
$CaCl_2$表面张力/（mN/m）	25.920	26.866	27.028	56.460	23.368	35.728

由表7可以看出，低浓度氯化钙界面张力低于清水，20%氯化钙浓度以上，随浓度的升高，表面张力逐渐升高，机理有待于进一步探讨。由表8可以看出，各种水基消泡剂均可降低表面张力，DEFA水溶性较差，硅氟消泡剂在高浓度氯化钙中析出，PEG400表面张力较高，消泡剂JS表面张力低。体系加入消泡剂后，其分子杂乱无章地广布于液体表面，抑制形成弹性膜，即终止泡沫的产生。由于其表面张力低，便流向产生泡沫的高表面张力的液体，消泡剂分子在气液界面间不断扩散、渗透，膜壁迅速变薄，泡沫同时又受到周围表面张力大的膜层强力牵引，致使泡沫周围应力失衡，导致“破泡”，因此，较低表面张力的消泡剂JS具有较好的消泡效果，考虑到与钻井液的配伍性，需要通过钻井液来进一步验证。

3.3.2 钻井液的发泡率

从表面张力研究可以得知，氯化钙对溶液的表面张力有影响，对钻井液的发泡率有较大影响，因此选用含较高浓度的氯化钙钻井液，考察各种消泡剂的作用效果，基浆：25%APG+0.6%SW+1%封堵剂A+2%封堵剂B+1.5%降滤失剂C+1%NaOH+40%氯化钙。

取300mL基浆，加入1%不同的消泡剂，130℃滚动16h后，同时进行发泡率测试如表9所示。10000r/min搅拌5min测定钻井液的体积，计算方法如2.1所述。

表9 含消泡剂钻井液发泡率测试 %

项 目		DEFA	SBY	有机硅	PEG	JS	硅氟
体积/mL	495	560	540	310	410	300	340
发泡率/%	65	86.7	80	3.3	36.7	0	13.1
备注	静置分层	静置分层	静置分层	静置分层	静置分层	稳定	静置分层

由表9数据可以看出，有机硅、硅氟和JS对$CaCl_2$-APG钻井液消泡效果较为明显，但仅有含JS的钻井液完全不起泡，且放置3d后钻井液仍然状态稳定。因消泡剂对钻井液黏度影响较小，且不含JS的钻井液不能形成稳定状态，故未考察溶液黏度对发泡率的影响，因此，选用JS作为该体系的消泡剂。

综合以上研究，构建钻井液基本配方如下：

25%APG+0.6%SW+2%封堵剂B+1.5%降滤失剂C（+1%封堵剂A）+0.5%消泡剂JS+1%NaOH+25%氯化钙。

含封堵剂A配方测定钻井液性能：

AV=54mPa·s；*PV*=34mPa·s；*YP*=19.2Pa；*GEL*=4/9Pa/Pa；*FL*=1.0mL；*HTHP*=9.0mL。

具有较好的流变性和滤失量控制。

3.4 不同密度的钻井液性能

配方：15%~25%APG+0.2%~0.6%SW+2%封堵剂B+1.5%~2%降滤失剂C+25%氯化钙+适量NaOH+0.5%消泡剂JS（+重晶石，视密度需要调整APG和聚合物的加量），处理剂的加量根据钻井液密度流变性需求适当调整，测定密度范围1.20~2.00g/cm^3钻井液性能如表10所示。

表10 不同密度的钻井液性能

实测密度/（g/cm^3）	*AV*/mPa·s	*PV*/mPa·s	*YP*/Pa	*GEL*/（Pa/Pa）	*FL*/mL	*HTHP*/mL
1.20	44.5	27	16.8	3.5/8	0.5	9
1.43	51	31	19.2	8/20	0.2	10
1.66	80	50	28.8	10/27	0.4	13
1.82	71	49	21.1	8/11.5	1.6	15
2.04	79	56	22.1	6.5/15.5	3.4	16

注：*HTHP* 测试温度 130℃，其他测试温度 25℃。

由表10数据可以看出，1.20~2.00g/cm^3钻井液130℃老化16h后，钻井性能稳定，处于可控状态，但随着密度的升高，*API*滤失量和*HTHP*滤失量有所升高，可适当补充细颗粒封堵材料或软性封堵材料，以提高钻井液的降滤失封堵效果。

3.5 抑制性评价

取涪陵地区页岩气井焦页1-3HF井志留系下统龙马溪组黑色炭质泥页岩钻屑（油基钻井液），井深：3500~3800m，地层温度：85℃。洗油晾干，称取4~10目之间岩心10g，分别放置在不同液体中，90℃老化16h测定一次回收率和二次回收率，如图3所示。

由图3可以看出，页岩气井焦页1-3HF钻屑在$CaCl_2$-APG钻井液中抑制性较好，一次回收率和二次回收均超过90%，随$CaCl_2$浓度的增加，回收率有所提高，含40%$CaCl_2$浓度的钻井液接近全回收，表明钻屑在$CaCl_2$-APG钻井液中稳定性良好。

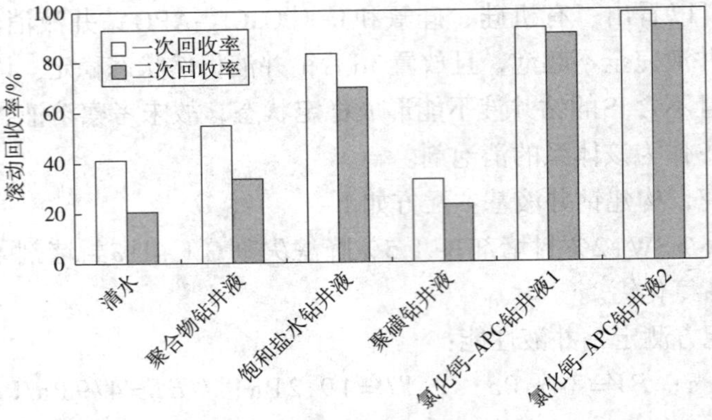

图3 页岩滚动回收率

注：$CaCl_2$-APG 钻井液 1（含 25%$CaCl_2$）；$CaCl_2$-APG 钻井液 2（含 40%$CaCl_2$）。

3.6 润滑性评价

恒定其他钻井液组分，分别对钻井液体系中影响润滑性最高的因素——APG浓度进行评价。配方：0.6%SW+2%封堵剂B+1.5%降滤失剂C+25%氯化钙+0.5%消泡剂JS+适量NaOH，分别加入不同浓度的APG，130℃老化16h，测定钻井液的润滑性能如图4所示。

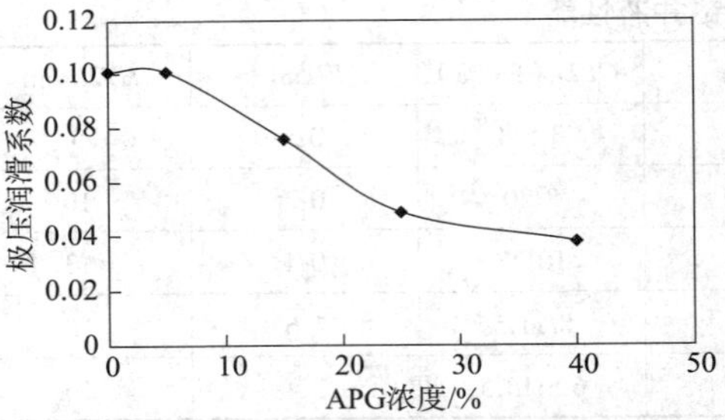

图4 不同APG浓度下体系的润滑性

由图4可以看出，随APG浓度的升高，钻井液润滑性迅速提高，25%APG含量下，极压润滑系数为0.0486，即可满足钻井工程的需要，再增加APG浓度会造成成本提高较多，但润滑性提高不明显。若在密度较高的要求下使用，钻井液润滑系数有所升高，可在体系中添加聚合醇，提高钻井液的润滑性，如1.80g/cm^{3}钻井液的极压润滑系数为>0.1177，加入2%聚合醇后润滑系数为0.0764，且钻井液性能变化较少。

3.7 抗温性评价

配方：25%APG+0.6%SW+2%封堵剂B+1.5%降滤失剂C+25%氯化钙+适量NaOH，不同温度老化不同16h，测定钻井液性能如表11所示。

表11 不同温度老化评价实验

老化温度/℃	*AV*/mPa·s	*PV*/mPa·s	*YP*/Pa	*GEL*/（Pa/Pa）	*FL*/mL	*HTHP*/mL
室温	43	23	19.2	6/9.5	0.5	—
70	46	28	17.3	6/9	0.6	6
90	43	24	18.2	6/9	0.5	6
110	46.5	27	18.7	6/8.5	0.5	10

续表

老化温度/℃	*AV*/mPa·s	*PV*/mPa·s	*YP*/Pa	*GEL*/（Pa/Pa）	*FL*/mL	*HTHP*/mL
130	44.5	27	16.8	3.5/8	0.5	9
150	34	22	11.5	1/1.5	2	48

注：*HTHP* 测试温度与老化温度一致，其他测试温度 25℃。

由表11数据可以看出，钻井液在室温和≤130℃不同温度老化16h后，钻井性能稳定，流变性基本无变化，*API*滤失量和*HTHP*滤失量较小；150℃老化16h后钻井液黏切值降低，滤失量升高。表明钻井液耐温为130℃。

4　结论及认识

（1）对$CaCl_2$–APG水溶液的水活度和人造岩心浸泡稳定性研究，确立了$CaCl_2$和APG水活度复配优势，20%~40%的$CaCl_2$浓度有利于井壁稳定。对增黏剂、封堵降滤失剂和消泡剂进行优选，构建体系配方，测试不同密度的钻井液性能，并进行综合评价。

（2）$CaCl_2$–APG钻井液抗温130℃，抑制性和润滑性良好，较好地解决了$CaCl_2$钻井液的流变性和滤失量难以控制，且容易产生气泡等技术难题，形成了较为稳定的高浓度$CaCl_2$钻井液。

（3）$CaCl_2$–APG钻井液涪陵地区的滚动回收率评价，较其他水基钻井液显示了较好的井壁稳定能力，其他区块的滚动回收率评价，以及钻完井周期内岩屑或岩心浸泡实验，岩心抗压强度实验，相对抑制率测试等钻井液抑制性评价均较好，因篇幅有限不再详述。

（4）$CaCl_2$–APG钻井液的抗污染评价和与普通水基钻井液配伍性效果良好，因篇幅有限不再详述。需要科学合理地对钻井液地层适应性进行研究，进行现场实验。

参 考 文 献

[1] 王中华. 国内钻井液技术进展及对钻井液的有关认识［J］. 中外能源，2011，16（1）：48-60.

[2] 赵虎，甄剑武，司西强，等. 氯化钙无固相钻井液室内研究［J］. 精细石油化工进展，2012，13（1）：28-30.

[3] 叶艳，鄢捷年，王书琪，等. 无固相弱凝胶钻井液配方优化及在塔里木油田的应用［J］. 钻井液与完井液，2007，24（6）：11-16.

[4] 丁彤伟，鄢捷年. 新型 MEG 钻井液体系的研究［J］. 石油天然气学报，2005，27（6）：750-752.

[5] 窦红梅，许承阳. 甲基葡萄糖苷－超低渗透钻井液性能评价［J］. 钻井液与完井液，2006，23(6)：36-38.

[6] 刘岭，高锦屏，郭东客. 甲基葡萄糖苷及其钻井液［J］. 石油钻探技术，1999，27（1）：49-51.

[7] 赵虎，甄剑武，王中华，等. 烷基糖苷无土相钻井液在卫 383-FP1 井的应用［J］. 石油化工应用，2012，31（8）：6-9.

[8] 李波，蓝强. 应用于巴西深水复杂井眼的替代钻井液技术 HPWBM［J］. 国外油田工程，2009，25（10）：50-54.

针对龙马溪页岩气的CAPG高性能水基钻井液

司西强[1, 2]　王中华[1, 2]　王忠瑾[1, 2]　赵　虎[1, 2]

（1.中石化中原石油工程有限公司钻井工程技术研究院，河南 濮阳　457001；
2.中石化石油工程钻完井液技术中心，河南 濮阳　457001）

摘　要：针对焦石坝龙马溪页岩气地层极易坍塌掉块且目前多采用油基钻井液钻进的现状，为缓解环保压力，降低钻井液配制成本，在强抑制、级配强封堵、高润滑的高性能水基钻井液研究思路的指导下，以阳离子烷基糖苷（CAPG）、纳微米封堵剂等为主剂，通过钻井液体系构建及配方优化，形成CAPG高性能水基钻井液优化配方。钻井液具有较好流变性，高温高压滤失量仅为4.0mL；钻井液有效抑制黏土的水化膨胀分散，不破坏页岩的结构，保持地层的原始性和完整性，表现出优异的井壁稳定性能；当密度达2.32g/cm^{3}时，钻井液极压润滑系数和滑块摩阻系数仍小于0.1，表现出较好的润滑性能；钻井液连续老化30天后，流变性能保持稳定，静置72h均未发生沉降现象；钻井液具有较好的抗污染性能；钻井液无生物毒性。对CAPG高性能水基钻井液和油基钻井液从抑制、润滑、降滤失、储层保护及生物毒性等方面进行了对比，两者性能相当，且CAPG高性能水基钻井液在环保方面具有显著优势。针对龙马溪页岩气研发的CAPG高性能水基钻井液性能优异，预计在焦石坝页岩气工区具有较好的推广应用前景。

关键词：龙马溪；页岩气；阳离子烷基糖苷；绿色环保；高性能水基钻井液

近年来，随着国家和地方环保要求的不断提高，页岩气钻井施工过程中油基钻井液废弃物处理面临的环保风险和处理费用不断提高。在这种严峻形势下，为保证钻井施工安全和环境安全，开发无毒环保、低成本、高性能的高性能水基钻井液，作为一项具有重要意义的解决方案成为现场急需[1-4]。川东南主力页岩气区块目的层以龙马溪黑色粉砂质、夹碳质泥页岩为主[5-6]。以油基开发为主，成功解决了页岩地层的井壁失稳和润滑防卡的技术难题，为缓解随之而来的环保压力，在部分地区尝试应用高性能水基钻井液。前期中石化中原石油工程公司西南钻井公司和中国石油已在长宁区快页岩气水平段采用高性能水基钻井液施工3口井（长宁H9-4、长宁H9-3和YS108H4-2），表现出较好的应用效果。在焦石坝页岩气水平井水平段还未有高性能水基钻井液的现场应用。本文对焦石坝页岩气水平井水平段的地质及岩性情况进行分析，得出高性能水基钻井液面临的技术难点及解决措施，在此基础上开展阳离子烷基糖苷（CAPG）高性能水基钻井液研究[7-17]，对其进行综合性能评价，将其与油基钻井液性能进行对比，并提出CAPG高

基金项目：中国博士后科学基金（2011M501194、2012T50641）、中石化推广项目（SG14-43T）、中石化石油工程公司项目（SG1302-03K）、中原石油勘探局科技攻关项目（2015202）。

作者简介：司西强（1982—），男，山东日照人，研究员，博士，主要从事精细化工、新型钻井助剂及钻井液新体系的研究及推广。E-mail：sixiqiang@163.com。

性能水基钻井液的现场施工工艺，为该钻井液在焦石坝页岩气水平段应用提供坚实的技术支撑，并期望对钻井液同行有一定的启发作用。

1　地质及岩性分析

1.1　地质分析

焦石坝页岩气目的层为上奥陶统五峰组—下志留统龙马溪组下部页岩气层，埋深2100~2500m，其具有以下特征：

(1)地层压力系数1.20~1.35；地层温度80~114℃。

(2)孔隙度1.17%~7.22%；渗透率(0.0015~81.35)×$10^{-3}\mu m^2$。

(3)孔隙直径及裂缝宽度分布：0.002~100μm。

焦石坝页岩的微观结构(包括微裂缝、微孔及不规则层理结构)如图1所示。

(a)微裂缝　　(b)微孔　　(c)层理结构

图1　焦石坝页岩的扫描电镜图片

1.2　岩性分析

焦石坝页岩气地层上部为深灰色泥岩，中部为灰黑色粉砂岩、泥质粉砂岩，下部为灰黑色泥页岩、砂质页岩、碳质页岩。实钻钻屑的XRD全矿物组成分析如表1所示。

表1　实钻钻屑的XRD全矿物组成分析

岩　样	石英/%	方解石/%	白云石/%	斜长石/%	钾长石/%	黄铁矿/%	伊蒙混层/%
焦页12-3HF	46.1	5.7	5.6	5.6	6.8	6.6	23.5
焦页20-2HF	50.2	5.7	6.6	10.7	4.5	5.2	17.1
焦页6侧钻	44.0	4.0	—	16.0	5.3	4.1	26.6

焦石坝页岩气井实钻钻屑水敏性分析结果如表2所示。

表2　焦石坝页岩气井实钻钻屑水敏性分析结果

测试项目	测量值
CEC/(mmol/100g)	3.5~12.4
ζ电位值/mV	-8.15~32.08
活度	0.60~0.71
清水浸泡3d孔径扩大率/%	100~150

由表1及表2中数据可以看出，地层中黏土矿物含量较高，达20%左右，导致地层易水化；*CEC*、ζ电位较高，导致钻屑较易分散；地层岩石活度较低，吸水趋势较强；岩心遇水后出现裂缝，强度大幅降低，从而导致井壁坍塌。

2 高性能水基钻井液技术思路

通过上述对焦石坝页岩地层及岩性分析，针对钻井液的性能形成以下几点认识：

（1）页岩地层含有微裂缝、微孔和不规则层理结构，0.1~2μm孔缝结构较多，要求钻井液必须具备强封堵能力，避免钻井液滤液进入地层破坏其稳定性。

（2）页岩地层黏土含量较高，其中伊利石含量达17.1%~26.6%，要求钻井液必须具有强抑制性能，抑制黏土矿物的水化分散。

（3）实际钻井过程中裸眼段长，造斜段超过500m，水平段均在1000~2000m，在这种井身设计下，要求钻井液必须具有突出的润滑性能，避免施工过程中的卡钻、起下钻遇阻等井下复杂情况。

在上述几点认识的指导下，提出高性能水基钻井液的以下技术思路：

（1）级配纳–微米封堵材料（0.05~120μm），包括：纳–微米乳液、纳米钙等，有效封堵页岩地层微孔缝结构；配合FT等封堵材料，减少钻井液的滤液侵入，实现钻井液的强封堵性能。

（2）以高浓度CAPG构成钻井液的强抑制环境，且充分发挥其吸附成膜效应，抑制地层黏土矿物的水化膨胀、分散。

（3）以APG及其衍生物等多羟基材料，改善泥饼质量，复合应用聚醚多元醇等润滑剂，保持钻井液良好的润滑性。

3 CAPG高性能水基钻井液

3.1 体系构建及配方优化

在高性能水基钻井液研究思路的指导下，以CAPG、纳–微米封堵剂等为主剂，通过钻井液体系构建及配方优化，形成CAPG高性能水基钻井液优化配方。

CAPG高性能水基钻井液配方组成：30%CAPG+1%~2%膨润土浆+0.05%~0.2%增黏剂+0.2%提切剂+4%~6%降滤失剂+3%~5%封堵剂+0.1%~0.3%pH值调节剂+重晶石。

3.2 钻井液性能

对CAPG高性能水基钻井液优化配方性能进行了综合评价，包括：流变及封堵性能、井壁稳定性能、润滑性能、抗温稳定及沉降稳定性能、抗污染性能等。

3.2.1 流变及封堵性能

对CAPG高性能水基钻井液的流变性能及滤失性能进行评价。实验条件为在120℃下老化16h，钻井液流变性及滤失量结果见表3。

表3　CAPG高性能水基钻井液流变及封堵性能

钻井液	*AV*/mPa·s	*PV*/mPa·s	*YP*/Pa	*G'*/*G''*/（Pa/Pa）	*FL*/mL	pH值	*HTHP*/mL
CAPG高性能	64	54	10	1.5/4	0.1	9.0	4.0

由表3数据可以看出，钻井液具有较好的流型，满足井底携岩带砂的要求，钻井液中压滤失量接近0，高温高压滤失量为4.0mL，具有较好的滤失造壁性。总体来说，CAPG高性能水基钻井液可满足页岩气水平井携岩带砂及封堵阻水的技术要求。

3.2.2　井壁稳定性能

对CAPG高性能水基钻井液的井壁稳定性能进行了评价。评价内容包括：页岩回收、岩心浸泡及掉块微观分析等。从多个方面不同角度来表现CAPG高性能水基钻井液突出的井壁稳定性能。

1.页岩滚动回收实验

对CAPG高性能水基钻井液进行页岩回收率测试，并与清水和油基钻井液进行对比。所用页岩为焦页1-3HF井龙马溪组黑色碳质泥页岩，热滚条件90℃、16h（一次回收）、2h（二次回收），结果如表4所示。

表4　CAPG高性能水基钻井液岩心回收率

钻井液	一次回收率/%	二次回收率/%	相对回收率/%
清水	41.40	21.80	—
油基	96.80	94.20	97.31
CAPG高性能水基	99.70	95.60	95.89

在90℃下热滚16h后，清水的页岩回收率R_1为41.40%；油基钻井液的页岩回收率R_1、R_2、R分别为96.80%、94.20%、97.31%；CAPG高性能水基钻井液的页岩回收率R_1、R_2、R分别为99.70%、95.60%、95.89%。说明CAPG高性能水基钻井液抑制性能与油基钻井液相当，具有较好的页岩吸附能力和页岩包被能力，而且耐温持久性好，能有效抑制页岩的水化膨胀分散。

2.岩心浸泡实验

通过岩心浸泡实验考察了CAPG高性能水基钻井液对岩心形貌及强度的影响，浸泡时间达30d。岩心柱由焦石坝龙马溪组露头岩心切割而成。不同浸泡时间岩心形貌如图2所示，岩心强度变化如表5所示。

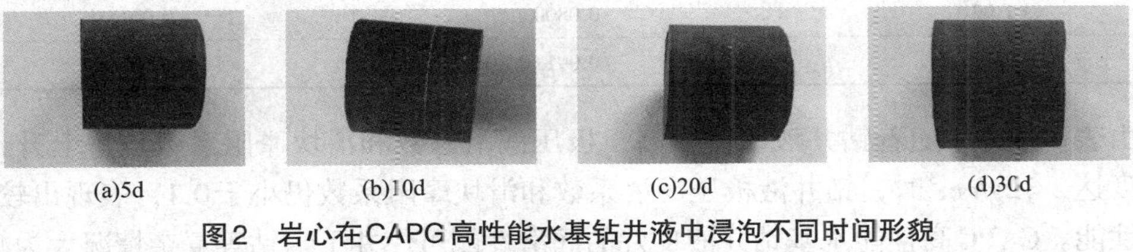

(a)5d　(b)10d　(c)20d　(d)30d

图2　岩心在CAPG高性能水基钻井液中浸泡不同时间形貌

表5　CAPG高性能水基钻井液浸泡岩心的强度变化

钻井液	抗压强度/MPa				
	原始	5d	10d	20d	30d
CAPG高性能水基	64	62	68	64	62

由图2和表5可以看出，随着浸泡时间的延长，当浸泡时间达到30d时，岩心柱仍然保持完好，无裂缝；岩心强度62MPa，与岩心原始强度相当。上述实验结果说明，CAPG高性能水基钻井液对龙马溪组页岩影响较小，在实际施工过程中不会出现因浸泡时间过长而造成的井壁垮塌现象。

3.掉块微观评价

模拟地层温度85℃浸泡龙马溪组页岩掉块，将浸泡3d后页岩的微观形貌与未浸泡和清水浸泡的掉块微观形貌进行对比，结果如图3所示。

(a)未浸泡　　(b)清水　　(c)CAPG高性能水基钻井液

图3　浸泡3d后龙马溪组页岩掉块的微观形貌

由图3可以看出，模拟地层温度85℃浸泡龙马溪组页岩掉块3d后，清水浸泡的掉块结构破坏严重，孔径扩大明显，孔径扩大率为100%~150%；CAPG高性能水基钻井液浸泡的页岩掉块仍然保持较好的片状层理和完整的微孔结构。

总体来说，CAPG高性能水基钻井液有效抑制黏土的水化膨胀分散，不破坏页岩的结构，保持地层的原始性和完整性，表现出优异的井壁稳定性能。

3.2.3　润滑性能

不同密度CAPG高性能水基钻井液的润滑性能测试结果如表6所示。

表6　不同密度CAPG高性能水基钻井液润滑性能

钻井液密度/（g/cm^3）	极压润滑系数	滑块摩阻系数
1.13	0.0333	0.0349
1.53	0.0687	0.0437
1.92	0.0800	0.0611
2.32	0.0912	0.0875

由表6可见，随着钻井液密度升高，极压润滑系数和滑块摩阻系数均呈上升趋势，当密度达2.32g/cm^3时，钻井液极压润滑系数和滑块摩阻系数仍小于0.1，表现出较好的润滑性能。CAPG高性能水基钻井液良好的润滑性能可使井下卡钻等复杂情况大为减少，为钻井的安全、快速钻进提供保证。

3.2.4　抗温稳定及沉降稳定性能

通过高温滚动前后的钻井液性能变化来评价CAPG高性能水基钻井液的抗温性，老化时间延长至30d。老化温度100℃，钻井液流变性、滤失性及悬浮稳定性结果见表7。

表7　CAPG高性能水基钻井液抗温稳定性及沉降稳定性

老化时间	密度/（g/cm^3）	*AV*/mPa·s	*PV*/mPa·s	*YP*/Pa	*G'*/*G''*/（Pa/Pa）	*HTHP*/mL	悬浮稳定性
16h	2.03	58	49	9	2.0/4.0	6.8	静置72h无沉降
7d	2.03	54	46	8	1.5/4.0	7.2	静置72h无沉降
30d	2.02	44	37	7	1.0/3.5	9.0	静置72h无沉降

由表7可以看出，CAPG高性能水基钻井液连续老化30d性能稳定，仍然保持较好的流变性，高温高压滤失量<10mL；且钻井液静置72h均未发生沉降现象，悬浮稳定性良好。

3.2.5　抗污染性能

对CAPG高性能水基钻井液的抗污染性能进行了测试评价，包括抗盐、钙、膨润土、钻屑、水、原油等。评价结果表明，CAPG高性能水基钻井液可抗盐达饱和，抗钙10%，抗土、钻屑20%，抗水40%，抗原油20%，表现出良好的抗污染性能。

3.2.6　生物毒性

对CAPG高性能水基钻井液的生物毒性采用发光细菌法进行了测试。测试结果显示，CAPG高性能水基钻井液样品的EC_{50}（15min）为126700mg/L，远大于排放标准30000mg/L，得出结论为：CAPG高性能水基钻井液无生物毒性。

3.3　CAPG高性能水基钻井液与油基钻井液性能对比

为充分展示CAPG高性能水基钻井液的类油基性能及优越的环保性能，从抑制、润滑、降滤失、储层保护及生物毒性等方面对CAPG类油基钻井液和油基钻井液进行了比较，结果如表8所示。

表8　CAPG类油基钻井液与油基钻井液性能对比

钻井液	回收率/%	润滑系数	FL_{API}/mL	FL_{HTHP}/mL	静态渗透率恢复值/%	动态渗透率恢复值/%	EC_{50}/（mg/L）
CAPG高性能水基	99.70	0.033	0.1	4.0	94.8	90.2	126700
油基	100	0.045	1.6	5.0	95.6	90.4	—

注：油基钻井液为本实验室根据常见配方配制而成。老化温度均为150℃。

由表8数据可以看出，CAPG高性能水基钻井液岩心回收率为99.70%，油基钻井液为100%；CAPG高性能水基钻井液润滑系数为0.033，油基钻井液润滑系数为0.045；CAPG高性能水基钻井液中压滤失量和高温高压滤失量分别为0.1mL和4mL，油基钻井液中压滤失量和高温高压滤失量分别为1.6mL和5.0mL；CAPG高性能水基钻井液动静态渗透率恢复值分别>90%和>94%，油基钻井液分别>90%和>95%。由数据分析可以看出，CAPG高性能水基钻井液抑制、润滑、降滤失、储层保护性能与油基钻井液相当，部分性能优于油基钻井液。另外，CAPG高性能水基钻井液与油基钻井液相比具有的显著优势是环保无毒，EC_{50}值为126700mg/L，远大于排放标准30000mg/L。总体来说，CAPG高性能水基钻井液性能与油基钻井液相当，并在环保方面具有显著优势。

4 结论

（1）对焦石坝页岩气地质及岩性情况进行了分析，目的层龙马溪组黏土矿物含量较高，达20%左右，导致地层易水化；*CEC*、ζ电位较高，导致钻屑较易分散；地层岩石活度较低，吸水趋势较强；岩心遇水后出现裂缝，强度大幅降低，从而导致井壁坍塌。

（2）针对焦石坝页岩地层实际情况，提出具有强抑制、级配强封堵、高润滑的CAPG高性能水基钻井液研究思路；以CAPG、纳-微米封堵剂等为主剂，通过钻井液体系构建及配方优化，形成CAPG高性能水基钻井液优化配方。

（3）对CAPG高性能水基钻井液性能进行了评价。钻井液具有较好流变性，高温高压滤失量仅为4.0mL；钻井液有效抑制黏土的水化膨胀分散，不破坏页岩的结构，保持地层的原始性和完整性，表现出优异的井壁稳定性能；当密度达2.32g/cm^{3}时，钻井液极压润滑系数和滑块摩阻系数仍小于0.1，表现出较好的润滑性能；钻井液连续老化30d流变性能稳定，静置72h均未发生沉降现象；钻井液具有较好的抗污染性能；钻井液无生物毒性。

（4）对CAPG高性能水基钻井液和油基钻井液从抑制、润滑、降滤失、储层保护及生物毒性等方面进行了对比，两者性能相当，且CAPG高性能水基钻井液在环保方面具有显著优势。针对龙马溪组页岩气研发的CAPG高性能水基钻井液性能优异，预计在焦石坝页岩气工区具有较好的推广应用前景。

参考文献

[1] Simpson J P, Walker T O, Jiang G Z. Environmentally acceptable water-based mud can prevent shale hydration and maintain borehole stability [J]. Spe Drilling & Completion, 1995, 10 (4): 242-249.

[2] 鄢捷年. 钻井液工艺学 [M]. 东营：中国石油大学出版社，2013：422-424.

[3] Patel A, Stamatakis S, Young S, et al. Advances in inhibitive water-based drilling fluids—can they replace oil-based muds? [C]//2007 SPE International Symposium on Oilfield Chemistry. Houston: Society of Petroleum Engineers, 2007: 1-3.

[4] Everhard I, Willis S, Villalobos M, et al. Reduced drilling days and low friction factors hallmark eagle ford water-based fluid performance. [C]//2014 AADE Fluids Technical Conference and Exhibition. Houston: the American Association of Drilling Engineers, 2014: 1-6.

[5] 王中华. 国内页岩气开采技术进展 [J]. 中外能源，2013，18 (2): 23-32.

[6] 王中华.2013年国内页岩气钻采技术综述 [J]. 中外能源，2014，19 (6): 34-41.

[7] Issam I., Ann P. H.. The application of methyl glucoside as shale inhibitor in sodium chloride mud [J]. Jurnal Teknologi, 2009, 50 (S): 53-65.

[8] Zhang Y, Cheng Z, Yan J. N. et al. Investigation on formation damage control of the methylglucoside fluids [J]. SPE 39442, 1998.

［9］王中华.2013—2014年国内钻井液处理剂研究进展［J］. 中外能源，2015，20（2）：29-40.
［10］王中华.2011—2012年国内钻井液处理剂进展评述［J］. 中外能源，2013，18（4）：28-35.
［11］王中华. 国内钻井液及处理剂发展评述［J］. 中外能源，2013，18（10）：34-43.
［12］王中华. 钻井液处理剂现状分析及合成设计探讨［J］. 中外能源，2012，17（9）：32-40.
［13］王中华. 关于规范钻井液处理剂及钻井液体系的认识［J］. 中外能源，2014，19（11）：38-45.
［14］王中华. 高性能钻井液处理剂设计思路［J］. 中外能源，2013，18（1）：36-46.
［15］王中华. 关于聚胺和“聚胺”钻井液的几点认识［J］. 中外能源，2012，17（11）：1-7.
［16］王中华. 国内天然材料改性钻井液处理剂现状分析［J］. 精细石油化工进展，2013，14（5）：30-35.
［17］司西强，王中华. 钻井液用聚醚胺基烷基糖苷的研究［A］. 中国化学会第29届学术年会摘要集—第09分会：应用化学［C］. 中国化学会，2014.

ZY-APD 高性能水基钻井液在川渝水平井的应用研究

赵　虎[1, 2]　司西强[1, 2]　王中华[1, 2]

（1. 中石化中原石油工程有限公司钻井工程技术研究院，河南　濮阳　457001；
2. 中石化石油工程钻完井液技术中心，河南　濮阳　457001）

摘　要：川渝页岩气和陆相水平井开发普遍存在井壁失稳、完井作业摩阻大等问题。烷基糖苷衍生物钻井液，简称ZY-APD钻井液，具有优良井壁稳定、润滑作用和高固相容量限特点，分析其作用机理，介绍钻井液配方和性能，在川渝地区应用6口水平井。结果表明：①该钻井液对川渝海相和陆相地层井壁稳定周期超过90d；②润滑性防卡能力强，1700m水平井定向无托压；③劣质固相容量超过40%，长期稳定性良好，环保性能优异。

关键词：高性能水基；烷基糖苷衍生物；钻井液；水平井；页岩气

烷基糖苷（APG）被称作21世纪绿色表面活性剂，1990年国外应用于钻井液，井壁稳定、润滑防卡和流型调节能力突出，但加量大于35%才能充分发挥其优良特性；国内在大庆、胜利、中原等油田得到应用[1-5]，考虑到成本因素，加量为5%~15%较多，钻井液在润滑、携砂、降低摩阻方面完全可以满足长水平段水平井钻井的需要，但在应对泥岩或强水敏性页岩地层井壁稳定方面仍然存在问题。针对APG钻井液存在的问题，通过分子结构改性为衍生物聚醚胺基烷基糖苷（NAPG）和阳离子烷基糖苷（CAPG）[6-14]，提升抑制能力，实现低加量下泥页岩地层钻井井壁稳定。以此为主剂，形成了ZY-APD（Alkyl Polyglucoside Derivative）高性能水基钻井液，并在川渝页岩气、普光和川西陆相水平井成功应用6口井，实钻过程中井壁稳定，钻井液携砂及润滑性能良好，起下钻通畅。应用井机械钻速较采用邻井提高较多，较好地满足了页岩气等水平井钻井、完井施工技术要求，成本较低。本文对ZY-APD高性能水基钻井液在川渝地区的应用研究介绍，并分析现场应用情况及效果，为该钻井液在川渝地区推广应用提供技术支撑，并期望对钻井液同行有一定的启发作用。

1　作用机理

1.1　井壁稳定机理

1.1.1　NAPG 降低岩屑活性

NAPG为非离子结构，本身不带电，其分子结构包括亲油的烷基、亲水的羟基、聚

作者简介：赵虎（1978—），男，山东邹平人，本科，高级工程师，现任中原石油工程公司钻井院主任师，主要从事页岩气水基钻井液和环保钻井液的研究和推广工作。E-mail：zhaohuzjy@126.com。

醚基团和强吸附的多胺基团等。其抑制防塌机理主要通过嵌入及拉紧晶层，多点吸附、成膜阻水，堵塞填充孔隙、形成封固层，吸附包被等，可显著降低页岩的活性，随着NAPG浓度的升高，浸泡后龙马溪岩样ζ电位绝对值逐渐降低，岩样逐渐趋于稳定；当NAPG浓度达到5%以上，ζ电位大于-10mV，再增加浓度，ζ电位绝对值降低较少，单用NAPG为页岩抑制剂的浓度为4%~5%较为合理。

1.1.2 CAPG拉紧黏土晶层、吸附成膜

CAPG分子本身带正电，结构上含有亲油的烷基、亲水的羟基、醚键和强吸附的季铵阳离子。CAPG中的醚键使季铵阳离子基团可以跟糖环的距离变大，从而使季铵阳离子基团更容易进入黏土晶层间，阻止水分子进入。具有多个羟基及季铵基团吸附活性位，可在黏土表面吸附及嵌入晶层片之间，实现拉紧黏土晶层、抑制黏土水化分散的目的。如：1%CAPG处理过的水化钙膨润土晶层间距为1.3824nm，比水化钙膨润土晶层间距1.4056nm小。CAPG以季铵基团的吸附为主，季铵阳离子基团在泥页岩上的吸附主要是在黏土晶层表面的静电吸附和晶层之间的空隙吸附，抑制性优于以氢键吸附为主的APG。CAPG本身呈正电性，可与带负电荷的黏土颗粒发生静电相吸，从而牢牢吸附到黏土颗粒上，形成一层保护膜，有效阻止水分子进入黏土晶层，达到抑制黏土水化分散的效果。

1.1.3 阻隔压力传递

川渝岩气地层（黄金坝和长宁区块）含大量微孔缝，缝宽和孔径集中在0.05~15.7μm，常规封堵剂粒径在5~100μm，不能满足微孔缝的封堵需求。级配粒径0.03~100μm的纳米-微米级封堵材料，可通过刚性粒子架桥、填充作用和球状、片状柔性材料的韧性变形，以及APD小分子增稠机理，形成快速、致密、高强度封堵层，降低滤液渗流能力。普光千佛崖段等陆相地层裂缝和微裂缝发育，缝宽范围较广，多大在1~1000μm，裂缝宽最大4mm，除了以上封堵材料，易漏井段还需补充HTK（0.5~5mm）、纤维类封堵剂、微裂缝MFP-1等大颗粒和粗纤维封堵剂，提高钻井液的防漏效果。

1.2 润滑机理

1.2.1 降低钻具与井壁之间的摩擦

APG由于其分子结构上的多羟基和一个烷基基团，能够在钻具、套管表面及井壁岩石上产生强力吸附，烷基作为亲油基则朝外规则排列，形成非常稳定且具有一定强度的润滑膜；CAPG除了具有APG的多羟基吸附特性外，阳离子结构的季铵基团具有强吸附性，NAPG具有胺基等强吸附基团，能够在钻具、套管表面及井壁岩石上产生强力吸附，形成更为稳定且具有一定强度的润滑膜，并可将钻具和井筒之间的干摩擦转换为边界摩擦，从而大幅度降低钻具与井壁及套管壁之间的摩擦力，降低钻具的旋转扭矩和起下钻阻力。

1.2.2 改善滤饼质量

APD可直接参与滤饼的形成，使滤饼具有较好的润滑性，有效避免或减少压差卡钻或黏附卡钻的发生。CAPG可通过羟基的氢键吸附和季铵基团的静电吸附而牢牢吸附

在黏土颗粒表面，使水化层加厚，糖苷结构的存在，使黏土表面的位阻增加，提高黏土颗粒的聚结稳定性，使黏土颗粒保持较小的粒度并有合理的粒度大小分布，可产生薄而韧、结构致密的滤饼，降低滤饼的渗透率。对加入5%APD的钻井液滤饼表面进行扫描电镜分析，可看出滤饼质量得到明显改善，滤饼表面更加光滑。

另外，APD还可降低重晶石颗粒间的内摩擦，改善流动性，在固相容量限机理中描述。

1.3 高固相容量限机理

NAPG等糖苷衍生物含多羟基结构，可优先吸附在重晶石表面，吸附成膜，降低重晶石颗粒间的内摩擦，改善流动性，提高钻井液的固相容量限。川西、长宁等高密度水平井和普光易漏地层（高含堵漏剂）更容易体现该体现的技术优势，随着固相的不断侵入，降滤失与不增黏成为以上区块钻井液流变稳定性控制技术主要难点之一。其对重晶石的吸附实验可以通过吸光度实验评价。随着NAPG浓度的增加，0.1%~3%NAPG范围内NAPG在重晶石表面的吸附量由3330~3920mg/g逐渐缓慢增加，表明增加NAPG的量有利于吸附在重晶石表面形成吸附膜，可以降低重晶石颗粒之间碰撞流动的阻力，进而降低高密度下钻井液的黏切和内摩擦。

2 配方及基本性能

2.1 钻井液配方

通过对处理剂的优选及配伍性研究，得到优化钻井液ZY-APD高性能水基钻井液配方，钻井液配方如下：

4%~8%APD+1%~3%膨润土+0.1%~0.3%XC+7%~8%纳-微米级封堵剂+0.5%~1%降滤失剂+3%~7%KCl。

胶结固壁剂（易破碎地层）、极压润滑剂（定向困难井、长水平段、完井封闭液等）、NaOH、石灰、加重剂、堵漏剂等依需而定。

2.2 钻井液性能

ZY-APD钻井液适用密度范围1.05~2.50g/cm^3，抗温150℃，根据川渝地区地层和工程情况调整合理的流变参数，API滤失量为0~3mL，HTHP滤失量小于或等于5~10mL，能够满足较多川渝地区海相、陆相地层泥页岩地层温度和压力的需要。室内评价不同密度的钻井液性能如表1所示。

表1 ZY-APD高性能水基钻井液基本性能

密度/(g/cm^3)	*FV*/s	*AV*/mPa·s	*PV*/mPa·s	*YP*/Pa	*Gel*/[Pa/(10s/10min)]	*FL*/mL	pH值	*HTHP*/mL
1.15	47	22	16	6	1/4.5	2.0	9	5.8
1.36	42	25.5	19	6.5	1.5/3	3.0	9	6.0

续表

密度/（g/cm³）	*FV*/s	*AV*/mPa·s	*PV*/mPa·s	*YP*/Pa	*Gel*/［Pa/（10s/10min）］	*FL*/mL	pH值	*HTHP*/mL
1.63	50	44	36	8	1.5/3.5	0.8	9	5.0
1.92	58	40	33	7	1.5/4	0.2	9	6.2
2.30	58	48	41	7	1.5/4.5	0.2	8.5	5.8
2.50	67	66	56	10	1.5/6	0.2	8.5	5.8

注：150℃下老化16h，HTHP测试温度150℃，其他实验温度50℃。

3 现场应用

ZY-APD钻井液在昭通和长宁页岩气、普陆陆相水平井、川西高密度水平井，以及中原地区二开制水平井等应用10余井次，本文重点描述该技术在川渝6口水平井的应用情况。

3.1 技术难点

3.1.1 川南页岩气水平井

页岩地质特性，导致地层稳定难度大：黄金坝和长宁地区页岩地层黏土矿物含量为20.8%~37.6%，ζ电位为-45~-30mV，分散特性较强。地层以微孔缝结构为主，与流体接触后产生自吸，形成宏观裂缝[15-17]。该井段钻完井周期为30~50d，钻井过程中的机械破坏和钻井液长时间浸泡地层，超过坍塌周期，导致井壁失稳发生。

页岩气井多为三维定向水平井，水平段较长，润滑防卡难度大：统计10余口黄金坝和长宁地区页岩气水平井，三开裸眼段长2424~2750m，水平段长1214~1700m，三维定向井斜方位变化大，井眼曲率大，摩阻大。

高密度水基钻井液流型控制难度大：该区块水平段钻井液最高密度为2.07g/cm³，随着钻井过程的进行，低密度固相含量升高，钻井液流型控制难度大。

3.1.2 普光陆相水平井

普光陆相泥岩和砂岩交错，塌、漏、喷同层井壁稳定难度大：千佛崖组等泥岩含量40%~50%，黏土胶结物易表面水化，水分子侵入黏土晶层，导致胶结强度降低；钻井液安全密度窗口窄，安全密度窗口0.01~0.02g/cm³，漏失量普遍大于1000m³，漏失次数大于10次，部分井溢流严重；含有裂缝气发育，溢流后井漏，钻井液加速进入地层，延展形成更大裂缝。陆相地层机械钻速慢，钻井周期长达50~100d，长时间浸泡地层，超过坍塌周期，导致井壁失稳发生。

二开制水平井设计，裸眼段长，润滑防卡难度大：裸眼段长2500m以上，水平段400~1300m，最大井斜超过90°，井斜方位变化大，井眼轨迹难度大，润滑防卡难度大。

易漏水平段高含堵漏浆和钻屑，钻井液流变稳定性控制难度大：千佛崖段为易漏地层，振动筛目数普遍低于80目，部分井不过振动筛，大量随钻、复合、核桃壳等堵漏剂，导致固相含量高，钻井液流变性控制难度大，钻井液密度1.37~1.50g/cm³，固相含量达到40%以上，随着钻井周期的增长，钻井液黏切值升高，钻井液携岩带砂效果差。

3.1.3 川西高密度水平井

泥岩发育，泥砂岩互层，地层稳定难度大：蓬莱镇组黏土含量高，造浆性强，易吸水膨胀缩径；遂宁组—沙溪庙组泥岩地层易掉块和坍塌；下沙溪庙组胶结面稳定性差。江沙318HF、江沙220HF、江沙316HF、江沙317HF、永太1等井在上述层位均发生过严重的井壁失稳现象，江沙317HF在井深3471m处发生卡钻。

裸眼段长，润滑防卡难度大：二开裸眼井段长1400~2000m，最大井斜超过90°，井斜方位变化大，井眼轨迹难度大，高密度条件下润滑防卡难度大。

高密度钻井液流变稳定性控制难度大：钻井液密度1.90~2.10g/cm^3。沙溪庙组泥沙互层，胶结性差，为达到稳定井壁目的，加强钻井液封堵，降低钻井液失水，在较低失水条件下，高密度钻井液流型控制难度大。

3.2 应用概况

ZY-APD钻井液体系在川南页岩气应用3口水平井、普光陆相地层应用2口水平井、川西高密度应用1口水平井，水平段长416~1700m，地层温度80~110℃，钻完井施工顺利，未出现井下复杂情况。具体钻井液应用情况如表2和表3所示。

表2 ZY-APD钻井液应用井情况

区 块	井 号	钻头尺寸/m	技套下深/m	施工井段/m	水平段长/m	钻井液密度/(g/cm^3)	钻井液配制
昭通	YS108H8-5	215.9	1475	1481~4225	1700	1.50~1.85	新配制
昭通	YS108H8-3	215.9	1480	1481~4225	1700	1.71~1.87	老浆利用
长宁	长宁H26-4	215.9	1978	1942~3350	1500	1.60~2.07	上部老浆转换
普光	普陆3	215.9	1449	2750~3979	416	1.26~1.40	上部老浆转换
普光	普陆4	215.9	1800	1810~4622	1094	1.15~1.50	上部老浆转换
川西	江沙220-1HF	215.9	2300	2302~3748	782	1.88~2.11	上部老浆转换

表3 应用井钻井液性能

井 号	井深/m	密度/(g/cm^3)	*FV*/s	*PV*/mPa·s	*YP*/Pa	*Gel*/[Pa/(10s/10min)]	*FL*/mL	固相/%	*MBT*/(g/L)	$HTHP_{110℃}$/mL	K^+/(mg/L)	黏滞系数	润滑系数
YS108H8-5	3032	1.80	60	34	17	7.5/13.5	0	35	20.7	4.6	32800	0.0437	0.094
	4225	1.81	62	22	20	6.5/17	2.2	35.5	22.9	5.4	32000	0.0437	0.092
YS108H8-3	3241	1.80	70	41	8	6/22.5	3.0	34.5	17.2	5.0	32800	0.0437	—
	4225	1.81	78	41	12	8/25	3.0	33.5	17.2	5.6	31000	0.0349	—
长宁Ht26-4	2923	2.07	76	49	11.5	3.5/14	1.2	40.5	12.2	4.8	26800	0.0963	—
	3350	2.03	80	47	12.5	3.5/21	1.6	39.5	13.6	5.2	29600	0.0437	—
普陆3	3076	1.31	68	38	16.5	2/3	1.8	—	—	—	—	—	—
	3979	1.37	67	36	15	2.5/4.5	1.8	32	25.6	—	27000	0.0787	0.066

续表

井号	井深/m	密度/(g/cm³)	*FV*/s	*PV*/mPa·s	*YP*/Pa	*Gel*/[Pa/(10s/10min)]	*FL*/mL	固相/%	*MBT*/(g/L)	$HTHP_{110℃}$/mL	K^+/(mg/L)	黏滞系数	润滑系数
普陆4	3105	1.28	43	17	6.5	1/4	3.0	18	42.8	10	31000	—	—
	4622	1.40	65	48	10	1.5/3	2.4	35	42.8	8.0	11000	0.0787	0.085
江沙220-1HF	2730	2.04	68	43	14	5/15	3.0	36	28.5	8.0	22000	—	—
	3748	2.10	86	59	21	5/20	2.2	40	25.7	6.0	22000	0.0875	0.092

3.3 效果分析

ZY-APD钻井液与邻井或相邻区块的井位相比，在钻井速度、井壁稳定、润滑、井下安全、钻井液费用等方面具有明显的优势[18-23]。

3.3.1 在防塌、润滑及井下安全方面

ZY-APD水基钻井液具有强抑制、强封堵特点和优良的润滑能力，有利于防止页岩地层井壁失稳，保证钻井完井安全顺利施工，避免了邻井施工中多次出现的钻进过程中井壁失稳、憋停顶驱、划眼困难等复杂以及完井作业摩阻过大，被迫转换为油基钻井液等问题。已测应用井段长宁H26-4井径扩大率为2.05%，邻井对应井段井径扩大率为20.09%，证明了该钻井液优良的井壁稳定能力。普陆3井应用段平均井径扩大率为7.67%，为普光陆相第一口水平井；普陆4井应用段平均井径扩大率为4.94%，井径规则，更为直接地证明了该钻井液优良的井壁稳定能力。

YS108H8-5、YS108H8-5井应用段起下钻平均摩阻为25~45t，长宁H26-4井起下钻平均摩阻为15~25t，普陆3井起下钻平均摩阻为10~12t，普陆4井起下钻平均摩阻为10~20t，江沙220-1HF井起下钻平均摩阻为10~25t，定向无托压，较好地满足了泥页岩地层、砂泥岩互层钻井、完井施工技术要求。

3.3.2 在钻井速度方面

ZY-APD水基钻井液润滑性能良好，定向工具面稳定，钻井和完井过程中无复杂情况，有利于提高机械钻速，缩短钻井周期，降低整体钻井费用。川南页岩气应用井平均机械钻速为5.87~7.43m/h，同比邻井（其他公司高性能水基钻井液）提高了12.4%~31.3%。在普光地区普陆3井应用，为该区块第一口陆相水平井，应用段平均机械钻速2.90m/h，同比邻井提高了69%~326%，钻井周期平均缩短了12%~20%，普陆4井，应用段平均机械钻速5.80m/h，再次刷新普光陆相地层机械钻速纪录，同比邻井提高100%。

3.3.3 钻井液稳定周期方面

ZY-APD水基钻井液固相容量限高，抗污染能力强，钻井液稳定周期长，进而避免了反复调整钻井液性能和大量置换钻井液，造成钻井液处理剂的大量浪费。普陆4井二开井段钻完井周期长达92d（主要处理井漏与循环排气占用时间），经历气侵严重（循环排气10余次，火焰最高20m，碳酸根和碳酸氢根总量10000mg/L）；漏失严重（漏失10余

次，超过2800m^3，全井含堵漏剂最高30%）；造浆严重（砂泥岩交错，全井段泥岩含量达40%），钻井液性能稳定，未做大幅调整处理。江沙220-1HF井二开井段钻完井周期为36d，钻井液密度为1.88~2.10g/cm^3，钻遇蓬莱镇—沙溪庙组等易造浆地层，钻井液性能保持了稳定，而邻井后期普遍大量置换钻井液。

3.3.4 钻井液费用低，环保效果好

钻井液普遍采用回收再利用或上部老浆转换方式（YS108H8-5井除外），钻井液费用明显低于相邻区块同类型或油基钻井液的费用，YS108H8-5完井后钻井液全部用于YS108H8-3井，避免了老浆处理的环保费用。参照GB/T 15441—1995，测试钻井液生物毒性EC_{50}为98000mg/L，达到排放标准；所产生钻屑含油量低于1%，达到川渝地区对水基钻井液处理的要求。

4 结论及认识

（1）APD可拉紧黏土晶层，降低岩屑活性，配伍纳-微米封堵剂，满足泥页岩地层井壁稳定需求；降低钻具与井壁之间摩擦、改善滤饼质量，解决长水平段的润滑防卡难题；优先吸附重晶石，降低颗粒间内摩擦，提高钻井液的固相容量限，提高钻井液的稳定周期。

（2）ZY-APD水基钻井液为强抑制、强封堵、高效润滑和高固相容量限的高性能水基钻井液，有利于解决页岩地层易掉块垮塌和长水平段摩阻大等技术难题；可保持易漏地层（高含堵漏剂和劣质固相条件下），以及高密度易造浆地层钻井液的长期稳定性。

（3）ZY-APD水基钻井液现场应用井壁稳定、润滑防卡和携岩带砂效果良好，钻完井作业顺利，钻井液成本较低，避免了同类井应用水基钻井液钻完井出现的复杂情况，证明钻井液可以在川渝块海相页岩气水平井、普光和川西等陆相水平井，以及油基钻井液应用受限，常规水基钻井液不能解决的地区推广应用。

参考文献

[1] 张琰，艾双，钱续军.MEG 钻井液在沙 113 井实验成功［J］. 钻井液与完井液，2001，18（2）：27-29.

[2] 雍富华，余丽彬，熊开俊，等. MEG 钻井液在吐哈油田小井眼侧钻井中的应用［J］. 钻井液与完井液，2006，23（5）：50-52.

[3] 黄达全，宋胜利，王伟忠，等. MEG 钻井液在滨 26X1 井的应用［J］. 钻井液与完井液，2008，25（3）：36-38.

[4] 欧阳伟，杨刚，贺海，等. MEG 钻井液技术在剑门 1 井超长小井眼段的应用［J］. 钻井液与完井液，2009，26（6）：21-23.

[5] 赵虎，甄剑武，王中华，等. 烷基糖苷无土相钻井液在卫 383-FP1 井的应用［J］. 石油化工应用，2012，31（8）：6-9.

[6] 司西强，王中华，魏军，等. 阳离子烷基糖苷的绿色合成及性能评价［J］. 应用化工，2012，41（9）：1526-1530.

[7] Si Xiqiang，Wang Zhonghua，Wei Jun，et al. Study on synthesis of cationic methyl glucoside which was used

in drilling fluid [A]. Prepr.Pap.-Am. Chem. Soc., Div. Pet. Chem. 2012, 57 (1), 102-103.

[8] Si Xiqiang, Wang Zhonghua, Wei Jun, et al. Performance test for cationic methyl polyglucoside which was used in drilling fluid [A]. Prepr.Pap.-Am. Chem. Soc., Div. Pet. Chem. 2012, 57 (1), 86-87.

[9] 司西强，王中华，魏军，等．钻井液用阳离子甲基葡萄糖苷 [J]. 钻井液与完井液，2012，29(2): 21-23.

[10] 司西强，王中华，魏军．阳离子烷基葡萄糖苷钻井液 [J]. 油田化学，2013，30 (4): 477-481.

[11] 王中华．国内钻井液及处理剂发展评述 [J]. 中外能源，2013，18 (10): 34-43.

[12] 王中华．高性能钻井液处理剂设计思路 [J]. 中外能源，2013，18 (1): 36-46.

[13] 王中华．国内页岩气开采技术进展 [J]. 中外能源，2013，18 (2): 23-32.

[14] 司西强，王中华．钻井液用聚醚胺基烷基糖苷的研究 [A]. 中国化学会第 29 届学术年会摘要集—第 09 分会：应用化学 [C]. 中国化学会，2014.

[15] 庞铭，陈华兴，唐洪明，等．海相页岩与陆相页岩微观孔隙结构差异——以川南龙马溪组、鄂尔多斯延长组为例 [J]. 天然气勘探与开发，2018，41 (2): 29-36.

[16] 王玉满，董大忠，李建忠，等．川南下志留统龙马溪组页岩气储层特征 [J]. 石油学报，2012，33 (4): 551-561.

[17] 陈俊斌，李晓阳，舒小波，等．川南龙马溪井壁失稳机理研究与应用 [J]. 钻采工艺，2019，42 (1): 4-7.

[18] 龙大清，樊相生，王昆，等．应用于中国页岩气水平井的高性能水基钻井液 [J]. 钻井液与完井液，2016，33 (1): 17-21.

[19] 闫丽丽，李丛俊，张志磊，等．基于页岩气“水替油”的高性能水基钻井液技术 [J]. 钻井液与完井液，2015，32 (5): 1-6.

[20] 赵虎，司西强，王爱芳．国内页岩气水基钻井液研究与应用进展 [J]. 天然气勘探与开发，2018，41 (1): 90-95.

[21] 赵虎，孙举，司西强，等．ZY-APD 高性能水基钻井液研究及在川南地区的应用 [J]. 天然气勘探与开发，2019，42 (3): 139-145.

[22] 赵虎.ZY-APD 高性能水基钻井液在常压页岩气井的应用 [J]. 精细石油化工进展，2020，21(2): 12-15.

[23] 赵虎，司西强，董瑞军．高性能水基钻井液在东濮老区二开制水平井的应用 [J] 石油工业技术监督，2021，37 (3): 43-47.

ZYPS 高性能水基钻井液技术

徐建勋

（中石化中原石油工程有限公司钻井二公司，河南 濮阳 457001）

摘 要：中原油田文东和文南区块为复杂区块，施工难度高、风险大，泥页岩垮塌、酸根污染、定向托压问题尤为突出，通过不断优选助剂、优化配方及配比，研成ZYPS高性能水基钻井液体系。该体系抑制、封堵、抗污染能力强，流变性与润滑性好，性能易维护与调整，较好地解决了泥页岩垮塌、大肚子井眼掉块不易携带、酸根污染、频繁调整轨迹托压等问题。现场浆样页岩一次回收率96.4%，相对回收率100%；抗岩屑污染能力达15%；BOD_5/COD_{cr}达0.28，环保、可生物降解。该技术在文东、文南区块应用3口井，施工过程中无一复杂，对比电测、完井电测、下套管均安全顺利，现场应用效果良好。

关键词：井壁失稳；酸根污染；托压；ZYPS高性能水基钻井液；环保

1 地质概况

中原油田属典型的断块油气田，储层断块发育面积小，油藏埋藏深，构造类型多，油层薄，物性纵横变化大[1]，既有高压层，又有低压易漏层，砂泥岩交互，地层温度高，并有多套复杂盐层存在[2]。

中原油田复杂区块以文留构造为最，而文留构造又以文东和文南区块最为复杂。复杂段主要集中在沙河街组的沙一段、沙二段和沙三段。沙一段和沙二段砂泥岩互层多，泥岩层理发育，具有破碎易垮塌、掉块等特点，控制井壁稳定的难度大。沙三段碎屑岩含量较高，胶结性差，泥页岩遇水膨胀、分散以及地层盐类的溶解，是造成井壁不稳定的重要因素。

易塌地层岩样中，都含有大量的黏土矿物，其中小于2μm的黏土含量超过20%，最高可达50.6%，碎屑岩含量亦较高，达50%~70%。黏土矿物主要是伊利石，普遍含有绿泥石和高岭石，浅部地层含有蒙脱石。盐岩、膏盐、石膏层及其与泥页岩间互层，常造成井下复杂。伊利石含膨胀型晶层，分散度最高达97%，极易剥蚀掉块；硬石膏的吸水膨胀，盐岩和钙芒硝易溶解，且含大量钙芒硝的岩样线性膨胀率达40%以上，都会导致井壁不稳定。

2 施工难点

（1）该区块以水平井和大斜度定向井为主，且油层薄，需频繁调整轨迹，导致定向施工中托压严重，影响施工进度。

（2）泥页岩水敏性强，垮塌严重。沙一段、沙二段、沙三段地层坍塌掉块严重[3]，

作者简介：徐建勋（1983—），男，河南南阳人，2007年毕业于武汉理工大学复合材料与工程专业，高级工程师，主要从事现场钻井液技术及相关管理工作。E-mail：155318045@qq.com。

砂泥互层易形成“大肚子”井眼，导致起下钻频繁遇阻、憋泵。

（3）井斜在40°~65°之间易形成岩屑床[4-9]，加之井壁失稳产生掉块多，井眼清洁难度大。

（4）后期开采多采用水驱、气驱方式提高产量，导致目的层钻进常伴随钙离子污染、酸根污染，钻井液黏切不易控制，性能波动大，需频繁处理。

（5）产层的亏空导致井漏频发，施工风险大，因漏致卡时有发生。

3 解决办法

针对施工中频繁出现的复杂情况，对钻井液提出了更高的要求。钻井液应具有良好的抗盐、抗酸、抗钙、抗岩屑污染能力，封堵防漏、抑制防塌能力，润滑防卡能力，抗温能力和携砂能力，良好的流变性和高温稳定性，易于维护等特点，以室内实验为依托，决定研发一种新体系，来满足现场需要。

3.1 研制思路

利用同离子效应，引入Ca^{2+}，提高抗钙和抗酸根污染能力，以复合盐（KCl、NaCl、$CaCl_2$）为基础，提高体系抑制性，优选既抗温又抗钙的降滤失剂控制高温高压滤失量、提高体系抗温能力（>150℃），优选封堵材料提高封堵防塌、防漏能力，优选小分子类处理剂调整体系的流变性，润滑剂也应具有较强的抗钙、抗盐、抗温能力。以此思路为指导，在室内进行了大量的配方实验，研制出ZYPS高性能水基钻井液体系。

3.2 主处理剂优选及加量确定

3.2.1 抗温抗盐降滤失剂 ZYS-1 和 ZYS-2

ZYS-1由于引入的单体重复单元空间体积大，能有效增大空间位阻，从而提高了共聚物分子的刚性，提高其抗温、抗盐及抗剪切性和降滤失性能，抗温220℃以上，抗盐至饱和，抗钙达5000mg/L以上；ZYS-2是由丙烯酰胺、丙烯酸、2-丙烯酰氧丁基磺酸（AOBS）、环氧氯丙烷和新型环状结构阳离子单体在引发剂的作用下多步聚合而成，具有优良的降滤失性能，在淡水浆中有较好的增黏效果，在盐水浆中小幅增黏，抗温可达180℃，抗盐至饱和。

为评价ZYS-1和ZYS-2的抗温抗盐降滤失效果，配制4种配方进行老化前后性能对比：1#：2%膨润土+0.8%NaOH+1%LV-CMC+1%ZYS-1+3%FT+2%QS-2+1%ZYRH-1+2%FPS+10%KCl+25%NaCl+1%$CaCl_2$+$BaSO_4$；

2#：2%膨润土+0.8%NaOH+1%LV-CMC+1%ZYS-2+3%FT+2%QS-2+1%ZYRH-1+2%FPS+10%KCl+25%NaCl+1% $CaCl_2$+$BaSO_4$；

3#：2%膨润土+0.8%NaOH+1%LV-CMC+1%KJ+3%FT+2%QS-2+1%ZYRH-1+2%FPS+10%KCl+25%NaCl+1% $CaCl_2$+$BaSO_4$；

4#：2%膨润土+0.8%NaOH+1%LV-CMC+1%PAMS+3%FT+2%QS-2+1%ZYRH-1+2%FPS+10%KCl+25%NaCl+1% $CaCl_2$+$BaSO_4$。

4种配方钻井液密度均为1.70kg/L，结果见表1。

表1　ZYS-1和ZYS-2性能评价结果

配　方	旋转黏度计读数		PV/ mPa·s	YP/ Pa	Gel/Pa		FL_{API}/ mL	FL_{HTHP}/ mL	实验条件
	Φ_{600}	Φ_{300}			初切	终切			
1#	138	88	50	19	5	31	1.2	11.2	热滚前
	257	170	87	41.5	15.5	31.5	2	10	热滚后
2#	135	78	57	10.5	5	17.5	1	12.4	热滚前
	86	47	39	4	1.5	5	1.8	10	热滚后
3#	143	89	54	17.5	5	18	4	27.2	热滚前
	200	137	63	37	12	24	6	24	热滚后
4#	120	65	55	5	3	13.5	3.2	16.8	热滚前
	148	81	67	7	2	10	4	15.2	热滚后

注：热滚条件为130℃×16h，流变性能测试温度为60℃，高温高压测试温度为130℃。

由表1可以看出，1#和2#配方FL_{API}及FL_{HTHP}控制得都比较理想，3#和4#的抗温能力稍显不足，说明ZYS-1和ZYS-2的抗温及降滤失能力优于KJ和PAMS；但1#配方的流变性不及2#和4#，说明ZYS-1加量大黏度效应偏高。因此，体系配方中ZYS-1的加量需降低。

由于ZYS-1的抗钙能力优于ZYS-2，为提高体系的抗钙能力，ZYS-1与ZYS-2复配使用效果更好，以ZYS-1加量0.5%、ZYS-2加量1%为宜。

3.2.2　生物质合成树脂LDR-501

该产品是以高活性木质素为原料制备得到的多支链高温高压降失水剂，通过多点吸附有效改善钻井液泥饼质量，降低钻井液高温高压滤失量。抗温达180℃，抗盐至饱和，抗钙达3000mg/L，生物毒性$EC_{50}>3\times10^4$mg/L，BOD_5/COD_{cr}达0.26，可生物降解，环保性能好。在配方：2%膨润土+0.8%NaOH+1%LV-CMC+0.5%ZYS-1+1%ZYS-2+3%Polyol+3%FT+2%QS-2+1%ZYRH-1+2%FPS+10%KCl+25%NaCl+1%$CaCl_2$+$BaSO_4$（密度1.70kg/L）的基础上，评价不同加量下LDR-501对钻井液流变性及高温稳定性能的影响，结果见表2。

表2　LDR-501性能评价结果

LDR-501 加量/%	旋转黏度计读数		PV/ mPa·s	YP/ Pa	Gel/Pa		FL_{API}/ mL	FL_{HTHP}/ mL	实验条件
	Φ_{600}	Φ_{300}			初切	终切			
3	146	90	56	17	3	23	3.2	7.8	热滚前
	170	104	66	19	5	29	2	7.2	热滚后
5	174	106	68	19	5	17.5	3	7.4	热滚前
	206	130	76	22	6	20	2	7	热滚后
7	240	157	83	37	7.5	23	2.8	6.6	热滚前
	255	168	87	40.5	15.5	31.5	2	6	热滚后

注：热滚条件为130℃×24h，流变性能测试温度为60℃，高温高压测试温度为130℃。

由表2可见，随着LDR-501加量的增大，滤失量有所降低，但流型逐渐变差，切力逐渐升高，为保持体系良好的流变性及抗温能力，确定其加量为3%。

3.2.3 聚合醇

本体系选用的聚合醇能对其他处理剂起到协同增效作用，大幅度改善钻井液的高温稳定性和滤失性。在配方：2%膨润土+0.8%NaOH+1%LV-CMC+0.5%ZYS-1+1%ZYS-2+3%FT+2%QS-2+1%ZYRH-1+2%FPS+10%KCl+25%NaCl+1%$CaCl_2$+$BaSO_4$（密度1.70kg/L）的基础上，评价不同加量下聚合醇对钻井液流变性及高温稳定性能的影响，结果见表3。

表3　聚合醇性能评价结果

Polyol加量/%	旋转黏度计读数		*PV*/mPa·s	*YP*/Pa	*Gel*/Pa		FL_{API}/mL	FL_{HTHP}/mL	实验条件
	Φ_{600}	Φ_{300}			初切	终切			
1	230	135	95	20	2.5	25	5.2	12.4	热滚前
	198	117	81	18	2	14	4.8	11.2	热滚后
2	178	107	71	18	2	16.5	4.4	10	热滚前
	155	95	60	17.5	1.5	11	4.2	8.8	热滚后
3	158	96	62	17	2	10.5	3.8	8.4	热滚前
	130	78	52	13	1	8.5	3.2	7.6	热滚后

注：热滚条件为130℃×16h，流变性能测试温度为60℃，高温高压测试温度为130℃。

由表3可见，随着聚合醇加量的增大，钻井液流变性逐步改观，滤失量有所降低，为了保持体系的抗温、抗污染能力以及润滑性，确定其加量为3%。

3.3 钻井液配方的确定

在以上实验基础上，最终形成了ZYPS高性能水基钻井液，其配方为：2%膨润土+0.8%NaOH+1%LV-CMC+0.5%ZYS-1+1%ZYS-2+3%Polyol+3%LDR-501+3%FT+2%QS-2+1%ZYRH-1+2%FPS+10%KCl+25%NaCl+1%$CaCl_2$+$BaSO_4$。

3.4 性能评价

3.4.1 抑制性能

为了评价所配钻井液的抑制性能，取文92-平7井沙二下紫红色泥岩岩屑，分别加入清水和高性能防塌水基钻井液中进行岩屑滚动回收率实验。实验方法是：将岩屑烘干，取大颗粒岩屑10g，加入盛有400mL实验介质的老化罐中，在120℃下滚动养护16h，然后用4~10目分样筛回收岩屑，烘干称重，计算滚动回收率，结果见表4。

表4　文92-平7井沙二下紫红色泥岩岩屑回收率实验结果

实验编号	实验介质	岩屑一次回收率/%	相对回收率/%
1	清水	45.9	—
2	ZYPS高性能水基钻井液	96.4	100

由表4可知，沙二下紫红色泥岩水敏性较强，在清水介质中岩屑滚动回收率不足50%，而ZYPS高性能水基钻井液抑制性强，岩屑滚动回收率高达96.4%，相对回收率100%，说明ZYPS高性能水基钻井液更有利于沙二下紫红色泥岩的稳定。

3.4.2 抗钙污染性能

为了考察ZYPS高性能水基钻井液（不加$CaCl_2$时）的抗钙污染性能，不断提高$CaCl_2$加量，观察钙污染后钻井液性能变化情况，结果见表5。

表5 ZYPS高性能水基钻井液抗钙污染性能评价结果

$CaCl_2$加量/%	旋转黏度计读数		*PV*/mPa·s	*YP*/Pa	*Gel*/Pa		FL_{API}/mL	实验条件
	Φ_{600}	Φ_{300}			初切	终切		
0	107	61	46	7.5	1.5	7.5	1滴	热滚后
1	108	64	44	10	3.5	20.5	1	热滚后
2	115	67	48	9.5	4.5	19	3.2	热滚后
3	>300	180	—	—	7	30	4	热滚后

注：热滚条件为130℃×16h，流变性能测试温度为60℃，基浆用体积计算，加入的岩屑以质量计算。

由表5可见，ZYPS高性能水基钻井液（不加$CaCl_2$时）抗钙污染能力较强，当氯化钙加量达2%时（测量［Ca^{2+}］：1183.97mg/L），API滤失量及静切力变化较小，仍具有良好的流变性，说明该体系抗钙可达2%。

3.4.3 抗岩屑污染性能

随着水平段的延伸，钻具与下井壁接触面积越来越大，岩屑被磨得越来越细，不易被固控设备清除，钻井液的固相含量随之升高，当固相含量达到固相容量限后，会影响钻井液的流变性能，为了评价ZYPS高性能水基钻井液的抗岩屑污染性能，测试了不同岩屑加量对钻井液性能的影响，结果见表6。

表6 ZYPS高性能水基钻井液抗岩屑污染性能评价结果

岩屑加量/%	旋转黏度计读数		*PV*/mPa·s	*YP*/Pa	*Gel*/Pa		FL_{API}/mL	实验条件
	Φ_{600}	Φ_{300}			初切	终切		
0	263	157	106	25.5	2.5	11	1滴	热滚后
5	262	154	108	23	3	15	1滴	热滚后
10	298	176	122	27	3	18	1滴	热滚后
15	>300	193		—	4.5	24	1滴	热滚后

注：热滚条件为130℃×16h，流变性能测试温度为60℃，基浆用体积计算，加入的岩屑以质量计算。

由表6可见，ZYPS高性能水基钻井液抗岩屑污染能力较强，当岩屑加量达15%时，API滤失量及静切力变化较小，仍具有良好的高温稳定性，说明该体系具有很强的抗岩屑污染能力，能满足深层水平井施工要求。

3.4.4 润滑性能

ZYRH-1以植物油为原料，经深度改性制备而成，在钻井液体系中通过化学吸附成膜和固相间隔离成膜，实现润滑减摩抗极压的性能。荧光级别≤4级，适用于探井及对荧光要求高的钻井；EC_{50}值>30000mg/L，产品绿色环保，无毒可排放；抗温达200℃，抗盐至饱和，作用周期达7~10天；加量低润滑性强，加量1%时，润滑系数降低率达到91.4%~92.5%。

3.4.5 环保性能

取文92-平7井现场浆样进行分析，体系BOD_5：8600mg/L，COD_{cr}：30624mg/L，BOD_5/COD_{cr}达0.28。根据SY/T 6787—2010标准，$BOD_5/COD_{cr}\geq 0.05$为易降解。由此可见，该体系环保、可生物降解。

4 现场应用

ZYPS高性能水基钻井液体系室内研究成功后，各项性能优异，在文东区块文92-平7井和文南区块文72-253井和文318井均进行了现场应用，三口井均施工顺利，无一复杂，应用效果良好。

实钻过程中，ZYPS高性能水基钻井液性能优异，具体表现如下：

（1）该体系性能稳定，具有较强的抗钙、抗酸根污染能力，以及良好的流变性能。分段钻井液性能见表7。

表7 文92-平7井三开分段钻井液性能

井深/m	ρ/(kg/L)	FV/s	PV/mPa·s	YP/Pa	Gel/Pa		FL_{API}/mL	FL_{HTHP}/mL	MBT/(g/L)	离子质量浓度/(mg/L)			
					初切	终切				[K^+]	[Ca^{2+}]	[HCO_3^-]	[CO_3^{2-}]
3164	1.55	95	65	11	1	2.5	2.2	7.6	18	18375	420	1098	2640
3362	1.56	145	112	18	1.5	4	1	4	17.87	34650	282	5031.7	2640
3488	1.58	157	115	16.5	2	6	1	5.5	14.3	30450	676	5826.2	4688.7
3540	1.60	200	110	23	2	9	0.6	5.5	17.16	43064	507.4	2383.4	2865.4
3737	1.60	220	110	20	4.5	22	0.8	4.5	18.5	43064	338	5031.7	3125.8
3770	1.60	220	122	19	2.5	17	0.6	5.5	22	38850	260	3972.4	2865.4

注：高温高压滤失量在130℃条件下测得。

（2）该体系具有良好的抑制性。钻进过程中，岩屑成型较好、不糊筛床，返出的岩屑内部无水侵现象，见图1和图2。

图1 岩屑内部干燥

图2 钻头切削齿痕明显

（3）该体系具有良好的防塌能力。井壁稳定性好，特别是泥岩、砂岩互层井段，平均井径扩大率均较低。平均井径扩大率见表8。

表8 施工井三开平均井径扩大率

井号 / 指标	文92-平7井	文72-253井	文318井
三开平均井径扩大率/%	10.61	4.23	5.77

文72-253井4次双筒取心，取心进尺40.7m，取心收获率100%；文318井，10次双筒取心，取心进尺125.93m，心长124.08m，取心收获率98.53%，其中连续取心110m未出现井壁失稳现象，取心下钻均一次到底，说明该体系具有良好的防塌能力。

（4）该体系具有良好的润滑性能。在文92-平7井三开施工中，虽然频繁调整井斜，井眼轨迹复杂，但定向无托压、扭矩平稳、起下钻摩阻小、钻具静止不黏，证明了钻井液具有良好的润滑防卡性能。三开井段起钻摩阻一般在5~8t，下钻摩阻在3~6t，泥饼黏滞系数K_f<0.1，较好地解决了因水平位移大、井斜角大、井眼轨迹复杂导致的钻头托压、扭矩大的问题。

（5）该体系具有较好的剪切稀释性和携砂能力。实钻证明，该体系剪切稀释好，在低黏切和高黏切状态下均具有良好的流变性能，完井下套管钻井液静止时间长达36h，开泵顺利；携岩能力强，三口井每次下钻都能顺利到底；中途地层对比电测和完井电测均一次到底，下套管施工顺利。文92-平7井，在密度1.60g/cm^3、黏度270s条件下，n值仍保持在0.79左右，具有良好的剪切稀释性和携砂能力；文318井，完钻井深4450m，井底最高温度158℃，在连续取心110m（3860~3970m）及多项目完井电测的情况下，钻井液性能稳定。

（6）该体系具有较强的防漏能力。实钻证明，封堵防漏材料与体系配伍性好，对体系性能无明显影响。该井在易漏井段施工过程中未发生漏失，邻井却多次发生漏失。

（7）该体系BOD_5：8600mg/L，COD_{cr}：30624mg/L，BOD_5/COD_{cr}达0.28，环保、可生物降解。

5 结论

（1）ZYPS高性能水基钻井液体系性能优异，抑制、封堵、抗污染能力强，流变性与润滑性好，性能易维护与调整，较好地解决了泥页岩垮塌、大肚子井眼掉块不易携带、注水井高钙水污染、酸根污染、频繁调整轨迹托压等问题，具有较高的应用推广价值。

（2）该体系环保，可生物降解，为抗温环保钻井液研究提供了方向。

（3）可继续开展钻井液配方研究和优化，形成适应不同地层、满足不同勘探要求的无荧光体系，扩大应用范围。

（4）高密度（>2.0g/cm^3）、高温（>180℃）条件下的ZYPS高性能水基钻井液仍需继续研究和现场应用论证，以满足高温、高压深井需要。

参考文献

[1] 熊有全，刘明国，时国林．中原油田水平井技术应用及发展方向［J］．断块油气田，2002，9（3）：68–71.

[2] 杨进京，李华照，吕洪奇，等．中原油田水平井钻井液技术［J］．国外油田工程，2003，19（9）：26–28.

[3] 徐林，张东海．文92–平1深层水平井钻井液技术［J］．西部探矿工程，2004，5：65–66，68.

[4] 张杰，陈平，石晓兵，等．大斜度井段岩屑运移规律的微观研究［J］．天然气工业，2004，23：73–74.

[5] 胡景荣．融清除岩屑床与钻进为一体的新工艺技术［J］．钻采工艺，2001，24（5）：5–6.

[6] 陈乐亮．水平井井眼净化问题［J］．钻井液与完井液，1992，9（5）：1–10，18.

[7] 相恒富，孙宝江，李昊，等．大位移水平井段岩屑运移实验研究［J］．石油钻采工艺，2014，36（3）：1–6.

[8] 蒲晓林，侯勤立，魏治明，等．水平井加重钻井液垂沉规律实验研究［J］．天然气工业，1996，16（5）：45–48.

[9] 陈金举，刘金牛，刘桂君．杭锦旗区块岩屑床清除技术探讨［J］．西部探矿工程，2021，2：51–58.

环保型高性能超微–纳米水基钻井液在东胜气田的应用

郑文武[1, 2] 张军义[1, 2] 李德红[1, 2] 刘 福[1, 2] 韩 婧[1, 2] 何斌斌[1, 2] 宋文宇[1, 2]

（1. 中石化华北石油工程有限公司，河南 郑州 45006；
2. 中石化石油工程致密油气技术中心，河南 郑州 45006）

摘　要： 东胜气田致密气藏水平井盒1段钻遇硬脆性泥岩常发生井壁失稳，提高钻井液密度平衡地层压力易导致固/液相侵入，损害油气层。在对致密气储层物性特征分析的基础上，利用聚胺氯化钾提高钻井液的抑制性，利用超微–纳米化学物理封堵剂增加对硬脆性泥页岩微孔缝的封堵能力，开发出致密封堵、抑制性好、润滑防卡能力强的环保型高性能超微–纳米水基钻井液。室内实验表明，环保型高性能超微–纳米水基钻井液有效减小压力传递和降低钻井液对岩心的侵入，泥页岩膨胀率低于20%，渗透率恢复值达92.86%。现场实验结果表明，环保型高性能超微–纳米水基钻井液体系应用井最大扭矩6.5kN·m，FL_{API}2.8mL，FL_{HTHP}7.6mL，机械钻速高，现场应用效果显著，满足东胜气田致密气藏水平井钻井“低密度、无土相、高性能、储层保护”需求。

关键词： 致密气藏；井壁稳定；封堵；东胜气田；纳米材料

近年来，东胜气田杭锦旗地区在古隆起超覆尖灭带上的大中型气田勘探已取得突破性进展，有望培育成为又一个大型致密砂岩气田。随着油气田勘探开发的不断深入，对保障钻井安全施工、产能高效释放，实现自然建产目标，逐步强化致密气藏钻井液储层保护等方面提出了更高的要求。常用的水基钻井液，抑制封堵能力不足，固相含量较高，劣质固相颗粒易黏附在井壁表面堵塞储层，且高密度下滤液侵入储层，造成伤害，无法满足工程项目要求。因此，开发环保型高性能超微–纳米水基钻井液技术对致密气藏提效、增产具有重大意义[1]。

1　地层特点及钻井液应用难点

通过对东胜气田致密气藏储层复杂地层的掉块及岩屑的全岩矿物和黏土矿物组分含量的X射线衍射测定结果进行分析，目的层黏土矿物均以伊/蒙混层为主，含量高达52%~78%，伊利石次之，表明目的层泥岩属于硬脆性泥岩。目的层泥岩伊/蒙混层含量高，水化膨胀能力相对较强，钻遇该地层易发生井壁失稳。同时细小的伊利石微晶集合体受自吸水作用和滤液侵入分散运移，堵塞孔道，伤害储层。要从根本上切断水化作用，须减少地层岩石与钻井液接触，这是解决井壁失稳的关键。

基金资助： 中国石化集团科技部项目“鄂北致密气提速提效提产技术集成推广应用研究”（项目编号P20001）。

作者简介： 郑文武（1986—），男，工程师，现主要从事钻完井液技术研究工作。E–mail：zhengwenwu911@126.com。

常规钻井液密度高，且低孔目的层自吸能力强，易加剧钻井液侵入裂缝，造成吸水后剥落掉块，应力释放，井壁失稳。近年来，华北油气分公司为保障产能高效释放，逐步推广应用较低密度钻井液，强化水平井钻井液体系优化，但是目前各钻井液体系均存在一些问题：

（1）封堵能力差。国内外大量研究文献表明，致密泥页岩孔隙结构包含大量中孔（2~50nm）、一定量储集性微孔（<2nm）和少量大孔（>50nm）。而常规钻井液封堵材料沥青粉、超细钙Ⅰ型等均为微米级别，粒径过大，无法在硬脆性泥岩微孔缝形成初期进行有效封堵。且低孔储层自吸能力强，滤液侵入能力越强，吸水后极易孔缝开启拓展延伸剥落掉块井壁失稳[1-7]。

（2）抑制能力不足。针对伊/蒙混层比高，常规钻井液体系不足以抑制泥岩水化分散的需求。密度低无法有效支撑，密度高固–液侵入，堵塞通道，伤害储层。

（3）润滑性差。常规钻井液润滑性差，泥饼虚厚，起下钻遇阻严重，增加钻井液浸泡时间。

（4）应用的高性能钻井液效果较好，但是成本过高，限制推广应用。

基于东胜气田目前钻井液存在问题，开发出一套去磺化环保型的致密封堵、超强抑制的低密度低成本钻井液体系，对满足东胜气田致密气藏高效开发意义重大。

2　钻井液体系研究及性能评价

2.1　研究思路与对策

基于油基钻井液致密封堵、活度平衡抑制原理，通过超微–纳米封堵技术对硬脆性泥页岩井壁微孔喉进行封堵，以强抑制、低活度协同抑制渗透水化，阻止水和钻井液进入泥页岩以及井壁地层，实现低密度下井壁稳定和储层保护。

胺基抑制剂是由有机胺经聚合而成的，它在水中可以水解电离而释放出有机阳离子与HO^-，有机阳离子吸附在泥页岩表面，可有效抑制页岩水化膨胀和钻屑分散，从而显著提高钻井液的抑制性与井壁稳定性。同时胺基抑制剂产品本身呈电中性，因此该产品与钻井液具有很好的配伍性，克服了传统的有机阳离子聚合物钻井液体系的流变性与抑制性的矛盾问题，并且可以显著提高钻井液体系的坂土容量限。

研究表明，加强超微–纳米尺度封堵石盒子储层微孔缝，阻止钻井液侵入和压力传递，是实现鄂北工区下石盒子低密度井壁稳定与储层保护的关键措施[3]。通过超微–纳米封堵材料的复配，可有效减少滤液侵入储层，减小孔隙压力传递。纳米封堵剂乳液本身尺寸很小，微乳液能在泥页岩微裂缝形成初期发生吸附聚结。结合超微碳酸钙填充拓展裂缝形成一层近理想半透膜，从而防止或减少滤液侵入，减缓井壁强度降低[8，9]。其次钻井液体系中不添加膨润土，可以降低钻井液中黏土矿物吸水膨胀堵塞储层的概率。

2.2　高性能超微–纳米水基钻井液体系处理剂优选

2.2.1　抑制剂优选

通过使用膨润土浆离心法，测试了胺基抑制剂、UHIB的防膨率，见图1。

(a)静置0h　　(b)静置2h　　(c)1500r/min离心15min

图1　离心法测试胺基抑制剂对膨润土防膨率

结果表明：胺基抑制剂防膨率达到了74.32%，优于目前国外市场上应用的产品。

2.2.2　封堵剂优选

室内优选了纳米类封堵剂、超微细碳酸钙Ⅲ型、超细碳酸钙Ⅰ型等环保型封堵剂，并进行了复配。采用了孔径为0.15μm的混合纤维素滤膜，有效地模拟了钻井液通过硬脆性泥页岩的滤失情况，提高了实验的重复性，见图2、表1。

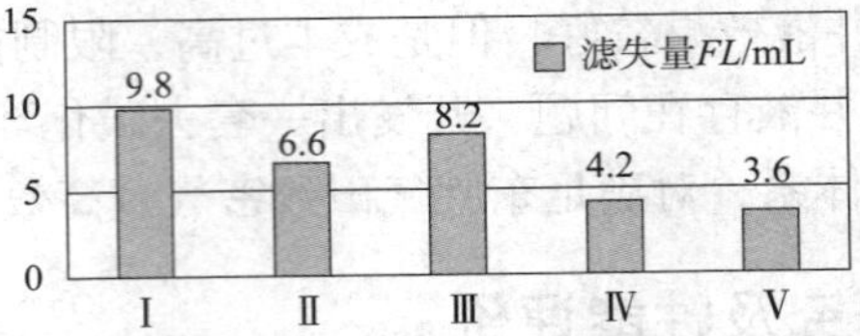

图2　不同粒径处理剂复配溶液通过滤膜的滤失量

表1　优选封堵剂配方对滤纸滤膜 FL_{API} 滤失量

时间/min	基浆		优选封堵剂配方	
	滤纸1~3μm	滤膜0.15μm	滤纸1~3μm	滤膜0.15μm
0.01	0.05	0.05	0	0
0.5	0.4	0.5	0	0
1.1	1.5	1.4	0.2	0.2
2	2.6	2.7	1	0.8
3	3.8	3.6	2.2	1.9
4	4.4	4.2	2.7	2.4
5	5.2	4.8	3	2.9
6	5.8	5.6	3.3	3.2
7.5	6.6	6.3	3.8	3.6

图2和表1的结果表明：优选的封堵剂配方具有良好的封堵性能。

2.2.3　降失水剂优选

通过大量文献调研，针对无土相钻井液特点，对四种降滤失剂进行了优选，并对其降滤失性能进行了评价，见图3。

图3结果表明：采用环保型降失水剂配方Ⅸ失水低，动塑比在0.5左右，复配效果最好，满足无土相钻井液流变性及失水需求。

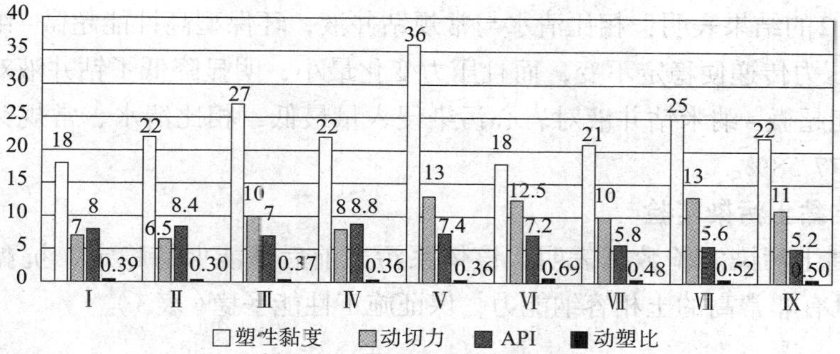

图3　不同降失水剂性能评价

通过对各处理剂加量进行确定，开发了一种去磺化环保型高性能超微–纳米水基钻井液体系配方。

2.3　高性能超微–纳米水基钻井液性能评价

2.3.1　泥页岩压力传递评价

泥页岩渗透率极低，存在较强的自吸水作用，且少量钻井液滤液侵入即可导致硬脆性泥页岩孔隙压力提高，随着滤液逐步侵入加剧，井壁强度下降，上、下支撑作用降低，加剧井壁力学失稳问题。研究钻井液“压力传递”和“液相侵入”情况可反映钻井液对泥页岩井壁封堵效果和稳定性。

室内分别测试了钻井液侵入泥页岩后压力传递实验，另外还测定了不同体系污染后的岩心含水量[10, 11]，见图4、表2。

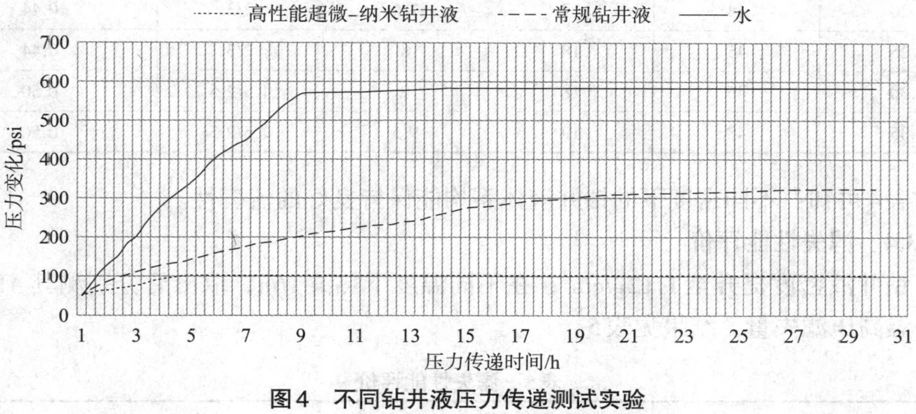

图4　不同钻井液压力传递测试实验

表2　不同体系污染后岩心含水量

样　品	烘干前质量/g	烘干后质量/g	初始含水率/%	总含水量/%	侵入的水量/%
水	19.76	15.54	8.7	21.36	12.66
常规钻井液	19.34	15.82	8.7	18.2	9.5
环保型高性能超微–纳米钻井液	17.64	15.73	8.7	10.83	2.13

图4和表2的结果表明：相比清水与常规钻井液，环保型高性能超微-纳米水基钻井液在5h之后压力传递便稳定不变，而且压力变化最小，明显降低了钻井液对岩石的压力传递。高性能超微-纳米钻井液对岩心污染侵入量最低，相比清水、常规钻井液分别降低83.18%和77.58%。

2.3.2 抗黏土污染实验

室内抗黏土污染实验数据表明，该体系污染前后性能保持稳定，抗黏土污染可达15%以上，具有非常高的土相容纳能力，保证施工性能平稳（表3）。

表3 体系不同黏土加量流变失水性能

体 系	黏土加量	实验条件	Φ_6/Φ_3	*PV*/mPa·s	*YP*/Pa	*FL*/mL	*YP*/*PV*/［Pa/（mPa·s）］
环保型高性能超微-纳米	10%	污染前	4/3	17	8	3.2	0.47
		污染后	4/3	18	9	3.2	0.5
	15%	污染后	6/4	19	9.5	3	0.5

2.3.3 流变性能评价

在120℃条件下，将不同密度的环保型高性能超微-纳米钻井液进行热滚16h，测试其流变性，结果见表4。

表4 流变性能评价

密度/（g/cm³）	*AV*/mPa·s	*PV*/mPa·s	*YP*/Pa	*Gel*/（Pa/Pa）	*YP*/*PV*/［Pa/（mPa·s）］
1.10	43	16	6	1/2	0.38
1.15	44	17	7	1.5/3	0.41
1.20	44	17	7.5	2/3	0.44
1.25	45	18	8	2/3	0.44
1.30	46	18	9	1.5/2.5	0.50
1.35	48	19	9.5	1.5/2.5	0.50

由表4可知：不同密度下的钻井液体系均能保持良好的流变性。

2.3.4 滤失性能评价

将钻井液密度提升至1.12g/cm³，在不同温度下热滚16h，取出后分别测其API滤失量和高温高压滤失量，结果见表5。

表5 滤失性能评价

温度/℃	API滤失量/mL	高温高压滤失量/mL
100	3.4	10.5
110	3.5	11.2
120	3.5	10.9
130	3.6	11.5

由表5可知：该钻井液体系在100~130℃条件下均具有良好的滤失性能，说明该体系能够较少发生因滤液侵入地层导致的井壁失稳的问题。

2.3.5 润滑性能评价

采用极压润滑仪和滤饼黏滞系数测定仪测试环保型高性能超微-纳米钻井液体系和其他钻井液的润滑性能，结果见表6。

表6 流变性能评价

钻井液体系	测定条件	润滑系数	黏滞系数
复合盐水钻井液	热滚前	0.128	0.0832
	热滚后	0.132	0.0987
聚合物钻井液	热滚前	0.115	0.0798
	热滚后	0.119	0.0835
LATIBASE高性能钻井液	热滚前	0.095	0.0658
	热滚后	0.099	0.0782
环保型高性能超微-纳米钻井液	热滚前	0.092	0.0612
	热滚后	0.095	0.0771

由表6可知：热滚前后环保型高性能超微-纳米钻井液体系与其他几种钻井液体系相比，具有良好的润滑性。

2.3.6 致密气层保护效果评价

实验选择天然岩心，开展动态损害实验，主要从岩样渗透率恢复值方面进行评价。实验压差为3.5MPa，剪切速率为300s^{-1}，时间为120min，结果见表7。

表7 致密气藏保护效果实验

钻井液	原始渗透率 $K_a/10^{-3}\mu m^2$	损害后渗透率 $K_d/10^{-3}\mu m^2$	渗透率恢复值 K_d/K_a/%	损害实验条件		
				压差/Pa	时间/min	温度/℃
环保型高性能超微-纳米钻井液	0.173	0.165	92.86	3.5	120	120
LATIBASE钻井液	0.184	0.160	87.0	3.5	120	120
聚合物钻井液	0.187	0.154	82.4	3.5	120	120
复合盐水钻井液	0.190	0.150	78.9	3.5	120	120

由表7可以看出，环保型高性能超微-纳米钻井液的渗透率恢复值为92.86%，相比其他种类钻井液渗透率恢复值最高，表现出良好的油气层保护效果。

3 现场应用

3.1 钻井液配制与维护处理

（1）钻井过程中维持井浆氯化钾、胺基抑制剂含量以提高体系抑制能力，防止钻遇硬脆性泥岩后水化分散，剥落掉块；以降失水剂A-1和A-2协同控制失水，加强钻井液的滤失造壁性。通过多尺度纳米-超微-微米封堵剂多元复配形成致密封堵层，阻止钻井液侵入储层和井壁。维持动塑比0.43~0.6，充分携岩净化井眼。正常钻进期间

FL_{API}<3.0mL，FL_{HTHP}<8mL。

（2）固相控制。振动筛筛布不低于230目，双离心机24h开启，去除无用固相。

（3）工程操作。控制起下钻速度，减小激动压力。钻进期间观察扭矩、摩阻变化，及时做出调整。

（4）封闭浆。完钻后进行短程起下钻作业，配制润滑防塌封闭浆封闭裸眼段，确保电测下套管安全顺利到底。

3.2 现场使用效果

（1）集团公司示范井J30-6-P2井是一口小井眼二级结构水平井，通过从“纳-微封堵为主、低活度抑制为辅、合理密度平衡”着手，应用环保型高性能超微-纳米水基钻井液体系创造了多项工区施工纪录。该井钻井液降滤失封堵性能好，FL_{API}2.8mL，FL_{HTHP}7.8mL，有效减少滤液侵入，井壁稳定性好。邻井均存在不同程度漏失以及多次堵漏困难，该井安全顺利无漏失。其中斜井段平均机械钻速8.44m/h，同比提高90.5%，创东胜气田锦30井区斜井段机械钻速最高纪录。钻井周期28.93天，较同区相同井深最短周期缩短31.12%，创东胜气田小井眼二级结构水平段最长、钻井周期最短等多项纪录。

（2）三级结构水平井J30-7-P2井三开水平段应用环保型高性能超微-纳米水基钻井液体系。提速提效明显，对比同类型三开高性能钻井液施工井，钻井周期降低10%。扭矩降低49.4%，摩阻降低48.77%，机械钻速提高9%。钻遇大段泥岩情况下完钻密度1.12g/cm^3，对比常规钻井液体系钻遇泥岩平均密度1.27~1.30g/cm^3，降低钻井液密度0.15g/cm^{3}以上，保持井壁稳定。性能稳定、失水固相含量低。在未使用提速工具情况下，全井段钻进、短起下期间无遇阻、定向无托压显示，最大扭矩6.5kN·m，电测及下套管均一次顺利到底。润滑性好，降摩减阻效果显著，可有效预防井下复杂，减少浸泡时间。本井J30-7-P2井盒1段日产气67639m^3，同比提高280%。

4 结论与认识

（1）体系不加膨润土，形成了一套强抑制、强封堵、低摩阻、低固相的钻井液体系，确保了目的段钻遇大段泥岩后的井壁稳定和储层保护。

（2）开发的环保型高性能超微-纳米钻井液体系可有效减小孔隙压力传递，相比清水、常规钻井液分别降低83.18%和77.58%，钻井液对泥页岩井壁侵入量低，流变性能稳定，润滑性能好，现场岩心动态损害后，岩心渗透率恢复值达到了92.86%，且体系可抗15%黏土侵，确保现场钻井液性能稳定。

（3）在集团公司示范井J30-6-P2井和J30-7-P2井三开水平段进行了应用，创造了多项施工纪录。钻遇大段泥岩情况下取得了良好的井壁稳定效果，试气结果表明，实验井与邻井相比，产气量最大，储层保护效果好，具有良好的应用前景。

参考文献

[1] 郭晓霞，杨金华，钟新荣．北美致密油钻井技术现状及对我国的启示［J］. 石油钻采工艺，2014，36（4）：1-5.

[2] 马平平，熊开俊，陈芳，等．胺基聚醇钻井液在柯 21- 平 -1 井的应用［J］. 钻井液与完井液，2012，29（1）：85-88.

[3] 韩来聚，周延军，唐志军．胜利油田非常规油气优快钻井技术［J］. 石油钻采工艺，2012，34(3)：11-15.

[4] Lecolier E，Herzhaft B，Rousseau L，et al. Development of a Nanocomposite Gel for Lost Circulation Treatment［J］. SPE 94686-MS，2005.

[5] Huang Tianping，David E. Advanced Fluid Technologies for Tight Gas Reservoir Stimulation［J］. SPE 160844-MS，2012.

[6] De Stefano G，Stamatakis E，Young S. Development and Application of Ultra-HTHP Drilling Fluids［J］. 2013-104 OMC ConferencePaper，2013.

[7] Tarek Ibrahim Elkewidy. Evaluation of Formation Damage/Remediation Potential of Tight Reservoirs［J］. SPE 165093，2013.

[8] 薛玉志，蓝强，李公让，等．超低渗透钻井液体系及性能研究［J］. 石油钻探技术 .2009，(1)：46-52.

[9] 王松，魏霞，熊腊生，等．用于储层保护的钻井液体系研究——以大港油田扣 49 区块为例［J］. 石油天然气学报，2010，13，(10)：90-93.

[10] 董兵强，邱正松，陆朝晖，等．临兴区块致密砂岩气储层损害机理及钻井液优化［J］. 钻井液与完井液，2018，35（6）：65-70.

[11] 张洪霞，鄢捷年，吴彬，等．减轻深层低渗储层水锁损害的钻井液研究与应用［J］. 钻井液与完井液，2009，26(4)：4-7.

胜利页岩油水平井钻井液技术进展

赵红香　陈二丁　张海青　李海斌　李　波

（中石化胜利石油工程有限公司钻井液技术服务中心，山东 东营　257078）

摘　要：胜利页岩油资源丰富，但地质构造复杂、地层中黏土矿物含量高、页岩层理、微裂隙较发育，给钻井施工带来了很大的挑战。采用水基钻井液易发生剥蚀、掉块、井漏等问题；后选用油基钻井液，有效解决了井壁失稳、封堵等技术难题；特别是近几年推广应用的合成基钻井液，在抗温、抗原油污染等方面取得了新的突破，多次打破了济阳坳陷页岩油勘探开发新纪录，并取得了良好的油气显示，为胜利页岩油的大规模开发提供了有力的技术支持。

关键词：页岩油；油基钻井液；合成基钻井液；原油污染

胜利页岩油大多位于渤海湾盆地济阳坳陷沙河街组，页岩油资源储量丰富，其中渤南洼陷Y182、Y187等井见到了良好的油气显示，展示出夹层型页岩油良好的勘探潜力。"十二五"期间，胜利油田在前期技术研究的基础上，依靠柴油基钻井液、白油基钻井液完成了首轮次4口页岩油水平井的施工，整体上实现了页岩油水平井钻井液技术的进步，积累了济阳坳陷页岩油水平井钻井液工程经验。但由于钻井工程及设备针对性不足，影响了济阳坳陷页岩油的勘探开发进程[1-7]。为此，在页岩油钻完井整体工艺技术水平提升的基础上，合成基钻井液有效助力胜利油田页岩油气开发。

1　页岩地质特征及钻井液施工难点

（1）地层岩性复杂，地层温度高，机械钻速慢。济阳坳陷为在前古近系基底上发育的断陷—坳陷复合盆地[3]，地层自上而下钻遇地层主要为第四系平原组，上第三系明化镇组和馆陶组，古近系东营组、沙河街组和孔店组。其中，平原组地层岩性以黏土、散砂为主，受钻井液冲蚀易分散；明化镇组地层岩性以棕红色泥岩、细砂岩为主，易吸水分散；馆陶组地层的底部含有砾石，对钻头破坏性强；东营组、沙河街组地层含大段硬质泥岩、灰质泥岩、灰质油泥岩、油页岩等，地层易掉块坍塌。页岩水平段钻进经过长时间浸泡、稳定性差，易发生井壁剥落掉块导致井下复杂[6-8]。前期完钻水平井水平段机械钻速仅为4.38m/h。同时地层温度高，一般在150℃以上，钻井液乳化稳定性降低，增加了钻井液性能的维护难度。

（2）储层裂缝发育，井漏频发。济阳坳陷页岩油类型主要包括基质型、夹层型和裂缝型，不同类型页岩油的储集空间和赋存状态各异。裂缝型页岩油主要赋存于构造、成

作者简介：赵红香（1983—），女，2010年毕业中国石油大学（华东）油气井工程专业，高工，现在中石化胜利石油工程有限公司钻井液技术服务中心，从事钻井液完井液技术应用工作。E-mail：zhaohx296.ossl@sinopec.com。

岩、成烃作用形成的裂缝和微孔缝中[7]。济阳坳陷页岩油储层裂缝发育，钻井过程中井漏频发，由此带来的周期损失通常在10%以上，BYP2井甚至高达37%。

（3）原油侵入钻井液，增稠严重。原油随钻井液循环进入井筒环形空间，由于温度、压力的降低，在井壁周围和钻柱上结晶析出。正常钻进中导致钻井液增稠，对钻井液的流变性能造成了很大的影响，钻井液循环出地面后，原油凝固造成钻井液增稠严重，堵塞振动筛筛面、除砂器筛面，循环罐体之间连接管和泥浆泵进口管，在钻井液表面和循环罐底部形成厚的油泥混合物层。对钻井液性能和循环管线造成较大的影响，并且很难清除。

针对上述济阳坳陷页岩油井钻井液施工难题，开展了页岩油水平井钻井液技术攻关研究，在井壁稳定、抗温、封堵、原油污染处理等方面取得了良好的效果，初步实现了济阳坳陷页岩油水平井提速提效的目的。

2 胜利页岩油钻井液技术发展

油基钻井液体系具有抑制性强、抗温能力好、润滑性好等优点，在强水敏区块以及复杂井得到了广泛的应用。国内在20世纪80年代开展了一些油基钻井液的研究与应用，但由于成本和环境、安全和认识等因素，应用比较少。2012年以来，随着国内页岩油气开发的快速推进，油基钻井液得到了广泛的应用并引起人们的重视。油基钻井液的发展先后经历了柴油基钻井液、白油基钻井液、合成基钻井液等。

胜利页岩油先后采用柴油基钻井液、白油基钻井液在济阳凹陷完成的BYP1井、BYP2井、LY1HF井、BY1-2HF井等进行了现场应用，均未出现任何复杂事故，其中BYP1井完钻井深4335.54m，三开套管下入至3748.86m；BYP2井水平位移1329.75m，水平段881.88m；LY1HF 井完钻井深3961.97m，水平段长626.2m。前期开发的页岩油井分段压裂后均获得工业油流，原油产量递减快，没有实现规模化动用（表1）。

表1 前期页岩油井施工情况统计

井 号	完钻井深/m	完钻垂深/m	水平段长/m	机械钻速/m/h	钻井周期/d	钻井液
BYP1	4336	2969.75	1147	8.13	75.5	柴油基
BYP2	3645	2568.29	716	10.53	85.88	白油基
LY1HF	3970	3206.57	633	3.84	132.5	白油基
BYP1-2	3542	2989.91	373	6.08	50.83	白油基

3 合成基钻井液技术应用

近年来施工的页岩油井YYP1井、FYP1井、BYP5井、NY1-1HF井等井深在4083~5379m，垂深在3540~4302m，钻井液的密度越来越高，在如何实现高密度油基钻井液条件下的流变性能的控制则成为关键。相对于水基钻井液和油基钻井液，合成基钻井液具有较高的闪点，现场施工更安全；芳香烃含量低、苯胺点高，更环保；运动黏度低，黏度受温度变化的影响较小，适用于不同温度地层需要[9]。

为此，针对不同地层的开发要求，研发了合成基钻井液用关键处理剂降滤失剂SGJ-1、抗高温乳化剂等，构建了高密度的合成基钻井液体系配方。实现了HTHP滤失量≤5mL，破乳电压>600V。合成基钻井液不仅具有良好的流变性、高温稳定性、页岩抑制能力、润滑能力、抗侵污能力，而且密度范围可调控、并且易于维护，能够大幅度提高钻井机械钻速和井眼稳定性，减少环境污染及井下复杂情况的发生，并且可以降低开发风险和钻井综合成本[10-11]（表2）。

表2 不同密度合成基钻井液性能

密度/（g/cm^3）	实验条件	*ES*/V	*Gel*/（Pa/Pa）	*PV*/mPa·s	*YP*/Pa	FL_{API}/mL	FL_{HTHP}/mL
1.8	老化前	1160	5/9	42	10	0.8	
	老化后	1600	6/14	37	14	0.2	4.0
2.0	老化前	1296	3/4	38	6	1.0	
	老化后	>2000	7/10	47	10.5	0.6	3.4
2.3	老化前	1831	6/7.5	58	11	0.4	
	老化后	2012	7/10	65	14	0	3.6

3.1 抗高温合成基钻井液技术

随着胜利济阳坳陷页岩油开发层位的不断加深，沙三下、沙四上地层温度梯度普遍在3.5℃/100m，其中BYP5井完钻层位井底温度高达174℃，为了保证高温钻井液的流变和悬浮稳定性能，研发了抗高温乳化剂，优化合成基钻井液的抗温性能（表3）。

表3 合成基钻井液抗温性能测试

实验温度	*ES*/V	*Gel*/（Pa/Pa）	*PV*/mPa·s	*YP*/Pa	FL_{API}/mL
室温	1160	5/9	42	10	0.8
120℃/16h	>2000	5/12	40	11	0
150℃/16h	1600	6/14	37	14	0.2
180℃/16h	1000	6.5/15	45	15.5	0.4
200℃/16h	800	5/8	58	8	0.8

从表3可以看出，合成基钻井液200℃老化16h后体系的流变性能和稳定性能稳定，具有较强的抗温能力，可以满足钻井工程的需要。

3.2 合成基钻井液封堵性

针对页岩油钻探中合成基钻井液封堵微纳米孔隙裂缝的技术需求，研制了一种纳米封堵剂LNS，并系统考察了LNS材料在流变、纳米孔隙封堵等方面的性能。配制密度为1.8g/cm^3的合成基钻井液，分别加入1%~3%的纳米封堵剂LNS，测试对钻井液流变性能的影响（表4和图1）。

表4　LNS对合成基钻井液流变性能评价

加量/%	*AV*/mPa·s	*PV*/mPa·s	*YP*/Pa	*Gel*/（Pa/Pa）	动塑比	*ES*/V
0	36	25	11	4.5/5	0.44	1897
1	36.5	26	10.5	4.5/5.5	0.40	1920
2	37.5	27	10.5	4.5/5.5	0.39	1951
3	39	28	11	4.5/5.5	0.39	1979

注：密度1.8g/cm³，老化条件：150℃，15h。

从表4可以看出，LNS对钻井液流变性能、电稳定能影响不大，能吸附在泥饼上，形成纳米颗粒隔水层，降低高温高压滤失量。在现场施工中纳米材料可以起到快速封堵的作用，打开新地层的瞬间进入微孔喉、微裂隙形成封堵内层，阻止滤液进入地层。

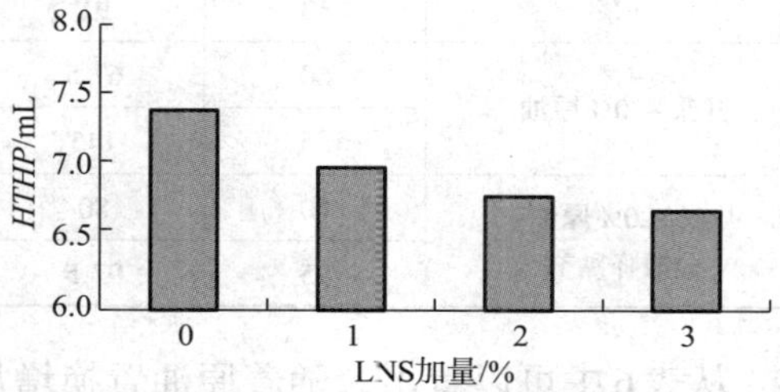

图1　LNS加量对高温高压滤失量影响

采用微孔滤膜方法进行封堵性能评价，选择不同孔径的微孔滤膜（22μm、45μm），利用中压滤失仪测试压差为0.69MPa，记录合成基钻井液7.5min时的滤失量，评价纳米材料对合成基钻井液基浆、加2% LNS封堵剂的合成基钻井液的滤失性能影响，见表5。

表5　不同滤膜封堵滤失实验结果

测试项目	$FL_{滤膜}$（22μm）/mL	$FL_{滤膜}$（45μm）/mL
合成基基浆	24	24
基浆+2%纳米材料LNS	12.8	11.2
滤失降低率/%	46.7	53.3

通过对比看出，添加纳米LNS封堵剂后的合成基钻井液体系的滤失量明显降低，滤失量降低>46.7%，说明纳米材料颗粒依靠小尺寸效应，能够封堵微孔滤膜及后续形成的泥饼层。

合成基钻井液采用纳米封堵剂+可变性封堵剂复合封堵体系，形成了合成基钻井液多尺寸致密封堵技术，提高了微-纳米致密封堵地层微孔/微裂缝能力，有效阻缓压力传递及滤液侵入，阻止钻井液中固相颗粒对储层深处的侵害，有效提高了井壁稳定性能，减少了井下复杂（图2）。

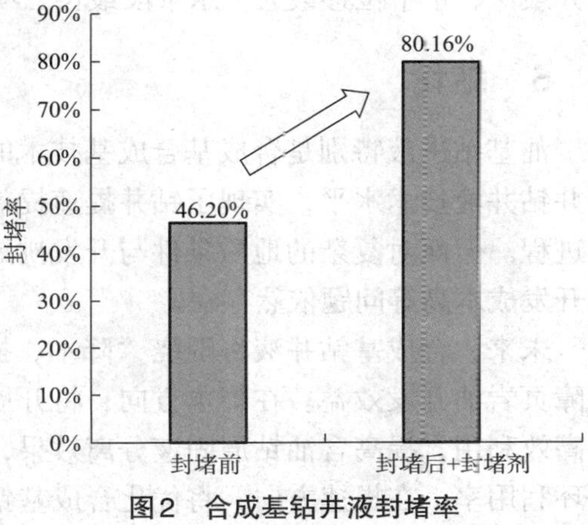

图2　合成基钻井液封堵率

3.3　合成基钻井液抗原油污染技术

在FY1-7HF井施工过程中，发生了油气侵，油气进入合成基钻井液后，造成钻井液密度降低，黏度和切力下降，钻井液性能调控难度增加，并增加了井控风险。

为了提高合成基钻井液抗油气污染能力，对原油进行分析，其中，NY1-1HF井原油密度（20℃条件下）0.854~0.887g/cm^3，运动黏度（50℃条件下）6.7~12.5$mm^2 \cdot s^{-1}$，凝固点32℃。采用油溶性降黏剂，评价降黏效果[12-15]。

取FY1-7HF井井浆混入原油，测试钻井液的密度、流变性及破乳电压，见表6。

表6　原油混入对井浆性能的影响

测试项目	温度/℃	AV/mPa·s	PV/mPa·s	G/（Pa/Pa）	YP/Pa	ES/V
井浆	60	91	73	9/15	18	1181
井浆+20%原油	60	67.5	58	6.5/11	9.5	
	25	145	125	8.5/14	20	1426
井浆+20%原油+分散降黏剂	60	80	70	7/10	10	
	25	97.5	82	15.5	6/10	1337

从表6中可以看出，随着原油置换增加，在高温条件下，井浆的密度、黏度均有所下降，破乳电压增加。25℃低温条件下测试，井浆混入原油后黏度增加明显，流动性下降。25℃低温条件下，通过流变性控制，调节钻井液的流变性能，加入油溶性分散降黏剂后，钻井液的黏度和切力明显下降。

4　现场应用效果

自2018年开始胜利油田启动第二轮页岩油勘探开发，累计完成了YYP1井、FYP1井、NY1-1HF井、NY1-2HF井、LYP1井、BYP5井、FY1-7HF井、FY1-5HF井、BS8-P2井等近20口井页岩油水平井的技术应用，与“十二五”期间水平井相比，各项完钻参数及技术难度均有明显提升：平均完钻井深5146.17m，增加32.86%；平均水平段长1174.85m，增加63.80%；钻井机械钻速7.35m/h，提高67.81%；平均钻井周期94.47d，降低9.62%。其中，各项技术指标也有显著提升：NY1-3HF井该井完钻井深6200m，完钻垂深3792.79m，水平位移2889.26m，水平段长2464m，创出胜利油区页岩油井最深、水平位移最大、水平段最长三项新纪录。

5　结论

油基钻进液特别是合成基合成基技术的研发及应用，有效提高了济阳坳陷页岩油水平井钻井液技术水平，实现了钻井提速提效目的，有力助推了济阳坳陷页岩油的勘探开发进程。但面对复杂的地质条件与开发挑战，合成基钻井液减量化及高效循环利用技术等开发成本高等问题依然存在。

未来，合成基钻井液将围绕“降本、提速、环保”开展技术攻关与管理提升，从而保障页岩油开发效益。在降本方向，将开展合成基钻井液减量化技术研究，实现固控设备高效利用，提高含油钻屑固液分离效果，减少钻井液地面损耗，增加合成基钻井液的循环利用率；在提速方向，将优化合成基钻井液流变性、抗温性、沉降稳定性等，提高钻井机械钻速，缩短钻井周期；在环保方向，将开展高混油水基钻井液技术先导实验，逐步实现对油基或合成基钻井液的替代，降低环保压力与钻井液处理成本。

参考文献

[1] 姜在兴、张文昭、梁超，等．页岩油储层基本特征及评价要素［J］．石油学报，2015，35（1）：184–195.

[2] 宋明水．济阳坳陷页岩油勘探实践与现状［J］．油气地质与采收率，2019，26（01）：1–12.

[3] 宁方兴．济阳坳陷不同类型页岩油差异性分析［J］．油气地质与采收率，2014，21（06）：6–9.

[4] 刘毅．渤海湾盆地济阳坳陷沙河街组页岩油储层特征研究［D］．成都：成都理工大学，1–10.

[5] 万绪新，刘振东，侯业贵，等．胜利油田页岩油藏钻井液技术［J］．探矿工程，2015，42（9）：25–30.

[6] 刘振东，刘国亮，高杨，等．页岩油藏油基钻井液技术［J］．天然气与石油，2014，32（5）：64–67.

[7] 王良，唐贵，韩慧芬．国内页岩储层钻井液技术研究进展［J］．钻采工艺，2017，40（5）：22–25.

[8] 仝继昌，秦雪峰，张娜，等．河南油田陆相页岩油水平井钻井配套技术［J］．内蒙古石油化工，2012，24：109–111.

[9] 孙荣华．全油合成基钻井液在永 3– 侧平 x 井的应用［J］．钻采工艺，2019，42（4）：97–99.

[10] 万绪新，张海青，沈丽，等．合成基钻井液技术研究与应用［J］．钻井液与完井液，2014，31（4）：26–29.

[11] 沈丽，王宝田，等．气制油合成基钻井液流变性能影响评价［J］．石油与天然气化工，2013，42（1）：53–57.

[12] 董轲，都伟超，张洁，等．原油石蜡结晶与清除的研究进展［J］．化工技术与开发，2019，48（10）：28–32.

[13] 陈刚，李小龙，张洁．原油组分相互作用对析蜡的影响机理［J］．石油学报（石油加工），2013，29（5）：844–850.

[14] 陈刚，苏慧君，栗菁，等．延长管输原油的组分特征及其析蜡行为［J］．石油学报（石油加工），2015，31（1）：104–111.

[15] 朱静，李传宪，辛培刚，等．稠油黏温特性及流变特性分析［J］．石油化工高等学校学报，2011，24（2）：66–70.

[16] 唐国旺，宫伟超，于培志，等．强封堵油基钻井液体积的研究和应用［J］．探矿工程，2017，44（11）：21–25.

泥页岩抑制剂支化聚醚胺 PEA-1 的特性及在卫 456 井的应用

王忠瑾[1, 2]　司西强[1, 2]　谢　俊[1, 2]　杨建军[1, 2]

（1. 中石化中原石油工程有限公司钻井工程技术研究院，河南　濮阳　457001；
2. 中石化石油工程钻完井液技术中心，河南　濮阳　457001）

摘　要：针对泥岩及泥页岩地层的井壁失稳问题，自主研发了泥页岩强抑制剂支化聚醚胺（PEA-1）产品。为了确定PEA-1产品的特性，对PEA-1产品的配伍性能、抑制性能、抗温性能及生物毒性进行了评价，结果表明：PEA-1产品与饱和盐水钻井液配伍性好，相对抑制率大于98%，EC_{50}值为521400mg/L，远大于排放标准30000mg/L。PEA-1产品在卫456井进行了现场应用，实验结果表明：PEA-1产品加入现场饱和盐水钻井液后，显著提高了钻井液的抑制防塌能力，有效解决了泥岩、膏泥岩的井壁失稳难题。利用PEA-1产品可实现现场绿色、安全、高效钻进，为该产品在强水敏性泥岩、泥页岩、膏泥岩等易坍塌地层的现场应用提供了较好的技术指导。

关键词：支化聚醚胺；钻井液；抑制剂；井壁稳定；绿色

长期以来，泥页岩的井壁稳定一直是油气钻井工程中的一个世界性难题。目前，在钻进过程中，钻井遇到的地层约75%为泥岩，而大约95%的井壁失稳问题发生在泥页岩地层[1]。井壁失稳与地层黏土矿物的水化膨胀、分散等作用密切相关，当钻井遇到泥页岩等易坍塌地层时，在钻井液中加入抑制剂是解决井壁失稳的最有效途径之一[2-7]。目前，胺基抑制剂产品被认为抑制能力最强、使用效果最好、应用最广泛的一类有机材料，在现场进行了应用并取得了良好的效果[8-15]。由中原石油工程有限公司展开技术攻关，自主研发了一种环保型泥页岩强抑制剂支化聚醚胺（PEA-1）[16]，该产品前期已在现场取得了一定的应用效果[17-18]，为进一步研究其特性，以扩大其应用范围，进行了产品配伍性、抑制性、抗温性及生物毒性等相关内容的研究，并在中原油田卫456井进行了现场应用，以期为支化聚醚胺产品的现场推广应用提供一定的技术指导。

该产品与现场钻井液配伍性能好，抑制性与抗温性能优异，无生物毒性。PEA-1产品适用于解决现场强水敏性泥岩、含泥岩等易坍塌地层钻进过程中的井壁失稳难题，也可形成高性能水基钻井液体系，解决现场井壁稳定难题[17]。该产品的研发对钻井液处理剂及钻井液体系的发展将会产生积极的促进作用。

基金项目：中石化中原石油工程公司项目“钻井液用支化聚醚胺的推广应用”（2018207T）；中石化石油工程公司项目“基于分子尺寸控制的系列聚胺抑制剂研制与应用”（SG18-19K）。

作者简介：王忠瑾（1987—），副研究员，研究方向：主要从事钻井助剂研发及钻井液体系研究。E-mail：wangzhj0615@126.com。

1　实验

1.1　材料与仪器

多元醇，郑州派尼化学试剂厂；烷基苯磺酸、端羟基醚化剂、氯代环氧化物，科密欧试剂；有机胺A为实验室自制；钙膨润土，渤海钻探泥浆公司；氢氧化钠、碳酸钠，科密欧试剂。

ZNCL-T智能磁力恒温搅拌器，河南爱博特科技公司；DZF-6050真空干燥箱，上海创博环球生物科技有限公司；OFI高温滚子加热炉，美国OFI公司；GJS-B12K型变频高速搅拌机、ZNS-4型钻井液滤失量测定仪、ZNN-D6B型数控六速黏度计，青岛海通达专用仪器厂；BL200S精密电子天平，上海勤酬实业有限公司等。

1.2　PEA-1产品的制备

支化聚醚胺PEA-1产品的制备方法见文献［16］。

2　PEA-1产品特性

PEA-1产品作为一种新型环保泥页岩强抑制剂，需要考虑其自身性能及与钻井液体系的配伍性能，以及现场应用的性价比等，其中配伍性能则是其在钻井液中能够得到较好应用的前提条件。支化聚醚胺PEA-1产品特性从以下几个方面着手研究。

2.1　配伍性能

考察了支化聚醚胺PEA-1产品与饱和盐水钻井液的配伍性能。在室内配制的饱和盐水钻井液中加入不同质量分数的PEA-1产品，120℃下滚动16h，实验结果见表1。其中*AV*：表观黏度，mPa·s；*PV*：塑性黏度，mPa·s；*YP*：动切力，Pa；*G*′/*G*″：静切力，Pa/Pa；*FL*：中压滤失量，mL。表1中钻井液4个配方中，XC为黄原胶，LV-CMC为低黏度羧甲基纤维素钠，HV-CMC为高黏羧甲基纤维素，SMP为磺化酚醛树脂，SMC为磺化褐煤。

（1）1#为饱和盐水钻井液，组成为：4%土+1.5%LV-CMC+0.2%HV-CMC+0.2%XC+3%SMP+3%SMC+0.2%NaOH+36.5%NaCl；

（2）2#为饱和盐水钻井液+0.2%PEA-1；

（3）3#为饱和盐水钻井液+0.5%PEA-1；

（4）4#为饱和盐水钻井液+1.0%PEA-1。

表1　PEA-1对饱和盐水钻井液性能的影响结果

钻井液配方	*AV*/mPa·s	*PV*/mPa·s	*YP*/Pa	*YP*/*PV*/［Pa/（mPa·s）］	*G*′/*G*″/（Pa/Pa）	FL_{API}/mL	pH值
1#	36.0	28.0	8.0	0.29	2.0/8.0	1.8	8.0
2#	36.0	28.0	8.0	0.29	2.0/8.0	1.8	8.0
3#	37.0	28.0	9.0	0.32	2.0/8.5	1.6	8.0
4#	37.5	28.5	9.0	0.32	2.0/8.5	1.6	8.0

由表1可见，PEA-1产品加入饱和盐水钻井液后，对钻井液流变性能基本无影响，不会破坏原有的胶体稳定性能，稍降低中压滤失量。表明产品与饱和盐水钻井液具有较好的配伍性能。

考察了PEA-1产品与现场井浆的配伍性能。现场井浆为文138-侧12井井浆，取样井深：3277m，密度：1.42g/cm^3；漏斗黏度：54s；Cl^-含量100000mg/L，钻井液类型为聚合物盐水钻井液。在现场井浆中加入不同含量支化聚醚胺PEA-1产品，120℃下滚动16h，实验结果如表2所示。

表2　PEA-1对文138侧12井井浆性能的影响

钻井液配方	*AV*/mPa·s	*PV*/mPa·s	*YP*/Pa	*YP*/*PV*/［Pa/（mPa·s）］	*G′*/*G″*/（Pa/Pa）	FL_{API}/mL	pH值
文138侧12井井浆	22.5	18.0	4.5	0.25	0.5/3.5	1.0	8.0
井浆+0.1%PEA-1	22.0	18.0	4.0	0.22	0.5/3.0	1.0	8.0
井浆+0.3%PEA-1	23.5	19.0	4.5	0.24	0.5/3.5	1.2	8.0
井浆+0.5%PEA-1	23.5	19.0	4.5	0.24	0.5/3.0	1.0	8.0
井+1.0%PEA-1	25.5	19.0	6.5	0.34	1.0/3.5	1.2	8.0
井浆+2.0%PEA-1	30.0	20.0	10.0	0.50	2.0/5.0	1.0	8.0

由表2可以看出，在文138侧12井井浆中加入不同含量的PEA-1产品后，在120℃高温下热滚16h，钻井液黏切等流变性变化不大，API滤失量保持稳定。在PEA-1加量达到2.0%后，钻井液黏切略有升高，表观黏度由22.5mPa·s升高至30.0mPa·s，塑性黏度由18.0mPa·s升高至20.0mPa·s，静切力由0.5Pa/3.5Pa升高至2.0Pa/5.0Pa，API滤失量保持1.0mL不变。上述实验结果表明，支化聚醚胺产品在钻井液中加量较高时，在发挥强抑制剂性能的同时，不会对钻井液流变性和滤失量造成不良影响。

2.2　抑制性能

将不同含量支化聚醚胺PEA-1产品加入钙土基浆中，考察抑制剂对钙土基浆的相对抑制率。老化实验条件为：200℃，16h。相对抑制率评价结果如图1所示。

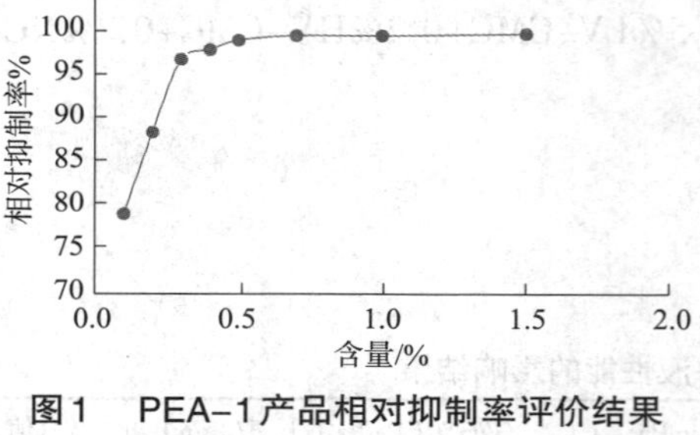

图1　PEA-1产品相对抑制率评价结果

由图1可知，支化聚醚胺PEA-1产品含量为0.3%时，其相对抑制率达96.7%；当含量≥0.5%时，其相对抑制率大于98%，且趋于稳定。可以认为，在PEA-1含量大于0.3%时，即可较好地抑制黏土水化分散，满足钻井液抑制防塌要求。

2.3　抗温性能

通过考察不同老化温度下支化聚醚胺产品对钙土基浆的相对抑制率，评价支化聚醚胺产品的抗高温性能。支化聚醚胺加量为0.3%不变，改变老化温度，老化实验条件为：对应温度下热滚16h。不同老化温度下PEA-1对钙土的相对抑制率评价结果如表3所示。

表3　不同老化温度下PEA-1的相对抑制率结果

钻井液	老化温度/℃	Φ_{100}	相对抑制率/%
基浆	120	193	—
基浆+0.3%PEA-1		5.0	97.41
基浆	160	157	—
基浆+0.3% PEA-1		3.0	98.09
基浆	200	138	—
基浆+0.3% PEA-1		1.0	99.28
基浆	220	94	—
基浆+0.3% PEA-1		2.0	97.87
基浆	240	198	—
基浆+0.3% PEA-1		4.0	97.98

由表3中实验数据可以看出，老化温度对钙土基浆的Φ_{100}读数影响较大，但从相对抑制率结果来说，老化温度的变化对相对抑制率的数值影响不大。温度在120~240℃范围内，支化聚醚胺产品对钙土的相对抑制率均大于97%，在240℃时产品的相对抑制率达97.87%，但是基浆的Φ_{100}读值急剧增大。当老化温度为220℃时，支化聚醚胺对钙土基浆的相对抑制率>97%，可认为支化聚醚胺在220℃时仍然对黏土矿物的水化膨胀分散起到较强抑制作用，且基浆流变性能稳定，支化聚醚胺抗温可达220℃。

2.4　生物毒性

采用发光细菌法对PEA-1产品的生物毒性进行了测试。测试结果表明：PEA-1产品试样的EC_{50}值为521400mg/L，远大于排放标准30000mg/L（参照国标：GB/T 15441—1995《水质急性毒性的测定发光细菌法》）。得出结论为：PEA-1产品无生物毒性，是一种绿色环保的新型钻井液处理剂，符合世界绿色钻井液的发展趋势。

3　PEA-1产品在卫456井的应用

3.1　概况

卫456井是部署在东濮凹陷中央隆起带北部户部寨构造东翼的一口直井评价井。该井钻探目的为：①探户部寨构造东翼沙四上亚段含油气情况；②为沙四上亚段致密油勘探研究提供资料。完钻原则：①定深无油气显示完钻；②沙四段见红色地层无油气显示完钻。完钻层位为：沙河街组沙四上亚段。设计井深3980m，三开制井身结构，井身结构数据如表4所示。

表4　卫456井井身结构数据表

开钻次序	井段/m	钻头尺寸/mm	套管尺寸/mm	水泥返深/m
一开	0~300	444.5	339.7	地面

续表

开钻次序	井段/m	钻头尺寸/mm	套管尺寸/mm	水泥返深/m
二开	~2000	311.2	244.5	地面
三开	~3980	215.9	139.7	地面

3.2 技术难点及措施

3.2.1 技术难点

在卫456井三开井段施工过程中存在如下技术难点：

（1）本井钻遇三套盐层，即沙一盐、沙二上盐、卫城盐，沉积有灰白色盐岩。特别是下部井段卫城盐2920~3080m（垂深）、3135~3340m（垂深），埋藏深、厚度大、质纯，盐膏层易蠕变缩径或盐溶造成井径扩大。

（2）三开裸眼段长，携岩带砂困难。

（3）下部地层井底温度高达140~150℃，钻井液流变性控制难度大。

（4）盐膏层段夹紫红色及灰色泥岩，易吸水膨胀掉块，邻井卫79-13、部12、卫76等井存在膏泥岩井壁失稳现象，井壁稳定难度大。

3.2.2 技术措施

卫456井三开采用饱和盐水钻井液体系，可有效控制盐膏层的溶解，避免大肚子井眼的形成；同时适当提高钻井液密度，可防止盐膏层蠕变缩径，形成规则井眼；使用SMP、SMC和SMT来提高钻井液的抗温性能，通过使用XC、HV-CMC调整钻井液的流变性能，保障钻井液具有较好的携岩带砂能力；支化聚醚胺PEA-1产品抑制性能、抗温性能优异，在钻井液中加入0.3%~0.5%的PEA-1后，可明显增强钻井液体系的抑制性能，保障膏泥岩井段的井壁稳定，减少卡钻遇阻，抑制地层造浆，保障三开井段钻进、电测、下套管作业的顺利。

3.3 应用情况及效果

本井三开钻遇灰色泥岩、灰色白云质泥岩、含膏泥岩、红色粉砂岩、紫红色泥质粉砂岩、灰白色膏盐岩、灰色粉砂岩、灰色泥岩、灰白色盐岩、深灰色页岩等。采用饱和盐水钻井液，在现场钻井液体系中加入0.5%PEA-1产品，加入前后钻井液性能如表5所示。

表5 卫456井三开钻井液加入PEA-1前后性能对比

钻井液	井深/m	密度/（g/cm^3）	*FV*/s	*PV*/ mPa·s	*YP*/Pa	*YP*/*PV*/［Pa/（mPa·s）］	*G'*/*G''*/（Pa/Pa）	FL_{API}/ mL	pH值
加PEA-1前	2012	1.14	40	16.0	4.0	0.25	2/5.5	8.0	9.0
加PEA-1后	2012	1.14	40	16.0	4.5	0.28	2/6.0	8.0	9.0

由表5可知，加入PEA前后钻井液性能基本没有变化，动塑比稍有增加，由0.25增至0.28，终切力由5.5Pa增至6.0Pa，漏斗黏度及中压滤失量不变。总体来说，PEA-1产

品与卫456井三开饱和盐水钻井液体系具有较好的配伍性。

在确认了PEA-1产品与卫456井现场钻井液配伍性良好的前提下，针对沙一段、沙二段的大段泥岩及膏泥岩存在井壁坍塌、掉块严重的问题，在现场钻井液中加入0.5%PEA-1产品后，钻井液性能稳定，钻进过程中井壁稳定无掉块，通井顺利无遇阻现象，井眼规则，井径扩大率为9.67%，电测、下套管一次到底。

PEA-1产品在卫456井三开井段的应用情况总结如下：

（1）抑制防塌效果突出。在饱和盐水钻井液中加入PEA-1后，井眼规则，三开井段设计井径扩大率为20%，实际平均井径扩大率为9.67%，通过三开井段井径曲线可以明显看出井壁稳定，无邻井出现的掉块现象，无大肚子井眼。三开井段井径曲线见图2。

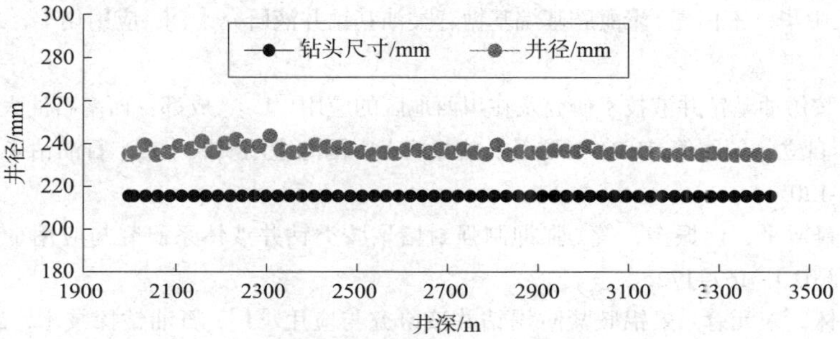

图2　卫456井三开井段井径曲线

（2）钻井液固相含量得到有效控制。PEA-1产品具有优异的抑制性能，能够有效控制泥岩水化分散后侵入钻井液中，钻井液中膨润土及低密度固相含量减少，保证了钻井液的清洁，使钻井液具有良好的流变性能。

（3）机械钻速高，复杂时效低。三开井段应用PEA-1产品，未发生复杂情况，有利于提高机械钻速，缩短钻井周期，降低钻井综合成本，平均机械钻速达8.18m/h。

（4）产品无荧光。本井为评价井，钻进过程具有很强的探索性和不可预见性，本井应用的支化聚醚胺PEA-1产品无荧光，应用过程中不影响录井。

总之，本井应用支化聚醚胺产品，保证了三开井段钻井施工及后续完井作业的顺利进行。PEA-1产品具有优异的抑制防塌性能、抗温性能，与现场饱和盐水钻井液具有较好的配伍性能。实现了现场绿色、安全、高效的钻井目标，为后续同类井的钻井施工提供了较好的解决方案。

4　结论

（1）制备得到的支化聚醚胺PEA-1产品，与饱和盐水钻井液配伍性好，抑制性能、抗温性能优异，无生物毒性。相对抑制率大于98%，抗温达220℃，EC_{50}值为521400mg/L，远大于排放标准30000mg/L。

（2）PEA-1产品在卫456井三开井段的应用效果突出，保证了钻井施工及完井电测、下套管的顺利进行。PEA-1产品具有较好的抑制防塌性能，较好地解决了膏泥岩井段的井壁失稳难题，为实现安全、高效的钻井目标提供了技术保障。

参 考 文 献

[1] 钟汉毅 . 聚胺强抑制剂研制及其作用机理研究［D］. 青岛：中国石油大学（华东），2012.

[2] 王中华 . 国内钻井液及处理剂发展评述［J］. 中外能源，2013，18（10）：34-43.

[3] 王中华 . 钻井液处理剂现状分析及合成设计探讨［J］. 中外能源，2012，17（9）：32-40.

[4] 王中华 .2011—2012 年国内钻井液处理剂进展评述［J］. 中外能源，2013，18（4）：28-35.

[5] 司西强，王中华 . 钻井液用聚醚胺基烷基糖苷的合成及性能［J］. 应用化工，2019，48（07）：1568-1571.

[6] 司西强，王中华 . 绿色高性能水基钻井液研究进展及发展趋势［J］. 应用化工，2019，48（08）：1980-1984.

[7] 司西强，王中华，王伟亮 . 聚醚胺基烷基糖苷类油基钻井液研究［J］. 应用化工，2016，45（12）：2308-2312.

[8] 邹渝萍 . 聚胺仿油基钻井液技术研究及在川西地区的应用［D］. 成都：西南石油大学，2015.

[9] 罗健生，李自立，刘刚等 .HEM 聚胺深水钻井液南中国海应用实践［J］. 石油钻采工艺，2015，37（01）：119-120.

[10] 李树斌，蹇斯平，何振奎，等 . 强抑制强封堵聚胺类钻井液体系研究与应用［J］. 油田化学，2014，31（02）：167-172.

[11] 马超，赵林，宋元森 . 聚铝胺盐防塌钻井液研究与应用［J］. 石油钻探技术，2014，42（01）：55-60.

[12] 张国，徐江，詹美玲，等 . 新型聚胺水基钻井液研究及应用［J］. 钻井液与完井液，2013，30（03）：23-26+92-93.

[13] 赵欣，邱正松，石秉忠，等 . 深水聚胺高性能钻井液实验研究［J］. 石油钻探技术，2013，41（03）：35-39.

[14] 张瑜，张国，徐江，等 . 新型聚胺钻井液在都护 4 井泥岩段的应用［J］. 石油钻探技术，2012，40（06）：33-37.

[15] 余可芝，许明标 . 聚胺钻井液在南海流花 26-1-1 井的应用［J］. 石油天然气学报，2011，33（09）：119-122+169.

[16] 司西强，王中华，魏军，等 . 一种多支化聚醚胺及其制备方法和应用：中国，106432708A［P］. 2017-02-22 .

[17] 谢俊，司西强，等 . 复合盐 – 胺基钻井液技术在内蒙拐 13 井的应用［J］. 精细石油化工进展，2020，21（03）：19-23.

[18] 王忠瑾，司西强，等 . 川西高庙 111 水平井水基钻井液技术［J］. 精细石油化工进展，2021，22（01）：36-40.

顺北深井磺化钻井液起泡原因及解决思路探讨

谢　俊[1, 2]　司西强[1, 2]　王中华[1, 2]　赵　虎[1, 2]　钟　灵[1, 2]　赵　莹[1, 2]

（1. 中石化中原石油工程有限公司钻井工程技术研究院，河南 濮阳 457001；
2. 中石化石油工程钻完井液技术中心，河南 濮阳 457001）

摘　要： 针对顺北油田磺化钻井液在钻井过程中出现的起泡问题，基于钻井液起泡及消泡机理，从钻井液搅拌时间、磺化处理剂、乳液处理剂及处理剂高温降解、处理剂相互影响等方面分析了钻井液起泡原因，对部分解决思路进行了探讨，提出了一些建议。

关键词： 深井；磺化钻井液；处理剂；起泡；消泡

中国石化顺北油田位于顺托果勒隆起构造带，目前已勘探出18条富含油气的断裂带，2015年以来，陆续在顺北1号、5号断裂带上获高产油气流，具有良好的勘探前景。顺北油田油藏平均深度超过7300m，地层温度高达150℃以上，目前二开进入二叠系后及三开钻井液均采用钾胺基磺化钻井液，该体系具有良好的抗高温性能及井壁稳定能力，但应用中普遍存在起泡问题，尤其是井深达到5500~6000m、井温达到120℃后，钻井液起泡问题变得严重，某些井钻井液起泡率达30%~40%及以上，轻则影响钻井液密度的监测、性能测试，重则钻井液返流槽及地面罐泡沫向外溢出，甚至影响泥浆泵上水效率，严重影响正常钻进及钻井液液面监测。由于二开二叠系及三开志留系地层均存在不同程度的井漏，志留系并可能存在盐水侵，因此钻井液起泡引起的液面监测不准，不利于及时发现井漏及溢流的发生。

1　钻井液起泡及消泡机理

1.1　起泡机理

当体系中存在能够降低表面张力的组分时，也就是表面活性成分，可以大大降低体系的表面自由能，为泡沫的产生提供了前提条件，表面张力越低，越有利于起泡。水基钻井液组分复杂，属于多相胶态体系。由于各类添加剂的加入，体系中总要存在某些表面活性物质，如磺化处理剂、乳液类处理剂等本身具有一定的表面活性或含有一定的表面活性剂，加入钻井液中，钻井液的表面张力必然小于纯水，在机械搅拌和流动冲击等各种因素的作用下，钻井液产生气泡是必然的[1]。同时，一些地层中气体及钻井液处理剂高温降解产生气体的侵入也会产生起泡。

作者简介： 谢俊（1984—），男，湖北随州人，硕士，副研究员，现任中原石油工程公司钻井院钻井液工艺专家，主要从事钻井液工艺研究及推广应用工作。E-mail：xiebeyondjun@126.com。

1.2 消泡机理

泡沫本身是热力学不稳定体系，泡沫破裂后，体系总表面积及能量将大大降低，因此，一般情况下，钻井液中存在的泡极不稳定，在地面罐搅拌器的低速搅拌下，会慢慢消失，等钻井液流到上水罐的时候，气泡大部分已经消失，不会影响钻井液性能测试、液面监测及泥浆泵上水效率，但是，如果钻井液含有易发泡的组分时或侵入气体变多时，体系的泡沫就会越来越多，如果消泡不及时，最终可能影响正常钻进。

表面张力大小不是泡沫稳定与否的决定性因素，表面张力小有利于泡沫的形成，不代表形成的泡沫稳定，表面张力大不代表形成的泡沫不稳定，如乙醇的表面张力低，易产生起泡，但泡沫很不稳定很快就破灭，蛋白质表面活性较低，但一旦形成泡，泡沫很稳定。泡沫的稳定性取决于液膜的表面黏度、液膜的强度与气体透过液膜的扩散速率，表面黏度小、液膜强度差、气体扩散速度快，则泡沫容易破[2-3]。水溶液黏度大，则液膜表面黏度大，液膜表面黏度大则降低了气体透过率，影响液膜强度的因素较多，如液膜上的吸附物数量、吸附物之间的相互作用力等，吸附物数量多且吸附物分子间通过电荷、范德华力、氢键作用力都会增强液膜强度，造成泡沫稳定难以消除。

因此，降低钻井液的表面活性，并采用物理、化学等手段降低泡沫液膜强度及表面黏度，是消除泡沫的可行方法。

2 钻井液起泡原因分析

2.1 罐面搅拌时间

钻井液在经过高架槽时的相互冲击、固控设备的高速振动剪切都会产生较多泡沫，如图1所示，这一因素是客观存在的。在顺北油田，由于油藏深度较深，完钻井深一般在8000m左右，井筒内加地面循环泥浆总量达350~450m^3，且二叠系及志留系存在漏失的风险，地面需要储备一定数量的钻井液及预水化般土浆，以防井漏发生时及时灌浆、配制新浆，同时钻井液循环总量过大，也会造成处理钻井液时效及成本增加，故地面一般只留下一个罐作为循环罐，其他罐作为临时储备罐。这就造成了钻井液从井内返出后，经过固控设备后，直接进入循环罐，然后进入泥浆泵再入井，在循环罐被搅拌器低速搅拌的时间为20~30min。而一般情况下，钻井液从出口到入口，经过地面循环罐搅拌器搅拌时间为40~50min，经过较长时间搅拌后，到入口时，钻井液的泡一般都会大部分破灭，并且不会影响泵上水，因此，地面搅拌时间过短，是造成泡沫较多的原因之一。

图1 顺北某井在井深5515m时高架槽中钻井液的泡

2.2 磺化处理剂

以磺甲基酚醛树脂、磺甲基褐煤、磺化单宁等为代表的磺化处理剂自20世纪70年代投入使用以来，因其具有良好的抗温性、抗盐性及配伍性，在深井中一直受到广泛使用。顺北油田二开自钻进至三叠系与二叠系交界面附近时，氯化钾聚合物钻井液开始转换成钾胺基磺化钻井液体系，转换完成后，为了保持钻井液在高温条件下具有良好的流变特性及防塌性能，二开中完前及整个三开钻进过程中，钻井液维护均以磺化处理剂为基础，并辅以其他的抗温降滤失剂、润滑剂、抑制防塌剂等，磺化处理剂用量较大，根据统计，磺化酚醛树脂及磺化褐煤在钻井液中的用量达4%~5%及以上，磺化沥青在2%~3%范围内。

一般认为磺化类处理剂含有大量的磺酸基团，具有一定的表面活性，能够降低钻井液的表面张力，这是磺化类处理剂起泡的先决原因，而其他因素增强了液膜强度或黏度，起到了稳泡的效果，造成泡沫半衰期较长而不容易消去。以磺化酚醛树脂为例分析起泡原因[4]：

（1）表面张力：室内测试了磺化酚醛树脂在淡水、盐水中的表面磺化酚醛树脂都表现出较低的表面活性，见表1，与常用的表面活性剂相比，不能显著降低表面张力，但是具有一定的表面活性仍然是磺化酚醛树脂泡沫的形成的先决原因。

表1　不同磺化酚醛树脂产品在蒸馏水与盐水中的表面张力

样　品	表面张力/（mN/m）	样　品	表面张力/（mN/m）
蒸馏水	77.6	20%NaCl溶液	84.3
水+4% SMP-Ⅰ	76.6	10%NaCl溶液+4% SMP-Ⅰ	75.4
水+4% SMP-Ⅱ	70.7	20%NaCl溶液+4% SMP-Ⅱ	79.0
水+4% SMP-Ⅲ	77.6	20%NaCl溶液+4% SMP-Ⅲ	83.7

（2）溶液黏度：磺化酚醛树指平均相对分子质量小，其水溶液的黏度也小，具有较低的黏度效应，因此，磺化酚醛树脂溶液黏度起不到较强的稳泡作用。

（3）液膜表面吸附物：磺化酚醛树脂的相对分子质量是一个平均相对分子质量，在合成的过程中，存在一些磺化度高与低的产物，磺化度较低的产物水溶性较低，会吸附于产生的泡沫液膜上，吸附于液膜上的磺化酚醛树脂分子之间通过酚羟基与磺酸基形成氢键，同时，磺酸基的水化能力很强，能形成较厚的水化膜，将液膜中流动性强的自由水变成流动性较差的束缚水，使液膜黏度与强度增大，起到了稳泡的作用。水溶液的矿化度增加，则会降低磺化酚醛树脂的水溶性，增加溶液中的不溶物，进而增加吸附于液膜上的不溶物量，稳定泡沫作用增强。

（4）温度：现场随着井深的增加，地层温度也逐步提高，在顺北油田，磺化钻井液在二开和三开表现的起泡特性明显不同，二开钻井液转磺后，起泡并不明显，测试的起泡率一般在5%以下，而三开，特别是井深达到5500~6000m后，钻井液起泡率明显增加，能达到20%~40%甚至更高，表明温度对于磺化处理剂的起泡特性具有明显的影响。原因在于，温度升高，水分子运动加剧，会降低酚羟基及磺酸基的亲水性能，导致磺化酚醛树脂的水溶性降低，增加吸附于液膜上的不溶物，起到一定的稳泡作用，这可能也是磺化处理剂高温滚动后，起泡特性增加的原因，见表2。

表2　不同磺化酚醛树脂产品起泡率的测定

样　品	实验条件	起泡率/%
300ml自来水+2% SMP-Ⅰ	热滚前	60.0
	热滚后	63.3
300ml自来水+2% SMP-Ⅱ	热滚前	28.3
	热滚后	40.0
300ml自来水+2% SMP-Ⅲ	热滚前	0
	热滚后	12.5
300ml淡水基浆+2% SMP-Ⅰ	热滚前	37.2
	热滚后	45.5
300ml淡水基浆+2% SMP-Ⅱ	热滚前	18.8
	热滚后	54.0
300ml淡水基浆+2% SMP-Ⅲ	热滚前	1.5
	热滚后	6.3

2.3　乳液类处理剂

现场使用的乳液类处理剂主要以液体乳化沥青为主，包括其他的一些抗高温乳液降滤失剂，其中乳化沥青在钻井液中加量达4%~5%。

乳化沥青是一种液态的沥青乳化液，这种沥青乳液是将沥青加热熔融与含有乳化剂和助剂的皂液一起经过胶体或剪切机的机械作用，沥青以细小的微滴分散到皂液中形成的一种水包油状的乳液。乳化沥青主要应用于铺路工业，在钻井现场，由于乳化沥青的粒径很小，理论上，一般平均粒径能达到几个微米级，加入钻井液中分散得好，能提高封堵地层的效率，有效降低钻井液高温高压失水，同时通过振动筛时损失率小，因此现场应用较广泛，用量大。

乳化剂是影响乳化沥青粒径大小及乳液稳定性的主要因素，目前乳化沥青所采用的乳化剂大多是非离子、两性离子、阴离子、阳离子以及多种乳化剂的复配[5]，由于含有乳化剂，能降低钻井液的表面张力，进而可能导致钻井液起泡。如顺北某井二开转磺后，开始使用某厂家生产的液体乳化沥青，加量在2%~3%时，钻进至4815m时，钻井液起泡严重，起泡率达25%，地面循环罐泡沫如图2所示，在未补充钻井液量的情况下，罐中钻井液液面逐步上升，在1h内，地面罐因气泡

图2　循环罐面泡沫堆积

堆积造成钻井液量上涨4m^3，严重干扰了坐岗观察，现场决定立即停用该液体乳化沥青，并全井加入0.1%油酸酯类消泡剂，钻井液循环一段时间后，起泡率逐步降至3%左右，液面恢复正常。

2.4 其他处理剂

除了磺化处理剂、沥青类处理剂，钾胺基磺化钻井液还使用包括胺基抑制剂、润滑剂、常用降滤失剂如羧甲基纤维素等。

现场使用的胺基抑制剂包括聚胺或胺基聚醚，根据国内的习惯叫法，现场将它们都称作聚胺[6]，加量一般在0.3%~0.5%，胺基抑制剂是一种相对分子质量较小的短链胺，具有一定的表面活性[7]，单剂水溶液高速搅拌起的泡不多，且不经处理就很容易自行消除，表明其自身表面活性低，且液膜强度不高，但是钻井液中含有其他的表面活性物质并具有一定的黏度切力，胺基抑制剂对钻井液起泡起到了一定的促进作用。

现场使用的润滑剂一般为油酸酯类，在二开井温不高的情况下，加入钻井液中具有较为明显的消泡作用，但是当温度升高至120℃以上时，由于自身高温降解并可能产生一些表面活性物质，效果并不明显甚至对钻井液起泡具有促进作用。

常用的如低黏羧甲基纤维素等，在二开井温不高的情况下，具有较好的降滤失效果，但加量不易过高，否则增加钻井液液相黏度，变相提高了泡沫液膜的表面黏度，不利于钻井液泡沫的消除，随着地层温度的升高，在三开钻进时，应逐步减少使用甚至停用，否则高温下的热降解可能对钻井液起泡产生促进作用。

2.5 处理剂高温降解

聚合物在高温环境下热降解是必然趋势，且不可逆，不降解是不可能的，高温下，钾胺基磺化钻井液中的处理剂如磺化处理剂、多元共聚物等降解可能产生体二氧化碳及含硫气体[8]，增加了钻井液的起泡特性。同时，由于顺北地区深井仍然存在井漏的风险，钻井液中加有随钻堵漏处理剂，这些随钻堵漏处理剂基本为谷壳类等植物纤维，在细菌、高温碱性条件下，这些谷壳类植物纤维可能发生碱性降解，并发酵产生一些如氨、二氧化碳、硫化氢等气体。

2.6 处理剂相互影响

从上面分析的可以看出，钾胺基磺化钻井液中加入具有表面活性或含有表面活性物质的处理剂较多，有的表面活性强，如乳化沥青中含有的乳化剂，起泡能力强；有的表面活性低，但稳泡能力强，如磺化酚醛树脂；有的表面活性和稳泡能力都较差，如胺基抑制剂。这些表面活性物质在泡沫液膜上吸附，增强了液膜的表面黏度及强度，尤其是当这些表面活性物质之间能通过氢键、电荷（阴离子和阳离子型表面活性物质）、范德华力等互相吸附时，能大大提高液膜的强度，从而让消泡变得困难。

3 解决思路探讨

3.1 加入消泡剂

钻井液起泡后，最常用的方法就是向钻井液中加入消泡剂，对于温度不高的地层，如果不是受到什么污染，加入消泡剂或者柴油、原油等，一般均可解决钻井液起泡问题。当地层温度达150℃以上时，且钻井液中含有表面活性的处理剂种类较多时，消泡剂的消泡效果将大打折扣，存在消泡针对性差、持续时间短的问题，顺北就存在一些井队在处理钻井液起泡时，频繁地试用好几种消泡剂，均无明显效果，相反，有些消泡剂加入钻井液后，非但不起消泡效果，还增加了钻井液的起泡特性。一些油酸酯类消泡剂，在井温不高的情况下，效果较为明显，在高温条件下，消泡剂本身也会热降解或者水解可能产生一些表面活性物质，增加钻井液的起泡率。乳化剂如SP-80，具有提高处理剂抗温的效果，并能与一些乳化剂的疏水链作用起到一定的消泡作用[7]，但并不是每口井都有较好的效果。

3.2 增加钙离子含量

一些产品在生产过程中，需要添加少量纯碱作为原材料，如生产磺化本氧乙酸-苯酚-甲醛树脂，或者产品自空气中吸收部分二氧化碳等，会使得一些产品中含有少量水溶性碳酸盐，而一些产品为了能够降低成本的同时，产品通过质检，往往向产品中添加纯碱、膨润土、抗盐土等，特别是添加纯碱，可能造成现场钻井液碳酸根、碳酸氢根污染，钻井液切力较大，部分厂家的磺化处理剂1%浓度水溶液碳酸根检测实验，实验结果见表3。

表3 部分磺化处理剂溶液碳酸根检测实验结果

处理剂名称	生产厂家	pH值	HCO_3^-/OH^-/（mg/L）	CO_3^{2-}/（mg/L）
FT-1A	中油三元	7.0	0	0
SPNC	北京科兴	8.5	1305/0	0
PSC-1	北京科兴	11	146/0	24
PSC-2	北京科兴	11	671	420
SMP-1	塔油建	11	132/0	0
SMP-2	塔油建	11	156/34	50
SMP-2	重庆大方	11	156	48

从表3中可以看出，大部分产品均或多或少地检测出碳酸根或碳酸氢根，当在钻井液中大量使用时，随着时间的推移，钻井液中的碳酸根或碳酸氢根就会慢慢累积，达到一定的程度时，就会影响钻井液性能，使钻井液黏度切力升高，增加泡沫的稳定性，当然，当钻井液中检测出足够影响钻井液性能的碳酸根含量时，除了部分处理剂携带水溶性碳酸盐，像前面讲过的，部分地层含有及处理剂高温降解产生二氧化碳气体，时间久

了都会造成一定的碳酸更污染，不管哪种情况，一旦滤液中检测出一定量的碳酸根或者碳酸氢根，应该根据摩尔当量计算出除去碳酸根需要的钙离子量，添加适量的生石灰或者氯化钙，顺北某井三开气泡较多，根据实验测试的碳酸根的量，向钻井液中加入适量的氯化钙后，取得较为明显的消泡效果。此外，加入适量的钙离子，可能也会使部分抗钙能力较差的表面活性物质表面活性降低或失效，达到部分消泡的效果。

3.3 补充部分预水化膨润土浆

为了保持钻井液在高温条件下具有良好的流变特性及防塌性能，顺北油田现场钾胺基磺化钻井液普遍存在磺化处理剂及沥青使用量较大的现象，磺化酚醛树脂和磺化褐煤使用量一般在4%~5%甚至更高，磺化沥青则在2%~3%，乳化沥青在3%~5%，钻井液性能维护基本以磺化处理剂及沥青为主，造成具有表面活性或含有表面活性剂的处理剂用量过大，处理剂浓度高时，泡沫液膜黏度就大，液膜上的吸附物就多，泡沫难以消除。高活性的预水化膨润土浆具有较好的吸附特性，能够吸附钻井液中过多的处理剂及表面活性物质，降低泡沫液膜黏度及液膜上吸附物，从而起到消泡的效果，现场可以用护胶的预水化膨润土浆置换部分钻井液。

顺北某井，钻至7565m，井底温度150~170℃，钻井液起泡严重，起泡率达17.5%，钻井液密度1.27g/cm^3，漏斗黏度46s，API失水2.8mL，动切力1.0Pa，初终切：0.5Pa/4.5Pa，井浆经过室内分析发现，般土含量MBT仅为20g/L，井浆经过150℃高温滚动后测试沉降稳定性，上下密度差较大，表明胶体稳定性较差，分析原因为，井浆中加入的含表面活性物质的处理剂太多，造成井浆起泡严重，此外，井浆中般土含量较低，不能有效吸附表面活性物质。井浆经过室内混入部分护胶预水化膨润土浆及抗温处理剂PAMS-601后，起泡特性明显降低，数据见表4，预水化膨润土浆用LV-CMC、磺化酚醛树脂及褐煤树脂护胶。

1#配方：井浆；2#配方：井浆+2%护胶膨润土浆+1%PAMS-601，150℃高温下滚动16h后，50℃下测试钻井液性能。

表4　预水化膨润土浆置换部分井浆实验

配　方	*AV*/mPa·s	*PV*/mPa·s	*YP*/Pa	*Gel*/［Pa/（10s/10min）］	FL_{API}/mL	起泡率/%
1#	13.0	12.0	1.0	0/4.5	4.4	17.5
2#	36.0	30.0	6.0	1.0/7.5	2.0	2.5

从表4中可以看出，通过用护胶膨润土浆置换部分井浆，并加入抗温处理剂，井浆流变性能得到改善，失水降低，起泡率降低为2.5%。

3.4 提高对处理剂认识、简化处理剂种类

现场不仅存在处理剂使用数量多，同时存在使用处理剂种类较多的现象，一口井下来，沥青种类达5~6种，树脂和褐煤在2~3种，钻井液一旦起泡严重，现场无法分析钻

井液中究竟哪种处理剂造成的影响更大，或者是哪些处理剂相互作用造成的起泡，这也造成了加消泡剂等措施针对性差、效果持续时间短的问题。特别是沥青，种类繁多，一方面是从沥青软化点考虑沥青与地层匹配问题，另一方面则考虑使用液体沥青与粉状沥青复配的效果是否更好。

关于沥青软化点，目前测试沥青软化点主要采用维卡法及环球法，不管哪种实验方法，均无法真实模拟地层压力下沥青开始变软时的温度，而井底动辄有几十个到上百个兆帕的压力，沥青在此高压下，其软化变形性能可能跟常压下不一样，就跟水的沸点与压力有关一样，不管井底温度多高，水基钻井液在井底不可能呈汽化状态。因此，建议沥青软化点应该想办法在模拟井底高压条件下测试，结果应更准确，从而避免沥青在使用过程中，因过分追求高软化点沥青，造成沥青使用种类过多的情况。

此外，磺化沥青磺化度的高低主要影响产品的水分散性及润滑性，磺化度高的沥青溶解性好，主要起润滑作用，但同时起泡也就越严重，磺化度低的沥青，主要起封堵防塌作用[9]，起泡特性低。在顺北油田存在三叠系及石炭系、志留系井壁稳定问题，使用的沥青主要应利用沥青的封堵防塌性能，因此，应考虑使用磺化度较低的磺化沥青，或者使用氧化沥青等。

磺化酚醛树脂及磺化褐煤及其他抗高温聚合物处理剂，应选择抗温性能切实能满足井下要求的，在满足钻井液性能具符合井下要求的同时，尽量降低磺化处理剂的使用量。

现场钻井液人员应提高对钻井液处理剂的认识，简化处理剂的使用种类。同时检测机构应做好处理剂的质量检测及室内钻井液小型实验工作，除了行业或国家标准规定的检测项外，应增加诸如处理剂表面活性、碳酸根、起泡率等检测项，确保现场使用质量合格的处理剂。

4 结论与建议

（1）磺化处理剂及液体乳化沥青等具有表面活性或含有表面活性剂的处理剂，是造成钾胺基磺化钻井液起泡的主要因素，其他处理剂促进了上述处理剂引起的钻井液起泡特性。

（2）处理剂之间相互影响、地层温度升高及处理剂高温降解促进了钻井液的起泡特性。

（3）磺化处理剂及沥青类等具有表面活性的处理剂使用种类及数量多、地层温度高，使加入消泡剂等常规措施针对性差，效果不明显。

（4）加入钙离子，一方面可以消除碳酸根或碳酸氢根造成的污染，另一方面可能会使某些抗钙性能较差的表面活性物质活性降低达到消泡效果。

（5）预水化膨润土浆活性高，能够吸附钻井液中的表面活性物质或过多的处理剂，达到一定的消泡效果。

（6）建议处理剂检测除了标准规定的检测项外，增加处理剂表面活性、碳酸根及起泡率检测项，优选合格的处理剂，降低现场具有表面活性处理剂使用种类及数量。

参考文献

[1] 王群 . 钻井液起泡与消泡［J］. 钻采工艺，1991，14（1）：9-13.

[2] 周晓玲 . 新型 HFX-101 消泡剂［J］. 钻井液与完井液，1996，13（1）：47.

[3] 刘绪全，陈博，陈勉 . 苏丹地区硅酸盐钻井液发泡原因及消泡对策分析［J］. 钻井液与完井液，2012，29（3）：47-50.

[4] 张敬春 . 磺甲基酚醛树脂质量控制、高温交联及起泡机理研究［D］. 青岛：中国石油大学，2010，55-68.

[5] 范维玉 . 乳化沥青体系形成与稳定的影响因素研究［D］. 青岛：中国石油大学，2013，2-10.

[6] 王中华 . 钻井液及处理剂新论［M］. 北京：中国石化出版社，2016，456-457.

[7] 蓝强，郑成胜，徐运波，等 . 胺基抑制剂的起泡问题及其解决措施［J］. 钻井液与完井液，2013，30（5）：28-31.

[8] 唐国强 . 泥浆起泡原因及解决办法［J］. 钻井液与完井液，1989，3（1）：62-63.

[9] 杨玉良，李跃明，马世昌，等 . 沥青在石油钻井中的研究与应用［J］. 新疆石油天然气，2010，6（1）：60-64.

川西高庙111水平井水基钻井液技术

王忠瑾[1,2]　司西强[1,2]　王中华[1,2]　赵　虎[1,2]　谢　俊[1,2]

（1.中石化中原石油工程有限公司钻井工程技术研究院，河南　濮阳　457001；
2.中石化石油工程钻完井液技术中心，河南　濮阳　457001）

摘　要：高庙111水平井是高庙111井的套管开窗侧钻水平井，开窗侧钻点1 700m，设计垂深2 599m/斜深3 782m，最大井斜89.53°，水平段长976m。该地层构造应力发达，微裂缝发育，且地层的砂-泥互层频繁，砂岩结构疏松，且裸眼段长，前期在钻井过程中存在严重的井壁失稳垮塌、起下钻遇阻等问题，影响勘探开发进度。针对这些问题，在氯化钾聚合物钻井液体系基础上引入一种新型支化聚醚胺，加强钻井液的抑制性能；并提高沥青类封堵剂的加量，形成一种强抑制防塌钻井液体系，并在高庙111水平井进行了应用，有效解决了前期高庙子区块钻探过程中存在的泥岩造浆严重及砂-泥互层的井壁失稳难题。

关键词：支化聚醚胺；水平井；井壁稳定；抑制性；高庙子；钻井液

高庙111水平井是西南油气分公司在四川盆地川西坳陷新场构造带高庙子构造布置的一口套管开窗侧钻三维水平井。高庙111井二开尾管完井，已完成压裂改造，求产期间产气3456.77m^3，根据钻探任务进度安排，基于现有地质认识和工程工艺技术对高庙111井进行开窗侧钻，侧钻点1700m，设计垂深2599m/斜深3782m，实际完钻井深3540m（水平段636.72m），实际侧钻井段1700~3540m，裸眼段长达1840m，整个裸眼段包含了遂宁组、上沙溪庙组和下沙溪庙组等多套易坍塌掉块层位，井壁失稳风险大。在邻井施工过程中，遂宁组和沙溪庙组泥岩及砂-泥互层经常发生井壁失稳坍塌掉块，形成“大肚子”井眼，后期施工砂子难以及时带出，形成砂床，导致起下钻遇阻，频繁划眼，电测下套管困难，甚至对钻井安全、固井质量及后期的储层评价和开发产生了较大的影响。针对上述问题，在现场氯化钾聚合物钻井液体系基础上，引入泥页岩抑制剂支化聚醚胺[1]，并提高沥青类封堵剂含量，加强钻井液封堵性能，形成一种强抑制的封堵防塌钻井液体系，在高庙111水平井进行了应用，有效解决了邻井普遍存在的井壁失稳难题。

1　地质工程概况

1.1　地质岩性描述

高庙111水平井从1700m开窗侧钻，钻遇遂宁组、上沙溪庙组和下沙溪庙组，实钻岩性分层描述如表1所示。

作者简介：王忠瑾（1987—），副研究员，研究方向：主要从事钻井助剂研发及钻井液体系研究。E-mail：wangzhj0615@126.com。

表1　高庙111井岩性分层描述

层　位	垂深/m	岩性描述
遂宁组	2014	棕红色（粉砂质）泥岩夹浅灰、褐灰色细粒岩屑砂岩、（泥质）粉砂岩
上沙溪庙组	2525	浅灰色细粒岩屑砂岩、岩屑长石砂岩、（泥质）粉砂岩略等厚-不等厚互层
下沙溪庙组	2599	紫棕色（粉砂质）泥岩与浅灰、浅绿灰色细粒岩屑砂岩、岩屑长石砂岩、中粒岩屑长石砂岩、粉砂岩不等厚互层

1.2　工程概况

本井是利用高庙111井进行的开窗侧钻水平井，开窗工艺采用斜向器+铣锥开窗方式，开窗确定方位要求采用陀螺测量。结合高庙111井实钻井身结构，水平段采用Φ215.9mm钻头开窗侧钻。为提高侧钻可靠性，开窗前在封隔器以上1941.63~2350m井段挤打水泥塞封堵原井眼139.7mm套管内井段，在244.5mm套管为1600~1941.63m井段打悬挂器位置水泥塞及侧钻水泥塞，采用憋压候凝方式，在水泥塞承重试压合格后，做井筒准备工作，下扫塞钻具扫塞至开窗点以下（预留斜向器坐挂位置）。刮管通井后下入斜向器至井深约1700m，定位后进行铣锥钻具开窗、修窗及试钻进5m，然后下入常规钻具组合盲打±15m，井筒处理合格后再换正常钻进钻具进行造斜作业。高庙111水平井井身结构如图1所示。

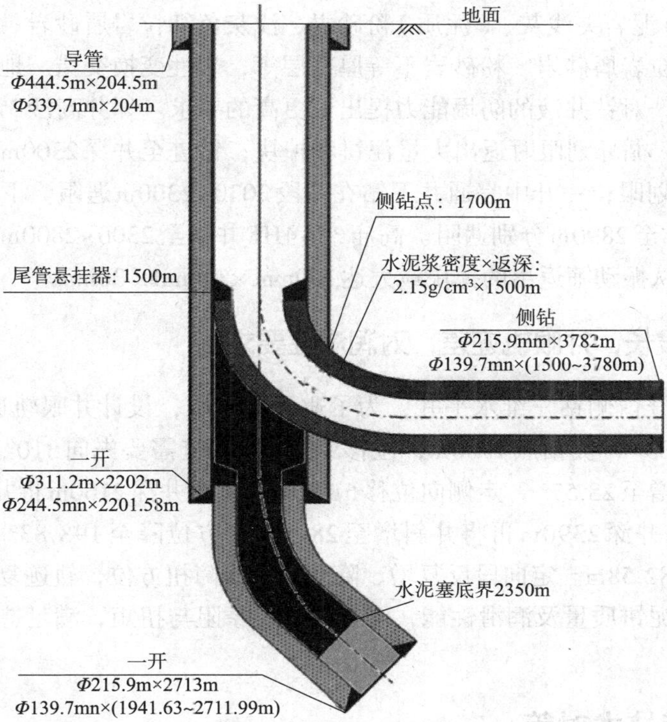

图1　井身结构设计示意图

2 主要技术难点

2.1 地层压力系数高

本井地层压力系数达1.8，设计钻井液密度达2.05g/cm^3，根据高庙区块邻井实钻情况，实钻钻井液密度达2.10~2.15g/cm^3。高密度钻井液固相含量高，既要求处理剂加入钻井液中具有较低的高温高压滤失量以及较好的抗污染能力，又要求钻井液具有较好的流变性及沉降稳定性，加之钻井过程中劣质钻屑积累，导致钻井液固相控制更加困难，易造成钻井液黏度、切力大幅上涨且不稳定，流型调节难度大。

2.2 地层造浆严重

钻遇遂宁组和上沙溪庙组，根据邻井高沙311HF井、高庙32-1井等井的现场施工情况，该区块地层以泥岩发育为主，地层造浆严重，易造成钻井液坂含上涨而导致钻井液黏切上涨难以控制，造成后期维护处理频繁，工作量大，泥浆成本偏高。地层易造浆特性要求钻井液具有较强的抑制性能。

2.3 地层岩性交错，井壁稳定要求高

本井从遂宁组开始造斜，钻穿上沙溪庙组，在下沙溪庙组着陆。钻遇地层主要为棕红色（粉砂质）泥岩夹浅灰、（泥质）粉砂岩、浅灰色细粒岩屑砂岩、紫棕色泥岩与浅灰、浅绿灰色细粒岩屑砂岩、粉砂岩不等厚互层等，岩性变换交错。地层中的泥岩易吸水膨胀剥落掉块，对钻井液的防塌能力提出了更高的要求。邻井高沙311HF下钻至井深1973m开始遇阻，循环划眼时返出大量泥饼和掉块；钻进至井深2300m时循环起钻至井深2180m遇阻倒划眼；一开中完通井下钻在井段2030~2300m遇阻。下钻至2840m（下沙溪庙组）、起钻至2890m分别遇阻。高庙33-4HF井钻至2300~2800m处，出现较为严重的井塌现象，从振动筛返出的掉块最大达100mm×90mm×30mm。

2.4 裸眼段长，井眼轨迹差，对润滑性要求高

本井为一口开窗侧钻三维水平井，为了避开原井眼，设计井眼轨迹复杂，本井AB靶连线方位198.83°，侧钻点1700m，位移9.32m；轨迹需要先向310°方向增斜，在井深1920m处井斜增至28.57°，走侧向位移61.30m；再在井深2160m将井斜降至17°，方位252°；然后在井深2390m再将井斜增至28.57°，方位降至198.83°调整至对靶点方位，走侧向位移82.58m。定向段反复增、降井斜，绕障扭方位，轨迹复杂，这就要求钻井液具有更好的泥饼质量及润滑性能，能有效降低摩阻与扭矩，满足造斜段和水平段的安全施工。

3 钻井液技术对策

现场钻井液配方：2%~3%预水化膨润土浆+1%~2%降滤失剂（Lv-CMC和HP）+

0.5%~1%铵盐+0.2%~0.5%固相化学清洁剂ZSC201+1%~2%树脂褐煤HA+1%~1.2%磺化沥青FT-1+3%~4%氯化钾+烧碱+重晶石。根据现场钻井液配方来看，钻井液具有一定的抑制防塌能力，但是针对高庙子区块的复杂情况，钻井液难以控制泥岩的水化分散，不足以保障井壁稳定。针对这种情况，在现场钻井液中引入一种新型泥页岩强抑制剂支化聚醚胺PEA-1产品，加量为0.3%~0.5%，将氯化钾及铵盐加量适当提高，加强钻井液抑制防塌性能；并且提高磺化沥青加量，并复配膏状乳化沥青增强钻井液封堵性能。

3.1 钻井液抑制性

在现场氯化钾聚合物钻井液体系中加入0.3%~0.5%支化聚醚胺PEA-1产品，提高钻井液抑制性能。支化聚醚胺PEA-1是由中原石油工程公司钻井工程技术研究院原创研发的一种新型胺基抑制剂，该产品含有多个胺基吸附基团，抑制黏土水化分散效果突出，它能够随滤液进入近井壁地带，拉紧黏土晶层，防止井壁坍塌；在较低加量条件下具有极强的相对抑制率，同等加量条件下比市售聚胺相对抑制率高。支化聚醚胺在200℃下相对抑制率如图2所示。

由图2可以看出，在0.3%加量条件下，市售聚胺相对抑制率为85.58%，而支化聚醚胺PEA-1相对抑制率高达99.28%。相同条件下，PEA-1能够起到更好的抑制防塌作用。适当提高氯化钾及铵盐含量，减少PEA-1消耗，在维持钻井液具有较强抑制性能的同时降低成本。

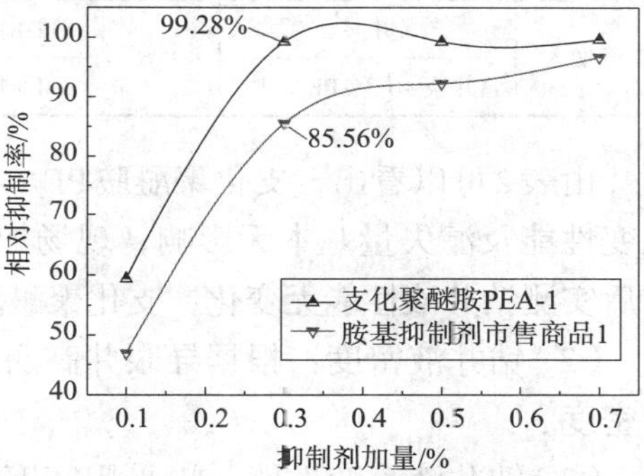

图2 不同产品的相对抑制率对比

3.2 钻井液封堵性

笔者调研了邻井的钻井施工情况，多数井在上沙溪庙组和下沙溪庙组交接地层，岩性变化大，加之下沙溪庙组结构疏松，发生泥岩吸水膨胀、剥落掉块形成“大肚子”井眼，造成遇阻和卡钻等井下复杂事故。在加强钻井液抑制性能的同时，必须加强钻井液的封堵性能。室内优选出膏状乳化沥青，在钻至下沙溪庙前100m，使用乳化沥青及磺化沥青对地层进行封堵，加量均在2%~3%；此外，根据施工过程中钻井液的MBT数值，可以适当补充预水化的优质膨润土浆，采用Bettersize2000激光粒度仪测试预水化的4%膨润土浆黏土颗粒D_{50}值为5.429μm，具有很好的封堵特性，与乳化沥青和磺化沥青配合使用，能够很好地提高钻井液的封堵能力和滤饼质量。

3.3 钻井液润滑性

高庙111水平井设计裸眼段长达2 082m，加之井眼轨迹设计复杂，对钻井液润滑性能要求高。本井拟采取两方面指施来降低摩阻和扭矩。一方面，补充2%~4%液体润滑剂，增加钻井液润滑性能；另一方面，通过加入乳化沥青、磺化沥青、小分子降滤失剂和石墨等处理剂，提高滤饼质量，使形成的滤饼薄而韧且致密。

4 现场应用

4.1 钻井液维护措施

（1）在现场钻井液中加入支化聚醚胺PEA-1前先做小型实验，确定PEA-1与现场钻井液的配伍性能以及加量，现场钻井液加入PEA-1前后性能如表2所示。

表2 小型实验及现场钻井液加入PEA-1前后性能

项　目	钻井液	井深/m	ρ/（g/cm³）	FV/s	PV/mPa·s	YP/Pa	Gel/（Pa/Pa）	FL/mL	pH值
小型实验	井浆	1750	1.81	48	25	8	2/7	3.8	9
	井浆+0.3%PEA-1		1.81	48	25	8	2/7	3.8	9
	井浆+0.5%PEA-1		1.81	48	26	8	2/7	3.8	9
	井浆+1.0%PEA-1		1.81	49	26	8	2/7	3.8	9
现场加入	井浆	1762	1.81	49	26	8	2/7	3.8	9
	井浆+0.3%PEA-1		1.81	50	26	9	2/7	3.8	9

由表2可以看出，支化聚醚胺PEA-1加量为0.3%~1.0%时，小型实验对现场钻井液流变性能及滤失量基本无影响，现场加入时按照循环周加入0.3%的PEA-1产品，加入前后实测钻井液性能无变化，支化聚醚胺与现场钻井液适应性较好。

（2）钻井液密度：根据导眼井高庙111井实钻经验及井下实际情况，适当提高钻井液密度。

（3）钻井液流变性能：①采用密度≥4.2g/cm³的优质重晶石作为加重剂，减少人为引入劣质固相进入钻井液；②引入泥页岩强抑制剂支化聚醚胺PEA-1，有效抑制泥岩钻屑水化分散，使坂土含量控制在15~25g/L；③及时补充氯化钾、铵盐、树脂和小分子聚合物等配制的加重胶液，利于控制钻井液流型，增强钻井液抑制性的同时减少支化聚醚胺的消耗；④在遂宁组和上沙溪庙组适当提高ZSC-201含量，该处理剂具有较好的抑制增效作用，在有效加量范围内对钻井液滤失量和流变性等影响小，能有效抑制泥页岩的水化膨胀分散，清除钻井液中的有害固相，减少钻井液中的亚微米粒子含量，保证钻井液清洁[2-5]；⑤及时掏沉沙罐，振动筛采用孔径小于0.076mm的筛网，合理使用高低速离心机，除去钻井液中的有害固相，保证钻井液清洁。

（4）钻井液润滑性能：①本井在造斜段加入3%~4%改性油酸酯类润滑剂；②提高钻井液润滑性不仅可以通过加入润滑剂，提高滤饼质量也是降低定向、起下钻摩阻的一种有效手段。本井在施工过程中加入乳化沥青、磺化沥青、石墨和树脂等处理剂来提高滤饼质量。

（5）钻井液封堵性能：在上部遂宁组泥岩段地层钻进期间，适当加入磺化沥青FT-1和超细钙等加强钻井液封堵性能即可减少钻井液消耗；钻至上沙溪庙组，补充1%~1.5%乳化沥青等加强钻井液封堵性能；钻至下沙溪庙组前50~100m，提高乳化沥青和磺化沥青FT-1含量，进一步提高钻井液封堵性能，保障交接层面砂-泥互层的井壁稳定。

（6）短起下：上部泥岩地层，每钻进150~200m，进行一次短起下，及时破坏井壁上的软泥饼，防止缩径；下部砂–泥互层、砂层，每钻进100~150m进行一次短起下，及时清理井壁的细砂，降低摩阻扭矩，防止憋钻卡钻。

4.2 应用效果

（1）井壁稳定。本井的强抑制防塌钻井液体系具有良好的抑制钻屑水化分散的能力，振动筛返出的沙溪庙组钻屑见图3，钻屑完整，有钻头切削的痕迹。在钻进过程中，遂宁组、上沙溪庙组及下沙溪庙组井壁稳定，未见任何掉块；而原高庙111井眼钻至遂宁组和上沙溪庙组，井壁失稳，从振动筛返出大量掉块（最大110mm × 50mm × 10mm）见图4。调研邻井钻进过程中均呈现不同程度的井壁失稳，失稳周期一般在3~20d；本井自2020年9月25日23：00进行开窗作业，9月27日进行侧钻水平段定向施工，钻井液浸泡地层长达78d，未出现井壁失稳现象，初步解决了前期井出现的井壁失稳现象。

图3 沙溪庙组返出的钻屑

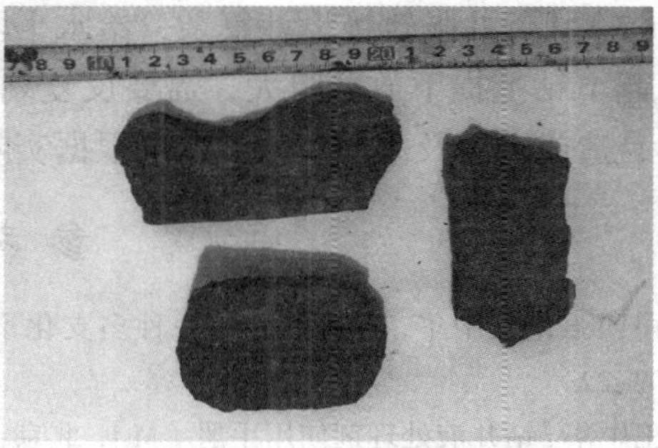

图4 高庙111井遂宁组掉块

（2）钻井液性能稳定。本井钻井液抑制性强，具有很强的固相容纳能力，钻进过程中钻遇遂宁组大段泥岩及沙溪庙组砂–泥互层，侵入钻井液中的泥岩较多，钻井液的流变性及失水等性能保持稳定，表明提高钻井液抑制性能后，有助于钻井液性能的稳定；提高钻井液封堵性后，利于形成薄而致密的滤饼，减少滤液侵入地层，减弱钻井液的压力传递，有利于保障沙溪庙组砂–泥互层的井壁稳定。分段钻井液性能见表3，正常钻进过程中，钻井液黏度保持在55~70s，在保障钻井液具有良好携砂能力下，保持钻井液对井壁的冲刷清洁作用，能及时有效清除附着在井壁上的细砂，降低钻进过程及起下钻过程中的摩阻和扭矩。

表3 高庙111水平井分段钻井液性能

井深/m	*ρ*/（g/cm^3）	*FV*/s	*PV*/mPa·s	*YP*/Pa	*Gel*/（Pa/Pa）	*FL*/mL	pH值	*MBT*/（g/L）
1762	1.81	49	26	8	2/7	3.8	9	21.4
2005	1.85	54	30	10	2/8	2.2	9	
2307	1.91	68	56	22	3/14	1.6	9.5	19.9
2620	1.96	56	43	11	3/11	2.0	9	
2952	1.98	63	44	15	4/14	1.8	9	

续表

井深/m	ρ/（g/cm³）	FV/s	PV/mPa·s	YP/Pa	Gel/（Pa/Pa）	FL/mL	pH值	MBT/（g/L）
3210	1.98	68	41	16	8/18	2.4	9.5	20.6
3440	2.01	65	43	12.5	6.5/17	2.6	9.5	

5 认识及建议

（1）调研了川西高庙子、中江等区块钻井液应用施工情况，定向段和水平段长，钻遇遂宁组、上沙溪庙组和下沙溪庙组，岩性频繁交错变换，易吸水膨胀剥落掉块造成井眼垮塌，应进一步强化钻井液抑制防塌及封堵性能。

（2）在现场氯化钾聚合物钻井液基础上引入泥页岩强抑制剂支化聚醚胺，形成一种强抑制防塌钻井液，现场应用结果表明，钻井液抑制性能明显增强，有效抑制了泥岩的分散，保障了井壁稳定。

（3）基于井眼轨迹设计复杂，给水平段施工带来极大困难，尤其是钻进过程中扭矩大，起下钻上提下放摩阻大，需要反复划眼。施工周期无线延长，井眼坍塌风险增大，并且易造成卡钻及落鱼事故。建议根据实际情况优化井眼轨迹设计。

参 考 文 献

［1］司西强，王中华，魏军，等．一种多支化聚醚胺及其制备方法和应用：106432708A［P］. 2017-02-22.

［2］王中华．钻井液处理剂使用手册［M］. 北京：中国石化出版社，2016.

［3］徐林，邢子宾，张东海．固相化学清洁剂 ZSC-201 的研究应用［J］. 钻井液与完井液，2003（6）：41-43.

［4］杨小华，徐忠新，王华军，等．钻井液固相化学清洁剂 ZSC-201 的合成及性能［J］. 精细石油化工进展，2003（1）：1-4.

［5］宋玉太，张全明，安继承，等．钻井液用固相化学清洁剂 ZSC-201 在中原油田的应用［J］. 精细石油化工进展，2002（12）：9-12.

扩展安全密度窗口钻井液技术在顺北区块的应用

谢　俊[1, 2]　司西强[1, 2]　王中华[1, 2]

（1. 中石化中原石油工程有限公司钻井工程技术研究院，河南 濮阳　457001；
2. 中石化石油工程钻完井液技术中心，河南 濮阳　457001）

摘　要： 顺北5号断裂带志留系地层含有大段的硬脆性泥岩，并存在大量张开和闭合的裂缝，对压力极为敏感，钻井液安全密度窗口窄，易同时发生井壁垮塌及漏失。针对"塌漏同存"的难题，在聚磺钾胺基钻井液基础上，通过引入具有化学固壁作用的聚合铝盐，形成了多元协同抑制钻井液技术，其抑制性较钾胺基钻井液有较大幅度提升。在顺北5-9井应用中，有效拓宽了钻井液安全密度窗口下限，以较邻井钻井液密度降低0.04~0.07g/cm^{3}的情况下，实现了志留系等易坍塌地层的稳定及良好的防漏效果，志留系井漏次数较邻井大幅下降，有效解决了"塌漏同存"的难题，钻井时效大幅提高。

关键词： 安全密度窗口；多元协同；钻井液；顺北；志留系

顺北油气田区域构造位置位于塔里木盆地东北坳陷区西部，含有多条富含油气的断裂带，自勘探开发以来，已在1号断裂带整体建产，5号断裂带上获高产油气流，是中国石化重要的油气生产基地，同时，其油气埋藏深度超过7300m，是世界陆上超深油气藏之一[1]。由于埋藏深，地质构造复杂，钻探过程中经常发生井壁垮塌与井漏，尤其在5号断裂带南部区域的钻探中，三开志留系、桑塔木组等地层含大段硬脆性泥岩，易垮塌，志留系泥岩裂缝发育，压力敏感，易井漏，并有可能发生地层出盐水。当井壁失稳时，提高钻井液密度以提高钻井液物理支撑井壁，则使井漏风险大大增加；发生井漏时或者为降低井漏风险，降低钻井液密度，则提高井壁坍塌风险，这种"塌漏同存"的矛盾，直接导致了钻井液安全密度窗口变窄，频繁诱发井下复杂问题，严重影响勘探开发进度。如顺北5-5H、顺北5-10井均在三开志留系发生井壁失稳诱发的卡钻事故，其中顺北5-5H、顺北5-6、顺北52x因在三开无法有效调和井漏与井壁失稳共存的矛盾，顺北5-5H、顺北5-6累计处理复杂时间300 d以上，三开提前中完，被迫多下一层套管封隔复杂段，顺北52x被迫弃井[2]。因此，如何解决窄安全密度窗口问题，调和"塌漏同存"矛盾，是目前亟须解决的问题。

1　钻井液技术扩展密度窗口可行性分析

1.1　井壁失稳原因分析

对顺北51x井志留系实钻岩性进行了统计，志留系泥岩含量72%，对岩屑进行了

作者简介： 谢俊（1984—），男，湖北随州人，硕士，副研究员，现任中原石油工程公司钻井院钻井液工艺专家，主要从事钻井液工艺研究及推广应用工作。E-mail：xiebeyondjun@126.com。

X-射线衍射矿物分析，柯坪塔格组岩屑黏土矿物平均含量为32.3%，并含有石英、斜长石、方解石等脆性矿物63.6%，黏土矿物分析数据见表1，黏土矿物中主要含有51%伊利石，伊/蒙混层含量25%，以伊利石为主，属于硬脆性泥岩，膨胀性黏土矿物含量较少，室内分散及膨胀实验表明，清水滚动回收率平均为75%，清水中膨胀率为10%，属于弱分散弱膨胀泥岩，但仍然具有一定的水敏性，尤其是伊利石表面水化后，仍然具有很强的膨胀压。林永学等[3]对柯坪塔格组、桑塔木组泥岩进行微观结构分析，结果表明柯坪塔格组和桑塔木组地层泥岩基质微孔隙、微裂缝、层理等弱面极其发育，孔喉直径主要分布在0.1~5μm，微裂缝、层理宽度为0.5~15.0μm。石秉忠等[4]利用CT成像技术对硬脆性泥岩水化裂缝发展进行了研究，结果表明硬脆性泥岩井壁失稳，本质上表现为水化作用致使矿物颗粒间内聚力减小或消失，原始和次生微孔缝的扩张与扩展演化，形成宏观裂纹，宏观裂纹增宽成缝，发展直至破坏，同时发现，KCl等具有抑制泥岩水化作用的处理剂，对裂缝扩展速度有较为明显的延迟作用。因此，对于志留系等裂缝发育的硬脆性泥岩，通过强化钻井液抑制泥岩水化作用，减少泥岩水化产生的次生裂缝及延缓地层裂缝扩展，降低地层坍塌压力，延长坍塌周期，该措施在理论上是可行的，坍塌压力的降低意味着可以降低钻井液密度，扩展了安全密度窗口下限，减少滤液沿微裂缝、层理侵入地层，并进一步延缓泥岩地层的水化效应。

表1　黏土矿物分析

层　位	黏土矿物相对含量/%			
	伊利石（I）	高岭石（K）	绿泥石（C）	伊/蒙间层（I/S）
志留系柯坪塔格组	51	7	17	25
桑塔木组	35	11	18	16

1.2　井漏原因分析

对于易漏地层，一般都是通过随钻封堵等强化钻井液封堵地层微裂缝，提高地层的承压能力或漏失压力，扩大安全密度窗口上限，从而能够将钻井液维持在一个较高的密度，以防止地层垮塌或地层出水等。对于压力敏感地层，当维持较高的密度时，可能使漏层产生较多的压裂裂缝，增加了地层漏失及垮塌风险。由于地质构造的挤压和扭曲作用，5号断裂带志留系层位缝网发育，存在大段、大量张开和闭合的裂缝[2]，裂缝对钻井液密度即压力变化敏感，易开启、扩大，顺北5-5H志留系漏层成像测井显示，如图1所示，在漏失井段多处发育由钻井液压裂而成的水力压裂缝，水力压裂缝在成像图上的特征为沿井壁对称出现的褐黑色图形，是由钻井液压裂诱导而成、被低电阻钻井液所充填的人工裂缝，且因为过多钻井液沿着裂缝侵入地层，加速了泥岩水化及裂缝扩展，造成井眼崩落现象明显，裂缝扩展亦降低了漏层漏失压力，造成堵漏成功率不高或者堵漏成功后复漏现象频繁，大大增加了处理复杂的时间。

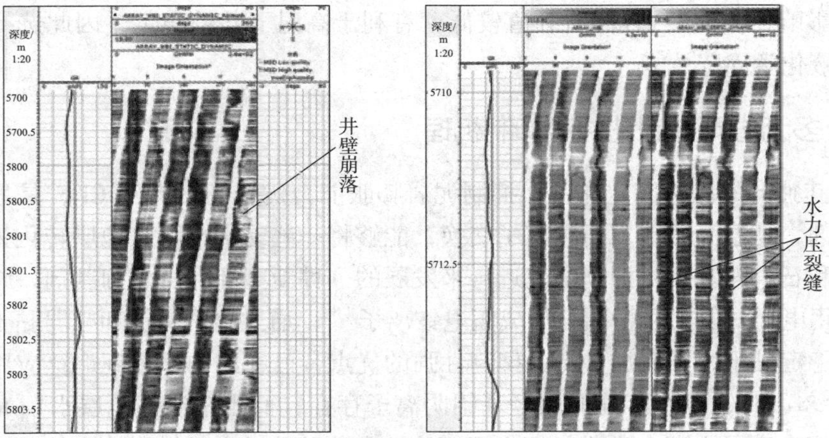

图1　漏层成像测井

因此，压力敏感的漏层对钻井液密度极为敏感，保持钻井液的强封堵性能，能够减少滤液沿裂缝对地层的侵入，一方面有助于降低裂缝扩展的速度，另一方面在封堵基础上，强化钻井液的抑制性能，降低地层坍塌压力，扩展钻井液安全密度窗口下限，降低钻井液压力传导效应，减少滤液侵入地层，在确保井壁稳定的前提下，采用较低密度钻井液钻进漏层，降低钻井液作用于井壁的压力，有利于地层防漏，减小地层漏失及堵漏后复漏概率，提高堵漏成功率，达到“塌漏同治”的目的。

2　多元协同抑制钻井液技术

2.1　化学固壁剂选择

目前，现场使用的是聚磺钾胺基钻井液体系，具有良好的抗温及抑制性能，但现场为控制井壁稳定，在志留系等易坍塌层位，钻井液密度普遍需要控制在1.38~1.41g/cm^3，较高的密度不利于压力敏感地层的防漏，井漏及复漏频繁，并诱发井壁垮塌。为了拓展安全密度窗口下限，降低钻井液密度，通过向钾胺基钻井液中引入聚合铝盐，强化钻井液的化学抑制及化学固壁性能，形成氯化钾–胺基–铝盐多元协同抑制钻井液技术。

黏土矿物主要是含水的铝硅酸盐，硅酸盐、铝酸盐等与黏土矿物在结构方面相似，在高温下能够与黏土矿物发生化学反应起到化学固壁作用。硅酸盐溶胶对体系pH值非常敏感，当体系pH值低于11时，硅酸盐非常容易发生缩聚，生成多聚体，并可能进一步发生交联形成凝胶，对钻井液体系流变性能影响极大[5-6]，而铝酸盐对体系pH值的敏感度要低于硅酸盐，当体系pH值保持在8以上时，铝酸盐大部分保持溶解中状态，见图2[7]，且不溶物不会相互交联成为凝胶，因此对体系流变性能

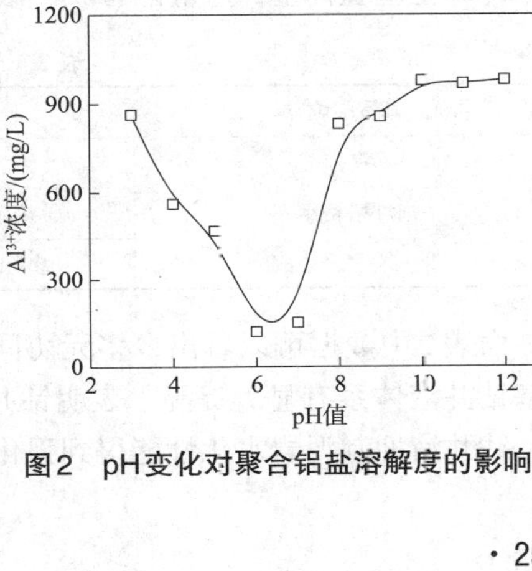

图2　pH变化对聚合铝盐溶解度的影响

基本没有影响，同时其适应的pH值较低，有利于高温下井壁稳定，因此选择聚合铝盐强化钻井液化学固壁性能。

2.2 多元协同抑制钻井液抑制机理

K^+以其独特的晶格固定作用，抑制泥岩膨胀能力优于NaCl与$CaCl_2$，是最常用的无机盐抑制剂，高温高压下，通过离子交换，能够将一些易水化膨胀地层转化为低分散低膨胀的伊利石；胺基页岩抑制剂是近年来发展的一种新型环保页岩抑制剂，胺基氮原子上的未共用电子对能与质子结合形成正电铵离子[8]，通过离子交换和减弱黏土颗粒表面的亲水性稳定黏土，具有加量低、抑制性强的优点，已在国内外得到广泛应用；聚合铝盐在pH值8~9时，以水溶性的四羟基铝阴离子存在，而当钻遇到地层水（pH值一般在5~6），铝络合离子立即会生成氢氧化铝沉淀，在井壁孔喉内或微裂缝内的迅速沉积，氢氧化铝沉淀还可通过进一步与地层黏土矿物发生物理化学作用，最终成为地层页岩晶体的一部分，封堵地层中的层理与微裂缝，减弱钻井液滤液对地层的侵害作用，增强井壁稳定性，起到封堵固壁作用[9]。

2.3 钻井液性能评价

以现场聚磺钾胺基钻井液为基础，体系中引入1%~2%聚合铝盐AOP-1，形成多元抑制协同钻井液体系：3%~4%膨润土+0.5%~1.0%降滤失剂+2%~4%SMC+2%~4%SMP+2%~3%磺化沥青+2%~3%阳离子沥青胶乳+0.3%~0.5%抗盐抗高温聚合物+0.1%~0.2%NaOH+5%~7%KCl+0.3%~0.5%聚胺+1%~2%聚合铝盐AOP-1+重晶石（加重至$1.35g/cm^3$）。

2.3.1 抑制性能评价

用顺北51x井柯坪塔格组及桑塔木组岩屑，进行了清水、聚磺钾胺基钻井液体系、多元协同抑制钻井液体系岩屑滚动回收率及页岩膨胀实验。

滚动回收率实验：取现场顺北51x井柯坪塔格组岩屑，在105℃条件下干燥4h后，冷却至室温，过4~10目筛布（筛孔径为1.74~5.45mm），称取约10g过4~10目的岩屑，重量记为m_1，加入待测液中，在150℃下滚动16h后，过40目筛布，筛余部分在105℃下干燥4h，冷却至室温称重，重量记为m_2，滚动回收率=$m_2/m_1 \times 100\%$。实验数据见表2。

表2 岩屑滚动回收率评价

岩屑层位	配 方	一次回收率/%
柯坪塔格组	清水	75
	聚磺钾胺基钻井液体系	88
	多元协同抑制钻井液体系	96

由表2中数据可以看出，多元协同抑制体系岩屑一次回收率96%，较清水及聚磺钾胺基钻井液体系有显著提高，表明钻井液中引入聚合铝盐后，发挥了多元协同的抑制性能，钻井液抑制泥岩水化性能得到强化。

抑制膨胀实验：取现场顺北51x桑塔木组岩屑，在105℃条件下干燥4h后，冷却至室温，过100目筛布（筛孔径为150mm），然后称取约10g上述过100目干燥后的钻屑，在4MPa下压制5min得到人造岩心，采用NP-2型页岩膨胀测试仪，测试上述待测液的线性膨胀率，测试条件为：室温/6h，实验结果如图3所示。

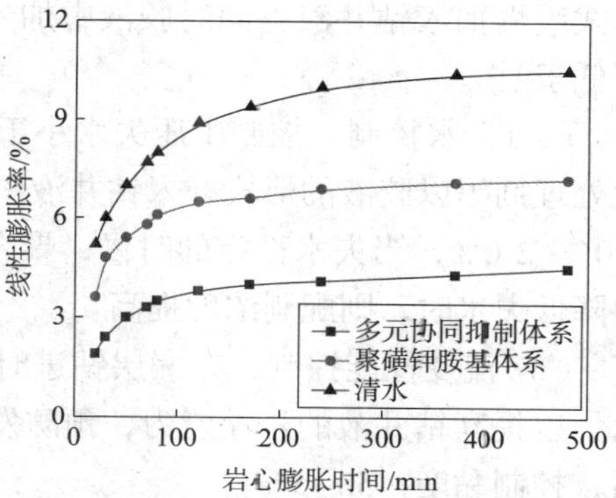

图3　体系抑制膨胀实验

从图3可以看出，多元防塌体系抑制桑塔木组泥岩岩屑水化膨胀的能力明显优于聚磺钾胺基体系，具有良好的井壁稳定能力。

2.3.2　抗污染评价

由于志留系地层存在大段的泥岩，且地层可能出较高矿化度的盐水，故在室内对该体系的抗污染性能进行了评价，评价内容主要包括抗土污染、抗钻屑污染及饱和盐水污染，实验条件为140℃下热滚16h，实验结果见表3。污染用土为配浆用钠膨润土，钻屑为顺北51x井志留系塔塔埃尔塔格组过100目筛网。实验结果表明，体系受污染前后性能稳定，具有很强的固相容纳能力，抗配浆土及钻屑粉污染达5%及10%，同时具有良好的抗饱和盐水侵的能力。

表3　体系抗污染能力

污染物	AV/mPa·s	PV/mPa·s	YP/Pa	Gel/［Pa/（10s/10min）］	FL/mL	FL_{HTHP}/mL
0%	46	34	12	3.5/9.5	1.2	9.4
5%土	51	37	14	4/10	1.0	9.0
10%钻屑	50	39	11	3.0/9.5	1.6	10.4
10%饱和盐水	35	28	7	1.0/5.0	2.4	11.6

3　现场应用

多元协同抑制钻井液技术在顺北5-9井三开进行了应用，顺北5-9井是中国石化西北油田分公司部署于顺北5号断裂带南部区域的一口四开制评价井，设计井深8410m，完钻井深8411m，其中三开井段5115~7648m，志留系井段5486~6761m，为了解决志留系“塌漏同存”的难题，在该井使用了多元协同抑制钻井液技术，取得良好的施工效果，初步实现了“塌漏同治”的目标。

3.1　钻井液维护措施

（1）钻井液转换：通过采用多元协同抑制强化钻井液化学抑制性能，确保钻井液滤液中K^+含量不低于20000mg/L，聚胺加量不低于0.3%，在做好钻井液护胶的基础上，KCl和聚胺可以直接加入循环钻井液中，聚合铝盐因为含有高价阳离子，为避免转换钻井液过程中引起钻井液性能波动，将聚合铝盐配制成5%的高浓度胶液，以细水长流的形式缓慢加入钻井液，同时胶液中加入0.5%聚合物，最终使钻井液中的聚合铝盐含量不低于1%。

（2）失水控制：控制中压失水小于4.0mL，高温高压失水小于12.0mL。聚合物及磺化处理剂等以胶液的形式补入钻井液中，聚合物浓度为0.5%~1.0%，磺化处理剂浓度为1.0%~2.0%，当失水稳定的时候，聚合物浓度为0.5%，磺化处理剂浓度为1.0%，当需要降低失水时，则配制浓度提高。

（3）流变性能控制：在漏层钻进时，控制黏度：55~60s，适当提高钻井液的黏度切力，以提高钻井液的悬浮能力，预防发生井漏时，排量下降造成的沉沙卡钻；钻穿漏层后，控制黏度：50~55s。

（4）密度：强化钻井液抑制性能后，拓宽了钻井液安全密度下限，因此，在志留系漏层钻进时，控制钻井液密度在1.30~1.35g/cm^3。

（5）封堵性能：采用磺化沥青和阳离子沥青胶乳复配使用，沥青总含量控制在4%~6%，保证钻井液具有良好的封堵性能，强化钻井液的封堵能力，减少滤液的侵入。同时，在漏层钻进过程中，向钻井液中加入1%~2%的微裂缝封堵剂MFP-1进行随钻封堵，提高地层漏失压力及承压能力，地面罐备一罐浓度为10%~15%的随钻封堵浆，在漏层钻进过程中，根据井下实际情况，每班入井5m^3，以补充随钻封堵材料的消耗。

（6）封闭浆：每次起钻前，配制适量的抗温防塌封闭浆，封闭易坍塌地层，封闭浆配方：井浆+0.3%~0.5%SMP+0.3%~0.5%SMC+0.1%聚胺。

3.2 应用效果

（1）拓宽安全密度窗口：通过使用多元协同抑制钻井液技术，强化了钻井液稳定井壁的能力，实现了1.34g/cm^{3}钻进志留系“塌漏同存”段及桑塔木组泥岩段，较邻井同井段应用钻井液密度1.38~1.41g/cm^{3}普遍下降率0.04~0.07g/cm^3，有效地扩展了安全密度窗口下限，以志留系平均井深6000m计算，环空静液柱压力下降2.4~4.2MPa，如果在志留系进行挤堵施工，憋压一般也不超过4MPa，可见，通过扩宽安全密度窗口下限，大幅降低了钻井液作用与井壁的压力。

（2）井壁稳定：通过强化钻井液抑制泥岩地层水化能力，虽然钻井液密度较邻井较大幅度下降，但仍然保持了易塌地层的井壁稳定，志留系井径扩大率为10.68%，桑塔木组井径扩大率为4.07%，与邻井井径扩大率对比见图4与图5，钻井过程中各钻井参数稳定，起下钻顺畅，未出现井壁失稳导致的卡钻等复杂事故，中完电测一次成功，下套管顺利。

（3）防漏效果：通过成功降低易漏地层钻井液密度，降低了钻井液作用于井壁压力，同时采取随钻封堵措施，取得了良好的防漏效果，在志留系漏失6次，与邻井平均井漏次数16次相比降低62.5%。同时，在钻穿志留系后，在剩余井段钻井过程中，以及在中完下套管、固井过程中，都未发生复漏或井漏。

（4）提速效果：在钻穿志留系漏层后，施工方考虑到在钻井液密度较低的情况，井下扭矩、泵压等钻井参数保持平稳，钻井液表现出良好的井壁稳定及防漏效果，为提高在志留系下部桑塔木组的机械钻速，决定大胆尝试使用螺杆提速，并提高排量，使用螺杆加扶正器后，底部钻具组合变得复杂，如果井壁失稳或因排量提高造成井漏，将大幅增加处理复杂情况的困难及卡钻风险。实际施工效果表明，多元协同抑制钻井液具有良好的稳定井壁能力，确保了志留系及桑塔木组易塌地层的井壁稳定，同时由于钻井液密度较低，为上提排量提供了空间，大大降低了使用提速工具等复杂钻具结构的井下风险，有效缩短了钻井周期，三开钻井周期95d，与邻井平均钻井周期177.5d相比同比降低46.5%，大幅提高了钻井时效。

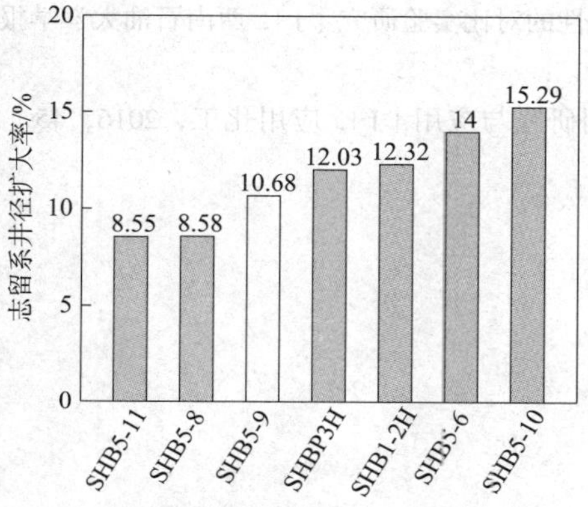

图4　志留系井径扩大率对比

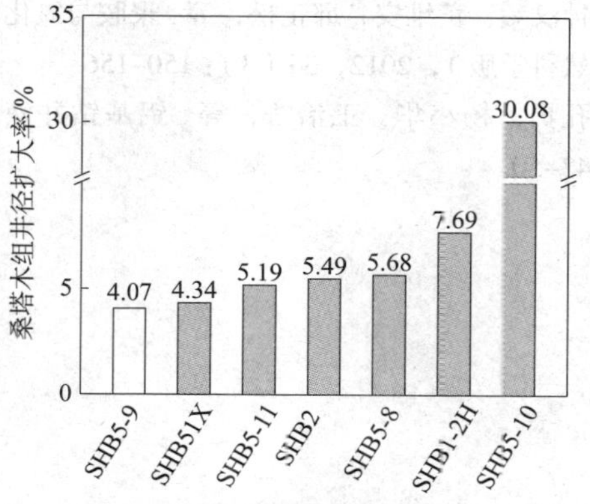

图5　桑塔木组井径扩大率对比

4　结论

（1）顺北5号断裂带志留系地层含有大段的硬脆性泥岩，并存在大量张开和闭合的裂缝，对压力极为敏感，易垮塌及漏失，较高的钻井液密度不利于防漏及井壁稳定。通过强化钻井液的抑制性能，提高钻井液稳定井壁能力，能够扩展钻井液安全密度窗口下限，进而可采用较低密度钻井液钻进漏层，减小地层漏失及堵漏后复漏概率，达到“塌漏同治”的目的。

（2）在聚磺钾胺基钻井液基础上，通过引入聚合铝盐等抑制剂，强化钻井液抑制及化学固壁性能，构建了多元协同抑制钻井液技术，室内评价表明，其抑制性较钾胺基钻井液有较大幅度提升，具有良好的抗土、钻屑、饱和盐水等污染性能。

（3）现场应用表明，多元协同抑制钻井液技术能够有效拓宽钻井液安全密度窗口，在确保易塌地层井壁稳定的基础上，井漏次数较邻井大幅下降，有效解决了“塌漏同存”的难题，在顺北区块具有很好的推广及应用前景。

参 考 文 献

[1] 赵志国，白彬珍，何世民，等. 顺北油田超深井优快钻井技术［J］. 石油钻探技术，2017，45(6)：8-13.

[2] 范胜，宋碧涛，陈曾伟，等. 顺北5-8井志留系破裂性地层提高承压能力技术［J］. 钻井液与完井液，2019，36（4）：431-436.

［3］林永学，王伟吉，金军斌，等. 顺北油气田鹰1超深井段钻井液关键技术［J］. 石油钻探技术，2019，47（3）：113–120.

［4］石秉忠，夏柏如，林永学，等. 硬脆性泥页岩水化裂缝发展的CT成像与机理［J］. 石油学报，2012，33（1）：137–142.

［5］蓝强，邱正松，王毅. 硅酸盐钻井液防塌机理研究［J］. 石油学报，2007，28（5）：133–138.

［6］李玉娇. 硅酸钠水溶液特性研究［J］. 钻采工艺，2007，30（4）：116–118.

［7］王善举，孙举，马文英，等. 随钻提高窄安全密度窗口的泥浆技术［J］. 精细石油化工进展，2008，9（5）：20–24.

［8］钟汉毅，黄维安，邱正松，等. 聚胺与氯化钾抑制性的对比实验研究［J］. 西南石油大学学报（自然科学版），2012，34（3）：150–156.

［9］孔勇，杨小华，王治法，等. 铝基钻井液处理剂研究与应用［J］. 应用化工，2016，45（12）：43–50.

复合盐–胺基钻井液技术在内蒙探区拐13井的应用

谢　俊[1,2]　司西强[1,2]　王中华[1,2]

（1.中石化中原石油工程有限公司钻井工程技术研究院，河南 濮阳　457001；
2.中石化石油工程钻完井液技术中心，河南 濮阳　457001）

摘　要：内蒙探区二开制井身结构井存在多套易井壁失稳的泥岩，且裸眼段长，前期钻井过程中存在井壁失稳垮塌、CO_2污染及电测频繁遇阻问题，影响勘探开发进度。针对这一问题，在氯化钾钻井液体系基础上，通过引入氯化钙、新型支化聚醚胺形成强抑制性复合盐–胺基钻井液体系，在拐13井进行了首次应用，初步解决了前期勘探井中存在的泥岩井壁失稳及完井电测遇阻难题。

关键词：复合盐；胺基钻井液；井壁失稳；氯化钾钻井液；抑制性

中国石化中原油田分公司内蒙探区位于内蒙古自治区额济纳旗境内，构造位置位于银额盆地拐子湖凹陷，该区前期勘探开发中，分别在拐参1井及拐6井发现了高产油气流，进一步落实了拐子湖凹陷的含油气规模及资源潜力。为了加快勘探开发进度及节约成本，甲方尝试将三开制井改为二开制井，部署了第一口二开制实验井——拐13井，该井完钻井深3275m，二开井段1300~3275m，裸眼段长近2000m，并首次将银根组、苏红图组、巴音戈壁组等多套易坍塌泥岩置于同一裸眼段，井壁失稳风险极大。在邻井钻探过程中，频繁在银根组、苏红图组、巴音戈壁组发生井壁坍塌，形成“糖葫芦”井眼，导致完井电测施工中，经常在苏红图组、巴音戈壁组遇阻，被迫多次通井及电测，大幅延长了完井周期。能否确保井壁稳定，是采用二开制井成败的关键，在现场聚合物氯化钾体系基础上，通过引入新型支化聚醚胺PEA–1及$CaCl_2$，形成复合盐–胺基钻井液，强化钻井液抑制防塌能力，并在拐13井进行了成功应用，有效解决了前期勘探井中存在的泥岩井壁失稳及完井电测遇阻难题。

1　主要技术难题

1.1　多套泥岩易井壁失稳

银根组（1300~2000m）泥岩段长且含有大段高活性棕红色胶泥状板结层，遇水极易水化分散，造浆严重，由于成岩性较差，地层易垮塌掉块与膨胀缩径、钻头泥包共存，如图1所示，钻头泥包及银根组钻进期间所取的岩屑中，在吸水膨胀的软泥中，夹杂少

作者简介：谢俊（1984—），男，湖北随州人，硕士，副研究员，现任中原石油工程公司钻井院钻井液工艺专家，主要从事钻井液工艺研究及推广应用工作。E–mail：xiebeyondjun@126.com。

量棕色掉块，同时银根组与苏红图组胶结面薄弱，易掉块垮塌，邻井多在胶结面附近井径异常扩大，形成“大肚子”井眼，见表1。在前期的三开制井身结构中，二开套管封银根组或者封至银根组下部苏二段，银根组钻井周期3d左右，属于快速钻进、快速下套管封隔，钻井液对银根组地层浸泡时间较短，井壁失稳问题并不突出。而拐13井采用简化的二开制井身结构，银根组与下部苏红图组及巴音戈壁组在同一个裸眼段，随着钻井周期延长，钻井液对银根组地层的浸泡时间必然大大延长，从而对银根组的井壁稳定要求更高，否则将影响后期的起下钻、电测等施工。

图1　钻头泥包及振动筛返出岩屑

表1　部分井银根组与苏红图组交界面附近井径扩大率

井号	井深/m	层位	井径扩大率/%
拐参1	1600	银根组	17.6
拐2	1400	银根组	27.9
拐4	1675	银根组	79.5
拐5侧	1909	银根组	93.2
拐8	1530	银根组	40.6
拐9	1475	银根组	44.2

苏红图组（2000~2950m）钻遇大段泥岩，主要岩性为紫红色泥岩、紫红色粉砂质泥岩，该地层易造浆，如果钻井液密度、抑制封堵性能不足，大量的红色泥岩侵入会造成钻井液流变性能维护困难，并发生井壁缩径及垮塌。拐参1井在苏红图组多次下钻不到底，造成扩（划）眼；拐5侧及拐12侧井在此段电测频繁遇阻，电测仪器出井后黏附大量的红色软泥，如图2所示，造成完井周期大幅延长；拐4井在苏红图组钻进期间振动筛返出大量棕红色掉块，如图3所示。

巴音戈壁组（2950~3275m）含有大段的棕色泥岩及灰色泥岩，随着井深的增加，泥岩变得较为硬脆，易吸水膨胀产生剥蚀掉块、垮塌，拐3井在巴音戈壁组出现大量掉块，岩性为棕红色泥岩、灰红色泥岩，如图4所示。

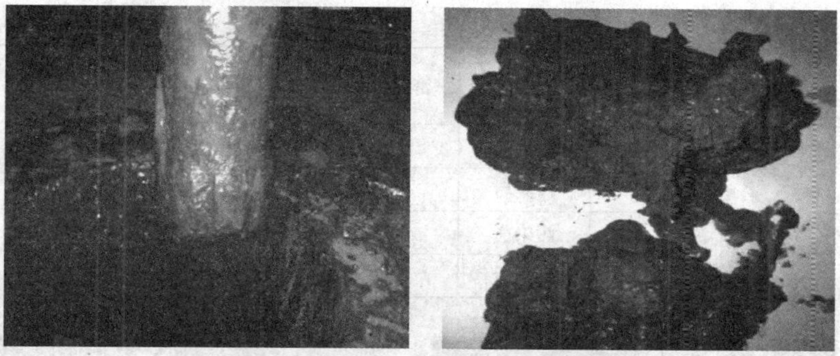

图2　电测遇阻后出井仪器及其黏附的红/棕色软泥

图3　苏红图组红色泥岩掉块

图4　巴音戈壁组泥岩掉块

1.2　CO_2及油气污染

钻井过程中可能在苏红图组、银根组钻遇CO_2侵，循环罐槽面出现大量气泡，如图5所示，造成钻井液密度下降、黏切升高、失水增大。统计了部分井受CO_2污染前后的性能变化，见表2。

表2　CO_2污染前后钻井液性能变化

井　号	层　位	井深/m	CO_2污染	密度/（g/cm³）	*FV*/s	*Gel*/［Pa/（10s/10min）］	FL_{API}/mL
拐2	苏二段	1894	污染前	1.12	43	3/8	4.8
			污染后	1.08	55	5/13	12.6

续表

井 号	层 位	井深/m	CO_2污染	密度/（g/cm³）	*FV*/s	*Gel*/［Pa/（10s/10min）］	FL_{API}/mL
拐10	苏二段	2263	污染前	1.25	44	2/4	4.4
			污染后	1.22	50	3/5.5	7.0
拐11	银根组	1650	污染前	1.18	40	1/3	5.0
			污染后	1.14	48	2/5	9.6

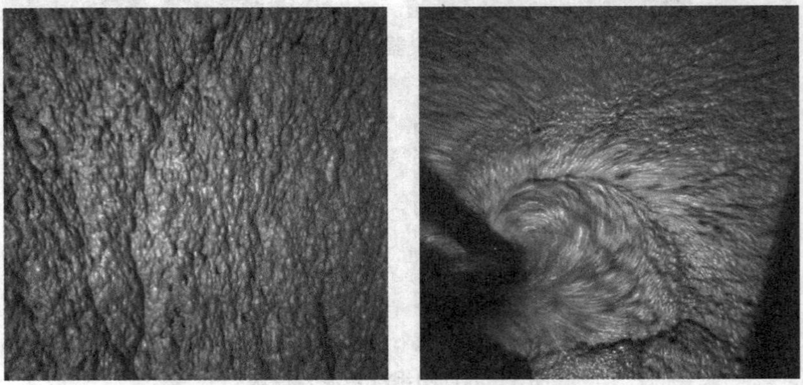

图5　CO_2污染后罐面产生大量起泡

目的层巴音戈壁组可能钻遇严重的油气侵。拐12侧钻进至井深3368m时，层位：巴音戈壁组，钻井液受到油气污染，黏切升高，黏度由60s最高上升至200s，同时密度由1.39g/cm³提高至1.65g/cm³，在后续施工中，固控设备使用受限，钻井液固相含量和黏切居高不下，导致滤饼虚厚，影响后期的完井作业。

2　钻井液技术对策

目前现场在三开制井身结构井中，银根组采用低固相聚合物体系快速钻进并下套管封隔，苏红图组—巴音戈壁组采用聚合物钾盐抑制性体系。从实钻情况来看，银根组钻井周期较短，钻井液浸泡时间短，能够在坍塌周期内完成钻井及下套管固井施工，因此，银根组井壁失稳问题并不突出；苏红图–巴音戈壁组采用聚合物氯化钾体系，由于钻井周期长，钻井液浸泡地层时间较长，因此会面临较为严重的井壁失稳问题，钻井液井壁稳定能力有待加强。

拐13井首次采用优化的二开制井身结构，井身结构数据见表3，银根组与苏红图组、巴音戈壁组处于同一开次，裸眼段长近2000m，同一裸眼内含有多套成岩性差异较大且易井壁失稳的泥岩，钻井液浸泡井壁时间的延长，包括银根组在内的地层井壁失稳风险较二开制井更突出。

表3　拐13井身结构数据

开钻次序	井段/m	钻遇地层	钻头尺寸/mm	套管尺寸/mm	水泥返深/m
导管	0~100	新生界	444.4	339.7	地面

续表

开钻次序	井段/m	钻遇地层	钻头尺寸/mm	套管尺寸/mm	水泥返深/m
一开	100~1330	新生界—乌兰苏海组	311.2	244.5	地面
二开	1330~3296	银根组—巴音戈壁组	215.9	139.7	1130

2.1 强化钻井液抑制能力

针对现场聚合物氯化钾体系抑制井壁稳定能力不足及可能钻遇的CO_2污染，以聚合物氯化钾体系为基础，通过引入加量为0.1%~0.3%新型支化聚醚胺PEA-1及0.1%~0.2%$CaCl_2$，形成复合盐-胺基钻井液，强化钻井液的化学抑制能力及抗CO_2污染的能力。

钻井液配方为：2%~4%预水化膨润土浆+0.5%~1.0%中分子降失水剂COP-HFL/LFL+0.5%~1.0%低分子降失水剂LV-PAC/LV-CMC+0.1%~0.3%包被剂KPAM/FA-367+2%~4%SMP+2%~4%SMC+5%~7%KCl+0.1%~0.3%支化聚醚胺PEA-1+0.1%~0.2%$CaCl_2$。支化聚醚胺PEA-1是基于分子尺寸控制合成的一种新型聚胺[1]，能够同时兼顾抑制性及与钻井液的配伍性，钻井液中引入0.1%~0.2%$CaCl_2$后，一方面能够提高钻井液抑制泥岩水化的能力，另一方面当钻井液钻遇CO_2污染时，能够及时清除侵入钻井液中的CO_2，做到兼顾抑制性与抗CO_2污染。

以拐4井，井深2800m苏红图组棕红色泥岩岩屑，采用岩屑滚动回收率实验，实验条件：100℃，16h，对复合盐-胺基钻井液与氯化钾钻井液抑制性能进行了对比，数据见表4。

表4　岩屑滚动回收率评价

岩屑层位	配　方	一次回收率/%
苏红图组	清水	43.5
	氯化钾钻井液体系	65.3
	复合盐-胺基钻井液体系	85.1

由表4中数据可以看出，复合盐-胺基钻井液体系岩屑一次回收率85.1%，较清水及氯化钾钻井液体系显著提高，表明钻井液中引入支化聚醚胺及氯化钙后，发挥了多元协同的抑制性能，钻井液抑制泥岩水化性能得到显著增强。

2.2 优化钻井液封堵能力

由于拐13井为评价井，因此甲方对处理剂的荧光要求很高，不允许使用常规的沥青类产品。超细目碳酸钙常用作钻井液的封堵剂，对上部成岩性较差的地层及砂岩储层具有良好的封堵作用，有利于减少钻井液消耗及储层保护，由于超细钙属于刚性粒子，如果单靠其封堵，一是封堵效率差，二是影响滤饼质量，导致滤饼发虚。针对这一问题，室内优选了两种符合荧光要求的封堵剂，乳化石蜡及白沥青，其中乳化石蜡软化点较低，在钻进苏红图组使用，进入巴音戈壁组后，随着井稳定升高，使用白沥青对地层进行封堵，乳化石蜡及白沥青加量均为2%~3%，此外，对于强抑制性复合盐–胺基钻井液，钻进中，应根据测试的MBT数值，及时补充优质预水化膨润土浆，预水化膨润土浆中黏土颗粒粒径为微米级，一般小于2μm[2]，具有天然的封堵特性，同时具有可塑性，与乳化石蜡及白沥青配合使用，能够提高钻井液的封堵能力及滤饼质量。

2.3　控制钻井液具有合适的密度及黏度

根据邻井实钻密度及井下实际情况，在钻遇层位发生变化时，及时调整密度，保证钻井液对井壁合理的支撑，在井壁稳定情况下，控制钻井液具有合适的黏度与切力，既能有效携带钻屑，又能确保钻井液对井壁及钻头合理的冲刷，避免高活性地层黏附钻屑形成缩径及钻头泥包，根据实钻经验，钻井液漏斗黏度控制在35~50s较为合适，具体来说，银根组—苏红图组二段保持在35~45s，苏红图组一段–巴音戈壁组，保持在45~55s。

2.4　强化中深部地层钻井液抗温性能

随着钻进深度的增加，地层温度不断升高，应在苏红图一段2500~2900m之间，将钻井液转换为磺化钻井液，以提高钻井液的抗高温能力，改善高温高压滤饼质量，降低钻井液失水。同时，不宜将磺化处理剂直接加入钻井液中以求一次完成转磺，应逐步转换，避免钻头泥包及因磺化处理剂溶解不完全，在振动筛被筛出而浪费，可以将磺化处理剂配制成浓度为5%~10%的高浓度胶液，通过循环周，细水长流地补入钻井液中，逐步完成转磺。

2.5　控制钻井液有害固相含量，提高抗油气污染能力

用好一级固控，如果发现筛布损坏，及时更换，同时，一体机使用率应达到90%以上，根据实际情况，离心机每班应开启至少一个循环周。通过提高固控效率，尽量降低钻井液中有害固相含量，以提高钻井液抗油气污染能力。此外，钻达油气层前，通过小型实验，提前了解钻井液抗油气污染的能力，并做好处理预案，钻井现场应配备1t左右的乳化剂OP–10，可以提前按照0.05%的加量，补入钻井液中，提高钻井液的乳化性能，提高钻井液的抗污染能力。

3　现场应用

3.1　钻井液维护措施

（1）复合盐–胺基钻井液转换：在一开套管内，将钻井液转换为复合盐–胺基钻井液，具体转换措施为：配制1%~2%的聚合物胶液，与一开聚合物钻井液充分混合，做好钻井液护胶的工作后，开始按照氯化钾加量5%~7%，$CaCl_2$加量0.1%~0.2%，支化聚醚胺加量0.1%~0.3%，将氯化钾、氯化钙和支化聚醚胺加入钻井液中，完成钻井液转换。

（2）失水控制：前期银根组钻进时，可以将失水控制在5~8mL，进入苏红图组后，逐步将失水控制在5mL以下，随着逐步转磺，失水控制在4mL以下。钻进过程中，上部地层以大中分子聚合物以及惰性封堵类材料复配维护，通过K–PAM、FA367、COP–HFL、COP–LFL、PAC–LV、LV–CMC抑制上部地层造浆，并控制钻井液流变性与中压滤失量；下部地层，将钻井液逐步转换为磺化钻井液，胶液中维护SMP–3、SMC，提高钻井液高温稳定性能，控制高温高压滤失量。使用低分子、中分子聚合物胶液控制钻井液失水，胶液应该以细水长流的方式补入钻井液中。在降低失水前，应保持钻井液中具有合适的膨润土含量，避免盲目添加降失水剂。

（3）钻井液流变性能：银根组—苏二段，黏度保持在35~45s，低黏低切，确保钻井液对井壁的冲刷效果；苏一段–巴音戈壁组，黏度保持在45~55s，低黏兼具适当切力。定期清理锥型罐沉砂，控制钻井液低密度固相含量，避免钻井液黏切过大。

（4）钻井液密度：在根据邻井经验及井下实际情况，根据地层变化及时上提密度。

（5）封堵性能：在上部地层钻进期间，可适当加入乳化石蜡、超细钙等加强钻井液的封堵性能，减少钻井液消耗，并改善泥饼质量；下部地层，通过加入白沥青等封堵类材料改善泥饼质量，强化钻井液的封堵性能，保持井壁稳定。

（6）油气侵：进入目的层，钻井液可能受到较严重的油气侵，一旦遇到油气侵，除了地面进行除气及上提密度外，应及时向钻井液中补入适量的乳化剂等，避免钻井液黏切增大，滤饼虚厚，造成井下复杂。

（7）短起下钻：上部软泥岩地层，每钻进200m左右，应进行短起下钻，短起下可以两短一长，及时破坏井壁上的软泥，防止缩径。

（8）下部地层苏一段–巴音戈壁组，电测及下套管前，配制防塌、抗温及润滑性能良好的封闭液封住该井段，封闭浆黏度切力可适当高些，保证钻井液悬砂能力，确保电测及下套管顺利，封闭液配方：井浆+0.5%SMP+0.1%支化聚醚胺+0.5%液体润滑剂+0.1%HV–CMC。

3.2 应用效果

3.2.1 井壁稳定效果

复合盐–胺基强抑制性钻井液，具有良好的抑制钻屑分散的能力，振动筛返出的苏红图组及巴音戈壁组岩屑见图6，钻屑规则完整，可见清晰的PDC齿印，苏红图组—巴音戈壁组井眼较为规则，从井径数据看基本没有“糖葫芦”井眼，平均井径扩大率为3.73%，较邻井苏红图组—巴音戈壁组平均井径扩率9.03%有较大幅度下降，银根组在钻井液中的浸泡时间从前期井的3~5d延长至16d，未出现井壁失稳现象，平均井径扩大率5.48%，起下钻畅通，完井电测一次成功，初步解决了前期井出现的井壁失稳及电测遇阻问题，钻井周期26d，平均机械钻速10.93m/h，创造了银额新区同类型井机械钻速、钻井周期等双项纪录。

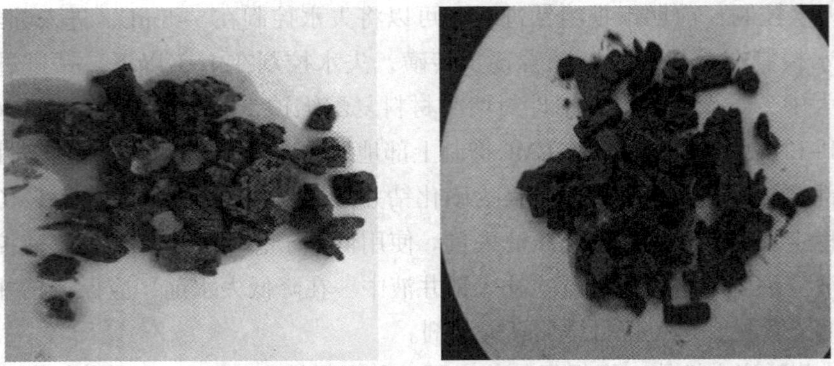

图6　苏红图组及巴音戈壁组返出的红色及棕红色泥岩

3.2.2　钻井液性能稳定

复合盐–胺基钻井液抑制性强，具有很强的固相容纳能力，整个钻井过程中钻遇大段的高活性泥岩，侵入钻井液中的泥岩多，钻井液流变性能、失水等性能保持稳定，表明强化钻井液抑制性后，有助于钻井液性能的稳定，钻井液滤饼薄而致密，见图7，良好的滤饼质量能够减弱钻井液的压力传递效应，降低滤液侵入地层的量，有助于井壁保持稳定。钻井液部分分段性能见表5，银根组—苏红图组二段地层，钻井液黏度保持在35~45s，苏红图组一段–巴音戈壁组，钻井液黏度保持在45~50s，在保持钻井液有效携带岩屑的情况下，保持对井壁的冲刷作用，避免岩屑黏附于井壁上，减小起下钻及电测时仪器下放、上行摩阻。

图7　钻井液中压失水滤饼

表5　钻井液部分分段性能

层　位	井深/m	密度/（g/cm³）	黏度/s	Φ_{600}/Φ_{300}	*PV*/mPa·s	*YP*/Pa	*Gel*/［Pa/（10s/10min）］	*FL*/mL	pH值
银根组	1475	1.23	37	20/12	8	2	0.5/0.5	6.5	9
	1710	1.25	37	25/14	11	1.5	0.5/0.5	5.6	9
	1950	1.27	40	25/14	11	1.5	0.5/0.5	5.0	9
苏红图组–巴音戈壁组	2050	1.30	39	27/18	10	3.5	0.5/1.0	4.8	9
	2120	1.32	40	38/23	15	4.0	0.5/1.0	4.2	9
	2430	1.35	41	45/27	18	4.5	0.5/1.0	3.8	9
	2750	1.39	45	50/30	20	5.0	1.0/2.0	3.2	9
	2920	1.39	46	51/31	20	5.5	1.5/3.0	2.8	9
	3085	1.40	47	54/33	21	6.0	2.0/5.0	2.6	9
	3250	1.40	48	56/34	22	6.0	2.0/5.5	2.4	9

4　结论

（1）二开制井中，裸眼段长，多套泥岩易井壁失稳，导致井壁垮塌掉块，电测遇阻，应强化钻井液的抑制泥岩水化的能力。

（2）在氯化钾体系基础上，通过引入氯化钙、支化聚醚胺等形成复合盐-胺基钻井液体系，抑制性能得到显著增强，现场应用表明，强化钻井液抑制性能后，初步解决了泥岩井壁失稳及电测遇阻难题。

参考文献

[1] 司西强，王中华，魏军，等.一种多支化聚醚胺及其制备方法和应用［P］. 中国专利：CN106432708A，2017-02-22.

[2] 鄢捷年. 钻井液工艺学［M］. 东营：中国石油大学出版社，2006.

东胜气田井壁稳定钻井液技术研究

李明忠[1,2]　董强伟[1,2]　李德红[1,2]　刘贵林[1,2]　郑文武[1,2]　李　季[1,2]　王　超[1,2]

（1.中石化华北石油工程有限公司，河南 郑州　450006；
2.中石化石油工程致密油气技术中心，河南 郑州　450006）

摘　要：针对东胜气田水平井斜井段的石千峰组和石盒子组井壁失稳的问题，基于井壁失稳机理分析，开发强抑制强封堵钻井液体系。首先实验测试泥岩矿物成分、组构特征等，采用库伦摩尔准则建立坍塌压力剖面，分析理化耦合的井壁失稳机理。优选抑制剂、多尺度多元封堵剂等，分析助剂之间的协同效应，以封固井壁、加强抑制水化和化学位活度平衡为目标，开发KCl–聚胺强抑制强封堵钻井液体系。室内性能评价结果表明，该体系的滚动回收率95.4%，16h膨胀率7.8%，高温高压失水9.5mL，抗NaCl、岩屑和水泥堵漏浆的污染能力强，泥饼薄、致密和韧性好，常规性能满足钻井要求。12口井的现场应用表明，井壁失稳复杂时效降低87.9%。KCl–聚胺强抑制强封堵钻井液可以抑制泥岩吸水膨胀和水化分散，实现微裂缝有效封堵，能够解决东胜气田斜井段石千峰组、石盒子组坍塌、掉块等井壁失稳问题。

关键词：东胜气田；井壁失稳；钻井液；多元协同；抑制剂；封堵剂；低活度

东胜气田是在鄂尔多斯盆地新探明的千亿立方米级致密气田，具有天然气增储上产的雄厚资源基础。该地区主要采用水平井技术开发，但刘家沟组裂缝发育，石千峰组和石盒子组（简称双石层、下同）泥岩发育，均位于同裸眼斜井段。刘家沟组漏失压力与双石层的坍塌压力窗口窄，钻井中的井漏、井壁失稳问题突出，严重制约东胜气田的勘探开发速度与质量。通过钻井液技术降低双石层坍塌压力，实现低密度条件下井壁稳定，重构地层压力系统，是解决同裸眼段漏塌并存的技术关键[1-4]。测试双石层泥岩特征，分析理化耦合井壁失稳机理，开发一种强抑制强封堵钻井液体系，并开展12口水平井现场应用，有效解决了井壁失稳问题，缩短了钻井周期。

1　井壁失稳机理与钻井液体系构建思路

1.1　井壁失稳机理

1.1.1　泥岩矿物成分

X射线衍射测定双石层地层掉块、岩屑的全岩矿物和黏土矿物组分，黏土矿物含量30%~50%，黏土矿物中伊/蒙混层和伊利石含量分别达到50%~80%、20%~36%。伊/蒙

基金资助：中国石化集团科技部项目“鄂北致密气提速提效提产技术集成推广应用研究”（项目编号P20001）。

作者简介：李明忠（1988—），男，硕士研究生，高级工程师，主要从事钻完井技术研究工作。E-mail：petroleumupc@163.com。

混层水化膨胀性较强，伊利石易应力剥落掉块。

1.1.2 组构特征

电镜扫描方法刻画黏土矿物定向排列及胶结结构，见图1。双石层的泥岩碎屑、溶蚀颗粒黏土化明显。天然孔隙、裂缝发育，孔径为5~40μm，并存在连通的裂缝、层理，缝宽在5~25μm，具有连通、延伸、弯曲程度大等特点。

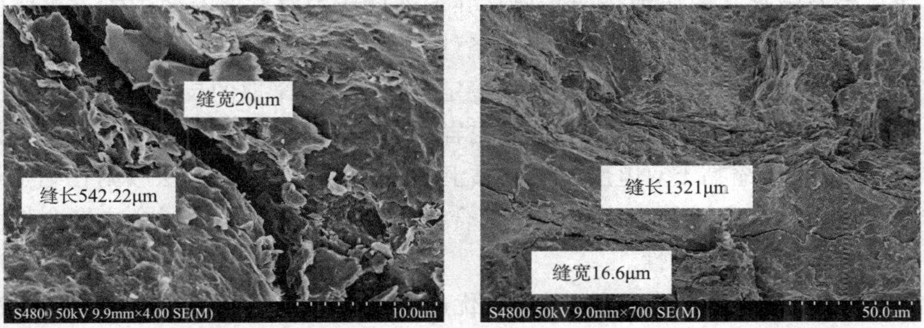

(a)锦127井　　(b)锦100井

图1　泥岩电镜扫描

1.1.3 坍塌压力预测

采用库伦摩尔破坏准则预测坍塌压力，分析坍塌压力随井斜角、方位角的变化规律，见图2。在同一方位角钻进时，随井斜角增大，坍塌压力增大，直井坍塌压力当量密度为0.93g/cm^3。向最小主应力方位钻进，水平段坍塌压力当量密度最低（1.06g/cm^3）；向最大主应力方位钻进，水平段坍塌压力当量密度最高（1.19g/cm^3）。水平井大斜度井段均分布于泥岩发育的石千峰组、石盒子组，坍塌压力大，井壁易失稳。

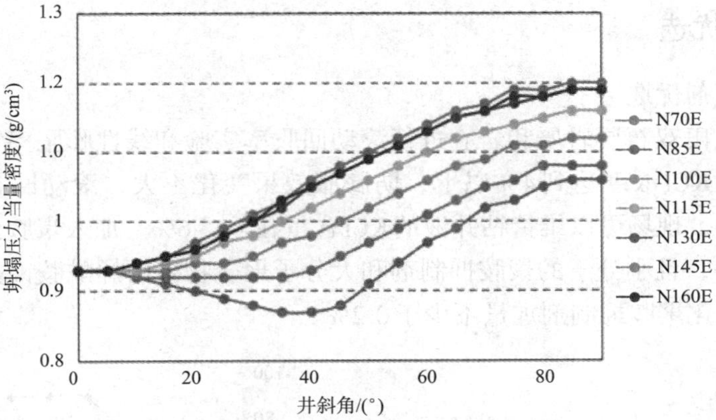

图2　东胜气田坍塌压力随井斜、方位变化规律

泥岩以伊/蒙间层、伊利石等膨胀性、分散性黏土矿物为主，层理、微裂缝十分发育。在井底压差、毛细管力、化学势差等作用下，钻井液滤液沿微裂缝侵入地层，伊/蒙混层等首先发生水化膨胀、分散；滤液侵入造成近井壁的孔隙压力增加，削弱了液柱压力对井壁的有效应力支撑；滤液侵入后在泥岩表面形成水化膜，使微裂缝开裂、扩展、分叉、相互贯通，地层沿某一力学性质最弱的裂缝或层理面发生破坏。石千峰组、石盒子组位于水平井大斜度井段，为维持井壁稳定，单纯提高钻井液密度，反而加速滤液的侵入速度和深度，加快了泥岩水化膨胀和分散速度，也加快了井壁失稳速度，出现钻井液密度越高、井壁稳定性越差的现象[5-6]。

1.2 钻井液构建思路

加强封固及阻缓孔隙压力传递是提高井下液柱压力对井壁有效力学支撑作用的前提，有效应力支撑是井壁力学稳定的必要条件，增强抑制、化学位活度平衡是防治泥页岩井壁失稳的有效手段[7]。东胜气田井壁稳定钻井液主要采取的技术思路：

（1）抑制粘黏土矿物水化分散。针对泥岩易水化膨胀和分散的特点，优选无机和有机抑制剂。KCl可压缩黏土双电层，镶嵌黏土晶格；小分子聚胺单层吸附在黏土片层表面，降低水化斥力，束缚黏土片层[8]；配合聚丙烯酰钾盐等大分子合成聚合物协同增效，进一步增强钻井液抑制性。

（2）降低钻井液活度，减弱渗透效应。优选活度调节剂，降低钻井液水活度，减少水向泥页岩地层近井地带的扩散、渗透，并降低其与地层矿物发生物理化学反应的趋势[9-10]。

（3）多尺度多元封堵微裂缝，减少滤液侵入。针对泥岩微裂缝发育特征，优选多尺度刚性颗粒，匹配裂缝尺度，致密填充封堵微裂缝；复配胶乳沥青、纳米乳液、低软化点沥青等封堵材料，借助表面改性、变形封堵作用多元协同封堵微裂缝[11]。

（4）适当的钻井液密度，保证有效力学支撑。刘家沟组地层漏失压力当量密度1.15~1.18g/cm^3，设计稳定双石层井壁的钻井液密度小于1.18g/cm^3，达到防漏防塌一体化目的。

2 钻井液体系开发

2.1 配方优选

2.1.1 抑制剂优选

利用东胜气田双石层岩屑和岩心进行滚动回收率实验和线性膨胀率实验，结果见图3、图4和表1。KCl浓度达到4%以上，防膨胀效果变化不大，滚动回收率增加幅度趋缓。为控制成本，现场可以维持钻井液的KCl含量在4%~6%。加入聚胺抑制剂后滚动回收率均大于90%，且小分子的聚胺抑制剂和大分子聚合物聚丙烯酰胺钾盐可协同增强钻井液抑制性，优化聚胺抑制剂加量不少于0.2%。

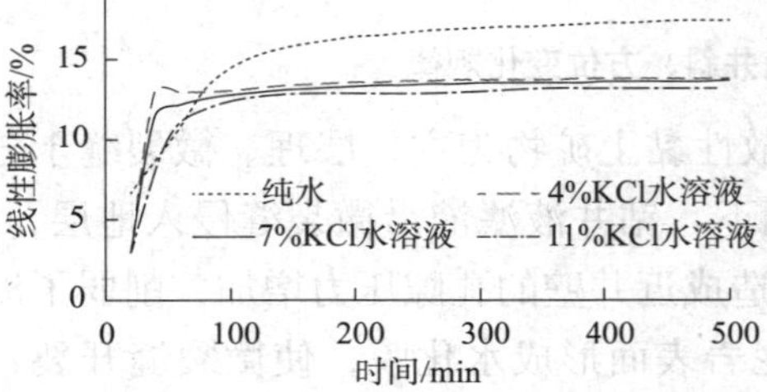

图3 KCl的抑制水化膨胀实验

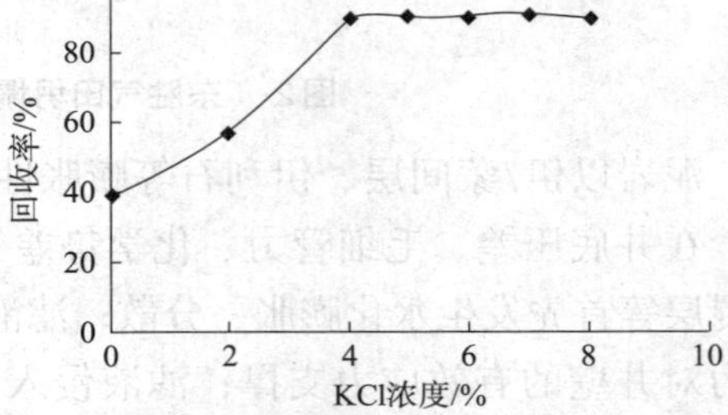

图4 KCl的岩心滚动回收率实验

表1 聚胺抑制剂的滚动回收实验

序 号	体 系	滚动回收率/%
1	清水	74.87
2	0.2%聚胺抑制剂	90.06
3	0.5%聚胺抑制剂	96.94
4	0.2%聚胺抑制剂+0.4%K-HPAM+1%NH4-HPAN	98.82
5	0.2%聚胺抑制剂+0.4%DS-302+1%NH4-HPAN	97.08

2.1.2 封堵剂优选

泥岩微裂缝缝宽在5~25μm，以D_{90}=20μm优化粒度及配比，选用超细碳酸钙Ⅰ型（800目/15μm）、超细碳酸钙Ⅲ型（2000目/6.5μm），配比为1：1，形成致密滤饼封堵微米级孔缝。高酸溶磺化沥青FF-1软化点低，变形封堵微裂缝，在井壁表面形成憎水性薄膜。纳米聚酯NP-1分子链上带有多种吸附基团，吸附在黏土表面，改变泥岩表面润湿状态，桥接高分子聚合物堵塞泥页岩孔隙和层理，在井壁形成坚韧而致密的保护膜。纳米聚酯NP-1在低于浊点温度时呈水溶性，在黏土颗粒表面形成憎水膜；高于浊点温度时，从钻井液中析出，形成类油相分子膜，封堵胶结微裂缝[8-9]。沥青、聚合醇和纳米聚酯封堵纳微米级孔缝。采用正交实验方法，测试120℃下滤失量、泥饼质量，优化超钙Ⅰ型、超钙Ⅲ型、FF-1、NP-1和聚合醇加量，形成了致密填充多元封堵配方：2.5%FF-1+2%NP-1+1%超钙Ⅰ型+1%超钙Ⅲ型+2.5%聚合醇。

2.1.3 协同效果优化

对KCl、聚合醇、聚胺是作用机理各不相同的3种抑制剂，开展协同效果分析，形成最优的抑制防塌技术方案，见图5、图6。在5%KCl中加入0.3%聚胺，滚动回收率由88.1%提高至93.5%，加入3%聚合醇后滚动回收率提高至96.8%。5%KCl中加入3%聚合醇后，钻井液水活度由0.93降至0.89。根据室内评价结果，确定协同方案：4%~5%KCl+0.2%~0.3%聚胺+2%~3%聚合醇。

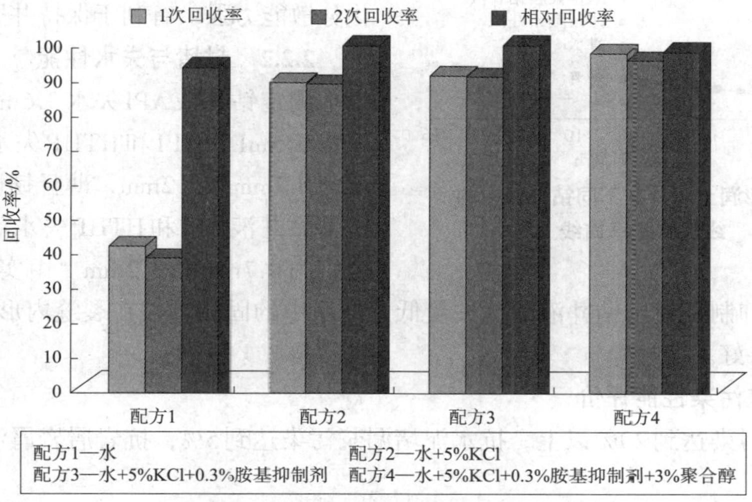

图5 KCl、聚合醇和聚胺的协同抑制分析

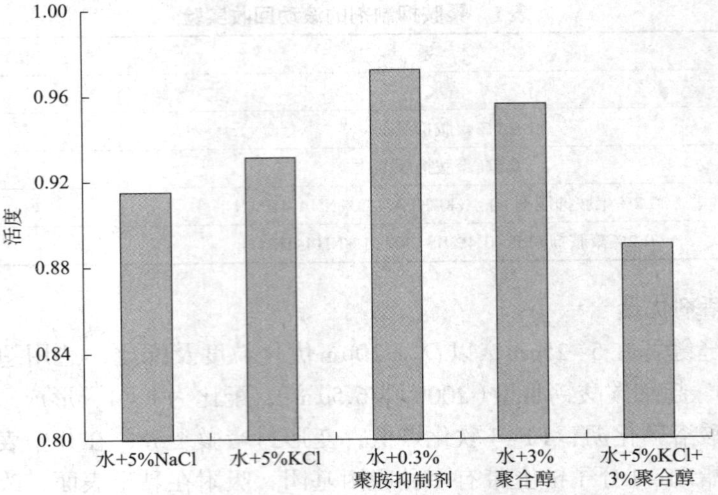

图6　KCl、聚合醇协同降活度分析

以形成的抑制、封堵基浆为基础，优选了抗盐降失水剂DSP–2和LV–PAC等，采用正交实验法优化配方，确定适用于东胜气田的KCl–聚胺强抑制强封堵钻井液体系。

2.2　性能评价

2.2.1　抑制性能

取双石层岩屑分别放入清水、现场钾铵基钻井液和KCl–聚胺强抑制强封堵钻井液中，下石盒子组岩屑的滚动回收率分别为73.8%、85.8%和95.4%，石千峰组岩屑的滚动回收率分别为73.3%、84.1%和93.8%。开展不同滤液浸泡下的膨润土压片膨胀率实验，见图7。16h的线性膨胀率分别为47.2%、14.5%和7.8%。由实验结果可得，KCl–聚胺强抑制强封堵钻井液抑制泥岩水化分散能力强，有利于保持井壁稳定。

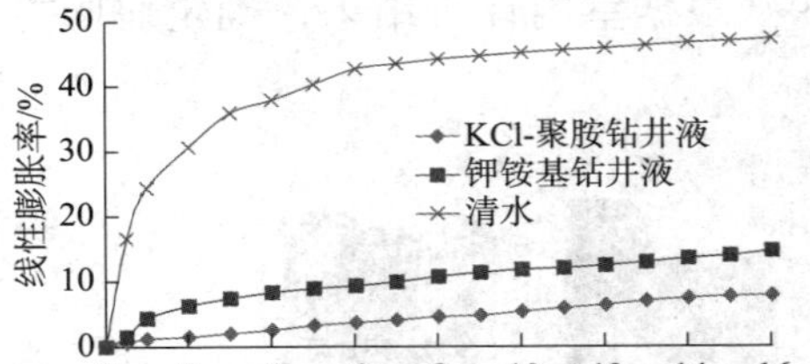

图7　膨润土压片在不同钻井液中的线性膨胀率曲线

2.2.2　封堵与失水性能

测定钻井液API失水3.6mL，高温高压失水9.5mL，API和HTHP失水后的泥饼厚度为0.7mm和1.2mm，薄且韧性强。现场钾铵基钻井液API和HTHP失水后的泥饼厚度分别为0.7mm和3.2mm。由实验结果可得，KCl–聚胺强抑制强封堵钻井液的滤失量低，体系中的固相颗粒在裂缝内形成有效堆积，泥饼封堵效果好。

2.2.3　抗污染性能评价

抗NaCl污染达到20%以上，抗水泥堵漏浆污染达到5%，抗岩屑岩屑污染达到5%，见表2。

表2　KCl-聚胺强抑制强封堵钻井液抗污染性能评价

加量/%	初切/Pa	终切/Pa	Φ_3	Φ_6	Φ_{100}	Φ_{200}	Φ_{300}	Φ_{600}
0	1.25	4.25	1.25	1.75	13.5	23.75	36.25	56.25
NaCl加量20%	1.25	3	2	2.75	12.5	22.5	35.5	54.5
水泥堵漏浆加量4%	1.25	2	1.25	2	20.5	35	43.5	78.5
水泥堵漏浆加量5%	2.25	3	2.25	3	24.5	40	53.5	84
岩屑加量4%	1.75	3	2	4.5	21.5	34	43.5	65.5
岩屑加量5%	3	5.5	3	6.5	26	46.5	57	91

2.2.4　常规性能评价

钻井液常规性能评价结果见表3，满足钻井要求。

表3　KCl-聚胺强抑制强封堵钻井液常规性能评价

测定条件	密度/(g/cm^3)	静切力/Pa		动塑比	动切力YP/mPa·s	塑性黏度/mPa·s	表观黏度/mPa·s
		G_{10s}	G_{10min}				
老化前	1.12	0.6	5.6	0.48	14.0	29.5	43.5
老化后	1.12	0.3	1.6	0.46	8.0	17.3	25.3

3　现场应用

KCl-聚胺强抑制强封堵钻井液现场应用12口水平井，与原钾铵基钻井液施工井相比，井壁失稳复杂损失降低87.9%以上，平均井径扩大率减少11.86%。下面以2口水平井为例介绍具体应用情况。

J30-X-PY井斜井段*A*靶点井深3779m，在钻至井深2300m、和尚沟组中部时，补充KCl、聚胺、沥青、纳米乳液、聚合醇、DSP-2等，将钻井液转换为KCl-聚胺钻井液体系。进入刘家沟组前，补足超钙、沥青等封堵材料，进入石千峰组后，调控钻井液性能：密度1.17g/cm^3、漏斗黏度47s、塑性黏度17mPa·s，屈服值7.5Pa，动塑比0.44，静切力5/5Pa，API滤失量4.6mL，泥饼厚度0.2mm，pH值9，固相8%，坂含42g/L。钻至3268m和3317m时，刘家沟组发生井漏，实施水泥浆堵漏，均一次成功。该体系在应用中性能稳定，流变性好，分段循环易开泵；抑制性强，尤其钻遇石千峰组棕红色泥岩，返出后呈抱团状；润滑性好，沥青跟超钙配合形成的泥饼薄而致密、有韧性，定向未托压；水泥浆堵漏后对钻井液性能影响小，添加适量纯碱并开启离心机清除钙污染，无须放浆。

D12-P65井是一口二级结构三维水平井，应用KCl-聚胺强抑制强封堵钻井液体系，钻至斜井段*A*点时的钻井液密度最高1.15g/cm^3，相对邻井钾铵基钻井液体系的密度降低0.07~0.10g/cm^3，将负密度压力窗口拓展为正密度压力窗口。摩阻系数小于0.06，二开裸眼段平均井径扩大率小于8%，钻井液性能稳定，未发生掉块、坍塌等井壁失稳问题。

4 结论与建议

（1）东胜气田双石层膨胀分散性黏土矿物多，层理微裂缝发育，采用多尺度多元封堵微裂缝、协同抑制黏土矿物水化、低活度降低渗透效应和适当密度力学支撑的方案，优选助剂，开发了KCl-聚胺强抑制强封堵钻井液体系。

（2）KCl-聚胺强抑制强封堵钻井液抑制性强、活度低、失水低、泥饼致密有韧性、抗污染性强，能抑制泥岩吸水膨胀和水化分散，封堵微裂缝，能够解决东胜气田大斜度井段双石层坍塌、掉块等井壁失稳问题。

（3）建议为解决微裂缝发育、高含膨胀分散性黏土矿物地层的井壁失稳问题，可采用封堵、反渗透、低失水、强抑制等钻井液对策，减少钻井液滤液向泥岩井壁侵入量，降低滤液侵入对泥岩强度和力学稳定性影响程度。

参考文献

[1] 孔勇，金军斌，林永学，等．封堵防塌钻井液处理剂研究进展［J］．油田化学，2017，34（03）：556-560.

[2] 王富华，于敦远，万绪新，等．防塌与保护气层的钻井液技术［J］．石油钻探技术，2006，34（05）：39-43.

[3] 鄢捷年，罗健生．钻井液防塌效果的综合评价方法［J］．石油大学学报（自然科学版），1999，23（01）：44-47.

[4] 白传中，刘刚，徐同台，等．裂缝性泥页岩地层防塌误区及强封堵防塌对策［J］．钻井液与完井液，2021，38（03）：337-340.

[5] 马超，赵林，宋元森．聚铝胺盐防塌钻井液研究与应用［J］．石油钻探技术，2014，42（01）：55-60.

[6] 谢建宇，王中华，张滨，等．中原油田新型钻井液体系和防漏堵漏技术［J］．精细石油化工进展，2010，11（01）：1-6.

[7] 李钟，罗石琼，罗恒荣，等．多元协同防塌钻井液技术在临盘油田探井的应用［J］．断块油气田，2019，26（1）：97-100.

[8] 蓝强，邱正松，王毅．硅酸盐钻井液防塌机理研究［J］．石油学报，2007（05）：133-138.

[9] 于雷，张敬辉，李公让，等．低活度强抑制封堵钻井液研究与应用［J］．石油钻探技术，2018，46（01）：44-48.

[10] 于雷，冯光通，刘宝锋，等．低活度强封堵钻井液体系在准中2区的研究与应用［J］．承德石油高等专科学校学报，2019，21（02）：18-21.

[11] 陈庚绪，刘奥，王茜，等．适用于页岩气井的强抑制防塌高性能水基钻井液体系［J］．断块油气田，2018，25（4）：529-532.

抗高温微泡钻井液体系研究及应用

谢建宇[1, 2]　刘晓燕[1, 2]　刘光成[1, 2]　史沛谦[1, 2]

（1.中石化中原石油工程有限公司钻井工程技术研究院，河南 濮阳 457001；
2.中石化石油工程钻完井液技术中心，河南 濮阳 457001）

摘　要：微泡钻井液是解决低压易漏地层钻井技术难题的一种有效手段。以室内合成的黏弹性发泡剂、泡沫增强剂为基础研发出抗高温微泡钻井液体系。室内研究结果表明，该体系抗温达140℃，防漏性能好，可有效封堵40~60目砂床。抗高温微泡钻井液在中原文13西等4座储气库应用38口井，37口井未发生漏失，表明该体系可有效降低钻井液在低压储层段漏失发生概率，有利于保护油气层；并且施工过程中井壁稳定、井下安全，钻井液性能稳定，取得了较好的应用效果。

关键词：微泡钻井液；低压易漏；防漏；储气库

在钻井施工过程中，井漏是经常发生的一种井下复杂情况，特别是在低压地层（地层压力系数小于1.0）钻进时，使用常规钻井液极易造成钻井液漏失。而微泡钻井液是一种具有防漏性能的新型低密度钻井液，能有效封堵微裂缝，防止（或减少）钻井液漏失，保护油气层，降低钻井综合成本。国外在这方面研究较早，技术相对比较成熟，已在北海、委内瑞拉西北部和墨西哥湾等地区老油田低压地层的数百口井进行了应用[1~3]。国内部分科研人员也开展了这方面的技术研究工作，并在现场取得了良好的应用效果[4~8]。但由于微泡稳定性受温度影响较大，现有微泡钻井液抗温性能一般在120℃以下。针对上述问题，研制出可提高微泡稳定性能的泡沫增强剂，并以其和自制的阴离子型黏弹性发泡剂为核心，配合其他处理剂形成了抗温140℃微泡钻井液体系，并在中原文13西等储气库进行了现场应用，取得了良好的应用效果。

1　实验

1.1　原料和仪器

丙烯酸（AA），工业品；丙烯酰胺（AM），工业品；2-丙烯酰胺基-2-甲基丙磺酸（AMPS），工业品；含烷基长链的乙烯基单体T，工业品；过硫酸铵，分析纯；氢氧化钠，分析纯；黄原胶（XC），工业品；磺化酚醛树脂（SMP），工业品；磺化褐煤（SMC），工业品；改性纤维封堵剂（CPF），工业品；发泡剂VES-1、聚胺抑制剂、超支化聚合物降滤失剂等均为室内合成。

作者简介：谢建宇（1977—），男，河南省开封市人，高级工程师，现任中原石油工程公司钻井院技术专家，主要从事油田化学品研制及开发工作。E-mail：zyytxjy@sina.com。

高速搅拌机（青岛海通达仪器有限公司）、高温滚子炉（青岛海通达仪器有限公司）、六速旋转黏度计（青岛海通达仪器有限公司）、CL-Ⅱ型PVT流体测试仪（荆州创联石油科技发展有限公司），堵漏模拟评价装置（荆州创联科技有限公司）。

1.2 泡沫增强剂合成

将AA、AM、AMPS、含烷基长链的乙烯基单体和相对分子质量调节剂溶解于清水中加入四口烧瓶中，然后将引发剂过硫酸铵溶解于清水中备用，将体系加热至一定温度后，将引发剂溶液加入反应体系中，然后将体系加热至90~100℃反应0.5h，接着将溶液用NaOH中和至体系pH值8~9，得到泡沫增强剂FSA-1。

1.3 泡沫性能评价

在100mL水中加入1g发泡剂，然后在高速搅拌机8000r/min转速下高速搅拌1min，将泡沫浆倒入量筒中，记录泡沫的体积，并记录泡沫体系析出50mL发泡基液所用的时间作为泡沫半衰期。

2 结果与讨论

2.1 泡沫增强剂性能评价

2.1.1 泡沫稳定性

从表1可以看出，随着泡沫增强剂用量的增加，发泡剂VES-1发泡体积略有降低，但泡沫半衰期从9.3min提高至24.4min，泡沫稳定性显著增加。

表1 泡沫增强剂用量对发泡剂VES-1泡沫性能影响

泡沫增强剂用量/%	起泡体积/mL	半衰期/min
0	450	9.3
0.3	420	15.7
0.5	410	19.2
0.7	400	21.6
1.0	385	24.4

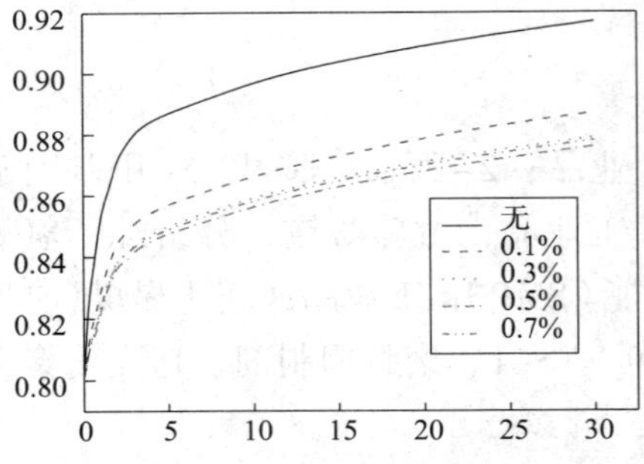

图1 泡沫增强剂用量对泡沫抗压缩性能影响

2.1.2 泡沫抗压缩性

利用PVT流体测试仪测定高压下泡沫液密度变化。从图1可以看出，加入0.3%泡沫增强剂FSA-1后，泡沫抗压缩性能明显提高，与未加入泡沫增强剂相比，在30MPa压力下体系密度差达到0.04g/cm^3，泡沫抗压缩性可提高约25%。

室内以发泡剂VES-1、泡沫增强剂FSA-1为基础，配合其他处理剂形成抗温140℃、密度不小于0.85g/cm^{3}的微泡钻井液体系配方：3%~5%膨润土+0.5%~1%VES-1+0.1%~0.3%XC+

2%~3%降滤失剂+0.2%~0.6%泡沫增强剂FSA-1+1%~2%SMP+1%~2%SMC+0.3%~1%抑制剂+1%~2%改性纤维封堵剂CPF+1%~2%护壁剂+0.1%~0.3%杀菌剂。

2.2 抗高温微泡钻井液性能评价

2.2.1 抗温性能

将配制的微泡钻井液在不同温度下老化16h后考察其流变性和密度变化。从表2中可以看出，在140℃下老化16h后，与老化前相比微泡钻井液密度上升均在0.05g/cm³以内，表现出良好的抗温性能。

表2　不同老化温度微泡钻井液性能

老化条件	*AV*/mPa·s	*PV*/mPa·s	*YP*/Pa	*ρ*/（g/cm³）
室温	67.5	36	31.5	0.85
50℃/16h	67	36	31	0.85
80℃/16h	67	36	31	0.85
120℃/16h	65	35	30	0.87
140℃/16h	64	35	29	0.89

2.2.2 抗污染性能

为满足现场需要，微泡钻井液经污染后在140℃下老化16h，对其抗污染能力进行综合评价。从表3可以看出，微泡钻井液分别经岩屑粉、水泥粉和NaCl污染及高温老化后，泡沫状态仍然较好，说明微泡钻井液具有较强的抗污染性能。

表3　抗污染性能评价

因　素	加量/%	*AV*/mPa·s	*PV*/mPa·s	*YP*/Pa	*FL*/mL	*ρ*/（g/cm³）
基浆	0	62	28	34	8.2	0.86
岩屑粉	5	54	30	24	8.0	0.91
水泥石粉	2	67.5	31	36.5	9.6	0.90
NaCl	5	51	27.5	23.5	8.8	0.89

2.2.3 抑制性能

在微泡钻井液中加入部分岩屑，考察微泡钻井液对岩屑的抑制性能。从表4以看出，岩屑在清水中一次页岩回收率仅为8.1%，而微泡钻井液抑制性能明显提高，一次页岩回收率达到93.35%，相对回收率达到95.2%，可以满足现场要求。

表4　抑制性评价

配　方	页岩回收率/%		
	R_1/%	R_2/%	*R*/%
微泡钻井液	93.4	88.7	95.2
清水	8.1		

2.2.4 抗压缩性

配制不同密度的微泡钻井液，利用PVT测试仪对配制密度随压力的变化进行测定。从图2中可以看出，室温下抗高温微泡钻井液在30MPa下体系密度从0.86g/cm^{3}升高至0.93g/cm^3，表现出较强的抗压缩性能，有利于在井底高压条件下保持稳定，增强钻井液防漏性能。

2.2.5 承压封堵性能

配制密度0.85g/cm^{3}微泡钻井液，利用不同目数的砂子模拟不同孔隙大小的漏失地层，考察砂床目数对微泡钻井液封堵性能的影响。从图3中可以看出，当砂床目数在40~60目和60~90目时，微泡钻井液的承压封堵能力可达15MPa以上，能够对40~60目及以上砂床实现有效封堵；但对孔隙更大的20~40目砂床，最大承压3MPa，未能实现有效封堵。

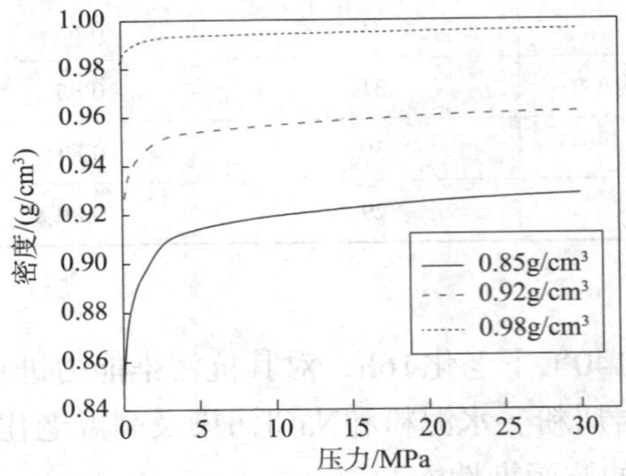

图2 不同密度微泡钻井液抗压缩性能

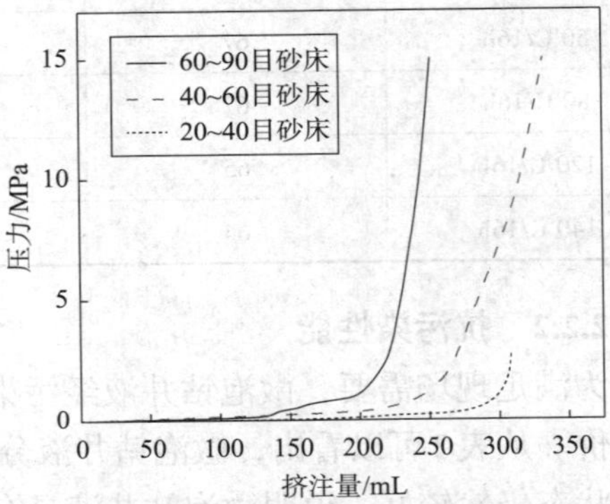

图3 砂床目数对微泡钻井液承压封堵性能影响

2.2.6 储层保护特性

取文109井岩心（2818~2823m井段，含泥砂岩），对抗高温微泡钻井液和常规水基钻井液体系的储层保护性能进行评价。从表5可以看出，抗高温微泡钻井液岩心渗透率恢复值达92.8%，而常规水基钻井液岩心渗透率恢复值仅为71.5%，表明抗高温微泡钻井液对储层的污染程度较小，具有良好的储层保护性能。

表5 不同类型钻井液体系岩心渗透率恢复值

钻井液类型	原始渗透率/$10^{-3}\mu m^2$	驱替压力/MPa	污染后渗透率/$10^{-3}\mu m^2$	渗透率恢复值/%
常规水基钻井液	3.05	0.60	2.18	71.5
微泡钻井液	4.31	0.32	4.00	92.8

3 现场应用情况

文13西油气藏地处河南省濮阳县文留镇，含气层位于沙三中$^{4-5}$砂组，含油层位于沙三中$^{5-9}$砂组。气藏埋深3040~3221m，为中孔中渗储层，地温梯度高达3.96℃/100m，地层温度最高可达140℃，孔隙度为10.8%~25.3%，渗透率一般为（0.26~466.8）×$10^{-3}\mu m^2$。卫11油气藏地处河南省濮阳市清丰县和山东省聊城市莘县交界处，主要含气层系为沙三下[1-3]砂组，气藏埋深2500~2895m，为中孔中渗储层，地温梯度在3.8℃/100m左右。抗高温微泡钻井液在中原文13西、卫11等储气库储层段（地层压力系数最低仅为0.4~0.7）共应用38口井，表现出良好的抗温性能及防漏效果，为中原储气库群建设提供了有力的技术支撑。现将现场钻井液情况进行简要介绍。

3.1 抗温性能好

文13西储气库施工期间，微泡钻井液性能稳定，体系流变性、滤失量变化较小，且动塑比可达0.4以上，携岩效果好，井筒相对比较清洁，有利于后期固井作业，见表6。

表6 文13西储4井四开微泡钻井液分段性能

井深/m	密度/（g/cm^3）	*AV*/mPa·s	*PV*/mPa·s	*YP*/Pa	动塑比	*FL*/mL	*Gel*/（Pa/Pa）
3140	1.04	38	27	11	0.41	5	2/3.5
3195	1.05	37	26	11	0.42	4	2/5
3214	1.16	38	26	12	0.46	4	2/5
3245	1.20	38	26	12	0.46	4.2	2/5

3.2 防漏性能突出

抗高温微泡钻井液现场施工38口井，37口井未发生漏失。其中，卫11等部分井采用密度0.95~0.98g/cm^3微泡钻井液钻进，未发生漏失。文13西储气库储层段施工期间，由于第一口施工井储3井钻进过程中最高气测值40%，完钻后效60%，上窜速度180m/h（规定不高于15m/h），工程提密度至1.20g/cm^3恢复正常，后期7口井采用密度1.03~1.23g/cm^3微泡钻井液（含气量5%~10%）钻进，8口井均未发生漏失，钻井液表现出良好的防漏性能，见表7。

表7 抗高温微泡钻井液施工情况

施工井号	密度/（g/cm^3）	岩 性	施工井段/m	漏失情况/m^3
卫11储1井	0.96~0.98	粉砂岩、泥岩	2710~2900	无漏失
卫11储4井	0.95~0.98	粉砂岩、泥岩	2607~2809	无漏失
卫11储10井	0.95~0.98	粉砂岩、泥岩	2623~2823	无漏失
文13西储3井	1.03~1.20	粉砂岩、泥岩	3110~3202	无漏失
文13西储5井	1.14~1.23	粉砂岩、泥岩	3170~3275	无漏失
文13西储7井	1.14~1.23	粉砂岩、泥岩	3152~3247	无漏失

3.3 抑制性强

抗高温微泡钻井液具有较好的抑制性，施工期间井壁稳定，井眼规则，起下钻顺畅，电测、下套管顺利，储层段平均井径扩大率小于7%。其中，卫11储3井取心30m（井段2695~2725m，钻井液密度0.95~0.96g/cm^3），出心完整，出心率达94.0%。

3.4 不影响泵上水及无线定向作业

微泡钻井液在储气库施工过程中，密度最低为0.95g/cm^3，对泵排量（28L/s以上）影响小，几乎不影响泵上水性能。此外，微泡钻井液在卫11储3井首次使用无线定向仪器，不影响信号传输，保证了储层段定向施工顺利进行。

4 结论

（1）以室内合成的微泡钻井液用发泡剂VES-1、泡沫增强剂FSA-1为基础，形成了抗高温微泡钻井液配方，体系抗温性好，抑制性强，在40~60目砂床中承压可达15 他MPa以上，具有良好的储层保护性能。

（2）抗高温微泡钻井液在中原储气库群成功应用38口井，37口井未发生漏失，最高应用温度140℃，施工井段平均井径扩大率小于7%，且不影响无线定向仪器，可有效解决低压易漏地层钻进过程中地层漏失难题，具有良好的现场应用前景。

参 考 文 献

[1] 赵福，王平全，李旭，等 . 微泡沫钻井液 Aphron 最新进展 [J]. 钻采工艺，2008，31（1）：123–124.
[2] 岳前升，王玺，张顺元，等 . 可循环微泡沫钻井液性能研究 [J]. 石油天然气学报，2011，33（9）：123–126.
[3] 汪桂娟，丁玉兴，陈乐亮，等 . 具有特殊结构的微泡沫钻井液技术综述 [J]. 钻井液与完井液，2004，21（3）：44–52.
[4] 徐江，谭春勤，金军斌 . Aphron 钻井液体系在大牛地气田的应用前景 [J]. 内蒙古石油化工，2009，35（11）：129–130.
[5] 郑秀华，李国庆，王军，等 . 可循环微泡沫及其应用 [J]. 探矿工程，2009，36（增刊）：255–259.
[6] 张振华 . 可循环微泡沫钻井液研究及应用 [J]. 石油学报，2004，25（6）：92–95.
[7] 辛寅昌，王晓东，谢瑞瑞，等 . 耐盐耐温耐油水基微泡钻井液的制备 [J]. 钻井液与完井液，2012，29（1）：15–18.
[8] 王金磊，赵国浩，王军 . 防漏钻井液体系技术研究与应用 [J]. 西部探矿工程，2016，28（05）.
[9] 罗淮东，石李保，左京杰，等 . 可循环微泡钻井液研究及其在乍得潜山地层的应用 [J]. 钻井液与完井液，2017，34（05）：8–13.

超高温钻井液技术在顺北16X井的应用

王　旭[1,2]　张丽君[1,2]　于得水[1,2]　陈迎伟[1,2]　郭　鹏[1,2]　马　萌[1,2]

（1.中石化中原石油工程有限公司钻井工程技术研究院，河南 濮阳　457001；
2.中石化石油工程钻完井液技术中心，河南 濮阳　457001）

摘　要：针对深部高温地层钻井施工过程中存在的钻井液高温增稠、盐水和CO_2污染钻井液性能难以控制、完井作业重晶石沉降等技术难题，以自主开发的抗盐高温高压降滤失剂HTASP、抗高温抗盐聚合物降滤失剂MMT为主剂，配合优选的除氧剂、抗高温天然沥青粉等，形成了抗温220℃、密度达2.2g/cm³的超高温钻井液体系。超高温钻井液体系在顺北16X二次侧钻井成功应用，完钻井深7533m，设计钻井周期85d，实钻周期52.6d，测井井底温度209℃，测井一次成功；钻井液流变性较好地满足了小井眼施工对泵压要求；沉降稳定性好，施工期间起下钻均顺利到底，没有重晶石沉降；解决了高温条件下碳酸根污染问题；钻井液抗污染能力强，地层盐水污染性能稳定。施工期间除1次井漏，无其他井下复杂情况。

关键词：高温稳定性；钻井液；污染；沉降稳定性

顺北油气田是国内油气增储上产的重要阵地之一，勘探开发的地层主要是奥陶系的一间房组和鹰山组。顺北油气田面积较广，不同断裂带地层地质条件差异较大，如顺南区块中下奥陶统碳酸盐岩地温梯度为3.30℃/100m，井深一般在6000~7500m，井底温度达到190~220℃。且地质条件复杂，地层中含有盐水层，气层中含有硫化氢、二氧化碳。复杂地质条件下钻井液易出现高温增稠、碳酸根和盐水污染性能难以控制、完井长时间高温作业重晶石易沉降等难题。为了解决这些难题，以自主开发的抗盐高温高压降滤失剂HTASP、抗高温抗盐聚合物降滤失剂MMT为主剂，配合优选的除氧剂、抗高温天然沥青粉等，形成了抗温220℃、密度达2.2g/cm³的超高温钻井液体系。在顺北16X井二次侧钻井中成功应用，解决了以上技术难题。

1　核心处理剂

（1）抗盐高温高压降滤失剂HTASP：针对磺化酚醛树脂在温度超过180℃出现的高温增稠、抗盐性能差等情况，对磺化酚醛树脂分子链进行分子修饰改性，通过引入抗温抗盐侧链、降低活性位含量等，合成出抗温达200℃、具有降黏效果的抗高温改性树脂降滤失剂。

（2）抗高温抗盐聚合物降滤失剂MMT：针对常规聚合物在高温条件下易降解、抗钙和降滤失能力差等问题，引入抑制吸附基团水解的单体DMAM、适当提高交联度、控制合适的相对分子质量，合成出抗温达220℃的聚合物降滤失剂。

基金项目：中石化石油工程有限公司科技攻关项目（SG20-29K）。

作者简介：王旭（1979—），高级工程师，学士，毕业于北京化工大学，现在从事钻井助剂及钻井液体系的研究工作。E-mail：zpebwx@163.com。

2 顺北 16X 二次侧钻井技术难点与对策

2.1 基本概况

顺北16X二次侧钻井位于新疆巴音郭楞蒙古自治州且末县境内，原井眼使用某国外公司高性能水基钻井液施工，加深至井深 7086m发生卡钻，经两次泡盐酸、一次泡土酸、钻具倒扣、大头公锥打捞均未成功，回填侧钻。第一次侧钻井眼用油基钻井液施工，完钻井深7120m。完井测试未见产，进行二次侧钻。

本井采用149.2mm 钻头，自6369m钻至设计井深7482.16m（斜）/7365m（垂）完钻，衬管完井，见图1。

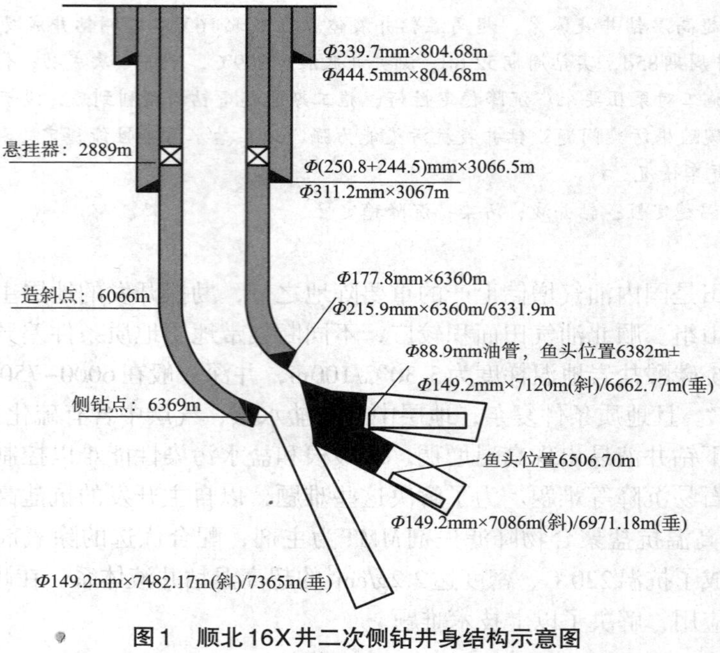

图1 顺北16X井二次侧钻井身结构示意图

2.2 技术难点

目的层一间房组、鹰山组岩性为灰岩、含砂屑泥晶灰岩、砂屑泥晶灰岩、含硅质泥晶灰岩、白云质泥晶灰岩、灰质白云岩等；地层压力系数为1.25~1.55；中下奥陶统碳酸盐岩地温梯度为3.30℃/100m，推算顺北16X井二次侧钻井底（7481.93m斜/7365m垂）的温度为201.5℃。

（1）井底温度高达200℃以上，钻井液性能控制难。此温度下磺化酚醛树脂抗盐性能差、易高温交联等，导致钻井液增稠甚至固化。

（2）地层含CO_2气体，易导致钻井液碳酸根、碳酸氢根污染，性能恶化。原井眼6986m溢流期间后效中CO_2浓度最高达到50%以上。国外公司高性能水基钻井液碳酸根污染后钻井液漏斗黏度达280s，中压滤失量达到全滤失。

（3）高温对钻井液沉降稳定性要求高，要求起下钻或者完井长时间作业期间，重晶石不沉降。

（4）本井二次侧钻Φ177.8mm套管回接到井口，Φ149.2mm小井眼侧钻长裸眼施工，环空间隙小泵压高，对钻井液流变性控制要求高。

（5）奥陶系碳酸盐岩储层溶孔、裂缝较发育，可能出现漏、井涌等。

（6）部分地层出盐水，易导致钻井液性能波动大，性能难以控制。

2.3 技术措施

（1）采用自主开发的抗盐高温高压降滤失剂HTASP、抗高温磺酸盐聚合物降滤失剂MMT，优选抗高温沥青、除氧剂、不同粒径超钙等其他材料，进行配伍性实验，确保钻井液高温下性能稳定。

（2）控制合适密度，适当提高钙离子含量，采用抗钙能力强的抗高温抗盐聚合物降滤失剂MMT、超支化聚合物降滤失剂EHBPS-L护胶，提高钻井液钙离子容量限，便于除掉碳酸根和碳酸氢根。

（3）采用井浆加入10%~30%高浓度的磺化材料胶液、0.5%~0.7%除氧剂、0.5%~1%烧碱配制封闭浆，可改善封闭浆沉降稳定性。

（4）严格控制坂含（20~30g/L）和低密度固相含量（振动筛300目筛网、离心机），有利于钻井液在高温下黏切的控制，可提高排量，满足小井眼钻井施工需要。

（5）配足200~300m^3罐容，配制胶液、封闭浆、重浆等，用来应对井漏降低钻井液密度、起下钻封闭裸眼井段、控压钻井起下钻打重浆帽等不同工况。

（6）采用抗高温磺酸盐聚合物降滤失剂MMT、超支化聚合物降滤失剂EHBPS-L来护胶，提高体系抗盐钙污染能力。若盐水污染后钻井液性能波动大，需及时补充坂土浆和抗高温聚合物护胶，另外及时补充磺化褐煤、抗盐高温高压降滤失剂HTASP控制高温高压滤失量。

3 现场应用

顺北16X井二次侧钻施工井段6364~7533m，实钻钻井液密度为1.4~1.76g/cm^3。设计钻井周期85d，实钻周期52.6d，提前32.4d完钻，测井井底温度209℃，测井一次成功。施工期间超高温钻井液性能稳定，除1次井漏，无其他井下复杂情况，钻井液高温稳定性好，有效满足了高温深井钻井施工要求。流变性较好地满足了小井眼施工对泵压要求；沉降稳定性好，施工期间起下钻均顺利到底，没有重晶石沉降；解决了高温条件下碳酸根污染问题；钻井液抗污染能力强，地层盐水污染性能稳定。

3.1 配方简单，易于性能调控

顺北16X井二次侧钻井眼采用聚磺钾盐水基钻井液体系，根据井温在不同的井段优选抗温处理剂和调整胶液配方，在井段6364~6700m主要使用抗高温聚合物MMT和AP220、SMP-Ⅲ、SMC配制和进行胶液维护，在6700m以后的井段主要使用HTASP、

SMC、超支化乳液聚合物配制胶液维护。高温下钻井液性能稳定、流变性能好，配方简单，维护处理方便。

3.2 钻井液高温稳定性好

顺北16X井二次侧钻应用抗高温抗盐高温高压降滤失剂HTASP、超支化乳液聚合物EHBPS-L、抗高温抗盐聚合物降滤失剂MMT完善了现场聚磺钾盐钻井液体系，施工期间钻井液高温稳定性好，较好地满足了现场施工要求，见表1。

表1 顺北16X二次侧钻井分段钻井液性能

井深/m	ρ/（g/cm³）	*FV*/s	*AV*/mPa·s	*PV*/mPa·s	*YP*/Pa	*Gel*/（Pa/Pa）	*HTHP*（180℃）/mL	*FL*/mL
6364	1.44	74	45	45	0	0/1	30.0	1.8
6454	1.60	50	32	29	3	2/4	22.0	1.4
6568	1.60	53	32.5	30	2.5	2/4.5	18.0	1.0
6709	1.65	58	41	38	3	2.5/5	16.0	0.6
6873	1.70	57	45	36	9	3.5/7.5	15.0	0.6
6930	1.71	62	55.5	51	4.5	2.5/6	12.0	0.4
7133	1.68	56	43.5	39	4.5	2/5	9.0	0.3
7224	1.66	58	48	39	9	3.5/8.5	9.0	0.3
7266	1.66	54	41	33	8	4/12	9.0	0.5
7299	1.50	47	26	22	4	2/6	9.0	1.0
7370	1.48	45	26	22	4	2/6	8.0	1.0
7438	1.47	48	28	25	3	1/5	7.0	1.0
7501	1.47	44	25	24	1	1.5/2.5	5.0	1.0

3.3 有效解决了高温钻井液 CO_2 污染技术难题

配制钻井液时使用抗钙能力强的抗高温抗盐聚合物降滤失剂MMT，维护使用抗钙能力强的超支化乳液聚合物EHBPS-L，施工过程中每天监测钙离子含量，不断在井浆中加烧碱和氯化钙水溶液，随着井深和井温的增加，加大了烧碱和氯化钙的使用量，由最初的烧碱每天0.5t提高至1t，氯化钙由每天0.2t提高至0.5t，始终维持pH值不低于11和维持钙离子含量在150~300mg/L，后效中CO_2含量最高达11.3%，没有出现CO_2酸性气体对井浆的污染。

3.4 高温沉降稳定性良好

每次起下钻采用井浆20~40m³配制封闭浆，主要是补充含SMC、HTASP、除氧剂的胶液。通过200℃高温沉降稳定性实验发现6d沉降稳定性良好，老化罐底部有软沉降，玻璃棒可自由到底。施工期间起下钻正常，井底无沉降重晶石，说明钻井液沉降稳定性良好，可有效满足施工要求。

3.5 高温沉降稳定性良好

采用Φ149.2mm井眼自6364m钻至7532m，套管环空间隙小、井眼尺寸小，对钻井液流变性控制要求高。施工期间在保持钻井液悬浮携带岩屑的基础上，尽量降低塑性黏度，保持低黏切，满足排量和泵压要求。如黏切过高，则通过补充胶液来控制。抗盐高温高压降滤失剂HTASP具有显著的高温降黏作用，在钻井液中复配SMC控制钻井液的黏切，另外定期补充KCl，K^+含量不低于10000mg/L，有效改善了钻井液流变性。整个施工期间带螺杆施工期间排量在10~11L/s，泵压21~25MPa，后期不带螺杆，排量在11~13L/s，泵压19~24MPa。下钻到底顶通泵压在0.8~2MPa，说明钻井液流变性较好地满足了施工要求。

3.6 抗盐水污染能力强

自7292m井漏后，地层出盐水，每次起下钻井底返出混浆，密度降低、黏切降低，但滤失量变化不大。混浆收起后维护处理，可混入循环浆中使用；井浆黏切降低主要采取补充坂土浆和超支化聚合物方式来提高黏切，同时加大维护处理胶液浓度和加量，如黏切过低，则在井浆中直接混入SMC和HTASP，通过调整，钻井液性能稳定。说明钻井液有较好的抗盐水污染能力，可有效保持钻井液性能稳定，见表2。

表2 盐水污染后钻井液性能

井深/m	Cl^-/（mg/L）	ρ/（g/cm^3）	*FV*/s	*AV*/mPa·s	*PV*/mPa·s	YP/Pa	*Gel*/（Pa/Pa）	*FL*/mL
7348	44791	1.43	40	30	30	0	0/1	1.4
维护后	48630	1.49	52	32.5	31	1.5	1/2.5	1.0
7460	55360	1.17	30	5	4	1	0/0	2.0
维护后	49981	1.49	47	26	25	1	0.5/1.5	1.0
7465	51296	1.28	68	57	42	15	2/5	1.6
维护后	48630	1.48	46	25	22	3	1/2	0.8

3.7 钻井液不起泡，有利于泵上水

高温深井因磺化酚醛树脂用量较大，钻井液易起泡，气泡经常溢出循环罐面，影响泵上水，前期顺南蓬1井施工因起泡问题耽误施工周期。本井在6700m前使用SMP-Ⅲ也有一定起泡，在钻井液中加入润滑剂、消泡剂，起泡严重时在高架槽滴加消泡剂，6700m后使用HTASP后，起泡问题得到解决，钻井液在过振动筛后有微量气泡，到循环罐就自行消除，不影响泵上水。通过SMP-Ⅲ和HTASP的清水起泡实验也可以看出，HTASP亲水能力强，不起泡，而SMP-Ⅲ起泡严重。

4 结论

（1）以自主开发的抗盐高温高压降滤失剂HTASP、抗高温抗盐聚合物降滤失剂MMT形成的超高温钻井液体系，抗温可达220℃，长期高温稳定性、沉降稳定性良好，可满足顺北区块高温深井施工要求。

（2）除氧剂可以有效延缓处理剂降解，有利于钻井液高温稳定。现场施工中配制封闭浆均加入除氧剂，沉降稳定性显著改善。

参考文献

[1] 付焘，蒲晓林，曾欣，等．抗高温高密度水基钻井液室内研究［J］．钻井液与完井液，2008，25（2）：17-18.

[2] 李雄，董晓强，金军斌，等．超高温高密度钻井液体系的研究与应用［J］．钻井液与完井液，2020，37（6）．

[3] 毛惠．超高温超高密度水基钻井液技术研究［D］．青岛：中国石油大学（华东），2017.

[4] 孙强，邱正松，李自立，等．高密度钻井液沉降稳定性的模拟实验研究［J］．能源化工，2020，41（6）：49-55.

[5] 王中华．超高温钻井液体系研究（Ⅰ）抗高温钻井液处理剂设计思路［J］．石油钻探技术，2009，37（3）：1-7.

[6] 王中华，王旭，杨小华．超高温钻井液体系研究（Ⅱ）——聚合物降滤失剂的合成与性能评价［J］．石油钻探技术，2009，37（4）：1-6.

[7] 王中华，王旭．超高温钻井液体系研究（Ⅲ）抗盐高温高压降滤失剂研制［J］．石油钻探技术，2009，37（5）：5-9.

[8] 王中华，王旭，杨小华．超高温钻井液体系研究（Ⅳ）——盐水钻井液设计与评价［J］．石油钻探技术，2009，37（6）：1-5.

顺北工区8号断裂带超深层水基钻井液技术

赵怀珍　李秀灵　李海斌　王旭东

（中石化胜利石油工程有限公司钻井液技术服务中心，山东 东营　257078）

摘　要：顺北油气田位于新疆阿克苏地区和巴州交界处，属于断溶体油气藏，埋深超过7300m，是目前世界上油藏埋深最深的油气田之一，具有超深、超高温的特点。针对顺北8号带超深地层特点，通过抗温关键处理剂的研选，优化钻井液性能参数，研制出一套密度达2.0g/cm^{3}的高性能水基钻井液体系，室内评价结果表明，该钻井液抗温达到200℃，在高温下具有良好的流变性能，能较好地封堵泥页岩微裂缝，180℃下高温高压滤失量为13.8mL，滤饼质量薄且有韧性，能抗碳酸根、碳酸氢根污染以及盐水侵污染。顺北801X井现场应用表明，该钻井液在高温井段性能稳定，维护简单，应用效果良好，达到了邻井应用国外水基钻井液体系的效果，完钻井深9145m，为国内陆上采用水基钻井液完钻的最深定向井。该井试油产量折算油气当量达1007.6t，该钻井液的成功应用，为顺北区块后续施工井钻井液体系的优选提供很好的借鉴。

关键词：顺北区块；超深层；水基钻井液；抗高温；二氧化碳污染

顺北区块超深井埋藏深度超7300m，具有超深、超高压、超高温的特点，超深钻井属于"世界级难题"。顺北区块8号断裂带以奥陶系的一间房组—鹰山组上段为主要目的层，储层为凝析气藏，钻井设计以四开制井身结构为主，四开为高温高压井段，井底温度超过180℃，气藏压力高，地层压力系数在1.45~1.96。储层为碳酸盐岩，存在发育较大裂缝，容易发生溢流、井漏、CO_2和盐水侵等复杂情况，且地层发育砂泥岩易分散造浆，加大了高温高压条件下水基钻井液流变性的调控难度。邻井因钻井液体系热稳定性差、携岩性差、滤失量控制难、井漏而诱导的盐水侵、气侵以及CO_2污染等原因，发生了钻井液严重增稠、起下钻频繁遇阻等复杂情况，大幅延长钻井周期，严重影响作业安全及勘探效率。因此，结合其他断裂带施工井情况和8号断裂带超深地层特点，通过优选抗温处理剂，优化钻井液性能参数，研制出抗高温高性能水基钻井液体系，并在顺北801X井四开井段成功应用，有效证实了研发的抗高温高性能水基钻井液优良的性能，为后续高温高压复杂井安全、高效钻井提供了技术支持。

1　钻井液技术难点

1.1　强挤压、高应力井段易发生井壁坍塌

顺北8号断裂带构造脊为压隆构造，易造成应力集中，钻开后应力释放，井内钻井

作者简介：赵怀珍（1976—），山东临沂人，高级工程师，2005年毕业于中国石油大学（北京），获化学工程与技术专业博士学位，一直从事钻井液新技术研发与应用工作。E-mail：zjyzhz@126.com。

液液柱压力取代原地层对井壁的支撑，破坏了地层的应力平衡，引起井周应力重新分布，定向钻进存在井壁垮塌风险。顺北油田在一段时间内多口井钻遇破碎地层，处理井下复杂时间平均超过180天。

1.2 井眼清洁困难

四开基本采用Φ165.1mm钻头钻进，由于鹰山组灰岩地层相对稳定，井径扩大率相对较小，环空间隙小。随着井深的增加，泵压易升高，所以不得不控制排量，这就造成环空返速低，加上钻井液高温高压条件下黏切低，悬浮性能不足，极易形成岩屑床，井眼清洁难度大。

1.3 流变性调控难

四开为异常高温高压地层，井底温度往往超过180℃，已完钻井在钻进过程中多次发生CO_2侵和盐水侵，由于未能采取有效措施及时将碳酸根除掉，加上钻井液关键处理剂抗盐能力不足，经过高温作用，污染后的钻井液稠化严重，滤失量大幅增加，不得不采取放浆和置换的方式来调整钻井液流变性。

1.4 润滑防卡

水平位移大，井斜大，稳斜段长，对钻井液的减摩降扭性能要求极高。为了提高钻井液的高温润滑性，其他断裂带目的层一般采取开钻后混原油的方法，取得了一定效果，但混原油不利于控制钻井液的流变性。

1.5 储层保护难度大

储层为碳酸盐岩裂缝性油气藏，由于地层裂缝宽度难以确定，邻井采用粒度级配的超细碳酸钙作为暂堵剂，但因钻进过程中多次发生漏失，导致重晶石粉堵塞油气通道，在一定程度上影响了酸压投产效果。对钻井液性能参数和立压分析后，钻井液黏切高导致循环压耗大可能是诱导漏失的重要原因，因此除了选用暂堵剂，应当严格控制钻井液的黏切，避免诱导漏失的发生。

2 钻井液关键技术

2.1 致密封堵防塌技术

采用高压可视封堵实验仪HTD18986，以砂床侵入深度为指标评价了高软化点沥青FT-1、成膜封堵剂和化学固壁剂GBFS-1的封堵能力，实验温度为90℃，实验压力为8MPa，见表1。

表1　封堵性能评价结果（90℃，8MPa）

序　号	配　方	砂床侵入深度/mm
1#	2%土	全失
2#	2%土+3%FT-1	25.8
3#	2%土+3%FT-1+2%成膜封堵剂+2% GBFS-1	10.5

从表1数据可知，土浆加入高软化点沥青后，由于高软化点沥青发生形变和吸附作用，能够堵塞黏土颗粒之间的孔隙，砂床侵入深度由全失减少到25.8mm。高软化点沥青与成膜封堵剂、化学固壁剂复配以后，砂床侵入深度进一步降低为10.6mm。成膜封堵剂是一种纳-微米级高分子聚合物，可在多孔介质（如孔隙性地层）表面通过滤失形成致密的高分子膜，这种高分子膜具有低渗透、可变形的特性。化学固壁剂GBFS-1是能够在井壁表面固化形成具有较强黏附性和内聚力的凝胶“仿生壳”，从而提高井壁岩石强度。可视封堵实验结果表明，通过微米级高软化点沥青颗粒、纳-微米级成膜封堵剂的逐级封堵，能够在砂床表层快速形成封堵层，而化学固壁剂形成的致密“仿生壳”，有效阻止了一定压差下钻井液的渗入。以上三种封堵材料的复配使用，可以发挥物理封堵和化学胶结的耦合防塌作用，实现对砂岩微裂隙的致密填充与封堵固壁，从而提高古生界砂泥岩地层承压能力，从而达到强化井壁的目的。

2.2　高温稳定技术

抗温聚合物NX-1由2-丙烯酰胺基-2-甲基丙磺酸、乙烯基吡咯烷酮以及二乙烯苯等单体通过胶束聚合法制得，具有缔合微交联网络结构。冷冻蚀刻电镜分析表明，水溶液中聚合物NX-1的结构骨架是由宽度约为几十微米的纤维束构成的，高温老化后仍能保持较为完整的网状结构，这主要是因为聚合物主链受磺酸基和苯环的保护作用，高温条件下不容易受到外部自由基的攻击，难以发生高温降解作用，从而使聚合物具有较强的抗温性。

以2%土+3%FT-1+2%成膜封堵剂+2% GBFS-1为基浆，加入聚合物NX-1和DSP-1后，在200℃下老化16h后对体系的流变性的影响，实验结果见表2。与单一处理剂相比，通过抗温聚合物NX-1和DSP-1的协同作用，极大提高了钻井液的高温稳定性，这可能是因为DSP-1为小分子磺酸盐共聚物，高温条件下部分分子链能够进入聚合物NX-1的交联网络结构中，使得更多的磺酸基保护聚合物主链。

表2　聚合物对钻井液流变性的影响

配　方	条　件	*AV*/mPa·s	*YP*/mPa·s	*PV*/Pa	Φ_6/Φ_3	*Gel*/（Pa/Pa）
2%土+1.0%NX-1+3%FT-1+2%成膜封堵剂+2%化学固壁剂GBFS-1	老化前	132/73	59	7	7/6	3/8
	老化后	86/47	39	4	3/2	1.5/2
2%土+1.0%DSP-1+3%FT-1+2%成膜封堵剂+2%化学固壁剂GBFS-1	老化前	75/46	29	8.5	4/3	1.5/3.5
	老化后	53/30	23	3.5	3/2	1/2

续表

配方	条件	*AV*/mPa·s	*YP*/mPa·s	*PV*/Pa	Φ_6/Φ_3	*Gel*/（Pa/Pa）
2%土+0.5%NX-1+0.5%DSP-1+3%FT-1+2%成膜封堵剂+2%化学固壁剂GBFS-1	老化前	96/59	37	11	5/4	2/5.5
	老化后	92/54	38	8	4/3	1.5/4

高密度钻井液中重晶石加量大，为提高重晶石的沉降稳定性，考察了降黏剂和高温分散剂的作用效果。以2%土+0.5%NX-1+0.5%DSP-1+3%FT-1+2%成膜封堵剂+2%化学固壁剂GBFS-1为基浆，采用优质重晶石加重至2.0g/cm^3，测定高温老化前后钻井液的流变性和沉降系数，实验结果见表3。

表3　钻井液沉降稳定性的影响

配方（密度2.0g/cm^3）	条件	*AV*/mPa·s	*YP*/mPa·s	*PV*/Pa	Φ_6/Φ_3	*Gel*/（Pa/Pa）	沉降系数		
							16h	48h	72h
1#浆：2%土+0.5%NX-1+0.5%DSP-1+3%FT-1+2%成膜封堵剂+2% GBFS-1	老化前	69	57	12	7/5	3/9	—	—	—
	老化后	65	55	10	4/3	2/4.5	0.875	0.736	0.869
1#浆+0.5%降黏剂	老化前	59	49	10	4/3	2/5	—	—	—
	老化后	51	44	7	3/2	1.5/3	0.593	0.536	0.657
2#浆+0.5%分散剂FS-1	老化前	65	52	13	6/4	2.5/8	—	—	—
	老化后	60.5	49	11.5	5/4	2/6.5	0.514	0.516	0.520

从表3可知，不加高温分散剂FS-1或降黏剂时，老化后的钻井液沉降系数较高，并且老化罐底部有硬沉淀生成，不能满足现场施工要求。高温分散剂对钻井液的流变性影响小，对重晶石表现出良好的分散性能，这是由于高温分散剂可以吸附在重晶石颗粒表面，增加颗粒之间的空间位阻效应，阻止重晶石颗粒的聚集，从而显著提高钻井液的沉降稳定性。在现场施工中，邻井通常加入降黏剂来改善高密度钻井液的流变性，由于降黏剂对重晶石的分散作用有限，时效性较差，井底的钻井液长时间高温静置后易产生重晶石堆积，造成下钻难以到底。

2.3　多点吸附润滑技术

由于常规润滑剂结构中缺乏高效吸附基团，难以在摩擦表面形成牢固的吸附润滑膜，这就导致常规润滑剂润滑性能低，润滑持效性弱。多点吸附润滑剂结构中含有多个吸附基团，能够在摩擦表面产生牢固的多点吸附，提升润滑剂成膜强度，在井下高固相环境下，润滑剂形成的多点吸附润滑膜能够耐受钻屑刮擦磨损，维持润滑性能。此外，为了提升润滑剂的润滑性能，降低摩阻与托压，在多点吸附润滑的基础上加入固体润滑剂，利用固体润滑剂的滚动摩擦效应，与多点吸附润滑剂润滑协同增效，进一步增强整体钻井液的润滑性能。两种润滑剂的增效润滑机理如图1所示。

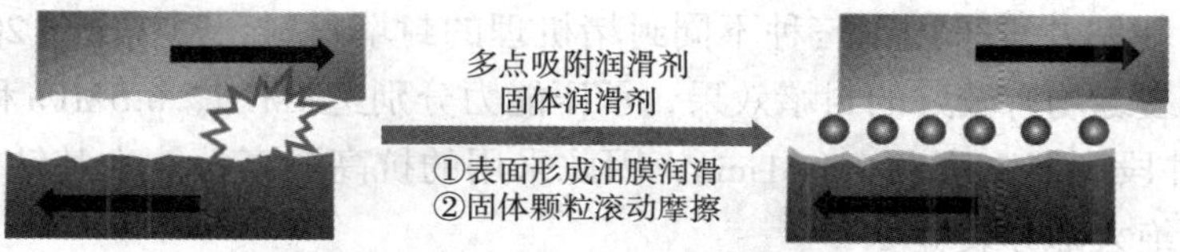

图1　润滑剂的增效润滑机理

3　钻井液配方及其性能评价

3.1　基本性能

经过主要处理剂优选，确定的抗高温高性能水基钻井液体系配方如下。

2%土+0.5%NX-1+0.5%DSP-1+3%FT-1+2%成膜封堵剂+2%化学固壁剂GBFS-1+0.5%分散剂FS-1+5%多点吸附润滑剂+2%固体润滑剂+重晶石。

密度为2.0g/cm^{3}的抗高温高性能水基钻井液分别在180℃、200℃条件下老化16h，在60℃下测定其基本性能，实验结果见表4。由表4可知，钻井液在180~200℃范围内性能良好，随着老化温度的升高，塑性黏度和静切力略有减小，钻井液整体流变性能稳定，具有较高的塑性黏度和低的静切力，较好的润滑性；高温高压滤失量都在15mL以内，沉降系数<0.52，高温流变性和降滤失性良好。

表4　抗高温高性能水基钻井液在不同温度下的性能

$T_{老化}$/℃	PV/mPa·s	YP/Pa	Φ_6/Φ_3	Gel/(Pa/Pa)	FL_{API}/mL	FL_{HTHP}/mL	润滑性	沉降系数
180	46.5	7.5	9/7	3/6	1.8	12.2	0.06	0.506
200	38.5	5	8/5	2/4	3.6	13.8	0.08	0.514

注：FL_{HTHP}为在180℃下测定。

3.2　封堵性能

3.2.1　电镜分析

采用扫描电子显微镜，观察灰岩岩样与抗高温高性能钻井液作用后的微观形貌。顺北奥陶系灰岩发育明显的微裂缝，灰岩成分以碳酸盐类矿物为主，更容易形成溶蚀型的裂缝。在一定压差下，灰岩与抗高温高性能钻井液作用后，灰岩表面的微裂缝难以被观察到，仅存在极少量的微孔。钻井液中的封堵材料通过滞留、吸附、成膜和化学胶结作用，对大多数孔隙和微裂缝能够有效封堵，形成致密的封堵层，表明抗高温高性能钻井液具有优异的封堵能力。

3.2.2　封堵微裂缝分析

采用可变缝宽微裂缝封堵模拟实验装置，分析在90℃条件下，抗高温高性能水基钻井液对开度为2μm、20μm和200μm微裂缝的封堵能力，通过记录压力随时间的变化曲线，分析钻井液封堵能力。所得的承压能力测试曲线如图2所示。从实验结果可知，由于抗高温高性能钻井液采用了三种不同封堵机理的封堵材料，对2μm、20μm和200μm开度的模拟微裂缝均有较好的封堵效果，承压能力分别达8MPa、6.5MPa和6MPa。顺北801X井四开井段裂缝宽度在0.1~1mm，因此采用的抗高温高性能水基钻井液可有效封堵四开井段的绝大部分裂缝。

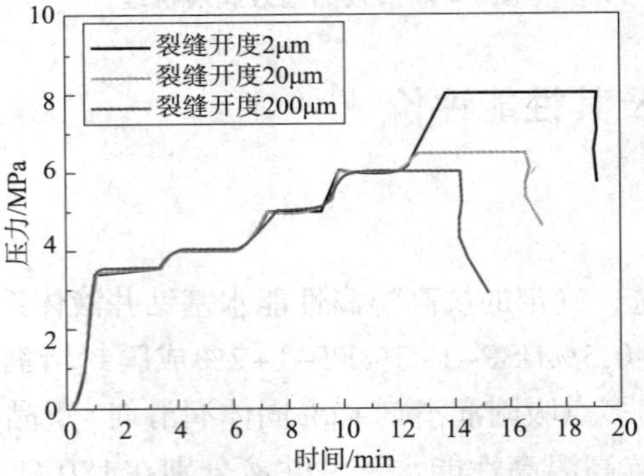

图2　钻井液封堵不同开度微裂缝的承压能力曲线

3.3　抑制性能

据邻井地质录井资料，顺北8号条带部分支断裂地层含有泥质填充物，因此考察了抗高温高性能水基钻井液的抑制性能。选取顺北8X井奥陶系鹰山组地层岩样，进行高温滚动回收实验和线性膨胀实验，实验结果显示，奥陶系鹰山组地层岩样的滚动回收率为92.4%，线性膨胀高度为1.23mm，表明抗高温高性能水基钻井液可较好地抑制高温条件下钻屑分散，具有良好的抑制性能，有利于断裂地层钻进过程中井壁稳定。

3.4　抗污染性能

碳酸根污染和盐水侵是顺北801X井四开井段的主要污染物，在密度为2.03g/cm³的抗高温高性能水基钻井液中分别加入碳酸钠型以及模拟的$NaHCO_3$型地层水，200℃下热滚16h后，50℃下测定其性能，考察钻井液抗污染性能，结果见表5。

表5　抗高温高性能水基钻井液抗污染性评价数据

污染物	浓　度	ρ/（g/cm³）	PV/mPa·s	YP/Pa	Gel/（Pa/Pa）	FL_{HTHP}/mL
0	0	2.03	38.5	5	2/4	12.2
碳酸钠	10g/L	2.04	42	5.5	2/5	14.2
碳酸钠	30g/L	2.05	49	10	4/12	15.8
盐水	10mL/L		38	5	2/4	
盐水	30mL/L		36	4.5	1.5/3.5	
盐水	50mL/L		31	4	1/2	

注：FL_{HTHP} 为在180℃下测定。

由表5知，在200℃下热滚16h后，加入碳酸钠后抗高温高性能水基钻井液的塑性黏度和切力增加，失水增大，但流变性与滤失性仍能满足正常钻进需要；加入模拟地层盐水后，钻井液的塑性黏度和动切力降低，因此现场需要及时补充适量的SMP-3和抗高温聚合物提高黏土颗粒的胶体稳定性，提高钻井液的黏切，以免发生重晶石沉降。

4　现场应用

4.1　现场工艺措施

（1）配浆和替浆。配浆前彻底清洗4个循环罐并作为配浆罐，因井筒容积171m^3，按照实验配方配制220m^{3}密度为1.65g/cm^{3}高性能钻井液，配完加重泵充分剪切循环4h。另外在胶液罐配制40m^{3}高浓度胶液（0.5%烧碱+5%SMP3+5%SPNH+1%NX-1）备用。取配制好的钻井液进行180℃热滚和静止老化实验，黏切和滤失性达到入井要求。以25L/s排量连续替浆，出口密度达到1.65g/cm^{3}以后停止替浆。彻底清洗沉砂罐和泥浆槽，然后充分循环剪切3周，通过补充胶液和干加处理剂的方式继续调整性能，漏斗黏度不超过50s，高温高压滤失量达到12mL，即可开始钻进。

（2）高温稳定措施。井底温度高达191℃，钻井液极易发生高温稠化，泵压升高容易压漏地层，因此必须严格控制黏切，漏斗黏度控制在40~50s，终切控制在8~15Pa。①每钻进100m补充约1tDSP-1、0.5t抗温聚合物NX-1、0.2t高温分散剂，确保钻井液具有良好的抗高温稳定性。②使用270目筛布，控制低密度固相不超过3%，避免岩屑分散造成黏切升高。③全井钻井液MBT值控制在20~30g/L，如MBT值高，则开启离心机清除部分土相，如果MBT值低于20g/L，则每次补充5m^{3}预水化的10%膨润土浆，使钻井液具有足够的悬浮和携岩能力。④该井储层为碳酸盐地层，容易造成碳酸根污染，导致钻井液性能恶化，配浆时提前对钻井液加入1%氯化钙进行预处理，钻进过程中每班循环加入200kg氯化钙，保证钻井液钙离子含量不低于300mg/L。

（3）井壁稳定措施。①根据气测显示和起下钻后效及时调整钻井液密度，循环2~3周后气测值基本恢复正常，则不提高钻井液密度，避免盲目加重压漏地层。②控制低黏低切，防止起钻抽吸导致井壁坍塌。③钻进过程及时补充封堵材料，提高裂缝性地层承压能力，每钻进100m补充0.5t成膜封堵剂、1t高软化点沥青和0.3t化学固壁剂。④在钻至8200m第一个断裂前100m，进一步降低高温高压滤失量至10mL以下。

（4）减摩降扭措施。定向前一次性加入2%多点吸附润滑剂，随着井深的增加和井斜的增大，逐渐提高加量，保持含油量不低于5%，黏滞系数小于0.05。当钻进至8800m，一次性加入2%固体润滑剂，确保摩阻不超过20t，扭矩不超过15kN·m。

（5）井眼清洁措施。当振动筛返砂偏少和摩阻较高时，用井浆加2%DSP-1和3%抗高温聚合物NX-1配制漏斗黏度为80s以上的30m^{3}稠浆清扫一次井眼，以避免岩屑床的形成。随着推稠塞次数增加，钻井液中DSP-1和NX-1含量会增加，动切力会随之升高，当动切力超过15Pa以后可不推稠塞。

（6）储层保护措施。①钻进过程中采用近平衡压力钻井，及时调整密度，钻至

7910m开始降低密度，8130m密度降为1.35g/cm^3，钻至8300m密度降为1.28g/cm^3。②除控制高温高压滤失量，钻至8100m按1：1：1的比例加入800目、1200目和2500目超细碳酸钙。③测井期间，每次通井起钻前，用循环井浆配制30m^{3}封闭浆，加入0.5%高温稳定剂和0.3%高温分散剂，钻井液长时间高温静止下性能不发生明显改变，有效地保护油气层。

4.2 应用效果

（1）顺北801X井2021年8月29日四开开钻，井深7690m，在奥陶系一间房组和鹰山组地层钻进进尺1455m，12月14日完钻。全程钻井液性能表现良好，井下安全正常。钻进期间抗高温高性能水基钻井液的性能见表6。从表6中数据可知，该体系塑性黏度控制在设计值内，动塑比在0.35~0.45Pa/（mPa·s），静切力数值适中，同时具有较高的Φ_6读数，表明体系具有良好的携岩性和悬浮性能。

表6 顺北801X井四开井段抗高温水基钻井液性能

井深/m	ρ/（g/cm^3）	PV/mPa·s	YP/Pa	Gel/（Pa/Pa）	Φ_6/Φ_3	摩擦系数	FL_{HTHP}/mL
7736	1.65	23	8	3/9	5/4		8.8
7964	1.45	24	10	2/8.5	6/5	0.0349	9
8412	1.28	27	9	2/6	4/3	0.0349	9
9145	1.28	28	9	2/7.5	5/4	0.0349	9

（2）与同一构造邻井相比，顺北801X井采用的抗高温高性能水基钻井液在高温高密度井段具有抗温能力强、热稳定性好、抗污染能力强，能够在高温下保持良好的流变性、高温护胶性和护壁性等，为钻井/测试作业提供了很好的安全井眼环境。施工过程中未发生因钻井液性能不稳定增稠而排放钻井液的情况，高密度钻井液维护体积大幅度减少，节约了大量钻井液材料，大幅度缩短了钻井周期。

（3）油层保护效果良好。顺北801X井试油获高产工业油气显示，日产原油136.7t，天然气109.3×10^{4}m^3，折算油气当量为1007.6t。该井成功应用，进一步证明抗高温高性能水基钻井液兼具高性能和高油层保护的双重性能，为顺北油气田8号断裂带勘探开发提供坚实技术支撑。

5 结论与建议

（1）针对顺北区块超深井地层特点和钻井难点，以“增强钻井液抗温稳定性”为基础开发的抗高温高性能水基钻井液，解决了钻井液在高温下流变性、沉降稳定性、抗污染能力、封堵性及滤失量不能兼顾的难题。

（2）抗高温高性能水基钻井液抗温可达200℃，高温下性能稳定，易于调控，封堵性强，承压能力高，较好地解决了渗透性、微裂缝及窄窗口频繁漏失等难题，同时良好的抗污染能力，极大提高了抗碳酸根污染和盐水侵能力。

（3）抗高温高性能水基钻井液满足顺北8号断裂带钻井需要，钻进过程中性能表现良好，四开钻进过程中未出现明显托压现象，起下钻顺利，未出现复杂情况，保证了井下安全、快速钻进，相对邻井取得重大突破，为后续顺北区块及其他油区类似高温高压井的钻井液体系提供了一种选择。

参考文献

[1] 赵志国，白彬珍，何世明，等．顺北油田超深井优快钻井技术［J］. 石油钻探技术，2017，45（6）：8-13.

[2] 刘彪，潘丽娟，张俊，等．顺北区块超深小井眼水平井优快钻井技术［J］. 石油钻探技术，2016，44（6）：11-16.

[3] 林永学，王伟吉，金军斌．顺北油气田鹰 1 井超深井段钻井液关键技术［J］. 石油钻探技术，2019，47（3）：113-120.

[4] 牛晓，潘丽娟，甄玉辉，等．SHB1-6H 井长裸眼钻井液技术［J］. 钻井液与完井液，2016，33（5）：30－34.

[5] 金军斌．塔里木盆地顺北地区长裸眼钻井液技术［J］. 探矿工程（岩土钻掘工程），2017，44(4)：5-9.

[6] 刘翔，罗宇峰，王娟，等．钻井液 CO_2 污染的测试方法及处理技术［J］. 钻采工艺，2009，32（6）：78-81.

[7] 吴雄军，林永学，王显光，等．顺北 5-7 井超深层奥陶系地层油基钻井液技术［J］. 长江大学学报（自然科学版），2021，18（1）：100-106.

[8] 陈修平，李双贵，于洋，等．顺北油气田碳酸盐岩破碎性地层防塌钻井液技术［J］. 石油钻探技术，2020，48（2）：12-16.

[9] 蒋官澄，宣扬，王金树，等．仿生固壁钻井液体系的研究与现场应用［J］. 钻井液与完井液，2014，31（3）：1-5.

普光陆相水平井塌漏溢同层钻井液技术

魏　军[1,2]　赵　虎[1,2]

（1.中石化中原石油工程有限公司钻井工程技术研究院，河南 濮阳　457001；
2.中石化石油工程钻完井液技术中心，河南 濮阳　457001）

摘　要：普光陆相水平井塌、漏、溢同层，钻井液安全密度窗口窄，井壁稳定难度大；钻井液漏失量大、漏失频繁，堵漏难度大；钻井液气侵严重，井控风险高；裸眼段长，钻井摩阻大等。针对以上技术难题，优选高性能水基钻井液ZY-APD，应用井壁稳定、润滑防卡和高固相容量限技术。现场应用表明：钻井液强抑制和强封堵，确保沙溪庙、千佛崖泥岩地层长周期的井壁稳定；钻井液强吸附，助于塌漏同层井壁稳定；钻井液高润滑，定向正常，起下钻摩阻低；含堵漏剂和钻屑等高固相条件下，钻井液流型稳定、携砂性能良好。

关键词：塌漏同层；高性能水基；井壁稳定；钻井液；水平井

为确保普光气田下一个十年稳产，中国石化加快了千佛崖等陆相地层水平井的开发模式。普光陆相水平井地层塌、漏、溢同层，钻井液安全密度窗口窄，井壁稳定难度大；钻井液漏失量大，漏失频繁，堵漏难度大；钻井液气侵严重，井控风险高；二开制井身结构裸眼段长，对钻井液润滑性要求高；易漏失地层堵漏剂、钻屑含量高，钻井液流变稳定难度大。本文以普陆4井为例，应用高性能水基钻井液ZY-APD及配套技术，钻井液强抑制和强封堵，确保沙溪庙、千佛崖泥岩地层长周期的井壁稳定；钻井液强吸附，助于塌漏同层井壁稳定；钻井液高润滑，起下钻摩阻低；含堵漏剂和钻屑等高固相条件下，钻井液流型稳定、携砂性能良好。高性能水基钻井液ZY-APD为普光陆相水平井高效勘探开发提供技术支持。

1　钻井液技术难点

普光气田陆相地层包括：蓬莱镇组、遂宁组、沙溪庙组、千佛崖组、自流井组、须家河组等。地层应力敏感性强，目的层裂缝气发育，塌、漏、溢同层，地质条件复杂，给钻探带来很多困难。

1.1　地层漏失频繁，漏失量大

该地区防漏和堵漏贯穿于整个钻井工程。漏层以孔隙性渗漏与微裂缝漏失为主，钻井液密度安全窗口极窄，普陆3井安全密度窗口仅为0.01~0.02g/cm^3；钻井液密度1.35 g/cm^{3}时地层掉块，密度1.37g/cm^{3}时井漏，11次漏失量222.8m^3；普陆4井千佛崖组气

作者简介：魏军（1969—），男，高级工程师，主要从事钻井液技术研究和应用工作。E-mail：zpebwj@sina.com。

测显示99%，钻井液密度1.43g/cm³压不住，1.45g/cm³时井漏，7次漏失2386m³；普光105-1H井千佛崖组气测值高，钻井液密度1.31g/cm³压不住，1.36g/cm³时井漏，5次漏失245m³。

1.2 地层应力敏感，易坍塌掉块

侏罗系上、下沙溪庙组、千佛崖组地层岩性多为泥岩及泥质砂岩，地层压力系数低，钻井易出现应力掉块，普陆3井2863m下沙溪庙应力掉块，密度由1.28g/cm³提高到1.33g/cm³，掉块消失；普陆4井2870m下沙溪庙应力掉块，密度由1.28g/cm³提高到1.30g/cm³，掉块消失，但发生漏失。下部须家河地层二、四、六段以砂岩为主，夹泥岩、页岩；须家河三、五段以大段泥岩、页岩为主，夹厚层砂岩；一段多为页岩或泥岩，厚度不均，地层极易发生坍塌，且承压能力差。

1.3 地层可钻性差，钻完井周期长

陆相地层较老，地层硬，可钻性差。其地层特点是砂泥岩互层，软硬变化大；陆相地层机械钻速慢，普光5井一开机械钻速1.67m/h，普陆3井二开机械钻速2.86m/h。钻井周期长，地层受机械破坏和钻井液长时间浸泡，超过坍塌周期，导致井壁失稳。

1.4 钻井液气侵严重，井控风险高

陆相地层流体富含CO_2，随着气测值的升高，CO_2污染钻井液，钻井液黏切值和滤失量增大，钻井液中含有表面活性剂，黏切较高的情况下更不利于气液分离，出入口密度差变大，甚至影响定向和“上水”。普陆4井3320~3522m钻井液起泡较严重，发生溢流。

1.5 井眼不清洁，易形成岩屑床和堵漏剂堆积

千佛崖组等目的层漏失段长、漏失量大，振动筛等固控设备应用受限，井眼不清洁，高含堵漏剂及钻屑，钻井液流变稳定难度大。普陆4井2906m因发生渗漏，逐步降低振动筛目数至20目+80目；4000m漏喷同层，4094m采用20目振动筛布；4190m发生失返性漏失，利用钻屑配合堵漏剂堵漏，钻井液中堵漏剂最高含量40%，泡胀的纤维和核桃壳等与钻屑混合在一起，导致环空阻力大，泵压升高，起下钻遇阻。

1.6 长裸眼段井身结构，对钻井液的润滑性要求高

普光陆相普遍采用二开制井身结构，技术套管下深1400~2000m，地层开发较少，找目的层频繁上挑和下压钻具，狗腿度大，井斜方位变化大，井眼曲率大，摩阻大，定向井段长，对钻井液的润滑性和泥饼质量要求高，钻井液必须具有较强的润滑性，有效降低摩擦阻力与扭矩，防止钻头泥包。

2 钻井液应用

2.1 地质与工程概况

普陆4井是普光气田陆相地层的一口水平井，目的层为侏罗系千佛崖组，完钻井深4622m/垂深3388.11m，二开段裸眼段长2822m，水平段长1094m，水平位移1424m，最大井斜92.24°，方位变化403.58°，最大狗腿度为8.15°/30m。

上沙溪庙组1802~2754m，主要岩性为砂质泥岩和砂岩等；下沙溪庙组2754~3033m，主要岩性为泥岩、砂质泥岩和泥质砂岩等；千佛崖组3033~4622m，主要岩性为泥岩、砂质泥岩、泥质砂岩、细砂岩等。

2.2 钻井液关键技术

2.2.1 钻井液配制

二开配制高性能水基钻井液ZY-APD（130m^3）：一开老浆（低固相聚合物钻井液）50m^3+清水80m^3+2%烷基糖苷衍生物APD+1%降滤失剂ZY-JLS+0.1%包被剂HP+1%超细碳酸钙QS-1+3% KCl+1%乳化石蜡+0.2% NaOH+重晶石。

转换前后钻井液性能见表1。

表1 普陆4井二开钻井液性能

钻井液	密度/（g/cm^3）	*FV*/s	*AV*/mPa·s	*PV*/mPa·s	*YP*/Pa	*Gel*/［Pa/（10s/10min）］	*FL*/mL	pH值
转换前	1.17	35	12.5	10	2.5	1.5/4.5	22	7
转换后	1.15	47	22	16	6	1/4.5	4.8	9

2.2.2 钻井液维护

保持钻井液合理流变性，满足塌漏溢同层钻井液脱气、利于防漏堵漏、造斜段悬浮携砂和水平段带砂。适当增加ZY-JLS、纳微米封堵剂、沥青等含量，降低钻井液滤失量；增加APD含量，改善泥饼质量。保持合理钻井液密度，泥岩或泥质含量较高的井段适当提高钻井液密度，兼顾防漏。保持封堵剂浓度，直井段应用QS-1、乳化石蜡，造斜段和水平段应用纳微米封堵剂、FT-1或天然沥青。

2.2.3 钻井液性能

1.防漏与堵漏

井深2895~4000m发生漏失多次，应用随堵、静堵、挤堵等技术堵漏成功。堵漏剂配方1以采用20%~25%颗粒堵漏材料为主：2.5%HTK（0.5~1mm）+2.5%HTK（1~3mm）+5%FD-1+5%超细钙+5%MFP-1+5%FT。

井深4190m发生裂缝失返性漏失，4190~4622m控压强钻，堵漏剂配方2，采用30%~40%纤维、颗粒堵漏材料：5%HTK（0.5~1mm）+5%HTK（1~3mm）+5%FD-1+5%土+5%硅酸盐纤维+5%天然沥青+2.5%云母+2.5%棉籽壳。

千佛崖组裂缝气发育，多次出现先井漏、后溢流，进入漏层的堵漏剂被反推出来，堵漏效果差，使用螺杆+仪器的组合钻进限制了堵漏手段，使用小颗粒堵漏剂、堵漏效果不理想。

参照堵漏剂配方1#和配方2#，加入不同粒径的石英砂中，评价堵漏浆对不同孔缝的封堵能力。测试条件：加压0.7MPa，滤失时间7.5min，室温30℃，评价结果见表2。

表2 可视砂床滤失实验

堵漏浆配方	砂子目数/目	砂床高度/cm	浸入深度/cm	滤液体积/mL
1#	>5	9	0.5MPa全透	全滤失
	40~60	9	0.5~1	0
2#	>5	9	4~5	0
	40~60	9	0.5~1	0

由表2数据看出，配方1#对小裂缝具有较好的封堵效果，40~60目石英砂封堵实验浸入深度仅为0.5~1cm；>5目石英砂封堵能力较差，0.5MPa压力下全滤失；4191~4622m堵漏配方增加了纤维材料、土等，增强了大裂缝封堵能力，40~60目石英砂封堵实验浸入深度仅为0.5~1cm，>5目石英砂封堵实验浸入深度仅为4~5cm，基本满足大裂缝和小裂缝封堵。

2.井壁稳定

塌、漏、溢同层精准控制钻井液密度，保障井控安全、支撑井壁、不压漏地层。保持合理的抑制和封堵剂浓度是长裸眼井的关键因素，优化的抑制剂浓度为5%APD+5%KCl，泥岩岩屑滚动回收率为96.8%，浸泡24h ZETA电位为-9.8mV，泥岩活性大幅降低。在漏失严重井段及时恢复抑制剂浓度；保持封堵剂浓度，直井段：2%QS-1+1%乳化石蜡，造斜段和水平段：1%纳微米封堵剂+（3%~5%）FT-1或天然沥青。

3.润滑防卡

APD分子易规则排列成润滑膜，将钻具和井筒之间的干摩擦转换为边界摩擦，其对重晶石表面的优先吸附，改善泥饼质量，极压润滑系数0.08，泥饼黏滞系数0.0875，解决了水基钻井液的润滑防卡难题。并配合使用极压润滑剂，形成金属杂化薄膜，提高钻井液的润滑性。完井下封闭液中补充塑料小球，保障下套管作业顺利。

4.流变参数控制

陆相地层钻时较慢，钻井液用老浆转换，劣质固相不断增多；后期千佛崖段为易漏地层，因加入堵漏剂限制振动筛目数，含砂量高等提高钻井液的固相容量限。钻井液应用APD，多羟基结构优先吸附在重晶石和钻屑表面，吸附成膜，降低颗粒间的内摩擦，改善流动性，提高钻井液的固相容量限达到55%（相同密度下聚胺氯化钾等钻井液最高为35%），解决了钻井液长期流型和稳定性控制的矛盾，满足造斜段悬浮携砂和水平段的冲刷带砂工程需求。

应用井段钻井液性能见表3。

表3　普陆4井二开分段钻井液性能

井深/m	密度/(g/cm³)	*FV*/s	*AV*/mPa·s	*PV*/mPa·s	*YP*/Pa	*Gel*/[Pa/(10s/10min)]	*FL*/mL	pH值	*HTHP*/mL	*MBT*/(g/L)	固含/%
1810	1.15	47	22	16	6	1/4.5	4.8	9	10	35.6	8
2239	1.19	44	23	17	6	1.5/7	4.6	9	10	35.6	10
2644	1.23	43	22	17	5	1/4.5	4.4	9	10	35.6	15
3105	1.28	43	23.5	17	6.5	1/4	3.6	9	10	42.8	18
3522	1.36	42	25.5	19	6.5	1.5/3	3.0	12	9.0	42.8	19
3905	1.40	41	31	24	7	1.5/3	2.0	9.5	7.6	42.8	20
4148	1.47	46	37.5	27	10.5	3/4	3.0	9.5	8.0	42.8	30
4421	1.43	87	81.5	61	20.5	2.5/5	2.4	9	8.6	28.5	28
4622	1.40	65	58	48	10	1.5/3	2.4	9	8.0	42.8	35
通井	1.50	56	52	44	8	1.5/3	2	9	7.6	28.5	40

2.3　钻井液应用效果

钻进中钻井液性能稳定、井下安全、起下钻畅通，电测和下套管作业顺利。

（1）强抑制和强封堵技术结合，有效保障了陆相地层井眼稳定。二开井段2740~4622m，钻进过程中大幅减少掉块，平均井径扩大率4.94%。

（2）润滑性好，定向无托压。二开井段为$8^1/_2$in井眼，钻进排量为26~30L/s（井漏严重井段降低排量），泵压10~16MPa，起下钻和拉井壁摩阻10~20t。钻井定向工具面稳定，状况良好，利于降低循环压耗、提高机械钻速。井段1810~4622m平均机械钻速5.80m/h，刷新了普光陆相同层位机械钻速新纪录。

（3）剪切稀释好、携岩能力强，井眼清洁。造斜段（气侵严重井段）钻井液黏度控制在39~47s，水平段（漏失严重、塌漏喷同层）黏度控制在41~87s；钻进中排量26~30L/s（井漏严重井段降低排量），较好地满足造斜段和水平段的携岩带砂。井深3881m和4190m发生掉块，钻井液清除岩屑床，及时携带出地面，振动筛有效清除，避免了井下复杂。

（4）固相容量限高，流变性能稳定。钻井液采用不同粒径、不同形态的封堵、防漏和堵漏材料，高含堵漏剂和钻屑条件下完井钻井液堵漏含量达30%，钻井液仍保持了较低的黏切。

（5）抗污染能力强，CO_2气侵钻井液性能稳定。3320m之后气侵严重，全烃值高于90%，CO_3^{2-}和HCO_3^-含量8740mg/L，钻井液黏度40s，滤失量3.4mL，保持了较低的黏切值和滤失量。

3　结论

（1）普光陆相地层普遍存在钻井液安全密度窗口窄，大部分井段气测值高，要求较高的钻井液密度，下沙溪庙、千佛崖组等层位普遍存在漏失现象，要求较低的钻井液密度。合理控制钻井液密度是井控安全和防漏堵漏的关键。

（2）ZY-APD水基钻井液具有良好的井壁稳定、润滑能力和携岩带砂效果，普光陆相水平井应用以烷基糖苷衍生物为核心的ZY-APD水基钻井液，满足钻井液抑制、润滑和流型调节需要。

（3）采用纳微米封堵剂、超细碳酸钙、磺化沥青、天然沥青等封堵材料，千佛崖组钻井液滤失量小，满足普光陆相地层孔隙和裂缝的封堵要求。

（4）对掉块、缩颈等失稳地层，增加钻井液烷基糖苷衍生物和KCl等抑制剂含量，支撑地层井壁稳定。

参考文献

[1] 王中华. 高性能钻井液处理剂设计思路［J］. 中外能源，2013，18（1）：36-46.

[2] 赵虎，龙大清，司西强，等. 烷基糖苷衍生物钻井液研究及其在页岩气井的应用［J］. 钻井液与完井液，2016，33（6）：23-27.

[3] 赵虎，孙举，司西强，等. ZY-APD高性能水基钻井液研究及在川南地区的应用［J］. 天然气勘探与开发，2019，42（3）：139-145.

[4] 赵虎，司西强，王爱芳. 国内页岩气水基钻井液研究与应用进展［J］. 天然气勘探与开发，2018，41（1）：90-95.

[5] 司西强，王中华. 绿色高性能水基钻井液研究进展及发展趋势［J］. 应用化工，2019，48（8）：1980-1984.

[6] 司西强，王中华. 钻井液用聚醚胺基烷基糖苷的合成及性能［J］. 应用化工，2019，48（7）：1568-1571.

[7] 司西强，王中华，魏军，等. 阳离子烷基糖苷的绿色合成及性能评价［J］. 应用化工，2012，41（9）：1526-1530.

[8] 司西强，王中华，贾启高，等. 阳离子烷基糖苷的中试生产及现场应用［J］. 应用化工，2013，42（12）：2295-2297.

[9] 司西强，王中华，魏军，等. 钻井液用阳离子烷基糖苷的合成研究［J］. 应用化工，2012，41（1）：56-60.

[10] 赵虎，司西强，王康，等. 烷基糖苷及衍生物在钻井液中的润滑性研究［J］. 能源化工，2017，38（5）：66-70.

高密度油基钻井液流变性影响因素及控制措施

贾国亮　李晓岚　王依建　李其文

（中石化中原石油工程有限公司技术公司，河南 濮阳　457001）

摘　要：川南地区页岩气水平井，储层埋藏深、地层压力系数高并伴有异常高压气层、黏土矿物含量高、页岩地层存在着大量的微裂缝、蜂窝状小孔洞及层理裂缝发育。目前主要使用高密度油包水乳化钻井液施工。但在使用过程中，钻井液易出现黏切高、凝胶结构强等问题，严重制约着高效、快速钻井。从有机土加量、油水比、固相含量、加重材料种类及粒径大小、乳化剂品种、流型调节剂使用等方面分析了影响高密度油基钻井液流变性的主要因素，提出优选钻井液体系、处理剂、严控油水比和固相含量等措施，有效地调控了钻井液的流变性。

关键词：高密度；油基钻井液；页岩气水平井；流变性；控制

针对川南地区的页岩气水平井，储层埋藏深、地层压力系数高并伴有异常高压气层、石英含量高、岩石脆性特征明显，具有较强层理结构、层理倾角大40°~60°，易造成页岩气水平井的定向段和水平段井壁失稳；黏土矿物含量高，一般在20%~60%，页岩地层存在着大量的微裂缝、蜂窝状小孔洞及层理裂缝[1]。要求钻井液具有高密度、强抑制性、润滑性、封堵性、活度平衡等特性，目前广泛使用的高密度油包水乳化钻井液在实钻过程中，易出现黏切高、凝胶结构强等问题，同时随着油基老浆的回收循环利用、邻井压裂作业的影响、加重材料质量不达标等因素，更容易造成钻井液黏切过高等流变性难以控制的现象，严重制约着高效、快速钻井[2]。从有机土加量、油水比、固相含量、加重材料种类及粒径大小、乳化剂品种、流型调节剂使用等方面分析了影响高密度油基钻井液流变性的主要因素；并提出优选钻井液体系、处理剂、严控油水比和固相含量等措施，能够有效地调控高密度油基钻井液的流变性。

1　影响高密度油基钻井液流变性的因素

1.1　有机土的影响

有机土是保证油基钻井液胶体稳定性和悬浮稳定性的主要处理剂，具有增黏、降滤失的作用。在高密度油基钻井液中，有机土添加过多，易引起钻井液黏切过高问题，通过室内实验，选择最佳加量。该基础配方为0#柴油320mL+80mL20%$CaCl_2$溶液+3%主乳化剂+3%辅助乳化剂+有机土+4%油基降滤失剂+3%石灰+高纯度重晶石。实验中对比不同有机土加量对体系稳定性和流变性的影响，实验结果见表1。

作者简介：贾国亮，2005年毕业于中国石油大学（华东）石油工程专业，高级工程师，现从事钻井液技术研究与现场应用工作。E-mail：762087030@qq.com。

表1　不同有机土加量下油基钻井液性能（油水比80：20，密度2.0g/cm³）

配　方	有机土加量/%	Φ_{600}/Φ_{300}	Φ_6/Φ_3	AV/mPa·s	PV/mPa·s	YP/Pa	Gel/（Pa/Pa）	ES/V	动塑比	FL_{HTHP}/mL
1#	1.0	88/50	8/6	44	38	6	3/4	908	0.16	2.8
2#	1.5	96/55	9/7	48	41	7	3.5/4.5	930	0.17	2.6
3#	2.0	108/63	10/8	54	45	9	4.5/5.5	950	0.20	2.4
4#	2.5	122/73	12/9	61	49	12	5/7	968	0.25	2.2
5#	3.0	138/84	13/10	69	54	15	6/8	980	0.28	2.1

注：老化条件：16h×120℃；流变性测试温度：65℃；ES测试温度：50℃；FL_{HTHP}测试条件：3.5MPa×120℃。

从表1看，随着有机土量的增加，体系的黏度、切力等流变性参数增大、ES升高；加量超过2.5%以后，高温高压滤失量降低和破乳电压ES升高都不明显，钻井液的流变性变差。

1.2　油水比的影响

油水比是油包水乳化钻井液体系的关键指标，适宜的油水比是保证体系稳定性的基础[3]。通过室内实验，分析油水比与钻井液黏度、切力等流变性参数的关系。基础配方为（0#柴油+20% $CaCl_2$溶液）+3%主乳化剂+3%辅助乳化剂+2%有机土+4%油基降滤失剂+3%石灰+高纯度重晶石。实验中对比不同油水比对体系流变性和稳定性的影响情况，实验结果见表2。

表2　不同油水比的油基钻井液性能（密度2.0g/cm³）

配　方	O/W	Φ_{600}/Φ_{300}	Φ_6/Φ_3	AV/mPa·s	PV/mPa·s	YP/Pa	Gel/Pa/Pa	ES/V	动塑比	FL_{HTHP}/mL
1#	90/10	92/42	8/6	46	40	6	3.5/4.5	1049	0.15	2.0
2#	85/15	98/54	9/7	49	42	7	4/5	985	0.17	2.2
3#	80/20	108/63	10/8	54	45	9	4.5/5.5	950	0.20	2.4
4#	75/25	116/68	11/9	58	48	10	5/6	860	0.21	2.6
5#	70/30	128/77	12/10	64	51	13	6/7	720	0.25	2.8

注：老化条件：16h×120℃；流变性测试温度：65℃；ES测试温度：50℃；FL_{HTHP}测试条件：3.5MPa×120℃。

从表2看，随着盐水量的增加，油水比不断降低，体系的黏度、切力、剪切应力等流变参数升高，高温高压滤失量略有增大，体系流变性变差，破乳电压ES下降，即稳定性不断变差。说明在乳化剂加量相同的条件下，随着油水比降低，水相浓度增大，水相液滴具有聚集趋势，同时粒径也变大，乳化剂的表面活性分子吸附到油相与水滴之间的界面层的量就会变小，在油水界面膜上排列就不紧密坚固，导致乳状液失稳，同时油相内摩擦力增大，油相黏度就升高。随着油水比的上升，钻井液黏度、切力和剪切应力等参数降低，流变性变好，破乳电压ES上升，稳定性也变好；并且高度分散的水滴有堵塞钻井液滤饼空隙的作用，有利于控制滤失量[4]。

1.3 乳化剂种类和用量的影响

乳化剂是保证油包水乳化钻井液稳定性的关键处理剂。选择原则是乳化能力强，产品质量稳定，抗高温，在钻井液中表现为破乳电压高，对钻井液的黏度、切力等性能影响小。针对高密度油包水乳化钻井液，选择乳化稳定性好、增黏效应小的乳化剂。选择5个品种的乳化剂，对钻井液体系乳化稳定性和流变性的影响。基础配方为0#柴油320mL+80mL20%$CaCl_2$溶液+乳化剂+2%有机土+4%油基降滤失剂+3%石灰+高纯度重晶石。1#为（4%主乳+1%辅乳+1%润湿剂）液体，2#为（4%主乳+2%辅乳）液体，3#为（3%主乳+3%辅乳）液体，4#为6%复合乳化剂液体，5#为6%粉状乳化剂，6#为（1#+1%粉状乳化剂）。实验中对比在加量相同时不同品种的乳化剂对体系稳定性和流变性的影响，实验结果见表3。

表3 不同品种乳化剂的油基钻井液性能（油水比80：20，密度1.54g/cm³）

序号	Φ_{600}/Φ_{300}	Φ_6/Φ_3	*AV*/mPa·s	*PV*/mPa·s	*YP*/Pa	τ_1/τ_2/Pa	*ES*/V	动塑比
1#	77/47	10/8	38.5	30	8.5	4.5/8	419	0.283
2#	63/39	8/6	31.5	24	7.5	3/4	505	0.313
3#	40/25	5/3	20	15	5	2/3	530	0.333
4#	42/27	6/4	21	15	6	2/3	1205	0.400
5#	36/22	4/3	18	14	4	2/3	628	0.286
6#	74/45	9/7	37	29	8	4/7	683	0.276

注：老化条件：16h×120℃；流变性测试温度：65℃；*ES*测试温度：50℃。

从表3看，1#、2#配方破乳电压*ES*较低、钻井液黏切高；3#配方破乳电压*ES*居中、钻井液黏切最低，4#配方破乳电压*ES*最高，钻井液黏切适中，5#配方破乳电压*ES*居中、钻井液黏切也低，4#乳化剂最优秀；从5#和6#看粉状乳化剂有辅助降低钻井液黏切作用，液体乳化剂都有辅助增黏作用；3#、4#、5#三种乳化剂更适合高密度油包水乳化钻井液体系。

1.4 流型调节剂的影响

流型调节剂是调节油基钻井液流变性的主要处理剂，又称流型改进剂。其特点是能够降低油基钻井液的塑性黏度，提高动切力和动塑比，对高密度油包水乳化钻井液来说，还有利于降低泵压，减少环空压耗的好处。实验对比不使用和使用不同加量流型调节剂对钻井液稳定性和流变性的影响，基础配方为0#柴油320mL+80mL20%$CaCl_2$溶液+6%复合乳化剂+2%有机土+4%油基降滤失剂+3%石灰+流型调节剂+高纯度重晶石。实验结果见表4。

表4 不同加量流型调节剂下油基钻井液性能（油水比80：20，密度2.00g/cm³）

流型调节剂质量分数/%		Φ_{600}/Φ_{300}	Φ_6/Φ_3	*AV*/mPa·s	*PV*/mPa·s	*YP*/Pa	τ_1/τ_2/Pa	*ES*/V	动塑比
0	滚前	106/62	10/8	53	44	9	4/5.5	958	0.205
	滚后	108/63	10/8	54	45	9	4.5/6	950	0.200

续表

流型调节剂质量分数/%		Φ_{600}/Φ_{300}	Φ_6/Φ_3	AV/mPa·s	PV/mPa·s	YP/Pa	τ_1/τ_2/Pa	ES/V	动塑比
0.5	滚前	102/60	9/8	51	42	9	4/5	965	0.214
	滚后	105/62	10/8	52.5	43	9.5	4/5.5	960	0.220
1.0	滚前	99/59	9/7	49.5	40	9.5	4/5	975	0.237
	滚后	102/61	9/8	51	41	10	4/5.5	965	0.243
1.5	滚前	96/58	8/7	48	38	10	3.5/4.5	989	0.263
	滚后	99/60	9/7	50	39	10.5	3.5/5	980	0.269

注：老化条件：16h×120℃；流变性测试温度：65℃；ES测试温度：50℃。

从表4看，随着流型调节剂量的增加，钻井液的表观黏度、塑性黏度有所降低，但降低不明显；动切力和动塑比升高明显，破乳电压有所增大，体系更稳定。

1.5 加重材料种类的影响

加重材料是提高钻井液密度的必需处理剂，主要有石灰石粉、重晶石粉、铁矿粉、钛铁矿粉、方铅矿粉、黑锰矿粉等。对于高密度油基钻井液，需要高等级的重晶石粉、铁矿粉和黑锰矿粉。不同密度、不同粒径的加重材料对钻井液流变性的影响不同，在实验室内对比重晶石粉（密度为4.2g/cm^{3}的重晶石，其D_{90}为29.82μm、D_{50}为3.79μm；密度为4.3g/cm^{3}的重晶石，其D_{90}为30.3μm、D_{50}为9.05μm），黑锰矿粉（D_{90}为，1.38μm、D_{50}为0.19μm）和铁矿粉对钻井液流变性的影响。基础配方为0#柴油360mL+40mL20%$CaCl_2$溶液+3%主乳化剂+3%辅乳化剂+2%有机土+4%油基降滤失剂+3%石灰+加重材料。实验结果见表5。

表5 加重剂种类对油基钻井液性能的影响（油水比90：1）

类型	ρ/（g/cm^3）	AV/mPa·s	PV/mPa·s	YP/Pa	Gel/（Pa/Pa）	YP/PV	FL_{HTHP}/mL
1#重晶石（ρ=4.2g/cm^3）	2.30	54	42	12	5/8	0.285	3.8
	2.40	70	56	14	7.5/10	0.250	3.8
	2.50	98	82	16	10/13	0.195	4.0
2#重晶石（ρ=4.3g/cm^3）	2.30	50	40	10	4/6	0.250	3.6
	2.40	65	54	11	5/7	0.203	3.7
	2.50	85	73	12	6/8	0.164	3.8
氧化铁粉（Fe_3O_4）（ρ=4.6g/cm^3）	2.30	75	69	6	5/6	0.087	4.0
	2.40	84	76	8	6/7.5	0.105	4.6
	2.50	103	89	14	7.5/11	0.157	7.6
黑锰矿粉（Mn_3O_4）（ρ=4.8g/cm^3）	2.30	43	26	17	10/11	0.653	86
	2.40	50	30	20	11/12	0.666	92
	2.50	60	38	22	11/12	0.578	98

注：老化条件：16h×120℃；流变性测试：65℃；ES测试：50℃；FL_{HTHP}测试条件：3.5MPa×120℃。

从表5看，同一种加重剂，随着钻井液密度的升高，其黏度、切力也升高，流变性逐渐变差；在4种加重剂中，密度最高、粒径最小的黑锰矿粉，配制的钻井液流变性最好、当量循环密度最低，但FL_{HTHP}太高；使用密度为4.3g/cm^{3}的重晶石配制的钻井液流变性较好，FL_{HTHP}最低，能满足井下需求，但钻井液密度超过2.5g/cm^{3}以上时，4种加重剂都不能满足钻井需要。

通过上述实验，单独使用各种加重剂配制的超高密度油基钻井液都不能满足钻井需要，根据Farris效应，可采用不同粒径的颗粒进行复配。在不同粒径固相体系中，小粒径颗粒可以填充在大粒径颗粒空隙中，随着小粒径颗粒的加入，大颗粒体系的黏度随之降低，当小粒径颗粒浓度达到0.4左右时，体系的黏度最低，这种现象称为Farris效应。密度为4.3g/cm^{3}的重晶石为大颗粒，黑锰矿粉为小颗粒，这两种颗粒的加重剂复配，符合Farris效应，重晶石和黑锰矿粉以60：40比例复配，可以配制出具有良好流变性的超高密度油基钻井液[5]。

1.6 固相含量的影响

固相含量高，易导致钻井液密度、黏度、切力升高、钻井液性能不稳定，含砂也就高，降低钻速、缩短钻头寿命；滤饼厚、质地松散质量差，摩擦系数高，导致钻具扭矩大、磨损严重；因滤饼疏松、滤失量就大，易造成起下钻遇阻和卡钻现象。超高密度油基钻井液中固相含量过高，钻井液的表观黏度由“结构黏度”和“非结构黏度”组成，增加了固相颗粒紧密接触摩擦引起的黏度。固相含量接近50%时，钻井液的流型将发生改变。通过在固相含量为47%、油水比接近95/5的高密度油基钻井液中添加不同比例的20%浓度$CaCl_2$盐水，对比钻井液的黏度和切力变化。实验结果见表6。

表6 盐水对高固相低含水油基泥浆的影响

配方	密度/(g/cm^3)	FV/s	Φ_{600}/Φ_{300}	Φ_6/Φ_3	AV/mPa·s	PV/mPa·s	YP/Pa	τ_1/τ_2/Pa	ES/V	固相/%	O/W
1#（500mL循环泥浆）	2.09	115	204/121	15/8	102	83	19	4.5/14	1485	47	94.3/5.7
1#+2%盐水+18g重晶石	2.09	96	180/106	13/7	90	74	16	4/13	1515	46	90.7/9.3
1#+4%盐水+36g重晶石	2.09	88	176/105	13/7	88	71	17	4/12	820	45	88/12

注：流性测试温度为65℃；没老化。

从表6看，在高固相低含水油基钻井液中，即使加少量的盐水，钻井液的黏度、切力也有所下降；说明固相含量高时，每降低1%，钻井液的流变性会有明显的改善，每增大1%，危害性就成倍增加，固相控制对高密度油基钻井液尤为重要。

2 高密度油基钻井液流变性的控制措施

2.1 有机土的控制

2.1.1 控制有机土添加量

在高密度油基钻井液中，有机土加量不宜超过2.5%，开始配制新泥浆时，以2.0%

加量为宜，如果使用老浆，添加量可再低点，施工中期逐渐减少加量，后期甚至不用添加。

2.1.2　无土相高密度油基钻井液的研发与应用

针对常规含土的油基钻井液，在高密度条件下流变性控制困难、当量循环密度高、在起下钻或开泵时激动压力较高、易诱发井漏或井壁失稳等问题，采用油溶性或油溶胀性的聚合物代替有机土，通过优化乳化剂而研发无土相高密度油包水乳化钻井液体系，该体系具有塑性黏度低、静切力小、当量循环密度低等突出特点，可以解决高密度油基钻井液的流变性问题[6]。

2.2　油水比的控制

2.2.1　选择最佳的油水比

控制油水比大小是调整油基钻井液黏度、切力等流变性的主要手段之一。在保证油基钻井液稳定性的前提下，选择合适的油水比，尽量减少油相的用量，多加盐水，降低钻井液成本。高密度油包水乳化钻井液体系使用中后期，容易出现黏度高、切力大等流变性差、凝胶结构强等问题，可以增大油相、提高油水比，降低钻井液的黏切，甚至转化为全油基钻井液体系。全油基钻井液与油包水乳化钻井液相比，具有更好的流变性能，在相同动切力时，塑性黏度更低；具有更好的剪切稀释性能，在低剪切速率范围内可得到相当高的黏度，便于携带岩屑；更有利于提高机械钻速、井壁稳定和储层保护。在川南地区页岩气水平井施工后期，油水比接近95：5，接近全油基钻井液体系。

2.2.2　对地层水侵入的处理

当地层水侵入时，随着油水比降低，钻井液的黏切升高、密度下降，破乳电压不断降低。特别是邻井压裂作业造成在钻页岩气水平井地层局部高压而溢流、地层出水而污染油基钻井液，严重了就不能再使用。处理措施：

（1）及时检测破乳电压、碱度值和油水比等钻井液性能参数，对比油水比变化量，计算出入侵水量，再计算出柴油、乳化剂及石灰等材料的添加量。

（2）加重，保持钻井液密度不降低，及时平衡地层压力，做好井控工作。

（3）及时调整油基钻井液性能。在配浆罐内，按照计算量加入柴油、乳化剂、石灰等处理剂，配制新浆，按循环周补充到循环污染的钻井液中。并视具体情况补充$CaCl_2$溶液。

（4）如果有部分油基钻井液严重污染，配新泥浆置换出严重污染部分。

2.3　乳化剂、润湿剂、流型调节剂的选择及使用

2.3.1　选择针对油基钻井液体系的专用乳化剂

选择原则是乳化能力强，产品质量稳定，抗高温，在钻井液中表现为破乳电压高，对钻井液的黏度、切力等性能影响小。针对大多数主乳化剂，需要辅助乳化剂配合使用，辅助乳化剂具有辅助乳化和润湿作用。粉状乳化剂单独使用，或粉状乳化剂与液体乳化剂配合使用，可以改善钻井液的流变性。

2.3.2 润湿剂的使用

及时添加润湿剂，保证岩屑和加重材料进入钻井液能及时润湿反转，保持钻井液的沉降稳定性，还有辅助乳化作用。

2.3.3 流型调节剂的使用

一般加入1%流型调节剂就能明显降低塑性黏度、提高动切力和动塑比，不必加入过多；流型调节剂还有降低泵压、减少环空压耗的作用。

2.4 加重材料的选择

2.4.1 使用优质重晶石

配制高密度油基钻井液时，必须选择密度4.2g/cm^{3}以上高等级的重晶石，最好用密度4.3g/cm^{3}重晶石；因为使用密度低或杂质多的重晶石，加重时易出现钻井液增稠、重晶石不易加入的现象，造成钻井液体系含砂高，增黏效应明显。

2.4.2 使用预处理的超细颗粒重晶石

使用预处理的超细颗粒重晶石，可以获得低黏度、低凝胶强度的高密度钻井液。

2.4.3 使用复配加重材料

配制超高密度油基钻井液时，可以使用重晶石和黑锰矿粉以60：40比例复配，来满足钻井液的良好流变性。

2.5 固相含量的控制

不管是活性还是惰性固体，一旦进入油基钻井液中就与油相接触变成油润湿了，将增加钻井液的密度、黏度和切力，同时也影响钻井液的费用、钻速、水马力及发生井漏的可能性。无用固相尽可能清除，过量的固相也是有害的，必须尽量降低其含量，防止其扩散。具体措施为：

（1）使用细目高速振动筛，筛布目数在200目以上，清除钻屑是固相控制的基础。

（2）利用好四级固控设备，加强合理布置。使用双离心机，利用二级离心效果，最大限度地降低低密度固相含量。

（3）及时补充新浆和使用细目高速振动筛相结合是控制固相最有效的方法。

3 结论与认识

（1）高密度油基钻井液体系的有机土量不超2%，中后期逐渐减少，如果使用油基老浆，钻井液具有良好的悬浮稳定性，可以少加或者不添加。

（2）高密度油基钻井液使用到中后期，容易出现黏度高、切力大等流变性差、凝胶结构强等问题，通过增加油相、提高油水比，降低钻井液的黏切，甚至直接转化为全油基钻井液体系。

（3）加重材料的选择是高密度油基钻井液配制的关键。最好选择高等级重晶石和黑锰矿粉，易加重到需要密度，且无增黏效应；特别是重晶石与黑锰矿粉以60：40比例复配，配制的钻井液具有良好的流变性能。

（4）保持低的固相含量。利用好四级固控设备，强化固控管理，最大限度地降低低密度有害固相。

（5）提高油基老浆循环利用率。使用前要进行预处理和调整工作，达到能够直接使用的水平。

（6）当地层水侵入时，要及时处理调整，保证钻井液稳定，满足井下需要。

参考文献

［1］王中华．油基钻井液技术［M］．北京：中国石化出版社，2019.

［2］贾国亮，琚留柱，郑永太，等．高密度油基钻井液体系的研究与应用［J］．钻井工程，2018（4）：64–67.

［3］贾国亮，闫道斌，琚留柱，等．低油水比油基钻井液体系的研究与应用［J］．钻井工程，2019(3)：51–54.

［4］庄严，熊汉桥，丁峰，等．油水比对油基钻井液流变性的影响［J］．科学技术与工程，2016，16（12）：238–242.

［5］朱金智，徐同台，吴晓花，等．加重剂对抗高温超高密度柴油基钻井液性能的影响［J］．钻井液与完井液，2019，36（2）：160–164.

［6］陈在君．高密度无土相油基钻井液研究及在四川页岩气水平井的应用［J］．钻采工艺，2015（9）：70–72.

高温高密度生物质合成基钻井液性能评价

张　弌[1,2]　单海霞[1,2]　刘学国[3]　周亚贤[1,2]　国安平[1,2]　张晓刚[1,2]

（1. 中石化中原石油工程有限公司钻井工程技术研究院，河南 濮阳　457001；
2. 中石化石油工程钻完井液技术中心，河南 濮阳　457001；
3. 中原油田监督中心，河南 濮阳　457001）

摘　要：围绕绿色钻井液发展方向及深层钻探需求，研究形成了环保性强的高温高密度生物质合成基钻井液。通过研究生物质乳化剂、提切剂等核心材料，优化各处理剂加量，形成了密度可达2.7g/cm^3，抗温200℃的高温高密度生物质合成基钻井液，配方为：生物质合成基液+$CaCl_2$水溶液+2%有机土+4%~5%生物质乳化剂+1%~1.5%提切剂+3%~5%降滤失剂+4%CaO+重晶石。评价了钻井液的高温流变性、长期老化稳定性、沉降稳定性、抗污染性等性能，结果表明，钻井液高温稳定性好，180℃长期老化9d性能稳定，高温静置沉降3d的沉降因子为0.5039~0.5205，抗污染能力强，可满足高温下的使用需求。

关键词：生物质；合成基钻井液；环保；性能评价

合成基钻井液不仅具有油基钻井液的优点，而且具有较好的环保性能。使用合成基钻井液的有墨西哥湾、北海、欧洲大陆、南美等地区，可以看出使用绿色、环保的合成基钻井液逐渐成为一种趋势。但是，在我国，上述合成基体系依旧不能满足环保的需求，原因是流动相（烯烃、气制油等）仍属于石油烃类，产生的钻屑等废弃物依旧会被界定为危险废弃物。

为从源头控制污染，中石化中原石油工程有限公司研发出一种绿色、环保型、窄碳链醚类化合物——生物质合成基液LAE-12，并以此为流动相，形成了密度1.2~2.5g/cm^3，抗温150℃的生物质合成基钻井液，该钻井液相比于传统合成基钻井液，在安全、环保性能上优势突出。为满足现场需求，本研究继续开展高温高密度钻井液体系研究。

1　乳化剂优选及评价

1.1　乳化剂优选

乳化剂对钻井液的稳定性起着至关重要的作用。目前，常用乳化剂为脂肪酸酰胺类产品，主要通过脂肪酸与胺类化合物经脱水缩合制备得到，由于酰胺化反应是可逆的，在有水和碱的条件下，易温水解失效。

本研究以天然酚为主要原料，通过胺甲基化反应，制备得到了一种耐水解的生物

作者简介：张弌（1992—），男，助理研究员，毕业于重庆科技学院应用化学专业，就职于中石化中原石油工程有限公司钻井工程技术研究院，从事环保型钻井液体系及处理剂的研究工作。

质乳化剂PN−CL。配制醚水比80∶20的乳状液，对比考察了PN−CL以及两种现场常用酰胺类乳化剂（乳化剂A、乳化剂B），分别在150℃、180℃下老化72h后的乳化性能，结果见图1。乳状液配方：基液+20%$CaCl_2$水溶液+2%有机土+4%乳化剂。

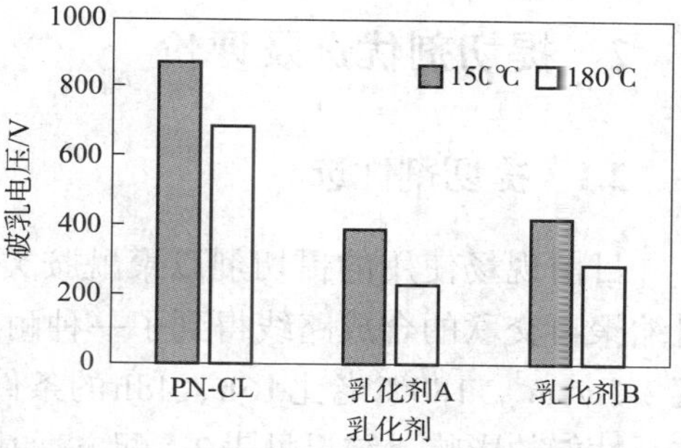

图1　不同乳化剂配制的乳状液破乳电压

由图1可知，研制的生物质乳化剂PN−CL、酰胺乳化剂A、酰胺乳化剂B在150℃、180℃老化后的破乳电压分别为875V、689V，391V、232V，423V、290V。相比于酰胺类乳化剂，研制的耐水解生物质乳化剂的乳化性能较好，抗温能力和持效性均有提升。这是由于PN−CL乳化剂是一种不含酰胺基、具有多羟基的聚合型乳化剂。一方面，高温下不易水解，从醚水界面解吸附；另一方面，多个羟基之间通过分子间氢键作用力，自组装成缔合分子，形成网状结构，增加液相黏度，减小了乳液的碰撞聚结概率，进一步形成稳定的乳液。

1.2　乳化剂的加量优化

固定醚水比85∶15、180℃老化16h的条件下，考察不同乳化剂加量（以基液、$CaCl_2$水溶液总体积为基准，下同）对不同密度钻井液性能的影响，结果见表1。钻井液配方：基液+20%$CaCl_2$+2%有机土+乳化剂+4%降滤失剂+4%CaO+重晶石。

表1　乳化剂加量对钻井液性能影响

ρ/（g/cm³）	加量/%	AV/mPa·s	PV/mPa·s	YP/Pa	Gel/（Pa/Pa）	FL_{HTHP}/mL	ES/V
2.1	3	56	49	7	3/4	4.6	865
	4	50	42	8	3/4	4.2	923
	5	52	44	8	3/4	4.2	1085
2.3	3	64	57	7	4/5	5.0	955
	4	58	49	9	5/6	4.8	1002
	5	58	49	9	5/6	4.6	1145
2.5	3	70	62	8	7/8	5.4	998
	4	64	55	9	7/8	5.0	1068
	5	63	54	9	5/6	4.8	1256

由表1可知，配制的不同密度钻井液，在乳化剂加量为3%时，表观黏度相对较高，为56~70mPa·s，原因可能是重晶石等固相分散不均匀，造成黏度偏高，高温高压滤失量4.6~5.4mL，破乳电压865~998V，整体性能稳定。在乳化剂加量为4%~5%时，表观黏度有所降低，为50~64mPa·s，高温高压滤失量4.2~5.0mL，破乳电压980~1256V，继续提高加量对性能影响不大，但会增加成本，因此，确定乳化剂加量为4%~5%。

2 提切剂优选及评价

2.1 提切剂优选

目前现场使用的提切剂以聚酰胺类为主，同样在高温下易水解失效。本研究通过自缩聚再交联的合成路线得到了一种耐水解树脂提切剂N-CPR。在醚水比85：15、密度2.1g/cm^3，180℃老化16h、48h的条件下，考察提切剂N-CPR与聚酰胺类提切剂A对体系性能的影响，结果见表2。配方：基液+20%$CaCl_2$+2%有机土+4%乳化剂+1%提切剂+4%降滤失剂+4%CaO+重晶石。

表2 不同提切剂对钻井液性能影响

提切剂	$T_{老化}$/h	*AV*/mPa·s	*PV*/mPa·s	*YP*/Pa	动塑比	*Gel*/（Pa/Pa）	FL_{HTHP}/mL	*ES*/V
自制	16	54	41	13	0.32	7/8	3.8	1203
	48	51	40	11	0.28	6/7	4.0	968
聚酰胺提切剂A	16	53	42	11	0.26	6/7	4.0	1176
	48	50	42	8	0.19	4/5	4.4	945

由表2可知，加入N-CPR和聚酰胺类提切剂A老化16h后，体系的动塑比分别为0.32、0.26，破乳电压分别为1203V、1176V，相比于未加入时均有提高，且N-CPR的提切效果高于聚酰胺类提切剂。在老化48h后，钻井液的动塑比分别降至0.28、0.19，降幅分别为12.5%、27%，说明相比于聚酰胺类提切剂，N-CPR不易水解，持效性好。

2.2 提切剂的加量优化

在密度为2.1g/cm^3，醚水比85：15、180℃老化48h的条件下，考察不同提切剂加量对钻井液性能的影响结果见表3。配方：2%有机土+4%乳化剂+提切剂+4%降滤失剂+4%CaO+重晶石。

表3 提切剂加量对钻井液性能影响

提切剂加量/%	*AV*/mPa·s	*PV*/mPa·s	*YP*/Pa	动塑比	*Gel*/（Pa/Pa）	FL_{HTHP}/mL	*ES*/V
0.5	50	41	9	0.22	4/5	4.6	927
1.0	51	40	11	0.28	6/7	4.0	968
1.5	55	41	14	0.34	9/10	3.8	1099
2.0	60	42	18	0.43	13/14	3.0	1376

由表3可知，随着提切剂加量增加，体系切力、动塑比不断升高，高温高压滤失量略有降低，乳化稳定性有所提高。当提切剂加量在1%~1.5%时，动塑比0.28~0.43，破乳电压大于968~1099V，当加量增加至2%时，钻井液黏切较高，不利于现场施工，考虑成本及施工条件，确定提切剂加量为1%~1.5%。

3　降滤失剂的加量优化

目前，油基、合成基常用的降滤失剂以沥青类、腐殖酸类为主，其中腐殖酸类降滤失剂不仅降滤失剂性能好，而且还具有对钻井液黏切影响小、辅助提高钻井液稳定性、无软化点抗温能力强、环保性好等特点，因此，配方中选用腐殖酸类作为钻井液的降滤失剂。

在密度为2.1g/cm³，醚水比85：15、180℃老化16h的条件下，考察不同降滤失剂加量对钻井液性能的影响，结果见表4。配方：2%有机土+4%乳化剂+1%提切剂+降滤失剂+4%CaO+重晶石。

表4　降滤失剂加量对钻井液性能影响

降滤失剂加量/%	*AV*/mPa·s	*PV*/mPa·s	*YP*/Pa	*Gel*/（Pa/Pa）	FL_{HTHP}/mL	*ES*/V
2.0	49	39	10	5/6	5.8	929
3.0	51	40	11	6/7	4.6	942
4.0	51	40	11	6/7	4.0	968
5.0	53	42	11	6/7	3.8	982
6.0	55	43	12	7/8	3.8	1021

由表4可知，随着腐殖酸降滤失剂加量增加，对黏度、切力、破乳电压等性能影响较小，高温高压滤失量由5.8mL降至3.8mL，当加量在3.0%~5.0%时，高温高压滤失量为3.8~4.6mL，继续增加加量，高温高压滤失量不再降低，因此，确定腐殖酸降滤失剂加量为3.0%~5.0%。

综上，形成的高温高密度生物质合成基钻井液配方为：生物质合成基液+$CaCl_2$水溶液+2%有机土+4%~5%自制乳化剂+1%~1.5%自制提切剂+3%~5%降滤失剂+4%CaO+重晶石。

4　钻井液性能评价

4.1　不同密度钻井液基本性能

在密度为1.7~2.7g/cm³，醚水比85：15、180℃老化48h的条件下，考察不同密度钻井液的流变、高温高压滤失量等性能，结果见表5。配方：基液+20%$CaCl_2$水溶液+2%有机土+4%乳化剂+1%提切剂+4%降滤失剂+4%CaO+重晶石（下同）。

表5　不同密度钻井液基本性能评价

ρ/（g/cm³）	*AV*/mPa·s	*PV*/mPa·s	*YP*/Pa	*Gel*/（Pa/Pa）	FL_{HTHP}/mL	*ES*/V
1.7	38	28	10	5/6	3.6	877
1.9	46	35	11	5/6	3.4	932
2.1	51	40	11	6/7	4.0	968
2.3	59	47	12	8/9	3.8	1132

续表

ρ/（g/cm³）	AV/mPa·s	PV/mPa·s	YP/Pa	Gel/（Pa/Pa）	FL_{HTHP}/mL	ES/V
2.5	68	54	14	9/10	4.0	1398
2.7	73	60	13	9/10	3.8	1477

由表5可知，不同密度钻井液的黏度38~72mPa·s，切力10~14Pa，高温高压滤失量3.4~4.0mL，破乳电压877~1477V，钻井液黏度、动切、初终切适中，高温高压滤失量较低，表明不同钻井液体系具有良好的流变性、高温稳定性以及滤失性，适应密度范围广，满足现场的施工及使用。

4.2 长期老化稳定性

在密度为2.1g/cm³，醚水比85：15，180℃老化的条件下，以破乳电压、动塑比为依据，考察体系在不同老化时间下的稳定性，结果见图2。

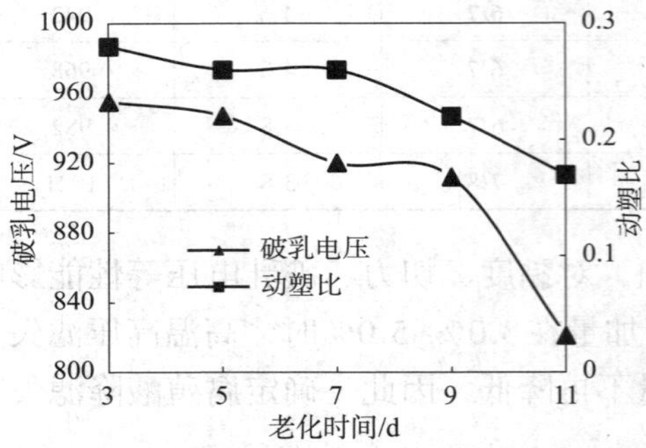

图2 钻井液长期老化稳定性评价

由图2可知，随着老化时间增加，破乳电压和动塑比呈下降趋势，老化时间在9d以内时，钻井液破乳电压912~955V，动塑比0.22~0.28，降幅分别为4.5%、21.4%，整体性能变化比较平稳，当老化11d时，破乳电压821V，动塑比0.17，较3d时降幅为14%、39.3%，呈急剧下降趋势，有可能是处理剂在长时间下高温分解失效导致，此时需要对钻井液进行维护，但整体性能仍能满足现场施工需求，因此，生物质合成基钻井液在180℃下连续老化11d内性能稳定，耐温能力好，持效性强。

4.3 沉降稳定性

在醚水比85：15，180℃静置3d的条件下，测定体系的上、下密度，计算沉降因子，考察不同密度钻井液高温下的沉降稳定性，结果见表6。

表6 钻井液沉降稳定性评价

ρ/（g/cm³）	沉降因子SF
2.1	0.5039
2.3	0.5098
2.5	0.5145
2.7	0.5205

由表6可知，密度2.1~2.7g/cm³的钻井液在180℃下静置3d后，沉降因子SF为0.5039~0.5205，说明钻井液在高温下未发生明显静态沉降，说明生物质合成基钻井液具有较好的高温沉降稳定性，可保证在现场施工时需要长时间静置需求。

4.4 抗温性能

在密度为2.1g/cm^3，醚水比85：15，185~210℃下老化16h的条件下，考察钻井液的抗温性能，结果见表7。

表7　钻井液抗温性能评价

$T_{老化}$/℃	*AV*/mPa·s	*PV*/mPa·s	*YP*/Pa	*Gel*/（Pa/Pa）	FL_{HTHP}/mL	*ES*/V	沉降情况
185	52	39	11	6/7	4.0	926	均一
190	51	40	11	7/8	4.0	908	均一
195	49	39	10	5/6	4.4	868	均一
200	48	38	10	5/6	6.0	834	均一
210	34	30	4	1/2	10.8	578	罐底硬沉降

由表7可知，老化温度200℃以内，钻井液黏度48~52mPa·s，动切力10~11Pa，高温高压滤失量4.0~6.0mL，破乳电压834~926V，钻井液的流变性能、乳化稳定性、滤失性较好，随温度变化比较稳定，没有发生明显沉降。老化温度210℃时，体系性能恶化，动切力4Pa，高温高压滤失量10.8mL，破乳电压578V，切力、破乳电压、高温高压滤失量变化幅度较大，老化罐底部有硬沉降，体系稳定性变差。

4.5 抗污染性能

在密度为2.1g/cm^3，醚水比85：15，180℃老化48h的条件下，考察钻井液的抗水、钻屑污染性能，结果见表8。

表8　不同污染物对钻井液的性能影响

污染物	加量/%	*AV*/mPa·s	*PV*/mPa·s	*YP*/Pa	*Gel*/（Pa/Pa）	FL_{HTHP}/mL	*ES*/V
水	5	53	41	12	6/7	4.0	926
水	10	56	44	12	7/8	3.6	894
水	15	60	45	15	9/10	3.2	816
水	20	65	48	17	9/10	2.8	721
水	25	析水					
钻屑	5	53	42	11	6/7	4.0	987
钻屑	10	56	44	12	6/7	4.4	1079
钻屑	15	62	50	12	7/8	5.0	1142
钻屑	20	66	55	11	7/8	5.4	1201
钻屑	25	78	66	12	7/8	6.4	942

由表8可知，水量由5%增加至20%时，体系黏度、切力逐步增大，分别由53mPa·s增加至65mPa·s，12Pa增加至17Pa，破乳电压由926V逐渐降至721V，整体性能仍能满足施工需求，当加入水量为25%时，钻井液析水，稳定性变差，此时需要增加处理剂加量维持钻井液的稳定性。钻屑由5%增加至25%时，体系黏度、失水增加，分别由

53mPa·s增加至78mPa·s，由4.0mL增加至6.4mL，破乳电压较为稳定。因此，该体系抗水、钻屑污染分别为20%、25%，说明高密度生物质合成基钻井液在高温下具有较好的抗污染性能。

5 结论

（1）相比于现场使用的酰胺类乳化剂、提切剂，研制的耐水解生物质乳化剂、提切剂具有更好的抗温能力，作用周期长。

（2）通过优化乳化剂、提切剂、降滤失剂的加量，形成了密度可达2.7g/cm^3，抗温200℃的高温高密度生物质合成基钻井液，配方为：生物质合成基液+$CaCl_2$水溶液+2%有机土+4%~5%生物质乳化剂+1%~1.5%提切剂+4%降滤失剂+4%CaO+重晶石。

（3）评价了高温高密度生物质合成基钻井液的长期老化稳定性、沉降稳定性、抗污染性等性能，结果表明钻井液具有良好的流变性能、滤失量、乳化稳定性，180℃下长期老化11d性能稳定，高温静置沉降稳定3d未发生明显沉降，抗水、钻屑污染能力强。

参 考 文 献

［1］王中华.2017~2021年国内钻井液处理剂研究进展［J］. 中外能源，2022，27（3）：31-42.

［2］王中华 . 国内油基钻井液研究与应用综述［J］. 中外能源，2022，27（8）：29-36.

［3］单海霞，王中华，何焕杰，等 . 生物质合成基液 LAE-12 的合成及性能研究［J］. 钻井液与完井液，2016，33（2）：1-4.

［4］张弌，单海霞，李彬等 . 生物质合成基钻井液性能评价［J］. 油田化学，2019，36（4）：594-599.

［5］李午辰 . 国外新型钻井液的研究与应用［J］. 油田化学，2012，29（3）：362-367.

［6］代秋实，潘一，杨双春 . 国内外环保型钻井液研究进展［J］. 油田化学，2015，32（3）：435-439.

［7］潘一，刘天龙，杨双春 . 国内外海洋钻井液研究现状［J］. 油田化学，2015，32（2）：292-295.

［8］吴涛，王志龙 . 环保型钻井液的研究现状及发展趋势［J］. 化学与生物工程，2018，35（10）：1-5.

无荧光生物质润滑剂在西南工区高密度钻井液中的应用

张晓刚[1, 2]　国安平[1, 2]　周启成[1, 2]

（1. 中石化中原石油工程有限公司钻井工程技术研究院，河南 濮阳　457001；
2. 中石化石油工程钻完井液技术中心，河南 濮阳　457001）

摘　要：为适应高密度钻井液对润滑性能的要求，以植物油为原料经深度改性得到窄碳链（C_{10}—C_{22}）含氧化合物，引入抗极压元素和乳化剂后，研制出无荧光生物质润滑剂ZYRH。性能评价结果表明，润滑剂ZYRH产品绿色无毒，$EC_{50} \geq 151400$mg/L；产品在基浆中的抗温可达200℃，抗盐达饱和；加入高密度钻井液中不会产生黏度效应，且对体系的流变性、滤失量及润滑性能有较大程度改善。润滑剂ZYRH依靠分子间的内聚力作用形成润滑膜，利用分子间黏附作用形成韧性强的结构膜，降低井壁、钻具与钻井液固相颗粒间的摩阻力，利用分子中的极压元素与金属表面的铁原子间以配位键形成强吸附，在钻具表面形成致密的疏水膜，减少钻井液固相颗粒与钻具间的摩擦。在元坝701井和马301井现场应用，表现出较好的润滑效果。

关键词：生物质；润滑剂；高密度

西南工区是中国天然气最富集的区域之一，近年来中国石化将该地区作为最重要的天然气资源勘探开发区域。随着深井、超深井、定向井、大位移井以及水平井的钻探力度不断加强，润滑性能与井下安全之间的矛盾越来越突出，对钻井液性能的要求越来越高[1]。在造斜段、水平段滑动钻进时摩阻大、托压严重，特别是钻井液密度较高时具有流变性控制难度大、固相含量高、摩阻大的特点，其流变性和润滑性能控制不好极易造成钻井事故，如钻具回转阻力增大，起下钻困难，甚至发生黏附卡钻和断钻具事故。常规润滑剂在高密度钻井液中易造成体系黏度增大，润滑效果出现明显下降[2-3]。因此，研制一种对高密度钻井液体系黏度影响小、润滑效果优良的润滑剂对高压地层的安全钻进尤为重要。

基于环保性能较好的植物油，经深度改性得到窄碳链（C_{10}—C_{22}）含氧化合物，引入抗极压元素和乳化剂后，研制出无荧光生物质润滑剂ZYRH，适用于各种水基钻井液体系，在钻井液体系中通过化学吸附成膜和固相间隔离成膜，实现润滑减摩抗极压的性能。

1　无荧光生物质润滑剂的研制

1.1　研制思路

围绕“经济合成、绿色生产、性能优良”的目标，根据润滑剂的抗温、润滑、持效

作者简介：张晓刚（1984—），工程师，学士，毕业于河南农业大学环境工程专业，现从事环保型钻井液助剂研究工作。E-mail：zxg8409@163.com。

性、稳定性及与钻井液的配伍性等综合使用性能，利用生物和化学的方法对植物油进行改性，制备出无荧光生物质润滑剂。

采用生物酶催化技术，将植物油水解，释放出活性物质；在活性物质原料的分子结构中利用化学手段合理引入非极性长碳链油性脂肪烃基（C_{12}—C_{18}植物烷烃基）、亲水基（羟基、胺基等）以及极压抗磨剂（硫、磷、噻唑等），保持分子的油性，兼备亲水性和抗极压性；利用分子中的极性亲水基团，使润滑剂亲水头吸附在膨润土晶层结构中，外层的亲油膜可以有效减少钻井液体系固相间的摩擦，减少钻井液流动阻力，降低摩擦系数；此外，利用分子中氮、硫等原子的孤对电子和金属离子的空轨道形成配位键产生的吸附作用，使润滑剂吸附在金属表面，形成吸附膜，起到润滑缓蚀防锈作用；最后，使无荧光生物质润滑剂达到润滑减摩抗极压的综合性能需求。所改性的无荧光生物质润滑剂ZYRH，与钻井液、井壁、钻具等通过成膜作用和持效作用体现良好的综合润滑性能。

1.2 润滑剂合成

采用棕榈油、大豆油、菜籽油、地沟油等植物油为原料，第一步通过酶催化手段制备出中间物DOMC，第二步对中间物DOMC进一步化学反应后制备出主成分，最后引入表面活性剂等原料，制备得到均匀流动液体即为无荧光生物质润滑剂ZYRH。合成工艺简单、稳定、可重复性强，合成过程绿色环保，无废水、废气、废渣，形成了无荧光生物质润滑剂ZYRH的成熟工业化制备技术。

2 性能评价

2.1 ZYRH环保性能评价

2.1.1 生物毒性测试

根据环保要求，采用发光细菌法对润滑剂产品进行了生物毒性测试，结果见表1。

表1 生物质润滑剂生物毒性测试结果

	1	2	3	4	5	6
EC_{50}/（mg/L）	151400	164200	175900	145500	161200	173000

由表1可以看出，结果显示该被测样品的$EC_{50}\geq151400$mg/L（远远超过国家环保规定的无毒指标30000mg/L），表明本发明制备的生物质润滑剂绿色无毒。

2.1.2 动物毒性测试

采用原卫生部《消毒技术规范》（2002年版）中急性经口毒性实验方法[4]，利用小白鼠进行动物毒性测试实验，测试结果见表2。

表2 生物质润滑剂的动物毒性实验数据

性　别	剂量分组/（mg/kg）	动物数/只	死亡动物数/只	死亡率/%
雌性	5000	10	0	0
雄性	5000	10	0	0

由表2可以看出，在实验期内，实验动物生长正常，未见中毒体征或死亡，大体解剖未见异常。可见，雌、雄小鼠急性经口LD_5>5000mg/kg。根据《消毒技术规范》（2002年版）中化学品急性经口毒性分级标准判定，生物质润滑剂对动物没有危害，无毒环保。

2.2　ZYRH对高密度钻井液流变性和润滑性的影响

配制密度为1.40g/cm³、1.70g/cm³、2.00g/cm³、2.30g/cm³和2.60g/cm³的钻井液基浆，配方为：2%钠膨润土+0.5%PAC-LV+重晶石。在各基浆中加入2%润滑剂ZYRH（以体积百分数计），考察其对不同密度钻井液流变性和润滑性的影响。无荧光生物质润滑剂ZYRH在不同密度基浆中的流变性能实验结果如图1和图2所示。

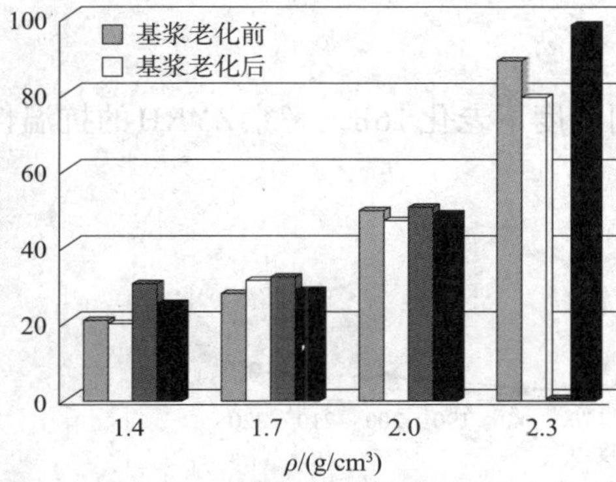

图1　ZYRH在不同密度基浆中的流变性能（表观黏度AV，150℃老化16h）

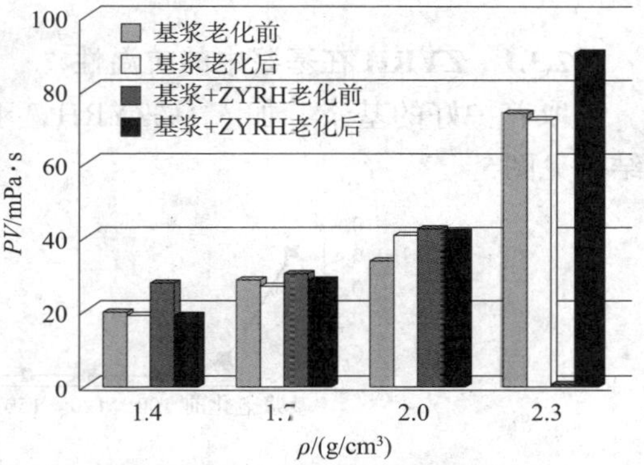

图2　ZYRH在不同密度基浆中的流变性能（塑性黏度PV，150℃老化16h）

配制密度为1.2~2.4g/cm³的聚磺钻井液，加入1%ZYRH，在180℃温度下老化16h后，测定其老化前后的极压润滑系数，结果见图3。

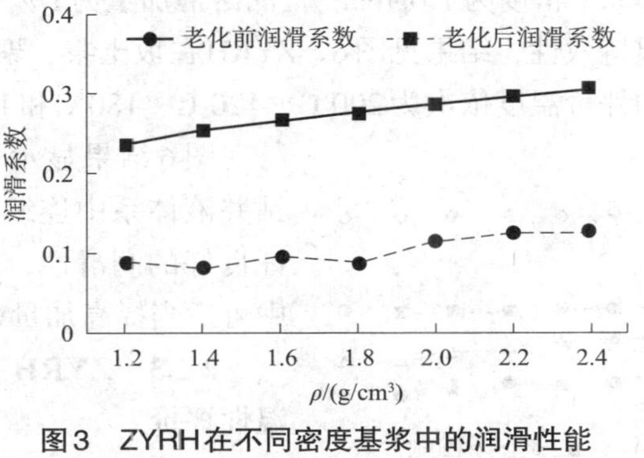

图3　ZYRH在不同密度基浆中的润滑性能

由图3可见，当钻井液密度为2.40g/cm³时，极压润滑系数由0.307降至0.128，润滑系数降低率仍可达62.2%。分析原因是润滑剂的加入，其中的胶质和极性元素参与泥饼形成、饱和烷基醚分散在钻井液中形成油膜（图4），从而促使钻井液保持着显著的润滑性能。

图4　润滑剂加入前后泥饼形态

2.3　ZYRH 抗温性评价

2.3.1　ZYRH 在基浆中的抗温性

取养护好的基浆，加入1%ZYRH，于不同温度下老化16h，考察ZYRH的抗温性，结果见图5。

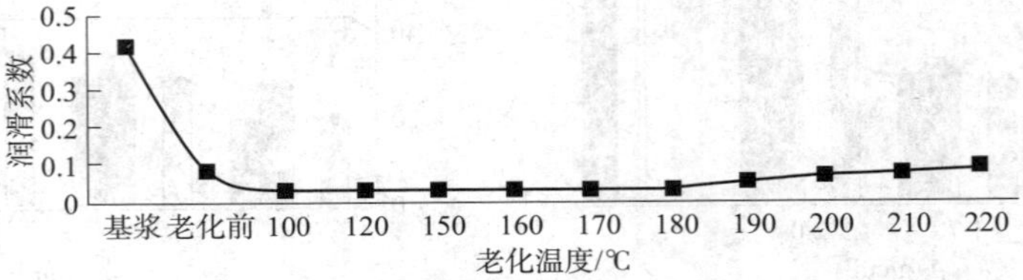

图5　ZYRH在基浆中的抗温性

由图5可知，ZYRH在基浆中的抗温达200℃、极压润滑系数0.031~0.065，降低率84.2%~92.5%。

2.3.2　ZYRH 在钻井液中的润滑周期

配制不同钻井液体系（密度为1.6g/cm^3），润滑剂加量为1%，连续老化10d，考察润滑剂在钻井液中的高温持效性，结果见图6，ZYRH在坂土浆、聚合物钻井液、聚磺钻井液和饱和盐钻井液中的评价温度依次为200℃、120℃、180℃和120℃。

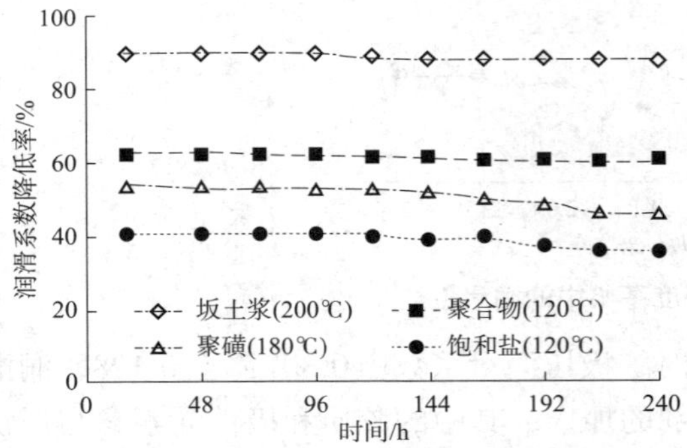

图6　ZYRH在不同体系中的高温持效性

图6结果显示，润滑剂ZYRH在不同钻井液体系中连续老化7~10d依旧可以保证良好的润滑性，持效性好，在现场使用中可适当提高加量来缩短降低维护周期。

2.3.3　ZYRH 在高密度钻井液中的抗温性评价

配制密度为2.0g/cm^{3}的聚磺钻井液基浆，加入2%润滑剂ZYRH，测定经过120℃、150℃和180℃老化16h后的润滑系数，如表3所示。

表3　加入ZYRH前后老化温度对高密度钻井液性能的影响

ZYRH加量/%	实验条件	AV/mPa·s	PV/mPa·s	润滑系数
0	老化前	62	51	0.225
	120℃16h	59	52	0.209
	150℃16h	54	48	0.195
	180℃16h	50	45	0.188
2	老化前	61	51	0.173
	120℃16h	53	47	0.162
	150℃16h	47	43	0.152
	180℃16h	42	41	0.144

钻井液基浆配方为：2%膨润土+0.3%CPS2000+1%LV-CMC+3%SMP+3%SMC+0.6%铵盐+0.05%NaOH+重晶石。

表3显示，与高密度钻井液基浆相比，加入2%ZYRH经高温老化前后表观黏度和塑性黏度均有所下降，且随温度的增加，体系润滑系数逐渐下降，说明无荧光生物质润滑剂ZYRH在高密度钻井液中具有良好的高温润滑性能。

2.4　ZYRH加量对高密度钻井液性能影响评价

配制密度为2.00g/cm^{3}的聚磺钻井液基浆，加入梯度浓度的ZYRH（0、0.5%、1%、1.5%、2%、2.5%、3%），考察ZYRH加量对高密度钻井液流变性和润滑性能的影响。实验条件为150℃老化16h，结果见表4、图7。

表4　ZYRH加量对高密度钻井液性能的影响

ZYRH加量/%	实验条件	AV/mPa·s	PV/mPa·s	润滑系数
0	150℃16h	54	48	0.195
0.5		49	43	0.188
1.0		49.5	44	0.172
1.5		48	43	0.163
2.0		47	43	0.152
2.5		47	42.5	0.147
3.0		46.5	42	0.122

注：仅显示为老化后的数据。

表4及图7表明，润滑剂ZYRH对高密度钻井液基浆的表观黏度和塑性黏度与未加润滑剂的基浆相比略微降低，表明润滑剂不会对高密度钻井液基浆产生增黏作用。图7润滑结果显示，高密度钻井液的润滑系数随ZYRH增加呈下降趋势，说明ZYRH在高密度钻井液体系中具有优良的润滑效果。

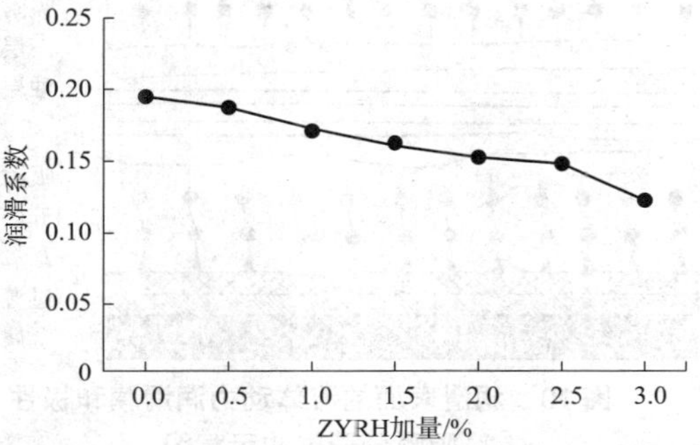

图7　ZYRH加量对高密度钻井液润滑性能的影响

2.5　ZYRH 抗盐能力评价

2.5.1　在基浆中的抗 NaCl 污染能力

配制5%钠膨润土基浆，考察润滑剂ZYRH抗NaCl污染性能，保持润滑剂加量为1%，同时加入不同比例的NaCl盐，测定其老化后的极压润滑系数，结果见图8。

由图8可知，ZYRH抗盐达饱和，润滑系数降低率>87.2%。

2.5.2　在钻井液中的抗 NaCl 污染能力

在聚合物钻井液（密度为1.6g/cm^3）中考察润滑剂ZYRH的抗NaCl污染性能，保持润滑剂加量为1%，同时加入不同比例的NaCl盐，测定其老化后的极压润滑系数，结果见图9。

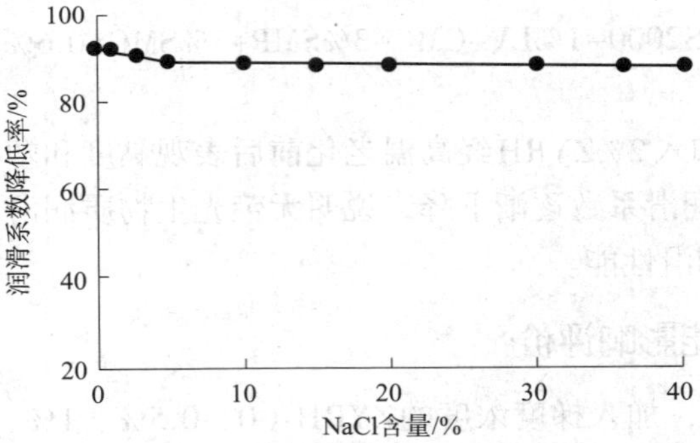

图8　ZYRH在基浆中抗盐性能评价

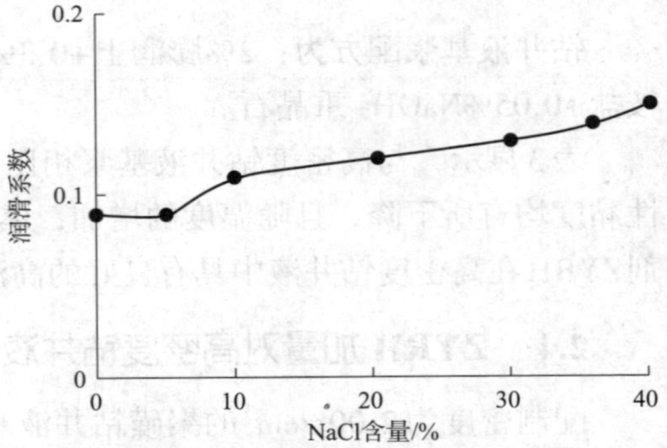

图9　ZYRH在聚合物钻井液中抗盐性能评价

由图9可知，润滑剂ZYRH在钻井液中的抗NaCl盐污染达饱和，润滑系数<0.12。

2.6　ZYRH 润滑机理分析

2.6.1　吸附作用

依靠分子间的内聚力作用，形成润滑膜，实现降摩减阻。

植物油的主要成分是脂肪酸甘油酯，从植物油的组分和结构式可以看出，植物油是含有10以上碳原子的长链有机化合物，其一端具有极性很强的极性基团。利用分子中的亲水基团，使润滑剂亲水头吸附在膨润土晶层结构中，外层的亲油膜可以有效减少钻井液体系固相间的摩擦，减小钻井液流动阻力，降低摩擦系数；利用分子中氮、硫等原子的孤对电子和金属离子的空轨道形成配位键产生的吸附作用，使润滑剂吸附在金属表面，形成吸附膜[5]，起到润滑缓蚀防锈作用（图10）。

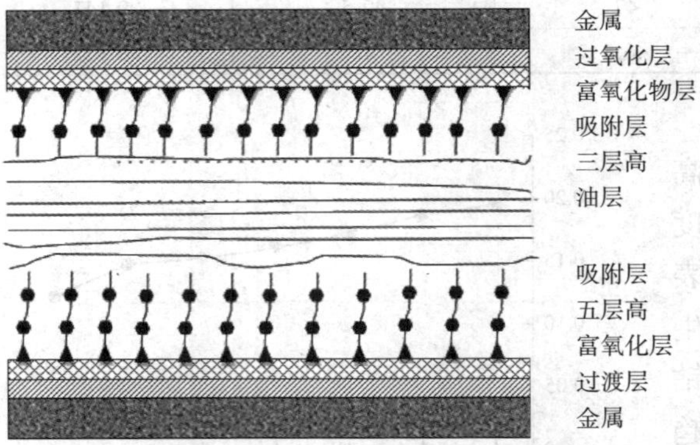

图10　润滑表面的流体动力润滑膜和极性吸附分子层的示意图

根据以上分析，润滑剂具体的作用机理示意图见图11。

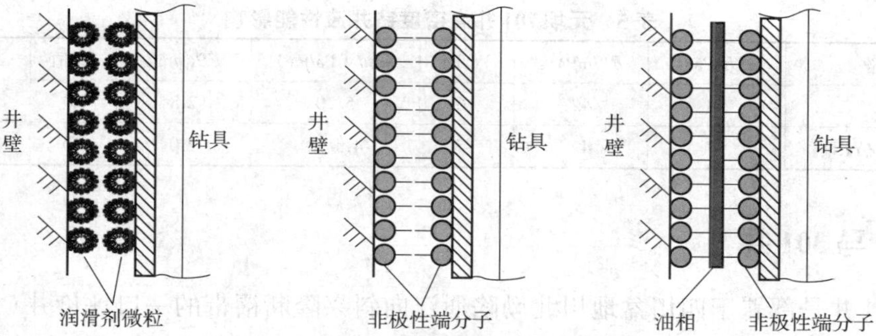

图11　润滑剂吸附成膜作用机理示意图

2.6.2　持效作用

分子中的表面活性组分，通过非极性碳链间的范德华力[6-8]，利用分子间黏附作用形成韧性强的结构膜，降低井壁、钻具与钻井液固相颗粒间的摩阻力；分子中的极压元素与金属表面的铁原子间以配位键形成强吸附，在钻具表面形成致密的疏水膜，减少钻井液固相颗粒与钻具间的摩擦。

以上使得润滑剂具有较好的持效性，作用机理见图12。

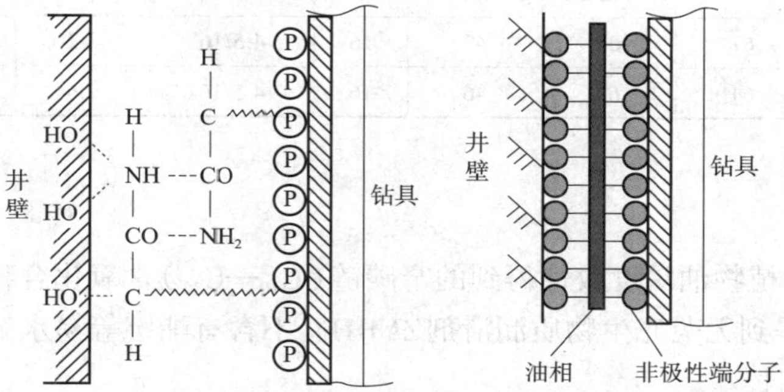

图12　润滑剂持效作用机理示意图

3　现场应用

3.1　元坝701井

元坝701井是中国石化勘探分公司部署在四川盆地川东北九龙山背斜构造西南翼上的一口开发评价井（定向井）工程，设计井深6845m，设计最高密度2.31g/cm^3，钻井液具有流变性控制和维护处理难度大、润滑性要求高的特点。取现场密度为2.14g/cm^{3}的高密度钻井液，加入2%润滑剂ZYRH，低速搅拌以促进分散，实验结果显示，体系表观黏度由58mPa·s降为57mPa·s，滤失量由2.8mL降为2.0mL，润滑系数由0.142降至0.093，ZYRH的加入没有产生黏度效应，体系的流变性、滤失量及润滑性能均得到明显改善（表5）。

表5　元坝701井高密度钻井液性能影响

钻井液	*AV*/mPa·s	*PV*/mPa·s	*YP*/Pa	*Gel*/（Pa/Pa）	FL_{API}/mL	pH值	润滑系数
井浆	58	42	16	5/20	2.8	10	0.142
井浆+2%ZYRH	57	42	15	4.5/18	2.0	10	0.093

3.2　马301井

马301井是部署于四川盆地川北坳陷通江向斜兴隆断褶带的一口评价井（定向井），完钻井深5330m，三开采用钾聚磺防塌钻井液体系，Cl^-浓度37000mg/L，体系最高密度2.00g/cm^3，现场钻井液流变性控制难度大，对润滑性能要求高。取现场密度为2.00g/cm^{3}的高密度钻井液，加入2%润滑剂ZYRH，低速搅拌以促进分散，实验结果显示，体系漏斗黏度由67s降至64s，表观黏度由63mPa·s降为62mPa·s，滤失量由3.2mL降为2.6mL，润滑系数由0.136降至0.088，ZYRH的加入没有产生黏度效应，体系的流变性、滤失量及润滑性能均得到明显改善（表6）。

表6　马301井高密度钻井液性能影响

钻井液	*FV*/s	*AV*/mPa·s	*PV*/mPa·s	*YP*/Pa	*Gel*/（Pa/Pa）	FL_{API}/mL	pH值	润滑系数
井浆	67	63	47	16	4.5/16	3.2	10	0.136
井浆+2%ZYRH	64	62	46	16	4.5/16	2.6	10	0.088

4　结论

（1）基础油为植物油深度改性得到的窄碳链（C_{10}—C_{22}）含氧化合物，引入抗极压元素和乳化剂后，得到无荧光生物质润滑剂ZYRH。不含有酯键等易水解基团，抗温抗盐能力强，作用周期长。

（2）无荧光生物质润滑剂ZYRH保留植物油分子中长碳链脂肪烃的抗温结构，引入亲水基（羟基、胺基）和极压抗磨剂（氮、磷等），亲水头在黏土晶层、井壁吸附成膜，极压抗磨剂在钻具金属表面的化学吸附成膜，亲油头在钻井液中固相间隔离成膜，达到润滑减摩抗极压的综合性能需求。

（3）无荧光生物质润滑剂ZYRH在高密度钻井液中具有良好的润滑效果，对高密度体系流变性能影响较小，具有较好的抗高温和抗盐能力，产品在元坝701井和马301井现场应用，取得较好的实验效果。

参 考 文 献

［1］甄剑武．水平井高密度钻井液润滑减阻技术研究及现场实验［J］．石油钻探技术，2020，48（05）：55-60.

［2］李雄，董晓强，金军斌，等．超高温高密度钻井液体系的研究与应用［J］．钻井液与完井液，2020，37（06）：694-700.

［3］单锴，邱正松，钟汉毅，等．高温高矿化度高密度水基钻井液用润滑剂［J］．钻井液与完井液，

2020，37（04）：450–455.

[4] 印树明，蓝强，赵怀珍．高温高密度钻井液润滑技术研究［J］. 能源化工，2019，40（03）：42–46.

[5] 樊好福，司西强，王中华．水基钻井液用绿色润滑剂研究进展及发展趋势［J］. 应用化工，2019，48（05）：1192–1196.

[6] 刘芳．深井高温高密度钻井液润滑性控制技术［J］. 石化技术，2016，23（12）：91.

[7] 艾贵成，王卫国，张宝峰，等．深井高温高密度钻井液润滑性控制技术［J］. 西部探矿工程，2009，21（06）：42–44.

[8] 孙金声，潘小镛，刘进京．新型钻井液用润滑剂 GXRH 的研制［J］. 钻井液与完井液，2002（06）：18–19+149.

保护油气层钻完井液技术现状述评

雷祖猛[1,2]　王中华[1,2]　郭国强[3]　贾启高[1,2]　桂　芳[1,2]

（1.中石化中原石油工程有限公司钻井工程技术研究院，河南 濮阳　457001；
2.中石化石油工程钻完井液技术中心，河南 濮阳　457001；
3.中石化中原油田油气勘探管理部，河南 濮阳　457001）

摘　要：通过梳理国内外保护油气层钻完井液技术发展历程，综述性分析了钻完井液对油气层主要伤害因素，总结了保护油气层钻完井液的基本要求，针对低渗、特低渗油气层和中高渗油气层，分别给出了保护油气层钻完井液的对应措施；列举了保护油气层钻完井液技术发展现状，提出了保护油气层钻完井液技术发展建议。

关键词：油气层；保护；钻完井液；现状；认识

钻井工程的直接目的是安全高效钻进至设计目的层，而根本目的是钻开油气层，同时保护好油气储层的原始流动通道，为录井、测井提供最真实的油气层原貌，最大限度地为新油气层的发现和油气井的开采和稳产创造良好条件。实践证明：钻井、完井、修井和增产措施等作业，都可能对油气层造成人为的损害或污染，降低油气井的产能。保护油气层就是尽可能阻止近井壁带的油气层不受到损害，一是关系到能否在地质录井过程中及时发现探井的油气层和估算真实储量，二是关系到生产井油气产量和后期的增储上产[1]。

国外20世纪30年代，开始关注储层伤害问题，美国石油工程师学会（SPE）从1974年开始组织有关油气层损害技术的专业会议，80年代开始对储层的损害机理进行定性和定量研究。国内50年代川中会战提出钻完井液密度不宜过高，60年代大庆会战对钻开油气层钻完井液滤失量提出要求，70年代长庆油田就开始进行岩心分析和敏感性分析，在“七五”期间将保护油气层钻完井技术列为国家重点攻关项目，在“八五”期间，完善形成了从储层特征和潜在损害分析、预测技术，储层敏感性分析评价技术，储集层损害指标建立和分级等系列保护油气层技术[2]。

本文通过对钻完井液油气层伤害因素、钻完井液要求、钻完井液体系等技术现状研究分析，提出了保护油气层钻完井液技术发展建议。

1　钻完井液油气层伤害因素

钻完井过程中，由于钻完井液固相堵塞油气层空隙孔喉，钻完井液液相与油气层岩

作者简介：雷祖猛（1983—），男，河南罗山人，硕士，副研究员，主要从事钻完井液处理剂及体系的开发、生产、推广应用及技术管理工作。E-mail：leizm.oszy@sinopec.com。

石、地层流体特性不配伍，钻完井液液柱压力超过油气层地层压力等因素，导致固相或液相侵入地层原始孔道，破坏了油气层原始状态，造成油气层不同程度的损害。

1.1 固相

固相颗粒来源主要有：一是钻完井液中小于油气层孔隙/裂缝有效宽度和孔喉直径的外来固相颗粒（如膨润土、加重剂、钻屑等）；二是油气层中原有的疏松颗粒（如石英、高岭石、化学反应沉积等）经外力作用下产生运移；三是油气层漏失会使上述固相污染加剧，同时还会引入堵漏材料[1、3]；在正压差作用下，上述固相随着孔隙/裂缝延伸运移，堵塞油气层岩石的喉隙孔道，阻碍油气层流体流动，造成渗透率下降，中高渗油气藏固相伤害表现尤为突出。研究表明：固相颗粒类型对储层伤害差异大，刚性颗粒伤害较小，可变性球形颗粒伤害较高[4]；采用高能、高精度CT仪探索研究了钻井液污染后全直径岩心3D空间分布特征，结论为裂缝储层侵入颗粒以重晶石颗粒、盐类结晶为主，孔隙储层侵入颗粒以盐类结晶为主[5]；以氨基多羧酸盐为主要成分的螯合型解堵剂是解除重晶石堵塞最有效的工艺[6]；重晶石解堵技术在塔里木盆地库车山前克深气田X井实验，作业后气井日产气量由$0.9\times10^4m^3$增加到$5.2\times10^4m^3$，增产5.7倍[7]。

1.2 液相

钻完井液滤液进入地层，主要是和储层岩石、流体发生作用，改变岩石表面特性和地层油水分布，最终造成油气层原始渗透率降低。

1.2.1 与油气层岩石不配伍

滤液与油气层岩石不配伍主要表现为：一是钻完井液滤液抑制性、矿化度低于岩石临界值或者pH值高于岩石临界值时，可分别对油气层造成水敏、盐敏和碱敏伤害，引起油气层黏土矿物水化、膨胀、分散和运移，造成黏土微粒堵塞岩石孔喉裂隙，造成渗透率下降；二是钻完井液滤液中表面活性剂被亲水岩石表面吸附，引起油气层孔喉表面润湿反转，造成渗透率下降；三是钻完井液滤液中聚合物处理剂在油气层岩石的微孔裂隙表面吸附、填充、堵孔，缩小或堵塞了油气层流动通道，造成渗透率下降[1]。开发的聚胺有机盐钻井液体系，在东坪区块坪1-2-9井进行了现场应用，该体系具有极强的抑制性，最大限度地抑制了泥岩地层的水化膨胀，保证了该井长裸眼井壁稳定[8]。

1.2.2 与油气层流体不配伍

滤液与油气层流体不配伍主要表现为：一是钻完井液滤液中的离子与油气层流体中自有钙、镁等金属离子发生化学反应生成微溶或难溶沉淀，如碳酸钙、碳酸镁、腐殖酸钙等；二是钻完井液滤液中的乳化剂与油气层中原油或者水发生乳化作用；这些都会堵塞油藏岩石孔隙，增加油气层通道的流动阻力[1]。针对吴起地区储层钙、镁离子沉淀伤害，优选了1.0%阻垢剂ATMP，室内评价阻垢率达90%以上[9]；开发的Triton X-100/正丁醇/白油/2.5%NaCl水溶液4 组分微乳液体系能够清除乳液堵塞，清除沉积的原油大分子，使孔隙的润湿性发生反转，当钻井液与地层原油接触时，微乳液解堵效率高，渗透率恢复值95%以上，泥饼清除效率超过90%[10]。

1.2.3 毛细管力效应

钻完井液滤液进入油气层后，改变了井壁周围的油水分布状态，含水饱和度增大而含油饱和度降低，导致油相渗透率降低。同时，由于水的渗入，油层孔道中呈两相共流状态，不连续相在流动过程中将产生阻碍流动的毛细管力效应和贾敏效应，增加了油气层通道流动阻力，在低渗裂缝油气藏中表现得尤为严重。研究表明：影响水锁伤害程度的主要因素有含水饱和度、作用时间、压差以及表面张力，地层含水饱和度的增加、作用时间越长，水锁伤害越大，驱替压差越大，岩心水锁伤害越小，表面活性剂可减轻水锁损害[11]；采用全氟壬烯氧基苯磺酸钠、全氟辛基磺酰基聚氧乙烯醚醇等复配的新型纳米防水锁表面活性剂，表面张力小于21mN/m，溶液粒径小于100 nm，比前期同类产品水锁伤害率低5%，在DS80-2井开展实验，日产气$8.5\times10^4m^3$，为同区块同厚度气藏最高产量井[12]；采用氟碳类和两性离子型表面活性剂等复配的解水锁剂，在苏里格桃X区块应用，储层渗透率恢复至原来的93.86%[13]。

2 保护油气层钻完井液要求

研究和实践形成了以下共同遵循的保护油气层基本原则：以提高油气产能和采收率为目标；有利于及时发现，有利于准确评价，有利于高效开发；以预防损害为主，以解除损害为辅；减少井下复杂，缩短钻完井周期等[3]。逐步形成了降低钻完井液固相含量、密度、滤失量，提高钻完井液抑制性，做好暂堵措施，控制pH值，减少储层浸泡时间等基本认识。

为了在实际工作中更有针对性，通过研究分析低渗、特低渗油气层和中、高渗油气藏的不同物性特征和损害机理，分别提出了两类储层保护油气层钻完井液的针对性技术要求。

2.1 低渗、特低渗储层

低渗、特低渗储层的固相侵入伤害和外界流体滤液与储层流体不配伍引起伤害的可能性较小，主要潜在伤害问题可能是外来流体滤液与储层岩石不配伍和影响储层孔道中的油水分布及含油饱和度，而液相伤害主要是水敏，微孔裂缝通道黏土矿物的微小变化都会在正压差作用下放大；其次是水锁，低孔隙低渗透原始储层中的水相通常吸附在岩石颗粒表面，油气则位于孔隙中部，随着流体的侵入，孔隙结构含水量急增，进而产生水锁效应，大幅减少储层油气通道的数量[14-16]。

塔里木油田吐格尔明段超低渗储层，以钻井液液相侵入为主要损害方式，所占比重约80%，提出了添加胶束封堵剂HSM、抑制剂HAS以及防水锁剂HAR-D等措施来解决液相侵入损害的问题，发现水敏损害降低60%，水锁损害降低40%以上[17]；针对南海西部地区低孔低渗储层，构建了以PLUS/甲酸钾钻井液为基础，优选成膜封堵剂，防塌抑制剂UHIB，防水锁剂SATRO的钻井液体系，抗温达150℃，渗透率恢复值90%以上，滤液界面张力小于2mN/m，具有良好的储层保护效果[18]。

因此，低渗、特低渗储层建议采用抑制性较强的钻完井液体系，尽量降低钻完井液的滤失量，保持滤液较低的表面张力，使用抗水锁剂。

2.2 中、高渗储层

中、高渗储层的主要特征是孔隙分布广泛，且常有裂缝分布，地层骨架疏松，当量密度较高的钻井液容易造成地层破裂或是裂缝开启，严重污染储层。中、高渗储层的伤害所引起的油气井实际产能下降往往比中、低渗储层大得多，而且还会影响试井、测井资料的正确性，导致储量、产量估算不准。中、高渗储层主要损害因素是固相污染及压力敏感性损害。

针对YD油田高渗灰岩储层存在井壁失稳、盐膏污染钻井液、井漏和摩阻高等技术难点，采用强抑制高封堵乳液聚合物钻井液，3口应用井与邻井相比，钻井周期分别缩短5.2d、6.3d和7.8d，渗漏量分别降低了12.5%、8.4%和13.2%[19]；针对塔里木盆地A区块深层的中、高渗砂岩储层，由于储层孔喉粗大，黏土矿物含量高，地层水矿化度高，钻井液固相颗粒粒径偏小造成屏蔽暂堵能力不足，导致固液两相侵入严重，提出了优选纤维架桥粒子和填充粒子及优化固相颗粒粒度分布的钻井液改造方案[20]；针对深水气田高孔高渗砂岩储层构建的免破胶水基钻完井液在2~75℃深水井筒温度下具有稳定的流变性，直接返排解堵岩心渗透率恢复值介于74.5%~92.24%，与隐形酸完井液污染岩心后渗透率恢复值大于86%，现场应用4口井均未发生井下复杂情况，作业结束后直接返排解堵，节约了完井作业时间[21]。

因此，中、高渗储层用钻井液应具有强封堵能力和抑制性能，选用暂堵性能突出、抑制性能优异的钻完井液体系，改善泥饼质量，实现对固相颗粒的屏蔽暂堵，同时减小液相侵入地层的深度，为储层改造打下良好基础。

3 保护油气层钻完井液体系

在石油勘探开发过程中使用常规钻完井液，需要在打开油气层之前，通过固控及控制滤失量，同时向钻井液中添加针对性的油气层保护功能的添加剂形成改造型钻完井液，降低钻完井液对油气层的伤害。改造型钻完井液由于成本低廉、对现场设备无特殊要求，是现场使用最广泛的钻完井液体系，尤其是在敏感性要求不高的油气层[22]。

钻完井液改造通常采用屏蔽暂堵钻井液技术和非渗透钻井液技术。暂堵剂可以是水溶性无机盐，也可以是酸溶性碳酸钙（适合后期酸化井）或者油溶性树脂（不适合气井）等，有利于后期开采过程中返排[23]；非渗透钻井液技术是在常规钻井液中加入匹配的非渗透材料，有效控制钻井液固相和液相对储层的伤害，在川西致密砂岩储层进行了大量应用，不适用于黏土含量高的储层[24]，在东北松南地区低渗储层应用，可有效降低施工钻井液密度0.03g/cm^{3}以上，渗透率恢复值85%以上[25]。

除了常规改造的储层保护钻完井液外，研究人员开发了更适合储层的钻完井液体系，满足了不同特征储层的个性化需求，按照连续相来分类归纳，可分为水基钻完井液和油基钻完井液，在储层采用气体流体施工的实例较少。

3.1 水基钻井液

3.1.1 无固相钻完井液

无固相钻完井液以聚合物作为增黏降滤失剂、盐作为抑制加重剂，能够消除固相颗粒对储层造成的伤害，同时有效避免水敏等现象，减轻储层的伤害。常用的盐是氯化钠、氯化钾、氯化钙等无机盐或甲酸钠、甲酸钾等有机盐，主要适用于低渗透储层，并向无固相聚合物弱凝胶钻井液、无固相甲酸盐钻井液、无固相微泡钻井液、无固相烷基糖苷钻井液等方向发展[26、27]。针对南海西部D气田开发出低密度无固相海水钻井液PRG和PRF有低滤失、抗污染的优点，岩心渗透率恢复值均在90%以上，有效避免了泥包卡钻和井漏等井下复杂[28]；针对南海东部惠州区域硬脆性低渗储层，开发的抗高温无固相钻井液抗温150℃、岩心渗透率恢复值达85%[29]；研发的无固相强抑制水基钻井液岩屑滚动回收率达98.7%、渗透率恢复值达90%，在辽河油田坨62井三开低渗透储层应用，机械钻速和产油量更高、表皮系数更低[30]；针对珠江口盆地文昌9-2/9-3/10-3气田珠海组低孔低渗高温储层，开发了新型无固相钻井液体系，抗温170℃，渗透率恢复值大于90%，同时形成的滤饼易破胶降解，现场应用中较好解决了高温低渗储层保护问题[31]。

3.1.2 水包油钻完井液

水包油钻井液是将一定量的油分散在淡水或不同矿化度的盐水中，形成一种以水为连续相、油为分散相的水包油乳状液。它主要用于解决一些低孔低渗、缝洞发育易井漏、地层压力系数低的储层保护问题和深井欠平衡技术难题[32、33]。为了解决南堡2号构造深层潜山水平井钻井过程中井漏、溢流等技术难题，开发了抗220℃的水包油钻井液，在15口深层潜山水平井应用，有效解决了井漏和溢流等井下复杂[34、35]；文96储气库开发中使用的水包油钻井液，实钻密度控制在0.90~0.95g/cm^3，较好满足了老区压力亏空地层的勘探开发任务，减少了漏失等对储层的污染伤害[36]；针对川西坳陷须家河组储层地层页岩、煤线、砂砾岩互层频繁，井壁极不稳定，开发了高密度水包油钻井液体系，抗温130℃，可控密度为1.60~2.20g/cm^3，对储层的损害率低于现用聚磺钻井液体系，在新8-1H井应用，与邻井相比，钻井周期缩短了35.12%，平均井径扩大率降低了41.43%[37]。

3.1.3 微泡沫钻完井液

微泡沫钻井液由基液、表面活性剂、增黏剂和降滤失剂等添加剂组成，体系中气泡具有聚集而不聚结的独特性质，大量的气泡在地层孔隙中逐渐聚集形成“架桥”，从而起到了降低钻井液滤失的作用，由于其低密度、可循环使用等特性，广泛应用于枯竭、易漏失储层的钻完井作业中[38、39]。以阴离子型黏弹性表面活性剂VES-1为主剂形成的微泡钻井液在文23、卫11、文13西等储气库推广应用，在文23储气库一期66口井应用中，漏失发生率13.6%，单井实际注气量较设计提高30.4%，解决了文23储气库钻井井漏难题，为储气库的安全、高效建设提供了技术支撑[40, 41]；无固相微泡钻井液在邵4-平1井三开奥陶系储层应用，密度0.95g/cm^3，有效保护了储层，该井产油量30~40t/d，相比邻井提高50%以上[42]；针对煤层储层段钻井过程中出现的易伤害、易塌等技术难题，研发了新型低伤害高性能微泡沫钻井液体系，钻井液密度为0.49g/cm³，起泡量可达420mL，泡沫半衰期可达33h以上，对煤层岩心的封堵率和渗透率恢复值均在90%以上，现场应用中无任何井下复杂事故，平均井径扩大率为5.9%[43]；针对吐哈盆地胜北油田低孔低渗储层，压力系数在0.70左右，采用油溶性聚合物增黏剂作稳泡剂，开发了油基泡沫钻井液，密度可降至0.35g/cm³，泡沫半衰期可达600min，稳定时间可达60h，在吐哈盆地胜北平2等6口井储层段进行了现场应用，机械钻速比邻井平均水平提高了30.54%[44]。

3.1.4 硅酸盐钻完井液

硅酸盐钻井液是以无机硅酸盐作为主处理剂，并配合高分子聚合物、降滤失剂以及KCl 等组成的强抑制性水基防塌钻井液体系，硅酸盐加量一般在2%（*m*/*V*）以上。硅酸盐进入地层孔隙形成三维凝胶结构和不溶沉淀物，封堵微孔裂缝，阻止滤液进入地层，抑制黏土水化膨胀，同时能与泥页岩中的黏土矿物发生反应，生成类似氟石的非晶质联结致密新矿物，提高地层承压能力。由于硅酸盐钻井液出色的井壁稳定性能，使得在易失稳储层，不必刻意提高钻井液密度来维持井壁稳定，这使得硅酸盐钻井液能在较低密度下安全钻进，更有利于发现油气资源[1、45]。针对北部湾盆地W区块储层黏土矿物含量高、井壁失稳风险大特点，开发了具有“封固”特性的硅酸盐钻井液，同时配套研发了与体系配伍性好的ALM多功能润滑剂[46]；针对南苏丹A油田使用常规聚合物钻井液时存在不同程度的井塌、缩径和井漏等问题，开发了KCl/硅酸盐钻井液体系，在W2、W3等10口井现场应用，钻井液密度由1.30g/cm³降低至1.20g/cm³，有效保护了储层，避免了井塌、缩径等井下复杂[47]。

3.1.5 聚合醇钻完井液

聚合醇钻井液是以聚合醇为主处理剂，充分利用聚合醇浊点效应，封堵泥页岩孔喉，阻止滤液进入地层，增大滤液黏度，抑制泥页岩水化分散，与无机盐或有机盐具有协同增效作用，同时不存在环境污染和干扰地质录井问题，实际应用中通过选择不同种类的聚合醇、调整聚合醇加量和含盐量改变浊点[48]。针对厄瓜多尔Tambococha油田微裂缝发育高孔高渗储层，以聚合醇XCS-Ⅲ和乳化石蜡G325为主剂，研制了强封堵储层保护水基钻井液，现场应用15口井，钻井过程中井眼稳定、起下钻顺畅，钻后平均单井日产原油超过300t，产油量较邻井提高近90%，且钻井废液及钻屑环保指标均达到EPA1311排放标准要求[49]；针对苏北盆地HuaZ油田低渗储层井漏、掉块、遇阻等复杂，开发了低渗透聚合醇钻井液，现场应用21口井，钻井液密度从1.20g/cm³降至1.18g/cm³，电测成功率由40%提升至90%，储层井径扩大率均小于6%[50]。

3.1.6 正电胶钻完井液

正电胶钻井液是在预水化膨润土浆中加入混和金属层状氢氧化物（MMH）等形成的钻井液，膨润土在正电胶胶液中不易膨胀，体系抑制性强，同时具有很强的剪切稀释性和独特的流变性特点，在我国大部分油气田各种类型钻井完井中大量使用，正电胶钻井液以“正电胶-水-黏土”方式形成结构，应使用优质钠膨润土，通常控制膨润土含量在30~60g/L[1]。为了满足煤系“三气”共采条件下的井壁稳定需要，从润湿性控制和电性抑制的角度出发，室内研发了一套强抑制低伤害正电胶钻井液体系，可显著提高钻井液Zeta电位，具有抑制性强、储层保护效果好、抗污染能力强、对环境友好等优点[51、52]；开发的正电胶聚磺混油钻井液，在白庙平1井三开水平段应用，较好满足了白庙构造主体北部白64区块深层低渗凝析储层安全施工和地质录井的需要[53]。

3.1.7 新型高性能水基钻井液

国外通过引入胺基、铝络合物等抑制防塌处理剂，先后研制和成功应用了多种高性能水基钻井液。主要包括：Schlumberger MI SWACO公司的ULTRADRILL钻井液、Halliburton Baroid公司的Hydro-Guard钻井液、Baker Hughes公司的PERFORMAX钻井液、New Park公司的Terra Therm流体体系（可专业定制的储层钻井液），通过与无机盐复配的甲基糖苷钻井液等[54-56]。

国内将聚胺、聚合醇、有机硅、纳米材料等新型材料和处理剂加入水基钻井液，通过调整配方、优化性能，开发和成功应用了高性能水基钻井液体系。中海油服COSL公司HEM钻井液适用于富含泥页岩及环保要求苛刻地层，成功在南中国海域应用28口井[55]；针对高性能水基钻井液体系配方复杂、性能调控难度大、生物毒性与重金属超标等技术难题，构建了抗温170℃的高性能环保水基钻井液体系HPHB，已在胜利油田、新疆准中区块等现场应用20余口井，施工顺利，实验井段井径扩大率≤5%[57]；川庆钻探公司自主研发的CQ-NANO SEAL强封堵高性能水基钻井液在L52X井页岩气储层水平段安全钻进，基本解决了海相页岩气灰岩夹层裂缝型气藏的漏失和气侵等技术难题[58]；针对大港油田沧东凹陷和歧口凹陷页岩油水平井水平段钻进过程中存在的井壁易失稳、井眼清洁效果差、摩阻和扭矩高等技术难点，开发了BH-KSM-Shale和BH-WEI-Shale强抑制强封堵高性能水基钻井液，在大港油田36口页岩油水平井应用，平均井径扩大率6.8%，未发生与钻井液有关的井下故障[59]；以改性烷基糖苷为核心助剂，形成的ZY-APD高性能水基钻井液在中原、普光、川西等储层成功应用30余口井，形成的近油基钻井液以其优异的抑制防塌和储层保护性能，实现性能与油基钻井液相近，可部分替代油基钻井液，在塔河碎屑岩TKC1-5H井、涪陵页岩储层兴隆1-1井等20余口井成功应用，减轻了油基钻屑治理压力，符合国家绿色发展趋势[60-64]。

3.2 油基钻井液

3.2.1 矿物油基钻完井液

矿物油（柴油、白油）基钻井液体系主要包括纯油基和油包水乳化钻井液，具有抗钻屑、抗水污染能力强，润滑性能好，抑制钻屑水化分散能力强及储层保护效果好等特点。纯油基钻井液一般由白油、柴油等基油与乳化剂、有机土、降滤失剂等组成，而油包水乳化钻井液则是以水滴为分散相，油为连续相形成的稳定乳状液体系。国内油基钻井液主要应用于页岩气水平井，由于纯油基钻井液配制成本高，所以国内大多使用油包水乳化钻井液[65]。

针对涠洲W油田涠二段硬脆性泥页岩易垮塌地层，构建了全油基强封堵钻井液，在涠洲W油田11口定向井成功应用，解决了超千米长裸眼涠二段易垮塌地层井壁失稳问题，同时储层保护效果良好[66]；针对顺北多口超深井采用常规水基钻井液钻遇奥陶系地层时井壁失稳和井漏并存的技术难题，开发了一种抗高温强封堵低黏高切油基钻井液，抗温不低于180℃，高温高压滤失量为2.4mL，与传统油基钻井液相比，塑性黏度降低10%~15%，动切力提高15%~25%，表现出优异的低黏高切特性和微裂缝的匹配性封堵能力，该钻井液在顺北Y井进行了现场应用，平均井径扩大率仅为7.77%，助力了顺北油气资源的提速、提效开发[67]。

3.2.2 合成基钻完井液

合成基钻井液体系的组成和油基钻井液类似，既可以由合成基钻井液（一般由人工合成或改性有机物连续液相，如酯类、醚类、聚α-烯烃类、线性石蜡、线性α-烯烃和异构烯烃等）与有机土配合使用，又可与高浓度盐水在乳化剂存在下配成乳化体系。当然，为了使合成基钻井液体系具有优良的应用性能，还需要加一些诸如亲油胶体、润湿剂、降滤失剂、氧化钙以及加重材料等。但由于合成基液的成本高，其应用没有油基钻井液普遍[65]。

国外开发了多种恒流变合成基钻井液，主要包括：Schlumberger MI SWACO公司的RHELIANT钻井液、Schlumberger MI SWACO公司的RHELIANT PLUS钻井液、Halliburton Baroid公司的ACCOLADE钻井液、Halliburton Baroid 公司的ENCORE 钻井液等[55]。我国合成基钻井液研究与应用较少，主要集中在烃类合成基，也有采用酯和生物质合成基的实例。研发的气制油合成基钻井液密度达2.0g/cm^3，抗温200℃，而且具有较好的润滑抑制性、储层保护效果和环境保护性能，在超稠油井郑41-平2井、曲8-侧斜11井的强水敏性地层进行了成功应用[68]；针对胜利油田渤南洼陷储层施工中渗漏、油气侵、井塌等问题，优选了微-纳米封堵剂，建立多尺寸致密封堵技术，形成了页岩油强抑制强封堵合成基钻井液体系，抗温达150℃，高温高压滤失量<4.0mL，封堵率达80%，在胜利义页平1井三开井段成功应用，相比邻井同层位机械钻速提高了75.57%，为胜利页岩油高效开发提供了技术支持[69]，目前正在牛庄国家级页岩油示范区推广应用；针对海洋环保要求和深水钻井过程，常规合成基钻井液在隔水管中由于低温会表现出高黏度、高凝胶强度、高抽汲压力和波动压力，而在井底高温情况下其黏度又会大幅度降低，从而导致井眼清洗效果差、加重剂沉降，还会由于钻屑床的行程而导致井漏和加重剂堵塞等一系列问题，研发了钻井液流变稳定剂MOCRA，采用生物质特种油为体系基液，开发了抗200℃的环保型恒流变生物质合成基钻井液体系HFRS[70]；以Saraline185V气制油为基油，通过优选乳化剂、有机土、降滤失剂及其他处理剂，构建了一套适合深水钻井的FLAT-PRO深水恒流变合成基钻井液体系，在4~65℃下流变性能稳定，渗透率恢复值大于90%，满足环保要求，在南海LS-A超深水井应用，维护黏度在50~70s，动切力在8~15Pa，应用井段起下钻顺利，电测顺利，井径规则，没有出现任何复杂情况[71-73]；四川长宁页岩气区块龙马溪组水平段长、井壁稳定性差，长期以来使用油基钻井液，环保压力大，在四川长宁CN-H井龙马溪井段试用了第3代生物合成基钻井液，实际密度2.1g/cm^3，动塑比0.35Pa/（mPa·s），远高于邻井油基钻井液的0.11Pa/（mPa·s），机械钻速达到9.74m/h，比使用油基钻井液的井提高了2.14m/h[74]。

4 问题及认识

（1）油气层保护系统科学理念已形成广泛共识，大家都能认识到储层保护是从源头设计、工程参数、钻完井液选择、固井施工、储层改造等与储层相关的全过程参与工作。但在实际工作中往往过分强调钻完井液对储层保护的作用，忽略其他环节对储层伤害的影响，这就需要所有与储层相关的工序都要紧盯“发现和保护储层”的目标。

（2）做好针对性的油气层保护钻完井液技术方案，技术人员需要获取到储层真实地层压力、孔隙度、渗透率、岩石组分、同区块采收率等，从实际工作来看，部分保护油气层基础数据存在偏差，这就需要在实际工作中做好前期评价、中期监测、后期总结，随时根据实钻数据调整油气层保护钻完井液技术方案，做到“一井一策”。

（3）围绕提高采收率的根本目标，树立系统的成本最低理念，做好全流程的油气层保护工作，研究形成针对不同储层的油气层保护指导意见，开发形成针对性的油气层保护钻完井液体系，最终固化形成油气层保护钻完井液区域模板。

（4）以保持油气层原始状态为目标，进一步研究深层、高温、页岩油等非常规油气层保护机理，开展针对性油气层保护剂开发，完善保护油气层钻完井液体系。

（5）进一步完善油气层保护效果评价，通过储层岩心物性分析、测录井数据分析、采油数据分析等多学科多手段，为形成科学的油气层保护方案提供理论数据支撑。

参考文献

[1] 王中华．钻井液监督与工程师读本［M］．中国石化出版社，2020.

[2] 康毅力，罗平亚．储层保护系统工程：实践与认识［J］．钻井液与完井液，2007（01）：1–7.

[3] 周光勇，熊汉桥，周成华．保护储层的钻井液研究技术研究现状［J］．西部探矿工程，2009（2）：38–42.

[4] 王富华，王瑞和，于雷，等．固相颗粒损害储层机理研究［J］．断块油气田，2010，17（01）：105–108.

[5] 张福祥，汪周华，郭平，等．应用CT技术研究钻井液污染三维空间分布特征［J］．石油钻采工艺，2015，37（03）：48–52.

[6] 韦仲进，周风山，徐同台．重晶石滤饼堵塞机理与螯合解堵决策技术论评［J］．钻井液与完井液，2020，37（06）：685–693.

[7] 刘豆瑜，袁学芳，冯觉勇，等．解除重晶石深度污染技术［J］．天然气勘探与开发，2016，39（03）：66–69.

[8] 郝少军，薛成，段宝虹，等．一种强抑制型钻井液在坪1–2–9井的应用［J］．石油化工应用，2015，34（11）：12–17.

[9] 尹宝福．吴起地区储集层保护钻井液研究［D］．西安：西安石油大学，2016.

[10] 蓝强．非离子微乳液制备及其对钻井液堵塞的解除作用［J］．钻井液与完井液，2016，33（03）：1–6.

[11] 郭玲君，沈延伟，李福军，等．低渗透储层水锁伤害影响因素室内评价［J］．石油化工应用，2015，34（01）：115–117.

[12] 何嘉郁，王艳玲，旷正超．新型纳米防水锁表面活性剂的研发与应用［J］．钻采工艺，2022，45

（03）：131–135.
[13] 吴轶君，董星言，郑兴升，等 . 苏里格桃 X 区块气藏储层的解水锁剂研究 [J]. 石油与天然气化工，2022，51（04）：89–94.
[14] 李秀灵，陈二丁，刘伟，等 . 低伤害钻井液油气层保护技术研究与应用 [J]. 中外能源，2020，25（S1）：68–73.
[15] 高波 . 裂缝性特低渗透砂岩油层损害机理及保护技术研究 [D]. 南充：西南石油学院，2005.
[16] 蒋官澄，程荣超，谭宾，等 . 钻井过程中保护低渗特低渗油气层的必要性、重要性与发展趋势 [J]. 钻井液与完井液，2020，37（04）：405–411.
[17] 陈洲亮，欧阳传湘 . 超低渗砂岩储层钻井液损害机理分析及解决方法——以库车北部构造带吐格尔明段为例 [J]. 科学技术与工程，2019，19（35）：166–171.
[18] 王健，徐博韬，刘兆华，等 . 保护低孔低渗油气层的钻井液体系 [J]. 石油天然气学报，2010，32（06）：277–279.
[19] 魏殿举，金军斌，何青水 .YD 油田高渗灰岩储层水平井钻井液技术 [J]. 石油钻探技术，2015，43（03）：23–28.
[20] 滕学清，康毅力，张震，等 . 塔里木盆地深层中 – 高渗砂岩储层钻井完井损害评价 [J]. 石油钻探技术，2018，46（01）：37–43.
[21] 赵欣，耿麒，邱正松，等 . 深水高孔高渗储层免破胶钻井完井液技术 [J]. 天然气工业，2021，41（04）：107–114.
[22] 杨贤友 . 保护油气层钻井完井液现状与发展趋势 [J]. 钻井液与完井液，2000（01）：29–34.
[23] 蒋官澄，毛蕴才，周宝义，等 . 暂堵型保护油气层钻井液技术研究进展与发展趋势 [J]. 钻井液与完井液，2018，35（02）：1–16.
[24] 齐从丽 . 川西地区储层保护技术的现状与发展 [J]. 化工时刊，2009，23（07）：50–52.
[25] 葛春梅，张天笑，王雪 . 非渗透钻井液体系在梨树断陷的研究与应用 [J]. 石油天然气学报，2014，36（05）：102–104.
[26] 段何玉，张荣军 . 无固相钻井液研究进展 [J]. 石油化工应用，2021，40（08）：21–25.
[27] 徐明磊，佟乐，杨双春，等 . 环保型耐高温无固相钻井液体系研究进展 [J]. 应用化工，2020，49（08）：2063–2067.
[28] 蒋官澄，张峰，吴江，等 . 低密度无固相海水钻井液在南海西部 D 气田的应用 [J]. 钻井液与完井液，2018，35（05）：61–66.
[29] 陈彬，张伟国，姚磊，等 . 基于井壁稳定及储层保护的钻井液技术 [J]. 石油钻采工艺，2021，43（02）：184–188.
[30] 吴爽 . 辽河油田无固相强抑制水基钻井液技术 [J]. 石油钻探技术，2017，45（06）：42–48.
[31] 张崇，任冠龙，曾春珉，等 . 文昌气田抗 170℃无固相钻井液技术 [J]. 钻井液与完井液，2015，32（01）：22–25.
[32] 赵恒 . 水包油钻井液的研究与性能评价 [D]. 大庆：东北石油大学，2011.
[33] 马勇，崔茂荣，孙少亮 . 水包油钻井液国内研究应用进展 [J]. 断块油气田，2006（01）：4–6.
[34] 李云峰，徐吉，徐小峰，等 . 南堡 2 号构造深层潜山水平井钻井完井技术 [J]. 石油钻探技术，2018，46（02）：10–16.
[35] 卢淑芹，姜薇，陈金霞，等 . 南堡潜山油气层钻井完井液技术 [J]. 钻井液与完井液，2015，32（06）：18–21.
[36] 卢国林 . 水包油钻井液在文 96 储 5 井的应用 [J]. 中国石油和化工标准与质量，2013，33（14）：

152.
[37] 霍宝玉，彭商平，于志纲．高密度水包油钻井液在川西深水平井的应用[J]．钻井液与完井液，2013，30（01）：45–48.
[38] 朱文茜，郑秀华．抗温可循环微泡沫钻井液的研究进展与应用现状[J]．应用化工，2021，50（06）：1594–1599.
[39] 王超群，陈缘博，赵志强，等．国外微泡沫钻井液技术新进展及探讨[J]．钻井液与完井液，2020，37（02）：133–139.
[40] 郭金爱，谢建宇，孙举，等．黏弹性表面活性剂的研制及其在微泡钻井液中的应用[J]．钻井液与完井液，2017，34（05）：1–7.
[41] 刘自广．文23枯竭砂岩型储气库微泡钻井液技术[J]．钻探工程，2022，49（02）：117–122.
[42] 刘振东，唐代绪，刘从军，等．无固相微泡沫钻井液的研究及应用[J]．钻井液与完井液，2012，29（03）：33–35.
[43] 马腾飞，周宇，李志勇，等．新型低伤害高性能微泡沫钻井液性能评价与现场应用[J]．油田化学，2021，38（04）：571–579.
[44] 王广财，熊开俊，曾翔宇，等．可循环油基泡沫钻井液在胜北油田的应用[J]．钻井液与完井液，2014，31（06）：17–20.
[45] 南小宁，郑力会，童庆恒．硅酸盐钻井液技术发展机遇与挑战[J]．钻采工艺，2015，38（06）：75–78.
[46] 刘智勤，管申，许明标，等．硅酸盐钻井液用多功能润滑剂[J]．钻井液与完井液，2021，38（02）：158–163.
[47] 杨丽晶．南苏丹A油田KCl/硅酸盐钻井液体系的评价与优选[J]．钻采工艺，2013，36（06）：102–105.
[48] 王中华．钻井液及处理剂新论[M]．北京：中国石化出版社，2016.
[49] 曹辉，李宝军，赵向阳．厄瓜多尔Tambococha油田水平井钻井液技术[J]．石油钻探技术，2022，50（01）：54–59.
[50] 何竹梅，薛芸，睢文云，等．HuaZ低渗透油田保护储层钻井液技术的研究与应用[J]．钻井液与完井液，2009，26（01）：9–11.
[51] 陈书雅，宋继伟，石彦平，等．煤系“三气”共采条件下的井壁稳定钻井液技术[J]．钻井液与完井液，2018，35（04）：39–45.
[52] 石彦平，陈书雅，彭扬东，等．电性抑制与中性润湿协同增强煤系地层井壁稳定性的实验研究[J]．煤炭学报，2018，43（06）：1701–1708.
[53] 李午辰，高小芃，贠功敏．中原油田白庙平1井水平井钻井液技术[J]．石油天然气学报，2012，34（04）：151–153.
[54] 朱丽华．NewPark公司TerraTherm~（TM）高性能高温水基钻井液体系[J]．钻采工艺，2022，45（03）：140.
[55] 罗健生，李自立，罗曼，等．深水钻井液国内外发展现状[J]．钻井液与完井液，2018，35(03)：1–7.
[56] 邸伟娜，闫娜，叶海超．国外页岩气钻井液技术新进展[J]．钻井液与完井液，2014，31（06）：76–81.
[57] 宿振国，王瑞和，刘均一，等．高性能环保水基钻井液的研究与应用[J]．钻井液与完井液，2021，38（05）：576–582.

[58] 贾俊，王京光，赵海峰. 高性能水基钻井液在长庆页岩气风险探井再创佳绩［J］. 钻采工艺，2021，44（04）：126.
[59] 田增艳，杨贺卫，李晓涵，等. 大港油田页岩油水平井钻井液技术［J］. 石油钻探技术，2021，49（04）：59-65.
[60] 赵虎，孙举，司西强，等. ZY-APD 高性能水基钻井液研究及在川南地区的应用［J］. 天然气勘探与开发，2019，42（03）：139-145.
[61] 司西强，王中华. 绿色高性能水基钻井液研究进展及发展趋势［J］. 应用化工，2019，48（08）：1980-1984.
[62] 王忠瑾，司西强，赵虎. 烷基糖苷衍生物钻井液研究及在长宁 H26-4 井的应用［J］. 石油化工应用，2019，38（01）：7-11.
[63] 赵虎，司西强，王爱芳. 国内页岩气水基钻井液研究与应用进展［J］. 天然气勘探与开发，2018，41（01）：90-95.
[64] 谢俊，司西强，雷祖猛，等. 类油基水基钻井液体系研究与应用［J］. 钻井液与完井液，2017，34（04）：26-31.
[65] 王中华. 国内油基钻井液研究与应用综述［J］. 中外能源，2022，27（08）：29-36.
[66] 郭永宾，管申，刘智勤，等. 涠洲 W 油田全油基强封堵钻井液技术［J］. 中国海上油气，2020，32（04）：117-123.
[67] 吴雄军，林永学，宋碧涛，等. 顺北油气田奥陶系破碎性地层油基钻井液技术［J］. 钻井液与完井液，2020，37（06）：701-708.
[68] 万绪新，张海青，沈丽，等. 合成基钻井液技术研究与应用［J］. 钻井液与完井液，2014，31（04）：26-29.
[69] 陈二丁，赵红香，张海青，等. 胜利博南洼陷页岩油合成基钻井液技术［C］. 2021 油气田勘探与开发国际会议论文集（上册）.2021.
[70] 王荐. 环保型深水恒流变生物质合成基钻井液体系研究［D］. 北京：中国地质大学，2020.
[71] 赵春花，罗健生，夏小春，等. 高性能合成基钻井液体系的研制及性能研究［J］. 钻井液与完井液，2018，35（03）：25-31.
[72] 罗健生，刘刚，李超，等. 深水 FLAT-PRO 合成基钻井液体系研究及应用［J］. 中国海上油气，2017，29（03）：61-66.
[73] 胡文军，向雄，杨洪烈 .FLAT-PRO 深水恒流变合成基钻井液及其应用［J］. 钻井液与完井液，2017，34（02）：15-20.
[74] 李茜，周代生，彭新侠，等. 生物合成基钻井液在长宁页岩气水平井的应用［J］. 钻井液与完井液，2018，35（04）：28-32.

防漏堵漏技术

一种水基钻井液用热固型纳米封堵剂的研制

刘 鹭[1] 蒲晓林[1] 王鸿儒[1] 赵正国[2] 惠 翔[1]

（1.西南石油大学石油与天然气工程学院，四川 成都，610500；
2.中国石油集团川庆钻探工程有限公司钻井液技术服务公司，四川 成都，610500）

摘 要： 为解决页岩井壁失稳问题，制备了一种热固型纳米封堵剂。采用红外光谱仪、热重差热等表征方式，验证封堵剂的分子结构及良好的热稳定性。研究了封堵剂对钻井液流变性、滤失性及封堵性能的影响。结果表明纳米封堵剂的加量越多，Zeta电位越高，水基钻井液的粒径越大。含有该封堵剂的钻井液120℃/16h老化后的黏度参数较老化前增加，且纳米封堵剂加量越多，钻井液的黏度越高，API滤失量越低。当封堵剂加量为4%，水基钻井液在纳米级滤纸及微米级砂盘过滤介质中的滤失量均低于10mL，承压120℃/3.5MPa。扫描电镜显示纳米封堵剂在滤饼中保持纳米级分布，通过热固效应出现微米级自生颗粒，合理粒度级配能够形成致密滤饼，具有良好失水造壁性和封堵效果。

关键词： 钻井液；纳米；封堵剂

我国页岩气资源较为丰富，然而页岩气井壁稳定性尚未解决。国内外钻井过程中约三分之二的井壁坍塌与地层的微裂缝及裂缝发育有关[1]。水基钻井液进入近井壁多孔介质岩石发生水化作用和压力传递是井壁失稳的最主要原因。井壁失稳造成起下钻遇阻、卡钻等井下复杂事故延误作业周期，严重制约油气勘探开发的进程[2-3]。钻井液中加入多级分布固相颗粒，在压差作用下进入微孔、微裂缝及层理中形成桥塞，从而形成致密封堵，是稳定井壁的前提。常用的沥青类、聚醇类封堵防塌剂的粒径分布在微米级，难以进入页岩纳米级孔隙结构[4]。因此，需配套纳米级封堵剂以满足页岩钻探过程中的封堵要求。纳米二氧化硅、纳米二氧化钛、纳米氧化锌等纳米颗粒强度较高，但存在容易团聚、比表面积大等问题，限制其进入微裂缝的能力及封堵效果[5-8]。

通过对纳米颗粒进行表面修饰以提升其分散性、抗温性能、形变能力及成膜性能[9-12]。卢震等采用乳液聚合法合成了一种可抗180℃高温纳米聚合物封堵剂，解决了纳米聚合物封堵剂高温易降解的问题[13]。杜征鸿等以聚（苯乙烯–丙烯酸丁酯–丙烯酸）为壳制备了耐高温核壳型纳米封堵剂，上游压力穿透岩心的时间为19.5h，封堵效果好于国内外同类产品[14]。余加水等研制了一种油基钻井液胶结型强封堵防塌剂，能进入不同尺寸的孔隙及裂缝，通过桥塞和架桥作用进行封堵，并遇油膨胀，进而提高井筒稳定性，从而避免井漏等井下复杂事故发生[15]。陈力力等以氨基化多壁碳纳米管作为纳米封堵材料，可抗150℃高温，封堵率达到77.70%，对钻井液流变参数影响较小[16]。以往研究

作者简介： 刘鹭（1989—），女，汉族，四川泸州人，助理研究员，博士后，师从蒲晓林教授，研究油气井工作液化学。E-mail：robin_liulu@msn.com。

为封堵剂的发展提供了新方向，但大多数封堵剂适用于微米级裂缝，对极小的纳米级裂缝还不能做到快速有效地封堵。改性热固性树脂具有优异的耐热耐压性能和力学性，在维护井壁稳定、降低滤失及防漏堵漏具有极高应用前景[17-21]。

1 实验

1.1 试剂与仪器

主要试剂：纳米二氧化硅，广州宏武材料科技有限公司；水溶性树脂改性剂、降滤失剂、增黏剂（PAC-LV）、润滑剂，成都西油华巍科技有限公司。纤维素滤膜，海宁市益博过滤器材厂；砂盘，青岛同春石油仪器有限公司。

主要仪器：德国蔡司ZEISS场发射扫描电镜SIGMA 300、Nicolet 6700红外光谱仪、TGA/DSC3+热重及同步热分析仪、Zetaprobe ZETA电位仪、Bettersize2600LD激光粒度分布仪、ZNN-D6B型电子六速黏度计、常温常压API滤失仪、GGS42-2A的高温高压失水仪、DZF型真空干燥箱。

1.2 纳米封堵剂的制备

操作步骤：在实验中采用原位聚合法制备纳米封堵剂，称取一定质量的纳米二氧化硅分散至溶剂中，再加入改性剂和催化剂，升温搅拌一定时间后，离心干燥，将下层固体取出真空干燥并研磨成粉，获得成品纳米封堵剂。钻井液的配方为：4%膨润土浆+0%~4%纳米封堵剂+0.3%增黏剂PAC-LV+3%降滤失剂SMP-2+0.3%NaOH+0.5%润滑剂。

2 分析与评价

2.1 纳米封堵剂的红外光谱分析

为对比纳米二氧化硅改性前后化学结构差异，采用傅里叶红外光谱仪对样品进行化学结构表征，记录扫描范围为4000cm^{-1}到400cm^{-1}的透过率，结果如图1所示。

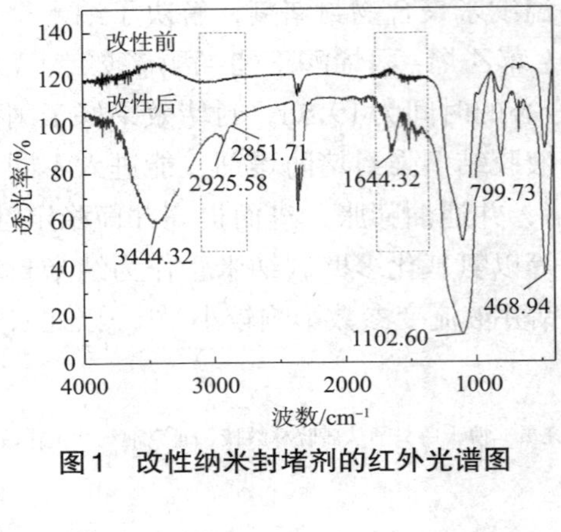

图1　改性纳米封堵剂的红外光谱图

由图1可知，1102.60cm^{-1}处较宽且较强为Si—O—Si的反对称伸缩振动，799.73cm^{-1}为Si—O的伸缩振动峰，468.94cm^{-1}为Si—O的弯曲振动峰，为典型的纳米二氧化硅特征峰。而纳米二氧化硅改性后，出现3444.32cm^{-1}、2925.58cm^{-1}、2851.71cm^{-1}和1644.32cm^{-1}特征峰。2925.58cm^{-1}和2851.71cm^{-1}处为亚甲基C—H伸缩振动峰，3444.32cm^{-1}和1644.32cm^{-1}为胺基的伸缩振动峰，分子结构设计同目标产物结构相符。

2.2　纳米封堵剂的热重分析

钻井液常应用于井下高温环境，所以有必要分析产物热稳定性，获得其在高温条件下质量变化，以了解封堵剂分解过程。采用热重分析仪对封堵剂在N_2气氛下以10℃/min升温速率测试进行测试，结果如图2所示。

从图2中可以看出，第一个峰出现在71.45℃，且有3%左右的质量损失，主要归因于封堵剂中结合水的蒸发；第二个峰出现在406℃，热失重为7%左右，主要为纳米封堵剂中改性剂的分解温度，说明该封堵剂具有良好的热稳定性。

2.3　纳米封堵剂对钻井液粒径的影响

为了进一步考察纳米封堵剂与钻井液的相互作用，研究了不同封堵剂加量时钻井液老化后（120℃/16h）的粒径变化，结果见图3和表1。

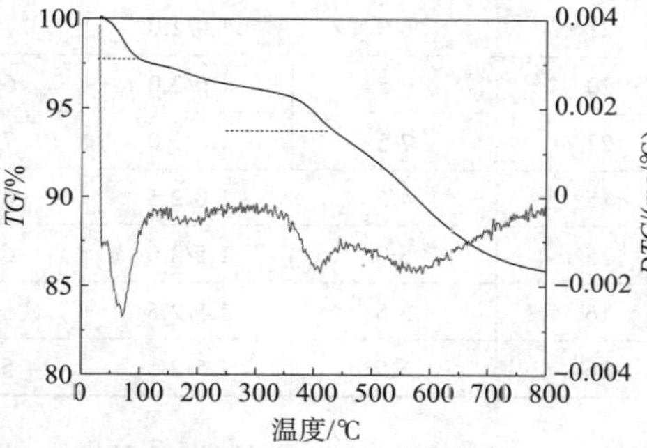

图2　纳米封堵剂的热重分析

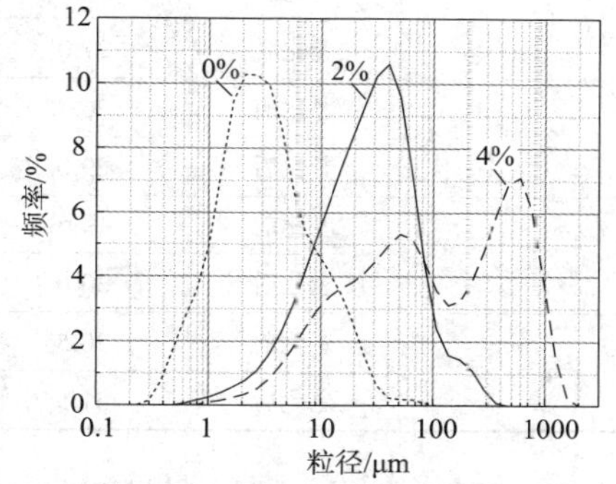

图3　封堵剂加量对钻井液粒径分布的影响

表1　钻井液老化后的粒径分布数据

纳米封堵剂加量/%	D_{10}/μm	D_{50}/μm	D_{90}/μm	跨度	比表面积/（m^2/g）
0	0.644	3.357	14.22	3.92	0.942
2	7.091	30.75	90.42	2.71	0.146
4	8.835	84.93	635.4	7.377	23.57

由图3和表1可知，纳米封堵剂的加量越多，钻井液的D_{10}、D_{50}、D_{90}值逐渐增大，比表面积减小，说明钻井液粒径增大。当纳米封堵剂的加量为4%时，D_{90}为635.4μm，跨度为7.377，钻井液粒径分布更广。纳米封堵剂在高温条件下由于热固效应，改变水基钻井液的粒径分布，有益于形成更广的粒度级配，从而对纳米级–微米级孔隙或裂缝形成有效封堵。

为探索钻井液粒径变化的原因，进一步测试了纳米封堵剂加量对钻井液Zeta电位的影响，如图4所示。

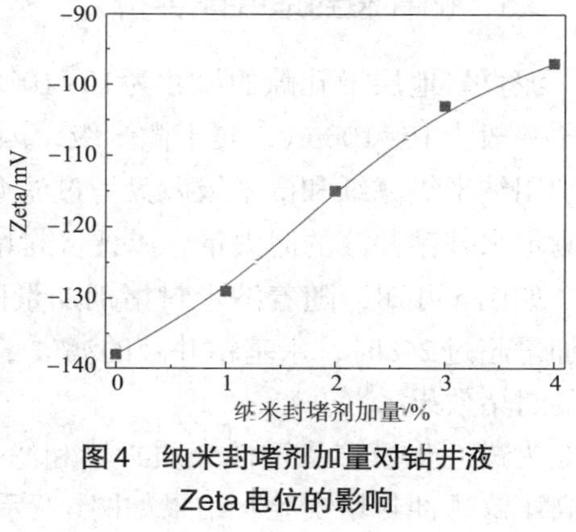

图4　纳米封堵剂加量对钻井液Zeta电位的影响

由图4可知，随着纳米封堵剂加量的增加，水基钻井液Zeta电位增大，扩散双电层越容易被压缩，钻井液中膨润土胶粒越容易聚结变大，故钻井液粒径更大。而钻井液电位的绝对值大于25mV，说明水基钻井液的胶体结构未被破坏。

2.4　钻井液流变性及滤失性能评价

进一步测试了纳米封堵剂的加量对水基钻井液流变性及常温常压滤失性能的影响规律，老化温度为120℃/16h，结果见表2。

表2　封堵剂加量对钻井液流变性及滤失性能的影响

纳米封堵剂加量/%	条件	*AV*/mPa·s	*PV*/mPa·s	*YP*/Pa	Gel_{10s}/Gel_{10min}	FL_{API}/mL
0	老化前	20.0	16	4.0	1.5/2.0	7.4
	老化后	14.5	11	3.5	1.5/2.0	8.8
1	老化前	24.0	19	5.0	0.5/2.0	6.8
	老化后	27.0	21	6.0	1.0/2.0	7.8
2	老化前	26.5	20	6.5	1.0/2.0	6.6
	老化后	29.0	23	7.5	1.0/2.0	7.2
3	老化前	19.5	15	4.5	1.0/2.5	6.0
	老化后	30.0	25	5.0	1.5/3.0	6.8
4	老化前	20.5	16	5.5	1.5/2.5	5.6
	老化后	31.5	26	5.5	1.5/2.5	5.8

由表2可知，未加入纳米封堵剂的水基钻井液，钻井液老化后的表观黏度和塑性黏度较老化前降低，API滤失量增加。而纳米封堵剂加入水基钻井液体系，老化后的流变参数较老化前增加。且纳米封堵剂的加量越多，钻井液的黏度增幅越高。由于纳米封堵剂在钻井液体系生成微米级颗粒，钻井液体系的粒径变大，故体系的摩擦力变大而黏度增加。由于钻井液体系的粒径分布较广，纳米级–微米级粒度级配形成更致密的滤饼，故钻井液的API滤失量减小。

2.5　钻井液封堵性能评价

泥页岩地层微孔隙的尺寸为10~1000nm，介于纳米级和亚微米级之间，而微裂缝的尺寸一般为10~100μm，属于微米级，因此封堵剂的选择应满足微孔隙和微裂缝的尺寸。分别用纳米级滤纸和微米级砂盘为过滤介质，利用高温高压滤失仪在120℃/3.5MPa条件下测定水基钻井液的滤失量，以评价封堵剂的封堵效率，结果如图5和图6所示。

如图5可知，随着纳米封堵剂加量的增加，水基钻井液高温高压滤失量逐渐降低，当加量超过2%时，水基钻井液的滤失量低于10mL。说明该封堵剂对纳米级孔隙具有良好的封堵效果。

为进一步模拟渗透性介质封堵和滤失过程，采用Fann低渗砂盘（3μm）进行体系高温高压渗透性封堵实验，结果如图6所示。

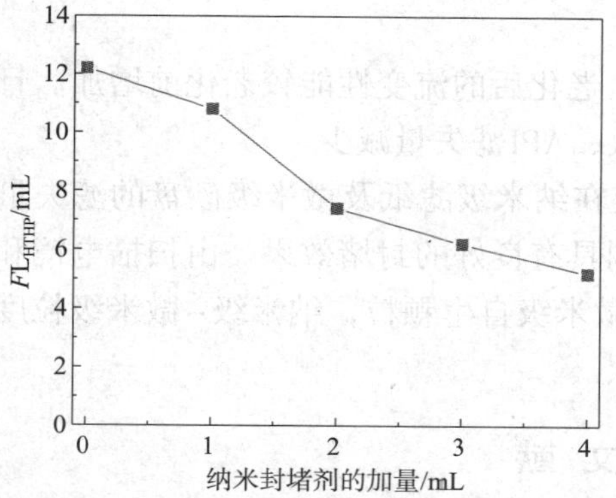

图5 钻井液的高温高压滤失量

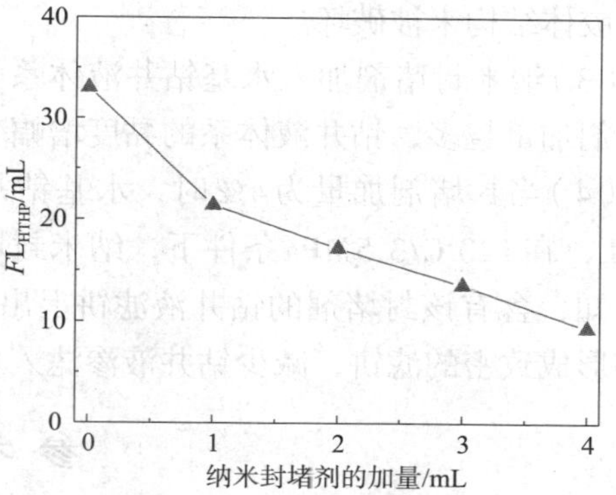

图6 钻井液的高温高压滤失量

由图6可知，相较于纳米级滤纸，微米级砂盘作为过滤介质得到的滤失量更高。当纳米封堵剂的加量为4%时，钻井液的高温高压滤失量低于10mL。结合粒径分析数据可知，纳米封堵剂在高温条件下热固形成微米级颗粒，微米级颗粒架桥和纳米级颗粒充填形成更致密的滤饼，进而降低体系的滤失量，具有良好的封堵效果。

2.6 滤饼的微观形貌表征

为进一步了解该纳米封堵剂的微观作用机理，将钻井液滤饼切片、冻干、喷金，利用扫描电镜观察其微观形貌，如图7所示。

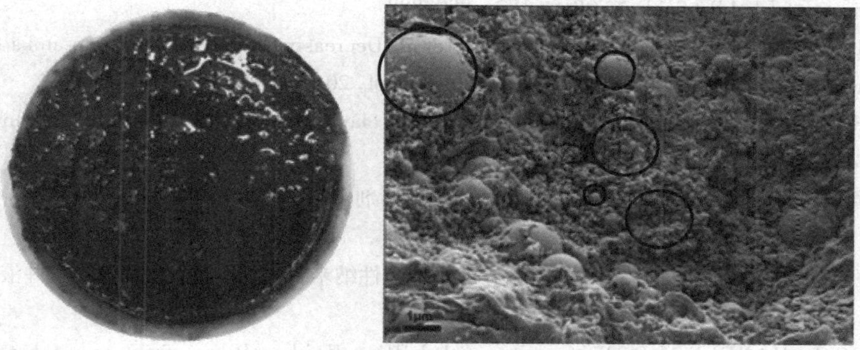

图7 钻井液滤饼实物图及扫描电镜图

由钻井液滤饼的实物图及扫措电镜图可知，钻井液老化后的滤饼上出现微米级颗粒，粒径为0.5~1μm，大部分纳米级颗粒吸附于膨润土层面上，与激光粒度数据分析一致。封堵剂热固变大为微米级颗粒作为架桥介质，大量纳米级颗粒填充，合理级配能够形成致密的滤饼，进而减少钻井液渗滤入地层。

3 结论

（1）研制了一种热固型纳米封堵剂，利用红外光谱仪验证其分子结构，热重分析说明该封堵剂具有良好的热稳定性。

（2）纳米封堵剂的加量越多，Zeta电位越高，水基钻井液的粒径越大，而水基钻井液的胶体结构未被破坏。

（3）纳米封堵剂加入水基钻井液体系中，老化后的流变性能较老化前增加。且纳米封堵剂加量越多，钻井液体系的黏度增幅变大，API滤失量减少。

（4）当封堵剂加量为4%时，水基钻井液在纳米级滤纸及微米级砂盘的滤失量低于10mL，在120℃/3.5MPa条件下，纳米封堵剂具有良好的封堵效果。由扫描电镜和实物图可知，含有该封堵剂的钻井液滤饼上出现微米级自生颗粒，纳米级–微米级粒度级配能够形成致密的滤饼，减少钻井液渗滤入地层。

参考文献

[1] 徐哲，孙金声，吕开河，等．一种新型外柔内刚型封堵剂的研制［J］．钻井液与完井液，2020，37（6）：726–730.

[2] 罗勇，张海山，王荐，等．东海油气田深部泥页岩特性及钻井液技术研究［J］．西南石油大学学报（自然科学版），2019，41（4）：90–98.

[3] 刘艳养，杨力，张顺，等．氟碳基硅烷偶联剂改性纳米 SiO_2 封堵剂的制备与性能评价［J］．广州化工，2022，50（8）：89–91.

[4] 孔勇．温敏变形封堵剂合成研究与应用［J］．钻井液与完井液，2021，38（6）：677–683.

[5] 李龙，孙金声，刘勇，等．纳米材料在钻井完井流体和油气层保护中的应用研究进展［J］．油田化学，2013，30（1）：139 – 144.

[6] POURKHALIL H，NAKHAEE A. Effect of nano ZnO on wellbore stability in shale：An experimental investigation［J］. J Pet Sci Eng，2019，173：880–888.

[7] CAI J，CHENEVERT M E，SHARMA M M，et al. Decreasing water invasion into atoka shale using nonmodified silica nanoparticles［J］. SPE Drilling Compl，2012，27（1）：103–112.

[8] CHERAGHIAN G. Application of nano–particles of clay to improve drilling fluid［J］. Int J Nanosci Nanotechnol，2017，13（2）：177–186.

[9] 余文可，林凌，罗云翔，等．贝壳粉基自适应性封堵剂［J］．钻井液与完井液，2021，38（6）：715–720.

[10] 倪晓骁，蒋官澄，王建华，等．油基钻井液用憎液性纳米封堵剂［J］．钻井液与完井液，2021，38（3）：298–304.

[11] ABDO J，HANEEF M D. Nano–enhanced drilling fluids：Pioneering approach to overcome uncompromising drilling problems［J］. Journal of Energy Resources Technology，2012，134（1）：014501.

[12] 刘瑞，于培志．抗高温水基钻井液处理剂研究进展［J］．应用化工，2021，50（6）：1618–1621.

[13] 卢震，黄贤斌，孙金声，等．水基钻井液用耐高温纳米聚合物封堵剂的研制［J］．石油钻采工艺，2020，42（5）：587–591.

[14] 杜征鸿，沈建文，睢圣，等．耐高温核壳型油基钻井液纳米封堵剂的制备与性能评价［J］．油田化学，2022，39（1）：1–10.

[15] 余加水，尤志良，付超胜，等．胶结型强封堵剂的研制与性能评价［J］．油田化学，2022，37（4）：571–580.

[16] 陈力力，郭建华，谢刚．碳纳米管封堵剂在水基钻井液中的作用机理［J］．钻井液与完井液，2022，39（1）：29–35.

[17] 李俊材，唐浩然，刘锐可 . 成膜封堵剂 FDM-1 在油基钻井液中的应用 [J]. 钻采工艺，2020，43（6）：91-93.
[18] 武元鹏，田应佩，罗平亚，等 . 纳米碳酸钙的制备及在水基钻井液的应用研究 [J]. 钻井液与完井液，2019，36（4）：407-413.
[19] 蒋官澄，刘冲，贺垠博，等 . 随钻堵漏用疏水缔合聚合物的作用机制分析 [J]. 钻井液与完井液，2017，34（1）：50-53.
[20] 王建华，王玺，柳丙善，等 . 油基钻井液用改性树脂类抗高温防漏堵漏剂研究 [J]. 当代化工研究，2021（3）：150-152.
[21] 孙金声，朱跃成，白英睿，等 . 改性热固性树脂研究进展及其在钻井液领域应用前景 [J]. 中国石油大学学报（自然科学版），2022，46（2）：60-75.

钻井用延时吸水膨胀堵漏剂的研究

曾志强　王　康

（中石化南京化工研究院有限公司，江苏　南京　210048）

摘　要：针对常规膨胀堵漏剂膨胀速度难以控制等问题，采用表面延时吸水改性处理，制得一种耐温型延时吸水膨胀堵漏剂。在室内测试其延时吸水膨胀性能、耐温性能及对渗透型漏失地层封堵性能。测试结果表明：延时吸水膨胀堵漏剂可耐温120℃；在30℃条件下延时吸水膨胀约2h，80℃条件下延时吸水膨胀约1h，具有良好的延时吸水膨胀效果；针对渗透型漏失地层，封堵层承压能力达6MPa，总漏失量仅为113mL，延时膨胀堵漏剂具有良好的封堵效果。

关键词：延时膨胀；堵漏剂；吸水膨胀树脂；耐温

井漏是石油和天然气钻探过程中经常遇到的复杂问题之一[1]。因井漏引起的井下复杂事故对钻井、完井施工危害极大，一直是国内外石油工程界十分关注的问题。钻井作业中一旦发生漏失，不仅延误钻井时间，损失钻井液，损害油气层，干扰地质录井工作，严重时还可能引起井壁失稳，导致井塌、卡钻、井喷等一系列复杂情况与事故，甚至导致井眼报废，造成重大的经济损失。因此，堵漏是钻井工程中一项必须采取的重要措施[2-6]。目前，国内外使用的堵漏材料有很多种，聚合物类吸水膨胀型堵漏材料是其中较为常见的一种，其在井筒中及漏失裂缝中会吸水发生体积膨胀，形成一种具有弹性和韧性的物质，在压力作用下通过架桥作用堵塞裂缝，达到堵漏的目的[7-10]。但常规吸水膨胀堵漏材料抗温能力不够、强度不足、膨胀速度难以控制，通常由地面到进入漏失层位的过程需要几个小时，优良的吸水膨胀材料在此时间段内会高速吸水，体积大幅膨胀，无法准确到达漏失点，影响了实际的堵漏效果。

针对上述问题，研究人员采用多种技术措施来减缓堵漏剂的吸水速率，达到延缓膨胀的目的。如包裹法[11]、疏水性交联剂法[12]等，但这些方法均具有一定的局限性：包裹法制备工艺复杂，对包覆设备要求高，难以实现工业化生产；疏水性交联剂法制备的吸水膨胀材料，材料内外没有明显的吸水膨胀能力差，进而导致该吸水膨胀材料整体吸水膨胀能力减小、放缓，而并未出现先缓慢后迅速吸水膨胀的特点。笔者采用改性法对吸水膨胀树脂表面的亲水基团进行疏水改性，制得一种耐高温延时吸水膨胀堵漏剂，在水中随着温度的变化及时间的延长，水缓慢从延时膨胀堵漏剂表面疏水链之间的空隙进入堵漏剂内核，从而呈现出堵漏剂前期缓慢吸水膨胀后期迅速吸水膨胀的趋势。与现有延时膨胀堵漏剂相比较，该延时膨胀堵漏剂具有优良的延时吸水膨胀效果，使得堵漏剂

作者简介：曾志强（1985—），男，安徽池州人，副研究员，硕士，中石化南京化工研究院有限公司研发副主任师，现从事油田化学品相关研究开发工作。E-mail：zzqiang0920@126.com。

颗粒在进入漏失层位过程中不膨胀（或缓慢膨胀），随着进入地层的时间或地层温度等因素影响，到达漏失层位时堵漏剂颗粒迅速吸水膨胀，从而达到对漏失地层的良好封堵效果。

本延时吸水膨胀堵漏剂是以丙烯酸、2-丙烯酰胺-2-甲基丙磺酸等常规聚合单体为基础原料，制得吸水膨胀树脂后，再通过表面疏水改性反应形成一种表面疏水、内核亲水的特殊“核壳”分子结构，制得一种内外具有明显吸水能力差的延时吸水膨胀堵漏剂颗粒。堵漏剂颗粒进入地层后，随着时间的延长以及地层温度的变化，堵漏剂颗粒表现出前期不吸水膨胀或缓慢吸水膨胀，后期快速吸水膨胀的效果。

1 实验

1.1 材料与仪器

丙烯酸（AA），氢氧化钠，引发剂，氯化钠：以上试剂均为分析纯，南京化学试剂有限公司；2-丙烯酰胺-2-甲基丙磺酸（AMPS）：分析纯，国药集团化学试剂有限公司；膨润土，潍坊市坊子区兴隆膨润土厂；交联剂，实验室自制；改性剂，催化剂，国药集团化学试剂有限公司。

EX324ZH型天平：美国奥豪斯公司；DHG-9146A型恒温箱：上海精宏实验设备有限公司；Y6202型粉碎机：北京燕山正德机械设备有限公司；DF-Ⅱ型集热式磁力搅拌器：江苏金坛市金城国胜实验仪器厂；DL-2型堵漏仪：青岛鑫睿德石油仪器有限公司。

1.2 实验方法

1.2.1 延时膨胀堵漏剂制备

在装有搅拌装置及N_2导管的反应器中，依次加入水、丙烯酸、2-丙烯酰胺-2-甲基丙磺酸、增强剂等，搅拌均匀后用25%NaOH溶液调节中和度至40%，再加入交联剂及引发剂，升温至50℃反应3h，得到黏弹性凝胶体，取出干燥、粉碎造粒、过6~40目筛，即得到耐温吸水膨胀树脂。

取一定量的上述树脂，依次加入适量改性剂和催化剂，缓慢升温至80℃，反应2h，取出过滤即得到延时吸水膨胀堵漏剂。

1.2.2 性能测试方法

吸水膨胀性能测试方法：以带准确刻度的量筒先量取一定体积的水（V_0），加入干燥的树脂，读取量筒中实际水刻度体积（V_A），则干燥堵漏剂颗粒的体积为V_1（$V_1=V_A-V_0$）。在设定温度的水浴中膨胀一定时间后，倒出量筒中剩余水，重新加入初始净水体积V_0，读取量筒中实际水刻度体积V_B，此时堵漏剂颗粒吸水后的膨胀体积为V_2（$V_2=V_B-V_0$），V_2/V_1的值即为该堵漏剂颗粒在某时间段的体积膨胀倍数。

堵漏性能测试方法：采用DL-2型堵漏仪，选用4.39mm钢珠模拟渗透型漏失地层，按石油天然气行业标准SY/T 5840—2007《钻井液用桥接堵漏材料室内实验方法》评价试样的堵漏性能。

2 结果与讨论

2.1 吸水膨胀倍数测定

取延时改性前后的试样及市售2种延时膨胀堵漏剂，分别测试其在30℃、50℃、80℃下，清水和5%膨润土浆（质量分数）中吸水膨胀倍数，实验结果分别见图1~图3。

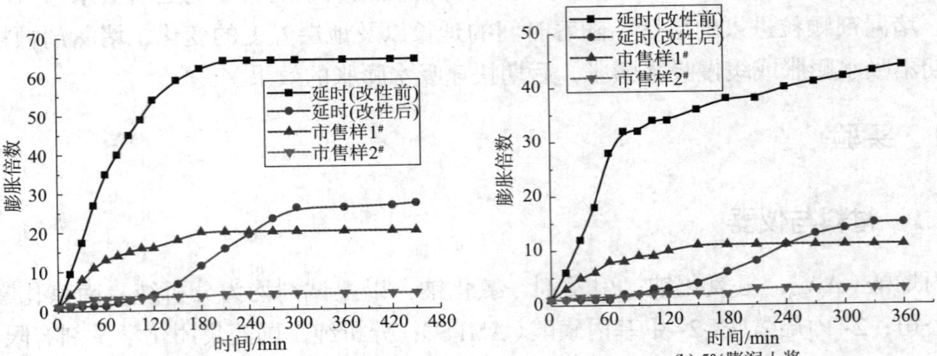

(a) 清水　(b) 5%膨润土浆

图1　30℃下的吸水膨胀性能

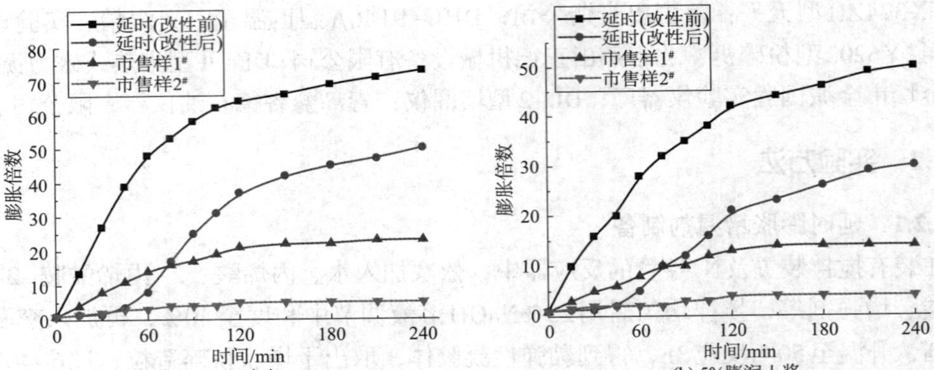

(a) 清水　(b) 5%膨润土浆

图2　50℃下的吸水膨胀性能

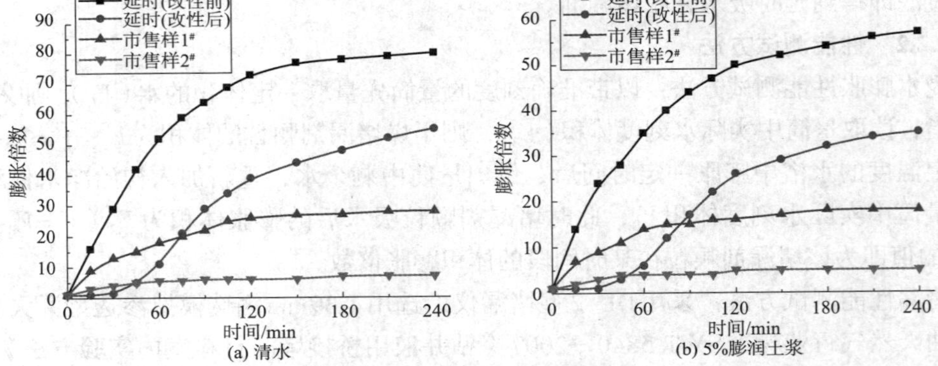

(a) 清水　(b) 5%膨润土浆

图3　80℃下的吸水膨胀性能

由图1~图3可见：改性后的延时膨胀堵漏剂在不同温度下的清水中或膨润土浆中，均具有一定的延时膨胀效果。室温下（约30℃），清水中延时约2h，膨润膨润土浆中延时约2.5h；随着温度的升高，延时膨胀时间逐渐缩短；在80℃时，清水和膨润土浆中均延时0.5~1h。与市售的2种延时膨胀堵漏剂相比，改性后的延时膨胀堵漏剂延时吸水膨胀效果尤为明显。同时，其吸水膨胀能力（吸水膨胀平衡倍数）随着温度的升高逐渐增强，室温下，达清水中吸水膨胀能力为28倍，膨润土浆中吸水膨胀能力为15倍；50℃时，清水中吸水膨胀能力可达到50倍，膨润土浆中吸水膨胀能力可达到30倍；80℃时，清水中吸水膨胀能力可达到55倍，膨润土浆中吸水膨胀能力可达到35倍。白此可见，该延时膨胀堵漏剂的吸水膨胀能力也比市售的2种延时膨胀堵漏剂强。

2.2 耐温性能评价

取1.0g延时膨胀堵漏剂试样倒入高温老化罐中，加入400g5%膨润土浆，置于一定温度下的加热炉中。24h后打开老化罐，滤去游离水，测定试样吸水膨胀倍数，并观察试样形态，见表1和图4。

表1 延时膨胀堵漏剂耐温性能

测试温度/℃	24h膨胀倍数
80	41
100	57
120	24

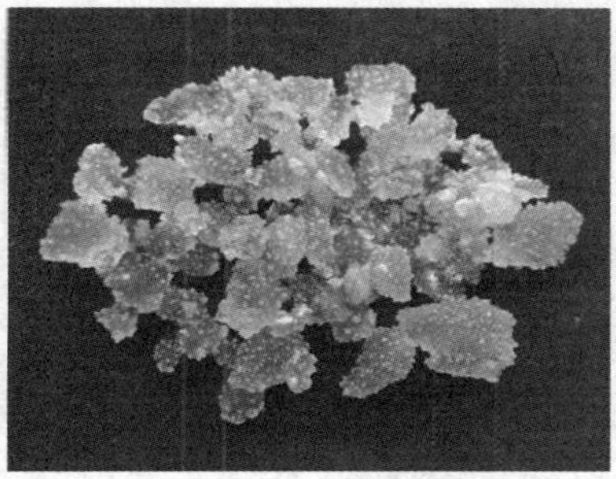
(a) 80℃

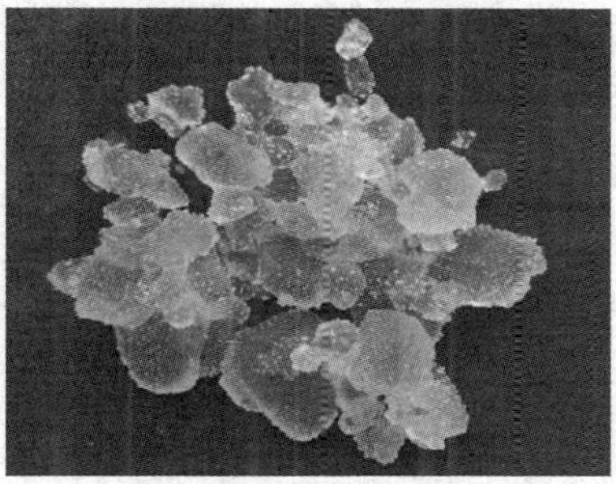
(b) 100℃

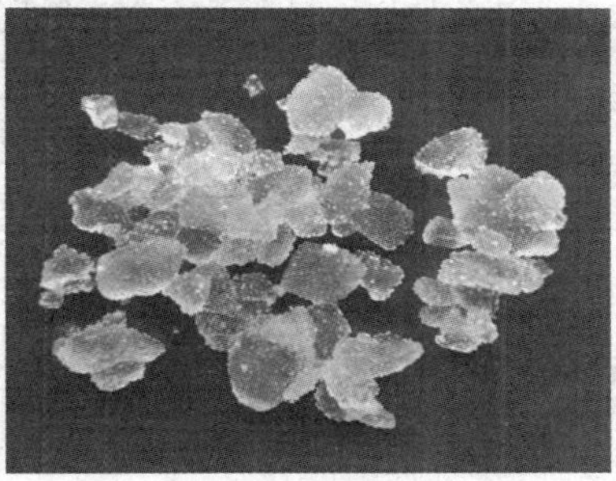
(c) 120℃

图4 不同耐热温度下24h吸水膨胀倍数

由表1及图4可见：延时膨胀堵漏材料在膨润土浆中经热处理后，吸水膨胀性能随温度升高而增大（100℃以内），且吸水膨胀后延时膨胀堵漏材料具有一定的强度，弹性较强。当温度达到120℃时，部分延时膨胀堵漏材料发生脱水，但仍具有一定的强度。可见，延时膨胀堵漏剂耐温性能基本达到120℃。

2.3 堵漏性能评价

配置5%（质量分数）的膨润土浆，预水化处理24h后，加入0.3%的延时膨胀堵漏剂，搅拌2h配制成堵漏浆。以4.39mm钢珠模拟渗透型漏失地层，进行堵漏性能评价实验，结果见表2。

表2 延时膨胀堵漏材料封堵性能

堵漏剂加量	压力/MPa	漏失量/mL	现 象	总漏失量/mL
延时膨胀堵漏剂	常压	85	先呈流水状、后呈滴液状	113
	1.0	10	滴液状	
	2.0	5	缓慢滴液状	
	3.0	5	缓慢滴液状	
	4.0	5	缓慢滴液状	
	5.0	3	缓慢滴液状	
	6.0	0	无滴漏	
1#市售样	常压	140	先呈流水状、后呈滴液状	191.5
	1.0	11	滴液状	
	2.0	17	滴液状	
	3.0	12	滴液状	
	4.0	8	滴液状	
	5.0	2.5	缓慢滴液状	
	6.0	1	缓慢滴液状	
2#市售样	常压	138	先呈流水状、后呈滴液状	242
	1.0	54	滴液状	
	2.0	18	滴液状	
	3.0	12	滴液状	
	4.0	10	滴液状	
	5.0	6	缓慢滴液状	
	6.0	4	缓慢滴液状	

由表2可见：在堵漏浆中延时膨胀堵漏剂加量为0.3%时，堵漏浆即具有良好的封堵效果。随着压力升高、时间的延长，堵漏颗粒逐渐吸水膨胀，延时膨胀堵漏浆最终将渗透型漏失地层完全封堵住。与市售两种堵漏剂相比较，延时膨胀堵漏剂总漏失量为113mL，其中常压漏失量仅为85mL，远低于市售的2种堵漏剂。说明该延时膨胀堵漏剂具有优异的封堵效果。

将已被封堵的渗透型模拟漏层静置24h，泄压，取出堵漏层上层堵漏浆，向堵漏仪中缓慢加入2L清水，逐步加压，测试封堵层的承压能力。测试结果见表3。

表3 封堵层承压能力

压力/MPa	现 象
1.0	无滴液
2.0	无滴液
3.0	无滴液
4.0	无滴液
5.0	无滴液
6.0	无滴液

由表3可见：随着压力的逐渐增加，封堵层无明显滴液，表明延时膨胀堵漏剂封堵过程中形成的封堵层具有较高的承压能力，可以达到6.0MPa。该延时膨胀堵漏剂在钻井过程中具有较好的堵漏效果，具有广阔的应用前景。

3 结论

（1）制得的延时吸水膨胀堵漏剂，在30℃条件下可延时约2h，80℃条件下可延时约1h，具有良好的延时膨胀效果。

（2）延时吸水膨胀堵漏剂具有良好的耐温性能，最高可耐温120℃。

（3）延时吸水膨胀堵漏剂封堵层承压能力达6MPa，总漏失量仅为113mL，该延时膨胀堵漏剂在钻井过程中具有较好的堵漏效果，具有广阔的应用前景。

参考文献

[1] 蒋希文．钻井事故与复杂问题［M］．北京：石油工业出版社，2001.

[2] 贾佳，郭建华，赵雄虎，等．吸水膨胀类堵漏材料性能评价与研究［J］．钻井液与完井液，2012，29（4）：16-19，23.

[3] 张希文，李爽，张杰，等．钻井液堵漏材料及防漏堵漏技术研究进展［J］．钻井液与完井液，2009，26（6）：74-76，79.

[4] 孙剑，崔茂荣，陈浩，等．新型复合堵漏材料的研制［J］．西南石油大学学报，2007，29（11）：133-135.

[5] 黄春雨，欧阳伟，刘向君．交联聚合物堵漏剂室内性能研究［J］．石油化工应用，2014，33（12）：93-97.

[6] 魏娟明，马涛，汤达祯．体膨类堵水调剖剂研究现状［J］．应用化工，2009，38（10）：1517-1520.

[7] 赖小林，王中华，邓华江，等．双网络吸水树脂堵漏剂的研制［J］．石油钻探技术，2011，39(4)：29-33.

[8] 魏发林，叶仲斌，岳湘安，等．高吸水树脂颗粒调堵剂胶囊化缓膨方法研究［J］．油气地质与采收率，2005，12（6）：74-76.

[9] 王睿，马光长，曾婷．复合化学凝胶堵漏技术在四川地区的应用［J］．钻采工艺，2009，32（1）：

92–94.
[10] 张晓雷，严思明，任路，等. 新型体膨型堵水剂的合成及其性能研究 [J]. 精细石油化工进展，2011，12（3）：13–14.
[11] 薛玉志，唐代绪，刘振东，等. 可控膨胀堵漏剂包覆工艺技术研究 [J]. 钻井液与完井液，2008，25（5）：23–25.
[12] 张歧安，徐先国，董维，等. 延迟膨胀颗粒堵漏剂的研制与应用 [J]. 钻井液与完井液，2006，23（2）：21–24.

可酸溶凝胶堵漏剂的研究与应用

姜雪清[1,2]　刘昱彤[1,2]　黄　宁[1,2]　刘文堂[1,2]

（1.中石化中原石油工程有限公司钻井工程技术研究院，河南 濮阳 457001；
2.中石化石油工程钻完井液技术中心，河南 濮阳 457001）

摘　要： 井漏是钻井工程中常见的复杂现象，但现场常用的桥塞堵漏或水泥浆堵漏，限于地层压力和堵漏材料的粒径级配，桥塞堵漏不密实，成功率低；水泥浆堵漏驻留性差，形成封堵层脆性强，造成堵漏浆用量大、效果不理想；同时堵漏材料的不可酸溶性不利于储层保护。开发出可酸溶凝胶堵漏剂，酸溶率达85%，复合酸溶性骨架、填充材料形成酸溶性凝胶堵漏剂配方，室内评价形成封堵层承压15MPa以上，现场应用于卫81井侧钻井储层裂缝性漏失堵漏，一次堵漏成功。

关键词： 小井眼；侧钻井；堵漏；凝胶；酸溶

井漏是钻井过程中钻井液或其他工作液漏入地层中的一种现象，钻井作业中，一旦发生漏失，不仅延误钻井时间，损失钻井液，损害油气层，影响地质录井等工作，而且还可能引起井壁失稳，导致井塌、卡钻、井喷等一系列复杂情况与事故，甚至导致井眼报废，现场一般采用桥塞堵漏和水泥浆堵漏。桥塞堵漏对粒径级配要求较高，但现场往往限于材料种类及漏失通道的复杂性，很难形成针对性较强的堵漏剂配方，而堵漏剂入井后要么不能形成架桥封堵，要么形成封堵层不致密，仍具有较强的渗透性，同时由于低压地层骨架承压能力弱，经不起挤注而不能形成致密封堵层；水泥浆在压力系数低的地层应用效果较差，由于密度较高的水泥浆在低压漏失通道的驻留性差，现场常常需要配制大量水泥堵漏浆入井才能形成封堵层。对于储层堵漏，对酸溶率要求较高，但大多数堵漏材料具有不可酸溶性，不利于储层保护[1, 6]。针对上述问题，研究出具有吸水膨胀变形封堵作用的可酸溶凝胶堵漏剂，在提高桥塞堵漏密实性的同时保护储层，酸溶率达85%，在卫81井成功应用，显示出较好的应用前景。

1　可酸溶凝胶堵漏剂的制备

凝胶聚合物[7]在堵漏、承压堵漏、射孔暂堵等堵漏应用中表现出良好弹性变形封堵效果，通过引入高酸溶率无机填充材料，研制出针对储层堵漏的高强度高酸溶率凝胶聚合物。优选出的高酸溶率无机填充材料在保证可酸溶凝胶堵漏剂具有较高酸溶率的同时显著提高凝胶的弹性和韧性，增强封堵效果。

可酸溶凝胶堵漏剂具体制备方法如下：

作者简介：姜雪清（1985—），女，黑龙江肇东人，本科，副研究员，现任中原石油工程公司钻井院副主任师，主要从事钻井液防漏堵漏材料研究及推广工作。E-mail：jiangxueqing2968@dingtalk.com。

在室温下，配制一定浓度的AMPS、AM水溶液，加入适量的氢氧化钠中和，然后加入适量比例酸溶无机粉末填充材料搅拌均匀，依次加入适量的交联剂、引发剂，搅拌均匀后在40~50℃下静置反应30min，得到具有黏弹性的块状凝胶，将凝胶剪切造粒、烘干，即得可酸溶凝胶堵漏剂。

2 评价方法

2.1 酸溶率评价

将样品粉碎过60目筛，称取在105℃±3℃下已干燥后冷却的试样2.0g（精确到0.01g）于250mL具塞锥形瓶中，加入100mL15%盐酸溶液，摇匀后放入90℃±2℃的超声波水浴恒温振荡器震荡24h。

用烘干后已知质量的中速定量滤纸过滤，用蒸馏水冲洗锥形瓶使残渣全部转移至滤纸上，并用蒸馏水冲洗残渣至无氯离子为止（用1%的硝酸银溶液检查）。将滤纸与残渣放于干燥的表面皿上，于105℃±3℃下烘至恒重，取出放入干燥器中冷却30min后称其质量。酸溶率为：1-［滤纸与残渣质量（g）-滤纸质量（g）］/称取凝胶重量（g）×100%。

2.2 凝胶韧性评价

可酸溶凝胶堵漏剂的韧性用伸长率表示。将可酸溶凝胶剪切为哑铃状，在拉力实验在拉伸实验机上以3mm/min拉伸，凝胶断裂时的长度除以凝胶拉伸前长度即为伸长率。

2.3 凝胶强度性能评价

将可酸溶凝胶堵漏剂剪切为哑铃状，在拉力实验机上以3mm/min拉伸，凝胶断裂时的应力除以断裂时的横截面积即为拉伸断裂强度，用MPa表示。

2.4 吸水能力评价

吸水性能的测定方法一般是在清水中，用自然过滤法进行测定。即将一定量的凝胶放入大量的水溶液中，待溶胀吸水后，用筛网将剩余的水溶液过滤，分别测定吸水前后的质量，其比值即为吸水倍数。

3 结果及讨论

3.1 填充材料加量优选

3.1.1 填充材料对酸溶率的影响

由于单体交联聚合物不酸溶，合成产品酸溶率的贡献均来自酸溶填充材料，因此填充材料的加量对产品酸溶率至关重要。为此，固定有机单体加量，考察酸溶填料与有机单体的比例（质量比，以下同）对产品性能的影响，结果见表1。

表1　酸溶材料对酸溶率影响

序　号	酸溶填充材料：有机单体	酸溶率/%
1	0：1	0
2	1：1	55.39
3	2：1	71.70
4	3：1	82.25
5	4：1	85.61
6	5：1	88.73
7	>5：1	酸溶填充材料析出

由实验可知，随着酸溶填充材料的比例提高，酸溶率显著升高。当填充材料加量过高时，有机单体所产生的骨架结构无法完全包覆酸溶材料，导致酸溶材料析出。为得到较高酸溶率，酸溶填充材料与有机单体的比例应为5：1。

3.1.2　填充材料对可酸溶凝胶性能影响

考察填充材料与有机比例对可酸溶凝胶强度、韧性和饱和吸水倍率影响，见图1~图3。为得到较高酸溶率和较大强度，选择酸溶填充材料与有机比例为5：1。

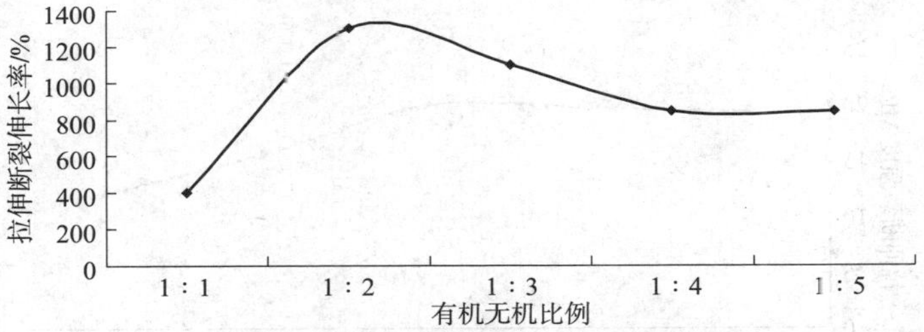

图1　填充材料与有机比例对凝胶韧性的影响

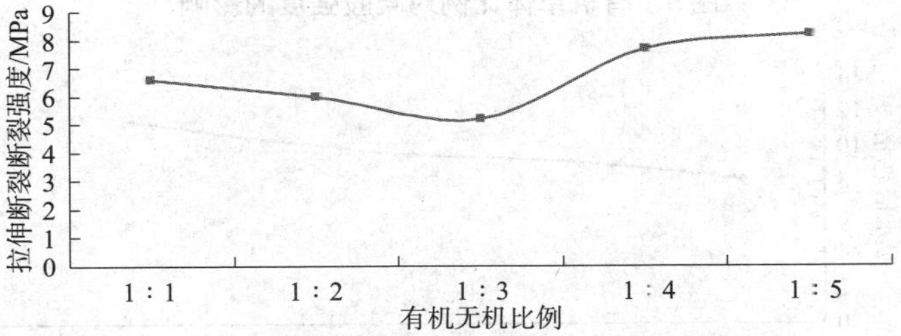

图2　填充材料与有机比例对凝胶强度的影响

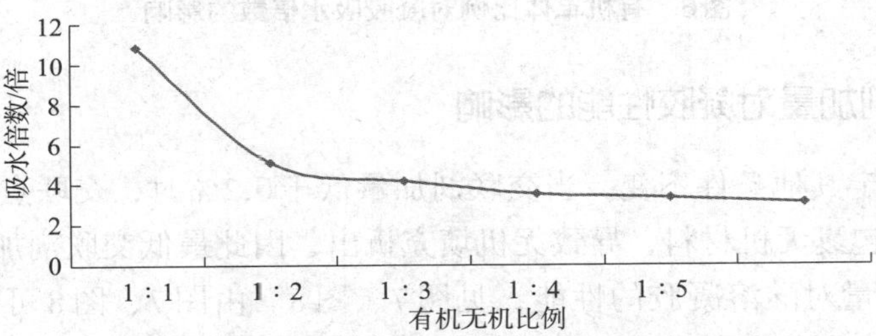

图3　填充材料与有机比例对凝胶吸水倍数的影响

3.2 单体比例优选

当AMPS用量过多时，—SO_3H的水和作用使大分子自由基和单体扩散困难，增大了链终止的概率，导致反应不完全。因此，当AM与AMPS的比小于7∶3时，产物成型度差。固定其他条件不变，考察单体比例9∶1~7∶3时对酸溶凝胶性能的影响，见图4~图6。由图4~图6可知，随着有机单体比例的增加，韧性和吸水倍数缓慢增加；从强度来看，当有机单体比例低于8∶2时，存在一拐点，强度显著降低，因此取有机单体比例为8∶2。

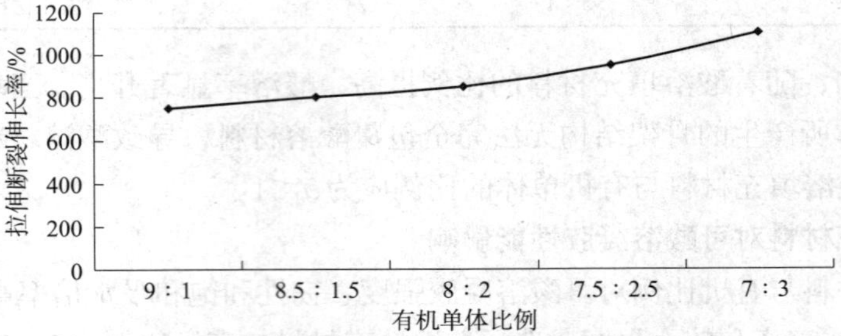

图4　有机单体比例对凝胶韧性的影响

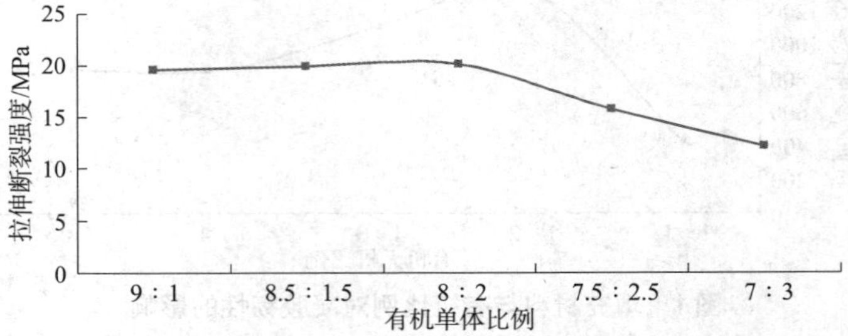

图5　有机单体比例对凝胶强度的影响

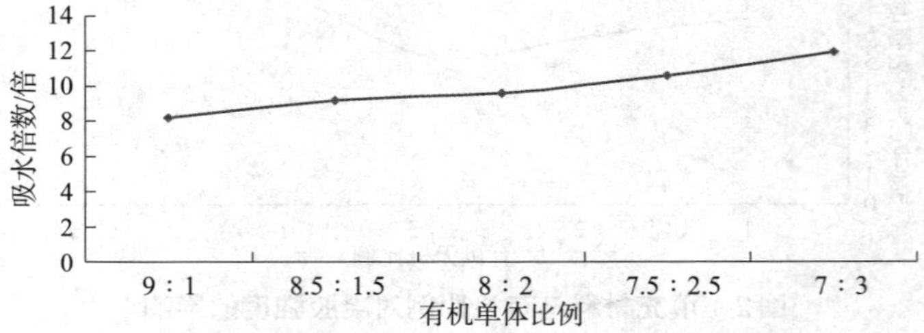

图6　有机单体比例对凝胶吸水倍数的影响

3.3 交联剂加量对凝胶性能的影响

由实验，固定其他条件不变，当交联剂加量低于0.2%时，交联点过少，无法形成足够的网格结构包裹无机材料，导致无机填充析出，因此最低交联剂加量为0.25%。考察不同交联剂加量对酸溶凝胶的性能，见图7、图8。由图7、图8可知，交联剂加量0.3%时，凝胶的韧性和拉伸断裂强度最好。

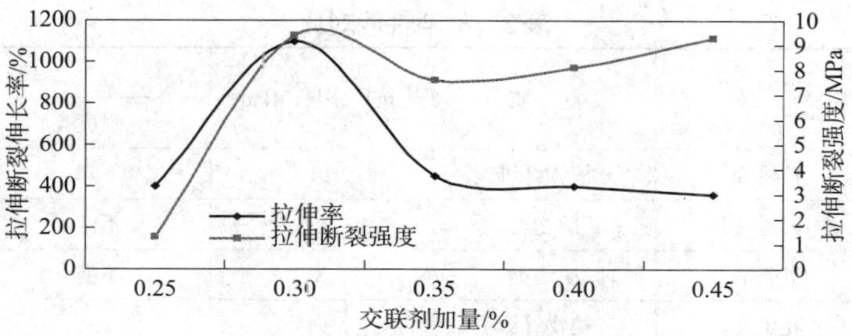

图7 交联剂加量优选

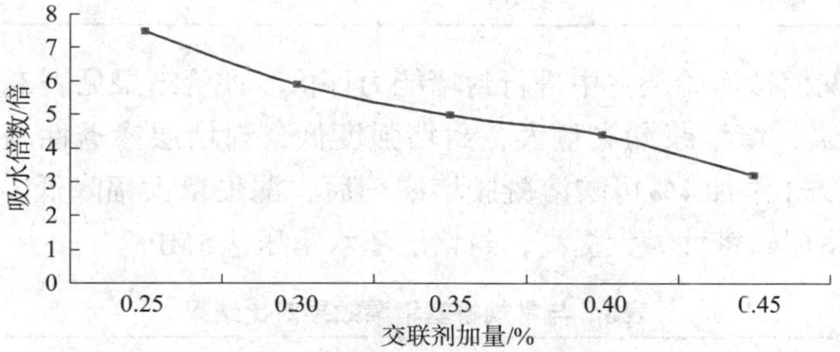

图8 交联剂加量对凝胶吸水倍数的影响

3.4 引发剂加量优选

固定其他条件不变，考察不同引发剂加量对酸溶凝胶性能的影响，见图9。由图9可知，引发剂加量为0.2%时，凝胶的韧性和拉伸断裂强度较好。

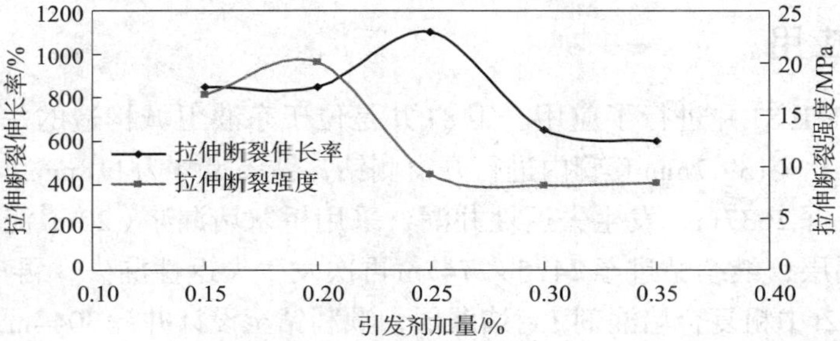

图9 引发剂加量优选

3.5 封堵能力

针对强度和抗温性对常规架桥、填充材料进行了优选，见表2。由表2可知，选择可酸溶的贝壳渣、云母片及超细碳酸钙等作为架桥、填充材料，复合可酸溶凝胶材料，形成酸溶性凝胶堵漏剂配方，其中可酸溶凝胶堵漏剂加量为3%~5%。酸容性凝胶的吸水膨胀、变形填充能力，大大提高封堵剂粒径级配不足的缺陷。

表2　材料性能对比

种　类		材　质	抗压强度/MPa	135℃/48h	
				强度	低速搅拌
骨架材料	核桃壳	植物纤维	14	下降	粉碎
	云母片	矿物类	25	不变	不变
	贝壳渣	矿物类	8	不变	不变
填充材料	花生壳	植物纤维	—	—	
	HPS	矿物纤维	—	—	
	碳酸钙	矿物类	—	不变	

在CL–Ⅱ堵漏模拟实验装置中进行封堵能力评价。评价结果见表3。由表3可知，配方2为桥塞堵漏浆，堵漏浆漏失量大，封堵强度低，封堵层渗透性高，表明形成封堵层致密性差；配方1添加4%可酸溶凝胶堵漏剂后，漏失量大幅降低，封堵强度提高至16MPa，形成封堵层致密性大大提高，封堵层清水承压达5MPa。

表3　与常规桥塞堵漏效果对比结果

堵漏剂配方	漏失量/mL	封堵强度/MPa	封堵层清水承压/MPa
配方1：500ml坂土浆+15%架桥材料（粗：中：细=3：5：7，2~3mm）+10%填充材料	350	4	1
配方2：配方1+4%可酸溶凝胶堵漏剂	150	16	5

注：1. 模拟漏层为5~10目石英砂床。

2. 封堵层清水承压指的是形成封堵层后将封堵层上部堵漏浆换成清水，再次进行挤注承压。

4　现场应用

酸溶凝胶在卫81井进行了应用。卫81井是位于东濮卫城构造的一口开窗侧钻井，设计井深3044m；Φ139.7mm套管内进行开窗侧钻，钻头尺寸为118mm，开窗点2443m。

（1）钻至井深2637m，发生失返性井漏，采用桥塞堵漏浆（20m^{3}泥浆+3t中粗复合堵漏剂）封堵漏层；继续钻进至2475~2747m再次发生失返性漏失，再次采用桥塞堵漏浆（20m^{3}泥浆+2t中粗复合堵漏剂）封堵漏层，顺利钻至设计井深3044m。循环电测后通井循环过程中发生失返性漏失，采用桥塞堵漏浆（20m^{3}泥浆+3t中粗复合堵漏剂）堵漏无效。

（2）情况分析。①钻进中2637m、2475~2747m两处发生漏失，虽采用桥塞堵漏材料封住漏层，挤注压力达5MPa，但封堵层不致密，一旦停泵迅速降到0，通井循环后前期封堵层被揭开，发生重复漏失。②地质层位显示，漏失段为原井开采层，地层亏空，压力系数降低严重。较小的环空间隙限制堵漏材料的选择、粒径级配和浓度配比，常规桥塞堵漏不适合该类亏空漏失。

（3）堵漏施工。①堵漏浆配方：16m^{3}钻井液+1.0t复合堵漏剂FD–2+1.0t随钻堵漏剂（粗）+2t随钻堵漏剂+0.5t凝胶；②挤注量计算：$2^7/_8$in钻杆内容积：

$2.34m^3/1000m \times 2428m=5.68m^3$；118mm井眼容积：$13.5m^3/1000m \times 616m=8.32m^3$；因此，累积挤注$5.68m^3+8.32m^3=14m^3$可将堵剂挤入漏层。③堵漏施工：下光钻杆至窗口，替堵漏浆至管脚处关井挤注，入井堵漏浆$16.5m^3$，挤入地层$8m^3$，套管压力5.2MPa，停泵，套管压力4.5MPa，7h后套管压力3MPa。随后下钻通井循环不漏失，顺利下套管固井。

5 结论及认识

（1）钻井漏失尤其低压储层漏失受堵漏材料尺寸及粒径级配限制，常规堵漏成功率低且酸溶率低，不能用于钻井储层堵漏。

（2）开发出可酸溶凝胶堵漏剂，酸溶率大于85%，具有吸水膨胀、变形充填功能，提高堵漏材料对复杂漏失通道的适应性。

（3）优选酸溶性骨架、填充材料形成酸溶性凝胶堵漏剂配方，室内评价形成封堵层承压15MPa以上，现场应用于卫81井侧钻井储层裂缝性漏失堵漏，一次堵漏成功。

参考文献

[1] 舒尚文，刘明国．东濮凹陷深井套管开窗侧钻技术探讨［J］．钻采工艺，2006，26（9）：20–23.

[2] 盛子堂．中原油田小井眼钻井技术实践［J］．中外能源，2008，13（6）：43–47.

[3] 张淑芹，荆文龙．139.7mm 套管开窗侧钻存在的问题及对策［J］．中外能源，2006（11）：28–31.

[4] 杨利平，华宇鹏．$5^1/_2$in 套管开窗侧钻井裸眼地层堵漏技术［J］．内蒙古石油化工，2012（1）：117–118.

[5] 王晴．复杂区块水平井钻井液技术［J］．内蒙古石油化工，2009（11）：85–87.

[6] 王善举，甄剑武．复杂区块调整井防漏技术［J］．钻采工艺，2001，24（5）：88–90.

[7] 李旭东，郭建华．凝胶承压堵漏技术在普光地区的应用［J］．钻井液与完井液，2008，25（1）：53–56.

可酸溶抗高温高滤失堵漏剂的研制及在顺北X井中的应用

刘昱彤[1,2]　乐　明[1,2]　李旭东[1,2]

（1.中石化中原石油工程有限公司钻井工程技术研究院，河南 濮阳 457001；
2.中石化石油工程钻完井液技术中心，河南 濮阳 457001）

摘　要：针对高滤失堵漏材料在高温下使用受限、在大裂缝中驻留性不足、酸溶率低等问题，开发出一种抗温200℃、酸溶率达85.2%的高滤失堵漏剂，配套配浆、挤注等施工工艺，形成适用于封堵深井储层恶性漏失的可酸溶抗高温高滤失堵漏技术并在顺北X井成功应用，应用结果表明该技术对深井放空型恶性漏失井具有良好的适用性。

关键词：高滤失；酸溶；深井；抗高温；恶性漏失；放空

高滤失堵漏剂以其使用方便、见效快、成功率高、对地层孔缝适应性好等特点深受现场欢迎[1~2]，但因该材料在高温下使用受限、在大裂缝中驻留性不足、酸溶率低等原因，在深井、超深井储层的恶性漏失地层鲜有应用[3]。为此，开发出一种抗温性好、酸溶率高、可封堵大漏失通道的可酸溶抗高温高滤失堵漏技术，并在顺北X井应用，成功封堵该井目的层7759m、连续放空5m的恶性漏失。

1　室内研究

1.1　配方研制

可酸溶抗高温高滤失堵漏剂由酸溶率高且聚集堆积后具有一定强度的纤维材料、高酸溶抗高温充填剂、抗高温悬浮助滤剂和高酸溶抗高温增强剂组成，该堵漏剂可在不改变高滤失堵漏剂特性的条件下，提高堵漏剂的酸溶性[4]和应用地层温度，满足封堵深井储层的需要。

（1）纤维材料。优选的纤维材料（图1）耐温达500℃以上，酸溶率达45%。由其组成的高滤失堵漏浆在漏层附近富集时，纤维材料相互压实堆积、紧密缠绕可形成具有一定强度、韧性和层状结构的封堵层。层状断裂（图2）面呈纤维状，增加了层状间的内聚力，使得封堵层具有良好的韧性和抗压强度。

作者简介：刘昱彤（1985—），女，副研究员，2008年毕业于中国计量学院，主要从事防漏堵漏技术工作。E-mail：77474585@qq.com。

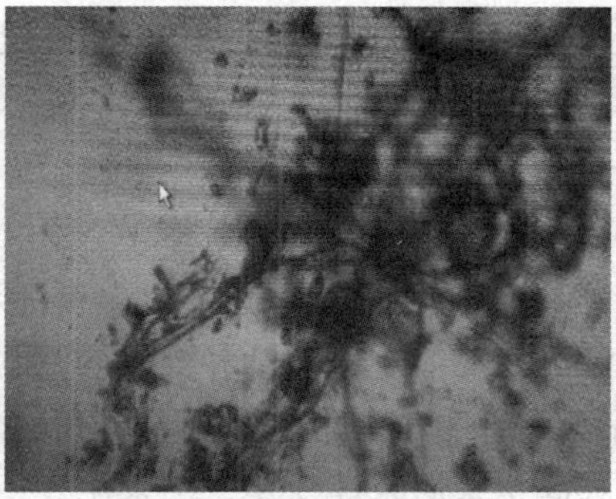
图1　50倍显微镜下纤维

图2　滤饼的层状结构

（2）高酸溶抗高温充填剂。选择不同粒径、酸溶率达100%的抗高温充填剂[3]，充填剂可逐级充填封堵层孔隙，提高封堵层强度，降低封堵层透水性，提高封堵承压强度，降低钻井液漏失量。

（3）抗高温助滤剂。选择具有疏松多孔结构的微米级颗粒材料，有利于提高封堵浆滤失速度及滤失后堆积体积，实现高滤失堵漏浆快速滤失及提高封堵层厚度的目的。

（4）高酸溶抗高温增强剂。优选的抗高温增强剂具有良好的抗温性及酸溶性，酸溶率达95%以上，可增强封堵层强度。

通过优化配比，形成可酸溶抗高温高滤失堵漏剂。堵漏浆滤失后所形成的封堵层为白色，具有一定的强度和韧性（图3），滤饼内部致密，断面纤维相互拉扯。将滤饼在显微镜下，放大100倍（图4），可见颗粒状材料堆积，纤维互相缠绕，颗粒状堵剂与纤维相互牵扯。

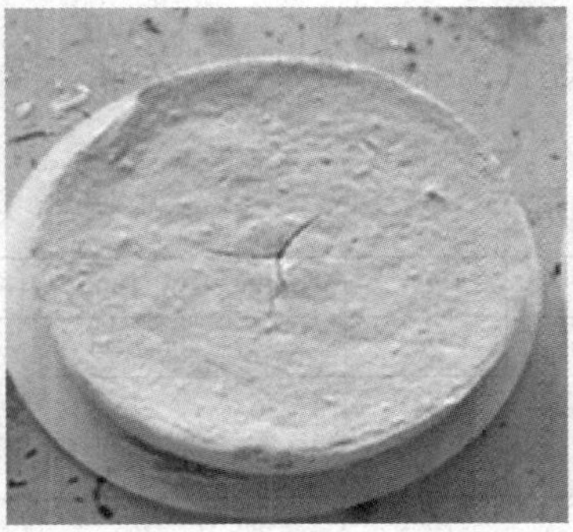
图3　滤饼实物

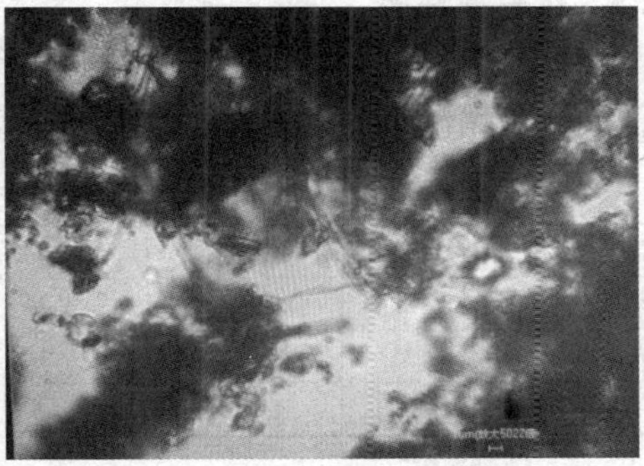
图4　滤饼放大100倍

1.2　性能评价

1.2.1　滤饼酸溶率

参照SY/T 5559—1992《钻井液用处理剂通用实验方法》中酸不溶物的测定方法进行，对滤饼的酸不溶物进行测定，换算出酸溶率，结果见表1。

表1　酸溶率测定

堵漏浆水灰比	1∶0.4	1∶0.5	1∶0.6
滤饼酸溶率/%	85.2	86.7	85.8

1.2.2　钻井液相容性

在堵漏施工过程中，若封堵浆与钻井液不相容，接触时常常会发生严重的污染问题，封堵浆被钻井液污染后导致流动性能严重恶化、浆体变稠、钻井液不容易被顶替，严重影响了堵漏施工的安全。因此，需要对堵漏浆与钻井液的相容性进行评价，考察可酸溶抗高温高滤失堵漏堵浆中加入不同量的4%膨润土浆后浆体变化，结果见表2。

表2　与钻井液相容性评价

4%膨润土浆加量/%	密度/（g/cm^3）	流动度/cm	全滤失时间/s
5	1.15	24	39
10	1.15	21	27
15	1.15	22	40
20	1.14	23	48
30	1.13	24	52

由表2可知，随着膨润土浆加量的提高，密度变化不显著，流动度和全滤失时间先降低后升高，这是由于膨润土浆与堵漏浆混合时，出现絮凝现象，浆体变稠，滤失时间缩短，后续随着膨润土浆加量的增加，浆体被稀释，流动度变大。浆体的流动性能均满足泵送要求、全滤失时间满足高滤失材料的现场滤失封堵要求，说明可酸溶抗高温高滤失堵漏堵浆抗4%膨润土浆的污染性能好。

1.2.3　抗高温性能

可酸溶抗高温高滤失堵漏剂是针对封堵深井、超深井漏层研发的，为此，考察可酸溶抗高温高滤失堵漏剂的抗温性能，结果见表3。

表3　温度适用性评价

温　度	常温	40℃	60℃	80℃	100℃	120℃	150℃	180℃	200℃
流动度/cm	24	24	24	24	24	24	24	24	24
滤失速度/s	35	35	36	34	35	34	36	35	37
24h滤饼强度/h	4	4	4	5	5	6	6	6	6

由表3可知，在室温~200℃内，滤饼强度略有升高，这是由于在实验室评价条件下，温度越高，滤饼水分蒸发越多，滤饼失去水分变硬造成的，而浆体的流动度、滤失速度、滤饼质量无明显变化，说明可酸溶抗高温高滤失堵漏剂的抗温性能可达200℃。

1.2.4　密度适用性

为平衡地层压力，一般所钻井越深，钻井液密度也越大，特别是钻遇深井厚盐层或高压水层时，所需钻井液的密度更大，当在上述井况下发生漏失时，需要抗高滤失堵漏浆具有一定的密度，压稳地层，保持井筒稳定。为此，以重晶石为密度调节剂，考察可酸溶抗高温高滤失堵漏浆的密度适用范围，结果见表4。

表4　密度适用范围评价

密度/（g/cm³）	滤失速度/s	流动度/cm	滤饼质量
1.20	24	24	致密
1.25	24	23	致密
1.30	25	23	致密
1.40	25	22	致密
1.50	26	21	致密
1.60	27	20	致密
1.70	27	20	致密
1.80	28	19	致密

由表4可知，可酸溶抗高温高滤失堵漏浆在密度1.20~1.70g/cm³的范围内均具有良好的流动性及滤饼质量，但当密度大于1.80g/cm³时，流动性差，泵送困难，为保证施工安全，可酸溶抗高温高滤失堵漏浆适用的最高密度为1.70g/cm³。

2　现场应用

顺北X井是位于塔里木盆地顺托果勒低隆北缘的一口侧钻井，设计井深8154.8m（斜深）/8000m（垂深），侧钻点7607m，漏失井深7759.19m，井底温度156℃，原井眼在7736.69~7753.0m发生漏失，侧钻后漏失及处理情况见表5。

表5　密度适用范围评价

井深/m	钻井液密度/（g/cm³）	井漏情况	措施	效果
7706.65	1.23	出口由18.17%降至16.93%，漏失0.66m³	降排量验漏	恢复钻进
7711.57	1.23	井口失返	降密度至1.19g/cm³	恢复钻进
7713	1.19	井口失返	降密度至1.14g/cm³	恢复钻进
7754.19	1.14	井口失返	降密度至1.12g/cm³	无法建立循环
7759.19	1.12	7754.19~7759.19m连续放空5m	吊灌起钻	环空液面217m，折当量密度1.07g/cm³

2.1　堵漏难点分析

（1）漏失通道尺寸大，5mm连续放空，起钻吊灌，未能返浆，说明漏失通道连通性好，对封堵材料的粒径级配要求高、堵漏浆量及浓度难把控，要求堵漏材料具有极强的驻留性，封堵难。

（2）漏层位于储层且地层温度高达156℃，对材料的抗温性及酸溶性要求高。

（3）环空间隙小，堵漏材料粒径受限，浆体的浓度过高或操作不当，易对钻具安全造成隐患。

2.2 技术措施及施工过程

分析漏失层位在奥陶系一间房组，灰色、黄灰色泥晶灰岩发育，为缝洞性漏失，下部可能发育连续漏层，漏点较明确，由于大段连续性放空，对驻留能力要求极高。采用可酸溶抗高温高滤失堵漏技术，在近井壁带形成致密封堵层，在消除漏失的同时提高地层承压能力，降低复漏概率，同时复合一定浓度刚性颗粒[5~6]，进一步增强堵漏浆驻留能力。

施工过程：

（1）堵漏浆配制。堵漏浆配方：清水+50%可酸溶抗高温高滤失堵漏（按水量，下同）+10%刚性颗粒（粒径1~3mm：3~5mm：5~8mm=4：1：1），浆量。

（2）施工过程及效果。

第一次施工：下钻至7200m，泵入堵漏浆20m^3，替浆28m^3，井口未返，关井正挤注14m^3，倒流程环空反挤注4m^{3}至环空灌满，倒流程继续正挤注9m^3，钻具内堵漏浆全出水眼，环空反挤3m^3，套压由0上升至1.18MPa，继续挤注3m^{3}停泵10min，套压下降为0。冲划至井底7759.19m，进入放空段后开始渗漏，余2m有钻压，钻进至7762.33m（进尺3m有钻压，不放空），漏速13m^3/h，大幅减缓了井漏程度。

第二次施工：起钻至6900m，泵堵漏浆24m^3，替浆20m^3，关井正挤注27.5m^3，挤注过程中采用间歇挤注，每挤注5m^3，停泵0.5h，重复4次，套压逐步由1MPa上升至15.8MPa，停泵1h，套压为15.3MPa，缓慢泄压开井，返吐1.4m^3。下钻至7710m，返浆正常，冲划至井底7753.19m，遇塞面，钻压2t，扫塞至井底7759.19m，发生渗漏，漏速3.6m^3/h，循环降排量，循环1周，液面稳定无漏失。试钻进至7763m，3m进尺有钻压，无放空现象，起钻至7750m，正常钻进排量循环2周，液面稳定无漏失，堵漏成功。

2.3 现场应用分析

顺北X井是可酸溶抗高温高滤失堵漏技术的首次应用，由于对碳酸盐漏层物性（尺寸、空间等）的认识不足，浆量设计不足，导致第一次堵漏未彻底封堵漏层，但漏速大幅降低（由放空降为13m^3/h），证明了该技术对恶性漏失具有良好的适用性。通过调整浆量和完善堵漏工艺，既成功封堵了连续放空5m恶性漏失井段，又保障了施工安全，进一步证明了该技术对高温深井恶性漏失具有良好的适用性。

3 结论及建议

（1）形成的酸溶抗高温高滤失堵漏剂抗温达200℃、酸溶率>85%，可封堵深井、超深井储层漏失。

（2）顺北X井属深井储层侧钻井、大裂缝放空性恶性型漏失，采用可酸溶抗高温高滤失堵漏技术封堵成功，说明可酸溶抗高温高滤失堵漏技术对放空型恶性漏失井具有良好的适用性。

（3）对裂缝尺寸大、地层连通性好甚至出现放空性恶性漏失的堵漏过程，应根据地层裂缝的大小，复合一定浓度及一定尺寸的刚性颗粒，增强可酸溶抗高温高滤失堵漏浆的驻留能力。

（4）针对高温深井，在挤注过程中采用连续正反挤注，保证钻具内和环空不残留堵漏浆，确保钻具安全。

（5）在封堵恶性漏失挤注过程中，可酸溶抗高温高滤失堵漏浆全出水眼及环空不残存堵漏浆，起压慢或者不起压时，应采用间歇挤注，使堵漏浆在漏层有效位置充分滤失堆积，形成致密封堵层。

参考文献

[1] 侯士立，刘光艳，黄达全，等. 高滤失承压堵漏技术［J］. 钻井液与完井液，2018，36（1）：101–104.

[2] 张系文，李爽，张洁，等. 钻井液堵漏材料及防漏堵漏技术研究进展［J］. 钻井液与完井液，2009，26（6）：74–79.

[3] 田军，刘文堂，李旭东，等. 快速滤失固结堵漏材料 ZYSD 的研制及应用［J］. 石油钻探技术，2018，45（3）：49–54.

[4] 黄福有. 可酸溶固化堵漏材料的封堵及储层保护性能［D］. 成都：成都理工大学，2014.

[5] 刘文堂，李旭东，田军，等. ZYSD 高失水固结堵漏技术在顺北 5–9 井中的应用［J］. 钻井液与完井液，2021，1（3）：12–15.

[6] 苏坚，生江，叶成，等. 高滤失堵剂的堵漏工艺［J］. 钻采工艺，1994，39（3）：106–109.

固结堵漏技术在宜201H5-1井失返性漏失的应用

樊朋飞[1, 2]

（1. 中石化中原石油工程有限公司钻井工程技术研究院，河南 濮阳 457001；
2. 中石化石油工程钻完井液技术中心，河南 濮阳 457001）

摘 要：远安区块宜201H5-1井在二开上部地层钻进过程中频繁漏失，尤其自1885m以后发生连续失返性漏失，呈"钻一层漏一层"现象，现场使用常规堵漏作业时间长、反复堵漏不成功，漏失大量钻井液，同时降低了钻井时效。针对以上问题，为了进一步提高堵漏效率，将适用于油基钻井液堵漏的固结堵漏技术应用于西南上部地层失返性漏失。现场实验结果表明，"桥堵领浆+固结堵漏浆"能够有效解决钻遇厘米级裂缝失返性漏失问题，堵漏效率高、持续时间长。

关键词：失返性；厘米级裂缝；桥堵领浆；固结堵漏

1 井况信息

宜201H5-1井位于湖北省宜昌市远安县茅坪场镇八角村4组，构造位置处于当阳复向斜巡检—溪前向斜带，井别为产能评价井，井型为水平井，设计井深5377m，目的层下志留统龙马溪组。远安探区及周缘完成各类钻井25口，其中龙马溪组试气井4口，产量（2~5）$\times 10^4 m^3/d$，为重点产能建设区。宜201H5-1井作为宜201H5平台的第一口水平井，主要用于评价荆门探区下古生界志留系龙马溪组、奥陶系五峰组页岩储层产能潜力，对远安区块勘探开发有着重要意义。但该区块三叠系、二叠系、志留系地层普遍发育较大的裂缝和溶洞[1]，井漏发生概率高、处理难度大。宜201H5-1井在二开施工过程中多次发生井漏，尤其是1368~2111m井段共发生10次漏失，见表1，其中1672m、1759m、1840m、1885m为中小型漏失[2]，漏速在9.8~21.6m^3/h之间，采用桥堵成功率高，自1885m以后连续发生失返，堵漏难度开始增大，常规桥浆及桥浆混水泥（10%~20%水泥）成功率较低，堵漏效果持续时间短，为提高堵漏效率，采用固结堵漏技术，其具有施工便捷、工艺简单、环境友好、堵漏时效长等显著优势。

表1 宜201H5-1井二开井漏统计表

序 号	漏失井深/m	漏失层位	钻井液密度/（g/cm^3）	漏速/（m^3/h）	漏失量/m^3	损失时间/h	堵漏方式
1	1672	大冶组	1.21	6.5↗21	25.5	17	1次桥堵
2	1759	大冶组	1.24	13.6	45.1	14	1次桥堵
3	1840	大冶组	1.26	21.6	72.21	14	1次桥堵
4	1885	大冶组	1.26	9.8↗失返	186.2	53	1次桥堵
5	1891.64	茅口组	1.31	失返	117.7	21	1次桥堵

作者简介：樊朋飞（1989—），男，河南濮阳人，硕士，助理研究员，现任中原石油工程公司钻井院助理师，主要从事钻井工程防漏堵漏技术研究及现场推广应用工作。E-mail：fanpf6@dingtalk.com。

续表

序　号	漏失井深/m	漏失层位	钻井液密度/(g/cm³)	漏速/(m³/h)	漏失量/m³	损失时间/h	堵漏方式
6	1904.47	栖霞组	1.33	失返	269.28	132.5	1次桥堵、1次桥浆混水泥、1次固结
7	1938.5	栖霞组	1.22	12↗失返	89.1	28.5	1次桥浆混水泥
8	1947	栖霞组	1.22	失返	62.5	12	复漏、1次桥堵
9	1955	栖霞组	1.22	失返	244.6	85.5	3次桥堵
10	1967~2111	栖霞组	1.24	失返	3847.02	603	5次桥堵、4次固结
	合计				4959.21	980.5	

1.1 井身结构及地层压力预测

宜201H5-1井井身结构及地层压力预测见图1、表2，可以看出该井堵漏难点主要集中在二开阶段，本开次裸眼段较长，大冶组—罗惹坪组均可能存在漏失层、复杂地层，存在多套压力系统，给堵漏作业带来巨大困难。

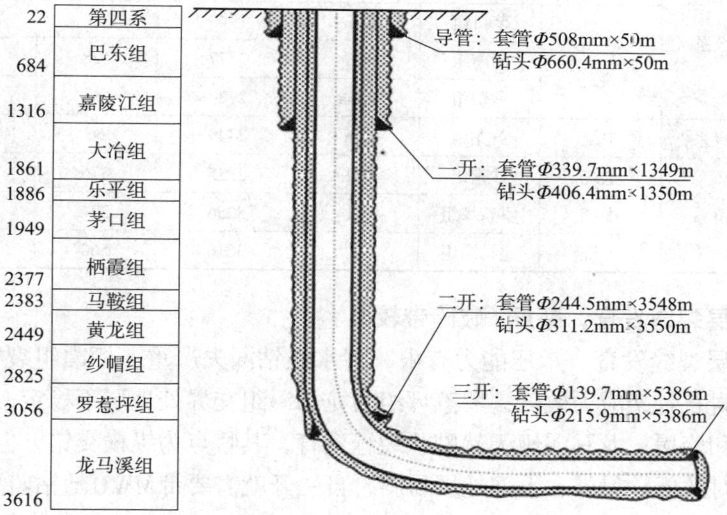

图1　宜201H5-1井井身结构图

表2　宜201H5-1井地层压力预测

层　位	井段/m	地层压力当量密度/(g/cm³)	钻井液密度/(g/cm³)
第四系—大冶组	0~1350	1.0	1.00~1.05
大冶组—乐平组	1350~1864	1.0~1.2	1.05~1.35
茅口组—栖霞组	1864~2349	1.2~1.4	1.25~1.55
马鞍山组—罗惹坪组	2349~3043	1.3~1.4	1.35~1.55
龙马溪组(二开)	3043~3630	1.3~1.5	1.55~1.65
龙马溪组(三开)	3630~5377	1.3~1.5	1.60~1.72

1.2 堵漏难点

1.2.1 岩性复杂，地层胶结性差

大冶组、茅口组、栖霞组地层的岩性均以灰色灰岩为主，大冶组上部为灰色灰岩与褐灰色泥灰岩互层，下部为灰色灰岩与褐灰色灰岩互层。茅口组上部为深灰色硅质灰岩，下部为浅灰色灰岩。栖霞组上部为灰色、浅灰色灰岩，局部夹深灰色硅质白云岩；顶部发育一大套灰黑色、深灰色炭质灰岩。下部主要以灰色、浅灰色灰岩为主，局部夹灰黑色炭质灰岩和灰黑色页岩（表3）。

表3　宜201H5-1井地层分层数据表

地层时代					设计地层		钻井故障提示
界	系	统	组	代号	底界深度/m	厚度/m	
新生界	第四系		第四系	Q	22	22	防塌、防漏
中生界	三叠系	中统	巴东组	T_2b	684	662	
		下统	嘉陵江组	T_1j	1316	632	防膏、防漏
			大冶组	T_1d	1861	545	防斜、防涌
古生界	二叠系	上统	乐平组	P_2l	1886	25	
		下统	茅口组	P_1m	1949	63	防漏
			栖霞组	P_1q	2377	428	防漏
			马鞍组	P_1ma	2383	6	防塌
	石炭系	中统	黄龙组	C_2h	2449	66	防漏
	志留系	上统	纱帽组	S_3sh	2825	376	防卡
		中统	罗惹坪组	S_2l	3056	231	防塌、防漏
		下统	龙马溪组	S_1l^1	3616	560	防塌、防漏

1.2.2 地层裂缝发育，断层/破碎带较多

巴东组地层裂缝发育、承压能力有限，清水强钻漏失严重；栖霞组裂缝发育，断层/破碎带较多，岩石骨架应力较低；罗惹坪组与龙马溪组交界处地层不稳定，密度稍有变化极易发生井漏和垮塌；龙马溪组天然网状裂缝发育，其特点为纵横交错，但不连通，易漏也易堵，纯钻时效低。另外，上部地层易斜，自一开就需要带MWD随钻监测（图2）。

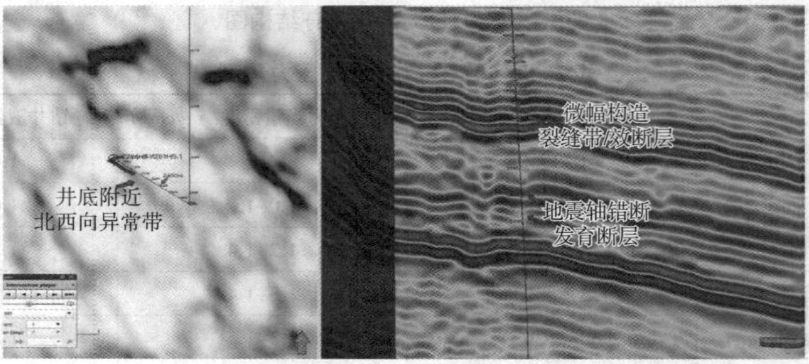

图2　蚂蚁体预测图

根据本井蚂蚁体预测图，在井深1905~2400m之间（栖霞组）裂缝带和断层发育严重，地层存在地震轴错断，形成大断层，预测在井深2400m以下才会逐渐远离断层。但由于本井采用大颗粒堵漏材料无法定向施工，导致钻进期间轨迹方向偏向裂缝发育的破碎带和断层，加剧井漏严重程度，存在连续钻遇断层的可能性。

1.2.3 漏失通道复杂、连通性强，常规桥堵堵漏难度大

该井在二开1904.47m发生漏失后，使用桥堵颗粒粒径达到8mm以上，打浆、替浆过程均未返浆，说明该漏失通道较大，同时可能还存在较小的漏失通道。常规桥堵存在以下难点：材料粒径很难把握，颗粒细流走、颗粒粗封门；反复憋挤，裂缝延展连通；物理支撑，结构不强，易复漏。

1.2.4 漏失通道大，固井水泥难以停留

水泥浆密度高，压裂性强，在大漏失通道内难以有效驻留。水泥浆与井筒内钻井液密度差达到0.7g/cm^{3}以上，水泥浆难以在漏层驻留，尚未固结就已经流失。

1.2.5 高低压同存，易发生压裂性漏失

大冶组—乐平组预测压力系数只有1.05~1.35，而马鞍山组—罗惹坪组压力系数为1.35~1.65、龙马溪组为1.55~1.65，马鞍山组到龙马溪组为垮塌层，掉块较多，钻井液密度需要维持在1.55g/cm^{3}左右才能满足防塌要求，若上部地层承压能力不足，易发生压裂性漏失。

2 固结堵漏技术

2.1 堵漏机理

2.1.1 堵漏材料介绍

固结堵漏技术是一直用于堵漏的新型硅酸盐水泥浆体系技术，在循环罐或固井泵车中由清水或膨润土浆配制，无需前后隔离液，具有施工便捷、驻留能力强、密度调节范围广、稠化时间可控、强度适中、不易划出新眼等特点，可有效封堵厘米级裂缝/断层，性能参数见表4，固结效果见图3。不仅适用于油基钻井液堵漏，在西南页岩气上部失返性地层中应用，与水泥浆相比具有以下技术优势：①密度低，提高堵漏浆在压差作用下的驻留效果；②含特种纤维材料，驻留性强；③边远地区或特殊天气，可在循环罐中配制，加入5%~10%桥堵材料能进一步提高其驻留能力。

表4 固结堵漏技术性能参数

项目名称	性能参数	备 注
应用井段	0~4000m	
适用温度	120℃以下	
稠化时间	3~8h可调	
密度	1.4~2.0g/cm^3	
抗压强度	大于4MPa	混入30%油基钻井液
	大于8MPa	净浆固结体

图3　固结效果

2.1.2　堵漏机理

(1)桥堵领浆架桥，建立骨架基础。

(2)固结材料颗粒较细，便于进入各类漏层。

(3)可在漏层堆积或驻留，形成足够深度的段塞。

(4)固结堵漏浆进入漏层并成功驻留后，需要在一段时间内将漏层与固结堵漏浆完全固结为一体，彻底隔断井筒与漏失通道深部的这两个压力系统，解决失返性漏失问题(图4)。

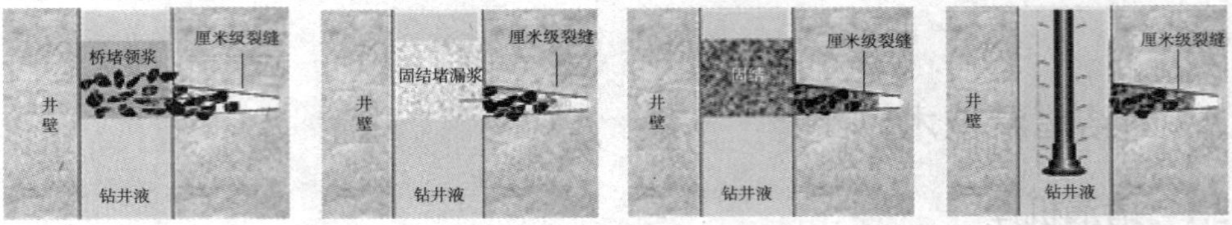

骨架　　驻留　　固结　　恢复钻进

图4　固结堵漏作用机理

2.2　现场应用效果

2.2.1　基本情况

宜201H5-1井二开Φ311.1mm井眼钻进至1891.6m时失返，泵入浓度35%堵漏浆26.5m^3，替浆过程中强钻至1893.6m(1891.6~1892.3m放空0.7m)，停泵后液面缓慢下降，起钻至1631m挤堵稳压6MPa，下钻到底循环不漏，恢复钻进。

钻进至井深1904.47m时突然发生失返性漏失，漏失水基钻井液14.6m^3(密度1.33g/cm^3，黏度48s)，层位：茅口组，钻压、泵压、钻时无异常显示，且无放空现象。

采用两次桥堵均打堵漏浆、替浆过程均未返浆(表5)，堵漏失败，采用固结堵漏一次堵漏成功。

表5　桥堵情况简述

序　号	配　方	堵漏效果
1	井浆+6%云母+6%复合2型+8%复合1型+4%(0.5~1mm)核桃壳+3%(1~3mm)核桃壳+4%(3~5mm)核桃壳+5%(5~8mm)核桃壳	全程未返浆，期间强钻至1905m，停泵后观察液面在井口，缓慢下降，堵漏失败

续表

序号	配方	堵漏效果
2	井浆+水泥10%+云母2%+FD-12%+FD-28%+棉籽壳8%+0.5~1mm 4%核桃壳+1~3mm核桃壳2%+3~5mm核桃壳4%+5~8mm核桃壳8%	全程未返浆，期间强钻至1905.69m，停泵后井口观察未见液面，堵漏失败

2.2.2 漏点判断、堵漏分析及思路

1. 漏点判断

钻至1904.47m钻井参数、岩性无明显变化即发生漏失，综合判断为1891.6~1892.3m复漏，该段放空0.7m表明钻遇厘米级裂缝/断层，常规桥堵材料仅靠物理支撑，形成封堵层结构力不强，短时间内即发生复漏。

2. 堵漏分析

采用2次高浓度桥堵仍全程失返，表明裂缝开口尺寸达厘米级别，8mm颗粒难以在漏层口有效堆积形成封堵层，因此引入天然棕绒3~5cm（图5）作为驻留材料，与矿物纤维、聚丙烯纤维相比，其尺寸更长、表面具有毛刺、粗糙，在堵漏材料与裂缝壁面之间具有更强的缠绕、拉筋、挂阻作用，适用于封堵大尺寸裂缝。

(a) 天然棕绒3~5cm　(b) 矿物纤维5~8mm　(c) 聚丙烯纤维5~8mm

图5　常用纤维堵漏剂

3. 堵漏思路

桥堵领浆："以大颗粒为主，辅以长纤维缠绕"的思路配制29.3m^{3}浓度30%桥堵浆作为领浆，在漏层口起到架桥堆积作用，为固结堵漏浆驻留提供骨架基础。

配方：井浆+8%棉籽壳+6%FD-2+3%FD-3+3%3~5mm核桃壳+10%5~8mm核桃壳+0.03%天然棕绒3~5cm。

施工步骤：将上述桥堵领浆打入漏层后，若能建立循环，则清理井筒后采用固结堵漏；若仍失返，则测量环空液面亏空，根据情况继续桥堵架桥或采取"桥堵领浆+固结堵漏浆"方式。

2.2.3 施工措施

固结堵漏浆配方：清水+0.3%缓凝剂+0.2%分散剂+150%固结堵漏剂．固结浆密度1.5g/cm^3，在60℃温度下稠化时间4.5h，既可保证施工安全，又可确保堵漏浆驻留性。

（1）下光钻杆带铣齿接头，泵入浓度30%的桥堵领浆29.3m^3，替浆14.8m^{3}时，井口返浆；起钻至1652m；关井挤入11m^3，压力至3MPa后回零；开井观察井口，液面持续

下降；循环1.5h（10L/s排量，漏速15m^3/h）。

（2）下钻至1850m，泵入固结堵漏浆20.8m^3，替15.4m^{3}钻井液，堵漏浆出钻具后漏失2.5m^3，期间持续活动钻具，观察悬重。

（3）起钻至1328m（按排代量灌浆），起钻漏失4.5m^3；循环一个迟到时间，漏失0.9m^3。

（4）关井憋挤，以0.5m^3/min排量连续挤注6m^3，最高压力5.5MPa，停泵稳压2MPa。后4h内每1h挤注1m^3，最终稳压3.5MPa，挤注过程压力变化见图6，挤入地层堵漏浆量13.9m^3。

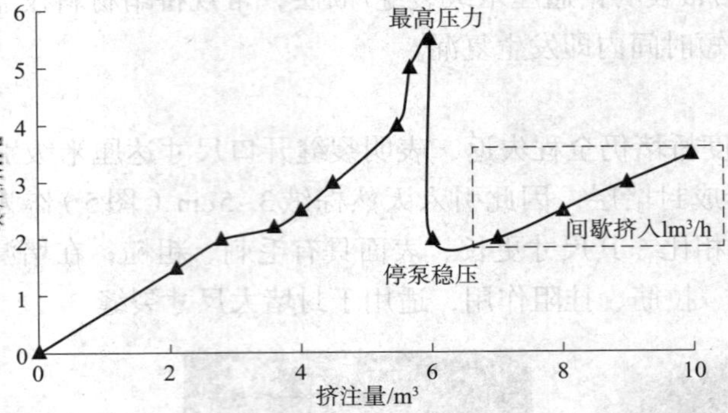

图6　挤注过程中的压力变化

2.2.4　应用效果

候凝24h，下钻探至塞面1705m，扫塞至1891m（钻压4~8t），恢复钻进，堵漏一次成功，后续施工该位置未发生复漏。

3　认识与结论

（1）对于失返性漏失，常规桥塞堵漏材料难以驻留、容易复漏，水泥浆密度偏高、驻留能力不足，堵漏成功率较低。

（2）“桥堵领浆+固结堵漏浆”方式在厘米级裂缝堵漏中取得良好效果，但须优化桥堵领浆粒径级配及浓度，避免出现“细颗粒流走、粗颗粒封门”现象。

（3）在2次堵漏未成功的情况下，采用固结堵漏一次堵漏成功，有效降低钻井复杂时效和钻井综合成本。

参 考 文 献

［1］谭学龙．宜昌区块页岩气钻井技术难点与对策［J］．苏盐科技，2021，048（003）：82–83.

［2］鄢捷年．钻井液工艺学［M］．东营：石油大学出版社，2001.

油基钻井液防漏堵漏技术研究现状

张县民[1, 2]　刘文堂[1, 2]　黄　宁[1, 2]　李旭东[1, 2]

（1.中石化中原石油工程有限公司钻井工程技术研究院，河南 濮阳　457001；
2.中石化石油工程钻完井液技术中心，河南 濮阳　457001）

摘　要： 油基钻井液应用广泛，当钻遇层理、裂缝、孔隙发育地层时漏失严重，制约着安全、快速钻井。围绕解决油基钻井液漏失难题，从漏失特性、堵漏材料和堵漏等方面开展了大量调研。复合堵漏材料、吸油膨胀材料以及亲油纤维材料等油基钻井液专用堵漏材料，有效提高了油基钻井液封堵层的致密性；研究了油基钻井液聚合物凝胶堵漏技术与固结堵漏技术等油基专用堵漏技术的研究，有效提高了一次堵漏成功率。结合现在材料及行业发展，指出堵漏材料开始向新型材料如智能记忆堵漏材料、热熔材料等以及低成本环保材料发展，借助多种材料和技术协同作用，提高一次堵漏成功率。

关键词： 油基钻井液；堵漏材料；堵漏技术；新型材料

1　前言

油基钻井液在复杂地层如页岩气储层、高温超高温地层等应用广泛，但是当钻遇层理、裂缝、孔隙发育地层时，油基钻井液漏失严重。现阶段油基钻井液漏失特性以及专用防漏堵漏材料品种较少，且缺乏高效防漏堵漏技术，无法有效解决油基钻井液漏失问题，导致经济损失严重，严重制约着安全、快速钻井。

为解决油基钻井液漏失难题，国内外学者[1]通过对比油基钻井液与水基钻井液在钻井过程中的漏失情况，认为在无缝隙地层钻进中，钻井液类型与岩石起始破裂压力无显著关系；当地层存在裂缝时，油基钻井液条件下裂缝延伸压力与裂缝重开启压力远远小于水基钻井液，因此，油基钻井液钻探中裂缝更易扩展且难以愈合。此外，页岩气层岩石富含有机质，若油基钻井液滤液进入页岩地层会造成有机质溶解，井周钻井液波及深度范围内的页岩强度降低，井壁稳定性变差，极易产生诱导裂缝，进一步提高了油基钻井液的防漏堵漏难度。

为解决油基钻井液漏失，封堵材料是基础。常规封堵材料亲水性强，被油基钻井液润湿后，封堵效果不理想，为此，国内外学者研制了油基钻井液专用堵漏材料和堵漏技术。本文结合油基钻井液防漏堵漏相关文献，在实践的基础上，简要介绍了油基钻井液堵漏材料及堵漏技术发展现状。这些堵漏材料有复合堵漏材料、吸油膨胀堵漏材料、亲油纤维等；形成了适合油基钻井液的聚合物凝胶堵漏、油基固结堵漏技术等；以及堵漏材料开始向智能记忆堵漏材料、热熔材料以及环保型堵漏材料等方向发展。

作者简介： 张县民（1987—），男，河南林州人，博士，副研究员，现任中原石油工程公司钻井院副主任师，主要从事油田化学、防漏堵漏材料及技术研究及推广工作。E-mail：zhangxianmin2007@126.com。

2 堵漏材料研究现状

2.1 复合堵漏材料

复合堵漏材料以惰性桥塞材料为主，来源广，价格便宜，施工工艺简单，应用范围最广、使用频率最高。这些复合堵漏材料以防漏封堵为主，通过将刚性颗粒、柔性纤维材料、变形材料和黏弹性材料等配合使用，形成致密封堵层。其中，刚性颗粒如超微细碳酸钙，起架桥作用；柔性纤维材料如具有纤维状结构的细目海泡石，起到拉筋作用；变形材料、黏弹性封堵材料如沥青、弹性石墨、吸油膨胀材料等可以变形填充。通过协同作用，这些材料有利于在近井壁附近形成一层“隔离膜”，增强了封堵效果，维持井壁稳定[2-10]。此外，为了满足随钻要求，这些材料需要与油基钻井液配伍性好，耐油耐温性佳，可长时间在钻井液中循环。

为了提高封堵性能，国内外学者及公司研制了一系列油基钻井液用复合封堵材料，并进行了相关的室内和现场实验，取得了良好的成果。刘均一[11]研制了一种新型随钻防漏堵漏材料，复配刚性架桥颗粒、弹性填充颗粒、微细纤维材料等，能够迅速形成具有“强力链网络”的致密封堵层，强化封堵井壁，提高地层承压能力。王正良[12]研制了一种新型油基钻井液堵漏材料（YMD），复配其他封堵材料，承压可达8.0MPa。许明标[13]研制了一种新型油基形状多样的架桥堵漏材料Dual Guard，能够快速渗入裂缝中形成韧性封堵层，在涪陵工区3口井三开井段封堵效果良好。罗米娜[14]研制了一种纳米材料CQ–NZC，与沥青类封堵剂协同作用，可提高封堵性能。刘文堂[15]以丙烯酰胺、丙烯酸、2–丙烯酰胺基–2–甲基丙磺酸反相乳液聚合形成纳–微米级球状凝胶MPA–Ⅱ，该材料具有粒径小、可变形特点，参与泥饼形成，降低泥饼渗透率，改善泥饼质量，可与刚性架桥粒子、柔性填充材料配合使用，在新疆和西南油基钻井液中成功应用多口井，有效降低油基钻井液损耗量。

2.2 吸油膨胀材料

吸油膨胀堵漏材料吸油后发生快速膨胀，自适应挤压到微裂缝中，从而占据漏层空间，达到堵漏目的。

许多学者主要以亲油单体为原料，通过聚合形成吸油膨胀聚合物。20世纪80年代，美国专利[17-20]公开了以苯乙烯、甲基丙烯酸甲酯、乙烯基甲苯和乙烯基吡啶等为单体，合成了一系列高吸油高聚物。吸油重量是自身的2~10倍，能膨胀到自身体积的10倍。美国专利4039489[21]利用液体氢化羟基聚丁二烯及二异氰酸酯等制备出交联网状聚合物，可吸油9倍以上。Zhong H[22]以甲基丙烯酸甲酯（MMA）、丙烯酸丁酯（BA）、甲基丙烯酸十六烷基酯（HMA）为原料，采用悬浮聚合法制备了吸油聚合物（OAP），加入3%聚合物后可显著降低油基钻井液高温高压滤失量，提高钻井液密封能力。王建华[23]以苯乙烯和甲基丙烯酸甲酯为单体，采用乳液聚合法合成出油基钻井液用纳米聚合物封堵剂，粒径分布在50~300nm，加入1%封堵剂后钻井液高温高压滤失量降低34%。王建华等[24]以对苯乙烯磺酸钠、丙烯酰胺、丙烯酸丁酯、丙烯酸十八酯等为反应单体，制备了一种油基钻井液用抗高温防漏堵漏剂，120℃下吸油率可达到8g/g，体积膨胀倍数为3~4倍。于欣[25]以丙烯酸异辛酯（EHA）和4-甲基苯乙烯（MPE）为单体，二乙烯基苯（DVB）为交联剂，偶氮二异丁腈为引发剂，通过乳液聚合法制备得到抗高温油基钻井液堵漏剂。粒径分布为3~30μm，D_{50}为11.2μm，耐温达180℃，加量为3%时，高温高压滤失量由16.2mL降至4.8mL；在W204H井应用，平均井径扩大率低于3%，造斜段作业顺利，堵漏效果明显。唐国旺[26]研制了一种吸油膨胀封堵材料，吸油膨胀率高，抗温达150℃，砂床渗透侵入深度为1.0cm，几乎是零滤失；在焦页195-1HF井应用效果良好。张凡[27]合成出一种吸油膨胀封堵材料，90℃下1h体积膨胀达50%，能够有效填充砂岩孔径和泥岩裂缝。

一些学者以亲油单体为主要原料，通过聚合形成特殊结构的吸油膨胀聚合物。钱志伟[28]以刚性单体（苯乙烯）、柔性单体（丙烯酸酯类、丙烯酸、丁二烯和丙烯腈）为主单体，以改性石英粉为凝结核，研制出油基钻井液纳米封堵剂。通过聚合物外壳和刚性核协同，提高封堵效果。李红梅[29]研制了一种具有疏松多孔内部微观结构的亲油型封堵材料YDLJ-1，具有良好的吸油膨胀性，5h最大吸油量可以达到其干重的5倍；抗温达150℃，150℃老化30d仍具有较高的抗压强度和变形特性，正向封堵突破压力大于15MPa，反向突破压力为0.9MPa，能够满足防漏堵漏的要求。在延长油田云页平1-1井应用，漏失量比邻井减少30m^3。刘伟等[30]研究出一种具有三维网络交联结构或者微孔结构的膨胀型堵漏剂，在90℃下1h吸油率大于120%，体积膨胀率大于40%，可使钻井液高温高压滤失量降低至4mL以下。该体系在四川页岩气水平井中封堵防漏效果良好。

2.3 亲油改性材料

以亲油单体为原料制备的吸油膨胀聚合物成本较高，为降低成本，一些学者对橡胶颗粒、褐煤等进行改性。Wood[31]公开了一种由弹性体颗粒（橡胶颗粒）组成的堵漏剂，该材料缓慢吸油膨胀。在到达漏失区域之前，弹性体未发生明显的膨胀。进入漏失区后，封堵剂发生膨胀，封闭漏失区。Nayberg[32, 33]将一种新型高性能热固性橡胶材料作为油基钻井液堵漏剂。现场实验表明，对于具有严重漏失的裂缝性地层，该热固性橡胶材料的封堵效果要好于普通堵漏材料。Bocard[34]公开了一种吸油改性橡胶，它会随着吸油量的增加而膨胀。Connell[35]研发了可油溶的褐煤衍生物作为油基钻井液封堵剂。这些封堵材料的研制，有利于降低封堵材料成本，便于大规模应用。

一些学者通过改变纤维的润湿性[36, 37]，如Kefi由亲油性偶联剂、亲脂膜改性纤维材料，提高其油分散性，用来控制油基钻井液的漏失。江瑞晶[38]开发了一种亲油纤维类随钻堵漏剂NH-OPA1，该材料与0#柴油的接触角为15.58°；可改善泥饼质量，降低滤失量，增强封堵能力。

复合堵漏材料、吸油膨胀材料以及亲油改性材料等油基钻井液专用堵漏材料，有效提高了油基钻井液封堵层的致密性，有利于预防油基钻井液漏失以及处理渗漏；但是当漏失增大时，需要油基钻井液专用堵漏技术。

3 堵漏技术研究现状

3.1 桥塞堵漏

桥塞堵漏技术经济性好、使用方便、施工安全，是现场最常用的堵漏方法。现场常用的堵漏材料有油基封堵剂、刚性堵漏剂、改性竹纤维、超细碳酸钙、复合堵漏剂（FD-1、FD-2等）、橡胶、沥青、锯末、石墨、核桃壳、棉籽壳、微裂缝、变形防漏剂等。在油基钻井液堵漏中，这些材料和漏层岩石首先被油相润湿，表面形成一层油膜，摩擦力降低，堵漏材料不易滞留在裂缝中；堵漏材料间作用力较差，封堵层稳定性较差，抗破坏能力弱，憋压，堵漏材料进去，泄压，堵漏材料返吐等，一次堵漏成功率较低。

一些学者[39]通过改变裂缝的润湿性来减少钻井过程中的裂缝扩展。油基钻井液经过裂缝时，在裂缝表面形成一层油基滤饼，该堵漏材料首先冲洗油基钻井液滤饼，将它的润湿性由亲油改为亲水，显著提高了油基钻井液滤饼的渗透性，同时堵漏材料能够快速脱水，有效提高井筒的强度。该堵漏材料能穿透含油裂缝，支撑裂缝，有效提高裂缝延伸所需的压力。实验表明，该材料可以在广泛的温度和压差范围内使用。

3.2 油基固结堵漏

固结堵漏剂主要是以水泥为主，其中主要包括水泥、硅酸盐类等。其最大的特点是成功封堵漏层后，具有很高的承压能力，而且原料来源广，价格便宜，现场应用广泛。国外该类产品主要有纤维水泥、交联水泥、水玻璃类抗温材料、MTC水泥浆[40-46]等。固结堵漏的高承压可有效解决油基钻井液裂缝易重启，强胶结性可有效解决封堵层稳定性差、堵漏材料返吐复漏问题，但是这些无机胶凝堵漏剂在水相环境下固结强度高，而在油基钻井液中无法有效固结，导致堵漏效果不理想。基于此，许多学者研究了适合油基钻井液的固结堵漏材料。

Quinn[47]研制了快速固化堵漏剂SSPF，水相中的多糖聚合物和油相中的交联剂在高剪切作用下发生交联反应，形成类似凝胶的固体堵塞物，适用于大裂缝和石灰岩漏层。Van[48]研制了一种碱性激活固结材料，胶结物的抗压强度可达140MPa。LowN[49]采用纤维水泥浆制备出黏性和橡胶状井下固体物质和交联聚合物凝胶。吴军[50]研制了一种新型油基固结堵漏剂，该堵漏剂在固化前具有良好的流动性，安全可泵，在60~80℃情况下可实现固化时间、温度、强度可调的特点，为施工安全提供了保障；同时该堵漏剂与油基钻井液相容性好，具有良好的抗侵污性。崔云海[51]研究了一种水平井油基钻井液水泥浆堵漏技术，采用柴油与淡水的混合物配制堵漏水泥浆，其与现场油基钻井液可以任意比例混合。该堵漏水泥浆密度、稠化时间和抗压强度均可调，具有沉降稳定性好、流动能力强的特点。俞玲[52]以DISP-S为分散剂，DOT和Atmp为缓凝剂，对氯氧镁水泥体系进行了优化，设计了一种可应用于油基钻井液大型漏失的堵漏水泥浆体系。该堵漏水泥浆沉降稳定性良好，自由水含量几乎为0，失水量小于40mL，在60℃下的稠化时间可达230min，在中低温范围内水泥石的抗压强度均在30MPa以上，侵入油基钻井液的水泥石仍然具备一定的力学性能，并且能在浓盐酸中完全溶解。杨志城[53]开发了一套可用于水平井油基泥浆堵漏的水泥浆体系。该水泥浆稠化时间任意可调，无温度敏感性，早期强度发展快，抗油基泥浆污染性良好，水泥浆被40%体积的油基泥浆污染后，24h养护强度可达1.9MPa。该水泥浆技术成功应用于焦石页岩气水平井堵漏作业，现场效果良好。刘伟[54]研究出2种不同温度条件下的交联固化堵漏剂CQ-HM1、CQ-HM2，形成油基钻井液交联固化堵漏浆配方，100~150℃下，70~90min内固化，在5mm缝板的承压能力达6.0MPa以上，达到堵漏目的。Liu Xiangyu[55]发现，羟基活化的地聚合物具有固化油基钻井液的能力，最高可达到60/40地聚合物/泥浆比（按体积计算）。浆体与油基钻井液具有更好的相容性，降低了胶结不良的风险。中原石油工程公司[56]研发了油基钻井液固结堵漏技术，该技术抗油基钻井液污染能力强，与油相相容、抗破强度高；现场应用表明油基钻井液堵漏一次成功率提至75%。

固结堵漏技术封堵层承压能力高，一次堵漏成功率高，但是需要起下钻，作业时间较长，影响钻井周期，尤其是长裸眼水平段多点漏失中，需要频繁起下钻，作业时间较长，严重影响钻井周期，制约着该技术的应用。

3.3 聚合物凝胶堵漏

聚合物凝胶堵漏技术是指高分子材料与交联剂发生反应形成高黏度稠塞，在漏层中起到隔离地层流体和增加流动阻力的作用[57]，该堵漏技术通常作为辅助，为后续泵入的其他类型堵漏材料创造有利的封堵条件。

一些学者将有机原料及交联剂作为堵漏原料，在漏层温度作用下有机原料形成凝胶，实现凝胶堵漏的目的。王灿[58]研选出胶凝剂NJZ，在柴油中溶解性和成胶性能良好，与交联剂JLJ成胶效果好。10.0%胶凝剂NJZ、4.0%交联剂JLJ加量时，交联效果最好，凝胶强度最高。填砂管实验表明，该油基凝胶在120℃下具有较高的凝胶强度，承压能力梯度达到1.05MPa/m。纪卫军[59]研究了一种油基钻井液用凝胶堵漏体系。化学凝胶流变性好，密度可调（0.77~1.3g/cm^3），成胶强度可调（1.7~3.2MPa）；与油基钻井液兼容性良好，加入20%油基钻井液后抗压强度可达1.8MPa。现场应用显示，该凝胶堵漏体系的抗压强度可以达到6.8MPa，具有优异堵漏效果。Qiu J[60]采用单体聚合、交联的方法合成了一种结构强度高、热稳定性强的油基凝胶堵剂。当甲基丙烯酸甲酯与丙烯酸丁酯的总浓度为30%，配比为6：4时，油基凝胶溶液在80~200℃可完全凝胶化，凝胶强度高，凝胶化时间可控。在裂缝和充填管中具有较高的承载能力，6mm裂缝中承载压力为3.01MPa，承载压力梯度为0.602MPa/cm。

Delhommer[61]研制了一种高吸油聚合物作为堵漏剂，用保护套将该聚合物封装保护，防止聚合物吸收油膨胀，到达漏层后，聚合物突破保护层，吸油膨胀，形成聚合物凝胶，封堵漏层。Delhommer[62]将一个或多个吸油聚合物分散在水基载体中，注入漏层后，起初，水基载体可以阻止吸油聚合物与油基钻井液接触，随着吸油聚合物与油基钻井液的接触，开始吸油膨胀，体积增大，封堵漏层。

3.4 高滤失堵漏

高滤失材料对漏层的适应性较强，施工工艺简便，近年来，针对高滤失材料的研究逐渐增多，如哈里伯顿公司[63]研制了HFLS堵漏剂，向高滤失材料中添加骨架支撑材料形成新型的堵剂，能够实现对宽度1cm裂缝的封堵。Savari[64]采用独特的网状泡沫材料制备高滤失堵漏材料，该材料有助于快速滤失，有助于解决严重的裂缝性漏失。中原石油工程公司[65]根据“快速滤失驻留+纤维成网封堵+胶凝固化”的堵漏思路，研究出适用于裂缝性漏失的快速滤失固结堵漏材料，该技术在缝宽5.0~10.0mm裂缝中形成封堵层的承压能力达18.5MPa，在西北、西南、鄂北、冀东、中原等重点工区应用，结果表明堵漏一次成功率达87.5%，有效解决裂缝性漏失堵漏成功率低、堵漏有效期短，易发生重复漏失的问题。

4 堵漏技术发展方向

4.1 智能记忆堵漏材料

近年来，一些学者研究了具有特殊功能的封堵材料，例如智能记忆封堵材料[66-70]。这类封堵材料能够在特定温度下被激活，发生膨胀，有效密封裂缝；且膨胀后可以提供压缩力，人为降低裂缝梯度，加强井筒稳定性。

暴丹等[71, 72]研制了不同粒径的热致形状记忆智能型封堵剂，玻璃化转变温度可调（72.86~102.35℃），形状恢复率大于99%；高温高压条件下（120℃，20MPa）颗粒D_{90}增长率大于40%，激活后抗压强度高，有利于在裂缝中自适应架桥封堵。封堵剂激活前为片状，易进入裂缝，达到激活温度后膨胀至立方体状，在一定范围内可自适应匹配漏层裂缝宽度，封堵效率高，可成功封堵3~5mm不同开度共存裂缝，实现温敏、自适应、高效封堵作用。Lashkari[73]采用两步预聚合法制备了一种基于形状记忆聚氨酯（SMPU）智能LCM，该材料可以在特定井的温度下恢复体积。SMPU可以顺利通过钻头喷嘴，并在激活后有效封堵裂缝。Magzoub[74]评估了一种可被地层自然热激活的热固性形状记忆聚合物，用于封堵地热井的近井筒裂缝。

4.2 热熔材料

一些学者将热熔材料应用在油基钻井液封堵中，该类材料在常温下为固态，在漏层温度和油相环境下，发生相态变化，转变为黏弹态或熔融态，表现出较好的黏结性和致密封堵性。

Hutton[75]将可熔颗粒应用在美国加利福尼亚贝克斯菲尔德的Elk Hills油田，钻井液返排率由0~70%提高至80%~90%，封堵效果明显。张艳娜[76]也介绍了这种可熔颗粒封堵材料，该材料可以通过小钻头喷嘴进入各种不同几何构型的裂缝，与改性纤维材料协同作用，提高封堵效果。Shindgikar[77]将热熔高聚物应用到钻井液的防漏防塌、井壁稳定、控制滤失量上，复配纤维材料、固体颗粒等物质起到良好封堵防塌效果。Qinglin

Wu[78]公开了一种复合堵漏材料，通过热塑性聚合物和纤维素纤维（各种塑料、树脂纤维）减少钻井液漏失。Lee[79]公开了热响应材料与纤维组成的堵漏材料，在漏层温度下，热响应材料缓慢变黏结，黏结纤维材料及漏层，提高封堵效果。Cunningham[80]公开了一种以可熔融材料如固体沥青类材料为主体，复配纤维、薄片等来预防堵漏。现阶段，这些热熔材料作为封堵材料，主要应用于防漏、防塌方面；为了能够有效应用于堵漏中，需要对热熔材料进行相应改性，如对热熔材料进行共混改性或设计可固化热塑性树脂，提高黏结堵漏剂的黏结性能和承压能力[81]。

中原石油工程公司[82]用非晶态亲油聚合物AP、结晶聚合物聚丙烯PP及添加剂等混炼，制备一种亲油共混聚合物TP-C作为油基钻井液用堵漏材料。在高温油相介质中，AP部分吸油膨胀，具有表面黏结性；具有晶格结构的PP部，可提高TP-C的承压能力。在80℃下，TP-C吸油2~3倍，同时具有弹性变形性和黏结性。在130℃油相介质下，TP-C整体为高弹态，具有较好的弹性强度。基于TP-C复配其他材料形成的堵漏剂配方，可在2mm的裂缝缝板中形成整体密实黏结的段塞封堵层，提高封堵层的稳定性及承压能力，承压达7.5MPa以上，能有效封堵漏层，该材料在焦页XX井水平段得到成功应用。

4.3 低成本环保材料

随着技术发展和环境保护要求，封堵材料开始向低成本和环保方面发展。Oliveira[83]将Curaua植物纤维作为封堵材料应用于油基钻井液中，表现出较好的封堵性。Nasiri[84]介绍了两种由植物制成的堵漏材料，具有较好的环保特性，降低了对环境的影响，在堵漏效果上，这两种堵漏材料优于云母、牡蛎壳和核桃壳等常用堵漏材料。

5 结论与认识

（1）油基钻井液条件下裂缝延伸压力与重开启压力远远小于水基钻井液，导致油基钻井液钻探中裂缝更易扩展且难以愈合，防漏堵漏难度大。

（2）复合堵漏材料、吸油膨胀材料以及亲油纤维材料等油基钻井液专用堵漏材料，有效提高了油基钻井液封堵层的致密性，防漏防塌效果尤其明显。

（3）油基钻井液桥塞堵漏应用最广，但一次成功率低；固结堵漏技术一次成功率高，但是受施工工艺限制，制约了在复杂井段应用；其他堵漏技术拓宽了油基钻井液堵漏技术，未推广应用。

（4）结合现有材料及行业发展，油基钻井液用堵漏材料开始向新型材料如智能记忆堵漏材料、热熔材料等以及低成本环保材料发展。

参考文献

[1] Onyia E C. Experimental data analysis of lost-circulation problems during drilling with oil-based mud [J]. SPE Drilling & Completion, 1994, 9 (01): 25-31.

[2] 何振奎，刘霞，韩志红，等. 油基钻井液封堵技术在页岩水平井中的应用 [J]. 钻采工艺，2013，36 (2)：101-104.

[3] 岳前升，向兴金，李中，等．油基钻井液的封堵性能研究与应用［J］．钻井液与完井液，2006，23（5）：43-45+89.

[4] 周峰，张华，李明宗，等．强封堵型无土相油基钻井液在四川页岩气井水平段中的应用［J］．钻采工艺，2016，39（3）：106-109.

[5] 路宗羽，徐生江，叶成，等．准噶尔南缘膏泥岩地层高密度防漏型油基钻井液研究［J］．油田化学，2018（1）.

[6] 胡文军，刘庆华，卢建林，等．强封堵油基钻井液体系在 W11-4D 油田的应用［J］．钻井液与完井液，2007，24（3）：12-15.

[7] 舒曼，赵明琨，许明标．涪陵页岩气田油基钻井液随钻堵漏技术［J］．石油钻探技术，2017，45(3)：21-26.

[8] Traugott D A，Sweatman R E，Vincent R A. Increasing the wellbore pressure containment in gulf of Mexico HP/HT wells［J］. SPE Drilling & Completion，2007，22（01）：16-25.

[9] 刘均一，邱正松，罗洋．油基钻井液随钻防漏技术实验研究［J］．钻井液与完井液，2015，32（5）：10-14.

[10] 王正良，王双成．一种新型油基钻井液堵漏剂研究［J］．长江大学学报（自科版）：上旬，2016，13（3）：3.

[11] 许明标，赵明琨，侯珊珊，等．油基桥架堵漏剂的研究与应用［J］．断块油气田，2018，25（06）：115-118.

[12] Kumar A，Savari S，Whitfill D，et al. Wellbore strengthening：the less-studied properties of lost-circulation materials［C］//SPE Annual Technical Conference and Exhibition. Society of Petroleum Engineers，2010.

[13] Whitfill D L，Hemphill T. All lost-circulation materials and systems are not created equal［C］//SPE annual technical conference and exhibition. Society of Petroleum Engineers，2003.

[14] 罗米娜，艾加伟，陈馥，等．油基钻井液用纳米材料 CQ-NZC 的封堵性能评价［J］．化工进展，2015，34（5）：1395-1400.

[15] 王建华，李建男，闫丽丽，等．油基钻井液用纳米聚合物封堵剂的研制［J］．钻井液与完井液，2013，30（6）：5-8.

[16] 王建华，王玺，柳丙善，等．油基钻井液用改性树脂类抗高温防漏堵漏剂研究［J］．当代化工研究，2021.

[17] 于欣，张振，郭梦扬，等．抗高温油基钻井液堵漏剂的研制与应用——以龙马溪组页岩气井 W204H 为例［J］．断块油气田，2021，28（2）：5.

[18] 张凡，许明标，刘卫红，等．一种油基膨胀封堵剂的合成及其性能评价［J］．长江大学学报（自科版），2010，07（3）：507-509.

[19] 刘伟，柳娜，张小平．膨胀型油基防漏堵漏钻井液体系［J］．钻井液与完井液，2016，33（1）：11-16.

[20] 张县民，姜雪清，黄宁，等．油基钻井液堵漏用共混聚合物研究［J］．钻井液与完井液，2021，38（05）：593-597.

一种油基钻井液堵漏用弱交联聚合物的研制

张县民[1, 2]　刘文堂[1, 2]　樊朋飞[1, 2]　曹德荣[1, 2]

（1. 中石化中原石油工程有限公司钻井工程技术研究院，河南 濮阳　457001；
2. 中石化石油工程钻完井液技术中心，河南 濮阳　457001）

摘　要： 针对油基钻井液堵漏材料不易驻留、封堵层致密性差的问题，研制出一种油基钻井液堵漏用弱交联聚合物（TP-JD）。该聚合物中未交联部分易吸油膨胀，且具有黏结滞留性，交联部分提高材料的抗温性和弹性强度。该材料抗温达150℃，吸油倍数2.49倍。通过吸油膨胀、黏结滞留及弹性变形填充等协同作用，有效提高了堵漏材料的驻留性和封堵层的致密性。该材料通过对可反应亲油聚合物（TP-D）进行弱交联而成，以吸油倍数和弹性强度综合性能为指标，优化出最佳反应条件，原料TP-D与反应介质配比为1：1、4%引发剂、4%交联剂，80℃下反应5h。材料制备工艺简单，安全环保，原料TP-D来源丰富，便于大规模生产。

关键词： 油基钻井液；堵漏；弱交联；吸油膨胀；变形填充

油基钻井液漏失严重，现阶段，国内现场仍以常规的堵漏材料进行封堵[1-5]。这些常用堵漏材料多为亲水性材料，在油基钻井液堵漏中驻留性差，封堵层不致密等，导致封堵效果不理想。为此，许多科研单位研制一系列堵漏材料[6-7]。邱正松等[8]以甲基丙烯酸甲酯（MMA）、丙烯酸丁酯（BA）、甲基丙烯酸十六烷基酯（HMA）为单体采用悬浮聚合法制备了吸油聚合物（OAP）。王建华、张凡等以苯乙烯、甲基丙烯酸甲酯等吸油性单体制备出油基钻井液亲油性封堵剂，这些亲油材料均可显著降低油基钻井液高温高压滤失量，提高油基钻井液的密封能力，但是这些材料用在油基钻井液防漏方面，同时亲油单体易挥发，毒性较大，对制备工艺要求较高。Kumar[10]和Ivan C D[11]分别将弹性石墨（RGC）材料和交联聚合物作为油基钻井液堵漏材料，通过材料的弹性变形填充，提高封堵层的致密性。这些材料的研制可以大幅提高堵漏材料的亲油性，有效提高填充效果，但是堵漏材料在油基钻井液中驻留性差的问题并未获得有效改进。

为此，研制一种亲油弱交联聚合物（TP-JD），在漏层中，既可具有熔融材料的黏结驻留能力，同时具有亲油交联聚合物的弹性变形填充作用。该弱交联聚合物由含有活性基团的亲油聚合物（TP-D）通过溶剂聚合交联方法制备而成。聚合物TP-D为亲油单体聚合成的嵌段共聚物，安全无毒，来源丰富，能够溶解于柴油或白油中。与普通的亲油单体交联聚合相比，该方法原料可反应亲油聚合物易得，安全无毒，工艺简单，且形成的产物吸油黏结及弹性变形能力更易控制。

作者简介： 张县民（1987—），男，河南林州人，博士，副研究员，现任中原石油工程公司钻井院副主任师，主要从事油田化学、防漏堵漏材料及技术研究及推广工作。E-mail：zhangxianmin2007@126.com。

1 弱交联聚合物制备

1.1 原料及仪器

可反应亲油聚合物TP–D，引发剂过氧化二苯甲酰BPO以及交联剂KH（上海阿拉丁生化科技股份有限公司，上海），矿物油，柴油0[#]（中国石化）等。

1.2 制备方法

将聚合物TP–D、引发剂BPO、交联剂KH及反应介质（矿物油）加入反应容器中，充分搅拌均匀，密封，在设定温度下反应一段时间，得到弹性产物，即为弱交联聚合物TP–JD。以吸油倍数和产物弹性变形强度为评价方法，对反应条件进行优化。

1.3 评价方法

（1）吸油倍数测定：准确称取1g（m_0）产物TP–JD（粒径为1700~3350μm），放入含有20mL柴油的容器中，密封，90℃下静置6h，趁热过滤，用滤纸吸干表面的柴油，称重（m_1），计算产物的吸油倍数$n=(m_1/m_0)-1$。

（2）弹性变形强度测定：采用弹簧实验机（海宝仪器）测试产物的弹性变形强度。制备产物形状为Φ47mm × 20mm，测定弱交联聚合物TP–JD变形50%时所需的力。

2 合成条件优化

2.1 反应介质含量

矿物油与聚合物TP–D溶解度参数相近，一定温度下与聚合物TP–D互溶，可大幅降低反应温度，促进反应进行；反应结束后，矿物油可作为填充材料，提高产物TP–JD变形填充能力。以聚合物TP–D的量为100%，其他条件不变，优化反应介质加量。产物TP–JD的抗压强度与吸油倍数如图1所示。

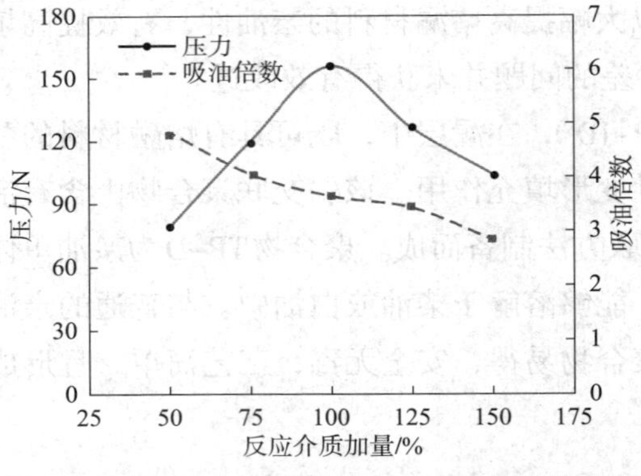

图1 反应介质含量对聚合物TP–JD性能的影响

由图1可知，随着反应介质含量提高，产物TP–JD吸油倍数逐渐降低，而抗压强度先升高后降低。主要原因是反应介质含量较低时，聚合物TP–D交联反应不充分；含量较高时，产物TP–JD中介质含量较多，弹性强度和吸油倍数均较低；综合弹性强度和吸油倍数，优选反应介质加量为100%，即反应介质与原料TP–D的比例为1∶1。

2.2 反应温度

控制其他反应条件不变，优化反应温度。产物的弹性变形性以及吸油倍数如图2所示。

由图2可知，随着温度升高，产物TP-JD的强度及吸油倍数逐渐降低。温度太低，交联程度较低，吸油倍数较高；温度升高后，交联程度增强，吸油倍数下降，但是，温度越高，反应越剧烈，产物较蓬松，弹性强度较低。综合产物整体性能，反应温度选用80℃。

2.3 引发剂加量

引发剂加量影响反应速率及反应程度，进而影响产物的性能。调整引发剂的加量，控制其他反应条件不变，进行引发剂加量优化，产物的弹性变形性以及吸油倍数如图3所示。

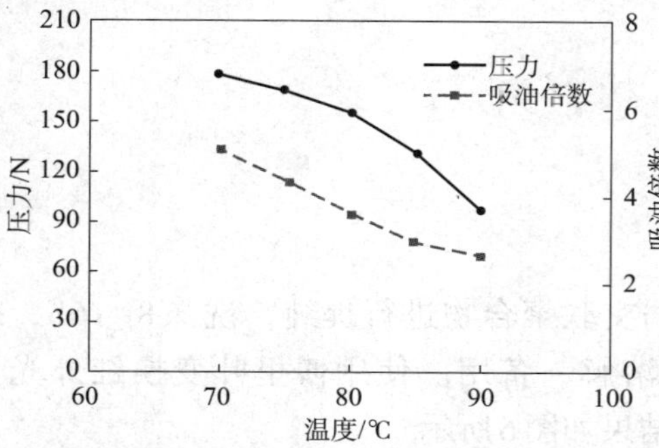

图2　不同反应温度对产物TP-JD性能的影响

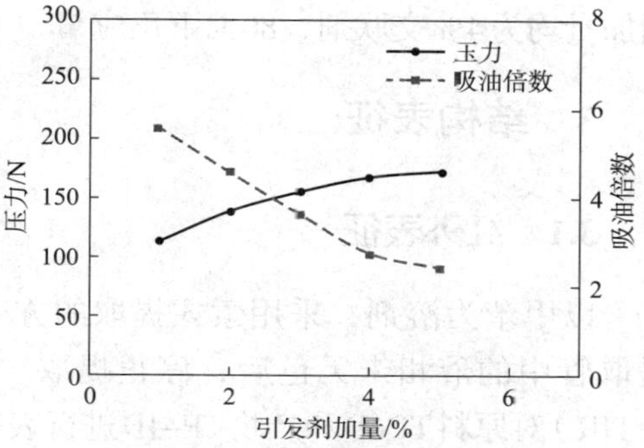

图3　引发剂加量对产物性能影响

引发剂加量提高时，产物弹性强度逐渐提高，吸油倍数逐渐降低。说明引发剂加量提高，交联程度越强。高于4%后，产物性能影响较小，因此优选引发剂加量为4%。

2.4 反应时间

反应时间影响产物的反应程度，控制其他反应条件不变，通过调整反应时间，进行反应时间优化，合成产物的吸油倍数及抗压强度性能如图4所示。

1.5~2.5h中，反应剧烈，但是产物未能成型，交联程度较低，在柴油中完全溶解。3h后产物成型。由图4可知，3h后产物的弹性强度逐渐升高，吸油倍数逐渐降低，5h后产物性能基本不变，说明交联充分，优选反应时间为5h。

2.5 交联剂加量

油溶性交联剂影响产物的交联程度，其他反应条件不变，调整交联剂的加量，进行交联剂加量优化。合成产物抗压变形性能及吸油倍数如图5所示。

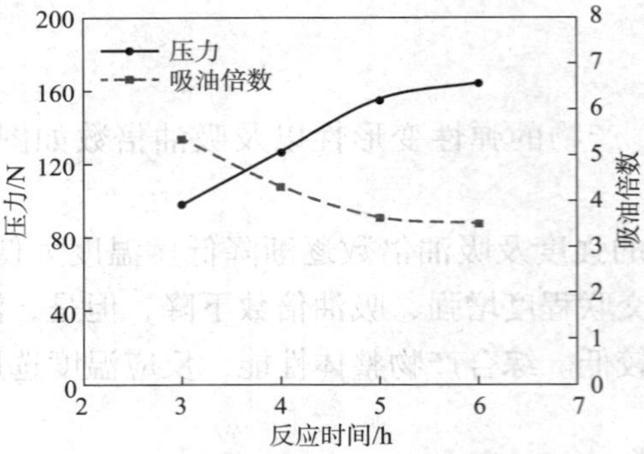

图4　反应时间对产物性能影响

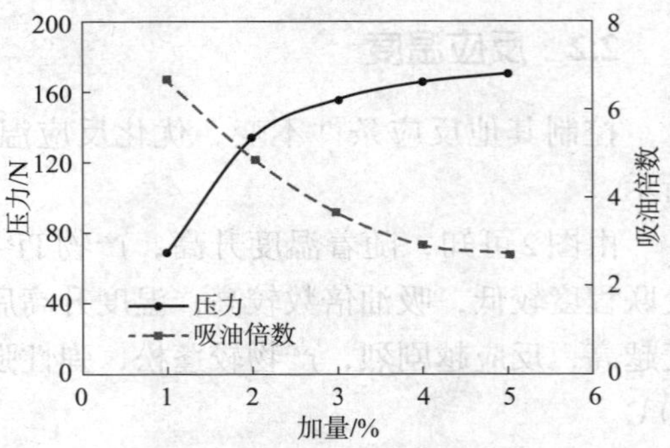

图5　交联剂加量对产物性能影响

由图5可知，随着交联剂的加入，产物的弹性强度逐渐提高，吸油倍数逐渐降低，说明交联程度增强；当含量超过4%时，产物的性能变化较低，优选交联剂的加量为4%。

最终的优选配方为：可反应聚合物TP-D与反应介质的比例为1：1，引发剂和交联剂加量均为4%交联剂，80℃下反应5h。

3　结构表征

3.1　红外表征

以甲苯为溶剂，采用索式提取的方式对弱交联聚合物进行提纯，洗涤8~16h，待提取管中的液相未无色后，停止提取。蒸干溶解，备用。使用傅里叶变换红外光谱（FTIR）对原料TP-D和产物TP-JD进行表征，结果如图6所示。

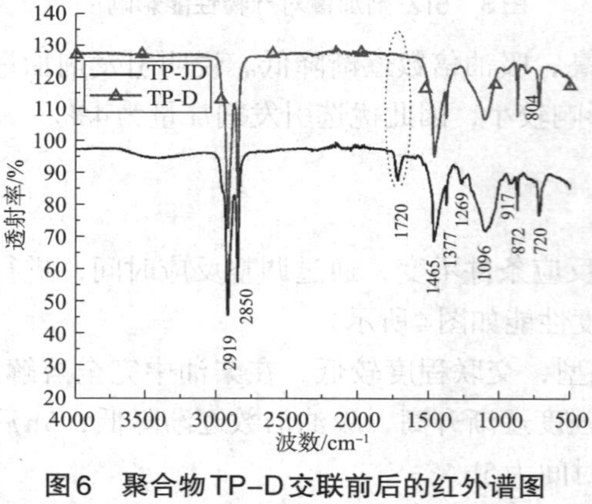

图6　聚合物TP-D交联前后的红外谱图

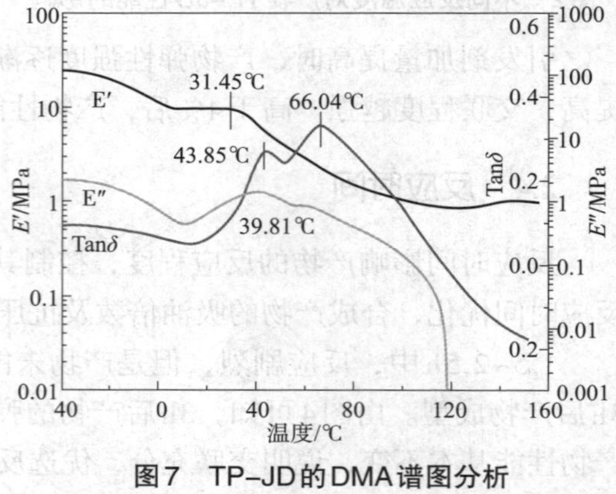

图7　TP-JD的DMA谱图分析

红外谱图上2919cm^{-1}、2850cm^{-1}处为—CH_2的伸缩振动吸收峰，1377cm^{-1}为—CH_3的吸收峰，1465cm^{-1}处峰很强，含有CH_3—C键，也就是CH_3的变角振动，这是TP-D的特征吸收峰。与TP-D相比，交联产物TP-JD中多了1720cm^{-1}处的峰，该峰为C═O的特征吸收峰，为交联剂中的特征吸收峰，说明交联剂接枝到TP-D上。因此，通过红外谱图可知，聚合物TP-D交联成功。

3.2 DMA 分析

为得到产物TP-JD在油相介质中力学性能与温度的关系，通过Q800动态机械分析仪（DMA，美国TA instrument）对合成的TP-JD进行分析测试，试样形状为59.7mm × 10.63mm × 3.8mm。

由图7可知，随着温度升高，储能模量E'和耗能模量E''均降低，在43.85℃和66.04℃时，损耗因子出现峰值，这属于交联部分的Tg。100~150℃之间，产物TP-JD的E'出现平台，且E'>1MPa，说明此时产物TP-JD整体属于高弹态。聚合物TP-D在质量为1：1的柴油中，60℃下即为黏流态；经过弱交联后，在150℃下仍属于高弹态，具有较好的弹性强度。说明通过添加交联结构，可以有效提高聚合物的耐温耐油性，在高温时，仍具有良好的强度。

4 封堵性能评价

以油基钻井液为携带液，以高温高压堵漏仪（实验室自制）等为评价装置，进行裂缝型漏层封堵性评价，裂缝为宽2mm、长15cm缝板。

油基钻井液（密度1.5g/cm^3）制备：320mL柴油+12g有机土+12g主乳+12g辅乳+16g降滤失剂+80g$CaCl_2$水溶液（20%）+8gCaO+重晶石，150℃下老化16h，冷却，备用。

堵漏浆配方1#：油基钻井液（密度：1.5g/cm^3）+10%TP-JD（8~14目：14~20目：20~40目=3：4：3）+15%核桃壳（14~20目：20~40目：40~60目=3：2：5）+6%硅酸盐纤维+8%牡蛎壳（14~20目）。

堵漏浆配方2#：用轮胎橡胶颗粒替代弱交联聚合物TP-JD，其它不变。

在90℃预热4h后进行堵漏实验；缓慢加压，配方1#能够有效承压至8MPa，封堵层见图8（a）；配方2#在0.15MPa下完全漏失，封堵层见图8（b）。

(a) 配方1

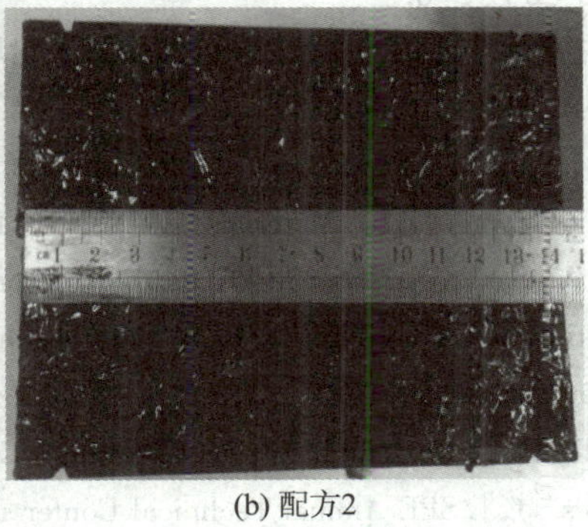
(b) 配方2

图8 不同配方的封堵层状态

由图8可知，在弱交联聚合物TP-JD的黏结驻留作用下，堵漏材料可以在裂缝的缝口、缝腰、缝尾等部位驻留，能够有效填充整个裂缝；同时，该弱交联聚合物TP-JD可以与其他堵漏材料协同作用，形成黏结的整体封堵层，承压能力较强；而轮胎橡胶材料驻留能力不足，未能有效在缝板上驻留，在0.15MPa下完全漏失，未形成封堵层。因此，弱交联聚合物能够有效驻留，提高封堵层的致密性和稳定性。

5 结论

（1）采用溶剂聚合方法制备出弱交联聚合物，工艺简单，安全环保，原料TP-D来源丰富，便于大规模生产。

（2）最终的优选配方为：可反应聚合物TP-D与反应介质的比例为1∶1，4%引发剂、4%交联剂，填充材料加量10%，80℃下反应5h，此时弱交联聚合物综合性能最佳，吸油倍数为2.49倍。

（3）弱交联聚合物TP-JD在高温油相环境下，表现出黏弹性，通过黏结驻留及弹性变形协同作用，形成一个黏结的整体封堵层，提高封堵性能。

参考文献

［1］何振奎，刘霞，韩志红，等．油基钻井液封堵技术在页岩水平井中的应用［J］．钻采工艺，2013，36（2）：101-104.

［2］岳前升，向兴金，李中，等．油基钻井液的封堵性能研究与应用［J］．钻井液与完井液，2006，23（5）：43-45+89.

［3］周峰，张华，李明宗，等．强封堵型无土相油基钻井液在四川页岩气井水平段中的应用［J］．钻采工艺，2016，39（3）：106-109.

［4］路宗羽，徐生江，叶成，等．准噶尔南缘膏泥岩地层高密度防漏型油基钻井液研究［J］．油田化学，2018.

［5］刘均一，邱正松，罗洋．油基钻井液随钻防漏技术实验研究［J］．钻井液与完井液，2015，32（5）：10-14.

［6］王灿，孙晓杰，邱正松．油基钻井液凝胶堵漏技术实验探讨［J］．钻井液与完井液，2016（6）：40-44.

［7］王建华，李建男，闫丽丽，等．油基钻井液用纳米聚合物封堵剂的研制［J］．钻井液与完井液，2013，30（6）：5-8.

［8］张凡，许明标，刘卫红，等．一种油基膨胀封堵剂的合成及其性能评价［J］．长江大学学报（自科版），2010，07（3）：507-509.

［9］Zhong H，Shen G，Yang P，et al. Mitigation of Lost Circulation in Oil-Based Drilling Fluids Using Oil Absorbent Polymers［J］. Materials，2018，11（10）：2020.

［10］Kumar A，Savari S，Whitfill D，et al. Wellbore Strengthening：the Less-Studied Properties of Lost-Circulation Materials［C］//SPE Annual Technical Conference and Exhibition. Society of Petroleum Engineers，2010.

［11］Ivan C D，Bruton J R，Marc T，et al. Making a Case for Rethinking Lost Circulation Treatments in Induced Fractures［C］. SPE Annual Technical Conference and Exhibition. Society of Petroleum Engineers，San Antonio，Texas，2002.

油基钻井液随钻封堵技术在高泉 X 井的应用

乐　明　王依建　刘文堂　姜雪清　郝纪双

（中原石油工程有限公司钻井工程技术研究院，河南 濮阳　457001）

摘　要：高泉X井位于准噶尔盆地南缘冲断带四棵树凹陷高泉东背斜，三开上部塔西河组、沙湾组低压易漏，下部安集海河组、紫泥泉子组穿过断裂带且大段泥岩发育易垮塌，导致同一裸眼段塌漏同存，防漏防塌难度大。通过分析地质特征、裂缝特点及邻井复杂情况，提出了基于“柔性驻留+成网堆积+变形填充”的封堵原理，研发了以“球状凝胶防漏剂+油基纤维封堵剂+油基变形封堵剂”为核心的油基钻井液随钻封堵技术，在180℃条件下老化16h流变性、滤失性能、封堵性能良好，20~40目、40~60目砂床封堵承压强度均超过15MPa。在高泉X井三开应用过程中，未发生漏失复杂，井壁稳定无阻卡掉块，现场应用效果表明，该技术具有良好的防漏防塌性能，能够强化井壁，提高地层承压能力。

关键词：油基钻井液；塌漏同存；随钻封堵；强化井壁

南缘山前冲断带位于准格尔盆地南部，勘探面积为$2.27\times10^4km^2$。受构造运动影响，平面上形成近东西向的两大皱褶带（齐古冲断带、乌奎皱褶带），成排成带展布，是油气规模勘探重大领域[1-2]。三开钻遇塔西河组、沙湾组、安集海河组、紫泥泉子组及吐谷鲁群的呼图壁河组，破碎带、微裂缝发育，导致垮塌、漏失严重。邻井高泉5井塔西河组发生3次井漏，漏失钻井液944.87m³，损失时间30.7d；高探1、高101井三开由于水基钻井液井漏问题导致井壁垮塌严重，造成了不同程度的阻卡[3-4]。

1　三开地层物性分析

1.1　地层岩性

塔西河组下部、沙湾组膏质泥岩、膏盐岩发育，地层可钻性差、水敏性强，地层微裂缝充填物基本为蒙脱石，极易水化分散，易缩径、垮塌、卡钻。安集海河组为一套绿灰色、深灰色泥岩，夹不等厚绿灰色、深灰色泥质粉砂岩、绿灰色粉砂质泥岩。紫泥泉组为灰色、灰褐色含砾砂岩，粗砂岩、中细粒砂岩与棕褐色泥质粉砂岩、砂质泥岩互层，穿过断裂带，地层强水敏，水基钻井液钻进漏失、垮塌并存。

基金项目：中石化石油工程技术服务有限公司项目“致密油气藏钻井井筒强化技术研究”（SG2001-02K）。

作者简介：乐明（1989—），男，2016年获得于长江大学油气井工程硕士学位，助理研究员，主要从事防漏堵漏技术研究及应用工作。E-mail：403756284@qq.com。

1.2 漏层特征及封堵难点

（1）三开不同层位微裂缝尺寸差异性大，从纳－微米到微米，通过粒径级配，同时封堵难度大。

（2）地层温度高达160℃，封堵材料抗温能力不足，封堵层稳定性差，易复漏。

（3）同一裸眼段发育多套压力，塌漏同存，防漏防塌矛盾突出。

（4）地层承压能力低，层理、裂缝发育，油基钻井液钻井过程中更易漏失，亲油性的封堵材料选择有限。

2 油基钻井液封堵配方研究

油基钻井液钻进过程中，对微孔微隙、层理裂纹的及时封堵是阻断压力传递、稳定井壁和减少漏失的重要保证[6-8]。根据地层物性特点，室内通过优选油基钻井液专用的亲油或双亲封堵材料：球状凝胶防漏剂、油基纤维封堵剂、油基变形封堵剂，优化形成了油基钻井液封堵配方，该配方与油基钻井液配伍性良好，形成的封堵层薄而致密，可有效阻隔液相压力传递，减少钻井液对井壁的侵入，从而强化井壁。

2.1 封堵机理

由于油基钻井液具有强渗透性、强润滑性，常见堵漏材料通过堆积架桥、刚性填充作用，形成的封堵层缺点明显[9-10]。一是驻留性差，易受井筒波动压力影响，封堵层被冲蚀解体而失效；二是提承压能力差，堵漏材料多亲水，形成的封堵层不致密，与亲油裂缝黏接性差，下钻过猛或提高排量都会重复漏失。为密实封堵微裂缝，强化井壁，切实提高地层承压能力，柔性驻留材料可在适应不同尺寸漏失通道并在其中有效驻留形成“第一阶段封堵层”，为其他材料在漏失通道中驻留提供强力屏障，纤维材料通过缠绕成网、附着堆积作用，增加封堵层韧性和抗压性，形成“第二阶段封堵层”，最后变形材料通过挤压填充、黏接作用对封堵层微裂隙“修补、加固”，同时将封堵层与井壁黏接为一整体，阻止液相的传递，起到防漏防塌的效果[11-14]。

2.2 材料优选

2.2.1 柔性驻留材料

针对油基钻井液钻遇层理、微裂缝泥页岩地层时，油基钻井液渗漏严重、钻进损耗量大，以及常规封堵材料亲水性强、与纳－微米级漏失通道匹配性差的技术难题，研发出一种纳－微米、变形封堵的球状凝胶防漏剂，合成工艺如下：称取一定量的2－丙烯酰胺基－2－甲基丙烷磺酸（AMPS）、丙烯酰胺（AM）、N－乙烯基吡咯烷酮（NVP），加入一定量的NaOH水溶液，pH调至8~8.5，搅拌溶解。将一定量的乳化剂加入白油中搅拌均匀形成油相，通入氮气0.5h，将AM、AMPS、NVP混合溶液缓慢注入油相中，乳化30min，搅拌均匀，水浴加热至45℃，滴加引发剂，保持温度恒定条件下，反应2~2.5h，得到乳液状的球状凝胶防漏剂，乳液稳定性大于95%，固相质量分数为40%~45%，粒径为0.5~10μm，D_{50}为2.94μm，与地层微孔微裂缝具有良好的尺寸匹配性。合成条件：油水体积比为5：5~3：7，乳化剂加量8%~9%，AM：AMPS：NVP质量比为7：1：1~8：1：1，反应温度45℃。

球状凝胶防漏剂具有以下特点：

（1）与油基钻井液良好的配伍性（表1）。

表1　球状凝胶防漏剂与油基钻井液的配伍性

球状凝胶防漏剂/%	AV/mPa·s	PV/mPa·s	YP/Pa	初切/终切/（Pa/Pa）	破乳电压/V
0	40.5	32.0	8.5	3.5/5.5	800
0.5	35.5	29.0	8.5	4.0/5.0	825
1.0	35.5	29.0	8.5	4.0/4.5	829
1.5	36.0	29.0	9.0	3.5/4.5	830

表1实验结果表明：球状凝胶防漏剂在油基钻井液中的加量为0.5%~1.5%，不会影响钻井液流变性及破乳电压。

（2）有效改变泥饼质量，降低钻进过程中的油基钻井液消耗（表2）。

表2　不同加量条件下的油基钻井液泥饼质量

球状凝胶防漏剂/%	FL_{HTHP}/mL	泥饼厚度/cm	K_f/10^{-3}cm^2	封堵效率/%
0	5.00	0.40	589.97	40.58
0.5	4.80	0.15	67.43	88.57
1.0	4.90	0.20	36.35	93.84
1.5	4.80	0.20	13.83	97.66

注：FL_{HTHP}为180℃、3.5MPa、30min滤失量；K_f为高温高压滤饼的油相渗透率。

表2实验结果表明：球状凝胶防漏剂在油基钻井液中的加量为0.5%~1.5%，可有效改善泥饼质量，形成的泥饼薄而致密，同时对降低高温高压滤失量有一定的作用。

2.2.2　成网堆积材料

油基纤维封堵剂是一种与油基钻井液配伍性好的天然矿物纤维，粒径范围20~2000μm，抗温超过200℃，既在裂缝内缠绕成网、挂阻架桥，也可配合油基钻井液形成韧性泥饼（表3）。

表3　油基纤维封堵剂与油基钻井液的配伍性

油基纤维封堵剂/%	AV/mPa·s	PV/mPa·s	YP/Pa	初切/终切/（Pa/Pa）
0	40.5	32.0	8.50	3.5/5.5
1.0	42.5	32.0	9.50	4.0/5.0
2.0	42.0	32.0	9.00	4.0/5.0

表3实验结果表明：油基纤维封堵剂在油基钻井液中的加量为1%~2%，基本不会影响油基钻井液流变性。

2.2.3 变形填充材料——油基变形封堵剂

通过引入一种高软化点（160~180℃）的天然沥青粉，作为黏合剂，变形充填封堵层的微孔微裂缝，同时将封堵层黏接为一整体，提高了封堵层的稳定性及抗破能力。

表4 油基变形封堵剂与油基钻井液的配伍性

油基变形封堵剂/%	*AV*/mPa·s	*PV*/mPa·s	*YP*/Pa	初切/终切/（Pa/Pa）	破乳电压/V
0	40.5	32	8.50	3.5/5.5	800
2.0	42.5	33	9.50	4.0/5.0	815
3.0	41.0	33	10.0	4.0/5.0	820

表4实验结果表明：油基变形封堵剂在油基钻井液中的加量为2%~3%，基本不会影响油基钻井液流变性及破乳电压。

2.3 性能评价

为提高微孔微裂缝封堵深度和密实度，提高封堵承压效果，结合材料的特性及用量，制定油基钻井液封堵配方：油基钻井液+0.5%~1.5%球状凝胶防漏剂+1%~2%油基纤维封堵剂+2%~3%油基变形封堵剂。

配制三份封堵浆，并开展了封堵配方的性能评价。

配方1：油基钻井液+0.5%球状凝胶防漏剂+2%油基纤维封堵剂+3%油基变形封堵剂；

配方2：油基钻井液+1.5%球状凝胶防漏剂+1%油基纤维封堵剂+2%油基变形封堵剂；

配方3：油基钻井液+1%球状凝胶防漏剂+1%油基纤维封堵剂+3%油基变形封堵剂。

2.3.1 流变性

封堵浆180℃热滚前后的流变性见表5。

表5 封堵浆180℃热滚前后的流变性

配 方	*AV*/mPa·s	*PV*/mPa·s	*YP*/Pa	初切/终切/（Pa/Pa）	破乳电压/V
油基钻井液（热滚前）	40.5	32	8.50	3.5/5.5	800
油基钻井液（热滚后）	40.0	33	8.50	3.5/5.0	780
配方1（热滚后）	42.5	35	11.50	4.5/5.5	815
配方2（热滚后）	41.0	34	11.00	4.0/5.0	820
配方3（热滚后）	42.0	35	11.50	4.5/5.0	810

表5实验结果表明：在180℃热滚16h后，三种封堵材料与钻井液具有良好的配伍性，对油基钻井液流变性基本没有影响。

2.3.2 封堵性

将配制好的不同配方封堵浆液在180℃热滚16h后，分别倒入不同目数（20~40目、

40~60目)的可视砂床筒中，在压差的作用下将封堵浆挤入模拟漏层中，记录挤注量与承压强度的关系(图1、图2)。

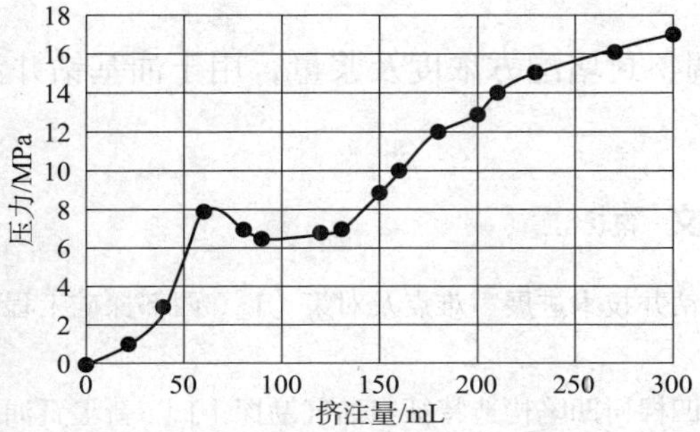

图1　配方1高温封堵承压实验(20~40目)

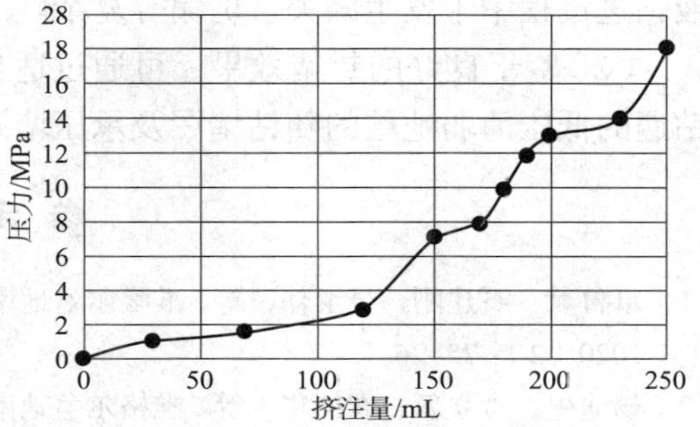

图2　配方2高温封堵承压实验(40~60目)

由图1、图2封堵承压实验结果表明，在180℃滚动老化16h后，封堵浆在20~40目、40~60目砂床的封堵承压强度均超过15MPa，三种封堵材料协同作用有效地阻止了液相压力传递，提高了承压强度。

3　现场应用

高泉X井是位于准噶尔盆地南缘冲断带四棵树凹陷高泉东背斜的一口预探井，设计井深6650m。从邻井情况看，三开地层塔西河组、沙湾组、紫泥泉子组均存在不同程度裂缝性漏失，安集海河组存在井壁失稳掉块卡钻现象。高泉X井三开油基钻井液钻进过程采用了三种封堵材料，配方：井浆+0.5%球状凝胶防漏剂+1%油基纤维封堵剂+2%油基变形封堵剂。三开井段井壁稳定无掉块卡钻、无漏失等复杂，机械钻速快、钻井周期短施工顺利。其中，三开311.2mmPDC钻头、段长2523m，采用大功率大扭矩螺杆钻具平均机械钻速4.9m/h，钻井液良好的流变携砂性能和封堵防塌防漏性能，是井壁稳定无复杂和大井眼快钻时的重要技术保证。电测最大井径330mm、最小井径307mm，平均井径扩大率2%，三开井径曲线见图3。

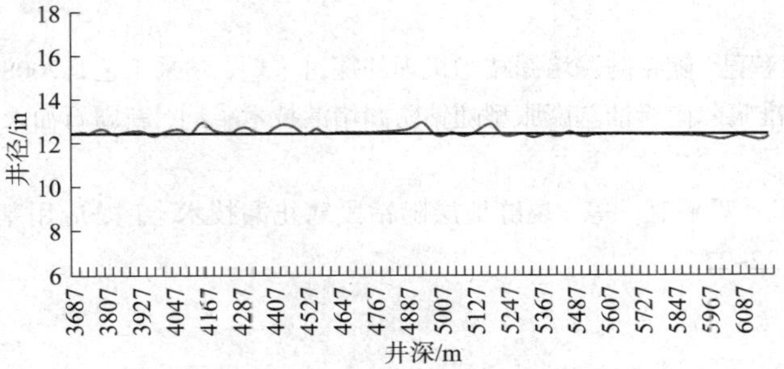

图3　三开井径曲线

4　结论与认识

(1)针对三开防漏防塌技术难题，通过优选球状凝胶防漏剂作为柔性驻留材料，油基纤维封堵剂作为成网堆积材料、油基变形封堵剂作为变形填充材料，形成了强封堵的油基钻井液封堵配方，在钻井过程中很好地发挥了封堵、强化井壁作用，三开油基钻井液钻进过程中未发生漏失、坍塌等复杂。

（2）鉴于良好的封堵效果，可通过适当调整封堵配方浓度及浆量，用于油基钻井液钻遇的低压薄弱地层的随钻堵漏及承压堵漏。

参考文献

[1] 卓鲁斌，石建刚，吴继伟，等.准噶尔盆地南缘钻井技术进展、难点及对策［J］. 西部探矿工程，2020（2）：75–76.

[2] 杨迪生，肖立新，阎桂华，等.准格尔盆地南缘四棵树凹陷构造特征与油气勘探［J］. 新疆石油地质，2019，40（2）：140–143.

[3] 杜金虎，支东明，李建忠，等.准噶尔盆地南缘高探1井重大发现及下组合勘探前景展望［J］. 石油勘探与开发，2019，46（2）：207–209.

[4] 刘政，李俊材，蒋学光.强封堵高密度油基钻井液在新疆油田高探1井的应用［J］. 石油钻采工艺，2019，41（4）：468–469.

[5] 崔明磊.油基钻井液性能优化研究［D］. 青岛：中国石油大学，2011.

[6] Savari S，Whitfill D L，Jamison D E，et al. A method to evaluate lost circulation materials–investigation of effective wellbore strengthening applications［C］. SPE 167977，2014.

[7] Wang H，Soliman M Y，Tower B F，et al. Avoiding drilling problems by strengthening the wellbore while drilling［C］. ARMA 08-201，2008.

[8] Benaissa S，Bachelot A，Ricaud J，et al. Preventing differential sticking and mud losses drilling through highly depleted sands fluids and geomechanics approach［C］. SPE 92266，2005.

[9] Scorsone J T，Sanders M W，Patel A D. An improved oilbased chemical gel system for wellbore stabilization［C］. SPE 121676，2009.

[10] Wang H，Sweatman R，Engelman B，et al. Best practice inunderstanding and managing lost circulation challenges［C］. SPE 95895，2008.

[11] 李家学，黄进军，罗平亚，等.随钻防漏堵漏技术研究［J］. 钻井液与完井液，2008，25（3）：25–26.

[12] 程仲，熊继有，程昆.随钻防漏堵漏技术机理的探讨［J］. 钻采工艺，2008，31（1）：36–37.

[13] 刘政，李俊材.准噶尔南缘油基膨胀型随钻防漏堵漏技术［J］. 新疆石油天然气，2020，16（2）：45–46.

[14] 李家学，黄进军，罗平亚，等.裂缝地层随钻段塞止漏技术［J］. 应用基础与工程科学学报，2012，20（1）：22–23.

基于弹性孔网的油基钻井液堵漏体系研究与应用

于　雷　李公让　刘振东　明玉广　李　卉

（中石化胜利石油工程有限公司钻井液技术服务中心，山东　东营　257017）

摘　要： 针对常规堵漏材料与裂缝适应性差的难题，构建了基于弹性孔网的油基钻井液堵漏体系。对弹性孔网材料进行了表面改性，研选了刚性颗粒、弹性颗粒、纤维材料，室内开展了2mm×1mm楔形长裂缝封堵模拟实验评价，形成了基于弹性孔网的油基钻井液堵漏体系配方。实验结果表明，形成的堵漏体系配方裂缝封堵区域位置适中，封堵区域厚度增加，漏失量小，承压能力高。基于弹性孔网的油基钻井液堵漏体系在现场进行了多口井的应用，一次堵漏成功率达84.6%，对解决裂缝性地层油基钻井液漏失具有较好的堵漏效果。

关键词： 油基堵漏；裂缝性漏失；自适应；弹性孔网

近年来，随着油气勘探开发的深入，井漏情况更加突出，如在川渝的威远—长宁区块、鄂北的杭锦旗区块等，井漏问题已成为制约提速提效的重大难题。据统计，这些区块绝大部分井的漏失都与裂缝相关。目前，针对裂缝性漏失的堵漏剂主要包含桥接型堵漏剂、高失水堵漏剂、暂堵型堵漏剂、膨胀类堵漏剂、水泥速凝类堵漏剂、可固化型堵漏剂、复合材料堵漏剂等多种类型[1-4]。其中使用较为普遍的是桥接型堵漏剂，相对其他产品，该类产品使用简便，成本较低。但常规桥堵材料多采用核桃壳等桥架颗粒及纤维等填充，研究表明，在高温下，这些材料易出现高温炭化，时间较长时即发生堵层失效，特别是针对较深地层，极易发生复漏；同时，常规堵漏材料与裂缝匹配性差，难以有效进入漏层形成封堵，导致堵漏成功率低[5-9]。针对这一问题，开展了基于弹性孔网的油基钻井液堵漏体系的研究，形成了油基钻井液堵漏体系配方，并进行了现场应用。

1　基于弹性孔网的油基钻井液堵漏体系的构建

1.1　构建思路

针对裂缝宽窄不等、多尺度并存、易于扩展的特点，优选了具有压缩变形特点的弹性孔网颗粒作为架桥材料，并对其进行了表面处理提高耐温耐油性能，弹性孔网在压差作用下可以压缩变形挤入裂缝，在裂缝壁面通过阻架桥、堵塞、嵌入、卡喉、渗滤、拉筋等作用形成一定强度的架桥。由于弹性孔网颗粒良好的压缩变形性能，其可以进入不

作者简介： 于雷（1982—），男，2008年毕业于中国石油大学（华东）油气井工程专业，获工学硕士学位，现就职于中石化胜利石油工程公司钻井液技术服务中心，主要从事油田化学及钻井液油气层保护方面的研究工作。E-mail：leiyu205@126.com。

同宽度的裂缝中，因此对封堵裂缝具有良好的广谱性。优选不同粒度的耐油刚性颗粒和弹性颗粒作为填充材料，有效填充弹性孔网形成的孔隙，增强自适应裂缝封堵效果；优选亲油纤维材料利用其形成网状结构的特点，增加体系内摩擦力和结构强度，协同提高承压封堵能力。

1.2 弹性孔网材料的表面处理

弹性孔网材料是一种聚氨酯多孔固体泡沫，整体为立体骨架网状结构，具有孔隙体积大（可达97%）、密度低、压缩性高、机械强度优良等特点，其可在井底压差作用下挤入裂缝，适应不同开度地层裂缝（自适应性），在裂缝处形成一个过滤网，同时起到骨架支撑的作用，变缝为孔，降低封堵区域渗透率，提高堵漏材料在裂缝中的滞留能力。

采用聚硅氧烷-埃洛石分散液对聚氨酯弹性孔网材料进行了表面处理。首先制备了聚硅氧烷-埃洛石分散液，然后将洗净干燥后的聚氨酯弹性孔网绵浸入聚硅氧烷-埃洛石的分散液中，并反复挤压直至没有气泡产生。最后，将其在真空干燥箱中于103℃干燥4h。在埃洛石-聚氨酯弹性孔网的干燥过程中，每半小时翻转一次聚氨酯弹性孔网表面，以确保埃洛石涂覆均匀，最终制得耐温耐油弹性孔网材料。

1.3 配套桥接处理剂的选择

1.3.1 刚性颗粒

选择了不同目数的方解石颗粒作为刚性颗粒GFD。方解石颗粒具有以下特点：① 弹性模量大，泊松比小，利于形成强力链网络结构；② 强度高，承压能力强；③惰性物质，抗温能力强（>200℃），不与钻井液发生物化反应；④棱角分明，易于加工，货源充足，经济廉价。

1.3.2 弹性颗粒

研选了合成橡胶颗粒作为弹性颗粒RFD，合成橡胶颗粒具有以下特点：① 弹性变形率大，达到71.43%，自适应裂缝开度的变化；② 表面摩擦系数高，避免封堵层发生摩擦滑动失稳和剪切破坏失稳，且有利于在裂缝入口不远处形成封堵层；③ 惰性物质，抗温能力强（>180℃），不与钻井液发生物化反应。

1.3.3 纤维材料

研选了一种矿物纤维作为纤维类堵漏材料FFD，该堵漏纤维物理机械性能好，抗温能力大于200℃，可快速、均匀、完全地分散于水中，对钻井液体系性能影响较小，具有良好的配伍性，对裂缝自适应能力强。

2 基于弹性孔网的油基钻井液堵漏体系评价

2.1 实验装置及方法

利用长裂缝封堵模拟实验装置评价弹性孔网堵漏材料对裂缝的封堵性能。长裂缝封堵模拟实验装置由高温高压钻井液釜体、楔形长裂缝模具夹持器、温度压力测量控制系统及数据采集处理系统组成，工作压力范围为0~25MPa，工作温度范围为室温~180℃。其中，为更好地模拟地层裂缝状态和进行堵漏效果评价，裂缝模具设计为两端缝宽不等的楔形，裂缝长度长达1000mm，楔形长裂缝实验模具共包括1mm×0.5mm、2mm×1mm、3mm×2mm、4mm×3mm和5mm×4mm（表示前端缝宽×后端缝宽）等五种不同规格，可用来模拟不同缝宽的漏层。

长裂缝封堵模拟实验操作方法为：①安装高温高压钻井液釜体，配制2L堵漏浆倒入釜体内；②将楔形长裂缝模块装入模具夹持器中，连接围压管线、滤液出口管线和活塞压力管线；③加围压至15MPa，加热至实验温度100℃；④打开滤液出口阀，放置量筒计量漏出堵漏浆体积，对釜体内堵漏浆加压并计时，单一弹性孔网堵漏材料评价实验中快速将压力加至3.5MPa，计时并记录累计漏失量，计算漏失速率，根据漏失速率的大小优选确定堵漏材料。

2.2 开度2mm×1mm楔形长裂缝评价实验结果

表1为刚性颗粒封堵配方，表2为刚性颗粒与弹性颗粒复合封堵配方，表3为刚性颗粒、弹性颗粒、堵漏纤维复合封堵配方，表4为刚性颗粒、弹性颗粒、堵漏纤维及弹性孔网复合封堵配方，表5为2mm×1mm长裂缝封堵实验结果。图1为不同配方堵漏体系封堵2mm×1mm楔形长裂缝封堵实验照片。

表1　刚性颗粒封堵楔形长裂缝实验配方（2mm×1mm）

编　号	GFD-2	GFD-3	GFD-4	GFD-5
2-1#	1%	3%	3%	2%
2-2#	2%	3%	3%	2%
2-3#	3%	3%	3%	2%
2-4#	4%	3%	3%	2%
2-5#	5%	3%	3%	2%

表2　刚性颗粒、弹性颗粒封堵楔形长裂缝实验配方（2mm×1mm）

编　号	GFD-2	RFD-2	GFD-3	RFD-3	GFD-4	RFD-4	GFD-5
2-6#	4%	1%	3%	—	3%	—	2%
2-7#	4%	2%	3%	—	3%	—	2%
2-8#	4%	1%	3%	1%	3%	—	2%
2-9#	4%	1%	3%	1%	3%	1%	2%

表3　刚性颗粒、弹性颗粒、堵漏纤维封堵楔形长裂缝实验配方（2mm×1mm）

编　号	GFD-2	RFD-2	GFD-3	RFD-3	GFD-4	RFD-4	GFD-5	FFD-2
2-10#	4%	1%	3%	1%	3%	1%	2%	0.1%
2-11#	4%	1%	3%	1%	3%	1%	2%	0.2%
2-12#	4%	1%	3%	1%	3%	1%	2%	0.3%

表4　复合堵漏材料封堵楔形长裂缝实验配方（2mm×1mm）

编　号	GFD-2	RFD-2	GFD-3	RFD-3	GFD-4	RFD-4	GFD-5	FFD-2	IWN-1
2-13#	3%	2%	4%	1%	2%	1%	3%	2%	0.04%
2-14#	3%	2%	4%	1%	2%	1%	3%	2%	0.08%
2-15#	3%	2%	4%	1%	2%	1%	3%	2%	0.12%

表5　刚性颗粒封堵楔形长裂缝实验结果（2mm×1mm）

编　号	封堵区域位置/mm	封堵区域厚度/mm	承压能力/MPa	漏失量/mL
2-1#	—		—	—
2-2#	985~995	10	3	355
2-3#	990~1000	10	3.5	345
2-4#	975~995	20	4	350
2-5#	—		—	—
2-6#	920~955	35	5	300
2-7#	—	—	—	—
2-8#	915~940	25	7	270
2-9#	910~945	35	7	245
2-10#	850~900	50	8	200
2-11#	810~875	65	8.5	170
2-12#	—		—	—
2-13#	765~830	65	9	145
2-14#	745~815	70	10	125
2-15#	—		—	—

由实验结果可知，2-2#~2-4#配方裂缝封堵区域均为裂缝近出口端，封堵区域厚度较小，裂缝封堵层结构疏松（图1中2-4#），裂缝漏失量较大，随着GFD-2浓度的增加，封堵层的承压能力逐渐增加至4MPa，其中2-1#配方GFD-2浓度过低，无法形成承压封堵层，堵漏失败，2-5#配方GFD-2浓度过大，堆积在裂缝开口外，形成“封门”，堵漏效果较差。在刚性颗粒封堵配方基础上，加入不同粒径弹性颗粒，裂缝封堵区域位置前移（图1中2-9#），封堵区域厚度增加，封堵层承压能力增加至7MPa，裂缝漏失量降低至200mL，其中2-7#配方RFD-2浓度过大，堆积在裂缝开口外，形成“封门”。继续增加堵漏纤维后，裂缝封堵区域位置前移（图1中2-11#），封堵区域厚度增加，裂缝漏失量降低至170mL，但加入4%FFD-2时，由于浓度过大，在裂缝开口外搭接成网，颗粒状堵漏材料无法进入裂缝中，形成“封门”。随着弹性孔网堵漏材料的加入及浓度的增加，裂缝封堵区域位置前移（图1中2-14#），封堵区域厚度增加，封堵层的承压能力显著增加，裂缝漏失量降低至125mL，当弹性孔网颗粒浓度增大至0.12%时，由于浓度过大，颗粒状堵漏材料无法进入裂缝中，形成“封门”。因此，开度2mm×1mm楔形长裂缝的自适应堵漏体系配方为：12%GFD（10~160目）+3%RFD（20~80目）+2%FFD-2+0.08%IWN-1（2mm×2mm×2mm）。

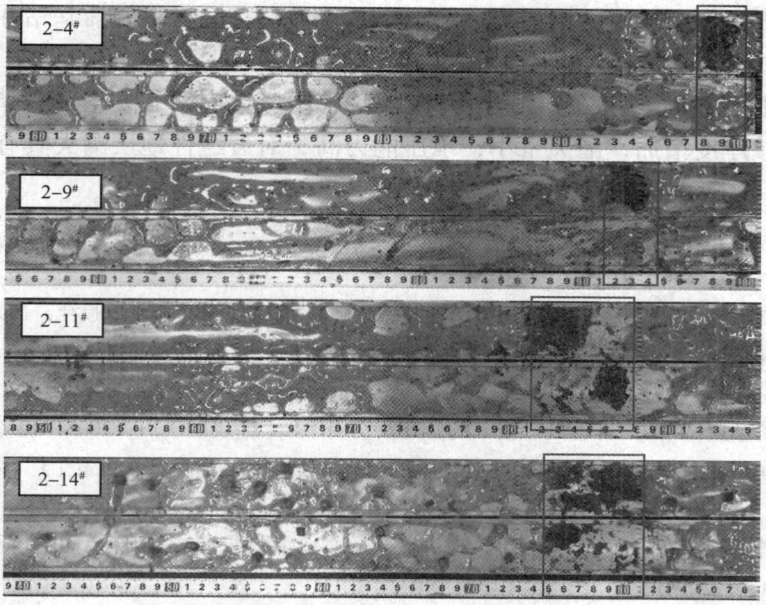

图1　不同配方堵漏体系封堵楔形长裂缝实验照片（2mm×1mm）

3　现场应用

截至目前，研制的弹性孔网堵漏剂及形成的油基钻井液堵漏体系在川渝页岩气、胜利页岩油钻探中等应用了13井次，一次堵漏成功11井次，一次堵漏成功率高达84.6%，下面以樊页1-3HF井为例介绍基于弹性孔网堵漏材料的堵漏体系的应用情况。

樊页1-3HF井是位于济阳坳陷东营凹陷博兴洼陷北部樊119井鼻状构造带的一口页岩油水平井。目的层为沙四上纯上1层组，该区块岩性以深灰色纹层状灰质泥岩、灰质泥岩和深灰色块状泥岩为主，断层及微裂缝发育；地层压力当量密度窗口窄，漏、涌时有同层；同台樊页1-7HF井钻遇断层发生严重漏失，累计漏失合成基钻井液972m^3，造成严重经济损失。

樊页1-3HF井钻进至井深3551m发现漏失，测得漏速9.6m^3/h，钻井液密度1.50g/cm^3，黏度66s，排量1.9m^3/min），降排量至1.2m^3/min观察，漏速3m^3/h。配堵漏浆25m^3进行堵漏，堵漏浆配方为：9%刚性颗粒（粗：中：细=2：4：3）+4%橡胶颗粒（粗：中：细=1：1：2）+2%矿物纤维+0.08%耐油弹性孔网堵漏材料。泵入堵漏浆20m^3，替浆22m^3，重浆4m^3、井浆2m^3，平衡地层及管柱内外压力，起钻至井深3180m，关井憋压4MPa，稳压15min，当量密度1.63g/cm^3，期间挤入堵漏浆0.8m^3，开井泄压返出0.4m^3，下钻到底，提排量循环返出正常，恢复钻进。至三开完钻，未发生漏失复杂情况。

4　结论

（1）对弹性孔网材料进行了表面改性提高了耐温耐油性能，并优选刚性颗粒和弹性颗粒粒度级配提高填充封堵能力，形成了基于弹性孔网材料的油基钻井液堵漏体系配方。

（2）室内及现场实验表明，基于弹性孔网材料的堵漏体系配方裂缝封堵区域位置适中，封堵区域厚度增加，漏失量小，承压能力高，对裂缝性地层漏失具有较好的堵漏效果。

参考文献

[1] 徐同台，刘玉杰，申威．钻井工程防漏堵漏技术［M］．北京：石油工业出版社，1997.

[2] 景步宏，储明来，丁建林，等．大裂缝性漏失堵漏新技术［J］．特种油气藏，2009，16（1）：92–95.

[3] 林英松，蒋金宝，秦涛．井漏处理技术的研究及发展［J］．断块油气田，2005，12（2）：4–8.

[4] 刘四海，崔庆东，李卫国．川东北地区井漏特点及承压堵漏技术难点与对策［J］．石油钻探技术，2008，36（3）：20－23.

[5] 何新星，李皋，段慕白，等．地层裂缝动态变形对堵漏效果的影响研究［J］．石油钻探技术，2018，46（4）：35–39.

[6] 林永学，王伟吉，金军斌．顺北油气田鹰1井超深井段钻井液关键技术［J］．石油钻探技术，2019，47（3）：113－120.

[7] 韩成，黄凯文，罗鸣，等．南海莺琼盆地高温高压井堵漏技术［J］．石油钻探技术，2019，47（6）：15－20.

[8] 孙金声，张家栋，黄达全，等．超低渗透钻井液防漏堵漏技术研究与应用［J］．钻井液与完井液，2005 22（4）：21–23.

[9] 范钢，张宏刚．深层裂缝性储层防漏堵漏实验评价研究［J］．探矿工程：岩土钻掘工程，2008，7：80–83.

顺北6X井钻井液堵漏、承压技术实践

马　萌[1]　吴修振[1]　陈迎伟[1]　汪　露[2]　王建光[1]

（1.中原石油工程公司塔里木分公司，新疆 轮台　841000；
2.中国石化西北油田分公司，新疆 轮台　841699）

摘　要：顺北6X井是部署在顺托果勒低隆顺北6号断裂带的第一口四开制斜井、勘探井，采用顺标IA井身结构，177.8mm套管悬挂。二开250.88mm+244.5mm套管下深4298m专封二叠系，三开使用215.9mm钻头钻至7752m进入奥陶系一间房组8m中完。三开钻进时自石炭系卡拉沙依组发生井漏，因地质预测在井段6432~6434m、7045~7047m可能钻遇侵入体，钻井液密度逐渐提至1.40g/cm^3，因提密度井漏风险增大，至钻至中完井深累计发生井漏10回次，进行承压3回次。钻进期间通过随钻封堵、段塞堵漏及分段承压工艺并配合相应固控技术有效提高了堵漏效率，加快了钻进施工进度。中完下套管前进行承压，下套管前通过操作、工程、泥浆的相互协同，保障了下套管作业的顺利，下套管及固井均无漏失。通过顺北6X井的现场实践，为漏点多、漏失风险大井位施工作业的堵漏、防塌以及中完作业的防漏提供了技术指导。

关键词：井漏；段塞堵漏；承压；防漏

顺北6X井为部署在顺托果勒低隆顺北6号断裂带的第一口四开制斜井、勘探井，位于新疆沙雅县乡境内，位于顺北44X井南东方向平距23.8km；位于顺北8X井北西方向平距25.2km。

该井采用顺标IA井身结构，177.8mm套管悬挂，二开进入石炭系卡拉沙依组中完，中完井深4300m，二开250.88mm+244.5mm套管下深4298m专封二叠系。三开自上而下钻遇石炭系、泥盆系、志留系、奥陶系地层，实际进入奥陶系一间房组8m中完，中完井深7752m。

该井地质对石炭系未进行断裂预测。预测志留系不发育雁列断裂，但有小断裂或裂缝，井眼距离裂缝带150m以上，漏失风险低。预测奥陶系桑塔木组6320m钻遇疑似侵入体；井段7045~7047m可能钻遇2m侵入体；井段7586~7601m发育15m侵入岩，邻井顺北85X井存在该套强反射，钻遇18m厚侵入岩。该井先期钻井液重点工作放在志留系"渐进式承压"及奥陶系桑塔木组侵入体防井壁失稳方面。实钻三开以密度1.30g/cm^{3}开钻，钻至石炭系卡拉沙依组4435.65m发生第一次井漏，通过降排量及段塞堵漏后恢复钻进，但后续三开钻进发生多次漏失，钻至中完井深累计发生漏失10回次。发生多次漏失

作者简介：马萌（1985—），男，陕西西安，本科，泥浆工程师，主管师，现任90116队泥浆工程师，主要从事泥浆技术管理、泥浆措施。

的原因主要为：一是封堵不严、复漏，钻进施工中堵漏以段塞堵漏为主，配合分段承压提高薄弱层承压能力；二是预测侵入体发育，为防止钻遇侵入体后井壁失稳，钻井液持续提升密度，钻遇疑似侵入体6320m前密度已提至1.38g/cm^3，钻遇预测7045~7047m侵入体时密度提至1.40g/cm^3，密度的提升也是造成复漏的主要因素。

顺北6X井三开中完后，地质结合岩性、钻时、钻压、立压及池体积下降特征综合分析判断漏点，见表1。漏点：4435.65m、4464.63m、4771.41m；疑似漏点：5287.05m、5379.17m；复漏点：5574.75m、5975.69m、6344.86m、6731.14m、7240.71m。同时判断发生漏失的原因可能为小尺寸裂缝发育。

1　顺北6X井防漏堵漏实践关键技术

1.1　钻井液基本概况

顺北6X井三开采用钾胺基聚磺防塌钻井液体系，以密度1.30g/cm^{3}进行三开开钻，为做好志留系的"渐进式承压"工艺，提前配制25%浓度的承压浆备用，承压浆基本配方：井浆+6%SQD-98（细）+6%SQD-98（中粗）+6%MFP-2+7%单封（最大粒级150目）。

顺北6X井石炭系卡拉沙依组以1.30g/cm^{3}密度钻至4435.65m发生井漏，通过降排量及段塞堵漏后恢复钻进，后续在4464.63m、4771.41m发生漏失同样采取该措施，钻穿石炭系后在泥盆系对上部所钻漏点进行承压以巩固堵漏效果：此后志留系、奥陶系钻进，综合考虑漏失、分段巩固及钻遇侵入体的因素，多次进行段塞堵漏及承压作业，通过承压逐步提高钻井液密度以防侵入体井壁失稳。进入桑塔木组时，钻井液密度提至1.38g/cm^3，以此密度钻穿6320m位置疑似侵入体，钻穿后提密度至1.40g/cm^{3}进行下步作业。

1.2　井漏、堵漏技术工艺

顺北6X井三开钾胺基聚磺防塌钻井液体系，在三开钻进期间累计发生10次漏失，进行3次承压堵漏，具体情况见表2。

顺北6X井钻进期间通过段塞堵漏的方式均能很快消除井漏带来的影响，迅速恢复钻进。该井堵漏思路及措施：

（1）发生漏失后，降排量测漏速，泵入段塞浆，跟踪段塞浆出水眼后的压力变化，判断漏点情况。

（2）段塞浆以中细纤维、细颗粒为主，随井深的增加逐步补充中粗颗粒，堵漏剂最大粒径的选择应充分考虑钻头水眼大小，最大粒径应小于水眼尺寸的1/3。

（3）排量是影响井漏的重要因素，发生多点漏失、重复漏失后，在做好随钻封堵的条件下应优选适宜排量，在满足携砂的同时降低排量以减少复漏。

表1　顺北6X井地质对于漏点判断

序号	井深/m	地层	岩性	钻井状态	钻时/（min/m）	钻压/KN	立压/MPa	总池体积/m^3	密度/（g/cm^3）	排量/（L/s）	漏速度化	判断结果
1	4464.63	C1k1	灰色泥质灰岩	钻进	3-5	56↓41	15.1↓14.9	31.75↓30.90	1.3	32	降排量15L/s 漏速16↘0m^3/h	漏点
2	4771.41	C1b	灰色生屑灰岩	钻进	4↓3	60↓10	19.0↓17.8	118.43↓117.91	1.3	34	降排量20L/s 漏速11.2↘0m^3/h	漏点
3	5287.05	S1t	浅棕色泥质粉砂岩	钻进	13↓9	128~134（波动大）	16.8~17.1	98.36↓97.50	1.3	28	降排量26L/s 漏速6↘4m^3/h	疑似漏点
4	5379.17	S1k	浅棕色粉砂岩	钻进	6↓4	139~145（波动大）	17.1~17.3	116.20↓115.42	1.32	28	降排量20L/s 漏速14↘6m^3/h	疑似漏点
5	5574.75	S1k	浅灰色粉砂岩	钻进	3↑5	90↑107	17.9~18.0	131.601↓130.90（缓慢下降）	1.35	28	降排量26L/s 漏速8.4↘1.29m^3/h	复漏
6	5975.69	S1k	浅灰色泥质粉砂岩	钻进	6↑7	113~105	18.7~18.9	113.49↓112.80（缓慢下降）	1.35	28	降排量20L/s 漏速24↘9m^3/h	复漏
7	6344.86	03s	灰色灰质泥岩	钻进	5↑7	108~120	22.4~22.8	108.37↓107.86 -（缓慢下降）	1.38	26	降排量22L/s 漏速12↘6~8m^3/h	复漏
8	6731.14	03s	灰色灰质泥岩	钻进	7↓5	87~95	18.8~19.0	111.77↓111.06（缓慢下降）	1.4	25	降排量20L/s 漏速12↘8m^3/h	复漏
9	7240.71	03s	灰色灰质泥岩	钻进	8↓7	75~80	18.0~18.4	81.32↓80.88（缓慢下降）	1.4	26	降排量16L/s 漏速24↘4m^3/h	复漏

表2　顺北6X井三开堵漏、承压数据表

序　号	井深/m	地　层	密度/（g/cm³）	排量/（L/s）	漏失及堵漏简况
1	4435.65	石炭系卡拉沙依组	1.3	38	降排量至18L/s漏速20↘2.4m³/h，25%浓度段塞浆堵漏，消耗量<1.5m³/h恢复钻进
2	4464.63	石炭系卡拉沙依组	1.3	32	降排量至15L/s漏速16↘0m³/h，25%浓度段塞浆堵漏，消耗量2~2.5m³/h恢复钻进
3	4771.41	石炭系巴楚组	1.3	34	降排量至20L/s漏速11.2↘0m³/h，25%浓度段塞浆堵漏，消耗量1.2~1.8m³/h恢复钻进
4	4910	泥盆系	1.3	30	25%堵漏浆承压，地层吃入1m³，套压最高3.8MPa，停泵稳压3.3MPa
5	5287.05	志留系塔塔埃尔塔格组	1.3	28	降排量至26L/s测漏速，间断使用段塞浆堵漏，在4~6m³/h漏速下钻进
6	5370	志留系柯坪塔格组	1.32	28	25%堵漏浆承压，地层吃入3.7m³，套压最高5MPa，停泵缓慢降至4.5MPa，折合当量密度1.4g/cm³
7	5383	志留系柯坪塔格组	1.34	28	5379.17m井漏，瞬时漏速16.8m³/h，使用30%浓度段塞浆堵漏，堵漏浆出水眼漏失降为2.4~3.0m³/h，恢复钻进
8	5574.75	志留系柯坪塔格组	1.35	28	瞬时漏速8.4m³/h，降排量至26L/s钻进观察，漏速2m³/h，恢复钻进
9	5975.69	志留系柯坪塔格组	1.35	27	降排量至20L/s漏速24↘9m³/h，25%、30%浓度段塞浆堵漏，堵漏浆出钻头提至钻进排量27L/s，观察消耗量2~3m³/h尝试钻进
10	6227	桑塔木组	1.36	28	30%堵漏浆承压，地层吃入5.9m³，套压最高5.9MPa，停泵缓慢降至5.5MPa，折合当量密度1.44g/cm³
11	6344.86	桑塔木组	1.38	28	降排量至22L/s漏速12↘0m³/h，30%浓度段塞浆2次，观察消耗量1m³/h恢复钻进
12	6731.14	桑塔木组	1.40	25	降排量至20L/s漏速12↘3.2m³/h，30%浓度段塞浆堵漏，堵漏浆出钻头提至钻进排量27L/s，漏速未降低，判断上部地层复漏，钻至6570m消耗量增大，再次泵入30%浓度段塞浆堵漏，观察消耗量0.8~1.2m³/h恢复钻进
13	7240.71	桑塔木组	1.40	25	瞬时漏速24m³/h，降排量至16L/s，漏速5~6m³/h，堵漏浆出钻头提至钻进排量25L/s，漏速未降低，判断上部地层复漏，堵漏浆完全返出井眼后，漏速降低至2~4m³/h恢复钻进

（4）易漏井段下钻必须做好分段循环工作，分段循环选择点一是要远离漏点至少50m，二是要充分考虑地层稳定性。

（5）易重复漏失井段，下钻应及时将起钻重浆排出以消除重浆所产生的当量密度。

（6）易漏地层分段循环不可盲目抢进度，开泵要缓慢，依据漏失特性及前期总结的经验决定分段循环时的最大排量，该井分段循环时最大排量为15L/s，对返出的泥浆补充胶液、调整性能。

（7）三开井段钻进期间，为防止复漏发生，振动筛最前沿使用20目筛布，不再使用离心机，一体机每天运转一个循环周即可。

通过采取以上措施，顺北6X井显著提高了漏失井段钻穿效率，三开设计周期40d，实用周期34.9d，节约周期5.1d，在漏失10回次、3次承压的条件下周期节约率达到12.75%。

1.3　侵入岩钻进技术工艺

根据地质预测，顺北6X井于6320m钻遇疑似侵入体，在井段7045~7047m可能钻遇2m侵入岩，井段7586~7601m可能钻遇15m侵入岩。为保持钻井液优良的防塌性能，在做好防漏工作的同时，井浆中补充高软沥青，沥青总含量达到5%。强化井浆的抑制性能，维持井浆钾离子达到23000mg/L。持续做好井浆的微–纳米封堵，使用2500目纳米钙配合1.5%含量20000目纳–微米封堵剂。保持井浆低失水，控制*HTHP*150℃下<8mL。

（1）6320m疑似侵入岩。为防止侵入岩井壁失稳，于井深6227m进行承压，承压后将井浆密度提至1.38g/cm^3，28L/s排量钻穿，未见侵入岩，岩性为棕色泥岩，钻进期间扭矩平稳。

（2）7045~7047m预测侵入体。以1.40g/cm^{3}密度、26L/s排量钻穿，未见侵入岩，岩性为灰色含灰质泥岩、灰色泥岩，钻进期间扭矩平稳。

（3）7586~7601m预测侵入体。以1.40g/cm^{3}密度、26L/s排量钻穿。未见侵入岩，岩性为灰色含灰质泥岩、灰色泥岩，钻进期间扭矩平稳。

图1为顺北6X井三开电测井径1m点数据。该井三开平均井径扩大率为4.06%，基本无“大肚子”井眼，总体井眼稳定，钻井液在防漏的同时兼顾防塌，性能满足井下需要。

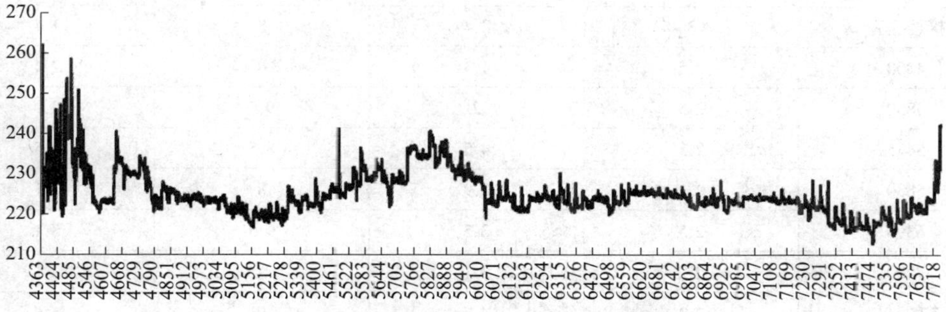

图1　顺北6X井三开电测井径1m点数据

2　中完作业防漏实践关键工艺

顺北6X井三开钻进期间发生多次漏失，如何保障中完作业下套管及固井不漏是钻井液工作的重点工作。充分考虑钻井液井浆净化、性能调整并协同工程、司钻操作来保障中完作业的顺利。

（1）通过实钻明确该井无侵入岩，钻完三开进尺循环期间通过补充胶液调整井浆密度至1.38g/cm^3，并降黏度至48s。

（2）将振动筛最前沿20目筛布更换为80目、100目筛布，适度净化井浆。

（3）严格落实分段循环技术措施，第二次传输电测前通井选择合适的循环点，既避开漏点又依据井径扩大情况选择稳定井段，出套管前先循环出起钻所压水眼重浆，出套管后每次循环最大排量不高于12L/s，对循环出泥浆调整密度至1.35g/cm^3。

（4）第二次传输电测前通井到底充分循环后起钻至6500m，泵入30%承压浆，承压浆配方：井浆+5%SQD-98中粗+5%微裂缝MFP-2+5%抗高温矿物纤维HPS+5%细核桃壳（0.9~2mm）+8%核桃壳（3~4mm）+2%GD-2（1mm），起钻至堵漏浆面以上200m进行承压，动态最高打压至6.5MPa，稳压至5.5MPa，累计泵入4.5m^3，折合当量密度1.45g/cm^3，回流0.2m^3。

（5）下套管前牙轮通井，严格落实分段循环技术措施，出套管前先循环出起钻所压水眼重浆，出套管后每次循环最大排量不高于12L/s，对循环出泥浆调整密度至1.35g/cm^3，黏度调整至47~48s。

（6）下套管期间，依据钻进期间环空返速确定下套管的速度，严格控制下套管期间的环空返速，确保不高于钻进期间环空返速的50%。选择合适的分段循环点，依据顶通泵压适当调整套管下入深度，并对返出的泥浆密度、黏度进行调整，调整密度至1.35g/cm^3，黏度调整至47~48s。

顺北6X井三开下套管顶通及分段循环情况见表3。顺北6X井通过精心操作，严格落实工程依据环空返速制定的下套管时间，做好缓开泵阶梯提排量，结合漏点、井径及顶通情况优选分段循环点，泥浆对分段循环返出钻井液进行充分调整。通过操作、工程、泥浆的三方配合最终保障了该井三开下套管顺利，未发生漏失。

表3　顺北6X井三开下套管顶通及分段循环数据表

分段循环井深/m	顶通排量/（L/s）	顶通泵压/MPa	循环排量/（L/s）	循环泵压/MPa
接悬挂完	3	2.4	8	1.4
4300	2.5	1.3	8	2.4
4850	2.5	2	9.5	2.9
5445	2.5	4.5	8.5	2.5
5880	2	3.9	8	2.1
6390	2.5	3.5	9.5	3.1
7000	2.2	3.1	10	3.1
7751.85	2.2	4.7	9	5.6
固井前			15	3.5

3　认识与结论

（1）对于井漏，必须做好钻井参数的分析判断，确定漏点。

（2）段塞堵漏是高效率的堵漏方式，必须根据井下情况选择合理的粒径及浓度以提高堵漏成功率。段塞堵漏时，必须仔细观察段塞浆过漏点时压力变化，以验证漏点判断。

（3）段塞堵漏、分段承压提高地层承压能力是防止复漏的有效技术工艺。

（4）中完作业依据井下实际情况，套管内灌入低密度、低黏切的泥浆，对分段循环返出的泥浆调整密度、黏度是防漏的优秀工艺措施。

（5）中完防漏，操作、工程、泥浆技术措施要协同并举，严格落实。

参 考 文 献

[1] 高自力. 保护石炭系气层的固井技术［J］. 天然气工业，1995.

[2] 于得水，徐泓，陈迎伟，等. 满深1井奥陶系桑塔木组高性能防塌水基钻井液技术［J］. 石油钻探技术，2020，48（05）：49-54.

[3] 陈迎伟，谢海龙，何仲，等. 顺北71X井二叠系防漏堵漏工艺实践及认识［J］. 自然科学，2020，3（11）：38-40+42.

[4] 赵志国，白彬珍，何世明，等. 顺北油田超深井优快钻井技术［J］. 石油钻探技术，2017，45（06）：8-13.

抗冲稀强滞留堵漏材料 WSP 的评价及应用

杨倩云　于　雷　王宝田　张守文

（中石化胜利石油工程有限公司钻井液技术服务中心，山东 东营　257078）

摘　要： 本文提供一种具有"遇水增稠"和"剪切增稠"的抗冲稀强滞留堵漏材料WSP乳液。其WSP相对分子质量为276万~335万，平均粒径约100μm，可吸水增稠47.1倍以上，遇水后经剪切搅拌形成以分子间缔合为主的超分子结构，体系黏度快速升高、稠度增加，宏观表现为遇水剪切增稠，1.2%WSP黏度达170355mPa·s。形成的凝胶体系具有良好的黏弹性，可在地层中形成有效充填和滞留；且相界面稳定，黏滞性强，移动阻力大，具有优良的抗冲稀滞留性能。与桥塞堵漏剂复合前后抗冲稀度低于6.74%，滞留承压能力达5.4MPa及以上；WSP酸溶率达99%以上，具有优良的油气层保护效果。在泾河油田断缝体发育的华北JH55P4井成功应用2井次，采用抗冲稀强滞留堵漏材料WSP结合针对性的"一袋式"桥浆堵漏材料，对于该井的失返性漏失一次性堵漏成功。

关键词： 遇水增稠；剪切增稠；抗冲稀；强滞留；可酸化

裂缝、溶洞地层恶性井漏是钻井施工过程中的重大技术难题，至今仍未有效解决。由于其具有漏失通道大、连通性好、漏层温度高、漏失压差大等特点，使得堵漏作业成功率低，给钻井工程带来了极大的困扰，尤其在存在地下暗河情况下堵漏浆被冲蚀导致无效堵漏。钻井恶性漏失若处理不及时将会导致油气层损害严重，降低油气产能，甚至还可能诱发井喷、井塌等井下事故。若钻遇高压、高含硫油气田时将会造成人身伤害和难以估量的环境污染，从而造成重大经济损失和较为恶劣的社会影响[1-4]。

对于大裂缝、大溶洞引起的漏失难题，通常所采用的技术措施主要有桥浆堵漏、聚合物、水泥堵漏和复合堵漏（凝胶+水泥、桥浆+水泥）等。但是，常规的桥浆堵漏材料架桥困难、滞留性差，水泥堵漏浆易被地下水冲稀或与井浆窜混，从而影响水泥的固结强度，采用复合堵漏方法去应对此类漏失也会遇到易被地层水冲稀、材料难滞留等难题。为克服堵漏材料难以在大尺寸裂缝和多尺度溶洞型漏失地层中有效滞留，流水环境中堵漏材料容易被冲蚀，承压能力低等问题[5-11]。本文提供一种具有抗冲稀、强滞留特征的乳液凝胶堵漏材料WSP，采用反相聚合法，在分子结构设计中引入水敏性官能团和疏水官能团，在溶剂中聚合而成。与水接触后，在剪切作用下自身黏度快速升高、稠度增加，并与岩石壁面相黏接，形成具有一定强度的空间立体网络结构，在水中滞留，可有效解决大裂缝、缝洞型恶性漏失问题。

基金项目： 胜利石油工程有限公司基金项目"抗冲稀强滞留堵漏材料开发及应用"（SKG2112）。

作者简介： 杨倩云（1978—），女，硕士，高级工程师，主要从事钻井液技术研究。E-mail：yangqy83.ossl@sinopec.com。

1 抗冲稀强滞留堵漏材料 WSP 理化特征

1.1 相对分子质量的测定

采用凝胶色谱仪（GPC）对WSP乳液的相对分子质量进行测定，设置流速为0~10mL/min，柱温为25~60℃，结果如表1所示。

表1 GPC测定结果

分布名称	*Mn*	*Mw*	*MP*	*Mz*	*Mz*+1	多分散性
相对分子质量	2757183	3155246	3277422	3266098	3345661	1.437762

表1结果表明，WSP乳液的重均相对分子质量*Mw*可以达到310万左右，数均相对分子质量*Mn*大约280万，相对分子质量较大，主要是因为疏水基团之间相互缠绕，形成空间网络结构，导致相对分子质量增大，多分散性值较小，为1.43，说明聚合物相对分子质量不均一，但总体乳液反应较完全。

1.2 粒径分析

将WSP乳液稀释1000倍，在室温下用Mastersizer2000激光粒度仪测定其粒径大小和分布状况，其粒径分布见图1。

由图1可知，WSP乳液的粒径分布呈单峰状，平均粒径在100μm左右，在粒径分布图中，峰形较窄，说明WSP乳液粒径分布相对集中，粒径大小均匀，属于微米级助剂，表明WSP乳液遇水之前只有分子内缔合产物，符合油包水乳液聚合的规律，WSP乳液稳定。

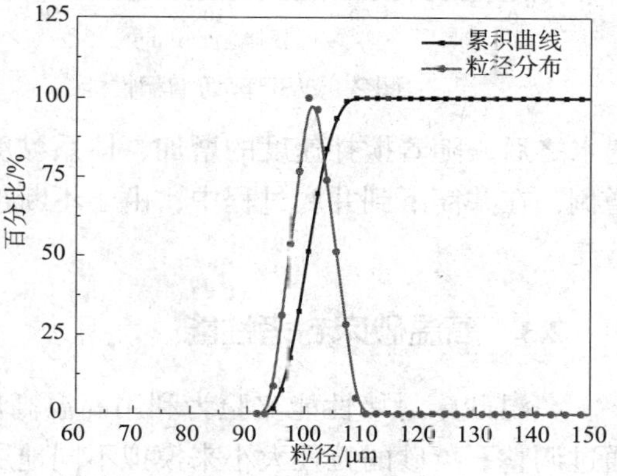

图1 WSP乳液粒径分布

2 抗冲稀强滞留堵漏材料 WSP 性能评价

2.1 遇水膨胀性能

分别称取2g和10g抗冲稀强滞留堵漏材料，利用堆积方法测试其体积记为V_0，然后置于125mL量筒中，倒入100mL蒸馏水，观察不同时间内形成的凝胶体积V_1，其膨胀倍数=（V_1-V_0）/V_0，得到实验数据，如表2所示。

表2 抗冲稀强滞留堵漏材料遇水膨胀性能实验

时间/min	1	2	3	5	10	15	20	30	40
2g样膨胀倍数/倍	10.4	34.2	44.6	48.3	48.7	48.7	48.7	48.7	48.7
10g样膨胀倍数/倍	5.6	30.4	36.9	40.6	46.3	47.1	47.1	47.1	47.1

从表2中可知，抗冲稀强滞留堵漏材料的膨胀倍数可达47.1倍，在1~10min内基本完成膨胀，在达到漏失区域后，能迅速形成网络结构膨胀体，堵塞孔隙缝洞。

2.2 遇水剪切增稠性能

为了保证堵漏浆在地面管线和钻具内的可泵性，在井底强黏滞抗冲稀性能，即在溶洞、裂缝的大通道中具有较高的黏度，以保证滞留和封堵的效果，而在管线内黏度需要适当降低，以减少泵送过程中堵塞的风险。不同于以往聚合物剪切稀释性，根据分子结构和合成工艺设计，本公司研制抗冲稀强滞留堵漏材料应具有良好的水敏剪切增稠性能。

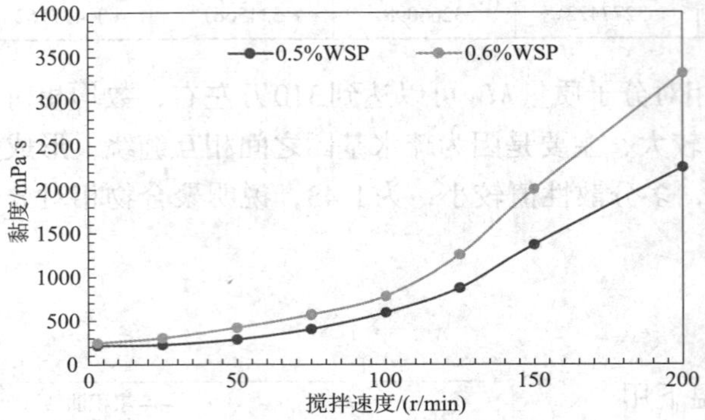

图2　WSP剪切增稠性能

使用布氏黏度计评价了不同转速下的浓度为0.5%和0.6%的WSP溶液的黏度变化，如图2所示。

实验表明，WSP具有优良的遇水剪切增稠性能。主要原因在于该抗冲稀强滞留堵漏材料以反相乳化聚合法制得，该反相乳液在遇水剪切之前，黏度较低，可自由流动，在地面配制时低速搅拌0.5~2min即可配制成功，利于配制和泵送。遇水之后，随着搅拌速度的增加，体系黏度快速升高、稠度增加，宏观表现为遇水剪切增稠，在井筒下到井底过程中，由于不断被剪切，黏度显著提高，有利于在井底滞留和填充。

2.3 高温砂床封堵性能

高温砂床封堵性能实验为利用高温高压失水仪，向容器中填入一定数量的石英砂，通过调整石英砂的粒径大小来模拟不同地层孔隙及裂缝，记录砂床滤失量来衡量该WSP乳液遇水剪切后形成的凝胶的封堵性能。实验温度90℃，静置16h后，测定其在0.7MPa下的瞬时滤失量，以此考察浆液的封堵效果即封堵时效，测试结果如表3所示。待实验完成高温罐冷却至自然温度后，小心取出砂样，如图3所示为不同砂样被胶结状态。

表3　高温砂床封堵性实验结果

配　方	砂样/目	压力/MPa	漏失量/mL	时　间
1.0%WSP	80~120	0.7	0	瞬时
	60~80	0.7	0	瞬时
	40~70	0.7	0.6	瞬时
	20~40	0.7	1.8	瞬时
1.0%WSP+3%封堵剂	10~20	0.7	16	瞬时
1.0%WSP+6%封堵剂+4%核桃壳	5~10	0.7	35	瞬时

注：石英砂数量为100g。

5~10目砂床　10~20目砂床　20~40目砂床　40~70目砂床

图3　1%WSP凝胶致密封堵效果

由实验结果可以看出，1%WSP乳液在90℃温度下静置16h后，能够形成黏度和强度较高的网架结构，对目数较大砂床也能形成致密封堵。

2.4　抗冲稀滞留性能实验

2.4.1　抗冲稀性能评价

堵漏浆抗冲稀能力采用中国石油大学（华东）研制的抗冲稀测试装置SDH，包括一根漏失模拟通道管、水浴箱和水速模拟器。将待测液装入漏失模拟通道管中并称重为m_0，再将其放置到具有预设温度和预设水流速度的水浴箱中30min，取出称重为m_1。抗冲释度=100（m_1–m_0）/m_0 × 100%。

采用上述方法评价0.8%WSP凝胶、1.2%WSP凝胶和1.2%WSP+20%复合桥堵材料三种堵漏液滞留性能，同时采用DV–Ⅲ型布氏黏度计分别测试上述待测液3r/min时黏度并记录，得到的实验数据如表4所示。

表4　WSP抗冲稀性能评价

项　目	黏度/mPa·s	m_0/g	m_1/g	抗冲稀度/%
0.8%WSP	100640	98.6	94.3	4.35
1.2%WSP	170355	105.5	101.7	3.61
1.2%WSP+10%复合桥堵材料	170627	110.6	103.1	6.74

分析表4可知，WSP与桥浆复合前后抗冲稀度低于6.74%，具有良好的抗冲释滞留能力，且随着浓度的升高，抗冲稀能力升高，桥堵材料对其黏度基本无影响，

2.4.2　滞留承压能力评价

采用钻井液动滤失与长裂缝封堵模拟实验装置，该装置由高温高压钻井液釜体、岩心夹持器、温度和压力测试控制系统、数据采集系统组成，测试待测堵漏浆对不同缝宽的滞留承压能力。

采用上述仪器测试1#：1.2%WSP+10%复合桥堵材料对3mm/2mm缝宽和2#：1.5%WSP+20%复合桥堵材料对5mm/3mm缝宽滞留承压能力，记录待测液在150℃、不同压力下漏失量，并逐渐缓慢加压至待测液全部漏失时记为该堵漏浆的滞留承压能力，得到的实验数据如图4所示。

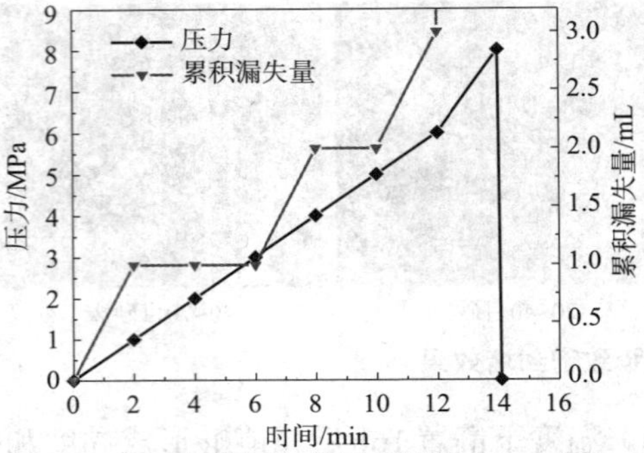

1号漏失量与压力实验图

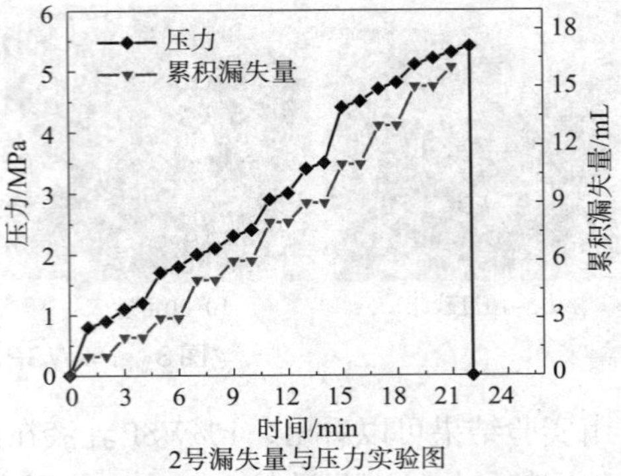

2号漏失量与压力实验图

图4 WSP与桥浆滞留承压性能

从上述实验可知，抗冲稀强滞留堵漏材料与复合桥堵材料复配后，具有良好的滞留承压能力，其中1.2%WSP+10%复合桥堵材料对3mm/2mm缝宽承压能力达8.0MPa，1.5%WSP+20%复合桥堵材料对5mm/3mm缝宽滞留承压能力达5.4MPa。

2.5 酸溶性评价

称取10g待测样置于100mL烧杯中，加入50mL盐酸溶液（盐酸：蒸馏水的体积比=1：1），用玻璃棒搅拌均匀后，盖上表面皿，放在50℃±3℃的恒温水浴中反应10min。从水浴取出溶有试样的烧杯，用旋片真空泵对已知质量的玻璃砂芯漏斗抽滤，用蒸馏水将残留在烧杯中的未溶物全部转入玻璃砂芯漏斗中，继续用蒸馏水淋洗残渣至无氯离子为止（用1%硝酸银溶液检查滤液）。将玻璃砂芯漏斗置于表面皿上，送入恒温箱中干燥4h，取出放入干燥器中冷却至室温，称其质量。用上述方法测试并计算抗冲稀强滞留堵漏材料WSP加水前后酸溶性，得到的实验数据如表5所示。

表5 抗冲稀强滞留堵漏材料酸溶性实验

待测样	100%WSP	水+2%WSP	1%WSP+10%NaCl
酸溶率/%	99.9	99.9	99.9

从表5可以看出，抗冲稀强滞留堵漏材料WSP加水前的乳液状态和加水剪切后形成的凝胶其酸溶率都达99%以上，具有优良的油气层保护效果，适合用于储层堵漏。

3 现场应用

抗冲稀强滞留堵漏材料WSP在中石化华北油气分公司JH55P4井进行了现场实验。该井为中石化华北油气分公司部署的一口油藏评价水平井，位于甘肃省宁县平子镇修果村，构造位置位于鄂尔多斯盆地伊陕斜坡北部，设计主眼井深2145.46m，垂深1484m。完钻层位：导眼三叠系上统延长组长9段，完井方式：套管顶部固井+筛管裸眼完井。

该井地质物性主要为发育泥岩、粉砂质泥岩、细砂岩。区块构造复杂，延长组断裂、裂缝发育，水平段存在多处漏点，极易发生漏失，常规堵漏方法堵漏难以形成强度较大的堵漏层。邻井实钻过程中，多次发生失返性漏失，严重影响了钻井提速提效。针对此井断缝体裂缝性漏失及储层保护要求，应用可酸化的抗冲稀强滞留堵漏材料，配合研发的桥塞“一袋式”堵漏剂，构建了适用于断缝体储层的抗冲稀强滞留高效堵漏技术。

抗冲稀强滞留堵漏技术在该井共应用了2井次，第一次在水平段钻进至井深1998m时，钻压从8t突然下降至0，发生失返性漏失，继续顶漏强钻，至井深2047m时钻压从6t突然降低至2t，依然失返性漏失。配制随钻堵漏浆（2t“一袋式”堵漏剂、2t复合堵漏剂、200kg抗冲稀强滞留堵漏材料WSP）50m^{3}循环入井，继续顶漏强钻至井深2058m，出浆槽返浆，但返浆量较少，堵漏效果明显。

后起钻下光钻杆专项堵漏，配制抗冲稀强滞留高效凝胶堵漏浆20m^3（水化土浆+2t“一袋式”堵漏剂+2t可酸化膨胀堵漏剂+2t复合堵漏剂+2t酸溶性颗粒+200kg抗冲稀强滞留堵漏材料WSP）。打入堵漏浆后替浆6m^{3}时出浆槽返浆，短起钻至井深1886m，关闭防喷器憋挤堵漏浆进地层，然后短起钻至井深1750m正常循环后下钻至井底验漏，排量从22L/s逐渐提升至正常钻进时排量28L/s，循环正常无漏失，达到可继续钻进条件，效果显著，堵漏成功。

更换定向钻具组合继续钻进，在循环浆中持续补充可随钻堵漏剂（0.5t“一袋式”堵漏剂、0.5t可酸化膨胀堵漏剂、200kg抗冲稀强滞留堵漏材料WSP）以降低新钻地层漏速，达到继续钻进条件，直至完钻。为了封堵新钻开地层，然后继续起下钻，配制专项可酸化抗冲稀强滞留高效凝胶堵漏浆40m^3（井浆+1.5t可酸化膨胀堵漏剂+1t复合堵漏剂+1t酸溶性颗粒+400kg抗冲稀强滞留堵漏材料WSP）泵送堵漏浆后短起憋挤堵漏浆，短起循环正常无漏失，堵漏成功。

4　结论与认识

（1）利用反相乳液聚合法，将疏水单体与亲水单体乳化于溶剂中聚合而成的抗冲稀强滞留堵漏材料WSP具有优良的遇水剪切增稠性、抗冲稀滞留和可酸化性能。

（2）WSP乳液遇水前或遇水低速搅拌时黏度低，利于配制和泵送；在井筒下到井底过程中，不断被剪切，黏度显著提高；在裂缝处驻留与岩石壁面黏结形成的凝胶体相界面稳定，黏滞性强，移动阻力大，可有效滞留封堵地下缝洞空间，解决恶性漏失问题。

（3）华北JH55P4井延长组断缝体发育，极易发生失返性漏失，根据堵漏和储层保护双需求，应用可酸化的抗冲稀强滞留堵漏材料，配合公司研发的桥塞“一袋式”堵漏剂，在该井成功应用2井次，构建了适用于断缝体储层的抗冲稀强滞留高效堵漏技术。

参 考 文 献

[1] 王中华.复杂漏失地层堵漏技术现状及发展方向［J］.中外能源，2014，19（1）：39–48.
[2] 李大奇，刘金华，陈曾伟，等.缝洞恶性漏失堵漏技术研究及工业化应用［J］.中国科技成果，2020，23（019）：1009–5659.
[3] 陈曾伟，刘四海，林永学，等.塔河油田顺西2井二叠系火成岩裂缝性地层堵漏技术［J］.钻井液与完井液，2014，31（1）：40–43.

［4］王伟志，刘金华，李大奇，等．奥陶系灰岩地层放空段堵漏技术［J］．探矿工程（岩土钻掘工程），2018，45（1）：48–51，55.
［5］郭拥军，罗平亚，罗勇，等．凝胶水泥、缔合聚合物及制备方法：CN 111268953［P］．2020.06.12.
［6］陈曾伟，王悦坚，李大奇，等．抗高温井下交联固结堵漏技术在塔河油田的应用［J］．钻井液用完井液，2015，32（3）：42–46.
［7］王勇，蒋官澄，杜庆福，等．超分子化学堵漏技术研究与应用［J］．钻井液与完井液，2018，35（3）：48–53.
［8］王中华．聚合物凝胶堵漏剂的研究与应用［J］．精细化工与专用化学品，2011，19（4）：16–20.
［9］赵素丽，刘金华．防水冲稀堵漏预处理剂HSN的研制及应用［J］．钻井液与完井液，2011，28(6)：8–10.
［10］胡子乔，刘四海，张金成，等．新型抗高温二次交联凝胶堵漏材料的研制［J］．探矿工程（岩土钻掘工程），2016，43（7）：103–106.
［11］王平全，李再钧，聂勋勇，等．用于钻井堵漏和封堵的特种凝胶抗冲稀性能［J］．石油学报，2012，33（04）：697–701.

自解堵储层钻开液的研究与应用

姜春丽[1]　慈国良[1]　刘金明[2]　张亚男[1]

（中石化胜利石油工程有限公司钻井液技术服务中心，山东 东营　257100；
中石化胜利石油工程有限公司海洋钻井公司，山东 东营　257100）

摘　要： 随着老油区产能提升的需求越来越迫切，储层保护技术也越来越多地应用到钻井工艺中。储层保护处理剂的研发以及储层钻开液的性能优化可以有效地提高钻井液的储层保护效果，为后期提高油气产量打下良好的基础。本文研发了一种可以自降解的封堵剂，该封堵剂可以实现降解速率可调控，在6~15d的时间降解率可以达99%以上。同时构建了适应于120℃以及150℃两套储层钻开液体系。该体系的封堵率达96.5%，返排后渗透率恢复值为93.2%，储层保护效果明显。自解堵储层钻开液体系现场应用效果表明具有较高的推广应用价值。

关键词： 自降解；储层保护；钻开液；现场应用

储层钻开液也叫储层钻进液，是针对储层段的钻完井液体系。作为石油生产开发前期最先与油气层接触的工作液，储层钻开液类型的优选和性能的优化能有效减少储层伤害、缩短钻井时间、提供较高的生产效率[1-4]。目前的储层钻开液体系多为无固相或无黏土体系，采用聚合物作为增黏剂，搭配可酸化的封堵材料[5-7]。但此类储层钻开液的应用范围较窄，一般适用于低温低密度井的储层作业，且搭配的可酸化封堵剂虽部分可在后期酸化作业中酸化，但仍会对储层造成一定的伤害，降低后期生产的出液量。

本文针对目前储层钻开液应用范围较窄，传统封堵剂易造成储层伤害的现状自主研发了可以自降解的储层封堵剂，有效地降低了封堵剂对储层的伤害，同时通过处理剂的优选以及配方的优化提高了储层钻开液的密度及抗温能力，拓宽了储层钻开液的适用范围。目前，自解堵储层钻开液在现场应用5井次，应用井产液量明显提高，储层保护效果明显。

1　自降解封堵剂的研制

在传统的自降解材料的基础上通过改性和复配研制出一种降解时间随温度及pH值可控的封堵剂，该封堵剂在钻井液中自降解率达99%以上。该封堵剂的应用既可以降低钻开液钻井过程中钻开液滤液对地层的伤害，在钻井作业完成后不需要进行二次作业就可以自行降解，大幅提高了储层钻开液的储层保护效果。

作者简介：姜春丽（1983—），女，2008年毕业于中国石油大学（华东）应用化学专业，获工学硕士学位，现就职于中石化胜利石油工程公司钻井液技术服务中心，主要从事油田化学及钻井液油气层保护方面的研究工作。E-mail：jiangchl33.ossl@sinopec.com。

1.1 自降解材料的优选与改性

脂肪族聚酯材料是一类降解条件简单、降解彻底的可降解材料。该聚酯类材料降解经过水解反应分解后再由自然界中的微生物进行降解，降解最终产物为水和二氧化碳。浸入水性介质中导致分子链松弛，酯键开始初步水解，分子链变短，相对分子质量降低，逐渐降解为低聚物。实验结果表明，将该材料置于水中15d的降解率较低，降解不明显（图1）。

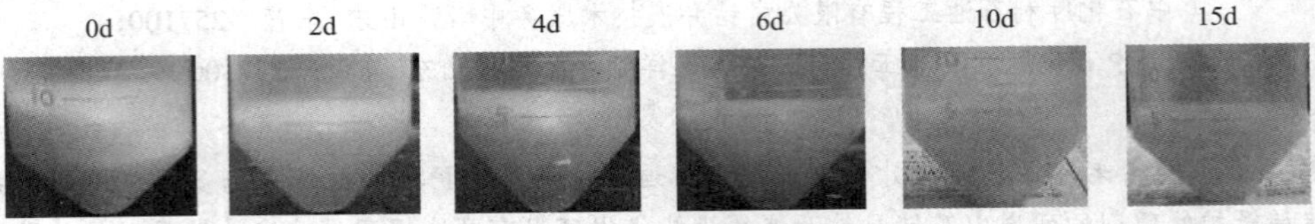

图1　15d内材料降解情况

为了提高该材料的降解速度，实验中对聚酯材料进行了改性，在聚酯材料的功能基团上接枝氨基改性，同时搭配降解促进剂。通过优化改性聚酯材料在水中可实现降解速率可调控，在6~15d的时间降解率可以达99%以上（图2、图3）。

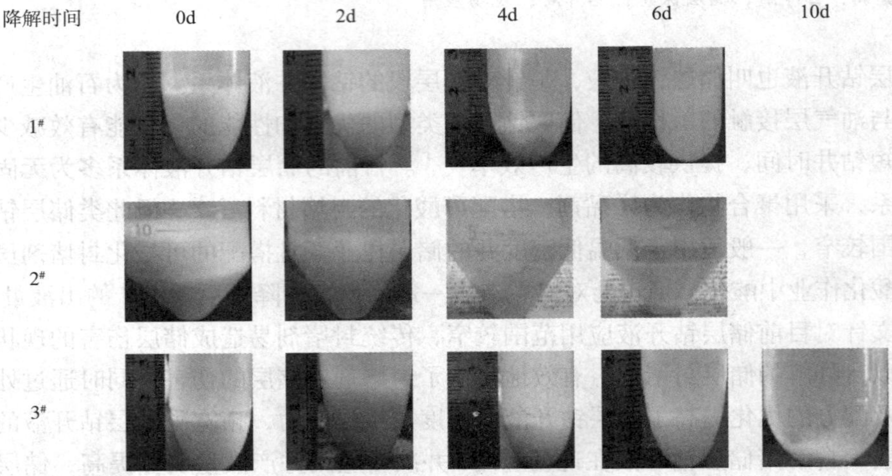

图2　材料改性后降解情况

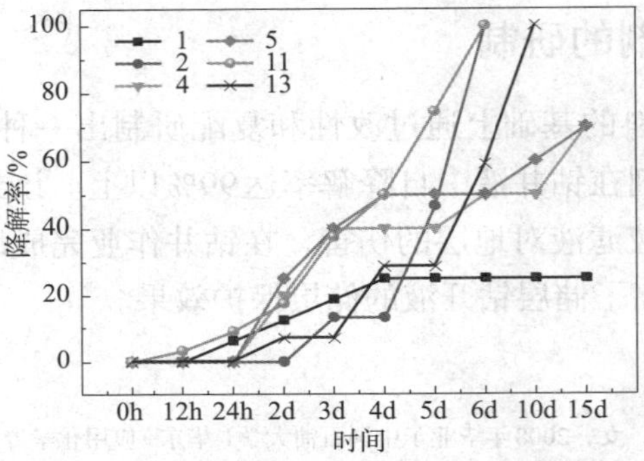

图3　不同配方随时间的降解

1.2 自降解材料的粒径优化

聚酯材料的粒径分布与岩心空隙的分布较为贴近，但对于微孔隙的封堵有限，在低尺寸范围内颗粒数量较少，针对地层孔隙分布，进行粒径优化。通过搭配小颗粒的降解促进剂，在提高封堵剂的降解能力的同时，提高封堵剂与地层孔隙的匹配度（图4、图5）。

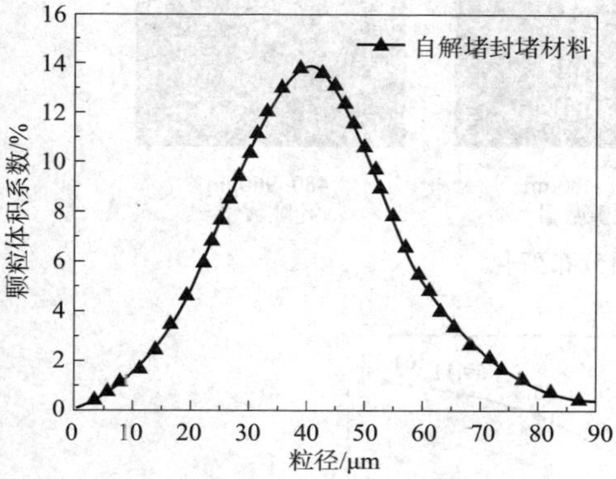

图4 自降解材料粒径分布

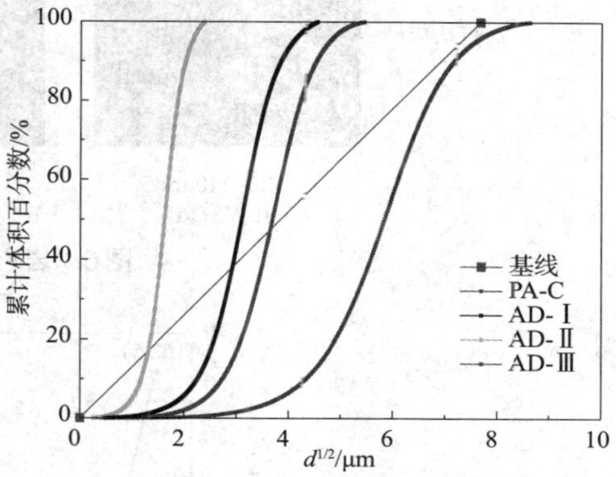

图5 复配的封堵剂与地层粒径匹配度

2 自解堵储层钻开液体系的构建与评价

以自降解封堵剂作为核心封堵材料，优选了降滤失剂与增黏剂，构建了自解堵储层钻开液体系。并对该体系进行了性能评价。实验结果表明，该体系具有良好的封堵与解堵能力，抗温能力强，可适用于更多储层的开采需求。

2.1 储层钻开液体系封堵性能评价

取埕岛区块CBG4井地层岩心进行储层钻开液体系的封堵实验。对比封堵前后岩心的渗透率变化。从实验结果可以看出，岩心封堵率可达96.5%。用CT扫描的方式评价污染前后岩心的孔隙分布变化及孔隙率变化：污染后孔隙数量明显减少，孔隙率降低明显（图6）。

2.2 储层钻开液体系解堵性能评价

解堵性能是体现储层钻开液对储层保护效果的重要指标，实验中采用储层钻开液体系对地层岩心进行封堵污染，对封堵后岩心进行返排驱替实验，评价驱替实验后岩心的渗透率变化情况。自解堵储层钻开液在返排后的渗透率恢复率为93.2%。同时采用电镜扫描岩心面孔隙，评价封堵前后岩心面空隙率的变化情况。进一步评价该体系的封堵及解堵效果。从实验数据可以看出，解堵后岩心面孔隙基本恢复到污染前的水平（图7、图8）。

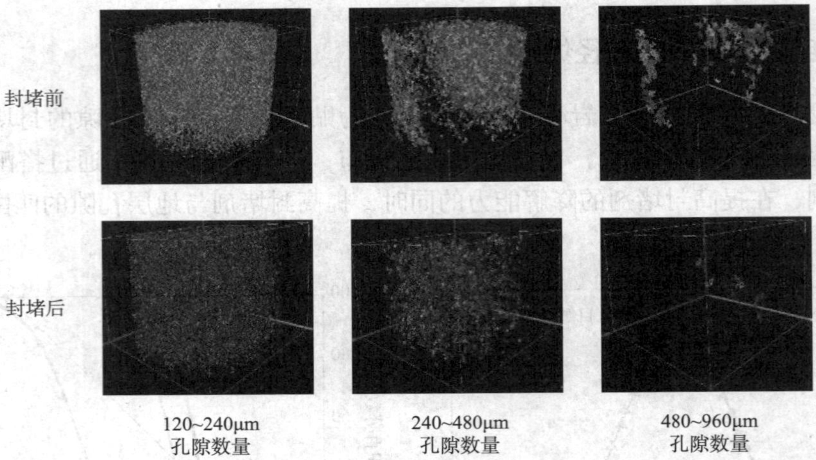

图6　岩心空隙分布变化

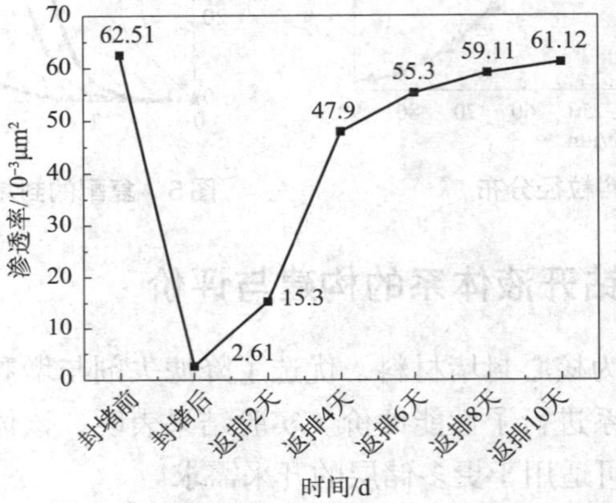

图7　返排解堵性能对比评价

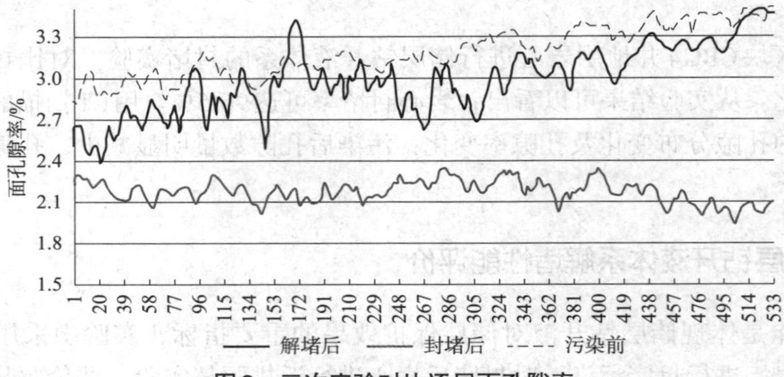

图8　三次实验对比逐层面孔隙率

2.3　储层钻开液抗温能力评价

通过对体系的降滤失剂和提黏提切剂进行优选，为了适用不同深度、不同地层温度的储层开采的需求，分别构建了抗温120℃及抗温150℃两套体系（表1）。通过16h的老化评价，两套体系的流变性能在老化后都没有较大的变化，可以满足钻井需求。

120℃体系配方：0.2%~0.5%增黏剂Ⅰ+1.5%~2%降失水剂Ⅰ+3%~8%抑制剂+1%~3%自降解封堵剂+加重剂。

150℃体系配方：1%~2%增黏剂Ⅱ+1.5%~2%降失水剂Ⅱ+3%~8%抑制剂+3%~5%自降解封堵剂+加重剂。

表1　储层钻开液抗温性能评价

实验条件		*AV*/mPa·s	*PV*/mPa·s	*YP*/Pa	*API-FL*/mL
120℃体系	老化前	19	8	11	4.6
	老化后	16	7	9	4.1
150℃体系	老化前	21	10	11	3.2
	老化后	20	13	7	4.0
	老化后	26	24	2	1.0

3　自解堵储层钻开液现场应用

目前，该钻开液体系已在埕北11NC-平3井以及桩139-平23井等5口井完成现场应用，取得了良好的现场应用效果，为实现区块增产增效提供了有力的技术支持。

埕北11NC-平3井位于埕岛油田主体构造的西部，研究区馆上段砂组均含油。埕北11井区馆上段平均孔隙度31.6%，平均渗透率$2599\times10^{-3}\mu m^2$，渗透率较高，属高孔、高渗储层。自解堵储层钻开液体系在埕北11NC-平3井的应用有效地降低了储层的损害，钻井过程中钻井液性能稳定，API滤失量保持在4mL，该井试油产量达150t/d；目前控制产量，日产液118.6t，日产油40.8t，增产效果显著。

桩139-平23井是由难动用项目部与桩西采油厂在济阳坳陷沾化凹陷桩海潜山披覆构造带桩海断裂带桩斜139块布的一口生产井。该井完钻井深4090m，垂深1619.32m，三开水平段长697m，水平位移3172.08m，位垂比达1.96，各项指标均远超海上施工同类型井。该井地层裸眼暴露15d，始终保持地层稳定，未出现坍塌掉块漏失等现象，最终顺利完成了钻井作业。此次桩139-平23井钻井施工的圆满完成标志着无黏土储层钻开液技术实现了在深井大位移井的应用，完成了由单纯的海上应用到陆上应用的突破。

4　结论与认识

（1）以易降解的脂肪族聚酯材料为基础改性复配后的自降解封堵剂可以实现降解速率可调控，在6~15d的时间降解率可以达99%以上。通过搭配小颗粒的降解促进剂，在提高封堵剂的降解能力的同时，提高封堵剂与地层孔隙的匹配度。

（2）构建了自解堵储层钻开液体系，该体系的封堵率达96.5%，返排后渗透率恢复值为93.2%，储层保护效果明显。同时为适应不同井深的需求，构建了适应于120℃以及150℃两套储层钻开液体系体系。

（3）现场应用效果表明，自解堵储层钻开液体系能够有效地降低储层伤害，增产效果明显。且该钻井液现场维护简单，有着良好的流变性能，具有较高的推广应用价值。

参考文献

［1］罗平亚，康毅力，孟英峰．我国储层保护技术实现跨越式发展［J］．天然气工业，2006，26（1）：84–87.

［2］顾军，张玉广，高玉堂，等．裂缝性储层保护技术与钻井完井液［J］．油田化学，2007，24（1）：87–92.

［3］田进，张易航，徐明标，等．无黏土相盐水储层钻开液体系构建及其抗污染性能评价［J］．精细石油化工，2021，38（1）：7–11.

［4］程冬洁，陈振华．无固相钻井完井液研究与应用进展［J］．精细石油化工进展，2009（8）：10–14.

［5］宋晓伟．渤中34–X区块储层保护钻井液技术研究及应用［J］．石油化工应用，2022，41（3）：15–18.

［6］赵文，陈缘博，郑力会，等．东方1–1气田储层保护型钻开液研究与应用［J］．2021，14：46–48.

［7］刘晓东，董昆，沈哲．屏蔽暂堵型储层保护钻开液在曹妃甸的应用［J］．天津科技，2017，44（10）：83–86.

固井与完井技术

树脂水泥浆体系研究与性能评价

郭　鹏[1,2]　彭婉莹[1,2]　李慕君[3]　崔洪博[1,2]　郑志军[1,2]

（1.中石化中原石油工程有限公司钻井工程技术研究院，河南 濮阳　457001；
2.中石化石油工程钻完井液技术中心，河南 濮阳　457001；
3.中石化中原石油工程有限公司固井公司，河南 濮阳　457001）

摘　要：针对页岩气固井需要，形成了树脂水泥浆体系，适用温度范围为40~130℃，树脂水泥石弹性模量较普通水泥石显著降低，降低幅度达60%左右，具有良好的弹韧性；胶结强度均比常规水泥配方最低提高28%以上，具有良好的胶结性能。稠化时间在160~380min内可控可调；树脂水泥配方失水量范围在21~24mL；树脂水泥石72h养护抗压强度最低为25.6MPa。

关键词：页岩气；固井；树脂水泥浆体系：弹韧性

随着国内外页岩气的勘探开发，气井油套环空、技管环空等环空异常带压现象逐渐增多，已成为影响气井安全生产的重要问题。环空带压对气井安全生产提出了严峻的挑战，是全世界石油工业界面临的共同难题和安全问题。国外环空密封树脂的研究和应用为固井后气窜以及环空带压等难题提供了一种全新的解决途径，但树脂种类少且适用温度范围较窄（≤93℃），主要用于环空带压问题气井的修井、井口窜气处理、封井等作业，未能从根本上起到预防作用。通过树脂水泥浆体系的研究，形成树脂水泥固井技术，可提高固井胶结质量与环空密封质量，有效解决气井环空带压的难题。目前国外哈利伯顿公司研发的Well Lock树脂材料是一种低黏度树脂体系，其井下适用最高作业温度可达93℃，可对气体上窜通道进行阻隔，实现了环空封隔，用于环空带压问题气井的修井、井口窜气处理、封井等多种作业。国内研究主要集中在防气窜水泥体系及添加剂等方面，而树脂材料其固化后本身具有高强度、高弹性、低收缩、抗腐蚀、改善界面胶结等特性，克服了常规水泥胶凝材料本身固有的缺陷，是一种较为理想的环空封隔胶凝材料，因此研究树脂水泥浆体系具有重要意义。

1　实验

1.1　原料

G级油井水泥，水溶性酚醛树脂、固化剂、缓凝剂、降失水剂、增韧剂、实验用水。

作者简介：郭鹏，助理研究员，毕业于中国石油大学（华东），现主要从事钻井液技术研究与应用工作。E-mail：fh4843301@163.com。

1.2　实验仪器及方法

主要实验仪器为30-60型瓦棱搅拌器，7025型高温高压稠化仪，35SA型旋转黏度计、Toni多功能水泥石力学实验机。参照国家标准《油井水泥实验方法》(GB/T 19139—2012)及《油井水泥》(GB 10238—2005)，对水泥浆的性能进行评价。

1.3　树脂水泥浆体系配方的形成

以G级油井水泥、水溶性酚醛树脂、固化剂、缓凝剂、降失水剂、增韧剂、实验用水为原材料，结合体系所需性能，进行复配研究，形成了树脂水泥浆体系配方。

1.3.1　树脂加量

将水溶性酚醛树脂加入G级水泥净浆中，进行不同种类树脂和不同加量下的流变性能评价，结果如表1所示。

表1　树脂加量对水泥浆流变性的影响

外加剂	加量/%	Φ_{300}	Φ_{200}	Φ_{100}	流动指数n	稠度系数k/Pa·s^n
—	0	89	74	55	0.4373	2.9745
液态树脂	0.1	80	69	24	0.5598	0.7784
	0.2	108	67	37	0.9915	0.0260
	0.3	120	78	40	—	—
固体树脂粉末	0.1	68	46	22	0.9472	0.1016
	0.2	95	61	30	0.9589	0.1221
	0.3	111	75	38	—	—

加入树脂后的浆体，随着树脂加量增加，流性指数明显降低，稠度系数明显增高，流变性能明显变差；加入液态树脂至30%，浆体已失去流动性，而固体树脂粉末，随加量提高，流动性变差，但至30%时，浆体依然具有流动性。

1.3.2　固化剂加量

固定G级水泥净浆+10%水溶性酚醛树脂，考察固化剂加量对树脂固化时间的影响，结果如表2所示。

表2　固化剂加量对固化时间的影响

	加量/%	温度/℃	固化时间/min	温度/℃	固化时间/min
固化剂	0.5	120	127	70	157
	1		61		127
	3		75		55

未加固化剂时，水溶性树脂自身固化时间最高点出现在40℃，为241min；加入固化剂后，在不同温度下，树脂自身固化时间均呈现下降趋势，且随着固化剂加量的提高，固化时间均缩短。不同种类固化剂加量达3%时，树脂固化时间均降低至1h左右；当固化剂

加量在0.5%和1%加量时，树脂固化时间与该温度下施工所需要稠化时间基本一致，但再高于1%，固化产物容易产生“包芯”现象，所以固化剂加量应在0.5%~1%。

1.3.3　缓凝剂加量

固定G级水泥净浆+10%水溶性酚醛树脂，加入缓凝剂进行稠化实验。考察缓凝剂加量对稠化时间的影响，结果见表3。

表3　缓凝剂加量稠化时间评价

序　号	实验条件	缓凝剂加量/%	稠化/可泵时间/min	初始稠度/Bc
1	40℃/15MPa	0.8	132/121	14
2	60℃/30MPa	0.9	150/139	14
3	80℃/40MPa	1.0	160/149	15
4	100℃/45MPa	1.2	246/234	14
5	120℃/55MPa	1.5	354/344	18

在稠化实验过程中，稠化曲线平稳，初始稠度低，且为直角稠化。在40~80℃之间，缓凝剂加量在0.8%~1.0%即可满足稠化时间要求，在80~120℃之间，缓凝剂加量在1.0%~1.5%可满足稠化时间要求。

1.3.4　降失水剂加量

降失水剂加量对水泥浆失水量的影响如图1所示。

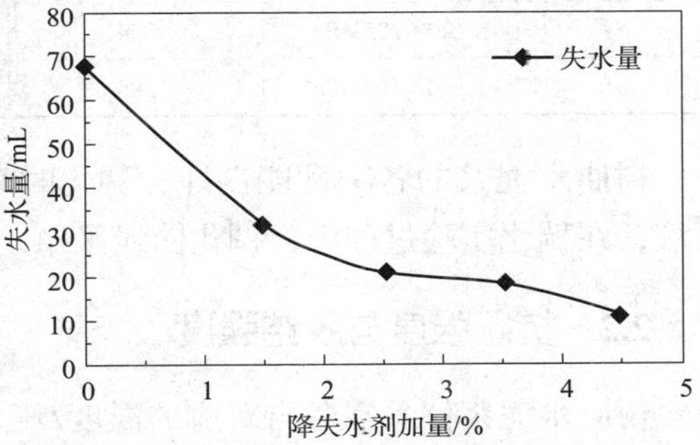

图1　降失水剂加量对树脂水泥浆失水量的影响

水泥浆的失水量随降失水剂加量的增加，呈现先快速降低后下降较为缓慢的趋势。降失水剂产品加量分别为1.5%、2.5%、3.5%和4.5%时，酚醛树脂水泥浆在93℃、6.9MPa的失水量分别为32mL、21mL、19mL和11mL，说明该降失水剂在测试条件下具有良好的降失水能力。

1.3.5　增韧增强剂加量

添加纤维的抗压强度数据见表4。实验条件选取为80℃、21MPa，养护时间48h。

表4　不同纤维加量对水泥石抗压强度的影响

温度/℃	压力/MPa	养护时间/h	增韧增强剂	纤维加量/%	抗压强度/MPa
80	21	48	SM纤维	0.5	17.94
				1.0	19.29
				1.5	19.39
				2.0	18.11

在实验条件下加入纤维后，水泥石的抗压强度均大于14MPa，能够满足固井工程的技术要求。而在确定使用SM纤维时，其加量为1.5%。

2 树脂水泥浆体系性能评价

2.1 水泥浆体系性能

树脂水泥浆体系在各自对应的温度/压力实验条件下按照水泥浆评价方法进行实验，考察常规性能，树脂水泥浆体系配方为：水溶性酚醛树脂（15%）+缓凝剂ZYH-1（1.0%）+降失水剂ZYJ-1（2.5%）+固化剂（0.8%）+增韧剂SM纤维（1.5%）+G级油井水泥。实验结果如表5所示。

表5 树脂水泥配方稠化性能评价

配方编号	实验条件	稠化时间/min	*FL*/mL	游离液/mL	$\Delta\rho$/（g/cm^3）
1	40℃/20MPa	160	22	0	0
2	60℃/30MPa	150	21	0	0
3	80℃/40MPa	160	24	0	0
4	100℃/45MPa	246	23	0	0
5	120℃/55MPa	354	24	0	0
6	130℃/60MPa	380	22	0	0

树脂水泥浆的各项性能良好，稠化时间可调，浆体稳定，失水量小于25mL，零游离液，在稠化实验过程中，稠化曲线平稳，初始稠度低，且为直角稠化。

2.2 抗压强度与胶结强度

树脂水泥浆体系在各自对应的温度/压力实验条件下按照水泥浆评价方法进行实验，树脂水泥浆体系配方为：水溶性酚醛树脂（15%）+缓凝剂ZYH-1（1.0%）+降失水剂ZYJ-1（2.5%）+固化剂（0.8%）+增韧剂SM纤维（1.5%）+G级油井水泥，采用界面胶结强度试模进行胶结强度的成型和测试，考察水泥石72h养护后抗压强度和胶结强度数据，实验结果如表6所示。

表6 树脂水泥配方抗压强度性能评价

配方编号	实验条件	抗压强度/MPa		胶结强度/MPa	
		G级净浆	树脂水泥浆	G级净浆	树脂水泥浆
1	40℃/20.7MPa	22.1	25.6	10.94	14.40
2	60℃/20.7MPa	26.3	30.4	13.54	17.34
3	80℃/20.7MPa	30.7	35.1	26.72	34.06
4	100℃/20.7MPa	32.6	36.8	33.51	44.56
5	120℃/20.7MPa	30.9	35.7	42.76	56.60
6	130℃/20.7MPa	31.9	36.2	48.82	73.59

各配方在对应温度/压力条件下，抗压强度随温度升高呈现增加趋势，48h抗压强度最低也有22.1MPa，且抗压强度普遍比G级净浆高，胶结强度明显增加，增加幅度最低为28%。

2.3 弹性模量

树脂水泥浆体系配方为：水溶性酚醛树脂（15%）+缓凝剂ZYH-1（1.0%）+降失水剂ZYJ-1（2.5%）+固化剂（0.8%）+增韧剂SM纤维（1.5%）+G级油井水泥，在各自对应的温度实验条件下按照动态弹性模量测试方法进行弹性模量性能实验，考察水泥石72h养护后弹性模量数据，实验结果如表7所示。

表7 树脂水泥配方弹性模量性能评价

配方编号	实验条件	弹性模量/GPa	
		G级净浆	树脂水泥浆
1	40℃/20MPa	12.10	6.89
2	60℃/30MPa	12.45	6.08
3	80℃/40MPa	12.85	6.14
4	100℃/45MPa	12.97	6.92
5	120℃/55MPa	13.45	6.87
6	130℃/60MPa	13.77	6.37

各配方在对应温度/压力实验条件下，不同树脂加量下所得弹性模量，均比纯水泥所得水泥石有大幅度下降。实验温度越高，下降幅度越明显；随着树脂加量的提高，在不同温度下弹性模量均呈下降趋势。说明树脂水泥配方较常规水泥配方弹性模量有显著的降低，弹韧性有了显著提高。

2.4 水泥石扫描电镜（SEM）分析

对树脂水泥浆水泥石进行SEM分析，微观形貌见图2。微观形貌显示树脂颗粒未对水化产物产生影响。微观结构表明，树脂颗粒有效地填充了水泥水化产生的孔隙及微裂缝。

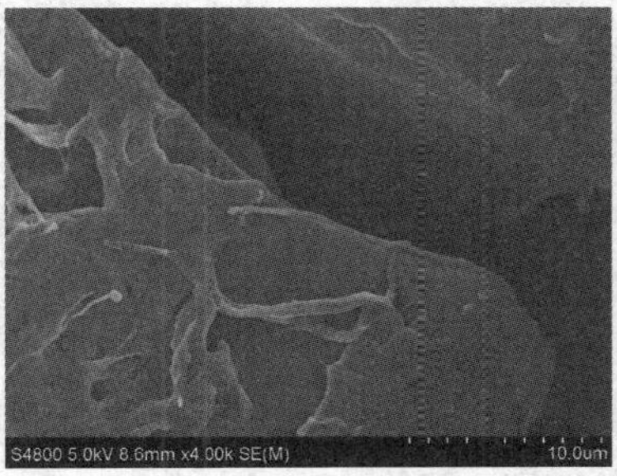

(a)G级净浆水泥石

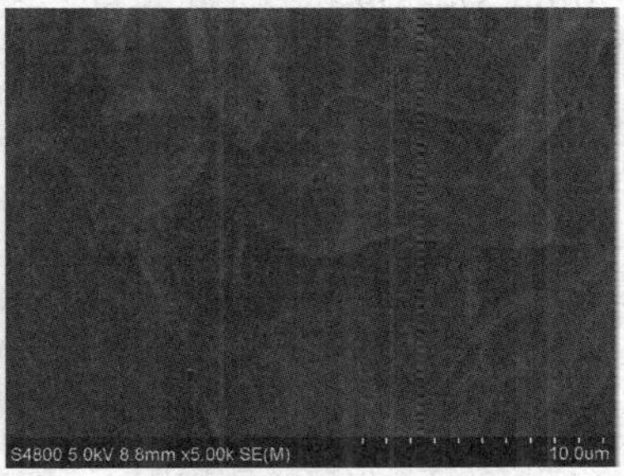

(b)树脂水泥浆体系水泥石

图2 水泥石微观形貌

未加树脂的水泥石内表面不连续，有裂隙孔状；加入树脂后，树脂颗粒形变后填充水泥晶相间的孔隙，改善界面形态，可吸收应变能、震动能，降低水泥石弹性模量，提高水泥石的弹韧性。

3 结论

（1）形成了树脂水泥浆体系配方，能够满足130℃以下中高温固井施工要求。

（2）树脂水泥配方适用温度范围为40~130℃，树脂水泥石弹性模量较普通水泥石降低60%左右，具有良好的弹韧性；胶结强度均比常规水泥配方最少提高28%，具有良好的胶结性能，表现出提高固井胶结质量与环空密封质量的优势。

（3）树脂水泥浆稠化时间在160~380min内可控可调；树脂水泥配方失水量范围在21~24mL之间；树脂水泥石72h养护抗压强度最低为25.6MPa。

参 考 文 献

[1] 杜伟程，黄柏宗．新的固井防窜理论及措施［J］．钻井液与完井液，1997，14（1）：33-35.

[2] 齐奉忠，刘硕琼，袁进平．气井环空带压的原因分析及解决措施浅析［C］. 2008 年石油钻井院所长会议，2008：802-806.

[3] 谭春勤，刘伟，丁士东，等．SFP 弹韧性水泥浆体系在页岩气井中的应用［J］．石油钻探技术，2011，39（3）：53-56.

[4] 张焕芝，何艳青，张华珍．哈里伯顿公司致密气开发技术系列［J］．石油科技论坛，2013，32(4)：43-48.

[5] 罗霄，姚晓，张亮，等．水乳树脂改善油井水泥石力学性能研究［J］．石油天然气学报，2010，32（3）：285-289.

[6] 刘小利，王文斌，万向臣，等．热固性树脂固井液体系研究与应用［C］. 2016年固井技术研讨会，2016：374-379.

[7] 阎培渝，岳蕾，代丹，等．环氧树脂乳液对油井水泥石水化过程和力学性能的影响［J］．硅酸盐通报，2016，35（7）：2019-2023.

[8] 阎培渝，岳蕾，代丹，等．无固化剂环氧树脂乳液对油井水泥早期水化的影响［J］．硅酸盐学报，2017，45（5）：608-613.

[9] 唐欣，谢应权，杨远光，等．水性环氧树脂乳液对水泥石力学性能的影响［C］. 2016年固井技术研讨会，2016：374-379.

一种超低密度水泥浆降失水稳定剂的制备与性能评价

刘 福[1,2] 张军义[1,2] 韩 婧[1,2] 何斌斌[1,2] 郑文武[1,2] 谢海涛[1] 胡利俊[1] 郝志武[1]

（1.中石化华北石油工程有限公司，河南 郑州 450006；
2.中石化石油工程致密油气技术中心，河南 郑州 450006）

摘 要：为克服高温条件下低密度水泥浆减轻材料游离上浮、聚集等问题，通过水溶液聚合法利用单体N，N–二甲基丙烯酰胺（DMAM）、二乙烯苯（DVB）、对苯乙烯磺酸钠（SSS）和N–乙烯基吡咯烷酮（NVP）制备了抗高温降失水稳定剂QX–11。借助红外光谱（FT–IR）表征了降失水稳定剂的分子结构，并且进行了降失水稳定剂在高温水泥浆中的沉降稳定性能和滤失性能等的影响实验。结果表明，合成的共聚物在温度高于150℃的水泥浆体系中仍具有较好的沉降稳定性和降滤失性能，且与其他油井水泥外加剂具有良好的配伍性，在150℃条件下，水泥浆的上下部密度差≤0.03g/cm^3，API滤失量≤100mL。

关键词：低密度水泥浆；高温稳定剂；沉降稳定性；降滤失性；稠化性；水泥石强度

随着石油勘探开发作业的不断推进，遇到的低压地层和薄弱地层等容易发生漏失的地层越来越多，低密度水泥浆体系作为解决低压易漏层固井问题的一种有效手段，长期以来，广泛应用于低压易漏层的封固以及低压油气层长封固段固井作业中，以降低静液压力，防止漏失，减少水泥浆对储层的污染和伤害[1-3]。在井下高温条件下，低密度水泥浆中减轻材料应用最多的是漂珠，低密度水泥浆体系由于减轻材料与水泥颗粒相对密度差较大，在水泥浆中易出现质点相对迁移，承压能力低的漂珠，更容易发生游离上浮、聚集、压碎，可能会造成环空桥堵，甚至会产生“灌香肠”固井事故，直接影响现场施工安全[4-5]；另外，由于水泥浆体系的不稳定，也会导致水泥浆封固段上部胶结质量较差，直接影响固井质量[6-7]。为解决低密度水泥浆的悬浮失稳问题，常用的办法是加入悬浮稳定剂。

鄂尔多斯盆地是典型的低压、低渗、致密储层，建井过程中由于地层承压能力低，钻、固井过程易发生漏失，如杭锦旗、旬邑、宜君区块的延安组、刘家沟组、石千峰组等层位地层承压能力低，固井易发生漏失，造成固井低返，影响固井质量封固。因此，为解决漏失问题，提高低压力漏失井固井质量，开展了1.15~1.25g/cm^{3}超低密度水泥浆体系研究。在产能开发建设过程中，钻井的深度不断增加，井底温度超过100℃，随着温度的升高，现有高温悬浮稳定剂效果不理想，造成体系不稳定，减轻材料漂浮严重，导致固井质量下降。因此，研制一种抗高温悬浮稳定剂，是一项非常迫切需要解决的工作。

作者简介：刘福（1982—），男，宁夏吴忠人，本科，高级工程师，现任中石化华北石油工程有限公司技术服公司副总工程师，主要从事油田化学助剂研发及推广工作。E–mail：lufu.oshb@sinopec.com。

基于此，本文拟合成一种适用于高温条件下的超低密度水泥浆降失水稳定剂，以N，N–二甲基丙烯酰胺（DMAM）、二乙烯苯（DVB）、对苯乙烯磺酸钠（SSS）和N–乙烯基吡咯烷酮（NVP）为单体，利用水溶液聚合法制备了抗高温降失水稳定剂QX–11，借助红外光谱（FT–IR）表征了降失水稳定剂的分子结构，并且进行了降失水稳定剂在高温低密度水泥浆中的沉降稳定性能和滤失性能等的影响实验。

1　实验

1.1　试剂与仪器

N,N–二甲基丙烯酰胺（DMAM），二乙烯苯（DVB），对苯乙烯磺酸钠（SSS），N–乙烯基吡咯烷酮（NVP），分析纯；过硫酸铵、氢氧化钠，无水乙醇，分析纯；G级油井水泥。

红外光谱仪，沉降管；常温中压失水仪，高温高压失水仪；ZNN–D6型六速旋转黏度计高温高压稠化仪，压力实验机。

1.2　实验方法

1.2.1　降失水稳定剂 QX-11 的制备

按照配比称取一定量的对苯乙烯磺酸钠（SSS），将其溶解于适量的蒸馏水中并搅拌均匀。用一定浓度的NaOH溶液滴定使对苯乙烯磺酸钠（SSS）溶液pH值为7~8，然后将对苯乙烯磺酸钠（SSS）溶液转移至三口烧瓶中并持续搅拌。依次向三口烧瓶中加入称取好的二乙烯苯（DVB）、N，N–二甲基丙烯酰胺（DMAM）、N–乙烯基吡咯烷酮（NVP）。向三口烧瓶中通氮气30min以确保无氧环境，然后升高温度至60℃，加入引发剂过硫酸钾，反应6~8h得白色胶状物，用无水乙醇多次洗涤，70℃真空干燥并粉碎，得到降失水稳定剂QX–11样品。

1.2.2　表征与性能评价

1.红外光谱分析

采用红外光谱仪对制备的低密度水泥浆降失水稳定剂QX–11进行红外光谱测试，用来观察四种单体的聚合程度。首先，取少量的溴化钾与降失水稳定剂研磨成粉末状，然后压片进行测试。其中，扫描次数为16，波数范围为400~4000cm^{-1}。

2.低密度水泥浆的制备

按照《油井水泥实验方法》（GB/T 19139—2012）进行水泥浆的制备及养护。

3.水泥浆综合性能分析

参照《油井水泥实验方法》（GB/T 19139—2012）对水泥浆的沉降稳定性能、降滤失性能、流变性能、稠化性能和水泥石的抗压强度及水泥浆抗盐性能进行测试。

2　结果与讨论

2.1　降失水稳定剂分子结构表征

对降失水稳定剂QX–11进行红外光谱测试，测试结果如图1所示。

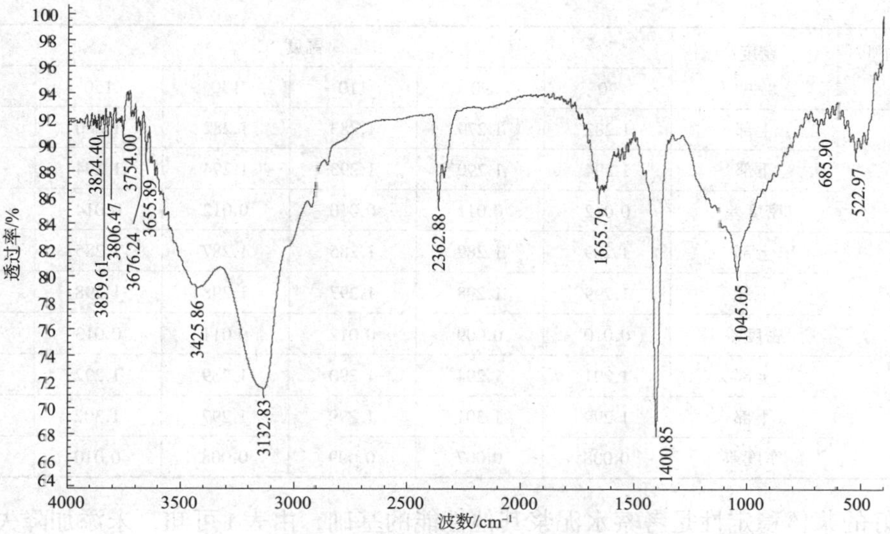

图1　QX-11红外光谱图

由图1可知，1045cm^{-1}处吸收峰为对苯乙烯磺酸钠（SSS）中的—SO^{3-}的特征吸收峰，1400cm^{-1}处吸收峰为C—H面内弯曲振动峰，1655cm^{-1}处吸收峰为羰基的伸缩振动吸收峰，3132cm^{-1}处吸收峰为季铵盐—N-（CH_3）$_2$R的特征峰，3425cm^{-1}处吸收峰为酰胺基的N—H的伸缩振动峰；此外，谱图中880~990cm^{-1}和3075~3090cm^{-1}区间未出现C═C特征吸收峰，说明参与反应的四种单体C═C均已打开，合成产物中不含未聚合单体，由此表明经过合成反应成功得到了目标产物。

2.2　性能分析

2.2.1　沉降稳定性能

当水泥浆发生沉降时，水泥浆中的固相颗粒会向下运移聚集，而上层的含水量增加，最终导致环空中的水泥柱上层与下层的密度和强度不均一[8]。因此，通过在水泥浆（基础配方）中加入不同浓度的降失水稳定剂QX-11，测试低密度水泥浆上、下部的密度来考察降失水稳定剂的沉降稳定性。将添加不同浓度降失水稳定剂的低密度水泥浆分别稠化后倒进Φ2.5×20cm沉降管中，然后分别在不同温度条件下养护24h，测量其上下2cm处的密度，结果如表1所示。

表1　降失水稳定剂对低密度水泥浆体系沉降稳定性能的影响

QX-11加量/%	密度/（g/cm^3）	温度/℃					
		70	90	110	130	150	170
0	上部	1.173	1.152	1.149	1.146	1.137	1.129
	下部	1.330	1.334	1.346	1.348	1.354	1.364
	密度差	0.157	0.182	0.197	0.202	0.217	0.235

续表

QX-11加量/%	密度/（g/cm³）	温度/℃					
		70	90	110	130	150	170
1.0	上部	1.282	1.279	1.283	1.282	1.280	1.278
	下部	1.294	1.290	1.293	1.294	1.294	1.294
	密度差	0.012	0.011	0.010	0.012	0.014	0.016
1.25	上部	1.289	1.289	1.285	1.287	1.285	1.283
	下部	1.299	1.298	1.297	1.298	1.298	1.296
	密度差	0.010	0.009	0.012	0.011	0.013	0.013
1.5	上部	1.291	1.294	1.290	1.289	1.292	1.288
	下部	1.299	1.301	1.299	1.297	1.302	1.300
	密度差	0.008	0.007	0.009	0.008	0.010	0.012

良好的浆体稳定性是考察水泥浆其他性能的基础，由表1可知，未添加降失水稳定剂QX-11时，低密度水泥浆悬浮失稳严重，高温条件下水泥浆上下密度差更大，无法满足性能指标。当加入1%~1.5%降失水稳定剂时，低密度水泥浆悬浮失稳问题得到不同程度的改善，高温条件下也能保证水泥浆上下密度差小于0.03g/cm³，无游离液。由此表明，加入降失水稳定剂QX-11可大幅缓解水泥浆体系沉降失稳的问题，使水泥石的上下密度更加均匀，说明合成的降失水稳定剂可以很好地运用在低密度水泥浆固井作业中。

2.2.2 降滤失性能

不同温度下考察降失水温度剂QX-11加量对水泥浆失水性能的影响，结果见表2和图2。用ZNS-2型常温中压失水仪测定实验浆的API滤失量（FL_{API}），用OWC-9508D型高温高压失水仪测定实验浆的高温高压滤失量（FL_{HTHP}）。

表2 降失水稳定剂对低密度水泥浆体系降滤失性能的影响

QX-11加量/%	温度/℃	FL_{API}/mL	FL_{HTHP}/mL
0	70	133	171
	110	154	185
	150	182	223
1.0	70	59	78
	110	62	82
	150	67	86
1.25	70	46	65
	110	49	68
	150	52	73
1.5	70	37	49
	110	39	54
	150	43	57

结合表2数据和图2可知，低密度水泥浆失水量随降失水稳定剂QX-11加量的增加呈现逐渐降低的趋势，当加量增至1.5%时，水泥浆API失水量降低幅度趋于平缓，此时API失水量小于50mL。在70℃、110℃、150℃下，测试降失水稳定剂QX-11加入水泥浆后的耐温性能；当温度达到150℃时，降失水稳定剂加量1.5%可将水泥浆API失水量控制在50mL以内，由此可知，该降失水稳定剂具有优良的耐温性能。QX-11耐温性能优良的主要原因在于分子结构设计过程中引入耐温苯环基团，以及耐水解的单体N,N-二甲基丙烯酰胺（DMAM），替代了传统单体丙烯酰胺（AM），其具有较强的空间位阻效应，DMAM中两个甲基的空间位阻使得酰胺键高温下更不易水解，而且引入了具有长侧链和吸附能力强的单体[8]，均有助于提升QX-11耐温性能。

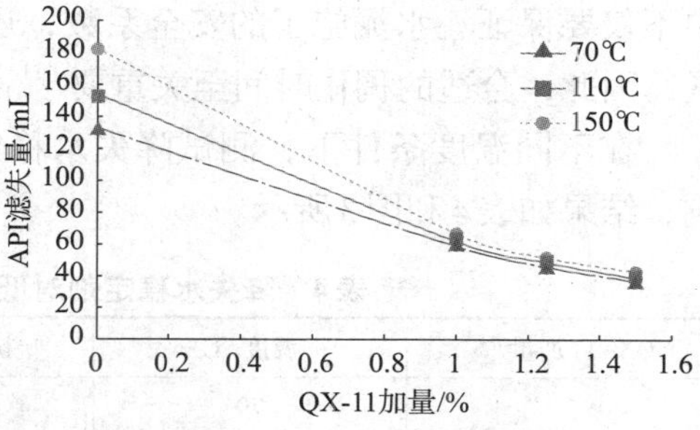

图2　QX-11加量对低密度水泥浆失水量的影响

2.2.3　流变性能

水泥浆具有良好的流变性以满足泵注要求，保障固井施工安全。为进一步分析所合成的降失水稳定剂QX-11对低密度水泥浆体系流变性能的影响，分别制备添加0、1.0%、1.25%、1.5%不同浓度QX-11的低密度水泥浆，使用ZNN-D6型六速旋转黏度计测试低密度水泥浆分别在3r、6r、100r、200r、300r下的读数，结果如表3所示。

表3　降失水稳定剂对低密度水泥浆体系流变性能的影响

QX-11加量/%	旋转黏度计读数					n	K/Pa·s^n	流动度/cm
	3r	6r	100r	200r	300r			
0	9	16	101	168	196	0.635	2.245	18.5
1	15	20	107	180	214	0.552	4.336	22.3
1.25	18	22	110	185	218	0.528	4.737	24.2
1.5	21	23	115	189	223	0.519	4.917	23.7

观察表3可知，低密度水泥浆中随着降失水稳定剂QX-11加量的增大，从空白到1.5%，旋转黏度计读数呈增大趋势，水泥浆稍微增稠，稠度系数变大，并随着QX-11加量的增加而增大，说明降失水稳定剂的疏水缔合作用能够抑制水泥浆变稀。同时，随着QX-11加量的增大，水泥浆流动度呈现出先增加后减小的变化趋势；降失水稳定剂加量为1.25%时，低密度水泥浆流动度增至24.2cm，而后又降低，究其原因，主要在于QX-11分子结构中含有大量的具有强分散效果的长侧链结构，因此水泥浆流动度随其加量增加而逐渐增加。但是，当QX-11加量过大，聚合物高分子特性致使水泥浆黏度增加，进而水泥浆流动度降低[9-10]。因此，控制合理加量，在低密度水泥浆中加入降失水稳定剂QX-11，可以保证水泥浆的流变稳定性。

2.2.4　稠化性能

水泥浆的稠化时间是油井水泥性能设计中关键的技术指标。在低密度水泥浆的设计中不仅要保证注水泥施工的安全系数，还需考虑水泥浆在顶部低温环境下早期强度的发展，因此，合适的稠化时间至关重要[11-12]。

在不同温度条件下，测试降失水稳定剂QX-11加量对低密度水泥浆稠化性能的影响，结果如表4和图3所示。

表4 降失水稳定剂对低密度水泥浆体系稠化性能的影响

QX-11加量/%	温度/℃	初始稠度/Bc	稠化时间/min	稠化过渡时间/min
0	70	22.4	317	45
	110	19.5	295	42
	150	16.7	273	38
1	70	24.3	293	28
	110	26.5	275	26
	150	24.4	266	23
1.25	70	25.8	287	26
	110	27.2	274	24
	150	25.6	261	21
1.5	70	25.7	273	26
	110	27.6	265	23
	150	26.3	257	19

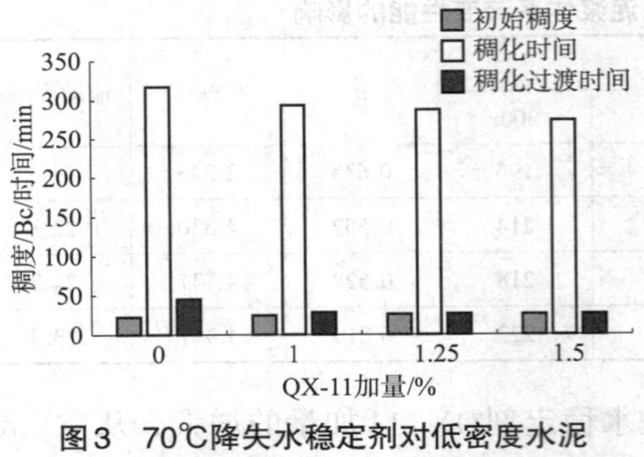

图3 70℃降失水稳定剂对低密度水泥浆体系稠化性能的影响

结合表4数据和图3可知，未添加降失水稳定剂QX-11的低密度水泥浆初始稠度随温度升高而不断降低，由22.4Bc降低至16.7Bc；而添加QX-11的低密度水泥浆，初始稠度随温度升高变化很小，水泥浆110℃下的初始稠度比70℃下的初始稠度有所提高；因此，加入降失水稳定剂的水泥浆在温度升高的过程中，能够保持浆体稠度的稳定。随着降失水稳定剂加量的增加和温度的升高，稠化时间都呈缩短趋势，但趋势缓慢，在可接受范围，由此可知，降失水稳定剂QX-11的效果满足低密度水泥浆对稠化性能的要求[13]。

2.2.5 抗压强度

抗压强度是评价水泥浆力学性能最为关键的指标。抗压强度的强弱直接影响对油、气、水的封隔效果，以及油井的使用寿命和采收率，对支撑套管、封固井壁及后续油层安全开发等至关重要[14-15]。为了分析添加降失水稳定剂对水泥石抗压强度的影响，使用ZYL-300型压力实验机测试添加不同浓度降失水稳定剂QX-11在不同温度条件下养护24h、48h、72h的水泥石抗压强度，实验条件压力为30MPa，直观地观察力学性能变化，实验结果如表5和图4所示。

表5　降失水稳定剂对水泥石抗压强度的影响

QX-11加量/%	温度/℃	时间/h		
		24	48	72
0	70	3.5	4.8	5.2
	110	4.3	5.3	5.8
	150	4.9	5.7	6.4
1	70	7.2	8.5	10.3
	110	7.8	8.9	10.6
	150	8.1	9.3	10.9
1.25	70	7.5	8.7	10.5
	110	8.2	9.1	11.2
	150	8.6	9.5	11.6
1.5	70	8.3	9.5	11.2
	110	8.7	9.8	11.6
	150	9.4	10.5	12.1

结合表5数据和图4可知，添加降失水稳定剂QX-11的低密度水泥浆养护24h的水泥石抗压强度较未添加降失水稳定剂的水泥浆抗压强度有大幅提升，均能达到7MPa以上。随着降失水稳定剂QX-11浓度的增加，养护时间的增加，水泥石的抗压强度呈现逐渐升高的趋势。养护温度升高，水泥石抗压强度也有所提高，这是高温条件下水泥水化速度加快的原因[16-17]。因此，降失水稳定剂可以增强水泥石抗压强度，有利于对油、气、水的封隔，支撑套管、封固井壁及后续油层安全开发。

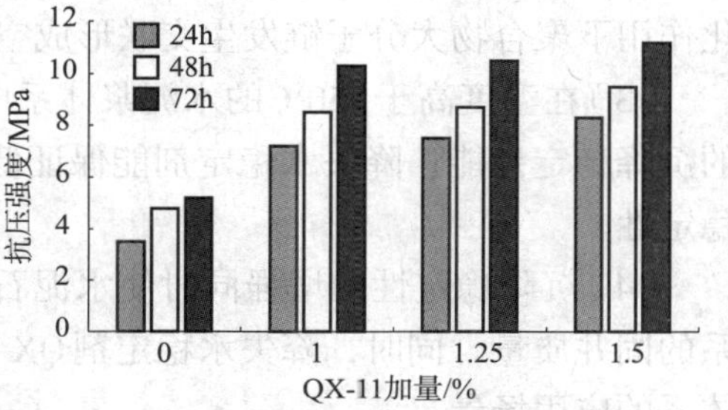

图4　70℃降失水稳定剂对水泥石抗压强度的影响

2.2.6　抗盐性能

降失水稳定剂QX-11加入低密度水泥浆之后的抗盐性能如表6所示，实验温度为90℃。

表6　不同NaCl加量对低密度水泥浆失水量的影响

QX-11浓度/%	NaCl加量/%	T/℃	FL_{API}/mL	FL_{HTHP}/mL
0	15	90	137	178
1			63	84
1.25			54	67
1.5			41	53
0	30		145	186
1			72	89
1.25			64	75
1.5			52	67

由表6可以看出，NaCl加量为15%时，随QX-11加量逐渐增加，含NaCl低密度水泥浆API失水量和高温高压失水量逐渐降低；QX-11加量至1.5%时，可将含NaCl低密度水泥浆API失水量控制在50mL以内，满足固井对低密度水泥浆的失水量基本性能的要求；同样，NaCl加量为30%时，QX-11加量至1.5%时，可将含NaCl水泥浆API失水量控制在55mL以内，说明降失水稳定剂QX-11具有较为优良的抗盐性能。分析主要原因在于分子结构中引入了对抗外界阳离子进攻的苯环结构以及磺酸基团，强水化基团磺酸基可以增强膨润土颗粒的水化膜，致使盐离子对其作用变弱，从而提高了水泥浆的抗盐性能[18-19]。

3 结论

(1)以N，N-二甲基丙烯酰胺(DMAM)、二乙烯苯(DVB)、对苯乙烯磺酸钠(SSS)和N-乙烯基吡咯烷酮(NVP)为原料制得降失水稳定剂QX-11，通过表征和测试分析了其性能。

(2)结果表明，降失水稳定剂可在不同温度下增加低密度水泥浆的黏度，同时，水化作用下聚合物大分子链发生交联形成空间网状结构，增强沉降稳定性和降滤失性能。

(3)在温度高于150℃的水泥浆体系中，其上、下部密度差在0.03g/以内，具有良好的沉降稳定性能；降失水稳定剂能保证低密度水泥浆的稠度系数稳定，具有良好的流变稳定性。

(4)沉降稳定性的增强同时使水泥石的抗压强度增强，有利于提高低密度水泥浆体系的固井质量，同时，降失水稳定剂QX-11具有优良的抗盐性能，可拓宽低密度水泥浆体系的应用场景。

参考文献

[1] 陈小荣，曲先伟，李志宏．固井用大温差低密度水泥浆悬浮稳定剂的制备与性能[J]．合成化学，2022，30(01)：21-27.

[2] 由福昌，周书胜，韩银府，等．国内抗高温聚合物降滤失剂研究与进展[J]．辽宁化工，2022，51(02)：231-234.

[3] 王中华．超高温钻井液体系研究(Ⅰ)——抗高温钻井液处理剂设计思路[J]．石油钻探技术，2009，37(03)：1-7.

[4] 王茂功，颜星，彭洁．爆聚法合成抗高温抗盐水基降滤失剂及性能评价[J]．钻井液与完井液，2019，36(02)：148-152.

[5] 张现斌，李欣，陈安亮，等．钻井液用抗高温聚合物增黏剂的制备与性能评价[J]．油田化学，2020，37(01)：1-6+16.

[6] 刘瑞，于培志．抗高温水基钻井液处理剂研究进展[J]．应用化工，2021，50(06)：1618-1621.

[7] 蒋官澄，史亚伟，贺垠博，等．抗高温包被剂PAAND的研制与性能评价[J]．油田化学，2018，35(02)：197-202.

[8] 刘湘华．油井水泥浆高温悬浮稳定剂的开发及性能研究[J]．钻井液与完井液，2019，36(05)：605-609.

[9] ALAKBARI F S, MOHYALDINN M E, AYOUB M A, et al. Apparent and plastic viscosities prediction of water-based drilling fluid using response surface methodology [J]. Colloids and Surfaces, A. Physicochemical and Engineering Aspects, 2021, 616 : 126278.
[10] 赵启阳，尧艳，严海兵，等．固井用聚电解质－疏水缔合复合悬浮稳定剂的制备与性能评价 [J]. 油田化学，2022，39(02)：228–233.
[11] 于小荣．大温差两性离子缓凝剂的制备及在低密度水泥浆中的应用 [D]. 成都：西南石油大学，2017.
[12] 岳跃展．耐压减轻材料及低密度水泥浆体系研究 [D]. 成都：西南石油大学，2017.
[13] 尹剑宇．低失水低密度水泥浆体系的研究与性能评价 [D]. 大庆：东北石油大学，2021.
[14] XIE Renjun, WU Zhiqiang, CHENG Xiaowei, et al. Research on the Mechanical Integrity of Low-Density Cement Mortar [J]. Frontiers in Materials, 2022.
[15] ZENG Jia, YOU Fuchang. A new type of low density cement slurry suitable for sandstone formation [J]. IOP Conference Series : Materials Science and Engineering, 2021, 1133 (1).
[16] YUE Jiaping, LIU Zhaonian, WANG Jie, et al. A Low-Cost and Low-Density Cement Slurry System Suitable for a Shallow Unconsolidated Stratum [J]. Advances in Materials Science and Engineering, 2020, 2020.
[17] 沈明，罗延庆，邢鹏举，等．固井低密度激活增强稳定剂的研究与应用 [J]. 石化技术，2021，28(04)：110–111.
[18] XIE Binqiang, LI Ting, ZHANG Yan, et al. Rheological properties of bentonite-free water-based drilling fluids with novel polymer viscosifier [J]. Journal of Petroleum Science and Engineering, 2018, 164 : 302–310.
[19] 闫丽丽．抗温抗饱和盐聚合物钻井液降滤失增黏剂的研制及应用 [D]. 北京：中国地质大学（北京），2013.

中原固井水泥浆技术进展及发展方向

马小龙[1, 2]

（1.中石化中原石油工程有限公司固井公司，河南 濮阳 457001；
2.中石化石油工程钻完井液技术中心，河南 濮阳 457001）

摘 要：随着我国提出实现“碳达峰、碳中和”目标，国内清洁能源需求逐年增加，中国石化加大了“两北一川”、东濮老区的勘探开发力度，加快了地下储气库的建设步伐，为了满足油气勘探开发固井的要求，中原固井公司研制了核心助剂，研发了超低密度水泥浆体系、泡沫水泥浆体系、耐腐蚀水泥浆体系、超高温水泥浆体系以及树脂等固井液体系，基本满足了新疆工区深井超深井，川渝工区的页岩气、高酸性气田，鄂尔多斯盆地和东北工区低压易漏失井，东濮老区调整井以及枯竭砂岩气地下储气库盐盖层等复杂工况下的固井需求，为中国石化固井技术水平的提高作出了支撑。

关键词：固井技术；水泥添加剂；水泥浆；中原固井

近年来，中国石化为了国家能源安全，实现国家战略2060年“碳中和”的目标，加大了塔里木盆地顺北及鄂尔多斯盆地北部以及四川深层海相油气资源和页岩气资源勘探和开发力度，面临着深井超深井、高含硫化氢二氧化碳腐蚀性气体、枯竭砂岩气储气库盐盖层、低压易漏失井压稳防漏等复杂地质条件下固井难题。中原固井公司是中国石化成立最早的正处级专业化公司，也是中国石化八家地区公司市场最广、装备和人员最多的固井公司，承担了中国石化重点区域的固井施工任务，通过近二十年的固井技术研究以及技术沉淀，研发了固井水泥浆核心助剂，形成了超低密度水泥浆体系、泡沫水泥浆体系、耐腐蚀水泥浆体系、超高温水泥浆体系以及树脂等较为成熟的固井液体系，基本满足了国内复杂地质条件下固井液体系需求[1-2]，助力了中国石化固井技术水平的提高。

1 核心外加剂研发进展

降失水剂和缓凝剂决定了在水泥浆失水的控制以及稠化时间最为基础的性能要求，为此，研发了耐温135℃的中高温型降失水剂ZYJ-1和ZYH-1，以及耐温240℃的超高温型降失水剂ZY-ZFA和缓凝剂ZY-ZRT。

ZYJ-1是在含磺酸基团的2-丙烯酰胺基-2-甲基丙磺酸（AMPS）、丙烯酰胺（AM）、丙烯酸（AA）为主要单体，引入金属盐作为分子调节剂，将相对分子质量控制在（20~24）万，在引发剂过硫酸铵（APS）的作用下，采用水溶性合成法25~40℃恒温反应8~9h得到的降失水剂，其加量1.0%~5.0%，在温度135℃条件下，可将水泥浆失水控制在45mL之内。

作者简介：马小龙（1979—），高级工程师，2002年毕业于成都理工大学勘查技术与工程专业，现从事固井技术研究工作。E-mail：18903932293@189.cn。

ZYH-1是在有机磷酸盐乙二胺四亚甲基（EDTMPS）环境下，将衣康酸（IA）、含磺酸基团的2-丙烯酰胺基-2-甲基丙磺酸（AMPS）为主要单体在引发剂过硫酸铵（APS）的作用下，采用水溶性合成40~45℃恒温反应6~7h得到的缓凝剂，加量0.1%~1.5%，温度60~135℃，稠化时间120~380min，其过渡时间短，曲线平滑，无鼓包或直角稠化，克服普通缓凝剂加量敏感、稠化时间倒挂等问题，在降失水剂ZYJ-1共同作用下水泥石抗压强度可大于19.2MPa。

ZY-ZFA超高温降失水剂是2-丙烯酰胺基-2-甲基丙磺酸（AMPS）、衣康酸（IA）、丙烯酰胺（AM）、3-甲基丙烯酰氧基丙基三甲基硅烷（KH-570）为单体，过硫酸铵（APS）、亚硫酸氢钠（SHS）为引发剂，采用水溶性合成法55℃恒温反应6~8h得到的降失水剂ZY-ZFA，加入35%~55%石英砂，水泥浆耐温可达240℃，加量1%~1.5%可将水泥浆失水控制在50mL之内，抗盐能力强，且不影响水泥石强度发展。

ZY-ZRT超高温缓凝剂是2-丙烯酰胺基-2-甲基丙磺酸（AMPS）、丙烯酸（AA）、衣康酸（IA）为水溶性单体，在偶联剂的联结下引入无机非金属材料，在引发剂过硫酸铵（APS）的作用下，采用水溶液偶联共聚-缩合一步法，合成的具有微交联结构的新型无机-有机聚合物的缓凝剂，在水泥浆中加入35%~55%石英砂，水泥浆耐温可达240℃，加量0.3%~1.5%可将水泥浆稠化时间控制在200~400min，且随温度和加量的增加可呈线性关系，有利于现场配水的操作。

ZY-ZFA超高温降失水剂和ZY-ZRT超高温缓凝剂满足了沙特阿美公司提出的要求做相关实验，并使中原固井公司顺利通过资审。

2 水泥浆体系进展

中原固井公司面临着新疆、西南、东北等国内8个工区，国外苏丹、南苏丹、乍得等4个国家的固井市场需求，地质条件复杂，需要具有针对性强的水泥浆体系进行固井作业，确保固井质量。因此，研发了超低密度水泥浆体系、液氮泡沫水泥浆体系、耐腐蚀胶乳水泥浆体系、超高温水泥浆体系、淡水抗盐水泥浆体系、树脂固井液体系，基本满足了国内外市场需求[3]。

2.1 超低密度水泥浆体系

内蒙古杭锦旗区块固井井漏达80%以上，新疆顺北工区二叠系以及志留系漏失严重，延长油田西部地区定边、吴起井漏严重以及川渝工区上部地层以及产层井漏频发，降低环空液柱压力是防漏的最直接、最有效的技术措施，因此，研发密度1.15g/cm^{3}的超低密度，优化了密度1.45~1.60g/cm^{3}的水泥浆体系包括产层进行全井低密度封固已成为技术方案。

优选密度0.46~0.60g/cm^{3}空心玻璃微珠作为减轻剂，其抗压强度大于41~82MPa，漂浮率大于92%，含水率0.29%，直径约为2~120μm，内部充有惰性气体。偏光显微镜照片见图1、图2。

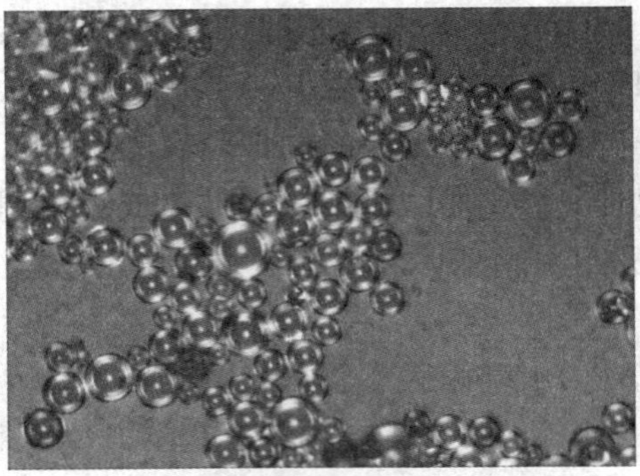

图1　HN40的偏光显微镜照片

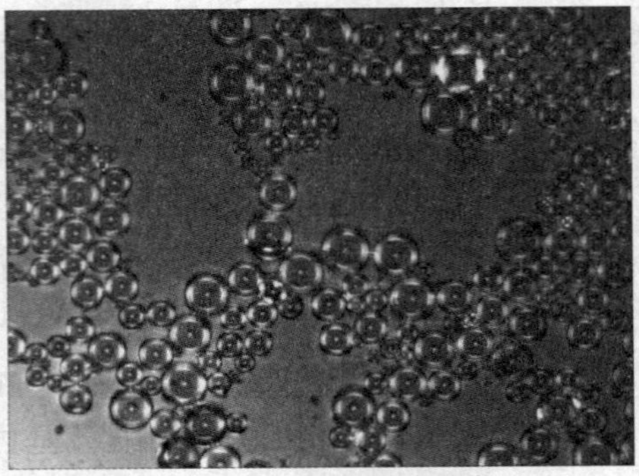

图2　D50的偏光显微镜照片

优选纳米级微硅作为填充材料，其充填性好，化学活性高，有效控制水泥浆体系的沉降稳定性，提高体系的堆积密度，采用紧密堆积原理，将水泥、空心玻璃微珠以及微硅三级颗粒级配，使混合物的堆积体积分数*PVF*大于0.9接近于1。根据现场对水泥浆密度和抗压能力的不同要求，优选空心玻璃微珠的抗压强度，优化空心玻璃微珠和微硅的配比，调整液固比，调配出密度1.15~1.65g/cm^{3}水泥浆体系。应用研发的ZYJ和ZYH调整体系失水以及稠化时间，优选早强剂、膨胀剂，提高水泥石的早期强度和饱满度，复配纤维等柔性材料，提高防漏堵漏效果，将液固比控制在1.0~1.2，密度1.15g/cm^{3}超低密度水泥浆体系性能见表1。

表1　密度1.15g/cm^{3}超低密度水泥浆体系性能

稠化时间/min	流动度/cm	游离液/mL	稳定性/（g/cm^3）	失水/mL	抗压强度/MPa
360	21	0	0.01	42	14.86

抗压强度实验条件：90℃×60MPa×72h。

密度1.40~1.65g/cm^{3}水泥浆在东北工区永5井、伏12-70、皮开2-2等封固产层固井施工100余口，最高抗温150℃，抗压60MPa，根据质量合格率100%，优良率大于90%，永5井固井质量测井解释见图3，形成了目的层低密度封固的技术。密度1.14g/cm^{3}水泥浆体系在杭锦旗工区JPH384井明502等井的非目的层应用，水泥浆均一次返出地面，固井质量合格，低密度以及超低密度水泥浆进行全井的封固，较好地保证了易漏失井固井质量要求，并且满足了开发需求。

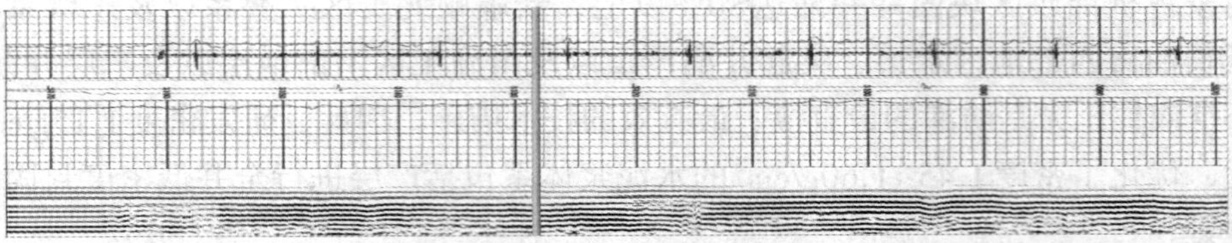

图3　永5井目的层段1.55g/cm^{3}低密度固井质量测井解释图

2.2　液氮泡沫水泥浆体系

泡沫水泥具有弹塑性、可压缩、可膨胀性，在更低密度条件下具有更高的抗压强度，水力压裂条件下比常规水泥封隔降低了水泥环内裂缝产生和扩大的风险；其机械性能容许它比常规水泥承受更大的井眼压力，泡沫水泥的黏性有助于防止裂缝在水泥环里扩展，防漏效果好，可确保连续的油层封隔，避免产层的污染。

在东北长岭断陷区块、焦石坝等工区存在严重井漏的难题，科威特KOC工区低密度要求9ppg（$1.08g/cm^3$），满足水泥浆全井筒封固，鉴于泡沫水泥浆优良的性能以及市场的需求，攻关并形成了自主的液氮泡沫水泥浆体系[4]，有效降低井漏风险，并提高井筒完整性。

该体系优选阴离子表面活性剂十二烷基醇聚氧乙烯醚硫酸钠、两性离子表面活性剂十四酰胺丙基羟磺甜菜碱作为发泡剂，油井水泥触变剂作为稳泡剂，所配制的泡沫水泥浆其泡沫粒径分布均匀，稳定性高，泡沫水泥浆密度$1.45\sim1.70g/cm^3$可采用密度$1.85\sim1.90g/cm^3$基浆进行配制，密度$0.8\sim1.35g/cm^3$可采用密度$1.65\sim1.40g/cm^3$基浆进行配制，实践中发现泡沫水泥浆密度降低小于$0.4g/cm^3$较为合适，配出后评价泡沫半衰期可大于12h，其沉降稳定性好，上、下层密度差小于$0.02g/cm^3$，失水小于基浆失水，凝固后的水泥石泡沫均匀，强度高，密度$0.8g/cm^3$泡沫水泥浆抗压强度48h可达5MPa（图4）。

图4　密度$0.8g/cm^3$泡沫水泥石实物图

泡沫水泥浆在焦石坝工区焦页3-6HF井、焦页85-S2HF井等6口井，东北龙凤山工区北2-3HF井、腰平28井等3口井，唐山干热岩M1等2口井进行了现场应用，最低密度$1.05g/cm^3$，最高密度$1.60g/cm^3$，固井质量合格率100%，优良率>90%。

2.3　耐腐蚀胶乳水泥浆体系

川东北海相地层高含硫化氢和二氧化碳，其中硫化氢含量高达15%，二氧化碳含量高达8%，在硫化氢和二氧化碳共同腐蚀下，水泥石易破裂，导致水泥石强度大幅降低，影响固井质量。通过研究发现胶乳粒径在$0.05\sim0.5\mu m$，有一定弹韧性，可有效提高水泥石的密实度，通过评价具有很好的抗腐蚀能力[5]，因此，体系中优选丁苯胶乳，并加入胶乳稳定剂和胶乳消泡剂，有效避免了高速剪切下导致胶乳粒子破乳的难题，优选降失水剂、缓凝剂、膨胀剂形成胶乳水泥浆体系，其性能见表2，常规水泥浆体系与胶乳水泥浆体系在硫化氢和二氧化碳共同腐蚀结果对比见图5。

表2　胶乳水泥浆体系性能评价

稠化时间/min	流动度/cm	游离液/mL	稳定性/(g/cm³)	失水/mL	抗压强度/MPa	水泥石渗透率/$10^{-3}\mu m^2$
308（1.3%缓凝剂） 175（0.8%缓凝剂）	22	0	0.02	39	23.6	0.01

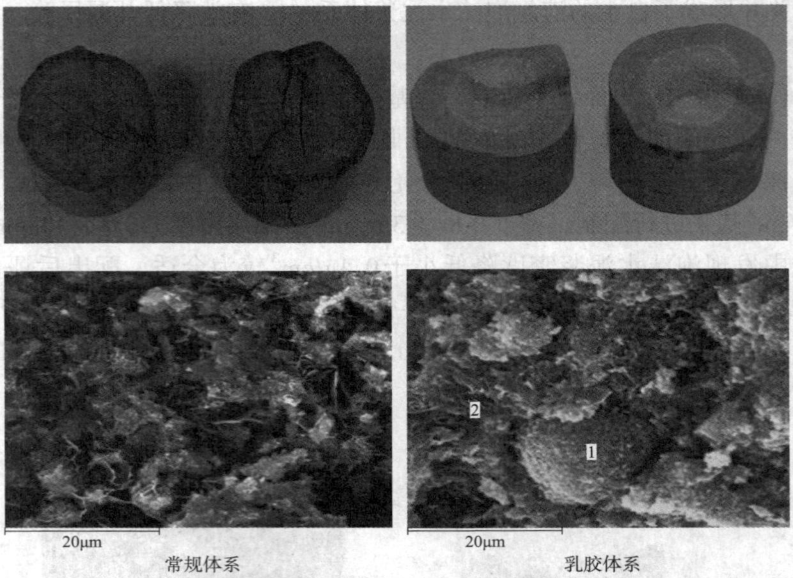

图5　常规水泥石与胶乳水泥石腐蚀对比图

2.4　超高温水泥浆体系

松科2井是中国地质调查局部署实施的重大地调科研项目，是国际大陆科学钻探计划（ICDP）支持的全球第一口钻穿白垩纪陆相沉积地层的大陆科学钻探井，也是国际上在沉积岩环境中实施最深的大陆科学探井，完钻井深7108.88m，实测井底温度达241℃。为了满足该井固井需求，通过对超高温缓凝剂ZY-ZRT和超高温降失水剂ZY-ZFA配伍性研究，为了防止水泥石高温下衰减，提高硅钙比，加入55%200目和80目的石英砂作为高温稳定剂，形成了抗高温水泥浆体系，其稠化时间在200~500min可调，14d抗压强度为25.6MPa，28d抗压强度可大于19.7MPa，后期抗压趋于稳定，稠化曲线见图6。

松科2井固井施工一次成功，固井质量优良率100%，圆满完成该井的施工任务，为超高温水泥浆体系的成熟提供了支撑。

2.5　淡水抗盐韧性水泥浆体系

文23储气库是我国东部地区最大储气库，设计库容$103\times10^8m^3$，是以盐层为盖层的枯竭砂岩型储气库，盐层最长达560m，其中盖层固井质量尤为严格，连续优质段不少于25m或累计优质段达$50m^3$可满足设计要求。常规水泥浆体系在大量盐的作用下，水泥浆稠化时间变长甚至不凝固，抗压强度降低，通过评价返出水泥浆氯根增加（6~10）万，

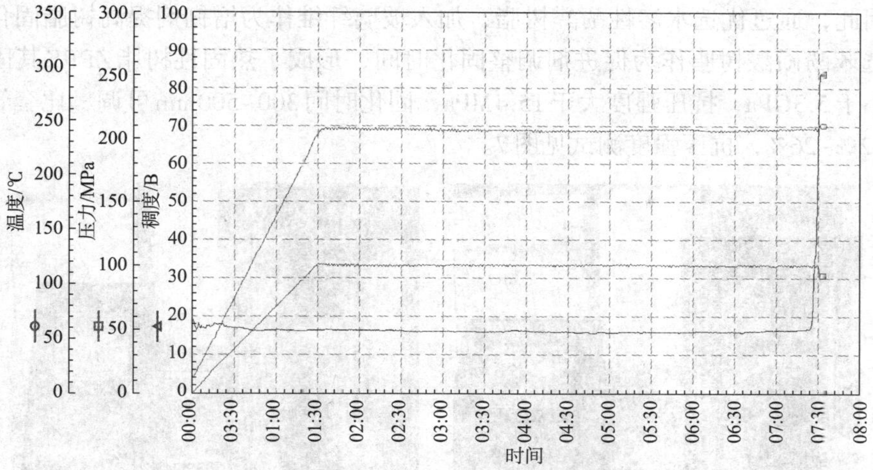

图6　抗温240℃稠化曲线

采用淡水作为配浆水，设计水泥浆体系自身抗盐，即使盐层段运移过程中侵入部分盐，其性能比过饱和出现结晶盐导致强度大幅降低要优异，因此，通过优选ZYJ为抗盐降失水剂，加入增韧防窜剂以及阻裂纤维，复配晶格膨胀剂，盐层段加入G204作为抗盐促凝剂，非盐层段加入缓凝剂ZYH，通过配伍性研究，形成了抗盐韧性水泥浆体系，其性能见表3。

表3　淡水抗盐韧性水泥浆体系性能

配　方	稠化时间/min	抗压强度/MPa 60℃×21MPa×24h	失水/mL	游离液/mL	弹性模量/GPa	渗透率/$10^{-3}\mu m^2$
配方中加入ZYH0.5%	335	17.4	24	0	5.3	0.04
配方中加入ZYH0.3%	280	21.3	23	0	5.7	0.04
配方中加入G2041.0%	85	24.7	22	0	5.5	0.04
配方中加入ZYH0.5+%18%盐	365	19.2	32	0	5.5	0.02
配方中加入G2041.0%+18%	91	25.1	19	0	5.4	0.01

从表3可以看出，各项性能良好，稠化时间85~300min可调，抗压强度达17.4MPa，失水小于30mL，游离液零，渗透率≤$0.04\times10^{-3}\mu m^2$。

文23储气库经过水泥浆体系优化，一期后41口井较前15口井，固井质量优质率上升46%，二期施工的8口井盐盖层优质率达80%以上，对盖层进行了有效封固，目前该储气库已安全运行3年，注气$87\times10^8m^3$，取得良好效果。

2.6　树脂固井液体系

为了满足井筒长久密封效果，降低环空带压率，并对带压井开采后期进行治理，因树脂弹性模量低，高弹性，压缩50%以上仍可复原，其抗压强度高，并可进入水泥环微间隙。因此，通过优选水溶性酚醛树脂，加入玻璃纤维作为增韧剂提高树脂固化后弹韧性、优选苯酚磺酸树脂作为促进剂调整固化时间，形成了热固性树脂ZPRS其固化后弹性模量小于5.3GPa，抗压强度大于15.4MPa，固化时间300~500min可调，比套管胶结强度提高12%~26%，抗压强度测试见图7。

图7　树脂固井液体系抗压强度实验

从图7可以看出，树脂固化后抗压强度为23.3MPa，变形大于50%，在大型压裂套管变形时，树脂变形形成缓冲段，形成长久有效封隔。

应用于焦页148-1HF井、焦页106-2HF井、焦页109-6HF井、焦页56-8HF井、焦页13-S3HF井、焦页26-9HF井、焦页6-S1HF井，固井质量合格率100%，环空带压率为零，有效地缓解了目前环空带压问题，表现出明显降低水泥石弹性模量、提高胶结强度，对水泥石强度无不良影响，对不同水泥适应性强等技术优势。

3　固井液技术发展方向

（1）低成本战略是今后很长一段时间的主题，油气井工程可向建筑行业凝固性材料进行借鉴和研究，尤其是低密度水泥浆体系的优化更为迫切[6]。

（2）智能固井材料研发，遇烃、遇水膨胀实现二次发育的自愈合，实现井筒长久有效的封隔。

（3）研发井下可激发的新型胶凝材料，解决固井液与钻井液相容性差、强度降幅大的难题。

（4）研发堵漏型固井前置液，遇漏层可自行堵漏的强堵漏水泥浆体系，提高固井一次成功率。

4　结论与建议

（1）研制开发了新型水泥外加剂、特色水泥浆体系，形成了超深井高温高压固井技术、页岩油气固井技术及储气库固井、低压易漏失井固井等配套技术，基本满足了中国石化油气井勘探开发的需求。

（2）泡沫水泥浆强度高，防漏效果好，可有效解决易漏失井的固井难题，全井采用低密度水泥浆体系封固技术已逐步成熟。

（3）树脂固井液体系对于预防环空带压已取得良好效果，希望在环空带压治理方面深入研究，扩大应用范围。

（4）新型固井液体系的研发，有利于固井施工的一次成功率以及固井质量的提高，并有效提高井筒完整性。

参 考 文 献

[1] 李鹏晓，孙富全，夏元博，等. 一种低成本低密度水泥浆体系的室内研究［J］. 钻采工艺，2018，41（02）：91–94.

[2] 马小龙. 焦石坝页岩气井弹性水泥浆体系的研究与应用［D］. 青岛：中国石油大学（华东）.

[3] 齐云飞，苗群峰，谢吾，等. 河北省乐亭—昌黎一带存在干热岩的可能性探讨［J］. 有色金属（矿山部分），2017，69（02）：21–26.

[4] 李红梅，申峰，吴金桥，等. 机械发泡式低密度泡沫水泥浆的实验研究［J］. 钻采工艺，2016，39（04）：26–28+2–3.

[5] 陆沛青，桑来玉，谢少艾，等. 苯丙胶乳水泥浆防气窜效果与失重规律分析［J］. 石油钻探技术，2019，47（01）：52–58.

[6] 丁士东，陶谦，马兰荣. 中国石化固井技术进展及发展方向［J］. 石油钻探技术，2019，47（03）：41–49.

MTA 方法泥饼仿地成凝饼技术原理与现场应用

顾 军

［中国地质大学（武汉）资源学院石油工程系/固井完井实验室，湖北 武汉 430074］

摘 要：MTA（泥饼仿地成凝饼）方法与MTC（泥浆转化为水泥）方法的本质区别是前者并未改变油井水泥这一国内外公认的最佳固井材料。MTA方法固井二界面整体固化胶结的技术原理是钻开封固段前50m在钻井液中加入1.5%~3%的泥饼改性剂并维持此比例至钻完井，固井施工时以凝饼形成剂为基础配制前置液3~4m^{3}且此前置液注入后随之注入水泥浆，该新技术不动油井水泥浆体系。为了验证MTA方法的实际固井效果，在5个油气田的50余口老区调整井（其中稠油井6口、天然气井27口井、水平井3口井）中进行了现场实验。声幅-变密度测井（VDL）解释结果表明，固井一、二质量合格率100%，其中大庆油田实验井固井质量优质率和合格率分别提高13.01个百分点和1.15个百分点，胜利油田实验井固井二界面质量合格率提高约30%，河南油田实验井平均总井段优质率达到87.62%。

关键词：固井二界面；MTA（泥饼仿地成凝饼）方法；现场实验；效果分析

0 引言

固井二界面胶结质量差是环空窜流的一个主要原因[1，2]。研究表明，影响固井二界面封隔失效的主要因素是界面缺陷和强度[3]，原因是固井二界面不能实现整体固化胶结[4]。为了解决固井二界面问题，提出了泥饼仿地成凝饼（MTA）的科学构想[5]，获得了MTA方法固井二界面整体固化胶结的实验证据[6]。本文介绍了MTA方法固井二界面整体固化胶结在大庆油田、胜利油田和河南油田18口调整井固井中的实验情况，并进行了效果分析。

1 MTA 方法固井二界面整体固化胶结技术原理

1.1 机理初探

固井二界面整体固化胶结必须具备两个前提：一是水溶液中有足够数量的极性分子和离子，且能渗入泥饼，再进入改性矿物玻璃体内部并依靠它们与阳离子的作用，使改性矿物分散、溶解和解体；二是水溶液中能建立起对新形成的水化产物来说是高度过饱和的溶液，且能维持足够的时间来实现水化产物的成核、生长并彼此交叉搭接，形成结构网而固化泥饼。因此，实现MTA方法固井二界面整体固化胶结的关键有两个：一是利用油井水泥水化产生的可用离子；二是研制凝饼形成剂修饰界面并提供可溶性离子。正

作者简介：顾军（1966—），男，云南大理人，博士，现为中国地质大学（武汉）石油工程专业教授，主要从事石油工程方面的教学和研究工作。E-mail：gujun@cug.edu.cn。

是利用凝饼形成剂和油井水泥水化初期产生大量发生水化反应所必需的可溶性离子基团，诸如OH^-、$H_3SiO_4^{4-}$、$H_3AlO_4^{2-}$、$Al(OH)^{2+}$等可溶性离子基团与改性钻井液泥饼的成岩反应作用，实现固井二界面整体固化胶结。

1.1.1　凝饼形成剂对泥饼界面的修饰和处理及其与泥饼改性剂的初步反应

碱交代（交代是指化学成分和矿物成分发生变化的作用，即凝饼过程中，泥饼与侵入体发生物质交换，代入某些新的化学组分，代出一些原有的化学组分，从而使泥饼的化学组成和矿物组成发生变化，形成新物质）泥饼黏土矿物，可发生硅的溶蚀、铝的置换、层间阳离子的交换等反应，达到对泥饼界面的修饰和处理；其次，以泥饼改性剂为基础的成岩组分复合体（含膨润土等）在油井水泥浆水化离子的作用下其连续相结构键能被破坏，释放出活性硅、铝。

1.1.2　凝饼胶结物的形成

活性态硅、铝富集在水泥浆滤液中发生成岩反应生成Ⅰ型水化硅酸钙［C-S-H（Ⅰ）］凝胶和沸石类凝胶。凝饼的形成过程包括诱导激活、表面微晶化和界面耦合三个方面：诱导激活是介稳态复合相在水化过程中相互诱导对方能态，越过反应势垒，使介稳体系活化，其中Ca^{2+}和SO_4^{2-}是主要的离子；表面微晶化效应是指凝胶体系中的水化产物，若无外部动力，则只能通过热力学作用在某局部区域形成，即新相只能通过成核才能形成，当有另一复合相存在时，其微晶核作用降低了成核势垒，产生的非均匀成核使水化产物在另一复合相表面沉淀析出，加速了泥饼变凝饼的进程；界面耦合效应是指泥饼复合体系通过诱导激活、水化硬化形成稳定的凝聚体系，其显微界面的凝胶强度与其宏观物理力学性能密切相关。

1.1.3　致密凝饼的形成

在油井水泥水化后期，凝饼网状结构单元的孔隙水溶液中，由于富含碱土元素以及S、Mg、Fe、Ca、Si等元素富集到一定浓度，受孔隙水环境的影响，使这些元素自由络合形成新的矿物充填在原孔隙水空间；泥饼改性剂的粒径在10μm左右，均匀分散于凝饼孔隙和凝胶体中并填充毛细管和孔隙裂缝，改善了凝饼孔结构，提高了凝饼的密实度。同时，未参与水化的颗粒分散于凝饼中起到骨料的骨架作用，进一步优化了凝饼结构，改善凝饼各组分之间的胶结性能和凝饼的微观结构，从而改善固井二界面的宏观综合性能。

1.2　技术原理

1.2.1　凝饼的概念

凝饼是以地学理论为基础，以石油开采需要为目的，利用地壳上最丰富的硅铝质物料为主要原料配以少量的由多种物质复合成的材料，模仿大地造岩过程，采用微晶二元形成原理凝结而成的硅铝基胶凝质。

1.2.2　技术原理

原固井工艺及水泥浆体系、钻井液体系均不变。只需：钻开封固段前50m在钻井液中加入1.5%~3%的泥饼改性剂并维持此比例至钻完井（作用是对钻井液泥饼进行改性；

若必要，可同时缓慢加入钻井液量0.5%~1.5%的降黏剂），固井施工时以凝饼形成剂为基础配制前置液3~4m^3（即保证此前置液与泥饼的接触时间≥2min），且此前置液注入后随之注入水泥浆（作用是对钻井液泥饼进行处理和修饰），该新技术不动水泥浆体系（常规水泥浆的作用是提供泥饼仿地成凝饼所需的水化离子）。

2 现场实验与效果分析

2.1 大庆油田的现场实验情况

2.1.1 实验区的基本情况

大庆油田现场实验区块为杏北1—3区和杏南8区，是大庆油田的三大主力油区，经过几十年的分层注采开发，导致压力系统分布复杂，给三次加密调整井固井增加了很大的难度。该油田近几年的固井质量合格率约98.85%，优质率44.13%，尤其是固井二界面问题则更为突出。

2.1.2 实验情况与分析

大庆油田杏树岗区块7口井现场实验情况见表1。从表1可以看出：①固井质量合格率100%，固井质量优质率57.14%。与同区块对比，实验井固井质量优质率和合格率分别提高13.01个百分点和1.15个百分点；②统计*BI*值≥0.8的井段，实验井*BI*值≥0.8的井段占76.01%，而同区块*BI*值≥0.8的井段占60.09%，与区块对比实验井*BI*值≥0.8的井段提高15.92百分点。

表1 大庆油田实验井与邻井固井质量对比表

序号	类别	井号	封固高度/m	*BI*≥0.8的井段/m	*BI*≤0.8的井段/m	固井质量	*BI*≥0.8的井段/%
1	实验井	杏8-3-537	339	292	47	优质	86.14
	对比井	杏8-丁3-737	350	210	140	合格	60.00
2	实验井	杏1-40-E923	357	210	147	合格	58.82
	对比井	杏1-40-E924	355	198	157	合格	55.77
3	实验井	杏1-33-E926	516	464	52	优质	89.92
	对比井	杏1-33-斜E927	415	220	195	合格	53.01
4	实验井	杏2-丁3-E917	509	428	81	优质	84.09
	对比井	杏2-丁3-E916	385	190	195	合格	49.35
5	实验井	杏2-33-E920	385	340	45	优质	88.31
	对比井	杏2-33-E921	379	339	40	优质	89.45
6	实验井	杏3-丁2-E929	425	280	145	合格	65.88
	对比井	杏3-丁2-E928	332	254	78	优质	76.51
7	实验井	杏2-丁2-E926	379	198	181	合格	52.24
	对比井	杏2-1-斜E926	540	245	295	合格	45.37

2.1.3 实验中存在的问题

该新技术大庆油田实验中存在两个问题：①泥饼改性剂加入现场钻井液后存在一定的增稠现象，同时加入1%~1.5%的降黏剂即可满足钻井施工要求；②目前该新技术能解决固井二界面问题要求的泥饼厚度应不超过1.5mm。若现场实际钻井液泥饼太厚，采用目前的该新技术或其他技术其效果均难以达到理想指标，即厚泥饼条件下的固井二界面问题有待进一步研究。

2.2 胜利油田的现场应用情况

2.2.1 实验区的基本情况

胜利油田目前的调整井固井二界面质量合格率约70%[7]，且按照以前对固井二界面不合格井投产后的追踪调查，有50%的固井二界面不合格井发生层间窜流，有10%的固井二界面不合格井窜流严重，产量下降明显，即每年有15口井因固井二界面不合格而影响产量，需要采取补救措施后才能进行生产。按照胜利油田每口井投资300万元计算，每年因固井二界面质量不合格即导致4500万元损失。

2.2.2 实验情况与分析

胜利油田5口井现场实验情况见表2。从表2可以看出，5口实验井固井质量合格率100%，实验井固井质量合格率较目前提高了约30个百分点。

表2 胜利油田实验井固井质量情况

序 号	井 号	井深/m	封固段长/m	固井质量
1	纯6-更15	2375	975	合格
2	永3-163	2335	2335	合格
3	坨3-6-斜630	2219	1332	合格
4	坨3-7-斜939	2200	1276	合格
5	营66-斜78	2301	1101	合格

2.2.3 实验中存在的问题

该新技术胜利油田实验中存在一个问题，即泥饼改性剂加入现场钻井液后存在一定的增稠现象，同时加入0.5%~1%的降黏剂即可满足钻井施工要求。

2.3 河南油田的现场应用情况

2.3.1 实验区的基本情况

河南油田实验区块为井楼稠油热采区，该热采老区调整井固井难度很大，年汽窜井在220口以上，其中井楼142口，新庄82口。影响生产时间575d，影响产量2945t，出砂严重井88口，影响生产时间1986d，影响产量2658t；开发新区年汽窜27井次，影响生产时间143d，影响产量598t，出砂严重停井10口，影响产量3000t。

稠油井固井质量问题日益突出。长期注蒸汽开发使地下情况发生变化，蒸汽窜到地面。经研究认为，主要是固井二界面窜槽，由于井浅，地层疏松，形成的泥饼厚且疏松，固井时不能固化，经注汽开发后，容易形成汽窜。

2.3.2 实验情况与分析

河南油田6口井现场实验情况见表3。从表3可以看出，6口实验井固井质量合格率100%，实验井平均总井段优质率达到87.62%，其中2口井实验井段为全优。在该油田6口井实验过程中，泥饼改性剂与现场钻井液的配伍性良好，满足钻井施工要求。

表3 河南油田实验井固井质量情况

序 号	井 号	井 型	井深/m	实验井段/m	总井段/优质井段/m	固井质量	井段优质率/%
1	L13191	定向井	323	75~345	270/200	合格	74.1
2	L11020	直井	226	107~215	108/108	合格	100
3	LJ7918	定向井	558	150~553	403/284	合格	70.5
4	LJ71003	定向井	512	140~504	364/339	合格	93.1
5	LJ7802	定向井	446	140~435	295/293.5	合格	99.5
6	LJ7502	定向井	389	140~392	252/252	合格	100

2.3.3 典型井例——L11020井

L11020井是一口稠油热采井，井深226m，生产套管下深221m，要求水泥返至地面。二开后分三次共加入泥饼改性剂1.75t，约占钻井液重量的3%，固井时以凝饼形成剂为基础配制前置液4m^3，施工正常。声波–变密度测井（VDL）解释结果（图1）表明，固井一界面使用新技术段和未使用段的胶结质量均为优质；固井二界面使用新技术段胶结质量全部为优质，而未使用段（0~106m，即一开井段）的胶结质量则较差。显然，采用该新技术的二开井段固井一、二界面胶结质量包括全部油层段均为优质，而未采用该新技术的固井一、二界面胶结质量均较差，尤其是主力油层及其隔层。与邻井（图2）相比，新技术的固井一、二界面胶结质量均大幅提高。该实验井已注蒸汽热采7轮，尚未发现纵向层间汽窜现象。

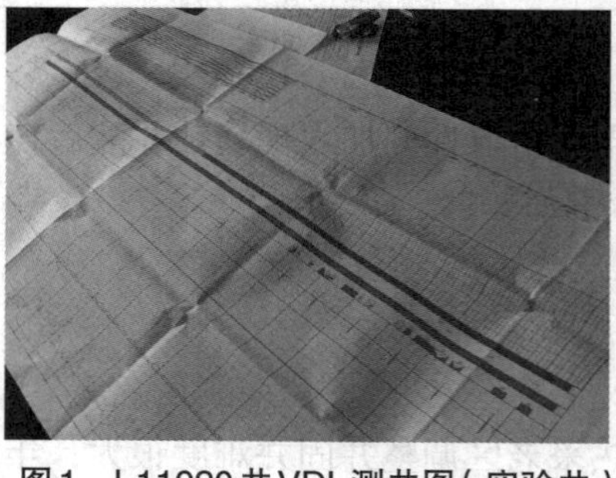

图1 L11020井VDL测井图（实验井）

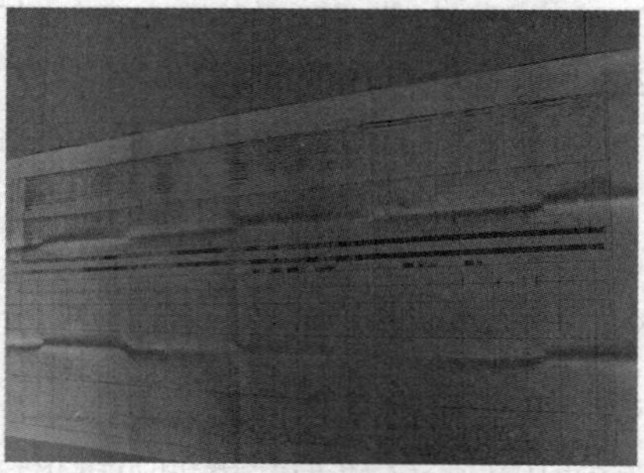

图2 L1318井VDL测井图（相邻井）

此外，还在青海油田、玉门油田等油气田推广应用了30余口井，效果显著。

3 结论与认识

（1）MTA方法固井二界面整体固化胶结机理有三个方面：一是凝饼形成剂对泥饼界

面的修饰和处理及其与泥饼改性剂的初步反应；二是凝饼胶结物的形成；三是致密凝饼的形成。

（2）MTA方法未改变油井水泥这一国内外公认的最佳固井材料，即能达到与MTC方法相当的现场固井实施效果，为解决固井二界面胶结质量问题提供了一种新途径。

（3）5个油田58口老区调整井的现场实验表明，MTA方法固井二界面整体固化胶结技术不仅现场施工简单，而且实验井固井质量合格率达到100%，固井质量优质率显著提高，尤其是固井二界面的胶结质量。

（4）泥饼改性剂与部分油田钻井液的配伍性有待改进，厚泥饼（≥1.5mm）条件下的固井二界面问题尚待进一步探索和研究。

参考文献

[1]顾军，高德利，石凤岐，等．论固井二界面封固系统及其重要性[J]．钻井液与完井液，2005，22（2）：7-10.

[2]Gu Jun，Yang Weihua，Qin Wenzheng，et al. Cement-ormation interface system and its effect on the petroleum engineering[A]. the papers of IEEE International Conference on Engineering，Services and Knowledge Management，Piscataway[C]. USA：IEEE，2007. 6505-6508.

[3]顾军，杨卫华，秦文政，等．固井二界面封隔能力评价方法研究[J]．石油学报，2008，29（3）：451-454.

[4]黄河福，步玉环，田辉，等．MTC固井液二界面胶结强度实验研究[J]．中国石油大学学报（自然科学版），2006，30（6）：46-50.

[5]顾军．固井二界面问题与泥饼仿地成凝饼科学构想[J]．石油天然气学报（江汉石油学院学报），2009，31（1）：71-74.

[6]顾军，秦文政．MTA方法固井二界面整体固化胶结实验[J]．石油勘探与开发，2010，37（2）：238-243.

[7]顾军．一种凝饼形成剂及其制备方法和用途[P]．2010.7.28，中国专利：ZL200810047343.8.

[8]荆延亮，刁胜贤．滤饼转化凝饼技术在胜利油田首次应用[J]．石油钻采工艺，2009，31（4）：48-51.

[9]牛刚强，谯世均，蒋朝丽，等．提高第二界面胶结质量固井技术[J]．青海石油，2014，32（1）：1-4.

耐高温低摩阻压裂液技术现状及发展趋势

谢 娟 肖 兵 王延平 郭粉娟 杨 超

（中石化中原石油工程有限公司井下特种作业公司，河南 濮阳 457164）

摘 要：随着深层、超深层储层改造技术的发展，对耐高温、低摩阻压裂液提出了迫切的需求。开发在超高温储层保持良好流变性、携砂能力以及低摩阻的压裂液体系对于我国高温低渗油气资源的可持续发展具有重要意义。本文综述了近年来耐温170℃以上的压裂液体系，分别分析了植物胶压裂液、聚合物压裂液、复配压裂液的特点，并对耐温240℃以上压裂液的开发提出建议。

关键词：耐高温压裂液；低摩阻；植物胶；聚合物

压裂酸化技术是低渗、致密储层最为有效的增产措施，受到了国内外业内同行越来越广泛的关注。水力压裂技术已成为油气田增产的关键措施，目前水力压裂液以植物胶压裂液及聚合物压裂液为主。随着钻井技术的进步，储层温度也随着钻井深度的加深而升高。在220℃甚至240℃储层压裂改造过程中，既能保持足够的携砂能力，又有低基液黏度和较长的交联时间，易于泵送并降低摩阻，满足长井段，高排量的施工方式已成为当前压裂液技术的研究难点。本文综述了耐高温水基压裂液的研究进展，分别分析了植物胶压裂液、聚合物压裂液、复配压裂液的特点，并对耐温240℃压裂液的开发提出建议，旨在为我国非常规超深低渗油气田的开采提供参考。

1 耐高温植物胶压裂液

天然植物胶及其衍生物具有增稠能力强、易交联形成冻胶等优点，成为国内外压裂作业中广泛应用的稠化剂，其中胍胶及其衍生物是使用最普遍的植物胶稠化剂。

刘彝等[1]研发的耐温170℃低浓度羟丙基胍胶压裂液（羟丙基胍胶与有机硼交联剂交联比100∶0.6）在170℃、170s^{-1}下连续剪切120min后，保留黏度为61mPa·s。该体系在冀东油田现场应用50井次以上，施工成功率超过90%，共用液量15000m^3，羟丙基胍胶平均质量分数0.35%，共节约羟丙基胍胶30t，大大降低了压裂成本。使用该体系对某断块30口老井进行压裂，压后日增油9.42t，压裂增产效果显著。

刘通义等[2]通过延迟硼交联剂（笼状多羟基醇、山梨醇为复合配体）的合成和压裂液添加剂的优选，研究得到了一种密度为1.38g/cm^3的低摩阻耐高温加重压裂液。该压裂液体系的交联时间达10min以上，其延迟交联性能有效地降低了管路摩阻（降阻率68.44%）；此外在170℃、170s^{-1}下连续剪切90min后黏度始终保持在60mPa·s以上，95℃高温下可完全破胶，破胶液残渣含量低于行业标准，且具有优良的悬砂性能。

作者简介：谢娟（1974—），女，黑龙江五常县，本科，高级工程师，主要从事压裂液、酸液技术研究及推广工作。

徐占东等[3]在胍胶分子中引入羧甲基基团对胍胶原粉进行改性，合成的羧甲基胍胶与有机硼交联剂交联比100：0.6、稠化剂质量分数0.5%的压裂液在180℃、170s^{-1}下连续剪切60min后，保留黏度为114.1mPa·s。该压裂液在吉林油田天然气井累计施工42次，其中长深D平7井日产气111900m^3，日产液3.8m^3，压裂增产效果良好。该体系具有高黏弹性、高悬砂性、低稠化剂浓度、低伤害、低摩阻等特性，可为改性胍胶压裂液的制备提供参考。

辛军等[4]将质量分数0.6%的超级胍胶稠化剂和质量分数0.3%有机硼锆交联剂交联配制了耐温198℃的压裂液，该压裂液在198℃、170s^{-1}下连续剪切120min后，保留黏度为100mPa·s左右，显示出良好的耐温性能。孟宪波等[5]运用该压裂液在桩古63井高温深层储层成功实施压裂，压后气产量为压前的5.2倍，压裂增产效果良好，为耐高温胍胶压裂液研究提供现场压裂依据。

肖兵等针对常规HPG类植物胶压裂液耐温能力有限（一般≤180℃）的问题，以CMHPG为稠化剂，研制了延缓交联剂和温度稳定剂，优化了pH调节剂和黏土稳定剂，形成一套低摩阻超高温压裂液体系。该体系可在40~120℃不同温度点下交联，交联时间可控并具有良好的抗剪切能力，195℃、170s^{-1}下剪切95min后，黏度仍保持在50mPa·s以上，破胶液残渣含量386mg/L、岩心基质渗透率伤害率19.20%，降阻率55.34%，完全能满足超深高温储层压裂要求，此体系成功应用于塔河油田奥陶系油藏6区TKX井5576.07~5656.00m段，同等排量下此压裂液降阻效果优于常规压裂液。

刘庆旺等[6]制备出一种新型耐高温有机锆交联剂，加入羟丙基胍胶水溶液、配套相应的调理剂及助排剂，制备耐温可达220℃的羟丙基胍胶压裂液。该压裂液在220℃温度范围内具有良好的耐温剪切性能，在170s^{-1}下剪切120min后，压裂液黏度保持在140mPa·s以上，满足井温220℃的油井压裂施工要求。

2　耐高温聚合物压裂液

合成高分子聚合物具有增稠能力强、破胶性能好、耐温性能好、残渣少等特点，在非常规页岩油气开发中应用最多，占比90%以上。合成聚合物稠化剂主要是聚丙烯酰胺类，聚丙烯酰胺通过与有机锆等金属交联剂交联可形成水基冻胶压裂液。

何良好等[7-9]用三种丙烯酰胺类单体通过溶液聚合得到耐温200℃的压裂液稠化剂。质量分数0.6%的最优中试产品与质量分数0.6%的有机锆交联剂交联制得的冻胶压裂液在200℃、170s^{-1}下连续剪切120min后，保留黏度为176mPa·s。该压裂液在牛东101井6000m深205℃高温储层现场实验成功，破胶液返排顺利，油产量上升5.16倍，气产量上升7.85倍，取得了良好的压裂增产效果。用一组中试凝胶（非最优）配制的质量分数0.6%的压裂液在200℃、170s^{-1}下连续剪切120min后，保留黏度为427.9mPa·s；而用该组中试凝胶经粉碎烘干制得的粉剂配制成的质量分数0.6%的压裂液在200℃、170s^{-1}下连续剪切120min后，保留黏度为168.4mPa·s。说明该压裂液耐温性能随着粉碎烘干过程出现明显下降，如能优化该过程，有望获得耐温更高的聚合物压裂液体系。

翟文等[10]以丙烯酰胺类及丙烯酸类为聚合单体合成了多种耐高温聚合物稠化剂。其中以丙烯酰胺（AM）、2-丙烯酰胺-2-甲基丙磺酸（AMPS）、甲基丙烯酰氧乙基三甲基氯化铵（DMC）及N，N-二甲基丙烯酰胺（DMAM）为单体制得的四元聚合物稠化剂耐温性能最佳，质量分数0.6%的该稠化剂与质量分数0.6%有机锆交联剂交联得到的压裂液在230℃、170s^{-1}下连续剪切120min后，保留黏度为60.31mPa·s。该压裂液体系已接近“十三五”国家重大科技专项提出的耐温240℃目标，可望为耐温更高的聚合物压裂液的研发提供参考。

陈效领等[11-13]以丙烯酰胺（AM）、丙烯酸（AA）、二甲基二烯丙基氯化铵（DMDAAC）、N，N-亚甲基双丙烯酰胺（MBA）、苯乙烯磺酸钠（PSNN）及烯丙基聚氧乙烯醚（APEG）为单体合成了六元聚合物稠化剂。质量分数1.0%的该稠化剂与质量分数0.6%的有机钛锆交联剂形成的压裂液在200℃、170s^{-1}下连续剪切120min后，保留黏度大于50mPa·s。该体系耐温性能良好，但稠化剂用量相对较高，若能降低其稠化剂用量，则有望满足现场压裂施工需求。

娄燕敏等[14]以丙烯酰胺（AM）、二甲基二烯丙基氯化铵（DMDAAC）及3-丙烯酰乙醇基-3-甲基丙磺酸（AEMS）为单体合成了三元聚合物稠化剂；并合成了有机硼锆复合交联剂和耐温超过200℃的高温稳定剂（胺类化合物）。以质量分数1.0%的该稠化剂、质量分数0.8%的该交联剂及质量分数0.5%的该高温稳定剂制得的压裂液在200℃、170s^{-1}下连续剪切150min后，保留黏度在100mPa·s左右。采用该压裂液对奈1-60-54 井进行调层压裂，压裂初期（压后一个月），平均日产液2.94m^3，日产油2.02m^3，获得了良好的压裂效果；此外，采用该压裂液对大庆敖南区块8口井进行压裂作业，压后产液量和产油量均大幅度提高，压裂效果同样明显。该体系中的高温稳定剂在国内耐温压裂液领域中使用较少，可进一步研究开发，为现场压裂施工提供支持。

Liang等[15-16]合成了一种聚丙烯酰胺类稠化剂，该稠化剂加入有机锆交联剂及ZrO_2分散剂制得的压裂液体系在205℃、40s^{-1}下连续剪切75min后，保留黏度大于500mPa·s；可进一步进行170s^{-1}下的剪切实验，以确定该压裂液能否满足高温油气藏压裂需求。

Chetan等[17]在第19届SPE中东石油和天然气展览会中提出了以聚丙烯酰胺类为稠化剂，有机锆为交联剂的压裂液体系，耐温可达227℃。Halliburton等[18]在2010年深层油气藏展览会中提出了以丙烯酰胺（AM）、丙烯酸（AA）、2-丙烯酰胺-2-甲基丙磺酸（AMPS）为单体合成的聚合物稠化剂，该稠化剂与有机锆交联剂交联可制备耐高温压裂液，该压裂液在得克萨斯南部两口井深分别为7100m、5760m，储层温度分别为232℃、223℃的气井实验成功，天然气增产效果良好且压裂液返排彻底。Makarychev-Mikhailov等[19]. 2014年国际石油展览会中提出一种快速水合法合成出的聚合物稠化剂，该稠化剂与金属类交联剂交联可制备耐高温压裂液。

Song等[20]以丙烯酰胺（AM）、2-丙烯酰胺-2-甲基丙磺酸（AMPS）及乙烯基磷酸酯为单体合成了三元聚合物稠化剂，加入反相表面活性剂及抗坏血酸稳定剂和锆交联剂后获得的聚合物压裂液在230℃、100s^{-1}下连续剪切120min后，保留黏度大于100mPa·s，可进一步进行现场试验，为耐高温聚合物压裂液的开发提供借鉴。

肖兵等为解决目前聚合物压裂液交联时间快、基液黏度高，导致施工压力高的问题，研制了温控交联剂和耐温增强剂，形成了240℃高温聚合物压裂液体系，体系交联温度在40~150℃可控，在高排量压裂施工中，可有效降低管柱摩阻，减小施工压力；在240℃、170s^{-1}下连续剪切90min后，保留黏度大于120mPa·s。成功应用于顺南X井（储层温度192.4℃），降阻率高达62%。

翟文等[21]以N，N–二甲基丙烯酰胺（DMAM）、2–丙烯酰胺–2–甲基丙磺酸（AMPS）及N–乙烯基吡咯烷酮（NVP）为单体通过溶液聚合制得三元聚合物稠化剂。质量分数0.6%的该稠化剂与质量分数0.6%的新型长链螯合锆交联剂FAG–18交联制得的压裂液在240℃、100s^{-1}下连续剪切90min后，保留黏度为90mPa·s。

卢拥军、方波等[22]以丙烯酰胺（AM）、2–丙烯酰胺–2–甲基丙磺酸（AMPS）及二甲基二烯丙基氯化铵（DMDAAC）为单体合成了三元耐高温聚合物稠化剂，并研制了相匹配的交联剂系列产品，形成了150~240℃高温配方，在柴达木盆地风险探区和青海油田超高温储层改造中取得良好的应用效果。并通过建立高温压裂液热力学方程，研究聚合物交联条件下稳定机理，初步形成了260℃高温压裂液体系，100s^{-1}剪切2h，保留黏度在100mPa·s以上。

3　耐高温复配压裂液

聚合物类和植物胶类稠化剂差热和热重分析结果表明，羟丙基胍胶高分子在水中的氧化降解和水解是其高温下黏度下降的主要原因；聚丙烯酰胺中的极性基团（如羧基和氨基），可以捕获水中的自由基，将聚丙烯酰胺与羟丙基胍胶复配在一起，可以提高羟丙基胍胶高分子在水溶液中抗氧化降解和水解的能力，提高羟丙基胍胶压裂液在高温时的黏度；利用聚丙烯酰胺与胍胶高分子形成梯形聚合物可提高稠化剂在高温时的稳定性，从而将压裂液使用温度的上限提高到200℃。

李瑞国等[23]在专利中以胍胶羟丙基三甲基氯化铵、甲叉基聚丙烯酰胺、苦房胶等为原料制得复配稠化剂，总质量分数3%的该复配稠化剂与有机硼交联剂交联制得的压裂液在200℃、170s^{-1}下连续剪切120min，保留黏度为94mPa·s，该专利中稠化剂用量较高，后期研究可致力于降低稠化剂用量并补充现场压裂试验，以确定其实用性。

张浩等[24-26]用聚丙烯酰胺和羟丙基胍胶制得复配稠化剂，质量分数0.6%的羟丙基胍胶与质量分数0.4%的聚丙烯酰胺在有机锆交联剂的交联下制得耐高温压裂液。该压裂液在200℃，170s^{-1}下连续剪切150min，保留黏度大于80mPa·s。该体系兼具植物胶稠化剂易交联及聚合物稠化剂耐温高的优点，可补充现场压裂试验，为耐高温复配压裂液的研究提供支持。

袁青等[27]在专利中以羧甲基羟丙基胍胶、聚乙烯醇分子和聚丙烯酰胺为原料制得复配稠化剂，该稠化剂与有机硼锆交联剂交联制得的压裂液在200℃、170s^{-1}下连续剪切65min后，保留黏度大于170mPa·s，可进一步延长剪切时间，以确定该体系能否满足现场压裂施工需求。

4 建议与展望

随着我国在深层油气井高效勘探开发取得了长足进步，超深、高温、高压的“三超”挑战也随之而来，耐240℃以上高温清洁压裂液是未来的研究方向。本文综述了近年来主要高温压裂液体系的研究和应用进展，储层改造压裂液研究工作者仍需努力，开发出性能与国外相媲美的超高温压裂液技术，以满足我国在超高温深井压裂中的需要。

（1）继续开展超高温胍胶压裂液技术研究，对植物胶稠化剂进行接枝改性，在多糖分子链上引入耐温侧链，从而提高压裂液耐温性能；开发高浓度下基液黏度低的改性胍胶和配套的高温交联剂。

（2）在多元聚合物稠化剂中，将部分耐温性能较差的单体替换为耐温性能更好的单体，如N–乙烯基吡咯烷酮（NVP）、N–乙烯基己内酰胺（NVCL）等，以增大高分子侧链的尺寸，使高分子主链和侧链缠绕更紧密，从而提高耐温性能。

（3）持续优化聚合物稠化剂合成工艺，控制好聚合物相对分子质量、水解度等，实现延缓增黏，既满足基本黏度需求，又达到降摩阻目的。

（4）配套抗温抗盐延缓交联剂、耐温增强剂研发，纳米修饰等，开发出性能更优异的超高温压裂液。

参 考 文 献

［1］刘彝，李良川，刘京，等．低浓度胍胶压裂液在高温大斜度井中的应用研究［J］．钻采工艺，2015（4）：89–92.

［2］孙井泉，刘通义，等．抗高温低摩阻硼交联加重压裂液的制备与性能［J］．应用化工 50.10（2021）：2649–2652+2656.

［3］徐占东，代延伟，李丽书．JK–1002 高温羧甲基胍胶压裂液的性能评价及在吉林油田的应用［J］．长江大学学报（自科版），2016（8）：64–69.

［4］辛军，郭建春，赵金洲，等．新型超高温压裂液体系研制与评价［J］．钻井液与完井液，2009（6）：49–52.

［5］孟宪波，周汉国．超高温压裂液在国内压裂井的首次应用［J］．油气井测试，2014（2）：68–70.

［6］李瑞国，有机锆交联剂及耐温 220℃的羟丙基胍胶压裂液［P］．CN104212437A．2014–12–17.

［7］何良好．聚合物稠化剂制备及超高温压裂液体系流变性能研究［D］．南京：华东理工大学，2013.

［8］翟文，邱晓惠，何良好，等．一种耐 200℃超高温聚合物型压裂液体系［A］// 中国化学会·中国力学学会流变学专业委员会．流变学进展（2012）第十一届全国流变学学术会议论文集［C］．2012.

［9］段贵府，胥云，卢拥军，等．耐超高温压裂液体系研究与现场实验［J］．钻井液与完井液，2014（3）：75–77.

［10］卢拥军，翟文，丁云宏，等．一种耐高温冻胶压裂液制备方法及其应用［P］．CN103484094A．2014–01–01.

［11］翟文，何良好，邱晓惠，等．油田压裂液用耐高温聚合物稠剂及其制备方法与应用［P］．CN104449643A．2015–03–25.

［12］陈效领，李帅帅．超高温聚合物压裂液体系室内研究［J］．化工管理，2017（2）：43–45.

［13］陈效领，李帅帅，苏盈豪，等．一种油田压裂用耐高温聚合物增稠剂 PAS–1 研制［J］．油田化

学，2016，33（2）：224-229.
[14] 娄燕敏．低伤害耐高温压裂液的研制与应用［D］. 大庆：东北石油大学，2013.
[15] LIANG F，GHAITHAN A，HOOISWENG O，et al. Reducedpolymer-loading，high-temperaturefracturing fluids by use ofnanocrosslinkers［J］. SPEJ，2017，22（2）：622-631.
[16] LIANG F，AL-MUNTASHERI G，LI L M. High temperaturefracturing fluics with nanoparticle［P］. US2017037302A1.2017-02-09.
[17] CHETAN P，MANOJ A，RAMESH U. Evaluation of fracturingfluid for extreme temperature applications［A］//19th MiddleEast Oil and Gas Show and Conference［C］. MEOS，2015.
[18] FUNKHOUSER G P，HOLTSCLAW J，BLEVINS J，et al. Hydraulic fracturing under extreme HPHT conditions：Successful application of a new synthetic fluid in South Texas gaswells［A］//Deep Gas Conference and Exhibition［C］. DGAS，2010.
[19] LEE W，BUELVAS M J L，ABAD C，et al. Fast hydratingfracturing fluid for ultrahigh temperature reservoirs［A］//Society of Petroleum Engineers—30th Abu Dhabi International Petroleum Exhibition and Conference，ADIPEC 2014：Challenges and Opportunities for the Next 30 Years［C］. 2014.
[20] SONG L L，YANG Z. Method for a fracturing fluid system at hightemperatures［P］. US2017137699A1. 2017-05-18.
[21] 翟文，王丽伟，邱晓慧，等．240℃超聚合物高温压裂液耐温机理及流变性研究［A］//中国化学会、中国力学学会流变学专业委员会第十二届全国流变学学术会议论文集［C］. 2014.
[22] 李瑞国，一种耐高温压裂液及其制备方法［P］. CN104818010A. 2015-08-05.
[23] 张浩，张玉广，王贤君，等．深层致密气藏超高温压裂液复合稠化剂［J］. 大庆石油学院学报，2012（1）：59-63.
[24] 张玉广，张浩，王贤君，等．新型超高温压裂液的流变性能［J］. 中国石油大学学报（自然科学版），2012（1）：165-169.
[25] 张浩．压裂用稠化剂耐高温性能研究［J］. 内蒙古石油化工，2013，（23）：149-151.
[26] 袁青，牛增前，谭锐．超高温压裂液体系：CN106350055A［P］. 2017-01-25.

240℃温控聚合物压裂液研究与应用

肖 兵　郭粉娟　王延平　赵 贤

（中石化中原石油工程有限公司井下特种作业公司，河南 濮阳 457164）

摘 要：为解决目前压裂液耐温能力不足，交联时间快、基液黏度高，导致施工压力高的问题，本文通过优选稠化剂，研制温控交联剂、温度稳定剂，形成了240℃高温压裂液配方，即：0.7%聚合物+0.4%~1.4%温控交联剂+1.0%温度稳定剂，且通过交联剂的加量控制交联温度，并对该体系进行了耐温性、悬砂性及破胶性评价，均满足标准要求。成功应用于顺南X井（储层温度192.4℃），降阻率高达62%。

关键词：低摩阻；压裂液；温控交联

随着浅层石油资源大量被开发而不断减少，石油需求却不断增加，油气勘探开发不得不向深部地层发展，压裂面临的地层温度已越来越高，同时，对压裂设备、管柱及工艺技术也带来了极高的挑战性。[1] 非常规油气储层具有“三高一深”特点：埋藏深，均在7500~8800m；储层温度高，大部分在160℃以上，甚至达到230℃；地层压力系数达到1.44，地层破裂压力梯度2.4MPa/100m；井底延伸压力高（>150MPa），地面施工压力达到120MPa（4~5m^3/min），是典型的超深超高温高压油气藏，压裂改造难度大。其储层特征及压裂施工特点对压裂液性能提出如下要求：①更优异的耐温耐剪切性能，满足储层高温要求；②较长的交联时间，满足长井段，高排量的施工方式；③低基液黏度，满足地面泵送并降低摩阻。资料显示[2-6]，目前，常规HPG类植物胶压裂液耐温能力有限（一般≤180℃），且体系 pH高（一般≥12），不利于储层保护；而PAM类聚合物压裂液体系虽可满足180℃以上耐温要求，但存在高浓度下泵送困难、交联时间短、摩阻高等问题；因此，本文以合成聚合物为稠化剂，研制了交联控制剂、温度稳定剂并形成240℃温控交联压裂液体系。

1 实验

1.1 材料与仪器

实验材料：聚合物稠化剂（1#~6#）、胶囊破胶剂，工业级；氯化钠、氯化钙、氯化镁、碳酸氢钠、硫酸钠，分析纯；交联控制剂、温度稳定剂，工业级，实验室自制；低密度支撑剂30/50目，69MPa，金刚新材料股份有限公司。

作者简介：肖兵（1983—），男，高级工程师，公司专家，2007年毕业于西南石油大学化学工程与工艺专业，工学学士。主要从事压裂、酸化工艺技术的研究与现场应用工作。E-mail：xiaoxb000@163.com。

主要实验仪器：RS6000高温流变仪，德国HAAKE公司；M5600高温高压流变仪，美国Grace公司。

1.2　实验方法

1.2.1　释放温度测定

用RS6000流变仪，在套筒中加满压裂液后，对样品加热，控制升温速度为3℃/min ± 0.2℃/min，从室温开始实验，同时转子以剪切速率170s^{-1}转动，压裂液在加热条件下受到连续剪切，以表观黏度出现升高的“拐点”时对应的温度表征为试样的黏度释放温度。

1.2.2　耐温能力测定

RS6000流变仪，在套筒中加满压裂液后，对样品加热，控制升温速度为3℃/min ± 0.2℃/min，从30℃开始实验，同时转子以剪切速率170s^{-1}转动，压裂液在加热条件下受到连续剪切，以表观黏度降为50mPa·s时对应的温度表征为试样的耐温能力。

1.2.3　盐水的配制

1000mL蒸馏水，加入2.8g氯化钠、2.6g氯化钙、2.7g六水氯化镁、0.8g碳酸钠、2.5g硫酸钠，搅拌溶解后即得总矿化度10000mg/L、钙镁和量1250mg/L的盐水。

1.2.4　其他性能评价

高温流变性能测试方法参照中国石油天然气行业标准《水基压裂液性能评价方法》（ST/T 5107—2016）；破胶性能测试方法参照标准《压裂用破胶剂性能实验方法》（SY/T 6380—2008）。

2　结果与讨论

2.1　240℃压裂液室内研究

2.1.1　稠化剂优选

稠化剂也称增黏剂，是指能够使压裂液变成凝胶，从而增加其黏度的化合物。由于植物胶稠化剂耐温性能有限，本体系稠化剂以聚合物为研究对象。室内通过对0.7%浓度稠化剂的增黏性、耐盐性、耐温性进行对比，结果见表1，筛选出耐温性能好、表观黏度低的2#稠化剂作为该高温压裂液用稠化剂。

表1　稠化剂的综合性能对比

稠化剂编号	1#	2#	3#	4#	5#	6#
表观黏度/mPa·s	62	75	55	54	70	65
黏度保持率（盐水）/%	65	80	75	72	60	68
耐温/℃	167	185	166	155	174	170

2.1.2 温控交联剂的研制

本文以有机类锆、钛作为研究对象。有机钛特点是水解快、交联快，低温下有足够的交联能力，但压裂液抗温、抗剪切性能相对较差。有机锆的特点是低温下水解慢、交联慢，在高温下其水解速度加快，可弥补有机钛因高温而部分失去的交联作用，从而提高压裂液体系的抗温、抗剪切能力。这种特性恰可作为高温释放用交联剂，达到进一步降低施工管柱摩阻的目的。

因此，室内在优选并复配主、配体的基础上，利用分子尺寸大小和空间位阻效应[7]合成了温控交联剂。区别于常规的室温条延迟交联，该交联剂可在高温下延迟交联，且交联的温度可由交联剂加量控制，室内用HAAKE RS6000流变仪，设置剪切速率170s^{-1}、温度240℃、时间100min，进行高温流变性能测试，具体如表2和图1~图3所示。

表2 不同交联剂加量对应的交联温度

交联剂加量/%	0.8	1.2	1.4
交联温度/℃	80	120	150
流变曲线	图1	图2	图3

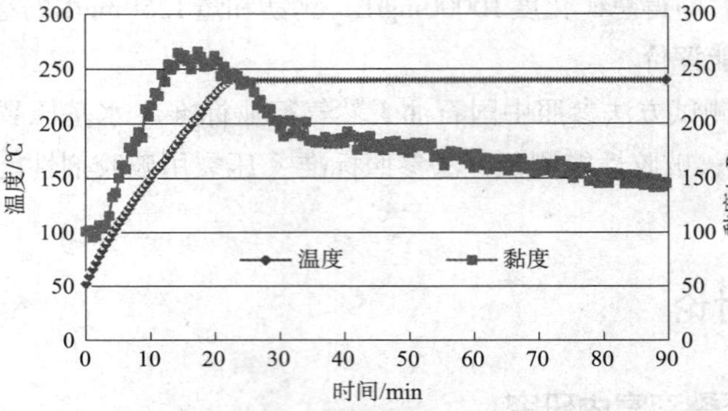

图1 240℃压裂液高温流变曲线（交联温度80℃）

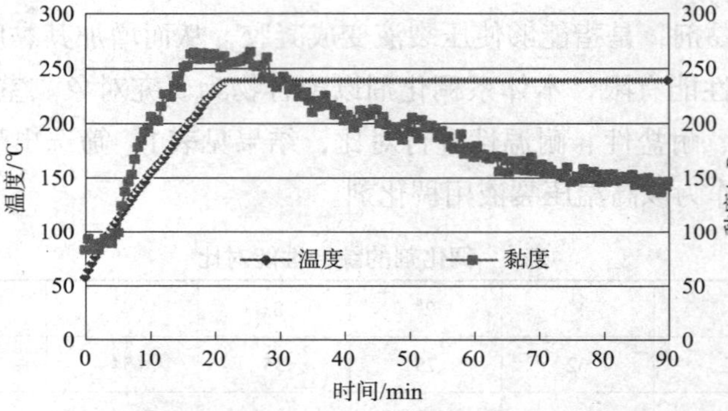

图2 240℃压裂液高温流变曲线（交联温度120℃）

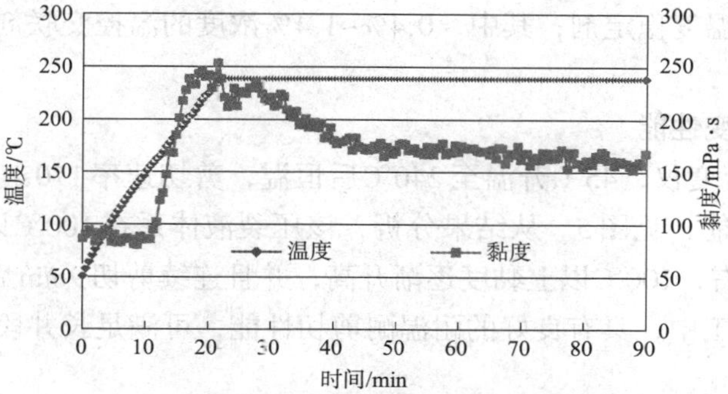

图3 240℃压裂液高温流变曲线（交联温度150℃）

2.1.3 温度稳定剂

聚合物压裂液在高温下的降解主要是氧化降解和热降解。为降低聚合物水溶液老化现象，提高压裂液体系在高温下的稳定性，室内通过对除氧剂、电子供体化合物、热稳定剂的优选及组成比例优化，研发了具有除氧、热稳定功能的耐温增强剂，来提高压裂液体系高温下的稳定性。

室内用HAAKE RS6000流变仪，设置剪切速率170s^{-1}、温度240℃、时间90min，对比不同耐温增强剂加量下压裂液的黏度提高值，结果见表3。

表3 不同耐温增强剂加量下压裂液的黏度提高值

耐温增强剂加量/%	0.4	0.6	0.8	1.0	1.2	1.4
黏度提高值/mPa·s	35.8	59.4	84.6	105.7	109	115

由表3可知，不同的耐温增强剂加量下，压裂液的黏度均有不同程度的提高，当其加量大于1.0%时，黏度提高值变化不大，最终确定耐温增强剂的最优加量为1.0%。其中，1.0%加量下的对比曲线如图4所示，可见，加入温度稳定剂的240℃压裂液体系最终黏度为165.7mPa·s，相比空白组53.6mPa·s，黏度提高值为112.1mPa·s，温度稳定剂使用效果显著。

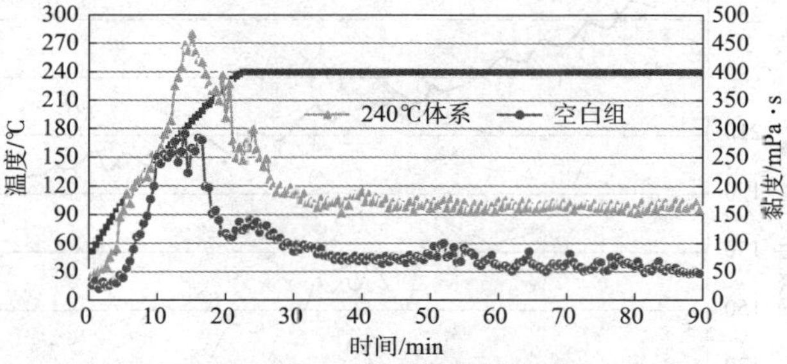

图4 240℃压裂液体系与不加稳定剂的流变曲线对比

2.2 压裂液体系的性能评价

2.2.1 配方

根据以上实验结果，最终形成了240℃压裂液体系配方：0.7%稠化剂+0.4%~1.4%

温控交联剂+1.0%温度稳定剂，其中，0.4%~1.4%浓度的温控交联剂可控交联温度范围为40~150℃。

2.2.2 高温流变性能

采用RS6000流变仪，45℃升温至240℃后恒温，剪切速率170s^{-1}条件下测试该高温交联体系的流变性能，见图5。从结果分析，该压裂液体系在100℃以下，弱交联作用，黏度在95mPa·s左右，100℃以上黏度逐渐升高，并且连续剪切9min后黏度为180mPa·s，说明体系在压裂施工中，具有良好的耐温耐剪切性能，可满足长井段、高温储层加砂压裂改造需求。

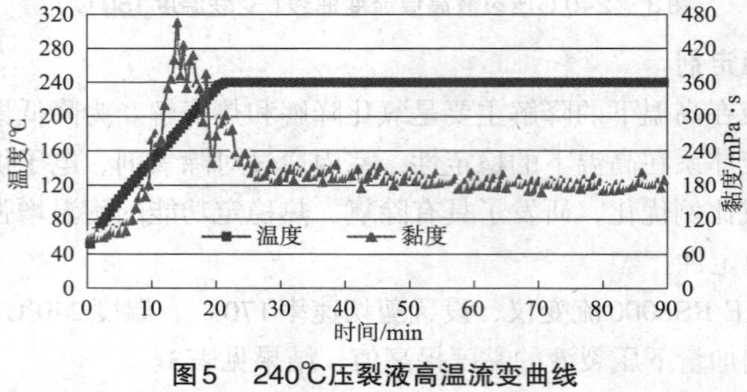

图5 240℃压裂液高温流变曲线

2.2.3 悬砂流变性能评价

为了达到较理想的压裂效果，现场施工会泵注携带支撑剂的压裂液进入地层，研究含砂压裂液的流变规律可以为压裂液在管道和裂缝中的携砂能力预测提供更加准确的理论依据。将压裂液和支撑剂看作整体进行流变实验，研究混合流体表观黏度随剪切速率变化的规律和机理[8]。

室内使用M5600高温流变仪，将压裂液和支撑剂看作整体进行流变实验，即240℃压裂液+13.4%/20%支撑剂［Φ（300~600）μm，69MPa，低密］，温度：240℃、剪切速率170s^{-1}，结果如图6所示，连续剪切95min，含砂压裂液体系依旧具有较好的黏度。

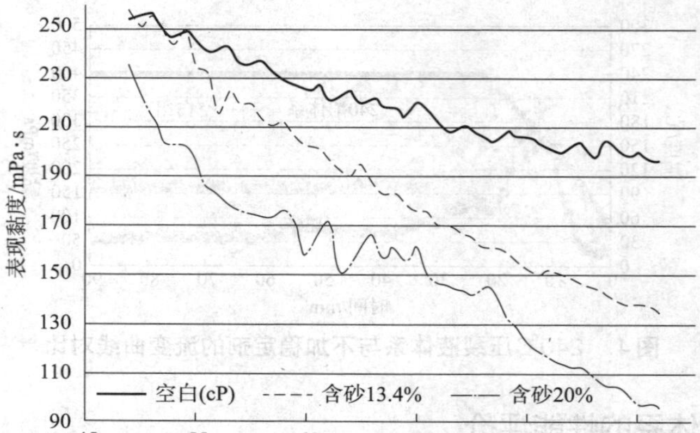

图6 240℃压裂液含砂流变曲线

2.2.4　破胶性能

压裂液使用的聚合物，具有可增稠、可输送支撑剂、可悬浮、可控制滤失及可进行层间隔离的特性，在作业完成之后难降解，往往会造成聚合物伤害[9]。因此，压裂作业要求添加破胶剂来降解聚合物从而降其相对分子质量，降低压裂液黏度，以便压裂液返排和支撑剂留在缝里，形成一定的裂缝和支撑剂孔隙渗透率，达到压裂增产的目的。

在240℃压裂液中，加入0.05%的破胶剂，搅拌均匀并移至老化罐中，密闭状态下200℃恒温2h，冷却后取出破胶液，用毛细管黏度计测定黏度，并按《水基压裂液性能评价方法》（SY/T 5107—2016）进一步测定破胶液的残渣含量和表面活性，结果见表4。

表4　压裂液破胶后的性能

名称	黏度/mPa·s	残渣含量/（mg/L）
破胶液	2.1	126

从表4可以看出，所开发的240℃压裂液破胶彻底，残渣低。

3　现场应用

顺北X井是西北油田分公司的一口重点勘探井，位于古城墟隆起顺南缓坡顺北16号断裂带，埋深7000.00~7533.00m，地层延伸压力梯度达0.02MPa/m，储层温度高达209℃，为中国石化最高施工井温。施工中采用240℃温控交联压裂液体系，累计注入压裂液400m³，施工排量8m³/min，施工压力95.7MPa。通过PT压裂软件压后摩阻计算分析，压裂液排量在8.0m³/min时，管柱摩阻为52MPa，该体系的降阻率高达72%。通过模拟计算得知，在相同注入条件下，管路摩阻比常规压裂液体系降低了18MPa，降阻性能良好，降低了施工难度，保障了施工顺利完成（图7）。

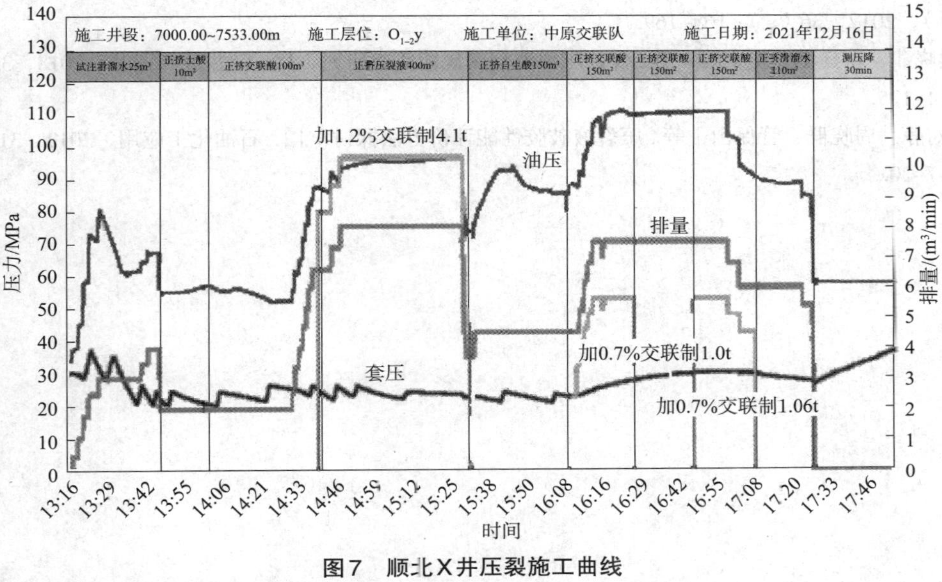

图7　顺北X井压裂施工曲线

4 结论

（1）通过自主研发的温控交联剂，可使体系交联温度在40~150℃之间可控，在高排量压裂施工中，可有效降低管柱摩阻，减小施工压力。

（2）该体系优良的耐温耐剪切性能，以及含砂流变性能，可满足长井段、高温储层加砂压裂改造需求。

（3）破胶液黏度仅2.1mPa·s，破胶彻底，对储层伤害低。

（4）现场应用效果良好，体系降阻率高达72%。

参 考 文 献

［1］王益山，罗亚平，周俊然，等．储层改造特殊技术［M］．北京：石油工业出版社，2017.

［2］Prakash C，Achalpurkar M P，Uppuluri R. Performance Evaluation of High Temperature Fracturing Fluid［C］. SPE 171710，2014：1–9.

［3］Liang F，Al–Muntasheri G，Ow H，et al. Reduced Polymer Loading，High Temperature Fracturing Fluids using Nano–crosslinkers［C］. SPE 177469，2015：1–13.

［4］Song L，Yang Z. Synthetic Polymer Fracturing Fluid for Ultrahigh Temperature Applications［C］. SPE 188597，2016：1–10.

［5］段贵府，胥云，卢拥军，等．耐超高温压裂液体系研究与现场实验［J］．钻井液与完井液，2014，31（3）：75–77.

［6］韩松，张浩，张凤娟，等．大庆深层致密气藏高温压裂液的研制与应用［J］．大庆石油学院学报，2006，30（1）：34–38.

［7］翟文、程兴生、卢拥军，等．水基压裂液黏弹性性能特征研究［A］// 全国天然气学术年会［C］．中国石油学会天然气专业委员会．2013：237–243.

［8］张玉广，张浩，王贤君，等．新型超高温压裂液的流变性能［J］．中国石油大学学报（自然科学版），2012，36（1）：165–169.

［9］熊晓菲、蒋廷学、贾文峰，等．含砂压裂液流变规律实验研究［J］．钻井液与完井，2018，35(4)：114–125.

［10］刘静、周晓群、管保山，等．压裂液破胶性能评价方法探讨［J］．石油化工应用，2012，31（4）：17–20.

195℃ CMHPG碱性压裂液研究及应用

王延平　肖　兵　赵　贤　李　佩

（中石化中原石油工程有限公司井下特种作业公司，河南 濮阳　457164）

摘　要：针对塔里木盆地部分储层“三高一深”特点，研究开发了一种低浓度、低摩阻、超高温压裂液体系，该体系可在不同温度点下交联，交联时间可控并具有良好的抗剪切能力，195℃、170s^{-1}下剪切95min后，黏度仍保持在50mPa·s以上，破胶液残渣含量386mg/L、对支撑裂缝伤害率7.85%，滤液测岩心渗透率伤害率19.20%，降阻率55.34%，完全能满足超深高温储层压裂要求，此体系成功应用于塔河油田奥陶系油藏6区TKX井5576.07~5656.00段，同等排量下此压裂液体系降阻效果优于常规压裂液体系。

关键词：超高温压裂液；低浓度；降阻；低伤害

中国石化西北油田塔里木盆地新区顺托、顺南、顺北区块储层具有“三高一深”特点：埋藏深，均在6500m~7700m；储层温度高，大部分在180℃以上，甚至达到210℃；地层压力系数达到1.44，地层破裂压力梯度2.4MPa/100m；井底延伸压力高（>150MPa），地面施工压力达到120MPa（4~5m^3/min），是典型的超深超高温高压油气藏，压裂施工改造难度大。因此，储层特征及压裂施工特点对压裂液性能提出如下要求：①储层温度高，要求压裂液体系具有更优异的耐高温耐剪切性能。②井段长，排量高，为降低施工摩阻，要求压裂液体系具有更长的交联时间。③基液黏度低，易于泵送并降低摩阻。目前PAM类聚合物压裂液体系可满足200℃储层改造需求，但存在成本高、泵送困难（高浓度）、交联时间短、摩阻高、吸附伤害等问题；常规HPG类植物胶压裂液耐温能力有限（一般≤180℃）。因此，本文以CMHPG为稠化剂，研制了强延缓交联剂和温度稳定剂，优化了pH调节剂和黏土稳定剂，形成一套低摩阻超高温压裂液体系。

1　低浓度、低摩阻、超高温压裂液的室内研究

1.1　稠化剂的优选

选择稠化剂的原则是增黏性能好、水不溶物低、降阻效果明显、用量少。室内对比国内外两种HPG和四种CMHPG样品的性能，稠化剂浓度均为0.6%，结果见表1。从结果可以看出，与HPG相比，CMHPG的水溶性更好，增稠效率更高，水不溶物更低，这是由于羧甲基的引入使稠化剂带有部分负电荷，电荷之间的相互排斥作用使得高分子链构象更加伸展的结果。[1]

作者简介：王延平（1987—），女，工程师，2012年毕业于南京师范大学分析化学专业，硕士研究生。主要从事压裂酸化液技术研究与现场应用工作。E-mail：wangyanping125@126.com。

表1　不同稠化剂的主要性能

稠化剂	黏度/mPa·s	w（水不溶物）/%
HPG（一级）	108	3.71
HPG（二级）	102	5.98
CMHPG（SY）	120	1.06
CMHPG（KS）	117	1.23
CMHPG（进口）	111	1.10
CMHPG（BFC）	126	1.02

通过测试CMHPG的耐温、耐剪切能力，进一步优选最佳的CMHPG产品，室内采用进口交联剂，稠化剂浓度0.6%，结果见图1。从结果可以看出，CMHPG（BFC）在180℃、170s^{-1}下连续剪切90min，黏度在40~50mPa·s，优于其他三类稠化剂。

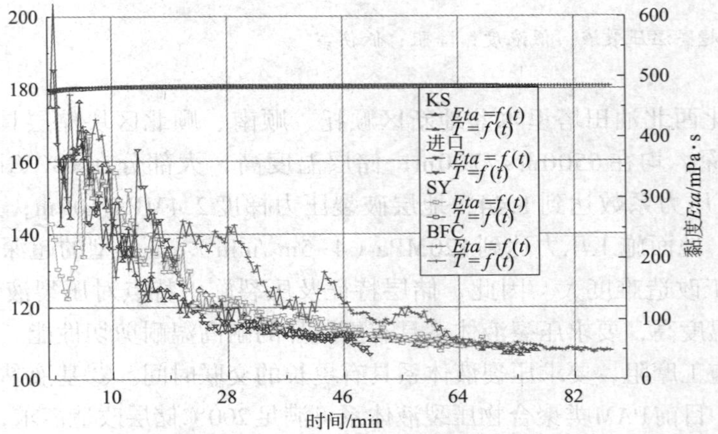

图1　不同类型CMHPG产品的优选

1.2　强延缓交联剂的研制

应用于超高温压裂液的交联剂需具有较好的延缓交联特性，以降低施工摩阻。[2] 部分常规交联剂在地表温度下可以表现出较长的交联时间，但略微加热则立即交联，对于超深高温井并不能满足延缓交联、降低施工摩阻的要求。因此，在优选并复配主配体的基础上利用分子尺寸大小和空间位阻效应[3]合成了强延缓交联剂，其制备过程为：首先按一定比例加入甘油、锆/硼盐、乳酸、三乙醇胺、水，水浴60℃搅拌至全溶，然后加入其他配体，用氢氧化钠调节pH至5~6，升温至 80℃反应4~5h，即可制得强延缓有机硼锆交联剂（WK–180）。按照180℃恒温和70℃升温至180℃再恒温两种控温程序评价WK–180的耐温耐剪切能力，结果见图2。从结果分析，WK–180可使压裂液常温下弱交联，并随之温度的升高，黏度逐级释放；进一步优化WK–180浓度，确定1.2%WK–180为最优比例。

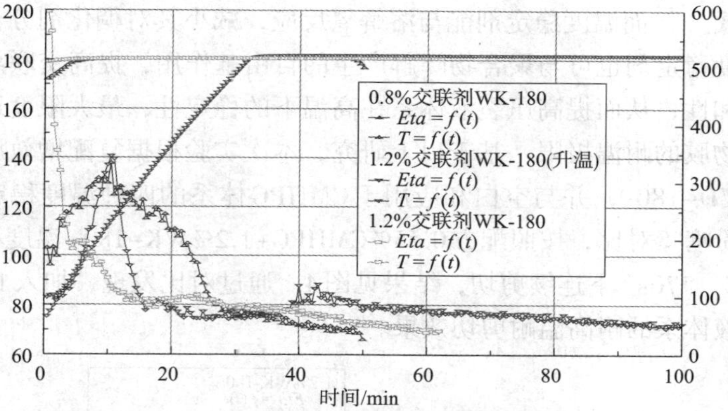

图2　交联剂WK-180的流变曲线

1.3　pH调节剂

酸性条件下，有机硼锆交联剂不易形成多核络合离子，锆离子主要以水合离子形式存在，不利于体系成胶；碱性条件下，pH值升高时，有机硼锆交联剂形成的多核络合离子增多，聚合度随之增加，有利于体系成胶；[4] pH值过高时，CMHPG/WK-180交联时间短，不利于降阻。因此，为了满足较长交联时间和提高压裂液体系的耐温性能，须选用合适的pH调节剂将该体系的pH值调节到最佳范围。按照配方0.55%CMHPG+1.2%WK-180+pH调节剂配制压裂液，并于180℃、170s^{-1}下连续剪切，评价NaOH和Na_2CO_3两种pH调节剂，结果见图3。通过分析可知，采用0.15%Na_2CO_3缓冲型pH调节剂将压裂液pH值控制在10~11范围内时，压裂液的耐温耐剪切效果最好。

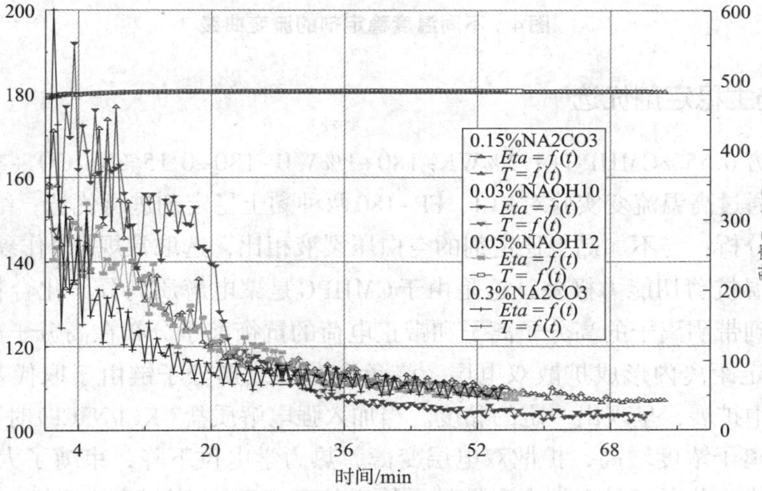

图3　不同pH值下压裂液的流变曲线

1.4　温度稳定剂的研制

由于CMHPG分子中有缩醛基的存在，有氧存在情况下很容易被氧化降解，使得体系黏度大大降低。[5]而温度稳定剂能与溶解氧反应，减小其对稠化剂分子的热降解催化作用，并且温度稳定剂也可与聚合物降解产生的自由基作用，提高交联离子与聚合物羟基官能团的亲和性，从而提高压裂液体系在高温下的稳定性，最大限度地使压裂体系的耐温性达到植物胶的耐温极限。基于以上研究，本次实验根据复配增效原理研制了一种温度稳定剂（WD–180），并与空白和应用于CMHPG体系的四种温度稳定剂海波、三乙醇胺、硫脲、吩噻嗪对比，按照配方0.55%CMHPG+1.2%WK–180+温度稳定剂配制压裂液，并于180℃、170s^{-1}下连续剪切，结果见图4。通过对比发现，加入1%WD–180后可显著提高压裂液体系的耐高温耐剪切效果。

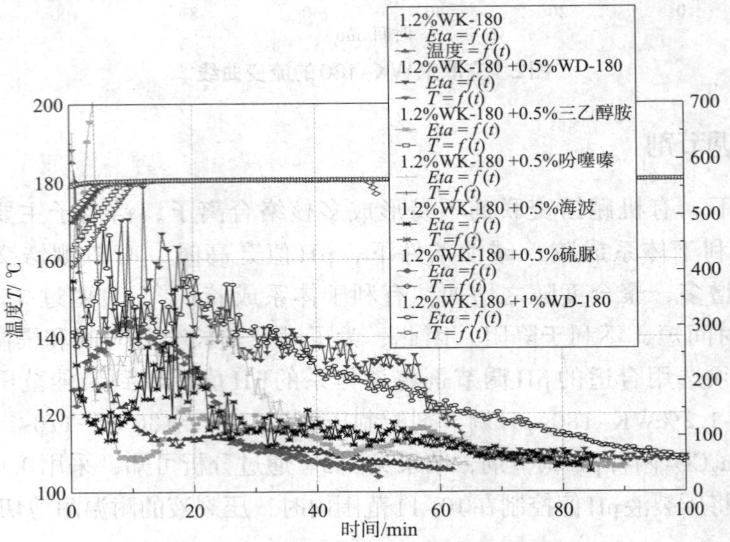

图4　不同温度稳定剂的流变曲线

1.5　黏土稳定剂优选

按照配方0.55%CMHPG+1.2%WK–180+1%WD–180+0.15%Na_2CO_3+黏土稳定剂配制压裂液，通过高温流变实验对KCl、FP–180两种黏土稳定剂进行优选，结果见图5。

从结果分析：与不加黏土稳定剂的空白压裂液相比，选取常规KCl作黏土稳定剂时，压裂液的抗温抗剪切能力极差，这是由于CMHPG是聚电解质高分子化合物，在水中发生离解，得到带阴离子的高分子离子和带正电荷的抗衡离子分布在高分子离子周围，在分子表面一定距离内形成扩散双电层，带负电荷的线形分子链由于取代基间的静电斥力，在溶液中扩展，呈现出一定的黏度。当加入强电解质盐（KCl/NaCl）时，分子链溶剂化层内抗衡离子浓度增高，扩散双电层变薄，热力学电位下降，束缚了大分子的离解，分子较为蜷曲，分子间易于缔合和缠结，体系的黏度和稳定性因而下降。所以，表现为在盐水溶液中的黏度有较大的降低。微观表现为半乳糖链上羧甲基基团未充分舒展，从而影响与交联金属离子的接触，进而表现为交联时间延长或强度降低。因此，配方中选取0.5%FP–180作为黏土稳定剂。

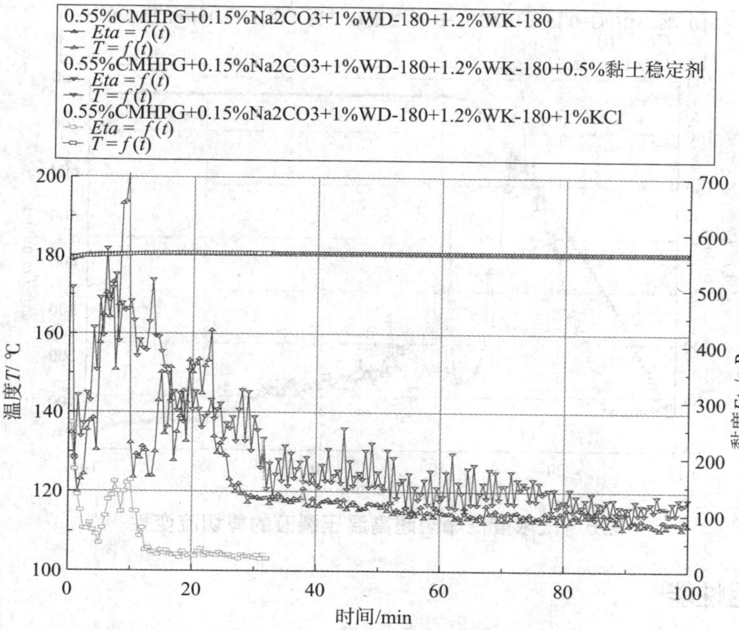

图5　不同黏土稳定剂的流变曲线

2　压裂液体系的性能评价

2.1　配方

压裂液体系配方见表2。

表2　压裂液体系配方

温度/℃	配　方
160	0.36%CMHPG+1%WK-180+0.5%WD-180+0.15%Na_2CO_3+0.5%FP-180+0.5%高温助排剂
180	0.55%CMHPG+1.2%WK-180+1%WD-180+0.15%Na_2CO_3+0.5%FP-180+0.5%高温助排剂
195	0.6%CMHPG+1.2%WK-130+1%WD-180+0.15%Na_2CO_3+0.5%FP-180+0.5%高温助排剂

2.2　流变性

图6是采用RS300流变仪，从25℃升温至195℃后恒温，剪切速率为170^{-1}的条件下对该高温交联体系连续剪切95min所得到的结果。从结果分析，该压裂液体系在120℃与180℃两个温度点进行了两次交联，进一步证明所选择的交联剂配体释放速度受温度控制，进而通过温度控制交联时间和抗剪切能力，并且该体系在剪切95min后黏度仍≥50mPa·s，具有良好的耐温、耐剪切性能，完全可以满足200℃储层加砂压裂改造需求。

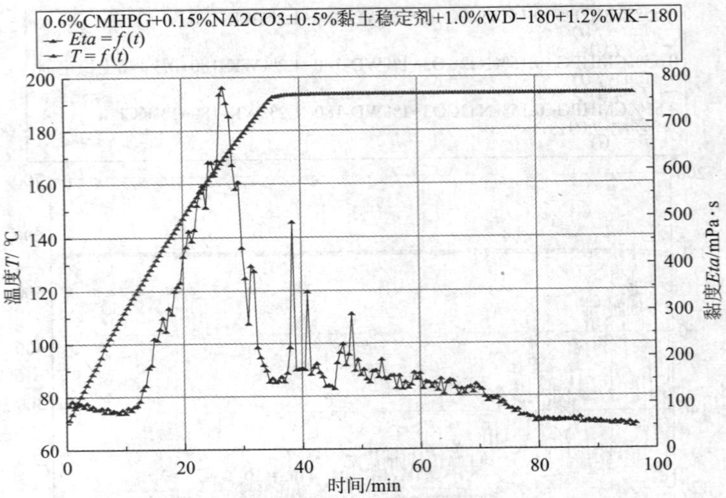

图6　低浓度低摩阻超高温压裂液的剪切流变性

2.3　摩阻性能

使用SY-MZ管路摩阻测试仪，通过测量不同流体在一定剪切速率下，流经一定长度和直径的管路时产生的压差，对清水和0.6%CMHPG基液降阻性能进行测试，结果见图7。从结果分析，剪切速率为12000s^{-1}时，清水摩阻（$P_{水}$）为171.36kPa/m，0.6%CMHPG摩阻（$P_{样}$）为76.528kPa/m，根据降阻率η=（$P_{水}$−$P_{样}$）/$P_{水}$，计算得知0.6%CMHPG的降阻率为55.34%，高于标准《压裂液通用技术条件》（SY/T 6376—2008）中水基压裂液降阻率≥50%指标。

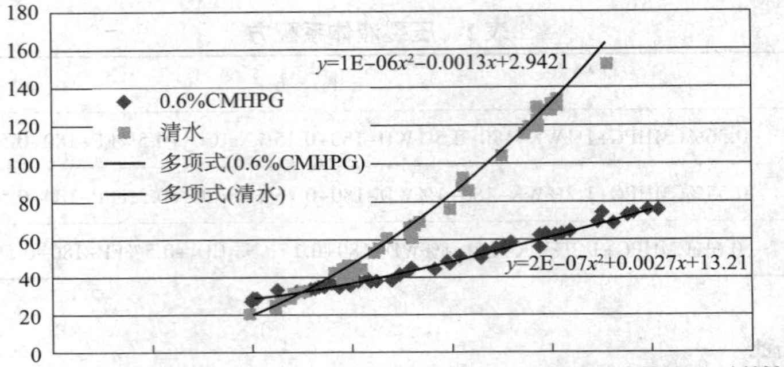

图7　低浓度低摩阻超高温压裂液的降阻性能

2.4　破胶性

按2.1中195℃配方配制压裂液并加入0.05%的破胶剂，搅拌均匀并移至老化罐中，密闭状态下200℃恒温2h，冷却后取出破胶液，用毛细管黏度计测定黏度，并按《水基压裂液性能评价方法》（SY/T 5107—2005）进一步测定破胶液的残渣含量和表面活性，结果见表3。

表3 压裂液破胶后的性能

名 称	黏度/mPa·s	表面张力/（mN/m）	界面张力/（mN/m）	残渣/（mg/L）
破胶液	1.53	25.15	0.71	386

从表3可以看出，所开发的CMHPG低浓度、低摩阻、超高温压裂液破胶后性能指标远低于《压裂液通用技术条件》（SY/T 6376—2008）标准指标。

2.5 伤害性能

2.5.1 支撑裂缝导流能力伤害评价

按照《压裂支撑剂充填层短期导流能力评价推荐方法》（SY/T 6302—2009），实验采用API标准导流槽对20/40目陶粒，进行污染测试，铺砂浓度为10kg/m²，压力范围10~50MPa，首先测量蒸馏水流经支撑剂充填层的导流能力，之后用压裂液破胶液污染支撑剂，测量伤害后的导流能力，取导流能力的平均值计算伤害率，实验结果见表4。由实验数据可知，该195℃压裂液配方对支撑剂充填层导流能力伤害率小于10%，属低伤害压裂液体系。

表4 压裂液对支撑剂充填层伤害实验结果（温度25℃）

导流能力/μm²·cm	10MPa	20MPa	30MPa	40MPa	50MPa	均值	伤害率/%
蒸馏水	8.370	8.616	4.94	5.304	3.653	6.1766	—
压裂液破胶液	8.151	8.104	4.315	4.863	3.026	5.6918	7.849

2.5.2 岩心伤害评价

根据《水基压裂液性能评价标准》（SY/T 5107—2005）的检测方法，得到压裂液滤液对岩心的平均渗透率损害率为19.20%（表5），表明该压裂液对储层基质伤害较低。

表5 滤液测渗透率损害率（渗透率损害率≤30%）

岩心编号	气测渗透率/10^{-3} μm²	损害前岩心渗透率 $K_1/10^{-3}\mu m^2$	损害前岩心渗透率 $K_2/10^{-3}\mu m^2$	伤害率/%	平均伤害率/%
1#	2.3795	1.8987	1.5398	18.90	19.20
2#	5.1937	3.8231	3.0775	19.50	

3 现场应用

运用研制的低浓度、低摩阻、超高温压裂液对塔河油田奥陶系油藏6区TKX井5576.07~5656.00段进行压裂，该段实测温度165.3℃，施工曲线见图8。从施工曲线可以看出，同等排量下正挤高温压裂液的油压低于正挤常规压裂液的油压（6.4m³/min，压力降低6MPa），说明所开发的低浓度、低摩阻、超高温压裂液体系具有明显的降阻作用，完全能满足高温地层的压裂施工要求。

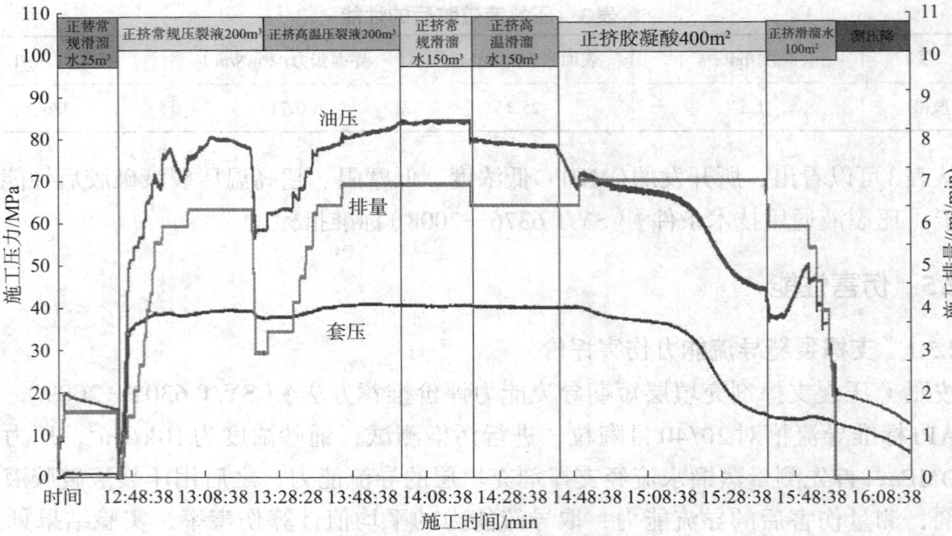

图8　TKX井酸压施工曲线

4　结论

（1）通过稠化剂优选，研制强延缓型交联剂和温度稳定剂，优化pH调节剂和黏土稳定剂，最终形成了耐温160~195℃的压裂液体系配方，其中160℃、180℃、195℃时，稠化剂使用浓度为0.36%、0.55%、0.6%。

（2）对开发的CMHPG低浓度、低摩阻、超高温压裂液体系进行评价，195℃剪切95min黏度大于50mPa·s，降阻率为55.34%，破胶后残渣含量386mg/L、破胶液对支撑裂缝伤害率7.85%、滤液对岩心渗透率伤害率19.20%，可适用于200℃高温储层改造。

（3）低浓度、低摩阻、超高温压裂液在TK6109井（井温165.3℃，井深5576.07~5656.00m）压裂改造中成功应用，现场实验：与常规压裂液相比，同等排量下该压裂液体系可显著降低沿程摩阻（6.4m³/min，压力降低6MPa），因此在超高温超高压井储层改造中具有显著的推广前景。

参 考 文 献

［1］张玉广，肖丹凤，张宗雨，等．羧甲基瓜尔胶压裂液的研究与应用［J］．大庆石油地质与开发，2011，30（3）：118-121.

［2］邓敦夏．深层超高温储层压裂改造关键技术研究［D］．四川：西南石油大学，2009.

［3］张玉广，张浩，王贤君，等．新型超高温压裂液的流变性能［J］．中国石油大学学报（自然科学版），2012，36（1）：165-169.

［4］魏向博．水基压裂液高温延缓型交联剂的研究［D］．陕西：陕西科技大学，2012.

［5］郭建春，王世彬，伍林．超高温改性瓜胶压裂液性能研究与应用［J］．油田化学，2011，28（2）：201-205.

抗盐植物胶压裂液技术

郭粉娟　肖　兵　董永刚　王雪婷

（中石化中原石油工程有限公司井下特种作业公司，河南 濮阳　457164）

摘　要： 为了满足沙特阿美资审要求，解决现有压裂液在低浓度下抗盐性差、抗温性不足的问题，本文通过研制耐温增强剂、离子屏蔽剂，优选稠化剂、交联剂、助排剂、黏土稳定剂，形成了160℃低浓度压裂液配方，即：0.48%CMHPG+0.8%交联剂+0.8%耐温增强剂-0.8%离子屏蔽剂+0.2%助排剂+0.2%黏土稳定剂，并用不同仪器对该体系进行了耐温性评价，均满足阿美资审要求。

关键词： 低浓度；压裂液；植物胶；抗盐；耐温

随着压裂市场不断国际化，对压裂液的性能提出了更高的要求，目前压裂液存在的主要问题如下：①抗盐性：现有的压裂液多为自来水配液，矿化度300~400mg/L，而国际上要求配液用水的矿化度为4000mg/L（钙、镁离子合量500mg/L），现有的压裂液难以满足此配液水要求；②耐温性能：现有的160℃压裂液体系，其稠化剂浓度在0.6%~0.7%，而国际上要求该温度下的稠化剂最高浓度仅为0.48%，存在较大的差距。

因此，本文通过研制耐温增强剂、离子屏蔽剂，提高体系在稠化剂低浓度下的耐温性及抗盐性，并形成160℃低浓度、抗盐、耐高温的植物胶压裂液体系。

1　实验

1.1　材料与仪器

实验材料：CMHPG稠化剂（1#~10#）、交联剂（1#~10#）、助排剂（ZP-1、ZP-2、ZP-3、ZP-4）、黏土稳定剂（NW-1、NW-2、NW-3、NW-4、NW-5），工业级；氯化钠、氯化钙、氯化镁、碳酸氢钠、硫酸钠，分析纯；耐温增强剂、离子屏蔽剂，工业级，实验室自制。

主要实验仪器：RS6000高温流变仪，德国HAAKE公司；M5600高温高压流变仪，美国Grace公司；5550高温高压流变仪，美国千德乐工业仪器公司。

1.2　实验方法

1.2.1　盐水的配制

1000mL蒸馏水，加入1.105g氯化钠、1.043g氯化钙、1.083g六水氯化镁、0.304g碳酸氢钠、0.987g硫酸钠，搅拌溶解后即得总矿化度4000mg/L、钙镁和量500mg/L的盐水。

作者简介：郭粉娟（1988—），女，陕西渭南人，本科，高级工程师，主要从事压裂液、酸液技术研究及推广工作。

1.2.2 性能测试

高温流变性能测试方法参照中国石油天然气行业标准《水基压裂液性能评价方法》（ST/T 5107—2016）；助排剂评价方法参照中国石化采购标准《压裂酸化用助排剂技术要求》（Q/SH CG0069—2021）；黏土稳定剂评价方法参照中国石化采购标准《黏土稳定剂技术要求》（Q/SHCG 125—2017）。

2 结果与讨论

2.1 160℃低浓度压裂液室内研究

2.1.1 稠化剂、交联剂优选

根据资审要求，稠化剂选用CMHPG植物胶稠化剂，且最高加量不大于0.48%，室内对10组稠化剂及配套的交联剂进行了的高温流变性能测试，实验结果见表1，筛选出耐温性能最优的稠化剂2[#]及其配套的交联剂。

实验配方：0.48%CMHPG稠化剂+0.6%交联剂。

实验条件：160℃，170s^{-1}，120min。

实验仪器：德国HAAKE RS6000高温流变仪。

表1 稠化剂耐温性能对比

稠化剂编号	1[#]	2[#]	3[#]	4[#]	5[#]	6[#]	7[#]	8[#]	9[#]	10[#]
流变黏度/mPa·s	84	102	91	69	85	97	75	70	88	93

2.1.2 耐温增强剂的研制

压裂液在高温下的降解主要是氧化降解和热降解。为降低压裂液的老化现象，提高压裂液体系在高温下的稳定性，室内通过对硫代硫酸钠、亚硫酸钠、硫脲等除氧剂，四氢呋喃、噻吩等电子供体化合物，三乙醇胺、乙二胺、甲醇等热稳定剂的优选及组成比例优化，研发了具有除氧、热稳定功能的耐温增强剂，来提高压裂液体系高温下的稳定性。

室内用HAAKE RS6000流变仪，设置剪切速率170s^{-1}、温度160℃、时间120min，对比不同耐温增强剂加量下压裂液的黏度提高值，结果见表2。

表2 不同耐温增强剂加量下压裂液的黏度提高值

耐温增强剂加量/%	0.4	0.6	0.8	1.0	1.2
黏度提高值/mPa·s	58.6	77.4	100.4	110.5	118.1

由表2可知，不同的耐温增强剂加量下，压裂液的黏度均有不同程度的提高，当其加量大于0.8%时，黏度提高值变化不大，最终确定耐温增强剂的最优加量为0.8%。其中，0.8%加量下的对比曲线如图1所示，可见，加入耐温增强剂后，压裂液体系最终黏度为160.6mPa·s，相比空白组50.6mPa·s，黏度提高值为110.0mPa·s，耐温增强剂使用效果显著。

实验配方：0.48%CMHPG稠化剂+0.6%交联剂+0.8%耐温增强剂。

实验条件：160℃，170s^{-1}，90min。

实验仪器：德国HAAKE RS6000高温流变仪。

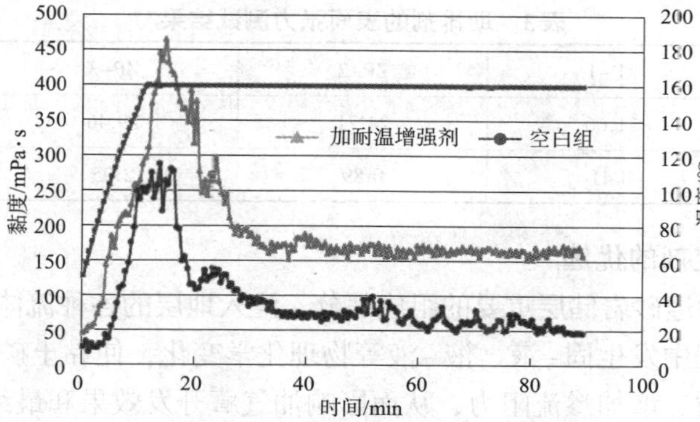

图1　耐温增强剂加入前、后流变曲线对比

2.1.3　离子屏蔽剂的研制

根据水质对压裂液性能影响，各种离子的影响程度从高至低分别为钙离子>镁离子>碳酸氢根离子>氯离子>硫酸根离子>碳酸根离子[1-2]，可见，钙镁离子对压裂液性能影响最大。

配液用水总矿化度4000mg/L，其中钙、镁和量500mg/L，为了消除配液水中二价金属离子对体系耐温性能的影响，通过复配优选EDTA、氯化铵、异抗坏血酸钠、醋酸、柠檬酸钠、葡萄糖酸钠等可屏蔽钙镁离子的化合物，研发出了离子屏蔽剂，进一步提高体系的耐温性能。由图2可见，加入离子屏蔽剂后，体系黏度提高值约80mPa·s。

实验配方：0.48%CMHPG稠化剂+0.6%交联剂+0.8%离子屏蔽剂。

实验条件：温度160℃，剪切速率170s^{-1}，剪切时间90min。

实验仪器：德国HAAKE RS6000高温流变仪。

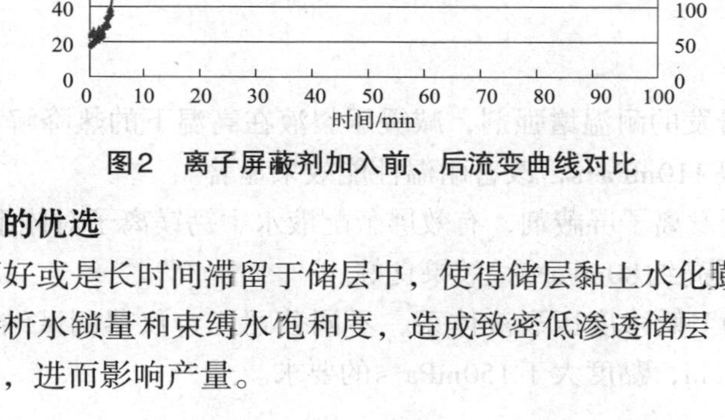

图2　离子屏蔽剂加入前、后流变曲线对比

2.1.4　助排剂的优选

压裂液返排不好或是长时间滞留于储层中，使得储层黏土水化膨胀，堵塞孔隙和渗流通道，增加反渗析水锁量和束缚水饱和度，造成致密低渗透储层“水锁伤害”[3]，从而降低有效半缝长，进而影响产量。

室内用JYW-200A自动界面张力，测得0.2%的助排剂水溶液的表面张力、界面张力见表3，可知，选择低表/界面张力的ZP-1作为该低浓度压裂液体系的助排剂。

表3 助排剂的表面张力测试结果

代 号	ZP-1	ZP-2	ZP-3	ZP-4
表面张力/（mN/m）	21.66	24.71	29.46	28.81
界面张力/（mN/m）	0.41	0.89	2.05	1.67

2.1.5 黏土稳定剂的优选

黏土矿物是低渗透砂岩储层重要的组成部分，注入地层的各种流体，改变了原始储层的环境，在渗流过程中发生固-液、液-液等物理化学变化，使黏土矿物发生膨胀与分散迁移，堵塞多孔介质、增加渗流阻力，从而影响油气藏开发效果和最终采收率[4]，因此，有必要加入黏土稳定剂抑制黏土膨胀，降低外来液体对储层的伤害，提高采收率。

室内通过离心法测定不同黏土稳定剂的膨胀体积及耐水洗率，结果如表4所示。因此，选择膨胀体积、耐水洗率最优的NW-1作为该体系的黏土稳定剂。

表4 黏土稳定剂性能评价

项 目	NW-1	NW-2	NW-3	NW-4	NW-5
膨胀体积/mL	2.1	2.8	3.3	2.6	3.0
耐水洗率/%	91	85	93	84	86

2.2 压裂液体系的性能评价

2.2.1 配方

根据以上实验结果，最终形成了160℃压裂液体系配方：0.48%稠化剂+0.8%交联剂+0.8%耐温增强剂+0.8%离子屏蔽剂+0.2%助排剂+0.2%黏土稳定剂。

2.2.2 高温流变性能

目前国内外市场比较认可的高温高压流变仪有HAAKE RS6000流变仪、GRACE M5600流变仪、千德乐5550流变仪，分别用三台仪器进行了高温流变性能测试，结果如图3~图5，可见，三台仪器的测试结果均满足160℃的耐温要求。

实验条件：温度160℃，剪切速率170s^{-1}，剪切时间120min。

3 结论

（1）通过自主研发的耐温增强剂，减缓压裂液在高温下的热降解和氧化降解，可使体系的流变黏度提高110mPa·s，改善耐温性能效果显著。

（2）通过自主研发离子屏蔽剂，有效屏蔽配液水中钙镁离子对体系耐温性能的影响，使体系的流变黏度提高约80mPa·s，效果良好。

（3）形成的160℃低浓度压裂液体系，不同公司三台仪器测试结果均可达到160℃下，170s^{-1}剪切120min，黏度大于150mPa·s的要求。

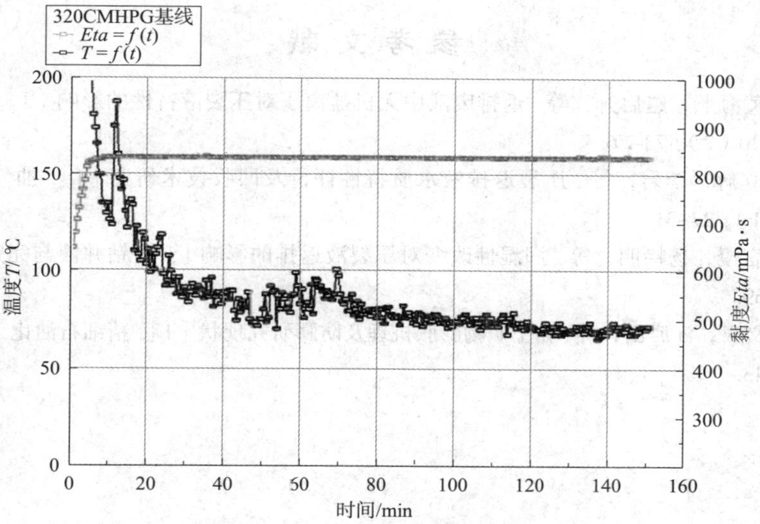

图3　HAAKE流变仪测试曲线

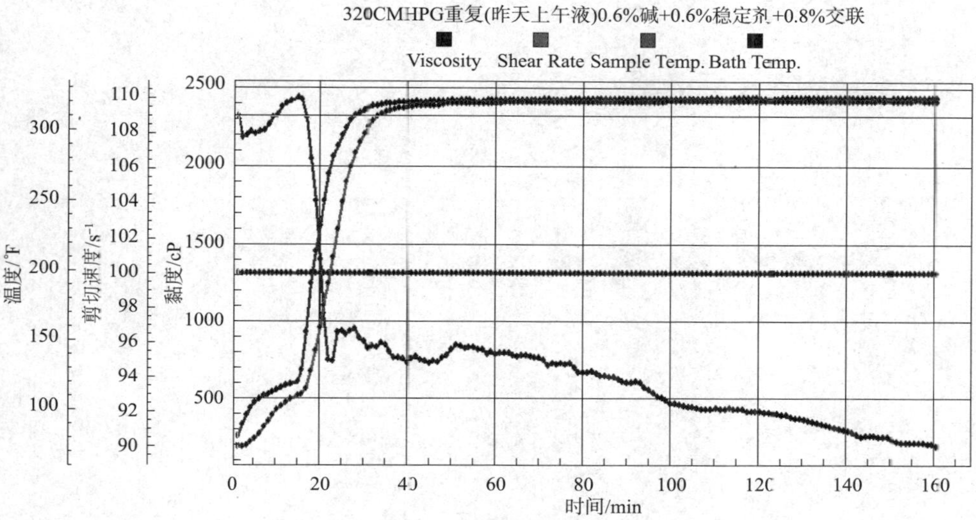

图4　GRACE流变仪测试曲线

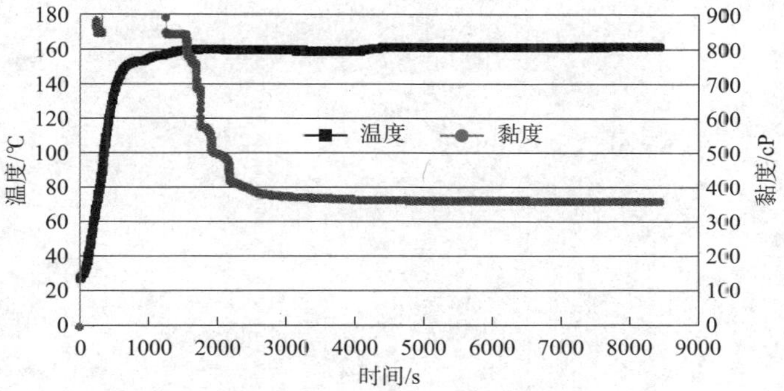

图5　千德乐流变仪测试曲线

参 考 文 献

[1] 林雪丽，黄海燕，赵启升，等．返排废液中无机盐离子对压裂液特性的影响［J］．钻井液与完井液，2013.30（2）：73–76.

[2] 同霄，周立辉，李岩，等．压裂返排液水质特性评价及回收技术研究［J］．油气田环境保护，2021.31（1）：27–31.

[3] 祝琪，蒋官澄，杨艳明，等．润湿性改变对压裂液返排的影响［J］．钻井液与完井液，2014，31（6）：66–69.

[4] 张星，毕义泉，汪庐山，等．黏土矿物膨胀机理及防膨研究现状［J］．精细石油化工进展，2014.15（5）：39–43.

页岩气压裂返排液重复利用技术

位　华[1,2]　张晓刚[1,2]　王　丽[1,2]　季慕韩[1,2]

（1.中石化中原石油工程有限公司钻井工程技术研究院，河南 濮阳　457001；
2.中石化石油工程钻完井液技术中心，河南 濮阳　457001）

摘　要：针对页岩气开发水平井大型压裂作业淡水消耗量大，返排液数量多，含有多种地层矿物离子、残余添加剂和悬浮物等，以及无害化处理难度大的环保技术难题，以废水再利用为目标，严格控制引入外来干扰离子，保留有效成分、去除有害成分，形成了页岩气压裂返排液复合混凝-过滤-吸附净化处理及配液工艺，在涪陵页岩气产能示范区100口井进行了现场实验及推广应用，压裂返排液重复利用率达97%以上，取得了显著的经济效益、环境效益和社会效益。

关键词：页岩气；水力分段压裂；返排液；再利用

页岩油气等非常规油气资源已成为我国当前新能源勘探开发的新热点。页岩气井压裂与常规油气井压裂有较大区别，一般采用多级分段、高排量和超大液量的压裂模式，产生的压裂返排液数量是常规压裂的十倍甚至十几倍，此类返排液含有大量的悬浮物、石油类、有机物、重金属离子和细菌等污染物，是一种难处理的油气田工业有机废水。本技术以废水再利用为目标，保留有效成分、去除有害成分，严格控制引入外来干扰离子，形成了页岩气压裂返排液复合混凝-过滤-吸附联合净化处理及配液工艺，在涪陵页岩气产能示范区100余口井进行了现场应用，重复利用率达95%以上。节约了配液用水，减少了废弃物排放，实现了节能减排。

1　压裂返排液物性分析及地层污染性能评价

1.1　压裂返排液物性分析

采集4口页岩气井6个压裂返排液水样，利用相关标准对其水质指标进行了分析，结果见表1。

表1　页岩气井压裂返排液水质分析结果（除pH外，单位均为mg/L）

井　号	水质指标											
	pH值	悬浮物	*COD*	总铁	石油类	总钙	硼	Cl^-	总汞	总砷	Cr^{6+}	总铅
涪页某井	6.82	634	1560	6.20	91.3	446	8.61	2530	0.0003	<0.01	0.11	<0.01
元页某井	6.45	519	4562	10.32	56.2	560	7.25	11200	0.0002	<0.01	0.16	0.001
丁页某井	6.70	325	1594	10.45	25.3	1720	10.22	18650	0.0001	<0.01	0.07	0.017

作者简介：位华（1977—），女，汉族，山东聊城人，1998年毕业于西南石油学院油田化学专业、硕士研究生、高级工程师，现主要从事油气田废水（废液）和废渣综合利用及无害化处理研究工作、环保型钻井液处理剂及体系研究。

续表

井　号	水质指标											
	pH值	悬浮物	*COD*	总铁	石油类	总钙	硼	Cl^-	总汞	总砷	Cr^{6+}	总铅
焦页某井	5.85	287	1064	7.33	36.5	663	6.55	4526	0.0002	<0.01	0.08	<0.01
Q/SH 0444—2011 回用限值	6~8	<50		<20	<50	<500	<1	<20000	—	—	—	—

由表1可见，与中国石化行业标准《非常规油气井压裂液配制和返排液回收处理推荐作法》（Q/SH 0444—2011）限值相比，压裂返排液中的悬浮物、石油类、碱土金属离子和硼酸根等污染物超标，影响其配制页岩气压裂作业用减阻水和胶液压裂液的稳定性。综合环境保护和重复利用考虑，对页岩气压裂返排液必须进行无害化环保处理，达到相关回用标准要求，才能重复再利用。

1.2　影响压裂液性能的主要干扰组分浓度限值确定

按照页岩气开发压裂液推荐配方：0.25%稠化剂SRFR-CH_3+0.2%流变助剂SRLB-2+0.15%复合增效剂SRSR-3+0.05%黏度调节剂SEVC-2+0.02%消泡剂，采用离子水模拟配制含不同离子及浓度的水基胍胶压裂液，考察污染离子类别和浓度对胶液压裂液性能的影响规律，确定影响返排液再利用配制压裂液的有害离子的浓度限值，结果表明，总硬度的浓度限值≤500mg/L、硼离子的浓度限值≤1mg/L、氯离子的浓度限值≤20000mg/L，在浓度为0~20mg/L的范围内，铁离子无明显影响。

2　压裂返排液净化处理工艺研究

以丁页某井压裂返排液为研究对象，考察电絮凝/过滤（a）、混凝/过滤（b）、复合混凝/过滤（c）和复合混凝/过滤/吸附（d）等不同工艺对压裂返排液中石油类、悬浮物、Ca^{2+}及硼的去除效果，复合混凝-过滤-吸附联合净化处理工艺效果最好。进一步考察了不同工艺处理的净化液与添加剂的配伍性，再利用配制压裂液的稳定性。结果表明，复合混凝/过滤工艺处理的净化液配制的减阻水性能稳定；复合混凝/过滤/吸附工艺处理的净化液配制的减阻水、线性胶和冻胶类压裂液黏度均稳定。说明压裂返排液经复合混凝/过滤工艺处理后，可用于配制减阻水压裂液；经复合混凝/过滤/吸附工艺处理后，既可配制减阻水，又可配制胶液压裂液。净化工艺如图1所示。

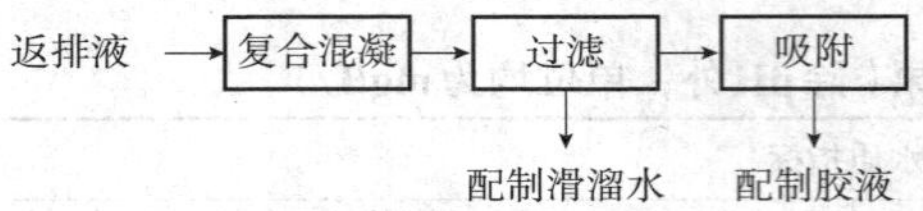

图1　压裂返排液净化处理工艺

联合处理工艺对不同井压裂返排液净化处理的适应性，结果如表2所示。

表2　压裂返排液处理后净化液水质分析

返排液水样	pH值	*SS*/（mg/L）	总铁	油相/（mg/L）	总钙	硼
涪页某井	7.32	1.23	0.20	1.21	148.3	0.27
元页某井	7.45	0.89	0.12	0.94	120.8	0.22

续表

返排液水样	pH值	SS/（mg/L）	总铁	油相/（mg/L）	总钙	硼
丁页某井	7.15	3.55	0.21	3.86	225.1	0.42
焦页某井	7.28	2.16	0.06	3.21	126.5	0.31
Q/SH 0444—2011限值	6~9	≤10	≤20	≤10	≤500	≤1.0

从表2可以看出，复合混凝/吸附工艺对影响压裂返排液再利用有害成分去除速度快、去除率高，压裂返排液经该工艺处理后，水质符合中国石化行业标准Q/SH 0444—2011标准要求，达到了配制水基压裂液用水的水质指标。

3　压裂返排液净化液再利用配液工艺研究

3.1　减阻水体系配方的确定

通过减阻剂优选及用量、防膨剂优选及用量等对压裂液性能影响的研究，确定净化水配制减阻水体系压裂液配方为：0.1%SRFR-1减阻剂+0.2%SRCS-2防膨剂+0.1%SRSR-3助排剂+0.02%消泡剂。对其主要性能进行测试，结果列入表3。

表3　净化液配制减阻水压裂液体系的性能检测结果

井　号	外　观	pH值	黏度/mPa·s	表面张力/（mN/m）	界面张力/（mN/m）	防膨率/%
涪页某井	均匀液体	7.5	6	26.34	2.83	85
元页某井	均匀液体	7.0	6	22.48	2.56	88
丁页某井	均匀液体	7.0	5	24.66	2.68	88
焦页某井	均匀液体	7.5	6	26.53	2.55	89
标准限制	均匀液体	6~8	5~12	≤28	≤3	≥80

表3数据表明，4口井的压裂返排液经复合混凝工艺处理后，配制的减阻水体系压裂液达到了减阻水体系压裂液性能指标，满足了页岩气藏水平井多级压裂的需要。

3.2　胶液体系压裂液配方研究

通过稠化剂优选及用量、黏度调节剂优选及用量等对压裂液性能影响的研究，确定净化液配制胶液体系压裂液配方：0.25%SRFR-CH_3+0.2%SRLB+0.15%SRSR-3+0.05%SEVC-2+0.02%消泡剂。配制的胶液体系压裂液性能测试结果列入表4。

表4　净化液配制胶液压裂液体系的性能检测结果

返排液样品	胶液压裂液性能						
	表观黏度/mPa·s	pH值	防膨率/%	破胶性能（80℃）			
				破胶时间/min	破胶液黏度/mPa·s	表面张力/（mN/m）	界面张力/（mN/m）
涪页某井	56	7	87	153	3	26.725	1.753

续表

返排液样品	胶液压裂液性能						
	表观黏度/mPa·s	pH值	防膨率/%	破胶性能（80℃）			
				破胶时间/min	破胶液黏度/mPa·s	表面张力/（mN/m）	界面张力/（mN/m）
元页某井	55	7	85	162	3	25.524	1.822
丁页某井	65	7.5	88	174	4	26.012	1.806
焦页某井	63	7.5	83	168	4	26.425	1.634
SY/T 6376—2008限值	≥50	6~8	≥80	≤720	≤5	≤28	≤2

由表4可见，按照上述配方配制的胶液压裂液，性能达到了《压裂液通用技术条件》（SY/T 6376—2008）技术指标，满足了页岩气水平井多级压裂作业要求。

4 压裂返排液处理回用配液处理装置研制

现场设计复合混凝/固液分离、过滤和吸附四个模块单元，装置布局如图2所示。用于配制减阻水压裂液的快速净化装置由复合混凝/固液分离和过滤三个单元设备组成。该套装置处理能力为20~25m^3/h，动力负荷52kW，占地面积36m^2。用于配制胶液类压裂液的净化装置，由复合混凝/固液分离、过滤和吸附四个单元组成，装置处理能力20~25m^3/h，动力负荷70kW，占地面积70m^2。

(a)复合混凝/固液分离组合设备　　(b)精密过滤/吸附组合设备

图2　页岩气压裂返排液净化处理成套装置布局图

5　现场应用效果

5.1　焦页某平台现场实验效果

压裂入井液总量29049m^3，减阻水总量24840m^3，胶液总量4209m^3。压裂返排液外观为黑色浑浊溶液，臭味较大，压裂返排液中的悬浮物、含油量、总铁、总硬度和硼酸盐等严重超标。采用该工艺处理后净化液水质分析结果见表5。

表5　压裂返排液处理前后水质分析

井　号	水　样	水质指标					
		pH值	*SS*/（mg/L）	总铁/（mg/L）	油相/（mg/L）	总硬度/（mg/L）	硼/（mg/L）
焦页某平台	返排液	5.6	56	23.7	67.1	414.1	12.8
	净化液	7.2	4.3	2.1	1.6	212	0.18
Q/SH 0444—2001标准限制		6~8	≤10	≤20	≤10	≤500	≤1

由表5可见，采用复合混凝-过滤-吸附联合工艺处理焦页某平台压裂返排液，所得净化液水质达到Q/SH 0444—2011标准。

使用压裂返排液、净化液配制减阻水压裂液，性能完全满足现场压裂要求，实现了返排液的再利用。

5.2　扩大实验及应用效果

为推广应用页岩气压裂返排液再利用技术，实现页岩气压裂返排液大型压裂作业清洁生产，保障涪陵页岩气绿色高效开发，先后在100余口井上进行了推广应用，循环利用率大于97%。

6　结论

（1）以混凝为预处理工艺，引入化学沉淀和吸附深度处理工艺，研发了页岩气压裂返排液复合混凝-精密过滤-吸附联合净化处理工艺。压裂返排液处理后，水质达到《非常规油气井压裂液配制和返排液回收处理推荐作法》（Q/SH 0444—2011）的水质质量。

（2）设计研制出复合混凝/固液分离、过滤和吸附等三个核心单元设备，根据现场不同压裂液配制用水质量要求，对以上单元设备组合进行压裂返排液净化处理。

（3）该技术在100余口井推广应用，循环利用率大于97%。该技术节约了淡水资源，消除了对周边土壤及水系资源环境的损害，实现了页岩气绿色、安全开发。

参考文献

[1] George E King.Thirty years of gas shale fracturing：what have we learned［C］. SPE Annual Technical Conference and Exhibition，Florence，Italy，2010.

[2] JavadPaktinat.Critical evaluation of high brine tolerant additives used in shale slick water fracs［C］. SPE Production and operations symposium，Oklahoma，USA，2011.

[3] Kaufman P，Penny G S. Critical evaluations of additives used in shale slickwater fracs［C］. SPE Shale Gas Production conference，Fort Worth，Texas，USA，2008.

[4] 陈鹏飞，刘友权，邓素芬，等 . 页岩气体积压裂滑溜水的研究及应用［J］. 石油与天然气化工，2013，42（3）：270-273.

[5] 叶成林，王国勇 . 体积压裂技术在苏里格气田水平井开发中的应用——以苏53区块为例［J］. 石油与天然气化工，2013，42（4）：382-386.

［6］Patrick Horne.Shale gas water treatment value chain areview of technologies，including case studies［C］. SPE Annual Technical Conference and Exhibition，Denver，Colorado，USA，2011.

［7］JavadPaktinat.Case Studies：Impact of high Salt Tolerant Friction Reducers on Fresh Water Conservation in Canadian Shale Fracturing Treatments［C］. SPE Canadian Unconvention Resources Confeerence，Alberta，Cananda，2009.

［8］Charles Boyer，John Kieschnick，Roberto Suarez，et a1. 页岩气藏的开采［J］. 油田新技术，2006（1）：27–30.

［9］黄玉珍，黄金亮，葛春梅，等 . 技术进步是推动美国页岩气快速发展的关键［J］. 天然气工业，2009，29（5）：9.

180℃延缓交联酸技术及应用

肖 兵 谢 娟 王延平 董永刚 王 强

（中石化中原石油工程有限公司井下特种作业公司，河南 濮阳 457164）

摘 要：为解决目前交联酸存在的耐温能力不足、交联时间短导致施工压力高、酸岩反应速率快难以形高导流裂缝的问题，本文通过研制耐高温稠化剂、延缓交联剂，优选高温缓蚀剂及其他辅助添加剂，形成了180℃延缓交联酸配方，并对其性能进行了评价。该体系在180℃、170s^{-1}剪切90min，黏度在100mPa·s以上；高温高压动态腐蚀速率79.06g/（m^2·h）；破胶液黏度小于5mPa·s，且具有良好的表面性能和稳定铁离子能力；在50MPa闭合压力下的导流能力为89μm^2·cm，是同等实验条件下胶凝酸体系导流能力的3.2倍。在超深碳酸盐岩储层酸压改造中具有显著的应用前景。

关键词：耐高温；交联酸；延缓交联

在世界范围内，碳酸盐岩中的油气储量约占油气总储量的38%，中国至少有300×10^8t的海相碳酸盐岩油气资源，油藏条件却非常复杂（储层温度普遍为120~160℃、井深大多为4000.00~7000.00m）。其中，位于塔里木盆地的顺北油气田，其碳酸盐岩储层具有超深（≥7300.00m）、高温（≥160℃）和高破裂压力（0.019MPa/m）等特点，储层酸压改造难度极大[1-3]，对酸压液性能提出更高要求：①更优异的耐温耐剪切性能，满足储层高温要求；②较长的交联时间，满足长井段，高排量的施工方式；③更有利于形成高导流酸蚀裂缝；④在地层高温、高矿化度条件下良好的缓蚀性能。

目前，常规交联酸体系为提高其耐温性，会提高稠化剂及交联剂加量，但却存在高浓度下泵送困难、交联时间短、摩阻高等问题[4]。因此，本文研制了耐高温聚合物稠化剂、延缓交联剂，优选了高温缓蚀剂及其他辅助添加剂，形成了180℃延缓交联酸体系。

1 实验

1.1 材料与仪器

实验材料：耐高温稠化剂、延缓交联剂，实验室自制；180℃高温缓蚀剂、缓蚀增效剂、铁离子稳定剂、表面活性剂、胶凝酸稠化剂，工业级；盐酸、过硫酸铵，氯化铵，分析纯；

主要实验仪器：RS6000高温流变仪，德国HAAKE公司；压裂酸化裂缝导流能力测试仪、高温高压动态腐蚀速率测试仪，山东中石大石仪科技有限公司；GR-500mL双

作者简介：肖兵（1983—），男，高级工程师，公司专家，2007年毕业于西南石油大学化学工程与工艺专业，工学学士。主要从事压裂、酸化工艺技术的研究与现场应用工作。E-mail：xiaoxb000@163.com。

层玻璃反应釜，ZT-5-200-30H密闭制冷加热循环器，郑州长城科工贸有限公司；YB-1000A型高速多功能粉碎机，广州欣加特机械设备有限公司；ZNN六速旋转黏度计，青岛得顺电子机械有限公司。

1.2 实验方法

1.2.1 交联酸性能评价

参照中国石化企业标准《地面交联酸评价方法》（Q/SH 0617—2014），评价交联酸的耐温耐剪切性能、破胶性能；参照石油天然气行业标准《酸化用缓蚀剂性能实验方法及评价指标》（SY/T 5405—2019），评价交联酸的高温高压动态腐蚀速率。

1.2.2 酸蚀裂缝导流能力评价

实验岩板采用奥陶系马家沟组灰岩，长×宽×厚=178mm×38mm×25mm，实验液体采用本文研究出的180℃延缓交联酸、常规胶凝酸及4%NH_4Cl溶液，酸液流量设定40mL/min，4%NH_4Cl溶液流量设定20mL/min，实验温度为90℃，酸液用量设定1200mL。

首先用4%NH_4Cl溶液试压，检漏；注入酸液，进行酸岩反应，形成酸蚀裂缝；用4%NH_4Cl溶液冲洗管线与反应室；将闭合压力加至10MPa，恒速注入4%NH_4Cl溶液，待压差稳定，然后加压至20MPa，继续恒速注入4%NH_4Cl溶液，待压差稳定。重复上述步骤，完成30MPa、35MPa、40MPa、45MPa、50MPa闭合压力下的实验；拆卸并清洗管线、反应室，计算交联酸及常规胶凝酸的酸蚀裂缝导流能力数据。

1.2.3 180℃延缓交联酸的配制

取500mL20%的盐酸，加入一定量稠化剂，搅拌30~50min至充分溶解，依次加入铁离子稳定剂、表活剂、高温缓蚀剂和缓蚀增效剂，搅拌均匀，制得交联酸基液。取一定量交联酸基液，按一定交联比加入交联剂，搅拌均匀，制得初交联的交联酸冻胶。

2 室内研究与性能评价

2.1 180℃延缓交联酸室内研究

2.1.1 耐高温稠化剂的研制

耐高温稠化剂的研制思路是，共聚过程中引入阳离子疏水缔合单体和磺酸基耐温单体，满足稠化剂的增黏、耐温性；加入络合剂EDTA、链转移剂甲酸钠，增溶剂尿素等一些相关助剂，一方面保证聚合反应的顺利进行，另一方面确保分子链段的线性，避免局部相对分子质量过大造成链段卷曲，而影响聚合物溶解性。稠化剂分子结构设计如图1所示。

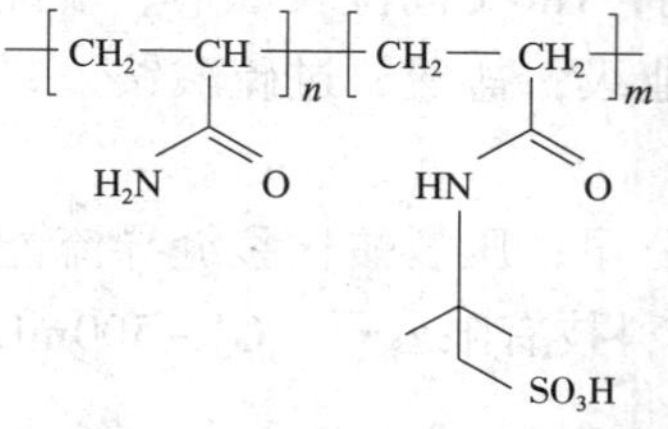

图1 耐高温稠化剂分子结构设计

精确称量AMPS单体加入玻璃反应釜中，加入蒸馏水充分溶解，加入质量分数为30%AM单体，调整溶液pH值为7，调整温度8℃左右，通入氮气，并依次加入甲酸钠、尿素、过硫酸钾、亚硫酸氢钠、V44，待体系黏度上升后停止通氮气，密封，保温3h，得到聚合物胶块，将胶块剪成小块，置于烘箱中，60℃下干燥，待其完全干燥后用粉碎机粉碎，筛选出30~80目之间粉末，即得到交联酸用耐高温稠化剂。

参考《稠化酸用稠化剂》（SY/T 6214—2016）中酸溶时间、表观黏度的实验方法，对耐高温稠化剂进行了评价，耐高温稠化剂的酸溶时间为25~35min，在20%的HCl中，1.0%加量下酸液黏度52.1mPa·s，1.2%加量下黏度60.5mPa·s，具有良好的酸溶和增黏性能。

2.1.2 延缓交联剂的研制

耐高温稠化剂分子含有—$CONH_2$、—SO_3—可交联基团，本研究拟采用氧氯化锆作为中心离子。拟选择的配体烷醇胺类为有机配体，能够增加交联剂的耐温能力；α-羟基羧酸类，增加胶体的稳定性，提高交联剂的稳定性。利用配体尺寸和空间位阻效应，控制交联中心离子的释放，通过配体复配协同效应改善交联剂的性能。交联剂的分子结构设计见图2。

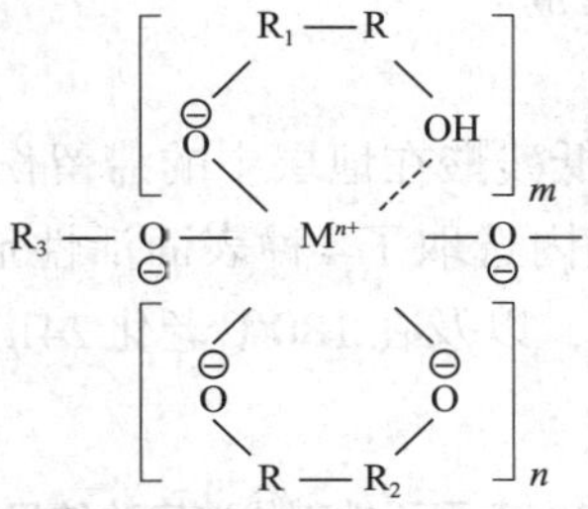

图2 延缓交联剂分子结构设计

室内将水、氧氯化锆、乳酸按一定质量比混合，在30℃温度下充分搅拌溶解，接着按一定质量比向反应容器中依次加入二乙醇胺、柠檬酸，在30℃恒温反应4h，在30℃下继续向溶液中加入一定质量比的十二烷基苯磺酸钠，搅拌混合均匀，得到延缓交联剂。

2.1.3 高温缓蚀剂的优选

常见的酸化缓蚀剂在高温下存在结焦、分层、分散性差的问题，会对地层造成进一步的伤害；单一组分的缓蚀剂在高温下很难达到理想的效果，常用的高温缓蚀剂主要是多组分缓蚀剂与增效剂复配而成[5]；缓蚀剂与耐高温稠化剂的配伍性是满足施工要求的关键。综上，本文从季铵盐类、有机胺类高温缓蚀剂中进行优选，并复配缓蚀增效剂，以满足交联酸的缓蚀性能要求。

依据《酸化用缓蚀剂性能实验方法及评价指标》（SY/T 5405—2019），对高温缓蚀剂进行优选，实验结果见表1。

表1 高温缓蚀剂+缓蚀增效剂优选实验结果

高温缓蚀剂+缓蚀增效剂组合	1#	2#	3#	4#
高温高压动态腐蚀速率/[g/(m²·h)]（20HCl，180℃，16MPa，60r/min，4h）	110.5	90.4	76.2	122.7

由表1实验结果可知，3#高温缓蚀剂和增效剂组合缓蚀效果最好，能最大限度降低

酸液体系对管柱及设备的腐蚀，选择3#为交联酸体系用缓蚀剂，具体加量为3.5%缓蚀剂+5%缓蚀增效剂。

2.1.4 铁离子稳定剂的优选

铁离子稳定剂能从络合、还原两个方面阻止酸压后Fe^{3+}形成$Fe(OH)_3$沉淀。根据《酸化用铁离子稳定剂技术要求》（Q/SHCG 130—2017），对铁离子稳定剂进行优选，实验结果见表2。

表2 铁离子稳定剂优选实验结果

铁离子稳定剂	TW-1	TW-2	TW-3	TW-4
稳定铁离子能力/（mg/mL）	179.5	264.7	236.1	198.4
180℃下铁离子稳定能力保持率/%	90.6	89.4	75.3	71.5

根据表2实验结果，兼顾稳定铁离子能力和180℃下铁离子稳定能力保持率，优选TW-2为交联酸体系用铁离子稳定剂。

2.1.5 表面活性剂的优选

酸压施工后，为尽可能地降低残酸在地层中的滞留伤害，提高残酸的返排效率，需在酸液中加入表面活性剂[6]。室内选取了4种表面活性剂，配制成0.1%的溶液，评价了其在室温下的表面、界面张力，以及在180℃老化24h后的表面、界面张力，数据见表3。

表3 表面活性剂优选实验结果

表活剂	表/界面张力/（mN/m）（室温）		表/界面张力/（mN/m）（180℃、24h老化后）	
	表面张力	界面张力	表面张力	界面张力
BH-1	29.74	0.56	35.08	0.82
BH-2	26.38	1.34	31.26	1.95
BH-3	25.89	1.07	29.33	1.68
BH-4	27.61	0.79	31.58	0.34

根据实验结果，选择表面、界面张力最低的BH-3为交联酸体系用表面活性剂。

2.1.6 交联酸配方

依据上述实验结果，形成180℃交联酸配方：20%HCl+1.0%~1.2%耐高温稠化剂+1.2%~1.6%延缓交联剂+3.5%缓蚀剂+5%缓蚀增效剂+1.0%铁离子稳定剂+0.1%表活剂。

2.2 交联酸性能评价

2.2.1 耐温耐剪切性能

室内采用RS6000流变仪，以3℃/min的升温速率，由室温升至180℃、剪切速率170s^{-1}下，连续剪切90min，测试体系的耐温耐剪切性能，流变曲线见图3。

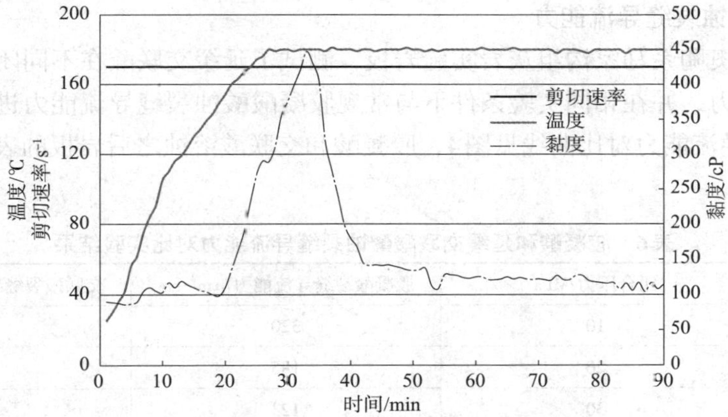

图3　180℃延缓交联酸流变曲线

从图3结果分析，延缓交联酸初始黏度较低，温度上升至150℃左右时，黏度增加，180℃之后达到峰值，缓慢下降。持续剪切90min后，黏度仍保持在100mPa·s以上。并且经高温剪切后，冻胶仍保持良好的交联状态，说明体系在酸压施工中不仅具有良好的耐温耐剪切性能，且能降低管柱摩阻，可满足180℃碳酸盐储层深部酸压改造需求。

2.2.2　高温高压动态腐蚀速率

室内配制一定量的交联酸冻胶，参照《酸化用缓蚀剂性能实验方法及评价指标》（SY/T 5405—2019），采用高温高压动态腐蚀速率测试仪，测试条件为N80钢片、180℃、16MPa、60r/min、4h，评价体系的缓蚀性能，实验结果见表4。

表4　高温高压动态腐蚀速率实验结果

钢片编号	钢片表面积/mm^2	腐蚀前钢片质量/g	腐蚀后钢片质量/g	失重量/g	腐蚀速率/［g/（m^2·h）］	平均腐蚀速率/［g/（m^2·h）］
1#	137.14	11.1625	10.6569	0.4376	79.82	79.06
2#	136.72	11.0126	10.5543	0.4283	78.31	

由表4实验结果可知，交联酸体系的高温高压动态腐蚀速率为79.06g/（m^2·h），缓蚀效果良好。

2.2.3　破胶性能

取一定量交联酸基液，加入0.2%的过硫酸铵，加入交联剂搅拌均匀，移至老化罐中，密闭状态下180℃恒温2h，冷却后取出破胶液，用毛细管黏度计测定黏度。同时对破胶液的表面张力、界面张力、稳定铁离子能力进行评价，实验结果见表5。

表5　破胶液性能实验结果

名　称	黏度/mPa·s	表面张力/（mN/m）	界面张力/（mN/m）	稳定铁离子能力/（mg/L）
交联酸破胶液	4.2	29.58	1.74	1862

由表5可知，180℃交联酸破胶彻底，破胶液黏度小于5mPa·s，并且具有良好的表面性能和稳定铁离子能力，有利于酸压之后破胶液的返排和降低储层伤害。

2.2.4　酸蚀裂缝导流能力

室内采用奥陶系马家沟组灰岩实验岩板，测试了延缓交联酸在不同闭合压力下酸蚀裂缝的导流能力，并在相同实验条件下与常规胶凝酸酸蚀裂缝导流能力进行对比，实验数据见表6，导流能力对比曲线见图4，胶凝酸和交联酸溶蚀之后岩板的表面裂缝形态分别见图5、图6。

表6　胶凝酸和延缓交联酸酸蚀裂缝导流能力对比实验结果

序　号	闭合压力/MPa	胶凝酸裂缝导流能力/$\mu m^2 \cdot cm$	交联酸裂缝导流能力/$\mu m^2 \cdot cm$
1	10	320	960
2	20	185	671
3	30	123	311
4	35	98	223
5	40	59	162
6	45	44	113
7	50	28	89

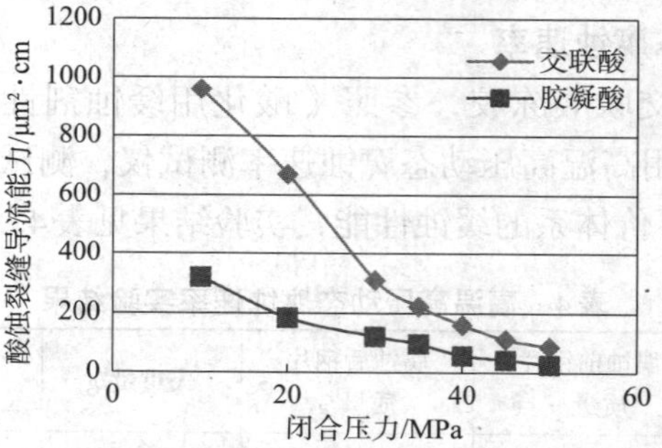

图4　胶凝酸和交联酸酸蚀裂缝导流能力对比

如表6及图4所示，酸蚀裂缝的导流能力随闭合压力的增加明显下降，初期降幅较大，当闭合压力大于35MPa后下降变缓，延缓交联酸最终在50MPa闭合压力下的导流能力达到了89$\mu m^2 \cdot cm$，是同等实验条件下胶凝酸体系导流能力的3.2倍。该实验闭合压力为有效闭合压力，高导流能力表明该液体可形成高抗压的酸蚀裂缝。

图5　胶凝酸反应形成的裂缝形态

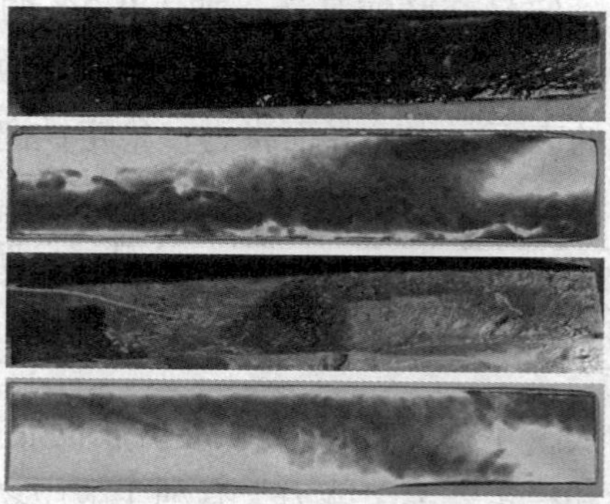

图6　延缓交联酸酸反应形成的裂缝形态

图5为胶凝酸实验后岩板的表面裂缝溶蚀形态，岩面溶蚀明显，形成了一些微酸蚀孔道，孔道沟槽较浅，具有一定的流动能力和的抗压强度。图6为本文研究的交联酸实验后岩板的表面裂缝溶蚀形态，与同等实验条件下的胶凝酸体系相比，除岩面具有一定的溶蚀外，主要形成了相对单一的酸蚀孔道，孔道沟槽较深，表明孔道具有较好的流动能力和较高的抗压强度，与实验数据基本保持一致。

3　现场应用

运用研制的延迟交联酸体系对塔河油田THX井奥陶系6704.00~7077.00m裸眼井段进行酸压改造，该段井温153.5℃，施工曲线见图7。

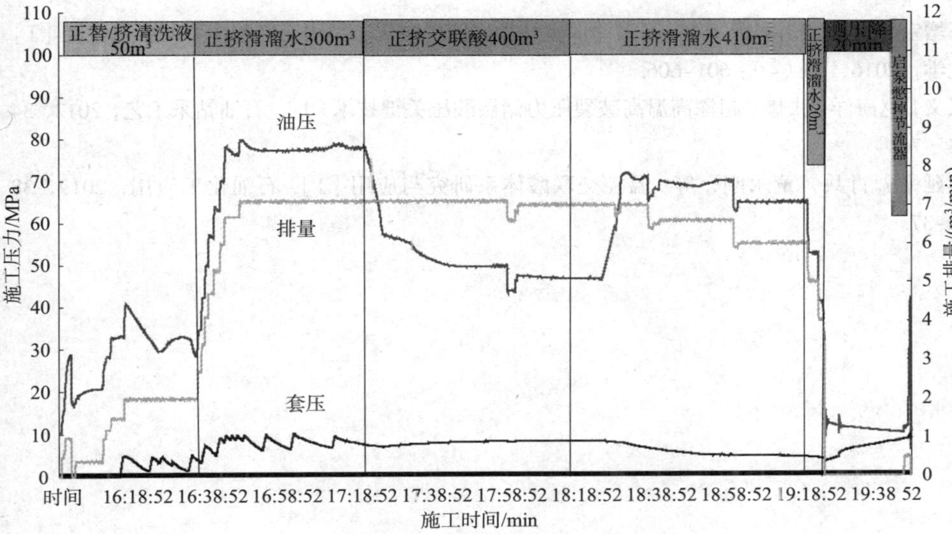

图7　THX井酸压施工曲线

从图7可以看出，同等7m³/min排量下，正挤交联酸的油压低于正挤滑溜水的油压（压力平均降低28MPa），说明所开发的交联酸体系具有明显的降阻作用，可满足超深高温碳酸盐岩储层大规模酸压改造要求。

4　结论

（1）通过研制耐高温稠化剂、延缓交联剂，优选高温缓蚀剂、缓蚀增效剂、铁离子稳定剂和表活剂，最终形成了180℃延缓交联酸配方。

（2）180℃延缓交联酸在低温时交联程度弱，在深井、高排量酸压施工中，可有效降低管柱摩阻，减小施工压力；该体系在180℃、170s^{-1}下剪切90min后黏度在100mPa·s以上；180℃高温高压动态腐蚀速率为79.06g/（m^2·h）；使用氧化破胶剂可实现2h破胶，破胶液黏度小于5mPa·s，并且具有良好的表面性能和稳定铁离子能力，对储层伤害低。

（3）180℃延缓交联酸在50MPa闭合压力下的导流能力达到了89μm^2·cm，是同等实验条件下胶凝酸体系导流能力的3.2倍。高导流能力表明该液体可形成高抗压的酸蚀裂缝，在超深碳酸盐岩储层改造中具有显著的推广前景。

（4）延迟交联酸体系在THX井酸压改造中成功应用。与滑溜水相比，同等7m^3/min排量下，该酸液体系可显著降低沿程摩阻，压力平均降低28MPa，因此在超深高温碳酸盐岩储层改造中具有显著的推广前景。

参考文献

［1］. 金之钧 . 中国海相碳酸盐岩层系油气勘探特殊性问题［ J ］. 地学前缘，2005，12（3）：15-22.

［2］蒋廷学，周珺，贾文峰，等 . 顺北油气田超深碳酸盐岩储层深穿透酸压技术［J］. 石油钻探技术，2019，47（3）：140-147.

［3］贾文峰，任倩倩，王旭，等 . 高温携砂酸液体系及其性能评价［J］. 钻井液与完井液，2017，34(4)：96 - 100.

［4］王增宝，付敏杰，宋奇，等 . 高温深部碳酸盐岩储层酸化压裂用交联酸体系制备及性能［J］. 油田化学，2016，33（4）：601-606.

［5］张义，赵海洋，张烨 . 超深高温高破裂压力储层酸压关键技术［J］. 石油钻采工艺，2012，34（2）：74 - 76.

［6］王延平，肖兵，董永刚，等 . 温控交联酸体系研究与应用［J］. 石油化工应用，2019，38（9）：32-37.

其　他

烷基糖苷含量测定方法研究进展

司西强[1,2]　王中华[1,2]　钟　灵[1,2]　赵　莹[1,2]

（1.中石化中原石油工程有限公司钻井工程技术研究院，河南 濮阳 457001；
2.中石化石油工程钻完井液技术中心，河南 濮阳 457001）

摘　要：为更好地指导烷基糖苷在各领域的应用，对现有的烷基糖苷含量测定方法进行了综述，主要包括气相色谱法、高效液相色谱法、蒽酮比色法、薄层色谱法、核磁共振法、红外光谱法、毛细超临界流体色谱法、液相色谱–质谱联用技术等。简要介绍了钻井液中烷基糖苷测定方法——分离称重法，为烷基糖苷在钻井液中的含量确定提供技术指导。

关键词：烷基糖苷；表面活性剂；含量；测定；钻井液

烷基糖苷（APG）作为一种新型高性能非离子表面活性剂，由葡萄糖、淀粉等糖类化合物的半缩醛羟基与脂肪醇苷元脱水生成[1]。该产品具有优良的表面活性和去污能力，无毒，无刺激，能够彻底生物降解，对环境无污染，易溶于水。由于其优异的性能，其广泛应用于洗涤用品、日用化学品、造纸助剂、纺织助剂、皮革助剂、钻井液处理剂等行业，表现出广阔的应用前景，日益引起科研工作者的广泛关注[2-5]。在烷基糖苷应用过程中，需要对其含量进行确定，以更好地指导其应用。目前国内烷基糖苷含量测定的主要方法有气相色谱法、高效液相色谱法、蒽酮比色法、薄层色谱法、核磁共振法、红外光谱法、毛细超临界流体色谱法、液相色谱–质谱联用技术等。本文对烷基糖苷含量测定方法进行了综述，并结合本团队自身研究领域，简要介绍了烷基糖苷在钻井液中的含量测定工作，以期对从事相关研究的科研人员具有一定启发作用。

1　烷基糖苷含量测定方法

1.1　气相色谱法

气相色谱法是一种有效的现代仪器分析手段，用其对烷基糖苷进行分析，结果准确性较高。烷基糖苷样品经硅烷化处理后，经色谱柱分离，由于各组分沸点不同，按脂肪醇、丙基糖苷、丁基糖苷、长链烷基单糖苷、长链烷基二糖苷、长链烷基三糖苷、长链烷基四糖苷的顺序流出，通过对色谱图进行分析，用面积归一化法可求出长链烷基糖苷各组分的含量[6-7]。

基金项目：中国博士后科学基金特别资助（2012T50641）、中国博士后科学基金面上资助（2011M501194）、中石化石油工程公司科技攻关项目（SG1302-03K）、中石化先导项目（SG12035）、中原石油勘探局科技攻关项目（2011231、2013110）。

作者简介：司西强（1982—），男，山东日照人，研究员，博士，主要从事精细化工、新型钻井助剂及钻井液新体系的研究及推广。E-mail：sixiqiang@163.com。

国内早在1991年就建立了烷基糖苷的气相色谱分析方法。GB/T 19464—2004标准方法附录B推荐使用气相色谱法测定烷基糖苷的组成，使用填充色谱柱、火焰离子化检测器，柱温箱初始温度80℃，最终温度340℃，该标准测定的对象是烷基糖苷产品。时隔不久，又有研究人员采用气相色谱法判断烷基糖苷中主要苷类的出峰位置，并准确地测定出烷基糖苷的平均聚合度，被测样品是转糖苷法合成的十二烷基多苷，使用30m长毛细管柱，柱温是340℃。使用气相色谱法对烷基糖苷组分进行分析，具有很高的灵敏度和分辨率，是测定烷基糖苷含量的较为准确的方法，但在样品分析前须进行硅烷化处理。

1.2 高效液相色谱法

高效液相色谱法可用于分析产品及配方中烷基糖苷浓度，用反相色谱柱分析烷基糖苷，色谱峰按亲油性的大小先后出峰，多糖先出峰，然后是烷基多苷，最后是烷基单苷。高效液相色谱法分析烷基糖苷时，示差折光检测器的灵敏度不高，蒸发光散射检测器效果较好。用HPLC测定烷基葡萄糖苷产品时，通常是采用疏水化硅胶作为分离物料的反相系统，保留时间取决于各组分的亲脂性，极性最大的碳水化合物首先被洗提出来，亲油性最强的葡糖苷最后流出。此方法的优点在于不需要进行前期样品制备，直接测试[8]。

许多文献将高效液相色谱法与其他方法联用，获得很好的结果。但是，用此方法测定烷基多苷含量时，单苷和多苷分离不完全，为此，HPLC主要用于鉴别各类表面活性剂，或不需要测定所有组分的烷基聚葡糖苷的比较分析。常将HPLC与核磁共振、电喷雾–质谱（ES–MS）等方法相结合，可更加准确地测定烷基糖苷的含量。

1.3 蒽酮比色法

在酸性溶液中，烷基糖苷水解成糖和脂肪醇，糖和蒽酮缩合形成绿色化合物，该绿色化合物的最大吸收波长是620nm，吸光度与溶液中的烷基糖苷浓度呈线性关系，从而求出烷基糖苷含量。该方法操作简便、快速，但是测定范围窄，蒽酮试剂反应灵敏，方法难以被掌握；另外此法用于烷基糖苷总量的测定，不能排除其他任何一种糖类的干扰。蒽酮比色法[9-10]多用于植物或药材中总糖的测定。研究表明，烷基糖苷质量浓度在30~150mg/L范围内，烷基糖苷标准溶液质量浓度与吸光度值呈线性关系，对48.5mg/L烷基糖苷标准溶液，测定6次时，相对标准偏差为1.0%，标准曲线较稳定，能够使用几个月都保持较好的准确性。纤维素衍生物的存在对该方法的测定结果干扰程度较大。

1.4 薄层色谱法

薄层色谱法[11]的分离原理与高效液相色谱法相似，根据固定相的性质，分为正相薄层色谱法和反相薄层色谱法，前者用于分析烷基糖苷不同聚合度组分的分布，而后者主要用于分析烷基糖苷的烷链长度分布。普通薄层色谱法的灵敏度较低，高效薄层色谱法具有较高的分辨率，与自动多级展开技术和薄层扫描技术结合时，高效薄层色谱法可对配方组分进行准确的定量。推荐在薄层色谱RP18反相板上分离工业烷基糖苷混合物，烷基糖苷可按不同烷链长度分离，斑点用稀硫酸喷雾并加热后炭化即可观察到，检出限为600mg，分离后的样品由薄层色谱仪与两次离子质谱仪联机鉴定，确定结构。薄层色谱法对仪器分析手段方面要求较低，但对钻井液现场技术人员来说，操作较烦琐。

1.5 核磁共振法

用^{1}H-NMR和^{13}C-NMR核磁共振技术判断烷基糖苷中主要苷类的出峰位置并测定烷基糖苷的平均聚合度[1, 12]，测定样品是转糖苷法合成的十二烷基糖苷，^{13}C-NMR核磁共振技术能给出α-烷基糖苷和β-烷基糖苷异构体的比例。^{1}H谱法测定更简单、省时，因APG是单苷、多苷、低聚糖等的混合物，^{1}H谱无法分清各组分特征峰，尤其无法分清残余醇上的CH_2O和糖、苷上的CH_nO，所以计算平均聚合度时省略了CH_2O的^{1}H谱积分值，但如果样品中残醇含量小于1%时，此项误差可忽略不计。作为一种快速测定平均聚合度的方法，用^{1}H谱面积积分法应是可行的。对^{1}H-NMR来说，^{13}C-NMR核磁共振波谱法可很方便地测定α-糖苷和β-糖苷异构体的含量比例，这是其他分析方法不能达到的，^{13}C-NMR核磁共振波谱法分析灵敏度较高，不需要扣除NOE效应，但是该方法对仪器要求较高，测样时间较长，很多研究单位受仪器条件限制，较难普及。

1.6 红外光谱法

烷基糖苷的红外谱图可以作为糖苷类物质是否存在的定性判断依据。有学者采用傅里叶转换红外光谱法测定了洗发液和液体香皂中烷基糖苷的含量。测定在红外区（800~1600cm^{-1}和1900~3000cm^{-1}）进行[13]。该方法较简单快捷，但结果准确度需继续验证。

1.7 毛细超临界流体色谱法

烷基糖苷相对分子质量高，不易挥发，烷基糖苷在毛细超临界流体色谱法上能很好地分离，但样品在分析前，需进行与气相色谱法一样的硅烷化处理[1]。硅烷化处理步骤限制了该方法的应用范围。

1.8 液相色谱－质谱联用技术

该方法可用于烷基糖苷组分的定性分析和结构分析，可快速给出烷基糖苷的碳链长度及单苷、双苷、多苷的分布，同时还可以提供有关烷基糖苷合成方法和采用的催化剂等信息[14]。该方法虽不能定量分析烷基糖苷，但是不需要跟气相色谱一样对样品进行提前处理，直接将样品注射于离子喷射源，该方法对烷基糖苷各组分定性准确、快速、灵敏度高，但不能进行定量分析。

此外，分析烷基糖苷的方法还有酶催化法和电位滴定法。酶催化法是烷基糖苷在糖酶的存在下，苷键断裂，用酶电极测定葡萄糖的量，从而计算烷基糖苷总含量[15]。有研究学者试用衍生化的方法将烷基糖苷转化为阴离子化合物，然后再进行电位滴定[16]，确定烷基糖苷的含量。

2 钻井液中烷基糖苷含量测定

1.1~1.8中所述方法对仪器、设备要求高，操作过程较为烦琐，不适于钻井施工现场，因此迫切需要寻找一种操作简便、简单高效、准确可靠的、适用于钻井现场的烷基糖苷含量测定方法。

中国石化中原油田钻井院司西强负责的博士后团队开展了钻井液中烷基糖苷含量的测定方法研究，确定分离称重法为首选方法。测定方法概述如下：先将钻井液用中压滤失仪压滤得到滤液，在钻井液滤液中加入乙醇和辅助溶剂，则高分子聚合物因为不溶于乙醇和辅助溶剂而析出，过滤除去聚合物，将过滤得到的清液经减压蒸馏、烘干，称重，即可计算得出烷基糖苷在钻井液中的含量。本方法可绘制烷基糖苷称重质量与钻井液中含量的标准曲线，线性关系较好，R^2=0.999。该方法具有操作简单方便、结果准确性高的优点，适用于现场钻井液中烷基糖苷含量的测定，对现场钻井液中烷基糖苷的含量控制具有较好的指导作用。《钻井液中烷基糖苷含量的现场测定方法》一文将对此进行专门报道。

3 结论

（1）现有的烷基糖苷含量测定方法各有优缺点，适用范围或多或少受到限制，其中高效液相色谱法准确度较高，可直接进样分析，与其他分析手段联用可分析产品及配方中烷基糖苷含量。

（2）称重法适用于现场钻井液中烷基糖苷含量的测定，对现场钻井液中烷基糖苷的含量控制具有较好的指导作用。

参考文献

[1] 王军 . 烷基多苷及衍生物［M］. 北京：化学工业出版社，2001：53-54.

[2] 司西强，雷祖猛，赵虎，等 . 烷基糖苷的合成及其钻井液研究进展［J］. 精细与专用化学品，2011，19（5）：42-47.

[3] Xiqiang Si，Zhonghua Wang，Jun Wei，et al. Performance test for cationic methyl polyglucoside which was used in drilling fluid［C］. Prepr.Pap.-Am. Chem. Soc.，Div. Pet. Chem.，2012，57（1）：86-87.

[4] Xiqiang Si，Zhonghua Wang，Jun Wei，et al. Study on synthesis of cationic methyl glucoside which was used in drilling fluid［C］. Prepr.Pap.-Am. Chem. Soc.，Div. Pet. Chem.，2012，57（1）：102-103.

[5] Xiqiang Si，Zhonghua Wang，Jun Wei，et al. Influence of catalyst on the synthesis of cationic alkyl glucoside［C］. Prepr.Pap.-Am. Chem. Soc.，Div. Energy Fuels. 2013，58（2）：336-337.

[6] 周卯星，黄利群 . 烷基糖苷的气相色谱分析［J］. 日用化学工业，1991，（6）：39-41.

[7] 梁盟，王丰收，姚晨之 . 烷基糖苷组成分析研究［J］. 化学与生物工程，2013，30（7）：88-92.

[8] 朱爱淑 . 烷基糖苷的高效液相色谱法分析［J］. 2012，10（1）：38-40.

[9] 张效华 . 烷基多苷的分析方法——比色法［J］. 日用化学品科学，1996，（6）：6-9.

[10] 康文术，王青宁 . 沙枣淀粉烷基多糖苷的制备与性能［J］. 精细化工，2004，21（10）：723-725.

[11] 付鹿，王万绪，杜志平，等 . 薄层色谱法分析短链烷基糖苷［J］. 应用化工，2013，42（3）：561-564.

[12] 于宁 . 烷基糖苷的合成及物化性能分析［D］. 大连：大连理工大学，2004.

[13] 欧阳新平 . 十二烷基多苷的红外谱图研究［J］. 精细化工，2001，18（3）：176-177.

[14] 金欣，张淑芬，杨锦宗 . 烷基多苷高效液相色谱—电喷雾质谱行为的研究［J］. 质谱学报，2007，28（3）：179-184.

[15] Bastl-Borrmann R，Kroh L W. Novel enzymatic assay for determination of alkyl polyglycosides with short chain fatty alcohols［J］. Fresenius' journal of analytical chemistry，2001，371（7）：939-943.

[16] Buschmann N，Hülskötter F，Kruse A，et al. Analytical methods for the determination of alkylpolyglucosides［J］. Lipid/Fett，1996，98（12）：399-402.

钻井液润滑性评价方法对比研究

赵　虎[1, 2]

（1.中石化中原石油工程有限公司钻井工程技术研究院，河南 濮阳 457001；
2.中石化石油工程钻完井液技术中心，河南 濮阳 457001）

摘　要：摩阻和扭矩高是长水平井、三维井和长裸眼段井等作业中普遍存在的问题，提高钻井液的润滑防卡能力是解决该问题的主要措施之一。较为精准地评价钻井液的润滑减磨性，选取合理的钻井液体系和润滑剂成为关键技术。分析几种常用钻井液润滑性评价方法的优缺点，结合实际需要，在不同条件下选择合理的评价方法。

关键词：钻井液；润滑防卡；评价方法

钻井液润滑性是关系实钻过程中定向顺利、起下钻通畅、电测与下套管成功等的重要因素，尤其是长水平井、三维井和长裸眼段井等对钻井液润滑性提出了更高的要求[1~5]。排除井壁失稳、井眼不清洁、轨迹复杂以及其他工程因素外，钻井液的润滑性决定着实钻中的摩阻和扭矩。较为精准地评价钻井液的润滑性，选择润滑防卡能力强的钻井液显得尤为重要。目前，国内外对钻井液的润滑性的检测尚无公认的评价方法，国内油服多采用极压润滑仪、泥饼黏滞系数测定仪、泥饼黏附系数测定仪评价钻井液的润滑性；部分科研院所通过电镜观测泥饼质量和抗磨性能测试；也有机构和学者开展了LEM润滑仪、ZC-1型测定仪、NR-1型润滑仪、Falex润滑仪、TNO润滑仪、MT-Ⅱ型四球摩擦机、滤饼针入度计和井眼摩擦模拟装置等润滑性评价[6~8]。本文通过对比泥饼黏附系数、泥饼黏滞系数、极压润滑系数、泥饼质量、抗磨性能测试等评价结果，指出上述评价方法的目的、准确度和可操作性等优缺点，以期为不同钻井液及润滑剂的选择提供一定的参考。

1　实验

1.1　主要试剂

石油醚（沸程60~90℃），无水乙醇（分析纯）、无水碳酸钠（分析纯），钻井液用膨润土（工业品，濮阳金泰化工）等。

作者简介：赵虎（1978—），男，山东邹平人，本科，高级工程师，现任中原石油工程公司钻井院主任师，主要从事页岩气水基钻井液和环保钻井液的研究和推广工作。E-mail：zhaohuzjy@126.com。

1.2 主要仪器

FANN21200型极压润滑仪及同类产品、NZ-3A型泥饼黏滞系数测定仪、NF-2型泥饼黏附系数测定仪、SD-4型多联中压失水仪、GGS42-2型HTHP高温高压滤失仪、神州KMY201-1A型抗磨实验机、S-4800型扫描电镜分析仪、OFI-5轴高温滚子加热炉、高速搅拌机、电子分析天平等。

1.3 实验方法

1.3.1 极压润滑系数

参照中国石油化工集团公司企业标准Q/SHCG 4—2011《水基钻井液用润滑剂技术要求》。按配方配制待测钻井液，10000r/min搅拌20min；若高温滚动冷却后取出10000r/min搅拌5min，下同。提前预热极压润滑仪20min；上旋钮/Zero挡/调节扭矩(Torque)为0，下旋钮/Speed挡/调节转速(RPM)为60(LUC处)；向样品杯加入一定量水，放在落下的样品杯架上，提起样品架直到块、块夹持器和实验环浸没在待测液中，将扭矩臂放置于夹子凹槽处；加上150英寸磅(16.95N·m)的扭矩，让机器旋转3~5min，记下表盘读数，若表盘读数为32~36，说明滑块可用，否则应用磨砂研磨滑块；也可用校正系数=34/清水表盘读数(28~48)。

极压润滑系数=表盘读数×校正系数/100

1.3.2 泥饼黏滞系数

待测钻井液测试7.5min中压失水，取出泥饼。开启泥饼黏滞系数测定仪电源开关，调节滑板水平位，按下清零按钮；将泥饼平放在滑板上，将滑块轻放在泥饼上，压实1min；开启传动机电机，使滑板缓慢翻转，当滑块开始滑动时，立即停止开关，记录其翻转角度。

泥饼黏滞系数=tan(角度)

式中，角度为滑板翻转角度。

1.3.3 泥饼黏附系数

参照中国石油化工集团公司企业标准Q/SHCG 4—2011《水基钻井液用润滑剂技术要求》。检查泥饼黏附系数测定仪气源、管汇、压力表等安全可靠性；在泥浆杯上放好滤纸、橡胶圈和尼龙圈，用U型扳手将滤网压圈压在尼龙圈旋紧，下连通阀杆旋入泥浆杯底拧紧，将杯放入支架；将待测液倒入泥浆杯刻度线(约240mL)，安装杯盖，并用加压杆和勾头扳手旋紧，装上连通阀杆、三通、销子，拧紧上连通阀杆；调节气源输出压力为3.5MPa，打开上连通阀杆，将20mL量筒置于下方，打开下连通阀杆，滤失30min；将气压筒装入泥浆杯盖孔内，旋转卡紧，安装三通组件、销子、胶管，旋转管汇手柄跳压至3.5MPa，在气压作用下气压筒活塞将黏附盘压下，与泥饼黏实保持一段时间，松开管汇调压手柄，旋转放气阀杆，将气压筒余气放出，取下气压筒；关闭气源总阀，黏实5min，扭力扳手调零，扭矩仪与黏附盘连接，慢慢用力，测量黏附盘与泥饼开始滑动时产生的最大扭矩值；5min复测，直至扭矩最大为止，测试完毕，放出余气后拆卸管汇、三通等组件。

$$f=M\times 0.0845\times 10^{-2}$$

式中　f——黏附系数；

M——扭矩，N·m。

1.3.4　泥饼质量

待测钻井液测试7.5min中压失水，取出泥饼，采用肉眼，用手搓，对折泥饼等直观方法观察；待测钻井液测试30minHTHP滤失量，小心取出泥饼，自然晾干后按S-4800型扫描电镜测试方法测试表面和剖面。

1.3.5　抗磨性能测试

参照中国石化集团南京化学工业有限公司企业标准Q/SH1170 060—2014《NH-EPL1型钻井液用极压润滑剂》。按配方配制待测钻井液，选取实验磨柱编号备用，将实验磨柱放入盛有沸点为60~90℃石油醚的器皿中，用脱脂棉除去实验磨柱表面污物，并连续清洗两次。经脱脂棉处理的实验磨柱，用无水乙醇浸泡约5min，取出实验磨柱，用纱布擦干，用冷风吹干包好，放入干燥器中干燥30min，称重（精确至0.0001g）得出M_{01}；把处理好的实验磨柱安装好，用量筒取基浆200mL倒入测试盒中，使测试液浸没磨环下边沿。空载启动电机后开始加砝码，每只砝码增加时间间隔5s，并轻轻下放，当砝码质量加到2kg后开始计时，若≤3min实验仪被蹩停，记录蹩停时间，否则3min后关闭实验机。测定后将实验磨柱按上述方法处理并称重得出M_1；取加入润滑剂或减磨剂后的基浆倒入测试盒中，另取一只处理好的实验磨柱，称取质量M_{02}，把实验磨柱安装好，采用上述方法进行实验，测定后将实验磨柱处理并称重（精确至0.0001g）得出M_2。

$$W=\frac{(M_{01}-M_1)-(M_{02}-M_2)}{M_{01}-M_1}\times 100$$

式中　W——磨失量降低率，%；

M_{01}，M_{02}——实验前磨柱质量，g；

M_1——基浆中实验后磨柱质量，g；

M_2——基浆加入减磨剂实验后磨柱质量，g。

2　结果与讨论

2.1　极压润滑系数

极压润滑仪可以测量钻井液的润滑性和润滑剂降低扭矩的效果，主要反映液膜与钢件之间的摩擦，重复性相对较强，为国内外实验室评价钻井液润滑性的主要仪器之一[9~10]。同台仪器最大误差为30%，如某水基钻井液在25℃条件下极压润滑系数如图1所示，测试结果中最大值为0.178，最小值为0.113，平均值为0.137，最大误差29.7%；不同台仪器误差更大，尤其是不同品牌的极压润滑仪误差更大，如某水基钻井液同一实验室5次平均测试极压润滑系数FANN测试结果为0.182，OFI为0.146，海通达为0.104。

尽管这些仪器测试清水的读数均为32~36，膨润土浆读数均为48~55。因此，评价某钻井液极压润滑系数最好为同一仪器评价，否则意义不大。

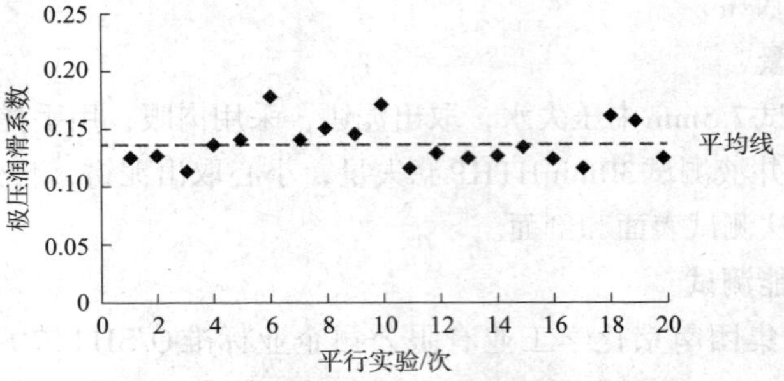

图1　同台FANN极压润滑仪测试结果

2.2　泥饼黏滞系数

泥饼黏滞系数测定仪又称滑块式摩擦系数测定仪，以金属滑块在泥饼上产生滑动时的最小摩擦角来评价泥饼润滑性能，优点为操作简便，缺点为肉眼观测滑块移动，误差较大，且无法模拟井下压力状态下泥饼的润滑能力，为国内外现场评价钻井液润滑性的主要仪器之一。同实验员同台仪器最大误差为50%，如某水基钻井液在25℃条件下泥饼（7.5min泥饼）黏滞系数如图2所示，测试结果中最大值为0.1763，最小值为0.0787，平均值为0.1211，最大误差45.6%；不同实验员误差更大，如某水基钻井液同一实验室5次平均测试泥饼黏滞系数实验员A测试结果为0.0787，B为0.1317，C为0.2035。因为有些实验员能观测的滑块的微动，有些实验员只能观测到滑块明显移动。而且实验结果还跟泥饼压制时间（7.5min或30min）、取下泥饼到操作的时间、泥饼是否冲洗表面和滑块的光洁程度等有关。因此，评价某钻井液泥饼黏滞系数最好为同一实验员同一条件下测试，否则意义不大。

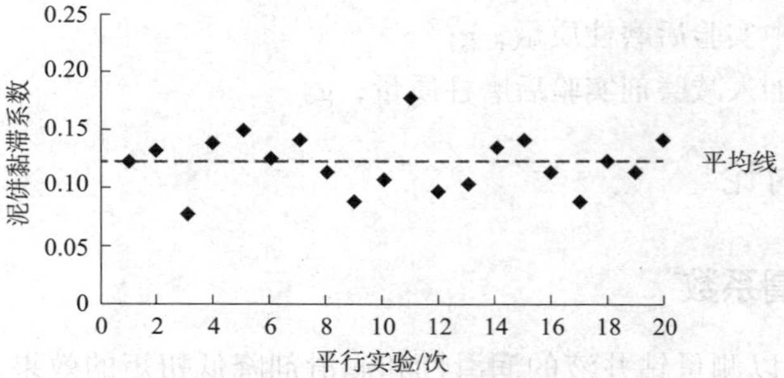

图2　同实验员NZ-3A泥饼黏滞系数测试结果

2.3　泥饼黏附系数

泥饼黏附系数测定仪又称压差式摩擦系数测定仪，主要用于分析深井中钻具与井壁钻井液泥饼间的摩擦系数，优点是可以较好地模拟钻柱与泥饼之间的摩擦，缺点是操作较为烦琐，误差很大。同实验员同台仪器最大误差为90%，如某水基钻井液在25℃条件下泥饼黏附系数如图3所示，测试结果中最大值为0.2239，最小值为0.0380，平均值为0.1197，最大误差为87.1%；不同实验员误差更大，如某水基钻井液同一实验室3次平均测试泥饼黏滞系数实验员A测试结果为0.0887，B为0.1944，C未扭动扭矩仪。因为有些实验员力量较大，可能施加超过泥饼黏附产生滑动的力；有些实验员力量较小，有可能无法扭动扭矩仪。即使同一实验员测试也会出现两次之间的误差很大。因此，评价某钻井液泥饼黏附系数最好为同一实验员多次测试求平均值，但黏附系数测定操作较为烦琐，该评价装置使用不是很广泛。

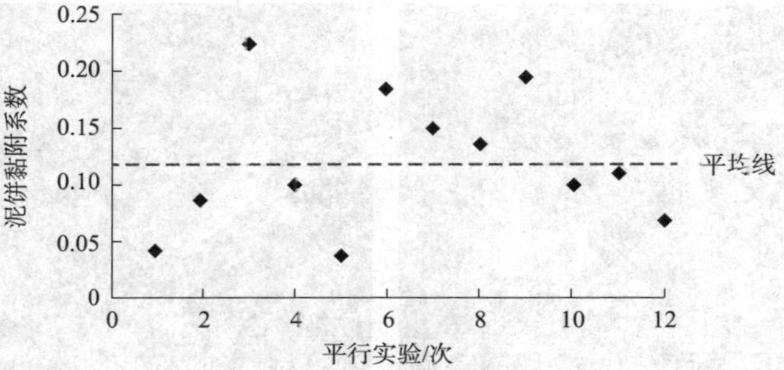

图3　NF-2型泥饼黏附系数测试结果

2.4　泥饼质量

泥饼质量的好坏关系到钻井是否能够安全、顺利地进行，对泥页岩长水平井尤其重要。好的泥饼薄、韧、滑，有利于减少滤液浸入，并利于降低钻具和井壁之间的摩阻，直观上可以供现场初步判断，优点是操作简便，缺点是只能定性分析，必须有钻井液经验的工程师观察。如某高性能水基钻井液中压泥饼如图4所示，泥饼厚度小于0.5mm，泥饼薄而韧，质量较好。也可通过扫描电镜观测其表面和剖面，优点是可以看出泥饼是否致密，是否有成膜特性等，缺点是大型仪器分析，需要专业化实验室测试，费用较高。如普通水基钻井液和高性能水基钻井液HTHP滤饼如图5所示，两者对比，可以明显看出高性能水基钻井液的泥饼表面光滑［图5（a）］，剖面致密［图5（b）］。当然，泥饼质量还可从泥饼压缩性、渗透率等进行量化分析，但反映的是封堵能力，与润滑性无关，本文不再详述。

图4　高性能水基钻井液中压泥饼直观图

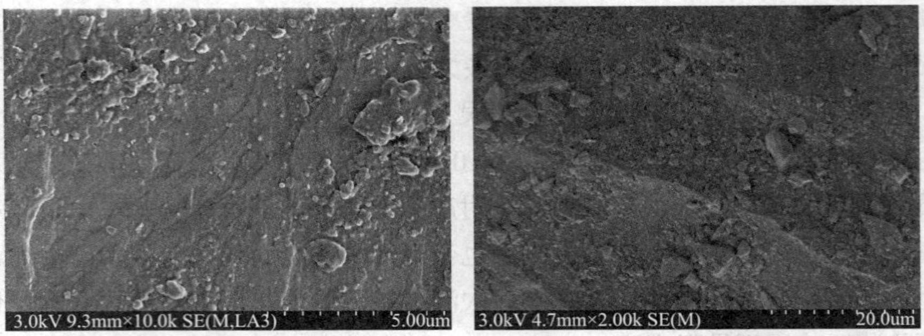

(a)高性能水基钻井液滤饼表面SEM　　(b)剖面SEM

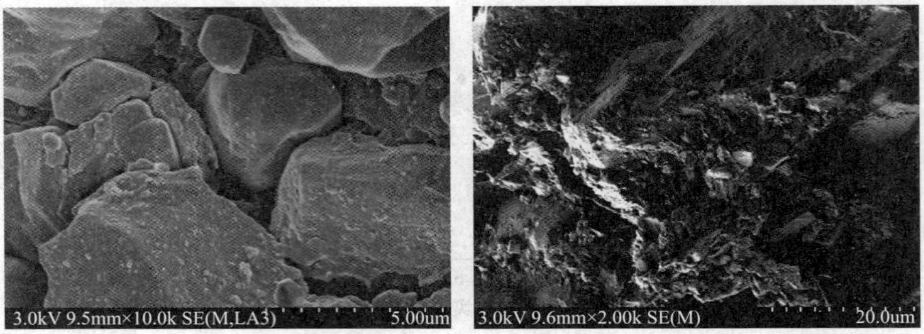

(c)常规水基钻井液滤饼表面SEM　　(d)剖面SEM

图5　水基钻井液HTHP泥饼扫描电镜图

2.5　抗磨性能测试

抗磨性能测试可以评价钻井液在高负荷下的润滑性能，验证钻井液及润滑剂在加压下的润滑和减磨效果。优点是可以较为准确地评价钻井液的润滑性，缺点为非钻井液行业通用测试方法，且每次测试均要损耗专用钢件磨柱，费用较高[11~12]。该测试误差小于20%，且因实验人员产生误差较小，如某润滑剂在25℃条件下5次磨失量降低率分别为：55.5%、62.4%、70.1%、58.8%和65.0%，平均值为62.4%，最大误差为12%。且可以通过扫描电镜扫描钢件磨损表面进一步验证结果，如普通水基钻井液和高性能水基钻井液测试完磨失量后钢件磨损面扫描电镜如图6所示，两者对比，可以明显看出高性能水基钻井液润滑减磨效果好［图6（b）］。

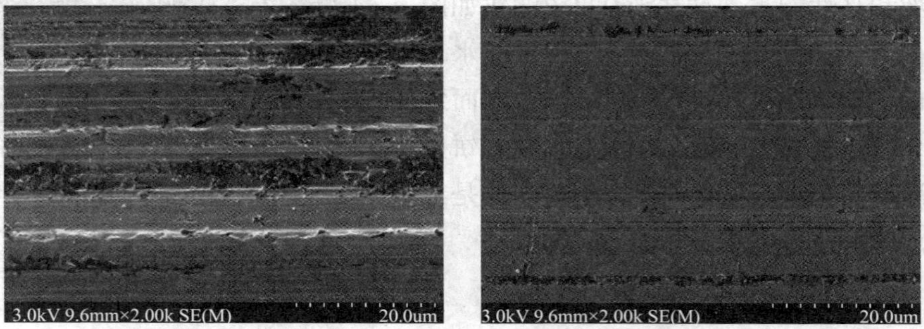

(a)常规水基钻井液磨损表面　　(b)高性能水基钻井液磨损表面

图6　水基钻井液磨柱磨损面扫描电镜图

3 结论

随着钻完井技术的提高，增长水平段是提高采收率的主要手段，实钻摩阻和扭矩高是制约增长水平段的主要因素之一。在不同条件和需求下，选用合理的润滑性评价方法显得尤为重要。①实验室基于对比润滑剂或钻井液体系研究，评价极压润滑系数、泥饼质量（电镜）、抗磨性能测试等较为合理；②钻井现场确定聚合物、润滑剂的加量可评价泥饼黏滞系数、泥饼质量（直观）等较为简洁；③检验钻头轴承工作条件的高比载荷下的钻井液润滑性能，建议使用MT-Ⅱ型四球摩擦机；④对多组润滑性评价数据相关性进行分析，并结合实钻摩阻情况，调整和维护钻井液的润滑性，为钻完井作业的润滑防卡和快速处理钻井液提供技术支撑，保障钻完井作业顺利。

参考文献

[1] 王中华. 页岩气水平井钻井液技术的难点及选用原则 [J]. 中外能源，2012，17（4）：43–47.

[2] 赵泽宗，卓然，李荷香，等. 高效水基钻井液用润滑剂的研制与现场实验 [J]. 钻采工艺，2019，42（4）：93–96.

[3] 彭元超，韦海防，周文兵. 长庆致密油 3000m 长水平段三维水平井钻井技术 [J]. 钻采工艺，2019，42（5）：106–112.

[4] 韩来聚，牛洪波. 对长水平段水平井钻井技术的几点认识 [J]. 石油钻探技术，2014，42（2）：7–11.

[5] 柳伟荣，倪华峰，王学枫，等. 长庆油田陇东地区页岩油超长水平段水平井钻井技术 [J]. 石油钻探技术，2020，48（1）：9–14.

[6] 潘小镛. 钻井液润滑性能测试方法的探讨 [J]. 钻井液与完井液，1992，9（5）：67–71.

[7] 周风山，蒲春生，倪文学，等. 钻井液润滑性的合理评价 [J]. 西安石油学院学报，1999，14(1)：22–25.

[8] 陈乐亮. 水平井钻井液降摩阻问题 [J]. 钻井液与完井液，1992，9（4）：1–6.

[9] 李丽，刘伟. 钻井液组分影响钻井液润滑性能的探讨 [J]. 天然气技术与经济，2015，9（3）：49–51.

[10] 赵虎，司西强，王康，等. 烷基糖苷及衍生物在钻井液中的润滑性研究 [J]. 能源化工，2017，38（5）：66–70.

[11] 封心领. 钻井液用环境友好型减摩降阻剂性能评价及应用 [J]. 油田化学，2019，36（4）：587–593.

[12] 逯贵广. 极压润滑剂 NH-EPL 性能评价与现场应用 [J]. 油田化学，2017，34（3）：385–389.

固相对钻井液中胺基聚醚含量影响研究

马文英[1, 2]　刘晓燕[1, 2]　钟　灵[1, 2]

（1. 中石化中原石油工程有限公司钻井工程技术研究院，河南　濮阳　457001；
2. 中石化石油工程钻完井液技术中心，河南　濮阳　457001）

摘　要： 胺基聚醚是钻井液中常用的高效抑制剂，但由于其在钻井液中的游离含量无法检测，导致现场使用无据可依。研究了胺基聚醚含量测定方法，考察发现钻井液中的膨润土、重晶石、钻屑等固相材料使测定结果低于理论值，因此确定了实验方法，考察了各种固相对胺基聚醚的吸附情况。测定结果表明，固相颗粒的活性成分越高，对胺基聚醚的吸附量越大，因此建议胺基聚醚抑制钻井液采用低膨润土量、低固相体系，以获得较低加量条件下的高效抑制效果。

关键词： 胺基聚醚；游离含量；膨润土；重晶石；无机盐

近年来，聚胺作为治理坍塌掉块等井壁失稳复杂情况的高效抑制剂，研究及应用越来越广泛，也取得了良好效果[1-3]。但目前现场使用的“聚胺”种类繁多，能够形成高性能水基钻井液的仅有胺基聚醚[4-6]，而其在钻井液中发挥作用的胺基聚醚游离含量却一直没有简单可行的检测方法[7-11]。鉴于此，在建立胺基聚醚胺值测定方法基础上[12]，研究钻井液滤液中游离测定方法，消除常用处理剂的干扰[13]，考察钻井液中膨润土、重晶石、钻屑等固相的影响，进行游离含量监测（研究使用典型胺基聚醚D230），为现场经济有效使用提供依据。

1　胺基聚醚含量测定方法

鉴于钻井液滤液中胺基聚醚游离含量是保证钻井液发挥作用的关键，建立胺基聚醚胺值测定方法[17]。采用盐酸滴定法测定胺基聚醚含量，首先配制不同D230含量的标准溶液，各取5mL，用盐酸－异丙醇标准溶液滴定，绘制胺值与消耗标准溶液量标准曲线；取5mL待测液滴定，根据消耗标准溶液值，对照标准曲线求得待测液中D230含量。

2　固相对胺基聚醚的吸附

在钻进过程中，除了配制钻井液使用的膨润土、重晶石、铁矿粉、超细碳酸钙等原材料和处理剂外，还有钻进时产生的岩屑，如泥岩、页岩等进入钻井液中，使得钻井液中的固相较多且成分复杂，而这些固相尤其是可活化的组分对胺基聚醚产生吸附，致使

基金项目： 中国石化集团公司科研项目“钻井液用胺基聚醚性能评价方法研究”。

作者简介： 马文英（1969—），女，研究员，毕业于西南石油学院应用化学专业，现在从事钻井液技术研究。E-mail：lucyy0806@163.com。

其游离含量降低，从而影响作用效果。因此，考察了可能存在的各种固相对胺基聚醚的吸附情况，现场岩屑选择活性较大的泥岩和页岩进行实验，采用振荡的实验方法。

2.1　实验条件确定

开展不同固相对胺基聚醚吸附情况的研究，首先进行实验条件考察。为确定振荡时间，考察了不同振荡时间后土对胺基聚醚的吸附情况。在2%D230水溶液中加入10%的配浆用膨润土，在30℃条件下110r/min振荡不同时间后，取上层清液过滤，采用盐酸滴定法测定滤液中D230游离含量，并计算土对D230的吸附量和吸附率，结果见表1。由实验结果可见，振荡开始时，吸附量上升较快，而振荡120min后，吸附基本可以达到平衡，吸附量随着时间的延长不再显著提高，综合考虑吸附平衡情况和实验时间，确定该吸附实验振荡时间为120min。

表1　振荡时间对吸附量的影响

振荡时间/min	APE游离含量/（g/L）	吸附量/（mg/g土）	吸附率/%
0	20.59	0	0
5	19.42	11.66	5.66
10	19.52	10.65	5.17
20	19.35	12.42	6.03
30	19.17	14.19	6.89
60	18.86	17.24	8.37
90	18.71	18.76	9.11
120	18.61	19.77	9.60
300	18.28	23.06	11.20

2.2　固相物质对胺基聚醚吸附考察

在2%D230水溶液中分别加入10%不同类型的固相物质（为了使实验结果对比性更强，条件统一为所有固相均为过100目筛余物），在30℃条件下经110r/min振荡2h，取上层清液过滤，采用盐酸滴定法测定滤液中D230游离含量，计算固相物质对D230的吸附量和吸附率。结果见表2，不同固相对D230的吸附能力大小依次为：膨润土>实验钙土>泥岩>青石粉>超细钙>页岩>铁矿粉>重晶石，吸附量分别为21.0mg/g土、19.8mg/g土、13.2mg/g土、7.1mg/g土、6.8mg/g土、6.6mg/g土、4.3mg/g土、2.8mg/g土。

表2　不同固相对D230吸附情况考察

固相物质	*CEC*/（mmol/L）	APE游离含量/（g/L）	吸附量/（mg/g土）	吸附率/%
空白	—	21.98	0.00	0.00
膨润土	40.5	19.88	21.04	9.57
钙土	35.0	20.00	19.77	8.99
重晶石	0.2	21.70	2.79	1.27
铁矿粉	0.2	21.55	4.31	1.96

续表

固相物质	*CEC*/（mmol/L）	APE游离含量/（g/L）	吸附量/（mg/g土）	吸附率/%
青石粉	0.3	21.27	7.10	3.23
超细碳酸钙	0.2	21.30	6.84	3.11
泥岩岩屑粉	6.4	20.66	13.18	6.00
页岩岩屑粉	0.2	21.32	6.59	3.00

对照各固相物质的阳离子交换土容量（*CEC*）值，可知这些固相物质对胺基聚醚的吸附规律呈现的是固相物质的活性越强、吸附越多，从而影响了胺基聚醚在滤液中的含量，也就导致进入地层中的胺基聚醚量减少，影响其在井壁上的作用效果。因此，配制钻井液时膨润土加量应控制在合理范围内，以减少胺基聚醚的无效消耗。同时，及时清除钻屑等无用固相。

3　膨润土对胺基聚醚吸附考察

膨润土是配制水基钻井液的基础材料，因此着重考察了膨润土对胺基聚醚含量的影响情况，以便于现场配制钻井液时使用合适的膨润土含量。

3.1　D230加量考察

考察了D230加量对吸附情况的影响。配制现场常用浓度为4%膨润土浆，加入不同量的D230，经120℃滚动老化16h后，利用盐酸滴定法测定D230游离含量，按式（1）和式（2）计算吸附量和吸附率。

$$吸附量=（APE加量-APE游离含量）\times 1000/土含量 \tag{1}$$

式中，吸附量单位为mg/g土。

$$吸附率=[（APE加量-APE游离含量）/APE加量]\times 100\% \tag{2}$$

实验结果如表3和图1、图2所示。由结果可知，随着D230加量增加，游离D230含量逐渐增大；D230加量超过0.3%后，随着加量增大，土对胺基聚醚吸附量无明显增大，即对于4%土浆，D230加量0.3%时即可到达吸附饱和。图2结果表明，胺基聚醚的吸附曲线为典型的L型吸附曲线，浓度很低时吸附量急剧上升，浓度增加至一定值时，吸附量增加速度趋缓，逐渐达到饱和。L型吸附曲线表明，D230在膨润土表面为单层吸附。

表3　D230加量对吸附量的影响

D230加量/%	D230游离含量/（g/L）	吸附量/（mg/g土）	吸附率/%
0.1	0.18	20.40	81.61
0.3	1.58	35.55	47.40
0.5	3.71	32.33	25.86
1.0	8.55	36.30	14.52
3.0	28.95	26.21	3.49
5.0	48.57	35.77	2.86

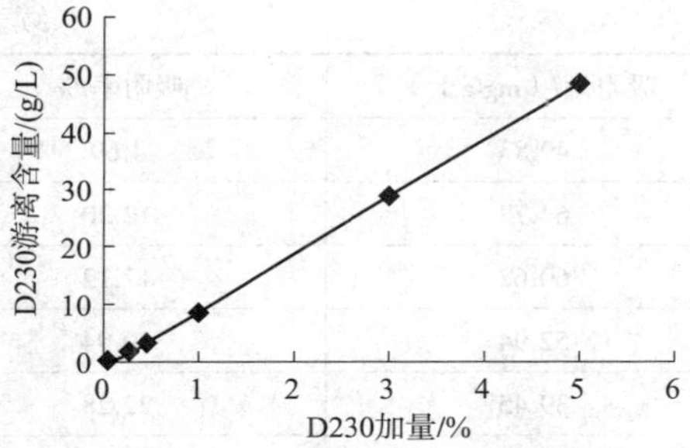

图1　D30加量对游离含量的影响

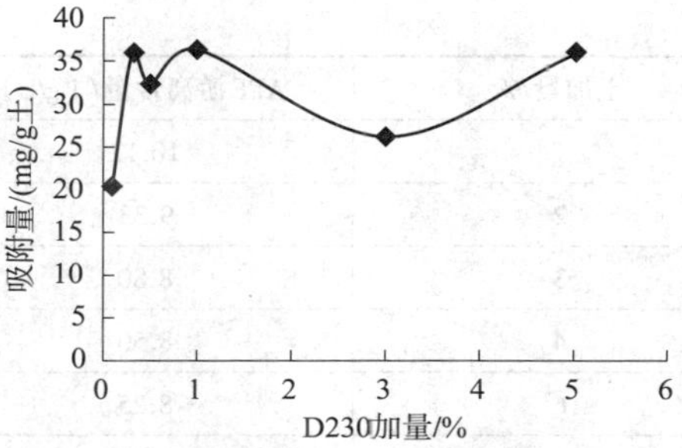

图2　D230加量对吸附量的影响

3.2　膨润土量对吸附量影响考察

考察不同加量时膨润土对胺基聚醚的吸附情况。配制不同土量的膨润土浆，分别加入2%D230和1%D230，经120℃滚动老化16h，采用盐酸滴定法测定D230游离含量，并计算吸附量和吸附率。结果如表4、表5和图3~图6所示。由结果可知，随着膨润土量增加，游离D230含量逐渐降低，这是因为土对胺基聚醚的吸附增多；当D230加量相同时，土对D230的吸附先增多，土量超过2%以后吸附量逐渐降低；对比表4和表5可以看出，膨润土加量相同时，D230加量越高，每克土吸附的D230越多。

表4　膨润土加量对吸附量的影响（2%D230）

土加量/%	APE游离含量/（g/L）	吸附量/（mg/g土）	吸附率/%
0	22.58	0	0
1	20.84	49.46	7.72
2	20.59	99.64	8.83
3	20.34	74.73	9.93
4	19.84	68.50	12.14
6	18.34	70.58	18.76
8	18.09	56.05	19.86

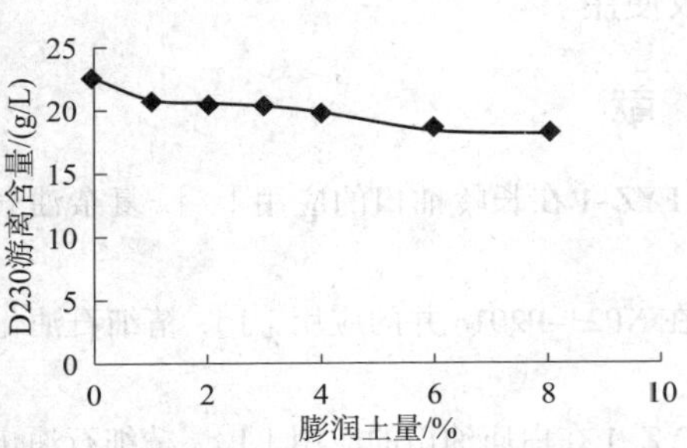

图3　土量对游离含量的影响（2%D230）

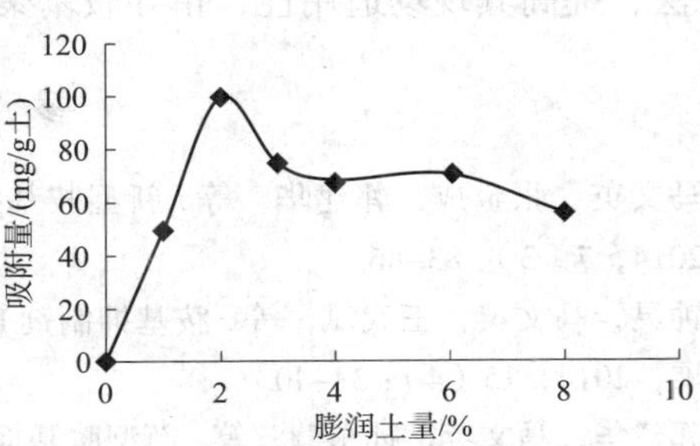

图4　土量对吸附量的影响（2%D230）

表5　膨润土加量对吸附量的影响（1%D230）

土加量/%	APE游离含量/（g/L）	吸附量/（mg/g土）	吸附率/%
0	10.62	0	0

续表

土加量/%	APE游离含量/（g/L）	吸附量/（mg/g土）	吸附率/%
1	10.12	49.83	4.69
2	9.33	64.77	12.20
3	8.80	60.62	17.12
4	8.50	52.94	19.94
6	8.25	39.45	22.28
8	7.93	33.63	25.33

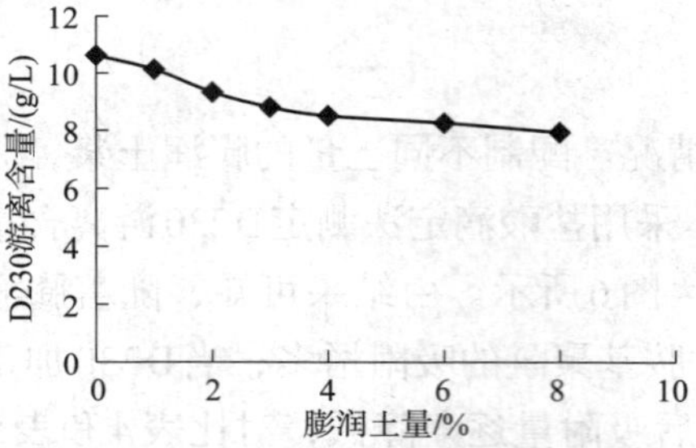

图5　土量对游离含量的影响（1%D230）

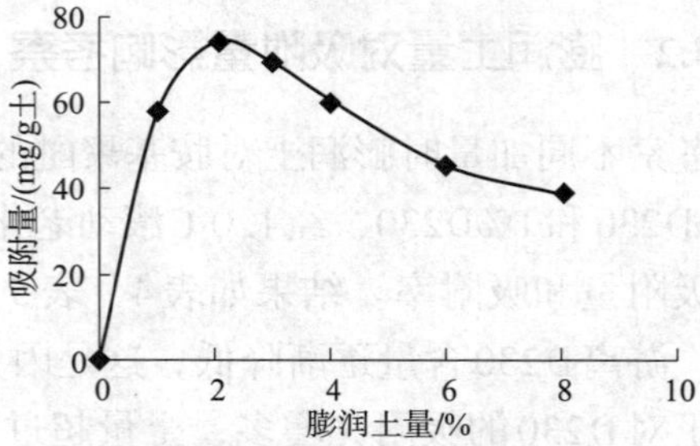

图6　土量对吸附量的影响（1%D230）

4　结论与认识

（1）建立了胺基聚醚含量测定方法，钻井液中的膨润土、重晶石等固相吸附胺基聚醚从而导致测定结果较理论值偏低。

（2）固相材料对D230的吸附能力大小依次为：膨润土>实验钙土>泥岩>青石粉>超细钙>页岩>铁矿粉>重晶石，其中膨润土对胺基聚醚的吸附影响最大，因此建议胺基聚醚抑制钻井液采用低膨润土量。

（3）现场实钻钻井液中，除膨润土外还有钻屑等固相对胺基聚醚产生吸附，同时胺基聚醚随钻消耗，因此其含量是实时变化的。须研究现场实钻钻井液中胺基聚醚含量测定方法，提高其现场适用性，指导胺基聚醚有效使用。

参 考 文 献

[1] 马文英，张金成，郭建华，等 . 新型胺基抑制剂 FYZ-1 在长岭油田的应用［J］. 复杂油气藏，2014，7（3）：83-86.

[2] 钟灵，马文英，王武斌，等 . 胺基抑制剂 FYZ-1 在 NP23-P2016 井的应用［J］. 精细石油化工进展，2014，15（4）：38-40.

[3] 郭建华，马文英，孙东营，等 . 新型胺基抑制剂 FYZ-1 在白庙油田的应用［J］. 精细石油化工进展，2015，16（2）：24-29.

[4] 王中华 . 关于聚胺和“聚胺”钻井液的几点认识［J］. 中外能源，2012，17（11）：36-42.

[5] 张金龙 . 端氨基聚醚的合成［J］. 聚氨酯工业，2011，26（5）：40-42.

[6] 陈明亮，崔长伟，张丽君，等 . 端氨基聚醚的合成［J］. 化学推进剂与高分子材料，2013，11(3)：

56–59.
[7] 宋碧涛，陈雪艳，谭敏，等 . 硅钼酸光度法定量测定钻井液中的聚醚多元醇含量［J］. 油田化学，2014，31（4）：610–614.
[8] 张妍，蓝强，薛玉志，等 . 硅酸盐钻井液中二氧化硅有效含量快速测定方法研究［J］. 石油钻探技术，2009，37（5）：39–42.
[9] 王立志 . 硫酸铝 – 聚合物钻井液中硫酸铝含量的测定方法［J］. 油田化学，1995，12（3）：276–277.
[10] 郑小平，刘毅，靳三江，等 . 现场钻井液 PHPA 含量测定［J］. 钻井液与完井液，2002，19（5）：51.
[11] 靳三江，陈升，王学军，等 . 现场钻井液 K⁺ 含量测定［J］. 钻井液与完井液，2002，19（3）：13.
[12] 马文英，刘晓燕，钟灵 . 钻井液用胺基聚醚性能测定方法精密度探讨［M］. 2020 年中国油气计量论坛论文集 .
[13] 刘晓燕 . 胺基聚醚含量测定干扰因素分析及消除研究［J］. 钻井液与完井液，2022，39（2）：185–189.

关于钻井液用抑制剂络合铝评价标准的认识与探讨

孟丽艳[1, 2]

（1. 中石化中原石油工程有限公司钻井工程技术研究院，河南 濮阳 457001；
2. 中石化石油工程钻完井液技术中心，河南 濮阳 457001）

摘 要： 钻井液用抑制剂络合铝是一种现场需求量较大、应用效果良好的页岩抑制剂。分析了相关络合铝标准的执行情况与存在的问题。通过增加样品酸化热降解的前处理过程，从而提高铝离子含量测定的准确性；考察了影响相对抑制率实验用膨润土的加量、老化温度等因素，以及高温滚子炉对测定结果的准确性和重现性的影响，最终确定了评价相对抑制率的测定方法。

关键词： 络合铝；铝离子含量；相对抑制率；评价方法

1 引言

络合铝抑制剂是铝的有机络合物，其作用机理为：有机络合铝与常规电解质（如 K^+、Ca^{2+}）结合使用可抑制多种页岩和黏土的水化膨胀，并通过在地层孔隙和微裂缝中形成不溶性的复合铝盐，减少页岩基质中的不稳定因素，达到封堵、固壁作用，强化井壁稳定性[1]。

随着钻井面临的地质条件越来越复杂，井壁失稳问题更为突出，页岩抑制剂也逐渐成为钻井过程中用量较大的处理剂。络合铝抑制剂不仅在胜利、西南和中原、新疆等中国石化重点施工区域得到广泛的现场应用，还成功使用于中国石油的松辽盆地的空气钻井流体中。此外，中国海油的络合铝化学封堵剂PF-Chem Seal在渤海CFD区块发挥了良好的应用效果[2-5]。

现符合要求的产品标准只有两项中国石化二级企标，而且标准发布时间较早，适用性降低，技术指标的针对性不强，测定方法的准确度有限，为产品生产、质量检验、质量监督抽查带来很多困扰。因此，在解决并完善原标准的问题基础上，建立并制定了一套更全面、更科学的中国石化一级企标，为络合铝抑制剂产品质量检测提供技术保障，对提高钻井液处理剂技术水平具有重大的现实意义。

2 现执行标准现状

抑制剂络合铝现执行两项中国石化二级企标Q/SH1025—0302-2004《钻井液用聚合铝防塌剂AOP-1》和Q/SH1020 2298—2015《钻井液用铝基聚合物技术要求》，存在以下问题[6-9]：

作者简介： 孟丽艳（1982—），女，山东阳谷县人，硕士，副研究员，现任中原石油工程公司钻井院主任师，主要从事油田化学、钻井液处理剂研制工作。E-mail：yuyaner@163.com。

2.1 Q/SH1025 0302—2004《钻井液用聚合铝防塌剂 AOP-1》

（1）技术指标中的相对抑制率反映出产品的应用要求，即钻井液抑制性。相对抑制率的实验方法中采用钻井液用二级膨润土的原土，这不符合2016年修订的SY/T 5490—2016《钻井液实验用土》，修订后SY/T 5490—2016标准中钻井液实验配浆用土统一规定为钙膨润土，由渤海钻探泥浆公司生产，在配浆时加入土量3.5%的碳酸钠进行钠化再评价和应用。

（2）基浆采用10%土加量会存在流动性差的现象，影响读值。

（3）老化温度（120℃）较低；技术指标不小于80%，要求偏低。不能真正体现产品质量的高低。

2.2 Q/SH1020 2298—2015《钻井液用铝基聚合物技术要求》

（1）技术指标中铝含量能反映出产品的本质性能，但此测定方法缺乏对产品的前期预处理过程，这很可能导致测定方法的准确性不够。

（2）因土矿资源短缺、品质不稳定的问题，抑制造浆率实验中规定选用钠膨润土，标准普适性较差。

（3）抑制造浆率采用常温下100r/min稳定读数，并不能真实反映出产品在高温情况下的抑制性。

为规范、甄别产品的质量，满足现场安全、顺利施工的需要，制定一项涵盖科学、合理的技术指标，具有较强的适用性、准确性的中国石化一级企标。

3 评价方法分析

根据现执行标准的现状与存在的问题分析，铝离子含量和抑制性反映出产品的本质属性和应用性能的关键指标。室内针对这两个指标进行了详细考察。

3.1 铝离子含量指标

铝离子含量是反映产品的本质性能的理化指标。据调研，有关铝的含量测定主要有分光光度法、荧光法和分析滴定法等。而对于钻井液处理剂检测属于常量分析，推荐采用分析滴定法，具有简便、可操作性强等特点。尽管Q/SH1020 2298—2015《钻井液用铝基聚合物技术要求》中规定采用氟盐置换EDTA容量法对铝离子含量测定。这是测定钻井液用抑制剂络合铝中铝离子含量的有效方法。但测定方法中存在以下几点问题：①缺少样品的前处理方式，由于络合铝在产品中的形态必须尽可能完全转化为铝离子形式，才能保证测定结果的可靠性和准确性。②EDTA加量的考察，依据测定原理，需要加入足够量的EDTA标准溶液使其与铝离子全部发生络合反应。如果EDTA的加量不够，待测溶液中有残余的铝离子，当加入二甲酚橙指示剂时，直接与铝离子络合为橙红色，即为终点色。此时，实验作废，需要提高EDTA加量，重新测定。

3.1.1 样品前处理方式

络合铝抑制剂是含羧酸基团的化合物与偏铝酸钠反应络合而成的。由于产品在水溶液中呈碱性，测定产品中铝元素含量必须将偏铝酸根（AlO_2^-）形式转化为三价铝离子（Al^{3+}）形式。

方法一为盐酸（1∶1）酸化处理：

原理：偏铝酸根与过量的盐酸反应，全部转化为铝离子形态。

$$4HCl+NaAlO_2 = AlCl_3+NaCl+2H_2O$$

方法二为双氧水+稀硫酸加热降解：

原理：偏铝酸根与含羧酸基团的化合物形成络合物，需要用双氧水加热降解络合键，稀硫酸再与络合物中的偏铝酸根反应形成铝离子。

将两种方法进行比对，实验结果见表1。

表1　两种前处理方法的测定结果比对

方法类型	铝含量/%	
	样品1	样品2
酸化（盐酸1∶1）	2.99	1.34
双氧水热降解	10.01	6.57

注：样品1和样品2为不同厂家的产品。

由表1中结果可见，方法一测定铝含量明显小于方法二的结果。分析原因是，单一盐酸酸化不能将大分子链上络合的偏铝酸根转化为铝离子，可能转化的仅仅是产品中未参加反应的偏铝酸钠。而热降解酸化法可以将产品中大分子链降解为小分子链，再将小分子链上全部的偏铝酸根和未反应的偏铝酸盐完全转化为铝离子。由此，方法二的处理方式更彻底、全面，确定样品前处理方式选择双氧水和稀硫酸的加热降解。

3.1.2 EDTA标准溶液加量

铝含量测定方法中第一步需要加入足够量的EDTA标准溶液，使其与铝离子全部发生络合反应。故需要考察EDTA标准溶液的加量见表2。

表2　EDTA用量对测定结果的影响

EDTA加量/mL	铝含量/%	现　象
20	—	初始颜色为终点橙红色，说明EDTA不足
25	10.01	正常橙黄色变橙红色，说明EDTA足量
30	10.04	正常橙黄色变橙红色，说明EDTA足量

注：选择样品1进行本实验考察。

由表2可见，20mLEDTA的加量不够，待测溶液中有残余的铝离子，当加入二甲酚橙指示剂时，直接与铝离子络合为橙红色。将EDTA加量提高至25mL和30mL时，滴定过程颜色变化正常：由橙黄色变为橙红色，而且滴定结果很接近，分别为10.01%和10.04%。说明针对本实验的络合铝产品，EDTA标准溶液的适合加量为25~30mL。若不同的厂家产品，可能会存在用量差异，但若使用30mLEDTA标准溶液后仍出现终点颜色，需要继续增加EDTA用量。

3.2 相对抑制率指标

抑制性实验包括：相对抑制率、页岩膨胀降低率和页岩回收率，但相比较而言，相对抑制率是重复性较好，可操作性强、准确性较高的评价方法。但如果评价方法、配浆用土、基浆配制方法和实验仪器的不统一规范，同样会导致评价结果的可靠性和重复性差[10-12]。下面就针对几方面进行室内研究。

3.2.1 评价温度的确定

参考中国石化二级标准Q/SH1025 0302—2004《钻井液用聚合铝防塌剂》中4.7相对抑制率的测定方法。考察络合铝分别在120℃、150℃、180℃高温老化16h条件下，不同的样品加量的相对抑制率。由图1可见，1%样品加量在120℃和150℃高温老化后相对抑制率均达到90%以上，180℃高温老化后相对抑制率达到84%。所以，确定相对抑制率的评价温度为150℃，这有利于显示络合铝良好的抗温性和抑制性。

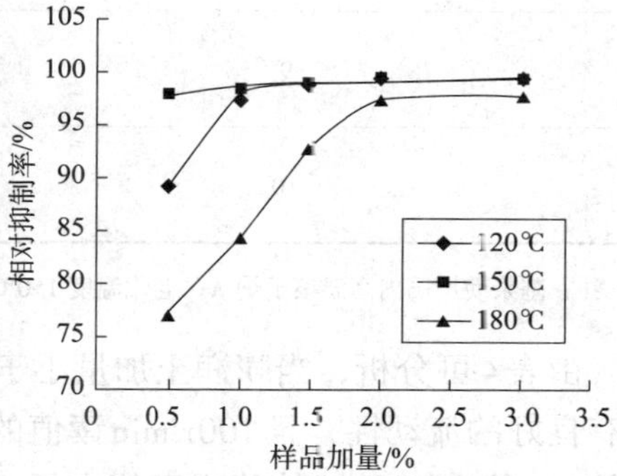

图1　络合铝在不同老化条件下的抑制率

3.2.2 膨润土的种类和加量

钻井液实验用标准土是评价水基钻井液用化学剂性能的基准物质，也是规范钻井液化学剂质量检测、有效实施标准的基础支撑。按照SY/T 5490—2016《钻井液实验用土》的规定渤海钻探膨润土为统一的钻井液用配浆土。参照原标准Q/SH1025 0302—2004中抑制性的实验方法，考察不同老化温度下10%基浆的流变性，见表3。

表3　不同老化温度下10%基浆的流变性

序　号	老化温度/℃	100r/min
1	120	215
2	150	202
3	180	101

经120~180℃高温老化后，10%基浆的100r/min读值都较高，其中120℃的数值最大，说明黏土颗粒在此温度作用下以高温分散为主导，继续升高温度至150℃，高温钝化作用导致黏度下降，当温度达到180℃时，高温聚结作用占据主导地位，高温去水化作用引起黏土稳定性下降，比表面积大幅下降。由于10%膨润土基浆的触变性大，高速搅拌后容易失去流动，使用六速旋转黏度计很难准确读100r/min的值，导致读值重现性差，严重影响评价方法的可操作性和普适性。下面固定碳酸钠加量为膨润土的3.5%，详细考察不同的膨润土加量下，基浆的流变性，见表4。

表4 不同膨润土加量的基浆100r/min读值结果

膨润土加量/%	100r/min读值
5	9.5
	10.0
6	25
	22
7	55
	57
8	112
	126
9	165
	139
10	202
	246

注：基浆使用国内高温滚子炉A，老化温度150℃/16h。

由表4可分析，当膨润土加量小于7%，经过150℃/16h高温老化，基浆高速搅拌后具有良好的流动性，且100r/min读值的重现性好，同时能保证相对抑制率的测定值重现性较好。但100r/min读值也不能太低，若太低，在计算时，结果误差较大，会影响到样品相对抑制率的准确性，体现不出相对抑制效果的差别。因此，确定基浆配制所用的膨润土合适含量为7%、碳酸钠加量为膨润土加量的3.5%。

3.2.3 不同类型的高温滚子炉考察

不同的检测机构，会使用不同品牌的高温滚子炉进行老化实验。下文在同一个实验室内使用三个不同品牌的高温滚子炉分别对6%~8%膨润土基浆，进行150℃/16h老化实验，100r/min读值结果如图2所示。

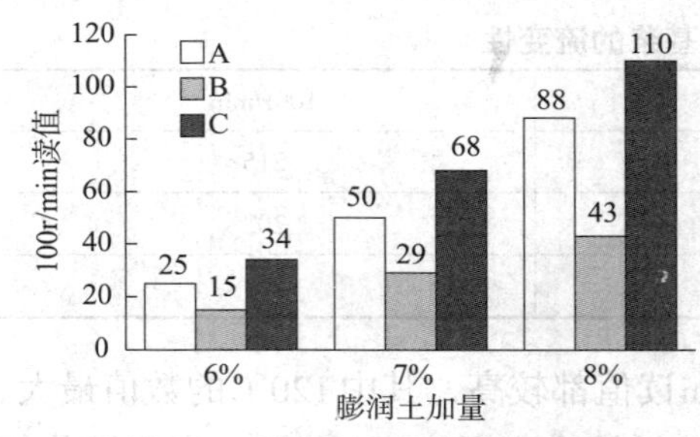

图2 不同类型高温滚子炉对基浆100r/min读值的影响

由图2可分析，不论哪个加量的基浆，A和C高温滚子炉的100r/min读值比较接近，但高温滚子炉B的实验结果尤其偏低，以7%基浆为例，高温滚子炉B测定100r/min为29，仅为高温滚子炉A的58%，高温滚子炉C的41%，即B与A、C数据相差悬殊。说明，高温炉子带来的基浆高温老化情况是影响基浆流变性的主要因素。分析原因是国内滚子炉B没有风扇，实际炉子内部温度不精准，导致局部温度过高；而国内滚子炉A和国外滚子炉C因配置有热循环系统，内部温度分布均匀，控温较精准，而且测定的实验数据重现性较好，如图3所示。由图3可知，采用国外高温炉子C测定的数据重现性略好于A的实验结果。说明高温炉子的控温性能越好，实验的重复性越好。

因此，检测机构保证使用控温准确的高温老化炉，若出现基浆100r/min异常较低，可调整膨润土加量。

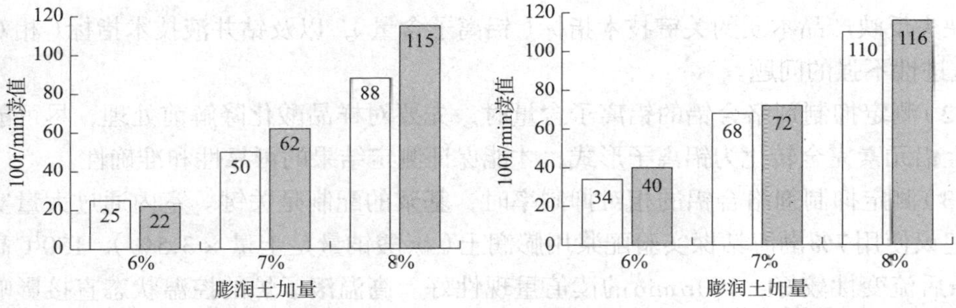

(a)国内滚子炉A　(b)国外滚子炉C

图3　采用国内炉A和国外炉C的重复性实验

3.2.4　抑制性测试方法的确定

依据上述多因素考察分析，制定了如下络合铝的相对抑制率测试程序：

量取400mL蒸馏水两份，一份加入0.98g碳酸钠，另一份加入0.98g碳酸钠和4.0g试样，高速搅拌5min。向上述两份水溶液中分别加入28.0g钻井液配浆用膨润土（渤海钻探），按转速11000r/min高速搅拌20min，其间至少停两次，以刮下黏附在容器壁上的黏土，放入高温养护罐中，在150℃±3℃的高温滚子炉中恒温滚动16h，取出高温养护罐，冷却至室温。按转速11000r/min高速搅拌5min，在25℃±3℃下用六速旋转黏度计测定钻井液100r/min读数。基浆100r/min的读数应为50~75，否则调整膨润土加量，使其达到要求。

相对抑制率按下式（1）计算。

$$X = \frac{\Phi_1 - \Phi_2}{\Phi_1} \times 100 \tag{1}$$

式中　X——相对抑制率，%；

Φ_1——基浆的100r/min读数；

Φ_2——试样浆的100r/min读数。

按照上述的实验方法和条件，将收集的三个络合铝产品进行相对抑制率评价实验（表5），结果表明，三种产品的相对抑制率均大于90%，抑制性都非常好，该方法仍能准确评价出样品的微弱优劣区别，达到了评价的目的，测试程序可操作性强，测试结果具有良好的重复性和可靠性。

表5　络合铝产品的相对抑制率实验数据

样品编号	相对抑制率/%		
	测定值1	测定值2	平均值
1	96.2	97.0	96.6
2	98.4	98.0	98.2
3	96.3	96.8	96.5

4 结论

（1）络合铝是现场应用效果良好的钻井液用抑制剂，但现有两项中国石化二级企标存在缺失反映产品本质的关键技术指标（铝离子含量），以及钻井液技术指标（相对抑制率）先进性不强的问题。

（2）测定抑制剂络合铝的铝离子含量时，先要对样品酸化降解前处理，尽可能让分子链上铝元素完全转化为铝离子形式，才能保证测定结果的可靠性和准确性。

（3）测定抑制剂络合铝的相对抑制率时，基浆的配制是关键。室内通过大量实验研究，建议使用7%渤海钻探实验配浆用膨润土（碳酸钠量是土量×3.5%），150℃高温老化16h后流变性较好，100r/min的读值重现性好。高温滚子炉的控温状态直接影响基浆的流变性。

参考文献

[1] 王中华．钻井液处理剂实用手册［M］．北京：中国石化出版社，2016.

[2] 何恕、鄢捷年，等．升深2-17井络合铝聚合物充气钻井液现场实验［J］．钻井液与完井液，2006，23（2）：44-45.

[3] 孙强、胡进军，等，络合铝化学封堵剂PE-ChemSeal评价与现场应用［J］．钻井液与完井液，2015，32（4）：28-31.

[4] 魏真真，等．铝基防塌剂的井壁稳定实验研究［J］．精细化工，2016，10；46-47.

[5] 张和平、耿晓慧、侯美玲，等．多功能聚合铝防塌剂AOP-1的室内评价和现场应用［J］．钻井液与完井液，2005，22（5）：17-19.

[6] 安耀彬，刘翠微，周怡，等．我国钻井液处理剂标准现状及问题分析［J］．石油工业技术监督，2013，29（12）：55-61.

[7] 张华，程秋华，张梅，等．浅谈油田化学剂标准存在的问题及对策［J］．石油工业技术监督，2015，31（12）：28-30.

[8] 杨新．几种常用钻井液材料标准探讨［J］．石油工业技术监督，2022，38（2）：14-18.

[9] 刘自广，马文英，孙林峰．钻井液技术规范制定与应用［J］．石油工业技术监督，2021，37（5）：28-34.

[10] 雷祖猛，司西强，王忠瑾，等．钻井液用抑制剂相对抑制率评价方法应用现状及建议［J］．山东化工，2018，47（11）：101-102.

[11] 王琳，杨小华，王海波，等．对钻井液用降黏剂评价标准的认识和室内研究［J］．石油工业技术监督，2020，36（9）：36-53.

[12] 卜海，张玉，陈俊峰，等．钻井液实验用标准土研制与性能评价［J］．石油工业技术监督，2019，35（12）：4-7.

[13] 卜海，徐同台，孙金声，等．高温对钻井液中黏土的作用及作用机理［J］．钻井液与完井液，2010，27（2）：23-25.

钻井液用聚苯乙烯乳液封堵剂性能评价方法浅析

张丽君[1,2]　王　旭[1,2]　史沛谦[1,2]　崔洪博[1,2]　郭　鹏[1,2]　吴　健[1,2]

（1.中石化中原石油工程有限公司钻井工程技术研究院，河南 濮阳　457001；
2.中石化石油工程钻完井液技术中心，河南 濮阳　457001）

摘　要： 为对钻井液用封堵剂聚苯乙烯乳液封堵性能进行准确、完善的性能评价，从抗高温、封堵能力和改善滤饼质量等方面出发，确定高温高压滤失量降低率和滤饼清水滤失量降低率作为钻井液用封堵剂聚苯乙烯乳液封堵性能评价方法，并优选高温高压失水仪作为滤饼清水滤失量降低率测定仪器，探索出稳定、重复性强的检测方法。并对钻井液用封堵剂聚苯乙烯乳液进行性能评价，结果显示钻井液用封堵剂聚苯乙烯乳液具有良好的抗高温、封堵及改善泥饼质量的能力。

关键词： 钻井液；聚苯乙烯乳液；封堵性能；高温高压失水仪

近年来，随着油气藏勘探开发步伐的进行，钻遇地层日趋复杂，井壁失稳已成为实现勘探目的的一大障碍。钻井过程中通常因封堵性能欠缺出现井塌、井漏以及油气层损害等问题，在高温高压井中尤为严重，相同渗透率下，钻井压差越大，钻井液漏失越严重，高压差更加考验钻井液的封堵性[1].聚苯乙烯乳液封堵剂相较于国内外常用封堵剂沥青、聚合醇、硅酸盐、胶乳封堵剂等，具有荧光级别低、抗温能力强、封堵效果好等特点，适用于淡水、盐水等多种钻井液体系，应用范围广。截至目前，已在中原、新疆、西南等地区100余口井得到了广泛应用，现场应用效果良好，表现出良好的防塌效果，有利于提高井壁稳定性，减少掉块，保证了钻井顺利进行。

由于钻井液用封堵剂种类较多，封堵特性和封堵能力也不尽相同，因此，对钻井液封堵剂封堵性能的评价尤为重要。多年来国内外学者通过研究建立了多种钻井液封堵剂的评价方法，其中常用的方法有高温高压滤失实验、渗透性封堵实验、压力传递实验等[2-9]。最常用的高温高压封堵剂评价方法是高温高压滤失量法，该方法通过对比高温高压滤失量变化评价产品的封堵能力，但无法对泥饼质量进行直观的评价。渗透性封堵实验如砂床，主要用于评价颗粒状封堵剂，不适用于聚合物类、沥青类等封堵剂的评价[10-11]。压力传递实验的成本较高、耗时较长，不具有普适性[1]。

作为钻井液用封堵剂，聚苯乙烯乳液具有成膜性、强封堵、降滤失能力，因此其封堵能力评价方法的选择尤为重要。高温高压滤失量降低率是评价钻井液用封堵剂的抗温及高温条件下封堵能力的重要指标；而泥饼质量好坏直接影响着井壁的稳定与否，而作为参与泥饼形成的成膜封堵剂，对泥饼质量的改善起到重要作用。因此，在钻井液用聚

作者简介： 张丽君（1983—），工程师，硕士，毕业于郑州大学环境科学，现在从事钻井助剂及钻井液体系的研究工作。E-mail：bottle_0371@163.com。

苯乙烯乳液封堵剂标准的制定中，由于产品具有良好的抗温、成膜封堵能力，推荐选择易操作且重复性强，能体现产品封堵性能的方法：高温高压滤失量法和滤饼清水滤失量降低率法。高温高压滤失量法为常用的高温高压封堵剂的评价方法，高温高压滤失量法具有较为统一的测定操作规程，而滤饼清水滤失量降低率法使用较少，且不同的操作方法对评价结果具有不同的影响，因此，本文主要对滤饼利用清水滤失量降低率法的具体操作进行优化研究及对聚苯乙烯乳液封堵剂进行性能评价。

1 实验

试剂与仪器：

聚苯乙烯乳液，工业品；无水碳酸钠，化学纯；氯化钠，化学纯；钻井液实验配浆用膨润土。

高速搅拌器；XGRL-4A型高温滚子加热炉；六速旋转黏度计；中压滤失仪；71型高温高压滤失仪（罐体上下两端均可开口）。

2 结果与讨论

2.1 滤饼清水滤失量降低率测定方法探索

泥饼质量好坏直接影响着井壁的稳定与否，成膜封堵剂参与泥饼形成，能够有效提高泥饼的致密程度，改善泥饼质量，因此选用了测定滤饼清水滤失量降低率的方法对泥饼质量进行评价，具体如下：

2.1.1 基浆的选择

在基浆（4.0%钻井液实验配浆用膨润土浆）中加入0~30%NaCl后，分别加入2.5%样品，评价浆经180℃/16h老化后，利用中压失水仪测定其测定滤失量，将压力全部释放后，取下钻井液杯，小心地取出滤纸，尽可能减少滤饼的损坏，将杯中钻井液倒掉，并注入适量清水，进行清水滤失量的测定，实验结果见表1，由表中实验结果可以看出，随着盐加量的增加，盐水基浆的滤饼清水滤失量随之增加，而加入样品后，可有效降低清水滤失量，当盐加量为4.0%时，滤饼清水滤失量降低率最高为65.4%，因此选择4%NaCl基浆作为滤饼清水滤失量降低率的评价基浆。

表1 不同盐加量对基浆及产品评价性能的影响

NaCl加量/%	序号	老化条件	加量/%	AV/mPa·s	PV/mPa·s	YP/Pa	$FL_{清水}$/mL	滤饼清水滤失量降低率/%
0	基浆	180℃/16h	0	6.5	6.0	0.5	19.6	
	样品		2.5	4.5	3.0	1.5	10.4	46.9
4.0	基浆		0	6.0	2.5	3.5	41.6	
	样品		2.5	6.0	3.0	3.0	14.4	65.4
15.0	基浆		0	6.5	3.0	3.5	72.0	
	样品		2.5	10.5	6.0	4.5	37.0	48.6
30.0	基浆		0	7.0	4.0	3.0	117.2	
	样品		2.5	7.5	4.0	3.5	55.2	52.9

2.1.2　滤饼清水滤失量降低率测定法评价仪器的选择

现有滤饼清水滤失量降低率测定方法使用中压滤失仪，实验浆在30min、压差0.69MPa的条件下滤失形成泥饼后，更换清水再测定30min、压差0.69MPa的滤失量，该方法在更换清水的卸-上盖的过程中可能扰动、破坏泥饼导致实验重复性变差。为此选择使用两端均可开口的高温高压滤失仪进行测试，具体操作方法为向高温高压失水仪浆杯中倒入实验浆，测定 30min、压差0.69MPa的滤失量，再取出罐体，打开上盖将实验浆倒出，加入清水，加盖拧紧，再次放入高温高压滤失仪加热套内，测定30min的滤饼清水滤失量（0.69MPa）。

为考察两种仪器的评价效果，在基浆（4.0%钻井液实验配浆用膨润土浆）中加入4%NaCl后，加入2.5%样品，经180℃/16h老化后，分别利用中压失水仪和高温高压失水仪测定其滤饼滤失量降低率，并对比其评价结果，其滤饼清水滤失量降低率按式（1）计算，实验结果见图1。

$$X_{清水}=\frac{FL_{清水0}-FL_{清水1}}{FL_{清水0}}\times 100 \tag{1}$$

式中　$X_{清水}$——滤饼清水滤失量降低率，%；

$FL_{清水0}$——基浆滤饼清水滤失量，mL；

$FL_{清水1}$——加入样品后滤饼清水滤失量，mL。

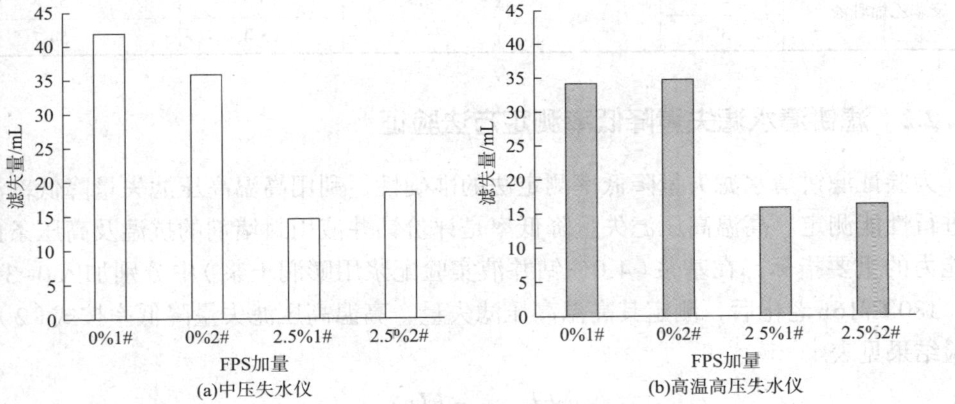

图1　不同评价仪器的评价结果对比

由实验结果可以看出，使用中压失水仪测定滤饼清水滤失量时，基浆和加入样品后评价浆的滤失量的平行误差较大，均超过了4.0mL。这可能由于利用中压失水仪测定过程中，其滤饼需要手动揭开，因此泥饼有可能会破损，尤其测定基浆滤失量时，泥饼相对较厚，滤饼的完整性更易破坏，测定误差更大，为6.0mL。而使用高温高压失水率测定时，滤饼端不需要打开，可从另一端倒出评价浆，因此滤饼最大程度得到了保护，滤饼的完整性较好，测定值的误差也较小，均小于1.0mL。因此，优选高温高压失水仪作为滤饼清水滤失量降低率测定方法。

2.1.3　滤饼清水滤失量降低率的测定

在基浆（4.0%钻井液实验配浆用膨润土浆）中加入4%NaCl后，分别加入0~3.0%样品，评价浆经180℃/16h老化后，利用高温高压滤失仪测定滤饼清水滤失量降低率，实验结果见表2。由实验结果可以看出，样品的加入明显降低了滤饼清水滤失量，说明钻井液用封堵剂聚苯乙烯乳液具有良好的封堵能力，增加了泥饼的致密性，有效改善了泥饼质量。当钻井液聚苯乙烯乳液封堵剂加量大于或等于2.5%时，滤饼的清水滤失量降低率变化不明显；固定产品加量为2.5%，滤饼清水滤失量降低率大于50.0%，测定值具有较好的重复性。因此，确定样品在盐水基浆中加量为2.5%，滤饼清水滤失量降低率不小于50.0%，见表3。

表2　不同加量钻井液用封堵剂聚苯乙烯乳液在盐水基浆中的滤饼清水滤失量测定

	老化条件	加量/%	$FL_{清水}$/mL	清水滤失量降低率/%
基浆	180℃/16h	0	34.0	
钻井液用封堵剂聚苯乙烯乳液		1.75	19.0	44.1
		2.5	15.8	53.5
		3.0	14.6	57.1

表3　不同批次钻井液用封堵剂聚苯乙烯乳液在盐水基浆中的滤饼清水滤失量测定

	序　号	老化条件	加量/%	$FL_{清水}$/mL	清水滤失量降低率/%
基浆		180℃/16h	0	34.0	
钻井液用封堵剂聚苯乙烯乳液	1#		2.5	15.8	53.5
	2#			16.2	52.4
	3#			15.4	54.7

2.2　滤饼清水滤失量降低率测定方法验证

为验证滤饼清水滤失量降低率测定法的准确性，利用高温高压滤失量降低率法对产品进行性能测定。高温高压滤失量降低率是评价钻井液用封堵剂的抗温及高压条件下封堵能力的重要指标，在基浆（4.0%钻井液实验配浆用膨润土浆）中分别加入0~3.0%样品，180℃/16h老化后，测定其高温高压滤失量，高温高压滤失量降低率按式（2）计算，实验结果见表4。

$$X_{HTHP}=\frac{FL_{HTHP0}-FL_{HTHP1}}{FL_{HTHP0}}\times 100 \tag{2}$$

式中　X_{HTHP}——高温高压滤失量降低率，%；

FL_{HTHP0}——基浆高温高压滤失量，mL；

FL_{HTHP1}——加入样品后高温高压滤失量，mL。

表4　不同加量钻井液用封堵剂聚苯乙烯乳液在基浆中的性能测定

钻井液用封堵剂聚苯乙烯乳液	老化条件	加量/%	HTHP/mL	高温高压滤失量降低率/%
基浆	180℃/16h	0	109.0	
Ⅰ型		1.75	66.0	39.5
		2.5	51.0	53.2
		3.0	45.0	58.7

由实验结果可以看出，随着聚苯乙烯乳液封堵剂加量的增大，高温高压滤失量随之降低，样品加量大于2.5%后，高温高压滤失量降低率趋于平缓，与滤饼清水滤失量降低率测定方法的结果具有一致性，说明两种方法均可准确、有效地测定出产品对泥饼质量的改善作用及封堵能力，且聚苯乙烯乳液封堵剂具有良好的护壁、封堵、降高温高压滤失能力。

3 结论

（1）从抗高温、封堵能力和改善滤饼质量等方面考虑，确定高温高压滤失量降低率和滤饼清水滤失量降低率作为钻井液用封堵剂聚苯乙烯乳液封堵性能评价方法。

（2）优选高温高压失水仪作为滤饼清水滤失量降低率测定仪器，检测方法简单、易操作，具有良好的重复性，数据稳定、可靠。

（3）钻井液用封堵剂聚苯乙烯乳液具有良好的抗高温、封堵能力，在4.0%NaCl基浆中，滤饼清水滤失量降低率大于50.0%，在淡水基浆中，高温高压滤失量降低率大于45.0%。

参考文献

[1] 廖奉武，李坤豫，胡靖，等．钻井液封堵剂高温高压封堵性能评价方法［J］．科学技术与工程，2019，19（29）．

[2] Cai J H，Wu X M，Gu S，et al. Research on environmentally safe temporary plugging drilling fluid in water well drilling［J］. Society of Petroleum Engineers，2009，47（8）：4–6.

[3] 吴轩宇，任晓娟，李盼，等．用于裂缝性地层的体膨颗粒钻井液堵漏剂TP-2的制备与性能研究［J］．油田化学，2016，33（2）：191–194.

[4] 张洪伟，左凤江，李洪俊，等．微裂缝封堵剂评价新方法及强封堵钻井液配方优选［J］．钻井液与完井液，2015，32（6）：43–45.

[5] 褚奇，刘四海，李涛，等．钻井液用纳米二氧化硅封堵剂的制备与性能评价［J］．精细石油化工，2016，33（4）：4–8.

[6] 徐同台，卢淑芹，何瑞兵，等．钻井液用封堵剂的评价方法及影响因素［J］．钻井液与完井液，2009，26（2）：60–62.

[7] 孙金声，唐继平，张斌，等．超低渗透钻井液完井液技术研究［J］．钻井液与完井液，2005，22（1）：1–4.

[8] 岳前升，向兴金，李中，等．油基钻井液的封堵性能研究与应用［J］．钻井液与完井液，2006，23（5）：40–42.

[9] Xie Luo P，Deng M，et al. Hyperbranched polyamine as nanoplugging agent used in water-based drilling fluid［J］. Nanoscience & Nanotechnology Letter，2017，29（5）：506–513.

[10] 宋碧涛，马成云，徐同台，等．硬脆性泥页岩钻井液封堵性评价方法［J］．钻井液与完井液，2016，33（4）：51–55.

中国石化钻井液化学剂标准化工作浅析

马文英[1,2]　张晓刚[1,2]　孙　举[1,2]

（1.中石化中原石油工程有限公司钻井工程技术研究院，河南 濮阳　457001；
2.中石化石油工程钻完井液技术中心，河南 濮阳　457001）

摘　要：通过分析中国石化采购的337种钻井液化学剂执行标准情况，梳理同类化学剂标准技术指标及实验方法，提出中国石化一级企业标准制修订建议，征求中国石化所属研究院、分公司及工程公司共16家单位意见，确定制修订36项标准，其中沥青类产品为系列标准，包括4个部分。

关键词：钻井液；化学剂；标准；制修订

钻井液化学剂是石油勘探开发中的重要物资之一，其种类繁多、成分复杂、应用地域广泛，且年用量大，中国石化年均采购量达100多万吨，约30亿元，其中非资源类约20亿元。因此，钻井液化学剂在油田生产过程中占有重要地位，其产品质量的好坏对安全高效钻完井作业具有重大影响。

标准是控制产品质量的重要技术依据，近几年中国石化组织制定了一系列中国石化企业标准，对规范钻井用化学剂产品质量起到了重要作用，但部分标准技术指标是依据现有产品的平均技术水平来确立的，不能完全反映产品应达到的本质性能，产品现场应用效果欠佳，基于对钻井用化学剂的标准化管理的重视，开展“钻井液用化学剂标准化”工作。总目标是制定中国石化统一标准，避免钻井液化学剂类别不清等问题，从而规范物资采购，提高物资保障服务效能。

1　产品采购及执行标准概况

根据近3年钻井液化学剂采购统计结果，目前中国石化采购的337种钻井液化学剂，采用的标准既有国家标准、行业标准、中国石化企业标准（一级企业标准），也有油田企业标准（二级企业标准）和非标技术要求。

1.1　执行标准总体情况

经统计，采购化学剂执行的标准有：国家标准1项；化工行业标准2项，石油天然气行业标准10项；中国石化一级企业标准23项，中国石油一级企业标准4项；中国石化二级企业标准125项，中国石油二级企业标准13项；非标技术要求69项。各级标准的采购情况及占有比例分别见图1和表1，由图1和表1可知，钻井液化学剂采购采用的标准，国

作者简介：马文英（1969—），研究员，毕业于西南石油学院应用化学专业，现在中原石油工程有限公司钻井工程技术研究院从事钻井液技术研究。E-mail：lucyy086@163.com。

标和行标分别为0.40%和4.86%，占比较低，中国石化一级企标占比不到10%，而采用率最大的为二级企标，其中中国石化二级企标的占比达到50.61%，占标准总数的一半，非标占比达到27.94%。二级企标和非标的占比合计达到83.81%（注：企业标准简称企标）。

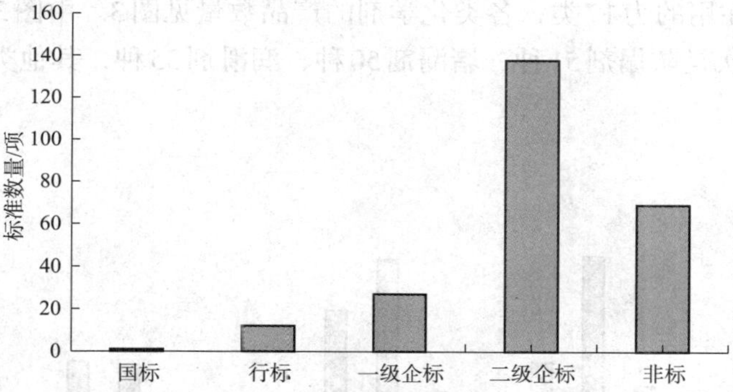

图1　钻井液化学剂采购标准使用情况

表1　各级标准占比情况统计

序　号	标准级别	占比/%	备　注
1	国标	0.40	
2	行标	4.86	
3	一级企标	10.93	中国石化9.31%，中国石油1.62%
4	二级企标	55.87	中国石化50.61%，中国石油5.26%
5	非标	27.94	

图2为中国石化二级企业标准的分布情况，可知胜利和西南二级企标数量较多，分别为57项和29项，占比分别为45.6%和23.2%，合计达到68.8%，其他企业标准数量均不多于10项。

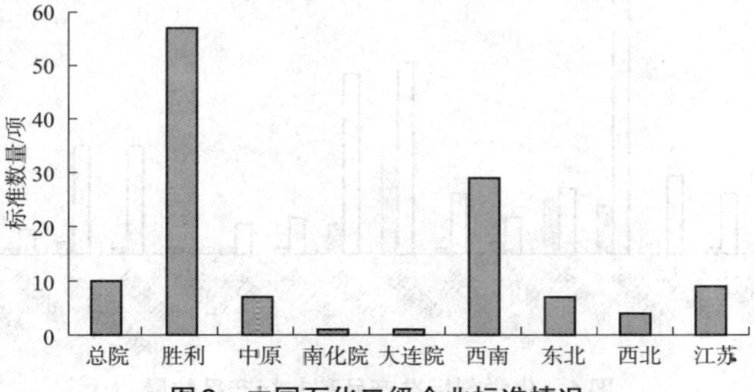

图2　中国石化二级企业标准情况

1.2　化学剂产品数量情况

依据中国石化一级企业标准Q/SH 0242—2016《油田化学剂分类及命名规范》，将钻井液化学剂分为18类，因采购的337种物资中有膨润土等造浆材料，所以此处分析增加了“造浆材料”，共19类。对钻井液化学剂采购情况进行梳理分析，包括物料品种名称、主要化学名称、主要成分、物料描述、标准类型、名准名称、检测方法概要、理化性能、钻井液性能、社会产品/自主研制、使用企业、生产厂家、采购数量、采购金额、存在问题等内容。通过梳理分析可知，采购的化学剂中没有杀菌剂和水合物抑制剂，因此中国石化目前在用的为17类，各类化学剂的产品数量见图3。由图3可知，降滤失剂有57种产品，其次是防塌剂51种，堵漏剂50种，润滑剂35种，其他类化学剂产品数量均不超过20种。

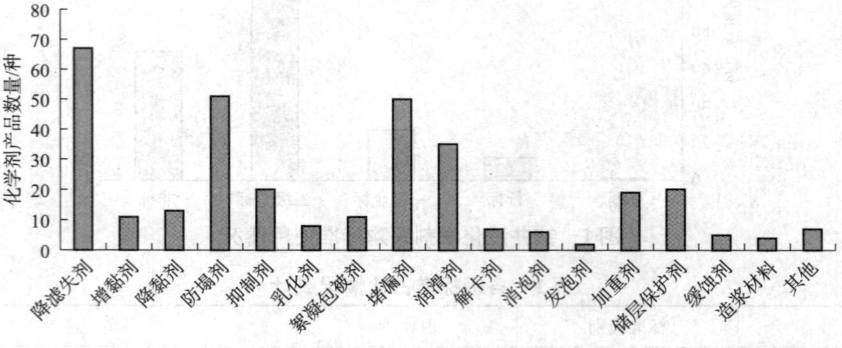

图3　化学剂产品数量

进一步对采购的18类化学剂按标准产品（采用二级企标及以上标准）和非标产品（采用非标技术要求）进行统计，产品数量情况见图4，产品数量占比情况见图5。由图4和图5可以看出，降滤失剂、防塌剂、润滑剂的标准产品数量较多，但统计标准产品和非标产品数量的占比情况可以看出，降黏剂、加重剂、造浆材料中标准产品占比较大，抑制剂、发泡剂和其他中非标产品占比较大，其中水合物抑制剂全为非标产品。

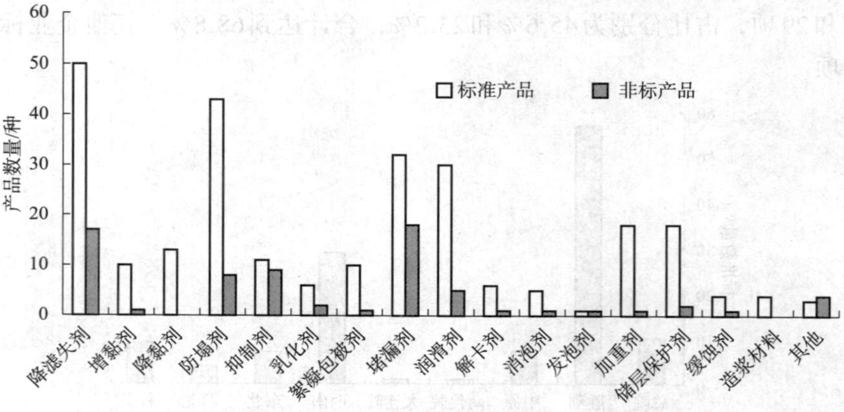

图4　化学剂标准产品和非标产品数量

1.3　化学剂采购执行标准情况

对采购的17类337种化学剂所采用的标准进行汇总梳理，见图6，可知降滤失剂标准数量最多，为52项，其次是防塌剂41项，堵漏剂35项，乳化剂21项，其他类化学剂标准数量均不超过20项。各类化学剂产品数量和标准数量情况见图6和图7，可以看出，

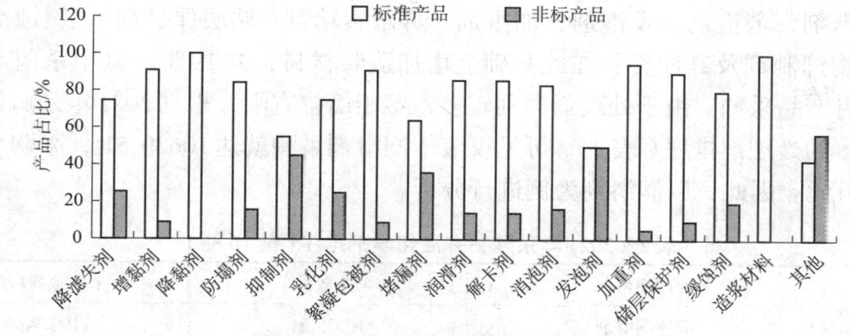

图5　化学剂标准产品和非标产品数量占比情况

加重剂虽然有19种产品，但采用的标准仅有5项，说明标准涵盖范围广，少量标准就能够满足加重剂采购质量的控制，标准的采用率较高；而其他类化学剂，如降滤失剂、防塌剂、堵漏剂、润滑剂等，标准数量较产品数量略少，说明多个产品执行同一个标准，标准的采用率尚可；但如降黏剂、抑制剂、解卡剂、发泡剂、缓蚀剂、水合物抑制剂、其他等类化学剂，产品数量与标准数量一致，说明是每个产品采用一个标准，针对性、局限性较强，标准的涵盖范围窄。

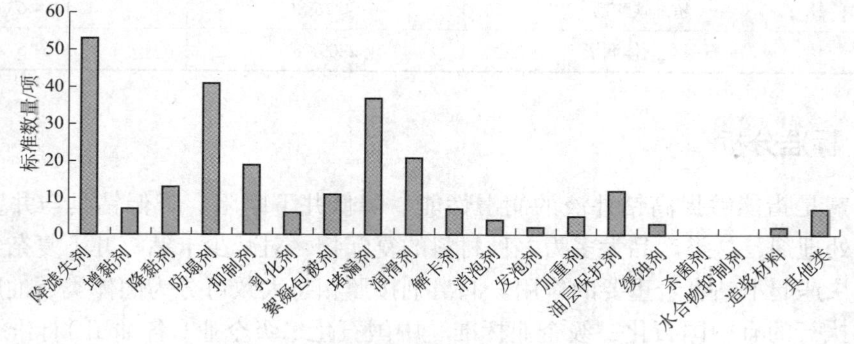

图6　各类化学剂标准数量

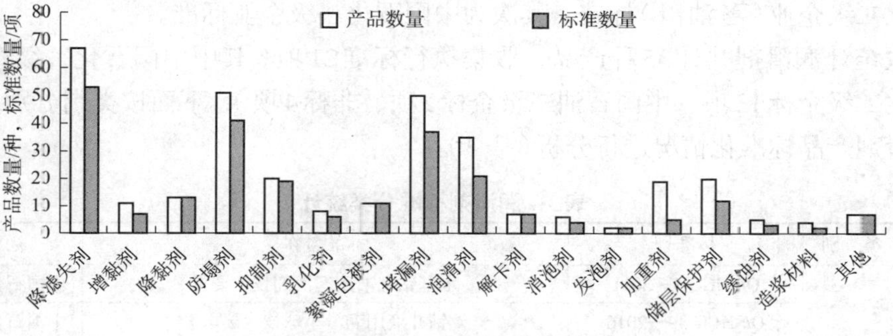

图7　化学剂产品与标准数量情况

2　标准制修订研究

按照Q/SH 0242—2016《油田化学剂分类及命名规范》，钻井液处理剂分为18类，包括降滤失剂、增黏剂、降黏剂、防塌剂、抑制剂、乳化剂、絮凝包被剂、堵漏剂、润滑剂、解卡剂、消泡剂、发泡剂、加重剂、屏蔽暂堵剂（储层保护剂）、缓蚀剂、杀菌剂、水合物抑制剂及其他类；在此基础上增加造浆材料，共19类，其中杀菌剂水合物抑制剂没有产品采购。由于处理剂类别较多，鉴于篇幅有限，根据2021年采购量和采购金额的较多的处理剂排序（表2），可见仅液体润滑剂采购就达10639.51t，采购金额高达10919.46万元。因此，以润滑剂为例进行分析。

表2　2021年采购钻井液化学剂排序（前10种）

序　号	处理剂名称	采购数量/t	采购金额/万元
1	液体润滑剂	10639.51	10919.46
2	羧甲基纤维素钠盐	5071.4	7894.92
3	磺化沥青	7641.42	6424.02
4	褐煤树脂	5130.51	5678.52
5	磺甲基酚醛树脂	5244.93	5464.62
6	磺酸盐聚合物	1837.88	3909.41
7	乳液聚合物	2178.26	3595.68
8	胺基抑制剂	1152.14	3340.46
9	超细碳酸钙	14816.86	1814.63
10	石墨类固体润滑剂	2809.98	1763.57

2.1　标准分析

润滑剂是指能够提高钻井液的润滑性能、降低井下摩阻、降低钻具与井壁摩擦阻力的化学处理剂，这类产品大多为多种材料的复配物，对减少卡钻等井下复杂情况，保证安全、快速起下钻有着重要的作用。润滑剂按照相态大致可分为固体类、油脂类及其他。采购执行的有中国石化一级企业标准、中国石化二级企业（各油田）标准、中国石油二级企业标准以及非标准的技术要求。从年使用量来看，大部分采购产品执行标准为中国石化二级企业（各油田）标准，其次为中国石化一级企业标准。

本次统计润滑剂共计35种产品，收集执行标准21项（其中中国石化一级企标2项、中国石化二级企标13项、中国石油二级企标2项、非标4项），下面按类别分别对各种类型的润滑剂产品标准化情况进行分析（表3）。

表3　润滑剂标准分类统计

序　号	类　别	标准号	标准名称	标准级别
1	固体类	Q/SHCG 4—2011	《水基钻井液用润滑剂技术要求》	中国石化一级企标
2		Q/SHCG 89—2016	《钻井液用润滑小球技术要求》	中国石化一级企标
3		Q/SH1020 1456—2013	《钻井液用塑料小球通用技术条件》	中国石化二级企标
4		Q/SH1020 1879—2016	《钻井液用固体润滑剂通用技术条件》	中国石化二级企标
5		Q/SY TZ 0130—2016	《钻井液用石墨类固体润滑剂技术要求及实验方法》	中国石油二级企标
6		Q/SHJS 0365.3—2011	《钻井液用部分润滑剂验收要求　第3部分：塑料小球HZN-102》	中国石化二级企标

续表

序 号	类 别	标准号	标准名称	标准级别
1	油脂类	Q/SHCG 4—2011	《水基钻井液用润滑剂技术要求》	中国石化一级企标
7		Q/SH1020 1878—2015	《钻井液用油基润滑剂通用技术条件》	中国石化二级企标
8		Q/SH1020 1461—2014	《钻井液用无荧光白油润滑剂通用技术条件》	中国石化二级企标
9		Q/SH1500 0031—2013	《钻井液用液体润滑剂通用技术要求》	中国石化二级企标
10		Q/SH3450 0011—2013	《钻井液用液体润滑剂》	中国石化二级企标
11		Q/SH3580 0050—2016	《高密度钻井液用极压润滑剂SMJH-1》	中国石化二级企标
12		FBJS—004	《海水钻井液用极压润滑剂技术要求》	非标
13		FBJS—055	《钻井液用低荧光极压润滑剂技术要求》	非标
14		FBJS—058	《钻井液用无荧光生物质润滑剂1型/2型》	非标
15		FBJS—127	《钻井液用抗温抗盐润滑剂》	非标
16	其他	Q/SH1020 2107—2015	《钻井液用水基润滑剂通用技术条件》	中国石化二级企标
17		Q/SH1500 0052—2013	《钻井液用表面活性剂清洁剂技术要求》	中国石化二级企标
18		Q/SH1500 0062—2014	《钻井液用套管减磨剂技术要求》	中国石化二级企标
19		Q/SY TZ 0022—2015	《钻井液用液体润滑剂技术要求及实验方法》	中国石油二级企标
20		Q/SH3580 0051—2016	《钻井液快钻剂SMROP-1》	中国石化二级企标
21		Q/SH3580 0099—2018	《钻井液用环保润滑剂SMLUB-E》	中国石化二级企标

2.1.1 固体类

固体类润滑剂是常用的润滑剂产品之一，根据其成分不同又可以分为玻璃小球、塑料小球和石墨类三种产品。以下主要对这三种产品现有标准进行分析。

1.玻璃小球

玻璃小球固体类润滑剂是以玻璃制成的惰性润滑材料，加量范围内对钻井液流变性和稳定性基本无影响。目前执行中国石化一级企业标准Q/SHCG 89—2016，建议维持该项标准中“玻璃微珠技术指标”。

2.塑料小球

塑料小球固体类润滑剂是以塑料制成的惰性润滑材料，加量范围内对钻井液流变性和稳定性基本无影响。目前标准有3项，其中中国石化一级企业标准1项、中国石化二级企业标准2项，标准在指标设置上比较合理，相互之间差别不大，只是在粒径范围上有所区别。因此，建议各油田统一执行中国石化一级企业标准Q/SHCG 89中“塑料小球技术指标”。

3.石墨

石墨类固体润滑剂是以石墨或改性石墨为主要成分的一种润滑剂产品。石墨粉能牢固地吸附在钻具和井壁岩石表面，改变界面之间的摩擦状态，起到降低摩阻的作用；同时，石墨粉吸附在井壁上，可以封闭井壁上的微孔隙，兼具降低滤失和保护储层的作用。石墨类润滑剂目前有3项标准，其中中国石化一级企业标准1项．中国石化二级企业（油田）标准1项，中国石油二级企业标准1项。

在标准中，有些指标是不必要的，如密度、水不溶物、有机氯等，对产品的性能和用途影响不大。而外观、水分（挥发分）、筛余量、荧光、润滑系数降低率等指标对产品的性质、质量和使用效果影响较大，在3项标准中均被采用，“表观黏度升高值”表征了润滑剂与钻井液的配伍性，该项指标有其采用的合理性，也建议采用。在润滑性测试方法方面均采用了极压润滑仪测试，目前该仪器是应用最为普及、数据重复性最好的一种测试方法，也能够比较好地反映润滑剂的实际性能。

根据以上分析，中国石化一级企业标准指标项目设置比较合理、全面，技术指标也较高。因此，建议对中国石化一级企业标准Q/SHCG 4《钻井液用润滑剂技术要求》进行拆分、制定，分别制定《钻井液用固体润滑剂技术要求》和《钻井液用液体润滑剂技术要求》，以利于对产品质量的严格控制；同时，建议参考Q/SH1020 1879和Q/SY TZ 0130对指标参数进行优化设计。

2.1.2 油脂类

油脂类润滑剂是目前最常用的润滑剂产品，其主要成分包括表面活性剂、基础油、脂肪酸甘油酯、水等，由于含有表面活性剂，润滑剂加入钻井液后可能会造成黏度、滤失量和起泡性能的变化，因此各标准除对润滑系数等指标要求以外，在其他指标方面差别较大。油脂类润滑剂目前有10项标准，其中中国石化一级企业标准1项，中国石化二级企业（油田）标准5项，非标技术要求4项。

目前，油脂类润滑剂采用的指标较多，有些指标如产品密度、运动黏度、酸值等对润滑剂的质量和使用效果影响较小，可不采用。起泡率、表观黏度变化量、滤失量变化对钻井液的性能影响较大，建议采用。润滑系数降低率是产品的核心技术指标，该指标的评价方法主要有极压润滑仪和黏滞系数测定仪两种，由于极压润滑仪测定的数据反映了极压润滑膜的润滑性，数据重复性较好，建议以该方法作为评价方法。部分油脂类润滑剂在井底高温条件下润滑效果会有所降低，而在润滑系数测定方法中，基浆均为常温养护，并不能完全反映润滑剂在井底高温条件下的润滑效果，因此对润滑系数评价条件应进行修订，规范养护温度，增加老化滚动实验测定。

根据以上分析，油脂类润滑剂标准比较混乱，并且不同产品的主要成分也存在较大差异。现有的中国石化一级企业标准Q/SHCG 4—2011《水基钻井液用润滑剂技术要求》，其中包括固体润滑剂和液体润滑剂两种技术要求，因此，建议将此标准进行拆分制定，参考中国石化二级企业标准Q/SH1020 1878—2015《钻井液用油基润滑剂通用技术条件》、Q/SH 1500 0031—2013《钻井液用液体润滑剂通用技术要求》和Q/SH 1020 1461—2014《钻井液用无荧光白油润滑剂通用技术条件》对现有的中国石化一级企业标准Q/SHCG 4—2011《水基钻井液用润滑剂技术要求》的液体润滑剂部分进行修订，增加部分指标内容（如有机氯含量、中压滤失量、4%盐水浆润滑系数降低率等），优化指标参数及检测方法。

2.1.3 其他

其他润滑剂包括快钻剂、清洁剂、套管减摩剂及部分水基润滑剂。该类产品是通过在金属、钻屑、岩石等表面吸附改性，提高井眼、钻头及井下钻具的清洁率，防止泥包，实现快速钻进，常规的指标包括接触角、起泡率、表观黏度变化值、润滑系数降低率等。该类润滑剂目前有6项标准，其中中国石化二级企业标准5项，中国石油二级企业标准1项，该类中部分水基润滑剂标准如Q/SH1020 2107—2015和Q/SH3580 0099—2018与上节中油脂类润滑剂有较大重合；同时，参考中国石化二级企业标准Q/SH3580 0051—2016、Q/SH1500 0052—2013和Q/SH1500 0062—2014制定中国石化一级企业标准。

2.2 标准制修订意见征集

通过梳理化学剂标准，对比技术指标，找出标准化工作中存在的问题。按照化学剂具有普适性兼顾各区域特点、化学成分明确，标准以整合为主、兼顾特色产品标准制定，标准名称体现化学剂主体功能、规范标准命名的整体思路，初步提出中国石化一级企标制修订、整合、废止思路，并征求中国石化16家所属单位意见。

2.2.1 标准化建议反馈情况

共征集到石油工程技术研究院（简称总院）、胜利油田分公司、胜利石油工程等15家单位标准制修订建议，其中江汉油田分公司和江汉石油工程2家单位无意见，共收到13家单位的反馈意见，提出标准制修订建议数量见表4，共提出标准化建议127项，其中制定81项，修订41项，整合1项，废止5项，见图8。

表4 各企业标准制修订建议数量

序 号	企业名称	制修订标准数量/项				
		制定	修订	整合	废止	合计
1	总院	14	4			18
2	南化集团	2	1			3
3	大连研究院	1				1
4	胜利分公司	10	4			14
5	中原分公司		5			5
6	西南分公司	23	8		2	33
7	华北分公司	1				1
8	西北分公司	6	8		2	15
9	胜利工程	8	3			11
10	中原工程	11	4			15
11	西南工程		1			1
12	华东工程	4	1	1		6
13	华北工程		3		1	4
合计		80	42	1	5	128

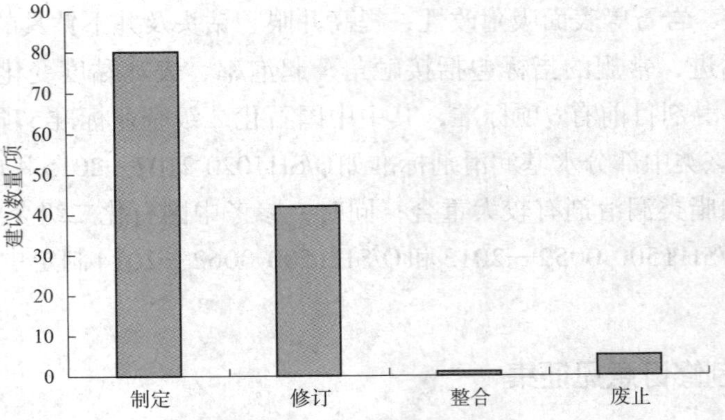

图8　各类标准化建议情况

2.2.2　标准制修订建议分析

对各企业所提出的化学剂标准对比分析，除去中国石化现行一级企标及已立项标准，再将相同、废止、无关等21项删减，余下96项进行分类分析。

通过分类整理，可以看出反馈的制修订建议标准不涉及增黏剂、消泡剂、发泡剂、缓蚀剂、杀菌剂、水合物抑制剂六大类。其他类化学剂标准化建议数量见图9，可以看出，降滤失剂标准化建议最多，为24项；堵漏剂其次，为12项，其他类化学剂建议均低于10项。需要说明的是，油基钻井液作为一种特殊体系，为了与水基钻井液用化学剂进行区分，此处单独列为一类，便于整理分析；天然高分子接枝共聚物和生物质化学剂种类较多、功能多样，所以也单独列出。

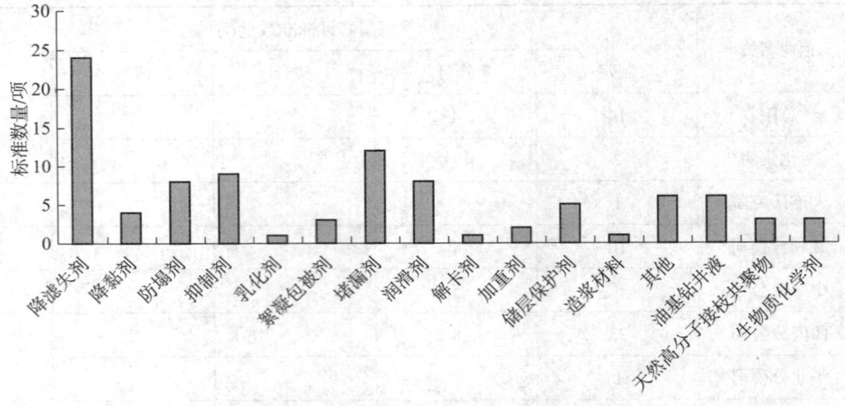

图9　各类化学剂标准化建议数量

进一步对各类化学剂标准化建议按化学剂类别进行整理，发现对有的化学剂标准多家企业有共性认识，比如淀粉类降滤失剂，有4家企业提出制定标准；对聚胺类抑制剂，有3家企业提出制定标准；Q/SH 0047—2007《钻井液用抗盐抗高温降滤失剂通用技术要求》，有3家企业提出修订，另外还有提出制定《钻井液用抗高温合成聚合物降滤失剂通用技术要求》《钻井液用抗高温抗盐聚合物降滤失剂通用技术要求》《钻井液用液体类聚合物降滤失剂通用技术要求》；Q/SHCG 106—2017《钻井液用聚阴离子纤维素技术要

1.3 钻屑专用萃取釜研制

萃取釜在超临界CO_2萃取装置中用于盛放固体物料，其结构是否合理直接影响到整套装置的萃取效果和萃取效率。目前直筒结构萃取釜存在主要问题是：超临界CO_2在进萃取釜时，因流速过快，易造成固体物料板结或形成沟流，物料与超临界流体得不到充分接触，无法获得理想的物料萃取效果。该结构缺陷在处理堆积密度大的物料时尤为突出。图2为常见沟流现象。

(a)中部发生沟流　　(b)近筒壁发生沟流

图2　萃取过程中的沟流现象

为提高超临界CO_2萃取效率和效果，设计超临界CO_2流体均匀分布器，结构如图3所示。

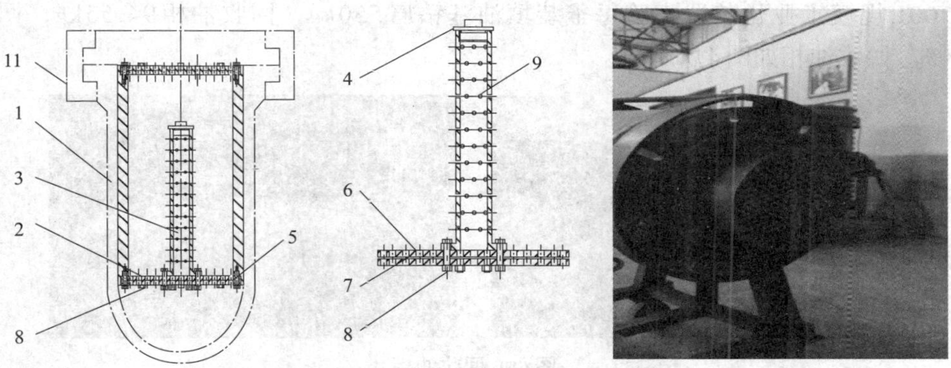

图3　实验用萃取釜内结构示意图和实物图

1—筒体；2—流体分布器；3—流体均匀分布器；4—上盖；5—下盖；6—分流板；7—过滤网；8—螺栓；9—过流孔；10—密封圈；11—萃取釜，12—萃取釜出气口；13—萃取釜进气口

超临界CO_2流体均匀分布器包括筒状结构筒体，筒体底部设有流体分布器，流体分布器上连接流体均匀分布器，筒体上端和下端分别设有上盖和下盖，上盖和下盖与筒体密封连接。流体均匀分布器上分布有过流孔，过流孔呈正三角形均匀排列，且孔径由下往上逐渐增大。筒体上盖的连接处均设有密封圈，密封圈由耐高温、耐酸碱腐蚀的复合材料制作。CO_2流体从萃取釜下端进入釜体内，由于流体均匀分布器增大了流体与物料的接触面积，且能够保证物料充分地与超临界流体接触，可以有效避免发生沟流现象，缩短萃取时间，达到提高萃取效果和效率的目的。

2　300L 规模油基钻屑超临界 CO_2 工程化实验

2.1　钻屑物性

油基钻屑采集自勘探分公司綦江区某预探井，油基钻屑油含量17.28%，水含量4.99%，固含量79.58%，堆积密度1.95g/cm^3。

2.2　实验效果评价

2.2.1　实现了废渣处理环保达标

钻屑处理后，分别从料筒的上部和中部位置采集废渣，经独立检测机构监测，采集的2份样品的浸出液经中原油田分公司环境监测总站监测。结果显示油基钻屑处理后，废渣中含油量由17.28%降至0.006%~0.054%，废渣萃取处理均匀达标，废渣中*TPH*含量达到《农用污泥中污染物控制标准》(GB 4284—1984，*TPH*<0.3%)；同时金属和挥发性组分均未超标；废渣浸出液达到《污水综合排放标准》(GB 8978—1996)的1~2级排放标准，固废物达到《一般工业固体废物贮存 处置场污染控制标准》(GB 18599—2001)Ⅰ、Ⅱ级固废物技术要求，可实现安全处置。

2.2.2　实现了油相高效回收和循环再利用配液

1. 实现了油相高效回收

300L规模工业化装置实验每釜装填油基钻屑550kg，回收油相94.55kg，回收率99.48%。回收油相如图4所示。

图4　回收油相

2. 实现了油相循环配液

以页岩气勘探开发中使用的油基钻井液的现场配方为基础，以回收的柴油为基液，室内测定了配制钻井液的性能的*AV*(表观黏度)、*PV*(塑性黏度)、*YP*(动切力)和150℃高温高压失水量等性能，钻井液性能见表3。

回收油钻井液配方为：240mL回收油+60mL$CaCl_2$(20%)+3%有机土+1%主乳化剂+1%辅乳化剂+2%降滤失剂+3%CaO+200g重晶石。

柴油钻井液配方为：240mL柴油+60mL$CaCl_2$(20%)+3%有机土+2%主乳化剂+2%辅乳化剂+3%降滤失剂+3%CaO+200g重晶石。

表2　回收油配制钻井液性能评价

基 液	AV/mPa·s	PV/mPa·s	YP/Pa	G_{10s}/G_{1m}（Pa/Pa）	ES/V	FL/mL
回收油	32.5	25	7.5	3/4	820	0.2
柴油	33.5	27	6.5	3/3.5	836	—

由表2可以看出，回收油相配制的油基钻井液性能与柴油配制的油基钻井液相当，可满足中原油田页岩气勘探作业。而且回收油相与柴油相比，使用较少的钻井液添加剂就可配制出钻井液，且钻井液具有稳定的流变性、更低的滤失量，主、辅乳化剂可减少50%，降滤失剂可减少33%，极大地节约了配浆成本。

3　结论与认识

（1）利用现有300L规模处理装置，加工设计萃取釜，配套CO_2流量泵，改造换热设备，具备了进行油基钻屑处理的参数技术要求，国内首次完成了300L规模油基钻屑超临界CO_2工业化萃取实验，为研制油基钻屑超临界CO_2处理装置提供理论数据及工程化实验技术参数。

（2）油基钻屑含油量由17.28%降至0.006%~0.054%，废渣均匀达标。达到《农用污泥中污染物控制标准》（GB 4284—1984，$TPH<0.3\%$）废渣浸出液达到《一般工业固体废物贮存 处置场污染控制标准》（GB 18599—2001）Ⅰ、Ⅱ级固废物技术要求，可安全处置。

（3）回收油相配制的油基钻井液性能与柴油配制的油基钻井液相当，可满足页岩气勘探作业。而且回收油相与柴油相比，使用较少的钻井液添加剂就可配制出钻井液，且钻井液具有稳定的流变性、更低的高温高压滤失量，主、辅乳化剂可减少50%，降滤失剂可减少33%，极大地节约了配浆成本。

参 考 文 献

[1] 杨威，魏国齐，赵蓉蓉，等. 四川盆地震旦系灯影组岩溶储层特征及展布［J］. 天然气工业，2014，34（3）：55-60.

[2] 沈忠厚，王海柱，李根生. 超临界 CO_2 连续油管钻井可行性分析［J］. 石油勘探与开发，2010，37（6）：743-747.

[3] 金佩强. 应用于含油钻屑的超临界 CO_2 萃取技术［J］. 中外石油科技，2003，17（3）：55-60

[4] 李公让，薛玉志，马云谦. 一种从油基钻屑中快速清除碳氢化合物的方法：中国，88105607.3［P］. 1989-07-26.

[5] 吴保玉，胡东峰，李前春. 等. 一种超临界 CO_2 萃取处理含油钻屑的方法：中国，201510309224.5［P］. 2015-09-30.

[6] 孙静文，许毓，刘晓辉，等. 油基钻屑处理及资源回收技术进展［J］. 石油石化节能，2016，6（1）：55-60.

[7] 单海霞，何焕杰，袁华玉，等. 油基钻屑处理技术研究进展［J］. 河南化工，2012，29（15）：26-29.

[8] 彭英利，马承愚. 超临界流体技术应用手册［M］. 北京：化学工业出版社，2005：378-405.

[9] 韩不兴 . 超临界流体科学与技术［M］. 北京：石油化工出版社，2005.

[10] 金一中，陈小平，等 . 含油污泥处理技术进展［J］. 环境污染与防治，1988.20（4）：30–32.

[11] 梁丽丽 . 超临界 CO_2 萃取含油污泥技术研究［D］. 北京：中国石油大学，2011.

[12] Hawthorne S B，Miller D J. Extraction and recovery of polycyclic aromatic hydrocarbons from environmental solids using supercriyical fluidsl［J］. Analytial Chemistry，1987，59（13）：1750–1708.

[13] Hess P K，Akgerman A .Supercritical extraction of phenol from soil l［J］. Journal of Supercritical Fluids，1991，4（1）：47–52.

[14] Akgerman A. Supercritical fluid extraction of contaminants from environmental matrices［J］. Waste Manage，1993，13（5）：403–415.

[15] Laitinen A，Michaux A，Aaltonen O. Soil cleaning by carbon dioxide extraction：a review［J］. Environmental Technology，1994，15（8）：715–727.

野外撬装式环保厕所用复合菌研究及现场应用

刘晓宇

（中石化中原石油工程有限公司工程服务管理中心，河南 濮阳 457001）

摘　要：针对野外撬装式环保厕所微生物处理系统存在菌种加量大、适应差、生命周期短的技术问题，优化出高效“除臭－降COD－除氨氮”复合微生物降解菌群。研究结果表明：复合微生物菌落数达5×10^{11}CFU/g，耐温达20~50℃、耐盐30g/L、pH值6~7.5，对粪污的降解性能优良，有机质降解率可达92.4%，目前该复合菌在中原工程井队野外环保厕所已实现全面应用，维护周期可达90d，处理工艺效果稳定，处理后水质满足《城市污水再生利用 城市杂用水水质》（GB/T 18920—2002）要求，可实现循环冲厕，具有广阔的应用前景。

关键词：复合菌；降解；野外撬装式；环保厕所；循环冲厕

环境是居民生存生活的前提，大量卫生状况极差的旱厕存在，严重影响人们的生活与生产。夏秋季节粪便在高温下发酵，产生臭气，大量旱厕为蚊蝇滋生提供了生存环境，蚊蝇携带细菌病毒在人群中传播，导致菌痢、甲型肝炎等多和疾病发生和流行，威胁人们的生命健康。油气勘探野外施工队伍使用的旱厕，已经成为危害身心健康、污染环境的一个重要因素，亟待治理和改善。

针对野外油气勘探施工队伍作业特点，目前开始广泛使用便于搬迁、可降解处理粪污的撬装式环保型厕所，采用的处理工艺为预处理－厌氧－好氧－MBR－过滤－臭氧，其中以微生物单元工艺为核心。鉴于传统菌种活性低、加量大、维护周期长等缺陷，限制了微生物处理工艺的处理效率和效昊。本文优化出“COD－氨氮－除臭”复合微生物菌群，形成粪污的微生物处理工艺，该工艺绿色、高效、无二次污染，处理后水质可用于循环冲厕，有效解决了旱厕导致的环境污染问题，为油气勘探野外施工队任的平稳生产提供了环保技术支撑。

1　实验

1.1　实验材料

实验粪污取自西南工区丁页8井环保厕所，粪污污水中成分复杂，COD_{Cr}值为3981mg/L，氨氮浓度为547mg/L，生物降解性为0.54，色度为512，污染物呈现出“三高一难”的特性，即高COD_{Cr}、高氨氮、高可生化性和有机质降解难。

作者简介：刘晓宇（1982—），男，黑龙江哈尔滨人，2005年毕业于江南大学食品化学专业，工程师，主要从事油气田废弃物环保治理工作。

1.2 臭度测定

用感官法测定臭度等级。

1.3 降解率的测定

*COD*降解率的测定采用密封快速消解法；氨氮降解率的测定采用纳氏试剂法。

2 结果与讨论

2.1 复合菌的制备

选出6种对臭度、粪污降解能力较强的单菌，分别是：B6、B12、A3、Y1、M3和HM1，通过比例组合优化，构建降解菌群，得到复合菌。

与空白对照相比，细菌的除臭效果最好，可能是由于细菌在粪便及其所污染的土壤环境中的繁殖能力比真菌和放线菌强，容易形成优势菌群，从而表现出较好的除臭能力，这也说明细菌是组成优势菌群的主要菌种。于培养基中按不同比例接种6株单菌（B6∶B12∶A3∶Y1∶M3∶HM1，质量比）降解10d，考察混合菌群不同单菌比例对COD_{Cr}、氨氮和臭度的降解情况，结果见表1。

表1 不同单菌比例对降解效果的影响

编 号	单菌比例	COD_{Cr}降解率/%	氨氮降解率/%	臭 度
1#	1∶1∶1∶1∶1∶1	48.8	70.6	无臭味
2#	1∶2∶2∶1∶1∶1	43.3	64.2	无臭味
3#	1∶1∶1∶2∶1∶1	45.7	64.5	无臭味
4#	1∶2∶1∶1∶2∶1	42.6	68.7	无臭味
5#	1∶1∶1∶2∶1∶1	44.2	69.4	无臭味
6#	2∶4∶3∶3∶4∶2	54.4	70.8	无臭味
7#	2∶4∶3∶3∶3∶2	46.9	67.2	无臭味

由表1可知，混合菌群中的6种菌之间以不同的比例组合后对COD_{Cr}、氨氮的去除率均在40%以上。然而，当混合菌群中单菌B6、B12所占比例较高时，COD_{Cr}去除率明显升高。因为两者是细菌，对蛋白质和纤维素等有很好的降解作用；HM1加量提升时，对氨氮有较好的降解作用。综合考虑，其中以6#组合最优，B6∶B12∶A3∶Y1∶M3∶HM1的比例为2∶4∶3∶3∶4∶2，菌种之间的协同作用最优，能针对粪污中的不同组分进行同步降解。故高效降解菌群配方为：10%B6+20%B12+15%A3+15%Y1+20%M3+10%HM1。

2.2 复合菌的性能评价

2.2.1 耐盐性能

盐溶液作为渗透剂进入细胞体内，产生的渗透可压破膜结构，因此需要考察复合菌的耐盐性能。以NaCl浓度（*m*/*V*）分别为5=g/L、10=g/L、20=g/L、30=g/L、40=g/L、50g/L的粪污废水为研究对象，菌剂加量为0.1g/L，定时检测COD_{Cr}，考察其耐盐性，结果见图1。

由图1可见，盐含量对粪便废水微生物处理有一定的影响，复合菌剂的耐盐性较强，盐含量在30g/L以下有较高的COD_{Cr}去除率；含盐量高于30g/L，COD_{Cr}去除率下降而且不稳定，继续增加至50g/L后，COD_{Cr}去除率迅速下降。原因是NaCl浓度过高使菌体原生质膜上的离子种类和数量发生变化，抑制了菌体脱氢酶和氧化酶的分泌。因此，现场进行粪污处理时，应尽可能将Na^+盐洗脱，以保证降解菌的高降解活性。由此可以看出，复合菌剂的耐盐性为30g/L。

2.2.2　耐酸碱性能

酸碱度可影响菌体细胞内酶的活性，对降解菌生长和代谢有着重要的作用。以粪便废水处理用复合菌剂为例，考察不同酸碱度对COD_{Cr}去除率的影响，见图2。

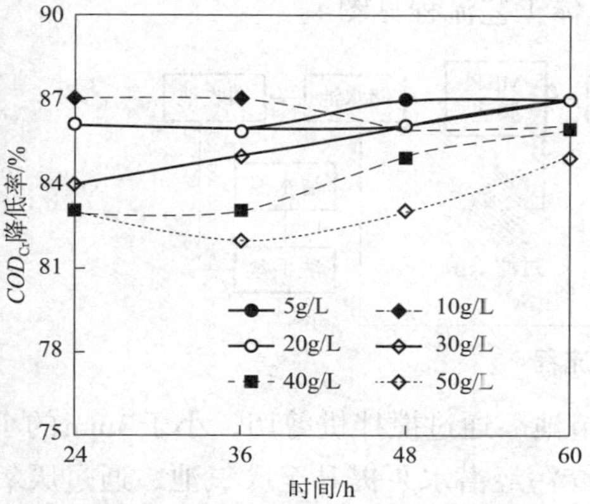

图1　复合菌剂耐盐性能评价结果

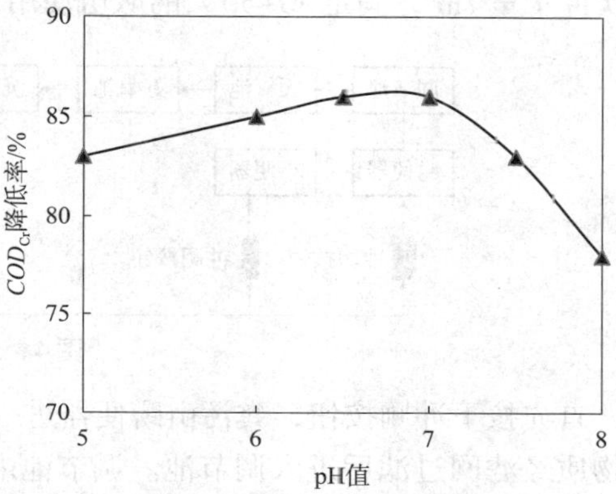

图2　酸碱度对降解性能的影响

由图2可知，随着pH值增加，菌剂对COD_{Cr}去除率出现先增加后降低的趋势。当pH值为8.0时，复合菌对COD_{Cr}的去除率为77%，降解菌对酸碱度显示较宽的适应性。pH值过低，会使去除率下降，原因是过低的pH值导致H^+浓度超过了菌体的适应范围，引起菌体原生质膜的电荷发生变化，从而影响菌体对营养物质的吸收和降解酶的活性。pH值过高也会对COD_{Cr}去除率有影响，过高的pH值抑制菌体生长，抑制降解酶的分泌。由此，确定复合菌适宜pH值范围为6.0~7.5，最适pH值为7.0。

2.2.3　耐温性能

温度直接影响复合菌的代谢和降解活性，因此它与COD_{Cr}的降解密切相关。粪便处理为在半室外进行，全年环境温度变化较大，夏季可高于38℃，冬季有时会低于0℃，因此需要就复合菌自身在不同温度下对菌活性能的影响进行研究，以满足现场需求。图3考察了复合菌在不同温度条件下对COD_{Cr}的降解性能。

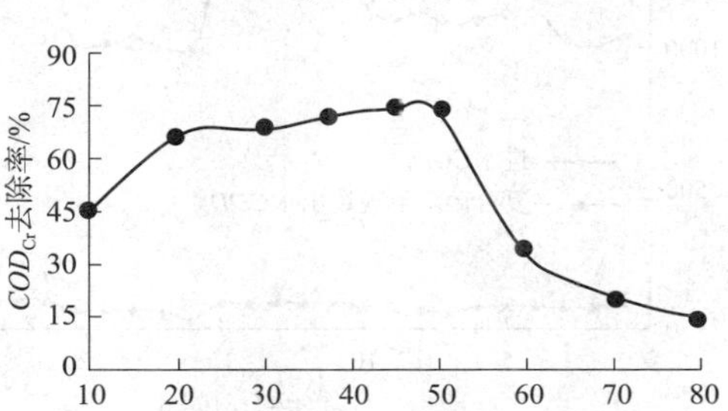

图3　复合菌在不同温度条件下的降解性能

由图3可见，随着温度的升高，COD_{Cr}去除率逐渐降低。温度在10~80℃之间变化时，去除率随温度的升高出现了一定的降低。复合菌在20~50℃，去除率基本维持不变，当温度高50℃后，去除率随温度的升高迅速降低。这是因为复合菌产生的酶有最适温度，当温度过高时，蛋白质遭到破坏或凝固，起降解作用的酶活性降低甚至失活，致使去除率迅速降低。降解菌的耐温范围在20~50℃，基本可以满足现场菌体耐温需求。

2.3 现场应用

ZYT-A新型撬装式环保厕所已经在中原、普光、威宁等工区应用34栋，运营基本平稳，改善了工程队伍如厕环境，有利于职工身心健康，保护了环境，受到现场的欢迎，满足地方政府及业主对环境保护的要求，社会效益和环保效益显著。

根据研发的工艺，进行了装置流程设计。调研数据井队的粪污量为2m³/d，厕所的一次冲水量7m³，满足30~50人的队伍使用，具体工艺流程见图4。

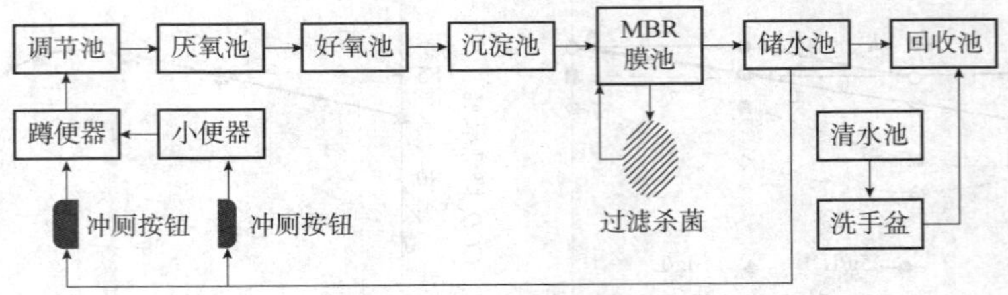

图4　工艺流程

首先按下冲厕按钮，粪污由蹲便器进入调节池，通过搅拌机剪切，小于3mm的小颗粒物质经滤网过滤后进入调节池。调节池内的粪污经潜水泵提升至厌氧池，通过厌氧反应，去除部分COD_{Cr}，同时将大分子化合物分解成小分子化合物。然后溢流入好氧池，进行好氧处理。随后经好氧分解后的产物溢流进入MBR膜池，由中空纤维膜进行泥水分离，过滤水经过活性炭过滤器循环进行消毒、去色后，进入储水池。存放于储水池中的水可被循环利用冲洗蹲便器，处理后水质满足《污水综合排放标准》(GB 8978—1996)和《城市污水再生利用 城市杂用水水质》(GB/T 18920—2002)要求，可用来循环冲厕或由有资质的处理厂进行收集处理。

井例——丁页8井：该井是部署在重庆市綦江区丁山区块的一口重点预探井，对现场撬装式环保厕所进行复合菌剂性能实验，考察复合菌剂在现场环境中对粪污废除COD_{Cr}降解效果，验证微生物厌氧-好氧处理工艺的适应性，现场加量0.25‰，连续监测水质变化情况。连续监测30d，出水水质变化情况实验数据见图5。

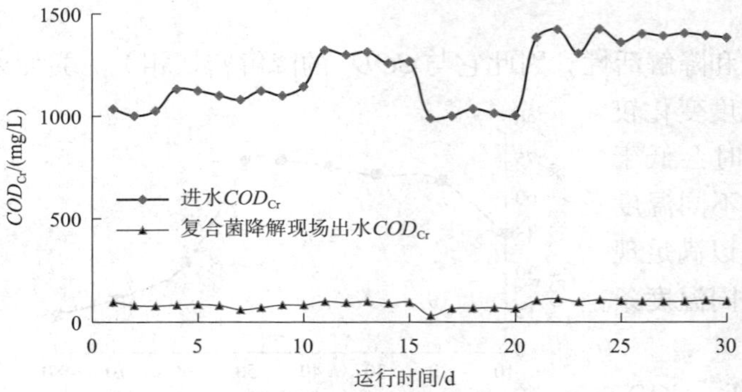

图5　现场进出水COD_{Cr}变化

由图5可以看出，在添加复合菌后，撬装式环保厕所在运行期间，出水的水质非常稳定，COD_{Cr}始终保持在34~98mg/L，无臭味，可有效降低粪污中有机质的含量，当运行时间达90d时，出水水质开始出现浑浊，加入0.8kg复合菌剂后，出水水质又逐渐恢复，说明复合菌具有良好的适应性，维护生命周期可达90d，处理后水质满足《城市污水再生利用城市杂用水水质》（GB/T 18920—2002）要求。

3 结论

（1）筛选出6株对淀粉、蛋白质、纤维素去除能力强的降解单菌，通过优化组合，得到复合菌剂配方，实验表明，该菌剂单位体积数量多、活性高、抗盐能力强，可高效降解COD_{Cr}和氨氮。

（2）复合菌微生物降解菌在丁页8井撬装式环保厕所运行中，出水水质稳定，COD_{Cr}维持在34~98mg/L，维护周期可达90d，处理后水质满足《城市污水再生利用城市杂用水水质》（GB/T 18920—2002）要求。

（3）该技术的现场成功应用，验证了复合菌生物技术在粪污处理中的可行性，推动了环保厕所微生物处理技术的经济性发展，同国内其他处理方法相比，具有成本低、效率高等优势，可应用于家用免水冲环保厕所、市政厕所、加油站固定式厕所等，应用前景良好。

参考文献

［1］孙胜龙，刘歆瑜，李雪飞，等．玉米秸秆作为生态厕所基质处理人粪便的实验研究［J］．环境科学学报，2006，26（1）：50–54.

［2］王洪波，王晓昌．新型堆肥生物反应器人粪便堆肥功效的评价［J］．环境工程学报，2008，2（1）：97–100.

［3］陈东华，郑金伟．我国粪便处理的现状分析及发展［J］．环境科学与技术，2005，28（增刊）：171–172.

［4］Rappert S.，Müller R. Microbial degradation of selected odorous substances［J］. Waste Management，2005，25（9）：940–954.

［5］Hotta Shinya，Funamizu Naoyuki. Simulation of accumulated matter from human feces in the sawdust matrix of the composting toilet［J］. Bioresource technology，2009，100（3）：1310–1314.

［6］李维炯，倪永珍．应用有效微生物对畜禽粪便除臭的研究［J］．中国农业大学学报，1996，1（3）：105–108.

［7］单宁．免水生物降解型生态厕所的实验研究［D］．杭州：浙江工业大学，2008.

［8］马梅荣，王光玉，宣世伟，等．利用微生物除臭技术研究与应用［J］．环境科学与技术，2003，26（4）：50–52.

［9］吕伯昇，朱家荣，卢春燕，等．免水型生态卫生设施用降解菌的分离筛选［J］．水处理技术，2006，32（7）：70–73.

页岩气油基钻屑和废油基钻井液清洗－微生物处理工艺技术

单海霞[1,2]　位　华[1,2]　马　金[1,2]　王　芹[1,2]

（1.中石化中原石油工程有限公司钻井工程技术研究院，河南 濮阳　457001；
2.中石化石油工程钻完井液技术中心，河南 濮阳　457001）

摘　要：开发出一种油基钻屑和废油基钻井液的清洗－微生物无害化处理工艺技术，该技术将高效清洗剂化学处理技术、油－水－渣三相快速分离工艺和石油微生物消除等3种处理技术进行科学设计、合理的配比有机集成在一起，并研发出一套油基钻屑和废油基钻井液一体化现场处理装置。对5口以上页岩气井油基钻屑和废油基钻井液进行放大处理，结果表明，油回收率达85%以上，清洗后废渣油含量小于2%，再经生物处理20~30d，石油烃含量降至0.3%以下，达到《农用污泥中污染物控制标准》（GB 4284—1984）要求。该技术操作简便、投资小、处理效率高且无二次污染，具有较好的社会效益和经济效益。

关键词：油基钻屑；废弃油基钻井液；清洗；生物降解处理

在页岩气开发过程中，钻遇深井超深井、水平井、大斜度定向井等强水敏复杂地层的数量越来越多，油基钻井液因具备优良的井壁稳定、润滑防卡、抑制页岩水化膨胀以及快速钻进等使用性能，已得到广泛应用[1-3]。然而油基钻井液使用过程中产生的废油基钻井液钻屑（简称油基钻屑）和废液，因含有大量的矿物油（油含量为20%~40%）、重金属等有毒物质，已被列入国家危险废弃物（危废名录HW08），若不经处理直接排放，将导致土壤、地表和地下水的污染，直接或间接危害动植物及人类的健康[4-6]。随着新环保法的实施以及中国石化集团公司倡导的“碧水蓝天”理念，在页岩气开发过程中，对一些水域丰富的环境敏感区以及生态保护区，提出了更加严格的环境保护要求，其中油基钻屑和废油基钻井液的环保达标治理已成为制约页岩气钻井开发的瓶颈技术难题。

国内外常用的油基钻屑和废油基钻井液的处理方法有：钻屑回注地层技术、离心分离法、焚烧法、热洗法和生物处理法[7-8]等。这些技术普遍存在以下问题：①处理费用高。如国外普遍采用的回注地层法，它通过水力压裂方式把油基钻屑或废油基钻井液回注到地层，该技术对回注地层选层要求苛刻，成本非常高，同时造成大量基础油资源的浪费。②产生其他污染或存在潜在威胁。如焚烧法需要焚烧设备，焚烧过程中产生的二噁英等有毒有害物质，对大气环境产生二次污染。③除油效率低，距离“零”排放标

作者简介：单海霞，高级工程师，博士研究生，2010年毕业于江南大学应用化学专业，现在从事环保型钻井液助剂及体系与废弃物治理等研究工作。

准相差甚远。如离心分离法，对其中的基础油进行分离后，剩余废渣中油含量仍然高达5%以上。总体分析，国内油基钻屑和废弃油基钻井液的现场处理技术尚不成熟，基本处于收集–堆放状态，亟须研发经济、高效的油基钻屑和废油基钻井液处理技术。

中原石油工程公司研发出一套油基钻屑和废液常温清洗–微生物处理工艺技术，并配套一体化处理装置，对多口页岩气井的油基钻屑和废液进行放大处理，取得良好效果。利用自主研发的复合清洗剂OCQJ–I，在常温条件下实现油基钻屑和废弃油基钻井液的破乳分离；设计研发核心三相离心分离设备，实现清洗后油基钻屑和废弃油基钻井液的油–水–渣快速分离，油相回收率达85%以上且回收油可进行现场配浆再利用，水相直接进行循环利用，废渣中油含量小于2%，达到《废矿物油回收利用污染控制技术规范》(HJ/T 607—2011)要求；采用自主研制的石油烃降解菌BSG，对残渣中油组分进行高效降解消除，处理20~30d，石油烃含量可降至0.3%以下，达到《农用污泥中污染物控制标准》(GB 4284—1984)要求，为现场油基钻屑和废液的安全处理处置提供了一种新途径。

1　实验

1.1　实验仪器

恒温变速自动搅拌器、三相离心机、索氏提取仪、气相色谱仪。

1.2　菌种及试剂

复合清洗剂OCQJ–I、菌种BSG、营养剂YQP，均为自制。

1.3　实验方法

清洗–分离法：取一定量油基钻屑加入复合清洗剂OCQJ–I，搅拌10~15min，进入三相离心机进行油–水–渣分离。

生物降解法：调节清洗后废渣的pH值至7~8，依次加入高效降解菌BSG、营养剂YQP，并控制水含量20%~25%(质量比)，每10d进行一次菌种补加。

油含量测定：采用气相色谱法[6]对废渣中的油含量进行测定。

石油烃结构分析：采用气相–质谱法进行石油烃结构分析。分析条件：色谱柱HP–5Ms 30m×0.25mm×0.25μm；升温程序：50℃，5min(hold)，4℃/min，310℃，25min(hold)；进样口温度：320℃；FID温度：320℃进样量；0.2μL；EI离子源：70eV。

2　清洗-微生物处理技术

2.1　物性分析

研究对采集的5口页岩气井的油基钻屑和废油基钻井液进行全物性分析，包括固含量、油含量、水含量等基本物性参数、重金属以及挥发性有机物含量，分析结果见表1。

表1　油基钻屑和废油基钻井液的油含量、重金属及浸出毒性等主要指标

序 号	油含量/%	铜/（mg/L）	钡/（mg/L）	砷/（mg/L）	铬/（mg/L）	镉/（mg/L）	铅/（mg/L）	苯/%	甲苯/%	间–二甲苯/%	氯苯/%
1	9.56	0.105	0.388	<0.01	0.002	0.0008	<0.001	<0.05	<0.05	<0.05	<0.05
2	17.36	0.085	0.366	<0.01	0.002	0.0008	<0.001	<0.05	<0.05	<0.05	<0.05
3	25.09	0.074	0.400	<0.01	0.005	<0.0001	<0.001	<0.05	<0.05	0.064	<0.05
4	43.69	0.098	0.689	<0.01	0.007	<0.0001	<0.001	<0.05	<0.05	0.071	<0.05
5	34.28	0.121	0.722	<0.01	0.006	0.0007	<0.001	<0.05	<0.05	<0.05	<0.05
	—	100	100	5	15	1	5	1.00	1.00	2.00	2.00

注：未列出的指标均超过仪器的最低检测线。

由表1结果可见，按照《危险废物 毒性浸出鉴别》（GB 5085.6—2007）的方法和要求监测，对于采集的5个样品进行全物性分析，矿物油是最主要的污染物，重金属和挥发性有机物并未超标。其中，矿物油含量在9.56%~43.69%，因此按照HJ/T 607—2011规范要求，对矿物油含量均大于5%的油基钻屑及废钻井液，必须进行矿物油的回收，相当于每吨废弃物中可实现油资源回收95.6~437kg，具有较高的经济价值。因此，针对其物性分析结果，结合经济和环境效益的综合考虑，油的资源化回收和无害化相结合的处理手段已成为油基钻屑和废油基钻井液的主流处理方式。

2.2　清洗–微生物处理工艺

油基钻屑和废油基钻井液清洗–微生物处理技术，通过添加高效清洗剂OCQJ–I，有效降低油基钻屑和废油基钻井液的表面张力，破坏其乳化稳定性，将乳化在钻屑和废液中的油游离到表层；再利用三相离心机机械外力作用，达到清除–回收游离态油类物质的目的，同时可实现油–水–渣的一步法分离，处理后废渣油含量降至2%以下；最后，利用石油微生物深入降解包含在分离废渣内部的油类物质[9]，使其逐步降解成CO_2、H_2O及其他小分子无机物，综上，将高效清洗剂化学处理技术、油–水–渣三相快速分离工艺和石油微生物消除等3种处理技术进行科学设计、合理的配比有机集成在一起，最终使油基钻屑和废油基钻井液油含量降低到0.3%以下，达到《农用污泥中污染物控制标准》（GB 4284—1984）排放标准要求。

油基钻屑和废油基钻井液含油一体化处理工艺流程如图1所示，油基钻井液从井口流出时，首先通过振动筛、除砂器等固控设备进行初步分离，液相进入循环系统继续使用，接收罐用于收集油基钻屑和废油基钻井液，通过螺旋推进器送入调质罐并加入清洗剂，搅拌后进入三相离心系统进行油–水–渣分离，分离出的水相再次送回循环系统，油相进入储油罐，固相废渣将送到微生物处理场地，加入菌种和营养剂，并通过定期补加的维护方式，进行微生物深度处理，使有机烃类降解成为无害的小分子物质。整个处理过程经济、高效，且无二次污染，其中分离出的水用于循环配液再利用，回收油用于来配制油基钻井液，分离的废渣进行微生物深度处理，最终，实现油基钻屑和废油基钻井液无害排放的目的。

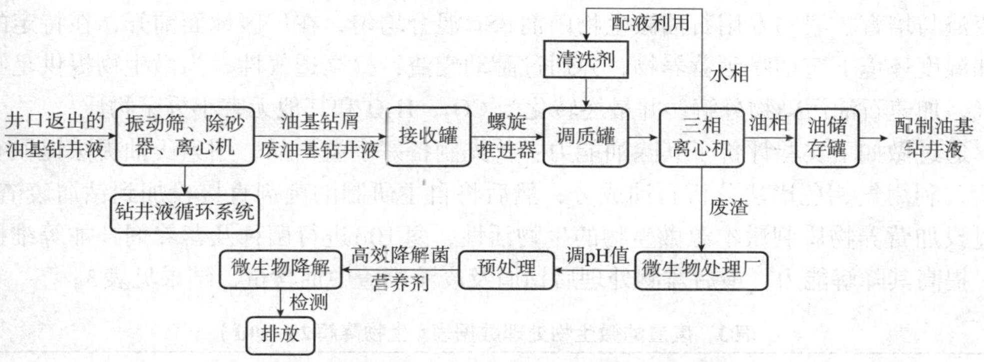

图1　油基钻屑和废油基钻井液一体化处理工艺流程

2.3　清洗－分离效果评价

按照1.3部分对采集的5个油基钻屑和废油基钻井液样品进行清洗–分离法处理，分离后废渣的油含量、水含量、固含量及油回收率结果见表2。

表2　清洗-分离后废渣的基本物性分析

序　号	初始油含量/%	清洗后油含量/%	水含量/%	固含量/%	油回收率/%
1	9.56	1.34~1.40	17.54~17.97	80.69~81.06	85.3~86.0
2	17.36	1.88~1.93	30.49~33.93	64.14~67.63	88.9~89.17
3	25.09	1.91~1.98	11.79~12.86	85.23~86.23	90.6~92.1
4	43.69	1.79~1.91	7.98~10.44	87.77~88.20	95.6~95.9
5	34.28	1.85~1.93	17.86~20.56	77.59~80.21	94.4~94.6

表2显示，油基钻屑和废油基钻井液经清洗–分离后，油回收率为85.3%~95.9%，废渣中残油量1.40%~1.93%，达到了HJ/T 607—2011的要求。

良好效果的取得主要取决于两个方面：一是清洗过程中高效清洗剂的加入，降低了液固的表面张力，使油基钻屑和废液的相态由油湿转变为水湿，促使钻屑和废液表面脱落下来的基础油脱离固相，并乳化成小油滴而分散悬浮于水中，同时由于油水界面带电而阻止了油珠的并聚，增加其在水中的稳定性，防止已经脱落下来的油再次被吸附[10, 11]。二是利用离心机的机械离心原理将固相与液相进行分离。在离心力作用下，稳定分散在水中的油滴由于密度差在水表面聚集成油，形成油–水–渣三相，完成清洗–分离过程，回收大部分基础油，分离废渣中油含量<2%。根据离心力公式：$F=\omega^2\times r\times m$可知，转速越高，离心力越大，处理效果就越好，同时对机械设备也提出了更高的要求。通过综合测试发现，差速和堰板直径是影响分离的主要因素，认为转速为3500~4000r/min，堰板直径为140~146mm比较经济适用。

2.4　微生物降解效果评价

收集5个清洗后废渣样品，按照1.3部分进行生物降解，处理的过程为：首先将分离废渣与培育扩繁的专用石油微生物菌剂BSG混合均匀，在厂区地面铺开，在特定的温度和湿度环境下定期喷洒营养物，并通过翻动废渣，提高透气性，为微生物提供足够的氧气，加速石油污染物分解，并最终转化为CO_2、H_2O和其他无害小分子物质。

通过做如下实验评价了其除油能力：首先制备好废渣样品，用索氏抽提法提取有机物后，利用气相色谱法分析石油成分；然后将自主研制的菌剂直接投加到钻屑废渣中，通过投加营养物质刺激本源微生物的生物活性，每10d进行菌种及营养剂补加等维护措施，提高其降解能力；最后监测处理后钻屑及废液废渣中油含量，结果见表3。

表3　废渣的微生物处理数据表（生物降解20~30d）

序　号	清洗后油含量/%	生物降解后油含量/%	水含量/%	固含量/%	油去除率/%
1	1.40	0.09~0.11	27.11~30.12	69.77~72.89	92.1~93.6
2	1.93	0.21~0.26	23.90~25.69	74.05~75.84	86.5~89.1
3	1.91	0.19~0.23	22.86~25.67	74.10~76.95	87.9~90.0
4	1.79	0.17~0.19	25.41~28.99	70.82~74.42	89.4~90.5
5	1.85	0.21~0.24	27.65~30.11	69.65~72.14	87.0~88.6

表3显示，分离后废渣井微生物BSG处理20~30d后，油去除率达86.5%~93.6%，废渣中油含量均小于0.3%，达到了《农用污泥中污染物控制标准》（GB 4284—1984）要求。为进一步揭示废渣中未去除的石油烃组分，以生物处理30d后的2号油基钻屑样品为例，进行残留石油组分的气相–质谱分析，表明碳数小于14和碳数介于22~30间的石油烃基本被消除，难降解石油烃碳数主要集中在C_{15}~C_{21}之间。

2.5　清洗–微生物工艺技术放大应用效果评价

收集5口井油基钻屑和废油基钻井液，进行清洗–微生物工艺工业放大实验，处理量为2~3m^3，处理后油含量结果见表4。

表4　清洗-微生物工艺技术放大应用效果评价

样　品	井　号	岩　性	初始油含量/%	清洗后油含量/%	生物降解30d后油含量/%
油基钻屑	焦页27–1HF	泥岩、砂岩	11.65	1.59	0.11
	焦页23–1HF	泥岩	19.63	1.98	0.24
	焦页40–1HF	泥岩、砂岩	22.10	1.82	0.22
废油基钻井液	焦页42–2HF	泥岩	38.77	1.76	0.18
	焦页49–1HF	泥岩	39.28	1.86	0.23

表4显示，油基钻屑和废油基钻井液经放大处理，清洗后油含量<2%，生物降解30d后，油含量均<0.3%。图2给出了油基钻屑和废油基钻井液在放大处理过程中从三相离心机分离出的废渣、回收的油相、分离废渣的微生物降解以及降解后废渣的植物生长情况。

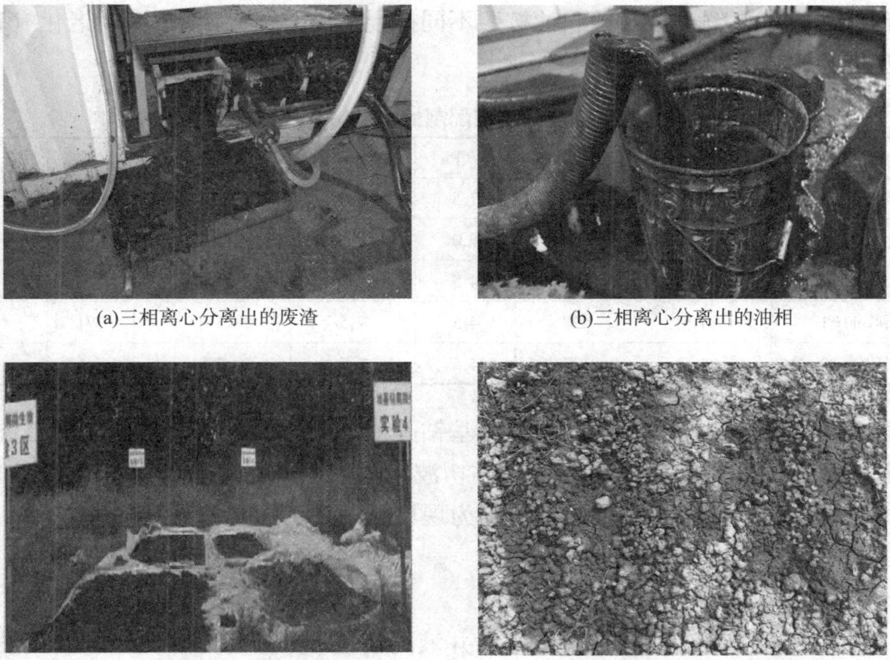

(a)三相离心分离出的废渣　　(b)三相离心分离出的油相

(c)废渣的微生物降解　　(d)降解后废渣的植物生长情况

图2　油基钻屑和废油基钻井液清洗–微生物处理过程图

2.6　回收油配制的油基钻井液性能

以49–1HF井废油基钻井液处理为例，放大处理该废油基钻井液2.5m^3，回收油基钻井液4.76t，处理后最终钻屑含油量降到2%以下，油回收率达95.26%，具有显著的经济效益。通过GC–MS测试回收油相的性质，如图3所示，结果显示油品处理前后没有发生变化，可循环使用。

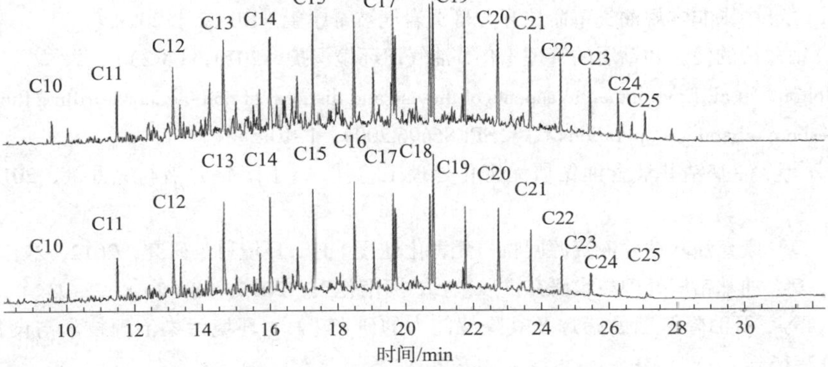

图3　回收油品处理前后的气相色谱–质谱图分析对北

为考察回收油的配制的油基钻井液性能，按照油基钻井液配方：240mL油+60mL$CaCl_2$（20%）+2%有机土+2%主乳化剂+2%辅乳化剂+3%CaO+400g重晶石+4%

降滤失剂，考察了新鲜柴油与回收油按照不同掺混比例，在150℃下滚动老化16h，钻井液性能见表5。

表5　回收的油相配制的油基钻井液性能

掺混比例	*AV*/mPa·s	*PV*/mPa·s	*YP*/Pa	Q_{10}s/Pa	Q_{10}min/Pa	*ES*/V	滤失量/mL
柴油	35.5	28	7.5	3.0	3.5	730	0.6
回收的油	30.0	24	6.0	2.5	2.5	683	—
柴油：回收油=1：2	30.5	26	4.5	2.5	3.0	752	—
柴油：回收油=1：1	31.5	27	4.5	2.5	3.0	771	—
柴油：回收油=2：1	31.5	27	4.5	2.5	3.0	746	—

由表5可知，回收的油直接配制的油基钻井液，与回收的油与新鲜柴油掺混后配制的油基钻井液，同柴油基钻井液相比，黏切波动不大，流变性能稳定，*ES*、API滤失量没有较大的区别。因此，清洗回收油可作为现场配制油基钻井液重复利用。

3　结论

（1）开发出一种油基钻屑和废油基钻井液的清洗-微生物无害化综合利用技术，该技术先进、装置设计合理、工艺简单、操作性强、稳定性好、处理效率高、安全可靠，不会产生二次污染。

（2）油基钻屑和废油基钻井液无害化处理工艺技术，实现了油、水等液体物质的回收再利用以及废渣的彻底无害化处理，具有很好的社会效益和经济效益。

参 考 文 献

[1]. 王中华 . 关于加快发展我国油基钻井液体系的几点看法［J］. 中外能源，2012，2（7）：36-42.

[2]. G. U. Agha，et al. Experiences in the Management of Drilling Fluids and the Regulatory Control of Associated Cuttings in the Nigerian Oil and Gas Industry［J］. SPE73932，2002，1-5.

[3] 李文科，等 . 中国非常规油气革命拉开大幕页岩气被寄厚望［EB/OL］. 2011.

[4] 孙万里 . 钻井液的使用和钻屑的管理［J］. 油气田环境保护，2013，1（23）.

[5] H. R. Melton，et al. Environmental aspects of the use and disposal of non-aqueous drilling fluids associated with off-shore oil and gas operations［J］. SPE86696.2004，1-10.

[6] 李学庆，等 . 油基钻井液含油钻屑无害化处理工艺技术［J］. 钻井液与完井液，2013，30（4）：81-83.

[7] 谢水祥，等 . 废弃油基钻井液资源回收与无害化处置［J］. 环境科学研究，2012，24（5）：68-75.

[8] 单海霞，等 . 油基钻屑处理技术研究进展［J］. 河南化工，2012，18（29）：92-93.

[9] 卢显妍，等 . 石油降解菌的筛选及其降解能力的研究［J］. 环境污染治理技术与设备，2003，4（12）：12~16.

[10] 谢水祥，等 . 利用化学强化分离 - 无害化技术处理废弃油基钻井液［J］. 环境工程学报，2011，5（2）：425-430.

[11] 邓皓，等 . 油钻屑高效除油剂及除油机理研究［J］. 环境工程学报，2013，9（7）：3607-3612.

水基钻井液回收与废弃物不落地随钻处理技术

张晓刚[1, 2]　詹适新[1, 2]　肖　晖[1, 2]　吕宁超[1, 2]　位　华[1, 2]　梁志宏[1, 2]

（1. 中石化中原石油工程有限公司钻井工程技术研究院，河南 濮阳　457001；
2. 中石化石油工程钻完井液技术中心，河南 濮阳　457001）

摘　要： 为满足地方政府对油气田勘探开发的环保需求，提高钻井工程清洁生产水平，开发了水基钻井液回收与废弃物不落地随钻处理技术。介绍了不落地随钻处理工艺流程及配套装置组成，阐述了钻井液回收和钻屑固结稳定化技术原理、处理方法及应用效果。在内蒙鄂北工区、重庆涪陵工区、斯伦贝谢重庆城口页岩气探区进行示范应用，结果表明该技术可回收50%以上废弃钻井液，减少了废弃物数量以及后续处理难度，大大降低了钻井工程环保治理综合成本，对清洁钻井具有重要意义。

关键词： 水基钻井液；钻井液回收；随钻；不落地

钻完井工程产生的水基钻井液废液残渣具有污染物量大、成分复杂、处理难度大的特点，钻后治理模式（即征地建废液池暂存后再治理）存在诸多弊端，如占地面积大、基建费用高，露天存放承接雨水增大了污染物总量，以及不同废弃物混合存放产生污染同化现象，造成后续环保治理难度加大，传统的末端治理模式已不能满足生产、环保治理需求。

水基钻井废弃物不落地随钻处理技术可以实现废弃物源头控制、削减钻井废弃物产生量并回收利用钻井液，是一种兼顾废弃物减量化、无害化和资源化治理节能新技术。国外如美国、加拿大、法国等通过对固控装置的优化及强化应用[1, 2]，实现了废弃物的规模化应用，并取得显著效果。近几年，我国也提出水基钻井液不落地随钻处理技术[3-7]。如长城钻探、塔里木油田、华北分公司等，先后开展了钻井液不落地处理技术的现场实验，并取得一定成效。目前国内的随钻处理技术还存在一些不足，主要是装置自动化程度不高、处理药剂针对性不强、未真正实现废弃物的资源化利用，特别是缺乏废弃物的减控。因此，研发一套完整的水基钻井液不落地处理装置及工艺具有重要的现实意义。

中原石油工程公司研发出一套水基钻井液回收与废弃物不落地随钻处理技术，研制出钻屑和废液第三代不落地随钻处理装备，该技术首先利用固控设备回收利用大部分钻井液，实现了废弃物资源化和减量化，研发出破胶–固结–调整复合固化处理新工艺，实现钻屑达标处理，真正实现了废弃物"源头削减、过程把控、末端治理"一体化治理模式，处理后的固废物均达到GB 18599—2001的Ⅰ类固废物技术要求。

作者简介： 张晓刚（1984—），工程师，学士. 毕业于河南农业大学环境工程专业，现在从事环保型钻井液助剂研究及废弃物治理等工作。E-mail：zxg8409@163.com。

1 水基钻井液回收与废弃物不落地随钻处理技术

1.1 水基钻井液回收与废弃物不落地随钻处理工艺与装置

钻井废弃物是石油天然气行业难处理的有机废弃物之一，实现钻井液废弃物不落地处理主要技术瓶颈为：一是钻屑携浆、钻井弃浆和跑浆的回收利用；二是对无法回收的废液残渣进行无害化处理。我们针对这两个技术难题，有机组合机械物理分离法和化学分离与氧化法，研究开发了钻井液净化回收与废弃物化学固化和混凝–臭氧氧化处理工艺技术，具体工艺流程见图1。

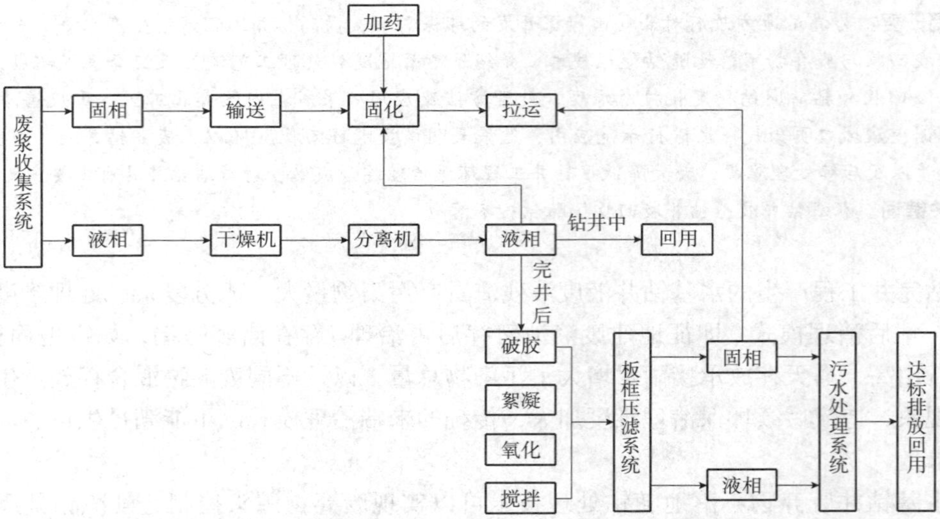

图1 水基钻井液回收与废弃物不落地随钻处理工艺流程图

由图1可知，钻井液回收工艺主要包括收集传输和固相控制两个模块，废弃物无害化处理主要由固结稳定化模块组成。其中，收集传输模块主要通过螺旋输送机、收集缓冲罐对钻井废弃物进行收集暂存；固相控制模块主要通过振动筛、离心机对收集的钻井废弃物进行固相控制，离心机分离的液相用于配制钻井液进行循环利用，振动筛筛出和分离的固相进行固结稳定化处理；固结稳定化模块是向无法回收利用的废弃物中添加药剂，调整固结稳定化配方，在固结反应器进行达标处理后，转运至场所进行安全处置。

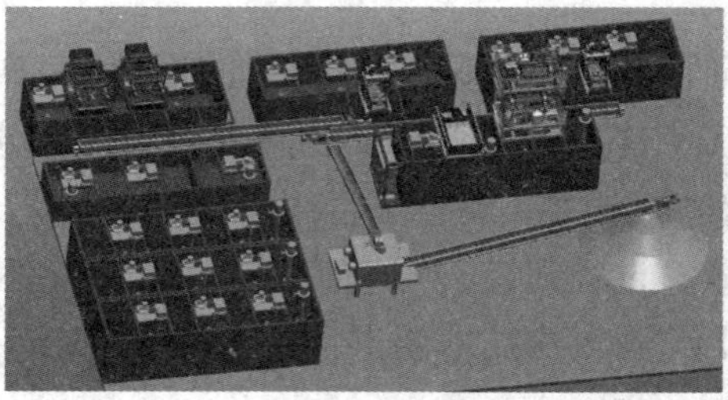

图2 水基钻井液不落地随钻处理装备井场布局示意图

根据工艺技术，研制配套了水基钻井液回收与废弃物不落地随钻处理装置，主要包括自动输送系统、固废液处理系统、收集储存系统、液相处理系统、钻井液回收系统、隔爆电路控制等六部分，并依据安全、紧凑、操作方便等原则，将收集传输、钻井液回收、固结处理三部分集成一套处理装置，现场处理布置如图2所示。

1.2 水基钻井液净化回收技术

钻井液的性能本身主要受pH值、密度、含沙量、固含量、塑性黏度等因素的影响。钻井过程中一开、二开回收的水基钻井液，有害固含、密度和塑性黏度等严重超标，不能直接循环利用，经过高频振动筛和高速变频离心机联用处理后，分离的液相各项指标结果见表1。

表1　鄂北工区钻井液回收后进行重复利用指标要求

处理方法＼指标	pH值	密度/（g/cm^3）	含沙量/%	固含量/%	塑性黏度/mPa·s
回收的钻井液	7~9	1.18	0.3	6	14
离心分离处理后	7~9	1.07	0.1	4	5
回用指标要求	7~9	≤1.08	<0.15	<5	<8

由表1可知，针对钻井液回用需求，采用振动筛对钻井废弃物进行固液分离，去除粒径大于245μm的固相颗粒。分离的液相先进行低速离心分离，分离一部分固相颗粒，分离后的液相根据使用要求调节pH值至7~9，然后利用再高速离心进一步分离去除固相颗粒实现降低液相密度和黏度的目的。回收的钻井液经过处理后，其性能可以满足回用配制钻井液的要求。

1.3 钻屑破胶－固结－调整复合固化处理新工艺

鄂北工区不同钻井阶段使用的钻井液配方不同，其中，一开钻井液体系为水基聚合物钻井液体系，二开钻井液体系为钾胺基聚合物钻井液体系，三开钻井液体系为钾胺基聚合钻井液和聚磺钻井液体系。不同开次产生的钻屑浸出液主要污染物指标见表2。

表2　不同开次钻屑浸出液中主要污染物指标（除pH值、色度外，其他单位均为mg/L）分析结果

指　标	钻井废弃物			GB 8978—1996 一级标准限值
	一开	二开	三开	
pH值	8~10	9~11	9~11	6~9
石油类	1~10	1~10	1~10	<5
化学需氧量（COD_{Cr}）	200~400	700~1000	1000~2000	<100
色度	160~320	800~1200	3200~6400	<50

由表2可见，钻屑的浸出液指标也根据钻井液的变化而变化，钻屑浸出液中一般不含重金属离子，主要超标指标为pH值、色度、COD_{Cr}。

一开钻屑主要有机物超标，采用先破胶再固结工艺处理。二开、三开钻屑有机物严重超标，采取的处理工艺为先添加破胶剂对残留钻井液破胶，再加入混凝剂、絮凝剂使破坏的胶体架桥絮凝成团，再加入水泥进行固结处理，最后加入土壤改良剂对钻屑进行调节。采用该工艺处理后的钻屑浸出液指标分析结果列入表3。

表3 复合固化技术处理后的钻屑浸出液中主要污染物指标（除pH值、色度外，其他单位均为mg/L）分析结果

指　标	pH值	色度	COD_{Cr}	石油类	总铬	铅	镉
DP119H	8.0	2	80	0.01	0.011	0.024	0.005
JPH18	8.0	2	5L	0.01	0.011	0.024	0.005
DPH146	8.0	2	20	0.06L	0.011	0.024	0.02
J58P5H	8.0	2	79	0.05L	0.011	0.024	0.005
GB 8978—1996一级标准限值	6~9	<50	<100	<5	<1.5	<1.0	<0.1

由表3可见，DP119H 等4口井钻井废弃物处理后，各项指标均达到《污水综合排放标准》GB 8978—1996的一级标准要求，表明该处理工艺效果稳定，可满足鄂北工区钻井废弃物的处理要求。

2　现场应用

水基钻井液回收与废弃物不落地随钻处理技术主要在中国石化华北分公司鄂北工区大牛地气田、斯伦贝谢重庆城口探区城页1井、重庆涪陵工区进行了推广应用24口井。累计净化处理回收钻井液4945m^3，处理钻屑10444m^3，处理废弃完井钻井液2260m^3。处理后的钻屑各项指标均达到《一般工业固体废物贮存 处置场污染控制标准》（GB 18599—2001）的Ⅰ类要求，废液达到《污水综合排放标准》的一级标准。下面以DP119H井为例进行处理技术的详细阐述。

2.1　现场处理工艺

DP119H井位于陕西省榆林市神木县锦界镇沟掌村，设计井深3663.55m，设计垂深2458.00m。一开使用坂土钻井液，二开直径段使用低固相钾铵基聚合物钻井液，斜井段使用钾铵基聚合物钻井液，三开使用低固相钾铵基聚合物钻井液。一开钻屑呈土黄色，共计产生35m^3，二开钻屑呈灰黑色，共计产生175m^3，三开钻屑呈黑色，共计产生94m^3。

该井钻井废弃物经过高频振动筛和高速变频离心机联用处理后，分离的液相各项指标均达到重新配液要求，实现了钻井液的重复利用，结果见表4。

表4　DP119H井重新配制钻井液性能

井深/m	密度/（g/cm^3）	黏度/mPa·s	滤失量/mL	滤饼/mm	pH值	含沙量/%	Φ_{600}	Φ_{300}	初切/Pa	终切/Pa	表黏/mPa·s	塑黏/mPa·s	动切/Pa	N	K/Pa·s
407	1.04	52													
672	1.05	35	9.8	0.5	9	0.5	20	12	2	5	10.0	8.0	1.9	0.74	0.06
1013	1.04	33	9.2	0.5	9	0.5	23	12	2.5	5	11.5	10.0	1.4	0.82	0.04
1689	1.07	35	9.8	0.5	9	0.5	21	14	3	9	10.7	8.0	3.4	0.58	0.17
3095	1.24	50	4.4	0.5	9	0.3	48	28	3	11	24.0	20.0	2.8	0.78	0.10

续表

井深/m	密度/（g/cm³）	黏度/mPa·s	滤失量/mL	滤饼/mm	pH值	含沙量/%	Φ_{600}	Φ_{300}	初切/Pa	终切/Pa	表黏/mPa·s	塑黏/mPa·s	动切/Pa	N	K/Pa·s
2159（回填）	1.24	49	4.6	0.5	9	0.3	51	32	3	12	25.5	19.0	6.2	0.67	0.23
2670	1.24	56	4.6	0.5	9	0.3	78	50	4	9	39.0	28.0	10.5	0.64	0.44
2238（回填）	1.07	36	4.8	0.5	9	0.2	33	19	2	4	16.5	14.0	2.4	0.80	0.06
2878	1.08	39	4.6	0.5	9	0.2	34	21	2	4	17.0	13.0	3.8	0.70	0.13
3409	1.18	48	4.4	0.5	9	0.2	54	34	4	9	27.0	20.0	6.7	0.67	0.25

由表4可知，钻屑使用破胶剂、混凝剂、絮凝剂、固结剂、改良剂进行处理。一开钻屑浸出液COD_{Cr}超标为217mg/L，引入破胶剂后可去除有机物，COD_{Cr}降至30~70mg/L。二开钻屑浸出液COD_{Cr}高达788mg/L，颜色为灰黑色，pH值10.5，引入破胶剂、混凝剂后，处理后浸出液COD_{Cr}可降至40~80mg/L，色度降至2倍。三开钻屑浸出液COD_{Cr}高达1589mg/L，颜色为黑色，pH值11。采用破胶剂、混凝剂和絮凝剂深度去除有机物，引入改良剂增加破胶、混凝、絮凝效果，处理后残渣浸出液的COD_{Cr}降至40~90mg/L，色度降为2倍。该井各阶段钻屑井处理后经华北局检测站取样检测，各项指标均达到GB 8978—1996一级标准。

该口井重复利用了约200m³的液相，其中一开和二开快速钻进阶段，通过双高频振动筛回收振动筛跑浆约50m³，二开弃浆约150m³，经过离心机处理后，将密度降至1.08g/cm³以下，塑性黏度降至8mPa·s以下，用于三开钻进，该井重复利用的钻井液性能稳定。

2.2 经济效益分析

据报道[7]，钻后治理模式每口井约产生废弃钻井液1500m³，应用研发的钻井液净化回收和废弃物不落地随钻处理技术处理后，每口井废弃物约为500m³，减少了1000m³的废弃物。每口井节支（20~30）万元。而钻井队可回收利用钻井液，以3500m井深为例，每口井可回收利用钻井液约200~300m³，加之节约的征地、建泥浆池以及完井后须对泥浆池进行地貌恢复等费用，使用钻井液不落地技术每口井可节支（10~15）万元。

3 结论

（1）开发了钻屑和废液不落地随钻处理新工艺，每口井可回收钻井液约200m³，回收钻井液经调整后性能满足钻井工程要求；钻屑经破胶-固结-调整复合固化新工艺处理后，达到《一般工业固体废物贮存 处置场污染控制标准》（GB 18599—2001）的Ⅰ类固废物要求。

（2）该技术在内蒙古鄂北工区、重庆涪陵工区、斯伦贝谢重庆城口页岩气探区进行示范应用，取消了传统的泥浆池，大量减少了废弃物的总量，同钻后治理技术相比，每口井可节支（30~45）万元；处理效果好，各项指标均达到国家相关环保标准。

（3）该技术深度融合钻井生产过程，从源头消减废弃物产生，具有减量化、资源化处理优势，是一项新型的钻井工程清洁技术，特别适合于油气“井工厂模式”开发的钻井工程环保需求，具有良好的规模化应用前景。

参 考 文 献

［1］Seyed Mohsen Razmgir，et al. Drilling Waste Management：A Case Study of the Drilling Waste Management and Environmental Control in one of the Iranian Offshore Fields［J］. SPE 142487-MS，31 January - 2 February 2011.

［2］Tony Bernardi，et al. Horizontal Drill-in Fluid Reclamation for Re-use or Waste Minimization Field Trial［J］SPE-65493-MS，6-8 November 2000.

［3］张磊．北阿油田湿地环境下钻井污水和废弃物随钻处理探讨［J］. 中国安全生产科学技术，2012，12（8）；66-68.

［4］曹义军．钻井废弃物不落地达标技术在新疆地区的适用性研究［J］. 广州化工，2013，41（14），147-151.

［5］吴双柱．油田钻井废弃泥浆随钻固化探讨［J］. 工程技术与产业经济，2010，08-033-02.

［6］黎强．废弃钻井液不落地达标处理技术在塔里木油田的应用［J］. 环境工程，2014，（32），82-84.

［7］邓红琳．钻井液不落地技术在大牛地气田的应用［J］. 断块油气田，2 014，21（1），97-99.